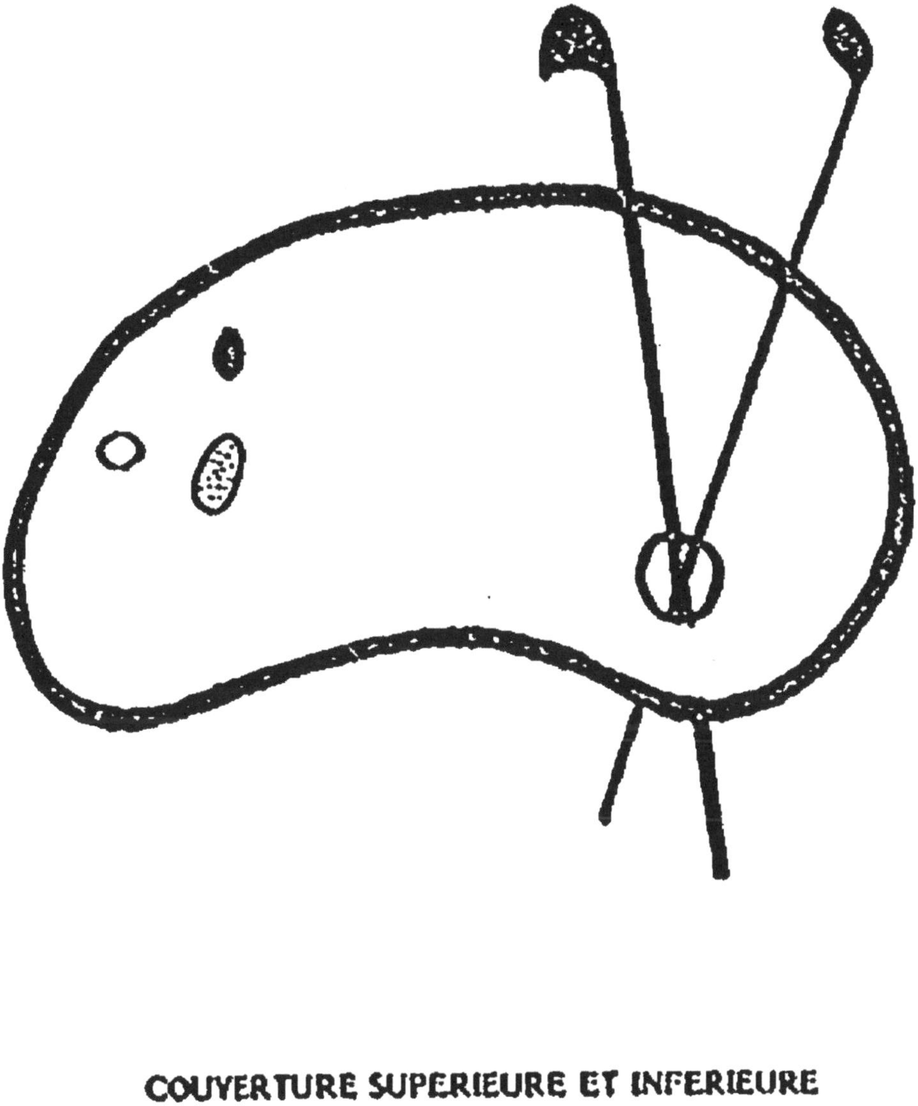

COUVERTURE SUPERIEURE ET INFERIEURE
EN COULEUR

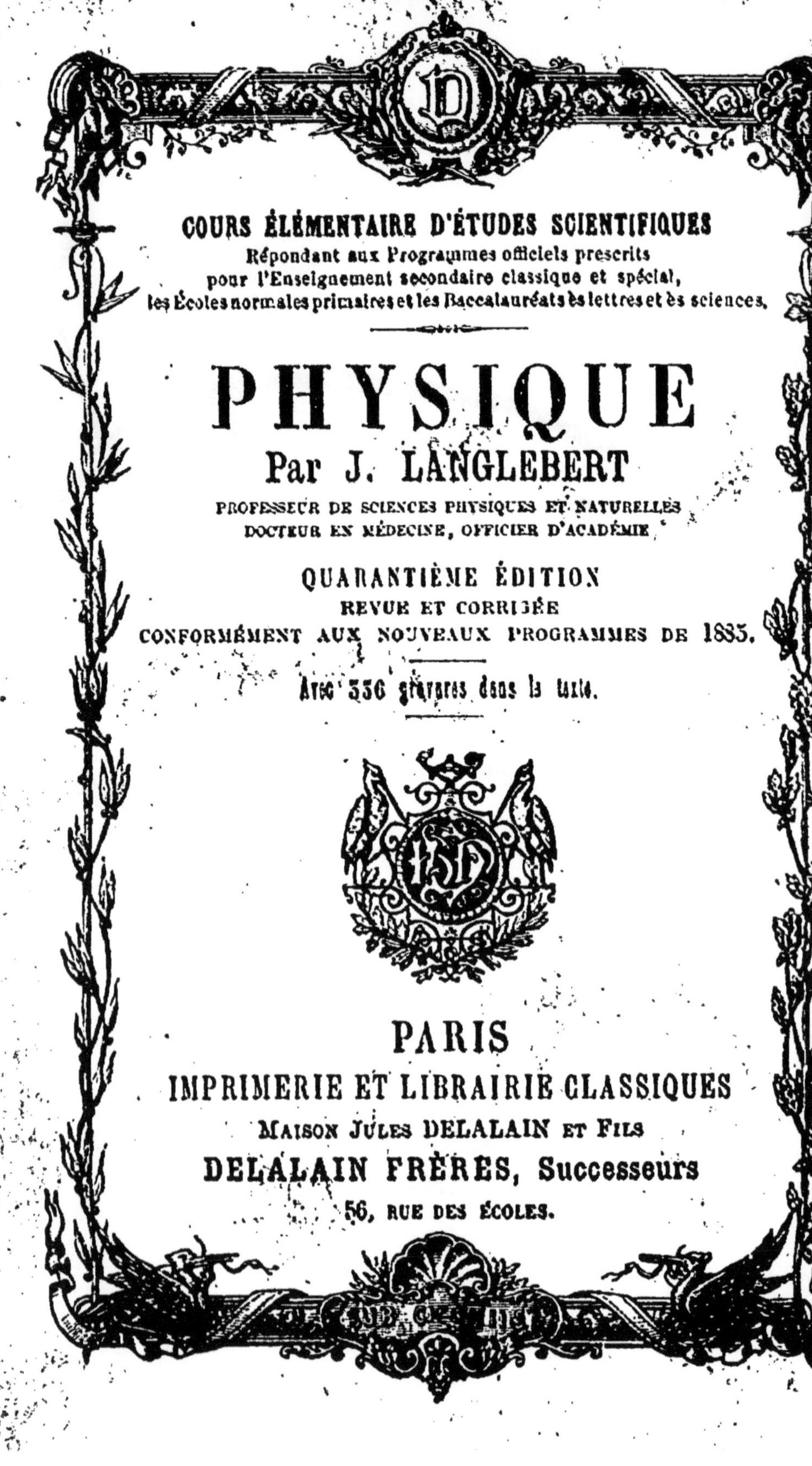

COURS ÉLÉMENTAIRE D'ÉTUDES SCIENTIFIQUES

Répondant aux Programmes officiels prescrits
pour l'Enseignement secondaire classique et spécial,
les Écoles normales primaires et les Baccalauréats ès lettres et ès sciences.

PHYSIQUE

Par J. LANGLEBERT

PROFESSEUR DE SCIENCES PHYSIQUES ET NATURELLES
DOCTEUR EN MÉDECINE, OFFICIER D'ACADÉMIE

QUARANTIÈME ÉDITION
REVUE ET CORRIGÉE
CONFORMÉMENT AUX NOUVEAUX PROGRAMMES DE 1885.

Avec 336 gravures dans le texte.

PARIS
IMPRIMERIE ET LIBRAIRIE CLASSIQUES
MAISON JULES DELALAIN ET FILS
DELALAIN FRÈRES, Successeurs
56, RUE DES ÉCOLES.

J. LANGLEBERT

PHYSIQUE.

COURS ÉLÉMENTAIRE D'ÉTUDES SCIENTIFIQUES, rédigé d'après les nouveaux Programmes officiels des Lycées et des Collèges prescrits pour les examens du Baccalauréat, par MM. J. LANGLEBERT, professeur de sciences physiques et naturelles à Paris, et E. CATALAN, docteur ès sciences, ancien professeur au lycée Saint-Louis et répétiteur à l'École polytechnique, professeur d'analyse à l'Université de Liège : nouvelle édition revue et corrigée; ouvrage composé de 8 parties *avec 1488 gravures dans le texte et 6 planches gravées*, *br.* 20 f.; *rel. toile* 22 f.

Chaque Partie se vend séparément.

Première Partie, Arithmétique et Algèbre, rédigée d'après les programmes officiels, par *M. E. Catalan* : 10e édition; 1 vol. in-12, *br.* 2 f.

Deuxième Partie, Géométrie, suivie de Notions sur quelques Courbes, rédigée d'après les programmes officiels, par *M. E. Catalan* : 9e édition ; 1 vol. in-12, *avec* 230 *gravures dans le texte*, *br.* 2 f. 50 c.

Troisième Partie, Trigonométrie rectiligne et Géométrie descriptive, rédigée d'après les programmes officiels, par *M. E. Catalan* : 10e édition; 1 vol. in-12, *avec* 30 *gravures dans le texte et* 4 *planches gravées*, *br.* 1 f. 50 c.

Quatrième Partie, Cosmographie, rédigée d'après les programmes officiels, par *M. E. Catalan* : 13e édition; 1 vol. in-12, *avec* 62 *gravures dans le texte et* 2 *planches gravées*, *br.* 2 f. 50 c.

Cinquième Partie, Mécanique, rédigée d'après les programmes officiels, par *M. E. Catalan* : 13e édition; 1 vol. in-12, *avec* 80 *gravures dans le texte*, *br* 1 f. 50 c.

Sixième Partie, Physique, rédigée d'après les programmes officiels, par *M. J. Langlebert* : 40e édition, revue et corrigée conformément aux nouveaux programmes de 1885; 1 fort vol. in-12, *avec* 336 *gravures dans le texte et une planche en couleurs*, *br.* 4 f.

Septième Partie, Chimie, rédigée d'après les programmes officiels, par *M. J. Langlebert* : 37e édition, revue et corrigée conformément aux nouveaux programmes de 1885 ; 1 fort vol. in-12, *avec* 113 *gravures dans le texte et un cahier chromolithographique*, *br.* 4 f.

Huitième Partie, Histoire Naturelle, rédigée d'après les programmes officiels, par *M. J. Langlebert* : 48e édition, revue et corrigée conformément aux nouveaux programmes de 1885: 1 fort vol. in-12, *avec* 608 *gravures dans le texte*, dont 90 nouvelles, *br.* 4 f.

Ce Cours d'enseignement répond aux nouveaux programmes officiels de l'Enseignement secondaire classique et de l'Enseignement secondaire spécial des Lycées et des Collèges.

Résumé de Philosophie (Éléments de la Méthode et Principes de la Morale), rédigés conformément au programme de philosophie prescrit pour les examens du baccalauréat ès sciences, par *M. H. Joly*, maître de conférences à la faculté des lettres de Paris : 2e édition; 1 vol. in-12, *br.* 1 f.

Applications modernes de l'Électricité, par *M. J. Langlebert*; in-12, *avec* 41 *vignettes*, *br.* 1 f. 50 c.

COURS ÉLÉMENTAIRE D'ÉTUDES SCIENTIFIQUES

Répondant aux Programmes prescrits
pour l'Enseignement secondaire, classique et spécial,
les Écoles normales primaires
et les Baccalauréats ès lettres et ès sciences.

PHYSIQUE

Par J. LANGLEBERT

PROFESSEUR DE SCIENCES PHYSIQUES ET NATURELLES
DOCTEUR EN MÉDECINE, OFFICIER D'ACADÉMIE.

QUARANTIÈME ÉDITION

REVUE ET CORRIGÉE
CONFORMÉMENT AUX NOUVEAUX PROGRAMMES DE 1885.

Avec 336 gravures dans le texte.

PARIS
IMPRIMERIE ET LIBRAIRIE CLASSIQUES
MAISON JULES DELALAIN ET FILS
DELALAIN FRÈRES, Successeurs
56, RUE DES ÉCOLES.

Aux termes d'un décret en date du 27 novembre 1864, l'Examen du Baccalauréat ès Sciences complet porte sur les matières enseignées dans la classe de mathématiques élémentaires des Lycées; il comprend une composition écrite sur un sujet de physique et des interrogations orales sur cette partie de l'enseignement scientifique. L'Examen du Baccalauréat ès Sciences, restreint pour la partie mathématique, comprend également une composition écrite sur une question de physique et des interrogations orales sur cette science.

Aux termes des décret et arrêté du 19 juin 1880, et des circulaires des 20 avril et 24 juin 1885, les candidats au Baccalauréat ès Lettres ont à répondre, dans l'épreuve orale de la deuxième partie de l'Examen, à des interrogations sur la physique, étudiée dans les classes de Troisième, Seconde et Rhétorique, et revisée et complétée dans la classe de Philosophie. Les épreuves écrites de cette deuxième partie de l'Examen comprennent une composition sur un sujet scientifique d'un caractère élémentaire; ce sujet peut être choisi dans le programme de physique.

PHYSIQUE.

PROGRAMMES D'ENSEIGNEMENT DES LYCÉES.

CLASSE DE MATHÉMATIQUES ÉLÉMENTAIRES.

Programme du Cours de Physique (2e Année).

(Les chiffres renvoient aux paragraphes où la question est traitée.)

Préliminaires.

Division de la physique, 1-10.

Mobilité, inertie, forces, 20-33. — Mouvement uniforme, 36. — Mouvement uniformément varié, 38, 39. — Proportionnalité des forces constantes aux accélérations qu'elles impriment à un même mobile, 10. — Masses, 41. — Mesure des forces constantes, 10, 11. — Enoncé de la règle du parallélogramme des forces et de la composition de deux forces parallèles, 21-32. — Centre des forces parallèles, 33.

Pesanteur.

Direction de la pesanteur, 16, 47. — Centre de gravité, 50. — Poids, 48.

Lois de la chute des corps, 52. — Machine d'Atwood, 54. — Appareil de M. Morin, 55.

Pendule, 56. — Observations de Galilée, 57. — Intensité de la pesanteur, 58, 59.

Balance, 62-69.

Notions sur les divers états des corps, 70.

Principe d'égalité de pression dans les fluides, 76. — Surface libre des liquides pesants en équilibre, 78. — Pression sur le fond des vases, 79. — Presse hydraulique, 81.

Vases communiquants, 83.

Principe d'Archimède, 87. — Poids spécifiques, 91-93. — Aréomètres, 94.

Pesanteur de l'air, 98, 99. — Baromètre, 100, 101.

Loi de Mariotte, 105. — Manomètres, 107.

Machine pneumatique, 108, 110. — Pompes, 112. — Siphons, 113, 114. — Aérostats, 119.

Chaleur.

Dilatation des corps par la chaleur, 126.

Construction et usage des thermomètres, 127-133.

Notions sur les coefficients de dilatation des solides, des liquides et des gaz, 134, 138, 142. — Leurs usages, 135, 140.

Poids spécifiques des gaz (procédé de M. Regnault), 143.

Chaleur rayonnante, 145. — Expériences de Melloni, 155.

Notions sur la conductibilité des corps, 159. — Procédé d'Ingenhousz, 160. — Détermination de la chaleur spécifique des solides et des liquides par la méthode des mélanges, 167, 168.

Fusion et solidification, 171, 173.—Chaleur latente, 172.—Mélanges réfrigérants, 175.

Formation des vapeurs dans le vide, 178.—Vapeurs saturées et non saturées, 179.—Maximum de tension, 180.—Mesure du maximum de tension de la vapeur d'eau à diverses températures par la méthode de Dalton, 181. — Tables, 181.

Mélange des gaz et des vapeurs, 182.

Évaporation, 184. — Ébulition, 185. — Distillation, 186.

Chaleur latente des vapeurs, 187.—Froid produit par l'évaporation, 188.

Machines à vapeur, 192.—Kilogrammètre, 13, 193.—Cheval-vapeur, 193.

Hygrométrie, 195, 198. — Rosée, 199.

Climats, 201. — Température, 205, 206. — Influence de l'altitude, de la position sur les continents et les îles, 204.—Lignes isothermes, 207. — Distribution annuelle de la température, 204.

Vents réguliers et irréguliers, 208.

Électricité et Magnétisme.

Développement de l'électricité par le frottement, 210. — Corps conducteurs et non conducteurs, 211.

Énoncé de la loi des attractions et répulsions électriques, 215.

L'électricité se porte à la surface des corps et s'accumule vers les pointes, 216, 217.

Électricité par influence, 219. — Électroscopes, 227. — Électrophore, 225. — Machine électrique, 222-228.

Condensateur, 230. — Bouteille de Leyde et batterie, 233, 237. — Électromètre condensateur, 235.

Électricité atmosphérique, 237. — Foudre, 238-240. — Paratonnerre, 241.

Attraction qui s'exerce entre l'aimant et le fer, 242-244. — Pôles des aimants, 245. — Définition de la déclinaison et de l'inclinaison, 257-260. — Boussoles, 263-264. — Distribution du magnétisme terrestre, 255. — Procédés d'aimantation, 267-269.

Expériences de Galvani et de Volta, 272-275. — Pile voltaïque, 276. — Diverses modifications de cet appareil, 280. — Effets physiologiques, mécaniques, physiques et chimiques, 297-302. — Galvanoplastie, 303. — Dorure, 304. — Argenture, 304.

Expérience d'Œrstedt, 306. — Construction et usages du galvanomètre, 307.

Expériences qui constatent l'action des courants sur les courants et des courants sur les aimants, 310-312. — Solénoïdes, 313-318. — Assimilation des aimants aux solénoïdes, 319.

Aimantation par les courants, 320-321. — Télégraphes, 325-331. — Thermo-multiplicateur, 336.

Expériences fondamentales sur l'induction électrique, 338-344. — Appareils de Pixii et de Clarke, 346-347.

Acoustique.

Production du son, 371. — Vitesse de transmission dans l'air, 376.

Intensité du son, 381. — Hauteur du son, 382. — Sirène, 383.

Vibrations des cordes, 390-392. — Gamme et intervalles musicaux, 393-399.

Optique.

Propagation de la lumière dans un milieu homogène, 406. — Ombre, 408. — Pénombre, 409. — Mesure des intensités relatives de deux lumières, 410.

Lois de la réflexion, 412. — Miroirs plans, 414-416. — Miroirs sphériques, concaves et convexes, 419-425.

Lois de la réfraction, 427. — Prismes, 436. — Lentilles, 431-435.

Décomposition et recomposition de la lumière, 438-439. — Spectre solaire, 438, 444.

Vision, 449-452.

Chambre noire, 453. — Microscope solaire, 457. — Loupe, 455. — Microscope composé, 455. — Lunette astronomique, 458. — Télescope de Newton, 461. — Lunette de Galilée, 460.

Actions chimiques produites par la lumière, 463. — Daguerréotypie, 463. — Photographie, 464.

CLASSES SUPÉRIEURES DES LETTRES.

CLASSE DE TROISIÈME.

Pesanteur. — Équilibre des liquides et des gaz.

Divers états de la matière, 70.
Direction de la pesanteur, 47.—Centre de gravité, 50.—Poids, 48. — Balance, 52.
Surface libre des liquides en équilibre, 78. — Égalité de pression en tous sens, 77. — Pressions sur les parois, 79. — Vases communiquants, 83.
Principe d'Archimède, 87. — Application à la mesure des poids spécifiques, 91. — Aréomètres à poids constant, 94.
Pression atmosphérique, 99. — Baromètre, 100.
Loi de Mariotte : expérience de Mariotte, 105.
Machine pneumatique, 108. — Pompes, 112. — Presse hydraulique, 81. — Siphon, 113.
Aérostats, 119.

Chaleur.

Dilatation des corps par la chaleur, 126.
Thermomètre, 127. — Définition du degré, 129-130.
Maximum de densité de l'eau, 139.
Définition des chaleurs spécifiques, 164. — Principe de la méthode des mélanges, 167.
Fusion, 171. — Solidification, 173. — Dissolution ; cristallisation, 174. — Chaleur de fusion (simple définition), 172.
Vaporisation : vapeurs saturantes et non saturantes, 178. — Maximum de tension, 180.
Définition de l'état hygrométrique, 196.—Pluie, 201.—Neige, 202. — Rosée, 199.
Évaporation, 184. — Ébullition, 185. — Distillation, 186. — Chaleur de vaporisation (simple définition), 187.—Froid produit par l'évaporation, 188.
Conductibilité, 159.

CLASSE DE SECONDE.

Électricité. — Magnétisme.

Production de l'électricité par le frottement, 210.
Électrisation par influence, 219. — Électroscope à feuilles d'or, 227. — Électrophore, 225. — Machine électrique, 222.
Condensateur, 229. — Bouteille de Leyde, 233. — Batteries, 234.
Pile de Volta, 276. — Piles de Daniell, de Bunsen, 283-284. — Courant électrique. Effets physiologiques, physiques et chimiques, 279, 289, 297-302.

Principe de la pile thermo-électrique, 335-336.
Aimants naturels et artificiels, 212-241.
Définition de la déclinaison et de l'inclinaison, 257-260.
Expérience d'Œrsted, 306. — Galvanomètre, 307.
Action des courants sur les courants, 312.
Action de la terre sur un courant fermé, mobile autour d'un axe vertical, 316; conducteurs astatiques, 316.
Solénoïde, 313. — Comparaison du solénoïde et de l'aimant, 319.
Aimantation par les courants, 320. — Électro-aimants, 222. — Principe du télégraphe électrique, 326.
Induction par les courants et les aimants, 338. — Bobine de Ruhmkorff, 345.

Acoustique.

Production du son, 371. — Propagation, 375. — Vitesse dans l'air et dans l'eau, 376-377. — Réflexion du son; écho, 378.
Intensité; hauteur, 381-382. — Cordes vibrantes, 390. — Loi des longueurs, 391. — Principaux intervalles musicaux, 395. — Harmoniques, 397. — Timbre, 386.
Lois expérimentales des tuyaux sonores, 401.

CLASSE DE PHILOSOPHIE.

Optique.

Propagation rectiligne de la lumière, 406. — Vitesse, 407.
Lois de la réflexion, 412. — Miroirs plans, 414.
Miroirs sphériques concaves et convexes, 419-425.
Réfraction, 426. — Prisme, 436. — Lentilles, 431.
Loupe, 455. — Principe de la lunette astronomique, du microscope et du télescope, 456, 458, 461.
Décomposition et recomposition de la lumière, 438-439.
Spectre solaire, 438-439, 441. — Spectre des diverses sources lumineuses, 445-446.
Chaleur rayonnante, 146.
Photographie, 463-464.

Revision et compléments.

Principe de l'inertie, 22. — Forces, 24-31.
Lois de la chute des corps, 52. — Machine d'Atwood, 54.
Pendule; applications, 56-59.
Travail; force vive; énergie, 43.
Equivalent mécanique de la chaleur, 124, 194. — Application aux principaux phénomènes physiques, 126 et suiv.
Machine à vapeur; condenseur; détente, 192-193.
Principe des machines magnéto-électriques, 338 et suiv. — Transmission de la force, 362.
Galvanoplastie; dorure; argenture, 302-304.
Téléphone, 364.

COURS DE L'ENSEIGNEMENT SPÉCIAL.

(Les chiffres renvoient aux paragraphes où la question est traitée. On n'indique, en général, que le premier paragraphe.)

PREMIÈRE ANNÉE[1].

Divers états de la matière : expériences sur les solides, les liquides et les gaz, 70.
Chute des corps, 52. — Direction de la pesanteur, fil à plomb, 46 ; centre de gravité, 50.
Poids, 48. — Balances, 62. — Poids spécifiques, 91.

Liquides. — Surface libre des liquides en équilibre, 78. — Vases communiquants, 83.
Étude expérimentale de la pression sur le fond et les parois des vases, 79.
Principe d'Archimède, applications, 87. — Aréomètres à poids constant, 91.
Expériences sur la transmission des pressions. Presse hydraulique, 81.

Gaz. — Pesanteur de l'air, 98. — Pression atmosphérique, 99. — Baromètres, 100.
Loi de Mariotte, 105. — Manomètres, 107. — Machine pneumatique, 108. — Pompes, 112. — Siphon, 113.

Chaleur.

Dilatation des corps par la chaleur, 126. — Thermomètres, 127. — Construction, 128. — Graduation, 129. — Échelles, 130.

Électricité statique.

Production de l'électricité par frottement, 210. — Attractions et répulsions, 213. — Notions sur la distribution de l'électricité à la surface des corps, 216.
Effets des pointes, 218.
Électrisation par influence, 219. — Électroscopes, 227.
Machines électriques, 222. — Électrophore, 226.
Condensateur électrique, 229. — Bouteille de Leyde, 233. — Batteries, 234.
Effets des décharges électriques, 236.
Électricité atmosphérique, 237.

Magnétisme.

Aimants naturels et artificiels, 243. — Pôles, 245. — Action des aimants les uns sur les autres, 246. — Aiguille aimantée, 251. — Boussole, 263. — Procédés d'aimantation, 257. — Boussoles de déclinaison et d'inclinaison, 263.

1. L'enseignement, dans les trois premières années, doit être essentiellement expérimental.

DEUXIÈME ANNÉE.

Coefficients de dilatation. — Applications usuelles, 131. — Dilatation de l'eau. Maximum de densité de l'eau, 139.
Conductibilité des corps pour la chaleur, 159.

Changements d'état des corps. — Fusion, 171. — Solidification, 173. — Dissolution, 171.
Vaporisation, 181. — Ébullition, 185. — Distillation, 186.
Vapeurs saturantes et non saturantes, 179.
Tension maximum, 180.
Liquéfaction des vapeurs, 177, 186; des gaz, 75.

Notions de calorimétrie. — Chaleurs spécifiques, 161. — Sources de chaleur, 125. — Chaleur de fusion, 172. — Mélanges réfrigérants, 175. — Chaleur de vaporisation, 187. — Froid produit par vaporisation. Production artificielle de la glace, 188.
Notions sur les machines à vapeur, 192.

Électricité dynamique.

Piles électriques à un et à deux liquides, 276.
Courants électriques, 278.
Effets chimiques. — Électrolyse, 301. — Galvanoplastie, 302.
Effets physiques. — Chaleur, 297. — Lumière, 298.
Effets mécaniques, 300.
Action du courant sur les courants et sur l'aiguille aimantée, 306, 312. — Galvanomètres, 307. — Comparaison du solénoïde et de l'aimant, 319.
Aimantation par les courants, 320. — Électo-aimants, 322. — Principes de télégraphie électrique, 325. — Notions sur l'induction électrique, 338.

TROISIÈME ANNÉE.

Acoustique.

Production et propagation du son dans l'air, 371. — Vitesse du son dans l'air, les liquides et les solides, 376.
Réflexion. Échos. Résonances, 378.
Qualités du son, 380. — Intensité, 381. — Hauteur, 382. — Mesure du nombre des vibrations, 383.
Gamme, 393. — Intervalles musicaux, 395. — Les harmoniques, 397. — Timbre, 386.
Notions expérimentales sur les cordes et les tuyaux sonores, 399, 400.

Optique.

Propagation de la lumière, 106. — Ombre et pénombre, 108.
Comparaison de l'intensité de deux sources lumineuses, 118.

Réflexion de la lumière. — Propriétés des miroirs plans et des miroirs sphériques établies expérimentalement, 111.

Réfraction. — Ses lois, 127. — Prisme, 136. — Réflexion totale, 129. — Chambre claire, 151.

Lentilles. — Propriétés des lentilles établies expérimentalement. — Construction graphique, 431.
Décomposition et recomposition de la lumière, 438. — Spectre solaire, 438, 441.
Loupe, 455. — Microscope, 456. — Lunettes, 458. — Télescope, 461.
Chaleur rayonnante, étude expérimentale, 116.

QUATRIÈME ANNÉE.

Notions de mécanique physique. — Mouvements, 31. — Forces, 21. — Travail, 43.
Lois de la chute des corps, 52. — Machine d'Atwood, 51. — Pendule, 56.
Hydrostatique, 76.
Densité des solides et des liquides, 91.
Lois de Mariotte, 105. — Manomètres, 107. — Lois du mélange des gaz, 182. — Dissolution des gaz (voir la Chimie, *passim*).
Machines pneumatiques et machines de compression, 108.
Dilatation des solides, des liquides et des gaz, 126.
Thermomètre à air, 132.
Densité des gaz, 105.
Sources de chaleur, 125. — Calorimétrie, 161. — Notions sur la théorie mécanique de la chaleur, 124.
Machines thermiques, 192. — Chaleur dégagée par les actions chimiques, 125. — Notions de thermo-chimie (voir la Chimie, *Appendice*, page 199).
Revision des principales questions d'acoustique, 371.
Notions sur les phénomènes ondulatoires, 375.

CINQUIÈME ANNÉE.

Revue des phénomènes généraux de l'électricité statique et du magnétisme, 209.
Notions élémentaires sur la capacité électrique et sur le potentiel, 237. — Électromètre de Thomson, 235.
Effets généraux du courant électrique. — Résistance des conducteurs, 297. — Forces électro-motrices, 287.
Unités électro-magnétiques, 292.
Induction, 338. — Bobine de Ruhmkorff, 345.
Machines magnéto-électriques et dynamo-électriques, 319.
Types à courants successifs, 347, 350. — Type Gramme à courant continu, 351. — Applications, 362.
Téléphone, 361. — Microphone, 365.
Revision des phénomènes généraux de l'optique, 403.
Réflexion de la lumière, 421. — Miroirs courbes, 419.
Réfraction, 426. — Théorie élémentaire des lentilles, 431.
Décomposition de la lumière : spectres des diverses sources lumineuses, 438. — Raies des spectres, 441. — Analyse spectrale, 447.
Radiations calorifiques, lumineuses et chimiques, 438-443.
Photographie, 463.

PHYSIQUE.

INTRODUCTION.

NOTIONS PRÉLIMINAIRES.

Divisions de la Physique. — Propriétés générales des corps. — Instruments de mesure.

Divisions de la Physique.

1. On appelle *corps* toute quantité limitée de matière. Les corps sont *simples* ou *composés*.

2. Les *corps simples* ou *éléments* sont ceux dont on ne peut retirer qu'une même espèce de matière. Les *corps composés* sont ceux dont on peut extraire plusieurs matières distinctes. Ainsi l'or, l'argent, le fer, le soufre, etc., sont des corps simples; tandis que le verre, le bois, le marbre, etc., sont des corps composés.

3. Les corps ne sont point des substances continues. On doit les considérer comme un assemblage de parties extrêmement petites, de forme invariable, physiquement indivisibles, et que, pour cette raison, on a nommées *atomes*. On admet que les atomes se groupent entre eux pour former des *molécules* ou petites masses de matière, auxquelles on attribue des formes déterminées, et que l'on regarde comme ayant la même nature que les corps dont elles font partie; simples dans les corps simples, composées dans les corps composés. Malgré cela, les mots *molécule* et *atome* sont souvent confondus dans le langage scientifique.

4. Les atomes ne se touchent pas; ils sont simplement juxtaposés et séparés par des espaces nommés pores *intermoléculaires* ou *insensibles*. Deux forces contraires, que l'on désigne sous le nom de *forces moléculaires*, agissent continuellement sur eux. L'une de ces forces tend à les rapprocher, c'est l'*attraction;* l'autre tend à les écarter sans cesse, c'est la force *expansive de la chaleur*.

5. Les corps se présentent à nous sous trois états différents : ils sont *solides, liquides* ou *gazeux*. Ces trois états des corps dépendent de l'agrégation variable de leurs molécules, ou, en d'autres termes, des rapports qui peuvent exister entre la force d'attraction et la force de répulsion moléculaires.

6. Les *corps solides* sont ceux dont on ne peut modifier la forme ou séparer les parties qui les composent sans un effort plus ou moins grand.

Les *corps liquides* sont caractérisés par l'extrême facilité avec laquelle leurs molécules glissent et roulent les unes sur les autres ; leur forme, essentiellement variable, est toujours subordonnée à celle des vases qui les contiennent.

Les *corps gazeux*, que l'on nomme encore *fluides élastiques, fluides aériformes*, sont ceux dont les molécules, plus mobiles encore que celles des corps liquides, tendent sans cesse à s'écarter les unes des autres ; ce qui explique l'*expansibilité* de ces corps ou leur tendance à prendre sans cesse un volume plus grand.

7. On désigne sous le nom de *phénomène* toute modification, tout changement qui survient dans l'état d'un corps ou dans ses propriétés. Ainsi, la chute d'une pierre, la fusion de la glace, la production d'un son, l'attraction ou la répulsion produite par l'électricité, etc., sont des phénomènes physiques.

8. La *physique* est la science qui a pour objet l'étude des propriétés générales des corps et des modifications passagères qu'ils éprouvent sous l'influence des grands agents naturels. Ces agents naturels, que l'on nomme encore causes générales, et qui probablement ne sont eux-mêmes que des manifestations variables d'une force unique et universelle, sont classés dans l'ordre suivant, auquel correspondent les principales *divisions de la physique :* la PESANTEUR, la CHALEUR, l'ÉLECTRICITÉ, le MAGNÉTISME, le SON et la LUMIÈRE.

9. On appelle *loi physique* la relation invariable et constante qui existe entre un phénomène et sa cause génératrice. Ainsi, quand on dit : tout corps qui tombe librement dans le vide parcourt des espaces qui croissent proportionnellement aux carrés des temps employés à les parcourir ; les volumes des gaz sont en raison inverse des pressions qu'ils supportent ; l'intensité de la lumière est inversement proportionnelle au carré de la distance, etc., on exprime des lois physiques.

10. L'ensemble des lois qui se rapportent à une même classe de phénomènes porte le nom de *théorie physique*. C'est ainsi que l'on dit : la théorie de la chaleur, la théorie de l'électricité, la théorie du son, de la lumière, etc. Ce mot s'applique encore à l'explication de certains phénomènes particuliers considérés dans leurs rapports avec les causes qui les produisent ; exemple : la théorie de la rosée, la théorie du paratonnerre, la théorie de l'arc-en-ciel, etc.

Propriétés générales des corps.

11. On entend par *propriétés* des corps ou de la matière leurs diverses manières d'être ou d'impressionner nos sens. Ces propriétés sont *générales* ou *particulières*.

Les propriétés générales sont celles qui appartiennent à tous les corps, quel que soit l'état sous lequel ils se présentent. Les propriétés particulières sont celles qui n'appartiennent qu'à certains corps et qui varient d'un corps à un autre ou suivant leurs divers états : telles sont la *couleur*, la *dureté*, la *forme cristalline, etc.* Elles servent à caractériser les corps pris individuellement et à les distinguer les uns des autres.

12. Les propriétés générales sont au nombre de huit principales, savoir : l'*étendue*, l'*impénétrabilité*, la *divisibilité*, la *porosité*, la *compressibilité*, l'*élasticité*, la *mobilité* et l'*inertie*.

Parmi ces propriétés, il en est deux sans lesquelles il serait impossible de concevoir l'existence de la matière, et que, pour cette raison, on a nommées *propriétés essentielles*. Ces deux propriétés, par lesquelles on peut définir la matière, sont l'*étendue* et l'*impénétrabilité*. Les autres propriétés générales ne sont pas essentielles, attendu que l'on pourrait très bien concevoir l'existence de corps qui seraient dépourvus de ces propriétés.

13. L'*étendue* est la propriété que possèdent les corps d'occuper une portion limitée de l'espace. Cette portion de l'espace s'appelle leur *volume*.

14. L'*impénétrabilité* est la propriété en vertu de laquelle deux ou plusieurs des éléments matériels qui composent les corps ne peuvent occuper en même temps le même lieu de l'espace. Un clou enfoncé dans le bois ne le *pénètre* pas ; il écarte les fibres ligneuses et en prend la place. Il en est de même de la vapeur d'eau répandue dans l'air, de l'air ou autres corps dissous dans l'eau : les molécules du corps dissolvant font place dans leurs intervalles aux molécules du corps dissous; mais les unes et les autres ne cessent d'occuper la portion de l'espace dévolue à chacune d'elles.

15. La *divisibilité* est la propriété qu'ont tous les corps de pouvoir être séparés en parties distinctes. Cette division des corps, bien qu'elle puisse être portée très loin, n'est pas physiquement infinie : elle s'arrête à l'atome, qui en est la limite absolue. On cite comme exemples de divisibilité extrême les feuilles d'or battu, dont l'épaisseur peut se réduire à un millième de millimètre; des fils de platine, réduits par le docteur Wollaston à un douze-centième de millimètre; certaines substances colorantes et odorantes comme le carmin et le musc, les globules du sang, les animalcules microscopiques, etc.

16. La *porosité* est la propriété en vertu de laquelle les corps présentent, entre leurs parties matérielles, des intervalles vides de leur propre substance.

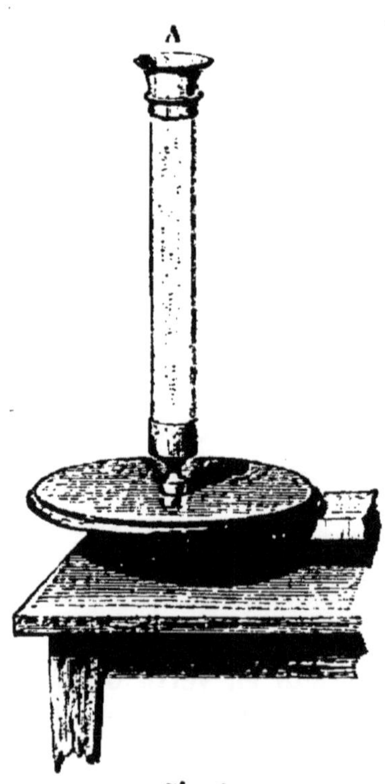

Fig. 1.

On distingue deux espèces de pores : les *pores intermoléculaires* ou *insensibles*, à travers lesquels s'exercent les forces moléculaires d'attraction et de répulsion; et les *pores sensibles*, que l'on peut apercevoir, soit à l'œil nu, soit au microscope.

Tous les corps n'ont pas cette dernière espèce de porosité. Elle est très apparente dans les éponges, le bois, le sucre, et dans un grand nombre de pierres. On peut la démontrer expérimentalement au moyen d'une capsule A (*fig.* 1) dont le fond est fermé par une peau de chamois, et qui est fixée à la partie supérieure d'un tube dans lequel on peut faire le vide. Si l'on remplit cette capsule de mercure et si l'on fait ensuite le vide au-dessous, on voit aussitôt ce liquide, comprimé par la pression atmosphérique, passer à travers les pores de la peau de chamois et tomber au fond du tube sous la forme d'une pluie argentée. Les phénomènes d'imbibition, d'exhalation et d'absorption sont encore autant de preuves de la porosité sensible. Quant à la porosité intermoléculaire ou insensible, elle appartient à tous les corps sans exception. On la démontre par le raisonnement. Tous les corps, en effet, solides, liquides ou gazeux, *éprouvent des variations de volume quand on fait varier leur température ou les pressions qu'ils supportent.* Or, à moins d'admettre que les atomes puissent se pénétrer, on ne peut expliquer la diminution ou l'augmentation de volume d'un corps que par le rapprochement ou l'écartement de ses molécules, ce qui suppose nécessairement qu'il existe entre celles-ci des espaces vides dont l'étendue peut varier sous l'influence des agents physiques.

17. D'après le principe de la porosité, on doit distinguer dans tous les corps le *volume apparent* et le *volume réel.* Le volume apparent est la portion d'espace qu'un corps occupe; le volume réel est celui qu'occuperait ce corps si tous ses pores étaient anéantis de manière que la substance matérielle qui le compose formât un tout continu. Or, les changements de volume qu'un corps est capable d'éprouver pouvant être très grands (l'eau, par exemple qui, en passant à l'état de vapeur prend un volume environ dix-sept cents fois plus grand qu'à l'état liquide), sans que pour cela le nombre de ses molécules ait changé, il s'ensuit que les dimensions des espaces vides intermoléculaires peuvent être de beaucoup supérieures à celles des molécules elles-mêmes. C'est sur la porosité de certains corps, tels que le papier, le feutre, la pierre, le charbon, que reposent l'usage et la construction des filtres que l'on emploie pour clarifier les liquides.

18. La *compressibilité* est la propriété dont jouissent tous les corps de pouvoir diminuer de volume sous l'influence d'une pression extérieure. Cette propriété peut servir à démontrer la porosité, dont elle est la conséquence. Les corps les plus compressibles sont les gaz; les liquides sont ceux qui le sont le moins.

19. L'*élasticité* est la propriété en vertu de laquelle tous les corps tendent à reprendre leur volume et leur état primitifs lorsque la cause qui les avait comprimés cesse d'agir. Les gaz et les liquides sont des corps parfaitement élastiques; les solides ne jouissent pas d'une élasticité parfaite. Cette pro-

priété, très apparente dans l'ivoire, le marbre, l'acier, le caoutchouc, est à peine sensible dans les corps gras, la cire et le plomb.

20. La *mobilité* est la propriété que possèdent les corps de pouvoir être mis en *mouvement*, c'est-à-dire d'occuper successivement différentes portions de l'espace.

21. Le *mouvement* est l'état d'un corps qui change de position dans l'espace. Le *repos* est l'état d'un corps qui persiste dans le même lieu de l'espace. On divise le mouvement en mouvement *absolu* et en mouvement *relatif*. Il en est de même du repos.

Le *mouvement absolu* est celui que l'on suppose s'effectuer par rapport à certains points fixes dans l'espace. Le *repos absolu* est l'absence complète de mouvement. Le *mouvement relatif* est celui d'un corps qui se déplace par rapport à un autre corps qui est lui-même en mouvement ; exemple : une bille qui roule sur le pont d'un navire en marche. Le *repos relatif* est celui d'un corps qui conserve la même position par rapport à un autre corps qui se meut ; exemple : un objet qui reste en place sur un navire en marche. Le mouvement et le repos absolus n'existent pas dans le système du monde ; on n'y observe que le mouvement et le repos relatifs.

22. L'*inertie* est une propriété purement négative. C'est l'impuissance dans laquelle se trouve la matière de changer par elle-même son état de repos ou de mouvement. Ainsi un corps en repos restera éternellement en repos, un corps en mouvement persistera indéfiniment dans cet état, si une force extérieure ne vient agir sur lui, soit pour lui communiquer le mouvement, soit pour détruire celui dont il est animé.

Instruments de mesure.

23. *Instruments de mesure.* — La plupart des observations ou des expériences que l'on fait en physique exigent une mesure précise de l'étendue. Les instruments les plus usuels employés dans ce but sont le *vernier*, la *vis micrométrique* et le *cathétomètre*.

Le *vernier*, ainsi appelé du nom de son inventeur, est formé (*fig.* 2) de deux règles : une grande et une petite. La plus grande AB est fixe et divisée en parties égales ; la plus petite *ab*, qui est proprement le vernier, est mobile et glisse sur la première. Pour la graduer, on lui donne une longueur égale à

9 des divisions de la grande règle, puis on la divise en 10 parties égales. Chacune de ces divisions est donc d'un dixième plus petite que celles de la grande règle.

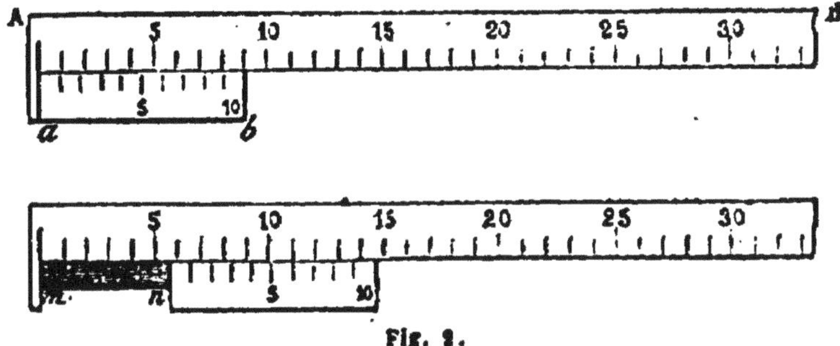

Fig. 2.

Supposons que l'on veuille mesurer la longueur d'un objet *mn*. On place celui-ci sur la grande règle divisée, je suppose, en centimètres, et on trouve ainsi qu'il mesure 4 centimètres plus une fraction. Pour évaluer cette fraction, on fait glisser le vernier sur la grande règle, jusqu'à ce qu'il vienne toucher l'extrémité de l'objet. On cherche alors le point où l'une des divisions du vernier coïncide sensiblement avec une des divisions de la grande règle. Admettons, comme le représente la figure, que cette coïncidence ait lieu à la sixième division du vernier : cela indique que la fraction à mesurer est égale à 6 dixièmes de centimètres ou 6 millimètres. En effet, les divisions du vernier étant d'un dixième plus petites que celles de la règle, il est facile de voir qu'à partir du point de coïncidence, en allant de droite à gauche, elles sont successivement en retard de 1, 2, 3... dixièmes sur celles de la règle. Si celle-ci, au lieu d'être divisée en centimètres, comme nous l'avons supposé, était divisée en millimètres, on aurait la longueur à un dixième de millimètre près. On pourrait l'obtenir à un vingtième, à un trentième de millimètre, en donnant au vernier une longueur égale à 19 ou à 29 millimètres et en le divisant en 20 ou 30 parties égales.

On peut rendre le vernier plus sensible encore en le fixant à l'extrémité du grand bras d'un levier coudé, semblable à celui qui est représenté *fig.* 101, et disposé de manière à lui transmettre, en les amplifiant, les mouvements produits par les variations de longueur d'une barre ou de tout autre objet mis en expérience; l'instrument prend alors le nom de *comparateur.*

La *vis micrométrique* sert également à mesurer avec précision de très petites longueurs ou épaisseurs. Il est facile de comprendre que si une vis est bien exécutée, chaque tour qu'on lui imprime, dans un écrou fixe, fait avancer sa pointe d'une longueur égale à celle de son *pas*, c'est-à-dire à l'intervalle compris entre deux filets consécutifs, et que, pour une fraction de tour, un dixième, par exemple, la pointe n'avance que d'un dixième du pas. Donc si le pas de la vis est d'un millimètre, et si sa tête porte un cercle tournant avec elle et divisé en 360 degrés, on pourra, en ne faisant marcher ce cercle que d'une division, ne faire avancer la vis que de $\frac{1}{360}$ de millimètre.

La vis micrométrique est l'organe principal de la *machine* dite *à diviser*, dont on se sert pour tracer sur des tubes ou sur des plaques de verre ou de métal des échelles divisées en un nombre plus ou moins grand de parties égales.

Le *cathétomètre* sert à mesurer exactement la distance verticale de deux points, par exemple, la différence de hauteur entre les surfaces libres de deux colonnes liquides. Il consiste en une règle verticale graduée sur laquelle glisse une lunette horizontale avec laquelle on vise successivement les deux points donnés. La quantité dont la lunette se déplace le long de la règle graduée donne la distance cherchée.

Résumé.

I. La physique est la science qui a pour objet l'étude des propriétés générales des corps et des modifications passagères qu'ils éprouvent sous l'influence des grands agents naturels, tels que la *pesanteur*, la *chaleur*, l'*électricité*, le *magnétisme*, le *son* et la *lumière*.

II. On appelle *corps* toute quantité limitée de matière. Les corps sont simples ou composés, solides, liquides ou gazeux.

III. On entend par propriétés des corps ou de la matière leurs diverses manières d'être ou d'impressionner nos sens.

IV. Les propriétés des corps se divisent en *propriétés générales* et en *propriétés particulières*. Les premières sont celles qui appartiennent à tous les corps; les secondes sont celles qui varient d'un corps à un autre, exemple : la couleur, la dureté, la forme cristalline, etc.

V. Les propriétés générales des corps sont au nombre de huit principales, savoir : l'*étendue*, l'*impénétrabilité*, la *divisibilité*, la *porosité*, la *compressibilité*, l'*élasticité*, la *mobilité* et l'*inertie*.

VI. Les principaux instruments dont on se sert pour mesurer l'étendue avec précision sont le *vernier*, la *vis micrométrique* et le *cathétomètre*.

PRINCIPES DE MÉCANIQUE.

Forces. — Énoncé de la règle du parallélogramme des forces et de la composition de deux forces parallèles. — Centre des forces parallèles. — Mouvement uniforme. Mouvement uniformément varié. — Proportionnalité des forces constantes aux accélérations qu'elles impriment à un même mobile. — Masses. — Quantité de mouvement. — Mesure des forces constantes. — Force vive. — Travail mécanique. — Kilogrammètre. — Force centrifuge.

Forces. Énoncé de la règle du parallélogramme des forces et de la composition de deux forces parallèles. Centre des forces parallèles.

24. *Forces.* — On donne le nom de *force* à toute cause capable de faire passer un corps de l'état de repos à l'état de mouvement, ou de modifier le mouvement qu'il possède. Ainsi l'action musculaire, la pesanteur, les attractions et les répulsions électriques, la tension des vapeurs, sont des forces.

Une force peut être *instantanée* ou *constante.* Elle est dite instantanée lorsqu'elle n'agit sur le mobile que pendant un temps très court, comme il arrive dans un choc, dans l'explosion de la poudre, etc. ; elle est dite constante, lorsqu'elle continue d'agir sur le mobile pendant toute la durée du mouvement, telle, par exemple, que la force de la pesanteur, celle d'une locomotive faisant marcher un train, etc.*.

25. On distingue dans une force trois éléments essentiels : 1° son point d'application ; 2° sa direction ; 3° son intensité ou sa puissance. La représentation géométrique d'une force se fait par une droite partant du point d'application, et dont la direction et la longueur indiquent la direction, le sens et l'intensité de la force.

26. Quand un corps est sollicité en même temps par deux ou plusieurs forces agissant en sens contraires, et que ces forces

* Cette distinction, que nous maintenons ici pour l'intelligence de ce qui va suivre, est plutôt théorique que pratique : car, en réalité, il n'y a d'autre différence entre une force instantanée et une force constante que la durée du temps pendant lequel elle agit sur le mobile.

se neutralisent complètement, on dit que ce corps est en *équilibre* ou que ces forces *se font équilibre*. Exemple : deux forces égales et de sens contraire agissant sur un même point d'un corps ou aux deux extrémités et dans la direction d'une droite matérielle.

27. On appelle *résultante* de deux ou plusieurs forces, agissant sur un même point matériel, la force unique capable de produire le même effet que ces forces combinées, et par suite de les remplacer. Les forces considérées relativement à leur résultante se nomment des *composantes*.

28. Quand deux forces, appliquées en un point, agissent dans le même sens et suivant une même ligne droite, leur résultante est égale à leur somme et agit dans la même direction que ces deux forces. Si elles agissent en sens opposé, leur résultante est égale à leur différence, et sa direction est dans le sens de la plus grande des deux forces.

29. *Parallélogramme des forces.* — Si deux forces agissent sur un même point matériel dans des directions formant un angle, *leur résultante est représentée en grandeur et en direction par la diagonale du parallélogramme construit sur les deux lignes qui représentent ces deux forces.*

Soient les deux forces P et Q (*fig.* 3) appliquées au point matériel A. Construisons sur les deux lignes AC et AB, qui représentent ces forces, le parallélogramme ABCD; la résultante sera représentée par la diagonale AD.

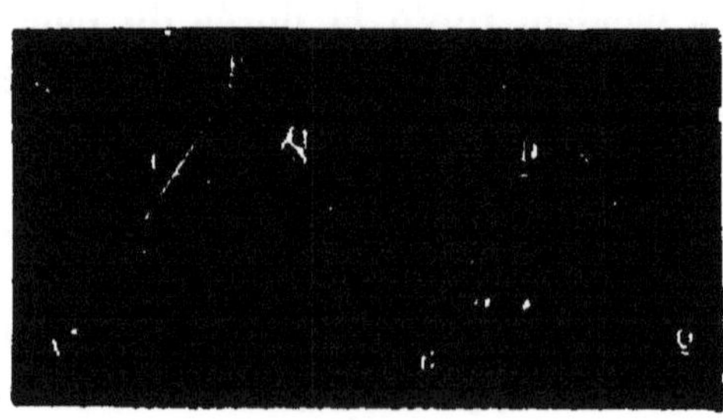

Fig. 3.

30. *Composition des forces parallèles.* — Quand deux forces parallèles agissent dans le même sens aux extrémités d'une droite inflexible, *leur résultante est égale à leur somme, parallèle à leur direction, et son point d'application divise la droite en deux parties inversement proportionnelles aux deux forces.*

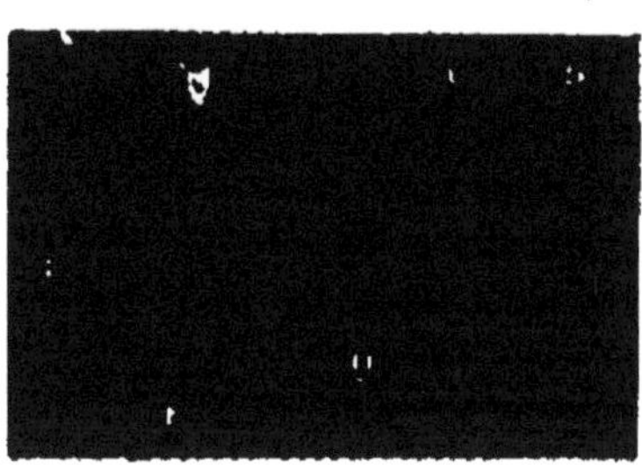

Fig. 4.

Soient les deux forces parallèles P et Q (*fig.* 4) appliquées aux extrémités de la droite AB. Leur résultante R, égale à leur somme, divisera la droite AB au point d'application C, de manière à donner la proportion

$$\frac{CB}{CA}=\frac{AP}{BQ}.$$

31. Si les deux forces parallèles sont inégales et agissent en sens contraire, *leur résultante sera égale à leur différence, parallèle à leur direction, et agira dans le sens de la plus grande force. Le point d'application de cette résultante sera sur le prolongement de la droite qui unit les deux forces parallèles et placé de manière que ses distances à leurs points d'application soient en raison inverse de leurs intensités respectives.*

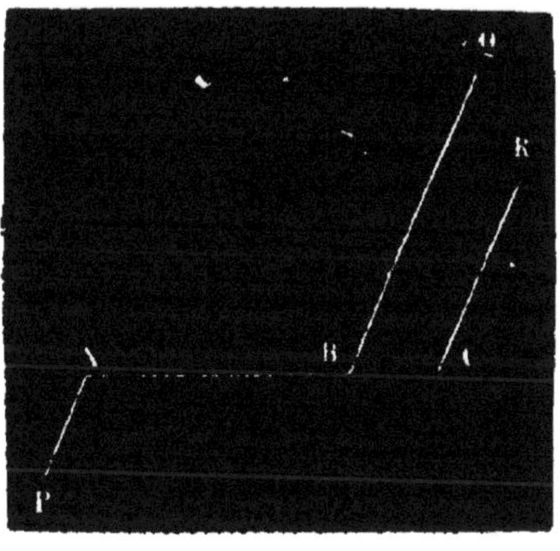

Fig. 5.

Soient les deux forces parallèles P et Q (*fig.* 5) agissant en sens inverse aux extrémités de la droite AB. Leur résultante R, égale à leur différence, s'appliquera au point C, de la ligne AB prolongée, de manière à donner la proportion

$$\frac{BC}{AC}=\frac{AP}{BQ}.$$

32. Quand deux forces parallèles sont égales et agissent en sens contraire aux extrémités d'une droite matérielle, leur résultante est nulle : elles forment alors ce qu'on appelle un *couple.* Or, comme aucune force unique ne peut leur faire équilibre, elles ont nécessairement pour effet d'imprimer à cette droite un mouvement de rotation.

33. Lorsque plusieurs forces parallèles, agissant dans le même sens, sont appliquées aux différents points d'un même

corps, leur résultante générale est égale à leur somme, et son point d'application s'obtient en composant les deux premières forces, puis leur résultante avec la troisième, et ainsi de suite.

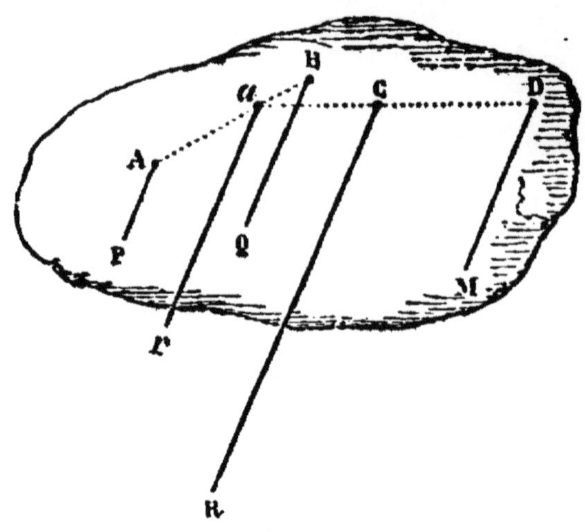

Fig. 6.

Soient les trois forces parallèles P, Q, M, agissant sur un corps quelconque (*fig.* 6). Je cherche d'abord le point d'application de la résultante r des deux forces P et Q ; ce que j'obtiens en divisant la droite AB de manière à avoir la proportion

$$\frac{aB}{aA}=\frac{AP}{BQ}.$$

Joignant ensuite, par la ligne droite aD, le point d'application a de cette première résultante r au point d'application D de la troisième force M, je divise également cette droite de manière à obtenir la proportion

$$\frac{CD}{Ca}=\frac{ar}{DM};$$

ce qui me donne le point d'application C de la résultante générale R. Or il est facile de voir que si, en conservant à ces trois forces leur parallélisme et leurs intensités propres, on change seulement leur direction, les rapports que nous venons d'indiquer restent les mêmes, et que, par conséquent, la résultante générale passe invariablement par le même point. C'est ce point que l'on nomme *centre des forces parallèles,* et *centre de gravité* lorsqu'il s'agit de la pesanteur.

Mouvement uniforme. Mouvement uniformément varié.

34. *Mouvement.* — On distingue le mouvement en *mouvement rectiligne* et en *mouvement curviligne.* Il est *rectiligne,* quand le mobile suit dans sa marche une ligne droite; *curviligne,* quand le chemin parcouru par le mobile est une ligne courbe. La ligne droite ou courbe que suit le mobile se nomme sa *trajectoire.*

35. Le mouvement rectiligne ou curviligne peut être *uniforme* ou *varié.* Il est uniforme quand le mobile parcourt dans des temps égaux des espaces égaux; il est varié dans le cas contraire. On ne considère en physique que le *mouvement uniforme* et le *mouvement uniformément varié.*

36. *Mouvement uniforme.* — Le *mouvement uniforme* est toujours le résultat d'une force instantanée ou d'une force constante qui, après avoir agi pendant un temps plus ou moins long sur un mobile, l'abandonne tout à coup. Toutefois, une force constante, même sans cesser d'agir, peut produire un mouvement uniforme; c'est lorsque les résistances qu'éprouve le mobile de la part du milieu dans lequel il se meut détruisent l'accroissement de vitesse que cette force tend à lui communiquer à chaque instant.

37. La *vitesse* dans le mouvement uniforme est représentée par l'espace que parcourt le mobile dans l'unité de temps, c'est-à-dire en une seconde. Cette vitesse étant nécessairement constante, les espaces parcourus croissent proportionnellement aux temps. *La vitesse du mouvement uniforme est donc égale au rapport de l'espace au temps,* ou en d'autres termes, à l'espace divisé par le temps. On prend pour *unité de vitesse* celle d'un corps qui parcourt un mètre par seconde. Ainsi, supposons qu'un mobile ait parcouru 60 mètres en 15 secondes; en divisant 60 par 15, on trouvera que sa vitesse est 4, c'est-à-dire que le mobile a parcouru 4 mètres par seconde.

Formules. En désignant par e l'espace parcouru par un mobile animé d'un mouvement uniforme, par t le temps employé à le parcourir, et par v sa vitesse, c'est-à-dire l'espace parcouru dans l'unité de temps, on aura les formules

$$e=vt \quad \text{et} \quad v=\frac{e}{t}$$

qui représentent les lois du mouvement uniforme.

38. *Mouvement uniformément varié.* — Le *mouvement uniformément varié* est celui dans lequel le mobile parcourt dans des temps égaux et successifs des espaces qui augmentent ou diminuent suivant une loi constante; ou, en d'autres termes, le mouvement dont la vitesse augmente ou diminue de quantités égales en des temps égaux. Dans le premier cas, le mouvement est *uniformément accéléré;* exemple : un corps qui tombe dans le vide. Dans le second cas, il est *uniformément retardé;* exemple : une pierre qu'on lance verticalement de bas en haut. Le mouvement uniformément varié est toujours le résultat d'une force constante qui agit sur le mobile pendant toute la durée de son mouvement, soit pour accélérer, soit pour ralentir sa vitesse. On doit entendre par *vitesse du mouvement uniformément varié* la vitesse du mouvement uniforme que prendrait le mobile à un moment donné, si la force constante cessait subitement d'agir sur lui. On appelle *accélération* dans un pareil mouvement la variation de la vitesse dans l'unité de temps.

39. Le mouvement uniformément varié est soumis à deux lois fondamentales :

1° *La vitesse croît ou décroît proportionnellement au temps;*

2° *Les espaces parcourus varient proportionnellement aux carrés des temps employés à les parcourir.*

Formules. L'expression des lois que nous venons d'énoncer se traduit par les formules suivantes :

1° *Mouvement uniformément accéléré; 1re loi.* Représentons par γ l'accélération ou l'accroissement de vitesse par seconde, et supposons le mobile partant du repos : sa vitesse v au bout d'une seconde sera γ; au bout de 2, 3, 4... secondes, elle sera de 2γ, 3γ, 4γ, et ainsi de suite. Donc, après t secondes cette vitesse sera

$$v=\gamma t.$$

Ce qui exprime que dans le mouvement uniformément accéléré *les vitesses sont proportionnelles aux temps.*

Si le mobile, au lieu de partir du repos, était animé d'une vitesse initiale a, la formule deviendrait

$$v = a + \gamma t.$$

2e *loi.* Un corps qui se meut pendant t secondes d'un mouvement uniformément accéléré, avec une vitesse initiale nulle et une vitesse finale γt, parcourt nécessairement le même espace que s'il était animé d'un mouvement uniforme avec une vitesse moyenne $\frac{\gamma t}{2}$. Or, dans le mouvement uniforme, l'espace étant égal à la vitesse multipliée par le temps (37), si nous représentons par e cet espace, nous aurons, en multipliant $\frac{\gamma t}{2}$ par t, la formule

$$e = \frac{\gamma t^2}{2}.$$

C'est-à-dire que *les espaces sont proportionnels aux carrés des temps.*

Si le mobile, au lieu de partir du repos, était animé d'une vitesse initiale a, la formule deviendrait

$$e = at + \frac{\gamma t^2}{2}.$$

Enfin, si l'on élimine le temps t entre les deux équations $v = \gamma t$ et $e = \frac{\gamma t^2}{2}$, on a

$$v = \sqrt{2\gamma e};$$

c'est-à-dire que les *vitesses sont également proportionnelles aux racines carrées des espaces parcourus.*

2° *Mouvement uniformément retardé.* Si nous désignons par a la vitesse initiale d'un mobile animé d'un mouvement uniformément retardé, et par γ la diminution de la vitesse dans chaque unité de temps, on aura pour la valeur de la vitesse v à un instant déterminé t

$$v = a - \gamma t$$

d'où l'on déduira, comme précédemment, la valeur de l'espace parcouru e, considéré dans le sens de la vitesse initiale a,

$$e = at - \frac{\gamma t^2}{2}.$$

Ces diverses formules sont très importantes à connaître, principalement, comme nous le verrons bientôt, pour l'étude des mouvements des corps produits par la pesanteur.

Proportionnalité des forces constantes aux accélérations qu'elles impriment à un même mobile. Masses. Quantité de mouvement. Mesure des forces constantes.

40. *Proportionnalité des forces constantes aux accélérations.* — Soient deux forces constantes F et F' dont les intensités sont dans le rapport de 3 à 5. La première force F peut évidemment être remplacée par trois forces égales à la commune mesure, agissant simultanément et dans la même direction sur le mobile. Donc l'accélération γ de vitesse imprimée au mobile par la force F, dans l'unité de temps, sera le triple de l'accélération que donnerait la force servant de commune mesure. Par la même raison, l'accélération γ' communiquée au même mobile par la force F' sera égale à 5 fois cette même accélération. Les accélérations γ et γ' seront donc dans le même rapport que les forces F et F', ce qui donne

$$\frac{F}{F'} = \frac{\gamma}{\gamma'}.$$

Donc, *quand deux ou plusieurs forces constantes agissent successivement sur un même mobile, elles lui communiquent, dans des temps égaux, des accélérations de vitesse qui leur sont proportionnelles.*

Il suit de ce principe que l'on peut *mesurer les forces constantes* par les accélérations de vitesse qu'elles communiquent à un même mobile, les forces étant exprimées en *kilogrammes* et les vitesses en *mètres.*

41. *Masses.* — De l'égalité ci-dessus $\frac{F}{F'} = \frac{\gamma}{\gamma'}$, on peut déduire

$$\frac{F}{\gamma} = \frac{F'}{\gamma'} = \frac{F''}{\gamma''} \ldots = M;$$

d'où il résulte que, pour un même mobile, le rapport M entre la force qui agit sur lui et l'accélération de vitesse que cette force lui communique est constant, quelle que soit la force.

C'est ce rapport constant qui, en mécanique, représente la masse des corps. Deux corps, quelle que soit leur nature, sont donc de même masse quand, soumis à l'action de forces égales, ils prennent, dans le même temps, des accélérations égales.

Supposons que la force considérée soit la résultante des actions que la pesanteur exerce sur toutes les molécules d'un corps ou le poids P de ce corps, et représentons par g l'accélération due à la pesanteur; la masse M de ce corps aura pour expression

$$M=\frac{P}{g}.$$

On peut donc, dans ce cas particulier, appeler *masse* d'un corps *le rapport de son poids à l'accélération qu'il prend sous l'action de la pesanteur.*

Supposons $M=1$; on aura $P=g$. D'où il suit que *l'unité de masse* est la masse d'un corps dont le poids, en un lieu déterminé, est exprimé en kilogrammes par le même nombre qui exprime en mètres l'accélération en chute libre, dans ce même lieu.

42. *Quantité de mouvement.* — Soient M et M' les masses différentes de deux corps, F et F' les forces qui agissent sur eux, et γ et γ' les accélérations qu'elles leur communiquent dans le même temps; on aura

$$\frac{F}{\gamma}=M \quad \text{et} \quad \frac{F'}{\gamma'}=M'; \quad \text{d'où} \quad \frac{F}{F'}=\frac{M\gamma}{M'\gamma'};$$

Or, d'après la formule exprimée plus haut $v=\gamma t$ (39), les accélérations sont entre elles comme les vitesses acquises au bout du même temps, puisque pour le second mobile on aura $v'=\gamma' t$; donc $\frac{\gamma}{\gamma'}=\frac{v}{v'}$.

Nous pouvons donc remplacer dans les égalités ci-dessus $\frac{\gamma}{\gamma'}$ par sa valeur $\frac{v}{v'}$, ce qui nous donne

$$\frac{F}{v}=M \quad \text{et} \quad \frac{F'}{v'}=M'; \quad \text{d'où} \quad \frac{F}{F'}=\frac{Mv}{M'v'}.$$

Deux forces constantes sont donc entre elles comme les produits des masses des corps qu'elles sollicitent par les vitesses qu'elles leur communiquent au bout du même temps.

Ce produit Mv de la masse d'un corps par sa vitesse est ce que l'on appelle la *quantité de mouvement* de ce corps. On peut donc dire également que *deux forces quelconques sont entre elles comme les quantités de mouvement qu'elles impriment aux mobiles qu'elles sollicitent.* De là un nouveau moyen de mesurer une force quelconque par l'évaluation numérique de Mv, c'est-à-dire de la quantité de mouvement qui lui correspond. En prenant pour unité de force celle qui, dans une seconde, imprimerait à l'unité de masse l'unité de vitesse, le produit Mv exprimera en kilogrammes l'intensité de la force.

Si dans l'égalité $\frac{F}{F'}=\frac{Mv}{M'v'}$, on suppose $v'=v$, on aura $\frac{F}{F'}=\frac{M}{M'}$; donc *deux forces qui communiquent à des masses différentes des vitesses égales sont entre elles comme ces masses.*

Si, dans cette même égalité $\frac{F}{F'}=\frac{Mv}{M'v'}$, nous faisons $F'=F$, nous aurons $Mv=M'v'$; d'où $\frac{v'}{v}=\frac{M}{M'}$, c'est-à-dire que *les vitesses communiquées par une même force agissant successivement sur des masses inégales sont en raison inverse de ces masses.* C'est sur ce principe que repose la machine d'Atwood, dont nous allons bientôt nous occuper.

En physique, on entend par *masse* d'un corps la quantité de matière ou la somme des molécules que ce corps renferme; d'où il résulte que, dans un même lieu, *les masses des corps sont proportionnelles à leurs poids.*

Travail mécanique. Kilogrammètre. Force vive; énergie.

15. *Travail mécanique, kilogrammètre.* — On appelle *travail mécanique* d'une force, dans un temps donné, le produit de cette force par le déplacement de son point d'application dans le même temps et dans le sens de sa direction : soit F la force et E l'espace parcouru, le travail mécanique T sera $T=F\times E$, la force F étant exprimée en kilogrammes et l'espace E en

mètres. On est convenu de prendre pour unité de travail mécanique le travail nécessaire pour élever 1 kilogramme à la hauteur de 1 mètre : cette unité de travail est ce qu'on nomme le *kilogrammètre.*

Or, si nous représentons maintenant par P et P' deux poids différents à élever à une même hauteur et par K le travail qu'il faudrait effectuer pour élever à cette même hauteur l'unité de poids, il est évident que le travail T, nécessaire pour élever le poids P, aura une valeur égale à K multiplié par P, et que le travail T' nécessaire pour élever le poids P' aura une valeur égale à K multiplié par P'. Donc

$$\frac{T}{T'} = \frac{KP}{KP'}, \quad \text{ou} \quad \frac{T}{T'} = \frac{P}{P'},$$

c'est à dire que *les travaux effectués en élevant différents poids à une même hauteur sont proportionnels à ces poids.*

En supposant un même poids à élever à deux hauteurs différentes H et H', on démontrerait de la même manière que $\frac{T}{T'} = \frac{H}{H'}$ et que par conséquent *les travaux effectués en élevant un même poids à des hauteurs différentes sont proportionnels à ces hauteurs.*

En posant les deux égalités

$$\frac{T}{T'} = \frac{P}{P'} \quad \text{et} \quad \frac{T}{T'} = \frac{H}{H'},$$

et en désignant par T'' le travail qui correspondrait à l'élévation du poids P' à la hauteur H, on aura, d'après ce qui précède,

$$\frac{T}{T''} = \frac{P}{P'} \quad \text{et aussi} \quad \frac{T''}{T'} = \frac{H}{H'}.$$

En multipliant membre à membre ces deux égalités et en supprimant le facteur commun T'', il vient

$$\frac{T}{T'} = \frac{P \times H}{P' \times H'}.$$

Donc les travaux effectués pour élever des poids différents à des hauteurs différentes sont entre eux comme les produits de chacun de ces poids par la hauteur à laquelle il a été élevé.

Par conséquent, la mesure, en kilogrammètres, du travail effectué en élevant un poids quelconque P exprimé en kilogrammes à une hauteur H exprimée en mètres est égale à $P \times H$, c'est-à-dire au poids multiplié par la hauteur. Par exemple, le travail effectué par un homme ou par une machine, en élevant un poids de 12 kilogrammes à 4 mètres de hauteur, est égal à 48 kilogrammètres.

Force vive; énergie. — Tout corps en mouvement est capable de produire à un moment donné des effets mécaniques, dont la grandeur dépend à la fois de sa masse et de sa vitesse. Tel est le cas, par exemple, du marteau frappant un obstacle, de l'eau d'un fleuve faisant tourner la roue d'un moulin, du projectile lancé par une arme à feu, etc. Cette puissance dynamique que possèdent tous les corps en mouvement est désignée sous le nom de *force vive* ou *énergie actuelle*.

On démontre en mécanique que la force vive ou énergie actuelle d'un corps en mouvement est égale à la moitié du produit de la masse m de ce corps par le carré de la vitesse v, qu'il possède à l'instant considéré; d'où la formule $\frac{1}{2}mv^2$ par laquelle on la représente. On démontre également que cette même force vive acquise au bout d'un certain temps par un corps en mouvement uniformément varié *est égale au travail effectué pendant le même temps* par la force qui sollicite ce corps,

d'où $$T = \frac{mv^2}{2}.$$

A coté de l'*énergie actuelle* ou force vive des corps en mouvement existe un autre mode d'énergie, que certains corps tiennent de leur position ou de leur nature. Par exemple, un poids suspendu en l'air, un ressort tendu, la poudre à canon, la dynamite, etc, possèdent de l'énergie, qui, à un moment donné, soit en coupant la corde qui retient le poids, soit en lâchant la détente du ressort, en projetant une étincelle sur la poudre, produira des effets mécaniques : ce mode d'énergie a reçu le nom d'*énergie potentielle* ou *force de tension* pour la distinguer de l'énergie actuelle ou force vive que possèdent les corps en mouvement.

Nous verrons plus loin (Chap. XV) de quelle importance est cette notion de l'énergie, récemment introduite dans la science pour l'interprétation du grand phénomène de la transformation des forces, c'est-à-dire du mouvement en chaleur, en électricité, en lumière et réciproquement, qui forme aujourd'hui la base des sciences physiques.

Force centrifuge.

44. *Mouvement curviligne.* — Nous avons vu que le mouvement uniforme ou varié peut être rectiligne ou curviligne. Dans ce dernier cas, le mobile, au lieu de suivre une ligne droite, parcourt une ligne courbe. Ce mouvement est toujours le résultat, soit d'une force continue agissant obliquement sur la vitesse initiale communiquée à un corps, exemple : l'action de la pesanteur sur une pierre lancée obliquement de bas en haut; soit d'une résistance qui modifie à chaque instant le mouvement communiqué à un corps par une force instantanée; exemple : le mouvement d'un corps attaché à l'extrémité d'un fil pouvant tourner autour d'un point fixe, et lancé perpendiculairement à ce fil. Le mouvement curviligne a reçu des noms différents, selon les différentes lignes géométriques que représentent les trajectoires décrites par le mobile dans divers cas : de là les noms de mouvement *circulaire, parabolique, elliptique, etc.* Nous ne nous occuperons ici que du mouvement circulaire.

45. *Force centrifuge.* Lorsqu'on fait tourner rapidement un corps attaché à l'une des extrémités d'une corde dont l'autre extrémité est fixe, la corde se tend, et elle finirait par se rompre si le mouvement de rotation devenait assez rapide. Le corps, en tournant ainsi, agit donc sur la corde comme s'il était soumis à l'action d'une force qui tendrait à l'éloigner du centre de son mouvement : cette force a reçu le nom de *force centrifuge.*

Fig. 7.

Soit une molécule matérielle M (*fig.* 7), attachée à un fil inextensible fixé au point O et décrivant autour de ce point une circonférence. En admettant que la circonférence soit un polygone d'un nombre infini de côtés infiniment petits, quand le mobile sera parvenu en un point quelconque A, il tendra, en vertu de son inertie, à suivre la tangente AF, suivant une force que nous représenterons par AC; mais il ne peut prendre cette direction, puisqu'il est retenu par le fil à une distance constante du centre. Il faut donc que la force AC se décompose en deux autres : l'une dirigée suivant l'élément AB de la circonférence que le mobile doit suivre, et qui le fait avancer dans le sens de la courbe; l'autre suivant le prolongement du fil AP. Cette dernière est la force centrifuge, puisqu'elle tend sans cesse à éloigner le mobile du centre O de la circonférence. Elle est équilibrée par la résistance du fil. Si, à un moment donné, celui-ci venait à se rompre, la force centrifuge serait aussitôt anéantie, et le mobile prendrait alors un mouvement rectiligne suivant la direction de la tangente menée par le point de la circonférence où il se trouverait à ce moment. La fronde, qui sert à lancer des pierres, repose sur ce principe.

Lois de la force centrifuge. — Voici quelles sont les lois de la force centrifuge engendrée par le mouvement circulaire:

1° *La force centrifuge est proportionnelle au carré de la vitesse.* Ainsi quand la vitesse du mobile devient 2, 3 fois plus grande, la force centrifuge devient 4, 9 fois plus intense;

2° *Quand la masse et la vitesse sont égales, la force centrifuge varie en raison inverse du rayon du cercle décrit.* Ainsi quand un corps, avec une même vitesse, décrit un cercle de rayon double, triple, quadruple du rayon du cercle qu'il décrivait d'abord, sa force centrifuge se réduit à la moitié, au tiers, ou au quart de sa valeur primitive.

Ces deux lois peuvent se démontrer par le calcul et par l'expérience.

Résumé.

I. On donne le nom de *force* à toute cause capable de faire passer un corps de l'état de repos à l'état de mouvement, ou de modifier le mouvement qu'il possède.

II. Le mouvement d'un corps peut être uniforme ou varié. On ne considère en physique que le mouvement uniforme et le mouvement uniformément varié.

III. Dans le mouvement uniforme, la vitesse reste constante et l'espace parcouru croît proportionnellement au temps : $e = vt$.

IV. Dans le mouvement uniformément varié, la vitesse croît ou décroît proportionnellement au temps, et les espaces parcourus varient proportionnellement aux carrés des temps : $e = \frac{\gamma t^2}{2}$.

V. Quand deux ou plusieurs forces constantes agissent successivement sur un même mobile, elles lui communiquent, dans des temps égaux, ces accélérations de vitesse proportionnelles à ces forces.

VI. On désigne, en mécanique, sous le nom de *masse* d'un corps le rapport constant qui existe entre la force qui agit sur ce corps et l'accélération de vitesse que cette force lui communique : $M = \frac{F}{\gamma}$.

VII. Des forces constantes sont entre elles comme les produits des masses des corps quelles sollicitent par les vitesses qu'elles leur communiquent au bout du même temps.

VIII. On appelle *quantité de mouvement* le produit Mv de la masse d'un corps par sa vitesse. Deux forces quelconques sont donc entre elles comme les quantités de mouvement qu'elles impriment aux mobiles qu'elles sollicitent.

IX. En physique, on entend par masse d'un corps la quantité de matière ou la somme des molécules que ce corps renferme : d'où il résulte que, dans un même lieu, les *masses des corps sont proportionnelles à leurs poids*.

X. Le *travail mécanique* T d'une force est le produit de l'intensité de cette force F, exprimée en kilogrammes, par le déplacement E, exprimé en mètres, du mobile qu'elle sollicite; d'où $T = F \times E$. On est convenu de prendre pour unité de travail mécanique le travail nécessaire pour élever 1 kilogramme à la hauteur de 1 mètre : cette unité de travail est ce qu'on nomme le *kilogrammètre*.

XI. On désigne sous le nom de *force vive* ou *énergie actuelle* la puissance dynamique que possèdent tous les corps en mouvement. Cette force est égale à la moitié du produit de la masse m du mobile par le carré de la vitesse v qu'il possède à un instant déterminé; elle représente également le travail mécanique dépensé pour donner au mobile la vitesse dont il est animé à cet instant; d'où $T = \frac{1}{2}mv^2$.

XII. Tout mouvement curviligne engendre une force qui tend sans cesse à éloigner le mobile du centre de rotation, et que l'on appelle *force centrifuge*.

XIII. La force centrifuge est soumise aux lois suivantes :

1° Elle est proportionnelle au carré de la vitesse;

2° Elle varie en raison inverse du rayon du cercle décrit.

CHAPITRE I.

PESANTEUR.

Direction de la pesanteur. — Poids. — Centre de gravité. — Densité. — Équilibre des corps pesants.

Direction de la pesanteur.

46. *Pesanteur.* — La *pesanteur* est la force d'attraction qui sollicite les corps à *tomber*, c'est-à-dire à se diriger vers la terre. Elle est un effet de l'*attraction universelle,* dont la loi, découverte par Newton, s'énonce ainsi : *La matière attire la matière en raison directe des masses et en raison inverse du carré des distances.* Tous les corps sont soumis à son action. Si quelques-uns, comme les nuages, la fumée, les ballons, semblent s'y soustraire en s'élevant dans l'atmosphère, cette apparente exception, comme nous le verrons plus loin, n'est qu'un effet de la pesanteur elle-même et rentre dans la loi générale.

La pesanteur est une force constante, car la vitesse d'un corps qui tombe augmente pendant toute la durée de sa chute. Cette augmentation de vitesse ne tient pas, comme on pourrait le croire, à ce que l'énergie de la pesanteur s'accroît à mesure que le corps, en tombant, se rapproche du globe ; car, aux diverses hauteurs de chute que nous pouvons observer sur la

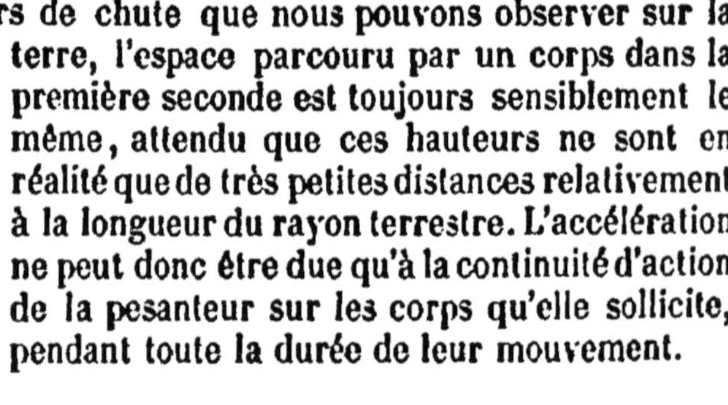
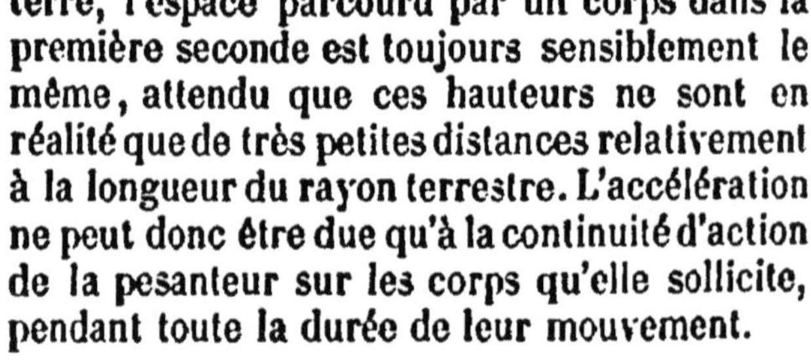

terre, l'espace parcouru par un corps dans la première seconde est toujours sensiblement le même, attendu que ces hauteurs ne sont en réalité que de très petites distances relativement à la longueur du rayon terrestre. L'accélération ne peut donc être due qu'à la continuité d'action de la pesanteur sur les corps qu'elle sollicite, pendant toute la durée de leur mouvement.

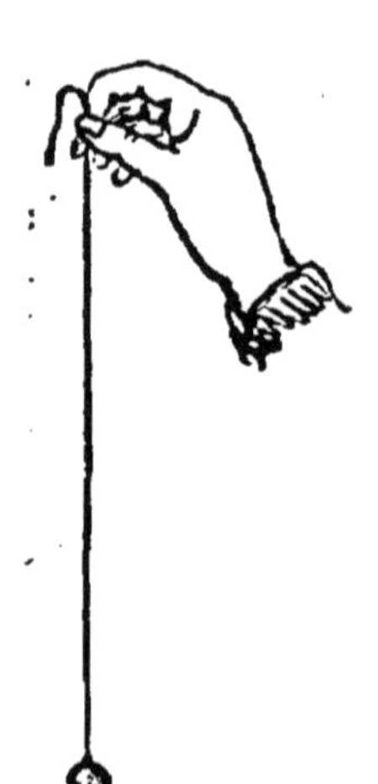

Fig. 8.

47. *Direction de la pesanteur.* — La direction de la pesanteur est la ligne droite que suivent les corps en tombant.

Cette direction, donnée par le *fil à plomb* (*fig.* 8), se nomme *verticale.* Elle est perpendiculaire à la surface des eaux tranquilles et représente par conséquent, pour chaque lieu de la terre, le rayon terrestre passant par ce lieu. En effet, la terre étant à peu près sphérique, toutes les perpendiculaires à sa surface libre, c'est-à-dire à la surface des eaux tranquilles, vont sensiblement concourir à son centre. D'ailleurs, on démontre, en mécanique rationnelle, que la résultante de toutes les attractions exercées par les molécules d'une sphère sur une autre molécule placée en dehors de cette sphère, a pour direction la ligne qui joint cette molécule au centre.

Il résulte de cette direction de la pesanteur que les verticales de deux points éloignés du globe forment un angle, puisqu'elles vont se rencontrer au centre. Ainsi de Barcelone à Dunkerque cet angle est de 7° 28'. Mais pour de très petites distances, par exemple pour celles qui séparent les molécules d'un même corps, cet angle est insensible et les verticales peuvent être considérées comme rigoureusement parallèles, en raison de l'énorme distance à laquelle elles se rencontrent par rapport à celle qui les sépare. La pesanteur, agissant verticalement sur toutes les molécules d'un corps, représente donc pour chaque corps un ensemble de forces parallèles.

On appelle *ligne horizontale, plan horizontal* d'un lieu, la ligne droite et le plan perpendiculaires à la verticale de ce lieu. Le plan horizontal porte encore le nom de plan ou *surface de niveau.* On désigne sous le nom d'*antipodes* les lieux de la terre diamétralement opposés ; les verticales de ces lieux représentent donc sensiblement le prolongement du diamètre terrestre qui les joint l'un à l'autre.

Remarque.—La pesanteur étant un des effets de l'attraction que la matière exerce à distance sur elle-même, il en résulte que les hautes montagnes doivent produire dans leur voisinage une déviation du fil à plomb. C'est, en effet, ce qui a été constaté par divers observateurs, entre autres par Bouguer sur les flancs du Chimboraço; par Maskeline, en 1772, au pied des monts Shéhalliens, en Écosse, et par Carlini, en 1824, au Mont-Cenis. La déviation trouvée par Bouguer, fut de 8'; celle trouvée par Maskeline s'élevait à 54'. Remarquons que le fil à plomb, ainsi dévié de la verticale, ne cesse pas d'être toujours perpendiculaire à la surface des eaux tranquilles qui avoisinent les montagnes; car la même cause qui dévie le fil modifie également l'horizontalité de ces eaux. Aussi ces observations fort délicates n'ont-elles pu être faites qu'à l'aide de points fixes fournis par les étoiles.

Poids. Poids absolu, poids relatif et poids spécifique. Densité.

18. *Poids.* — On appelle *poids d'un corps* la résultante des actions que la pesanteur exerce sur toutes ses molécules. On dit encore que le poids d'un corps est la pression que ce corps exercerait dans le vide sur un plan horizontal s'opposant à sa chute. Il résulte de la première définition que le poids d'un corps est proportionnel à sa masse, et réciproquement.

Il ne faut pas confondre, comme on le fait quelquefois dans le langage vulgaire, le mot *pesanteur* avec le mot *poids.* La pesanteur désigne *la force constante* qui attire tous les corps vers le centre de la terre, tandis que le poids désigne *l'effet de cette force* sur chacun d'eux.

Fig. 9.

On distingue dans les corps trois espèces de poids : le *poids absolu*, le *poids relatif* et le *poids spécifique.*

Le *poids absolu* d'un corps est représenté par l'effort qu'il faut lui opposer dans le vide pour l'empêcher de tomber. Ainsi, soit (*fig.* 9) une particule matérielle A sollicitée par l'action de la pesanteur AP; la force égale AF qu'il faudra lui opposer pour qu'elle ne tombe pas représentera son poids absolu.

Le *poids relatif* d'un corps est le rapport de son poids absolu à un autre poids déterminé que l'on prend pour unité. On l'obtient au moyen de la balance. L'unité de poids, dans notre système métrique, est le *gramme,* c'est-à-dire le poids d'un *centimètre cube* d'eau distillée et à son maximum de densité.

Le *poids spécifique d'un corps* est le rapport de son poids, sous un certain volume, au poids d'un même volume d'eau distillée, à son maximum de densité. Comme l'unité de poids, dans notre système métrique, correspond à l'unité de volume, on peut encore dire que le poids spécifique d'un corps est le *poids de l'unité de volume de ce corps.* Ainsi, un centimètre cube de platine pesant 22 grammes, tandis que le même volume d'eau ne pèse que 1 gramme, le poids spécifique du platine sera 22. De même, quand nous disons que le poids spécifique du plomb est 11, nous exprimons qu'à volume égal le plomb pèse onze fois plus que l'eau, ou encore qu'un centimètre cube de plomb pèse 11 grammes. Cette définition ne s'applique qu'aux corps solides ou liquides. Pour les gaz, c'est l'air atmosphérique qui sert de terme de comparaison dans la mesure de leurs poids spécifiques.

Remarque. — La formule $M = \frac{P}{g}$ indiquée plus haut (41), dans laquelle M représente la masse d'un corps, P son poids absolu et g l'intensité de la pesanteur, nous donne $P = Mg$. Donc le *poids absolu* d'un corps varie proportionnellement à l'intensité de la pesanteur. Ce poids, par conséquent, n'est pas le même sur tous les points du globe : comme la pesanteur, il augmente, ainsi que nous le verrons bientôt (page 48), en allant de l'équateur au pôle. Le poids relatif, au contraire, reste partout le même : un corps pesant 500 grammes à l'équateur pèse également 500 grammes au pôle, attendu que les variations dans l'intensité de la pesanteur s'exercent en égale proportion et sur le corps et sur l'unité de poids qui sert à le peser.

49. *Densité.* — Nous venons de voir que tous les corps sous le même volume n'ont pas le même poids, c'est-à-dire qu'ils ne renferment pas la même masse ou quantité de matière. On appelle *densité* d'un corps la *masse ou quantité de matière qu'il contient sous l'unité de volume*, ou bien, ce qui est la même chose, le *rapport de sa masse à son volume*. Or, comme en un même lieu les masses sont proportionnelles aux poids, on peut encore dire que la densité d'un corps est le *poids de l'unité de volume de ce corps*. Les mots *densité* et *poids spécifique* expriment donc, en physique, la même idée, et peuvent être employés indifféremment.

Centre de gravité. Équilibre des corps pesants.

50. *Centre de gravité.* — Le *centre de gravité* d'un corps est le point d'application de la pesanteur, c'est-à-dire le point fixe par lequel passe constamment la résultante de toutes les actions que la pesanteur exerce sur les molécules de ce corps, dans toutes les positions qu'il peut prendre. Pour bien concevoir cette définition, rappelons-nous que la pesanteur, agissant sur toutes les molécules d'un corps, représente pour chaque corps un ensemble de forces verticales parallèles (47). Or, si le corps change successivement de position, ces forces conservant les mêmes points d'application, la même direction et les mêmes intensités, leur résultante passera toujours par le même point (33).

La détermination du centre de gravité appartient à la Mécanique. Dans quelques cas cependant, on peut le déterminer immédiatement. Quand il s'agit, par exemple, de corps homogènes ayant des formes géométriques régulières, il est bien évident que le centre de gravité coïncidera avec leur centre de figure. C'est ainsi que le centre de gravité G d'un parallélipipède (*fig.* 10) est au point de rencontre des deux diagonales; que le centre de gravité d'un cylindre droit (*fig.* 11), ou oblique (*fig.* 12), est au milieu de l'axe ou de la ligne droite qui joint les centres des deux bases; que le centre de gravité d'une sphère est au centre même de cette sphère; que le centre de gravité d'un disque, d'un anneau (*fig.* 13), est au centre de ce disque ou de cet

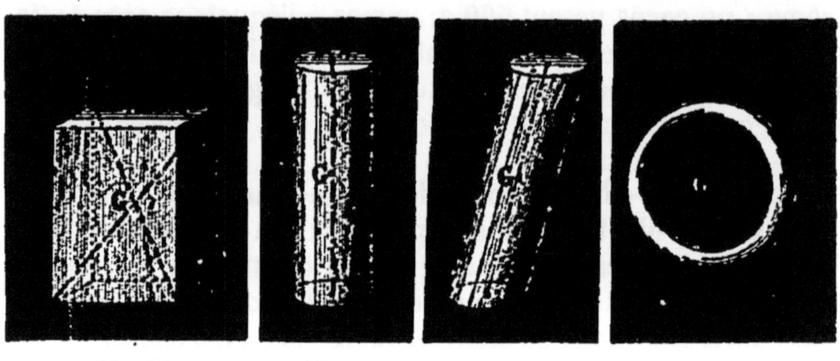

Fig. 10. Fig. 11. Fig. 12. Fig. 13.

anneau, etc.* De même, s'il s'agit d'un corps homogène dont l'épaisseur soit très petite relativement à ses autres dimensions, comme une planche mince ou une feuille de tôle, on pourra faire abstraction de cette épaisseur et ne considérer que la surface. C'est ainsi que l'on trouvera que le centre de gravité d'un parallélogramme (*fig.* 14) est au point de rencontre de ses diagonales, et que le centre de gravité d'un cercle est situé au centre même de ce cercle.

Fig. 14.

On peut encore, dans certains cas, déterminer par l'expérience le centre de gravité d'un corps.

Soit, par exemple, le demi-cercle A (*fig.* 15) considéré comme un plan pesant, et supposons qu'on le suspende par un fil attaché au point D. Ce demi-cercle prendra une certaine position

* On voit par ce dernier exemple que le centre de gravité d'un corps solide peut être situé en un point qui ne fait pas partie de ce corps lui-même.

d'équilibre (51); et comme cet équilibre n'est posssible que dans le cas où la résultante commune de la pesanteur se trouve dans la même direction que la force qu'on y oppose, il est évident que le centre de gravité du demi-cercle se trouvera sur un point quelconque de la ligne DF. Si l'on trace cette ligne sur le demi-cercle et qu'on le suspende de nouveau par un autre point D', les mêmes conditions d'équilibre se représentant, on aura une nouvelle ligne D'F' sur laquelle devra aussi se trouver le centre de gravité du demi-cercle : donc ce centre de gravité sera placé à l'intersection des deux lignes, c'est-à-dire au point G.

Fig. 18.

51. *Équilibre des corps pesants.*—L'action de la pesanteur sur un corps pouvant toujours être représentée par une résultante unique, égale à son poids, verticale et appliquée à son centre de gravité, il suffit, pour lui faire équilibre, de lui opposer une force égale, de même direction et appliquée au même point. On peut obtenir ce résultat de trois manières différentes : 1° en soutenant le centre de gravité par un fil ; 2° par un axe horizontal ; 3° par un plan fixe.

1° Quand un corps est suspendu par un fil, il ne peut être en équilibre que lorsque le fil est vertical et que le centre de gravité du corps se trouve dans sa direction. De là le procédé que nous venons d'indiquer (50) pour déterminer expérimentalement le centre de gravité d'un corps.

2° Lorsqu'un corps solide est soutenu par un axe horizontal autour duquel il peut librement tourner, l'équilibre ne peut avoir lieu que si la verticale du centre de gravité passe par l'axe. Cette condition peut être remplie de trois manières différentes ; ce qui donne trois sortes d'équilibre : l'*équilibre indifférent*, l'*équilibre stable* et l'*équilibre instable.*

L'équilibre est *indifférent* si l'axe passe par le centre de gravité ; il est facile de voir en effet que le corps restera en équilibre dans toutes les positions qu'on pourra lui donner, puisque son centre de gravité et le point d'appui ne cesseront pas de coïncider.

L'équilibre est *stable* si le centre de gravité est au-dessous de l'axe : car le corps écarté de sa position d'équilibre tendra toujours à y revenir en exécutant autour d'elle une série d'oscillations analogues à celles d'un pendule.

L'équilibre est *instable* quand le centre de gravité est au-dessus de l'axe ; car, pour peu qu'on écarte le corps de sa position d'équilibre, il s'en éloigne sans retour.

3° Quand un corps pesant s'appuie sur un plan horizontal, sur une table ou sur le sol par exemple, il peut arriver que ce corps n'ait avec le plan qu'un seul point de contact ; exemple : une sphère. Pour que ce corps soit en équilibre, il faudra que la verticale abaissée du centre de gravité passe par le point de contact.

Si le corps, au contraire, touche le plan par plusieurs points (*fig.* 16), et qu'on joigne ces points deux à deux de manière à former un polygone convexe, il faudra, pour que l'équilibre ait lieu, que la verticale GP, abaissée du centre de gravité, tombe dans l'intérieur de la base que représente le polygone.

Fig. 16.

Un corps placé sur un plan horizontal peut présenter, comme dans le cas précédent, trois sortes d'équilibre : 1° il sera en équilibre indifférent lorsque son centre de gravité ne pourra ni s'élever ni s'abaisser dans les différentes positions qu'il pourra prendre ; exemple : une sphère parfaite et homogène (*fig.* 17) ; 2° l'équilibre sera stable lorsque le centre de gravité sera plus bas que dans toute autre position ; exemple : une pyramide placée sur sa base (*fig.* 18) ; 3° l'équilibre sera instable si le centre de gravité est plus haut que dans toute autre position ; exemple : une pyramide régulière appuyant sur un plan par son sommet (*fig.* 19).

Fig 17.

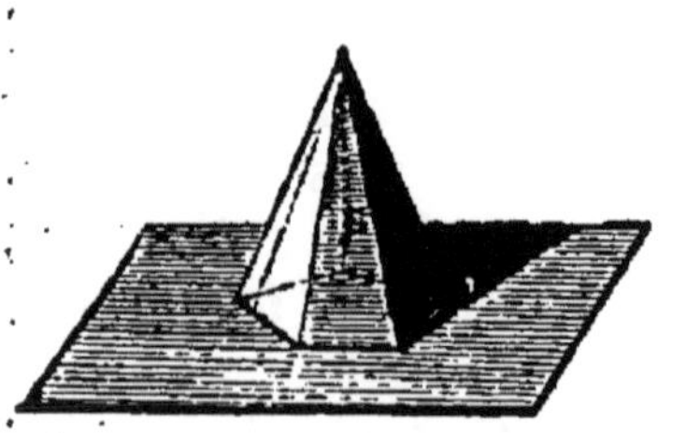

Fig. 18.

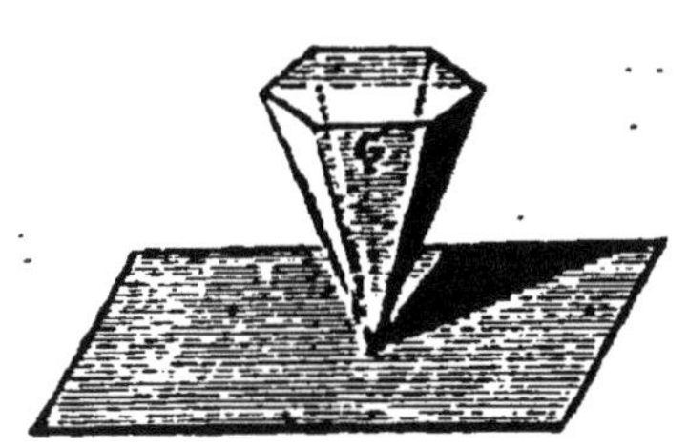

Fig. 19.

On peut dire, en général, qu'un corps reposant sur un plan a d'autant plus de stabilité que son centre de gravité est situé plus bas et que sa base est plus large.

Ces principes trouvent leur application dans l'architecture, dans la construction, le chargement des voitures et dans l'équilibre du corps humain : dans l'architecture, pour la distribution des matériaux superposés qui constituent nos édifices et nos maisons ; dans la construction et le chargement des voitures, pour en assurer la stabilité sur le sol ; dans l'équilibre du corps humain, pour expliquer ses diverses attitudes dans la station verticale ou assise, dans l'action de porter des fardeaux, et dans une foule d'autres circonstances.

Résumé.

I. La pesanteur est la force d'attraction qui sollicite les corps à se diriger vers le centre de la terre.

II. La direction donnée par le fil à plomb se nomme *verticale.* Elle est perpendiculaire à la surface des eaux tranquilles.

III. Le poids d'un corps est la résultante de toutes les actions que la pesanteur exerce sur ses molécules. On distingue trois espèces de poids : le poids absolu, le poids relatif et le poids spécifique.

IV. La densité d'un corps est le rapport de sa masse à son volume. Comme en un même lieu les masses sont proportionnelles aux poids, on peut encore dire que la densité d'un corps est *le poids de l'unité de volume de ce corps.*

V. Le centre de gravité d'un corps est le point par lequel passe constamment la résultante de toutes les actions que la pesanteur exerce sur les molécules de ce corps, dans toutes les positions qu'il peut prendre.

VI. Pour des corps homogènes et de formes géométriques, le centre de gravité est au centre de figure. Pour d'autres corps, on peut, dans quelques cas, le déterminer expérimentalement.

VII. Un corps est en équilibre lorsque son centre de gravité est soutenu contre l'action de la pesanteur. Il y a trois sortes d'équilibre : l'équilibre indifférent, l'équilibre stable et l'équilibre instable.

CHAPITRE II.

Lois de la chute des corps. — Plan incliné de Galilée. — Machine d'Atwood. — Appareil de M. Morin.

Lois de la chute des corps.

52. *Lois de la chute des corps.* — Les lois de la chute des corps sont au nombre de trois.

1re Loi. *Tous les corps tombent dans le vide avec la même vitesse.*

Les différences que nous observons dans la vitesse des corps qui tombent au milieu de l'atmosphère ne tiennent qu'aux résistances plus ou moins grandes que l'air oppose à leur chute. Pour le démontrer, il suffit de prendre un tube de verre (*fig.* 20) de deux mètres de longueur environ, fermé à l'une de ses extrémités, et pouvant s'ouvrir ou se fermer à l'extrémité opposée au moyen d'un robinet en cuivre. On y introduit des corps de densités très différentes, comme des balles de plomb, du liège, du papier, du duvet, etc.; puis on fait le vide au moyen de la machine pneumatique. Retournant ensuite le tube rapidement, on voit tous les corps tomber avec la même vitesse et arriver au fond en même temps. Mais si l'on fait rentrer un peu d'air dans le tube et qu'on le renverse de nouveau, on constate que les corps les plus légers commencent à tomber un peu moins vite que les autres, et cette différence devient d'autant plus grande qu'on laisse pénétrer plus d'air dans l'appareil.

Fig. 20.

On peut démontrer encore cette loi au moyen d'une pièce de monnaie maintenue horizontalement, et sur laquelle on place, sans le coller, un disque de papier d'un diamètre un peu plus petit. Si on laisse tomber la pièce de monnaie avec le disque de papier qui la recouvre, celui-ci, soustrait à la résistance de l'air, arrive à terre en même temps qu'elle ; tandis que si on laissait tomber séparément ces deux corps, le disque de papier n'arriverait à terre que longtemps après la pièce métallique.

2e Loi (loi des espaces). *Les espaces parcourus par un corps qui tombe librement dans le vide croissent proportionnellement aux carrés des temps employés à les parcourir, à partir de l'origine du mouvement.*

3e Loi (loi des vitesses). *Les vitesses acquises par un corps qui tombe librement dans le vide croissent proportionnellement aux temps écoulés depuis le commencement de la chute.*

On démontre expérimentalement ces deux dernières lois au moyen de la *machine d'Atwood* et de l'*appareil de M. Morin.*

La loi des espaces, découverte vers la fin du seizième siècle par Galilée, a été pour la première fois mise en évidence par l'illustre physicien de Pise au moyen du plan incliné.

Plan incliné de Galilée.

53. *Plan incliné de Galilée.* — On appelle *plan incliné* tout plan qui fait un angle aigu avec l'horizon (*fig.* 21).

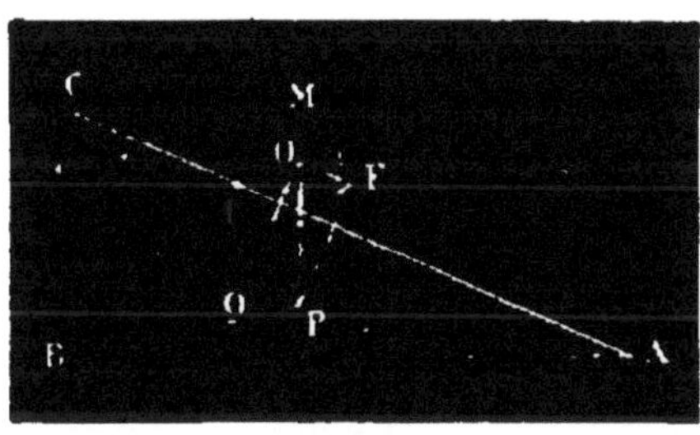

Fig. 21.

Ainsi, soit CA un plan incliné faisant avec l'horizon BA l'angle aigu CAB. La perpendiculaire CB abaissée du point C sur la ligne horizontale BA donne la *hauteur* du plan incliné, dont la ligne CA représente la *longueur.*

Supposons maintenant qu'un mobile M, de forme sphérique, soit placé sur ce plan. Ce mobile, sollicité par son poids P qui s'applique verticalement à son centre O, ne pourra suivre cette direction, puisque la résistance du plan s'y oppose. Mais ce poids pourra être décomposé en deux forces Q et F, l'une perpendiculaire et l'autre parallèle au plan. La première force Q sera détruite par la résistance du plan, tandis que la seconde F sera seule effective. Or, en construisant le parallélogramme des forces OFPQ, on aura les deux triangles rectangles OFP et CBA, qui sont semblables comme ayant leurs angles égaux ; ce qui donnera la proportion

$$\frac{OF}{OP}=\frac{CB}{CA} \quad \text{ou} \quad \frac{F}{P}=\frac{CB}{CA}.$$

D'où l'on conclut que la force effective F est au poids réel du mobile P *comme la hauteur du plan incliné est à sa longueur.* Donc, si la hauteur du plan est 2, 3, 4,... fois plus petite que sa longueur, la force F sera 2, 3, 4,... fois plus petite que la force de pesanteur P, et, par suite, la vitesse du mobile sur le plan sera 2, 3, 4,... fois moindre que sa vitesse en chute verticale. Observons que les lois du mouvement ne seront point changées, puisque la force F est de même nature que la pesanteur dont elle n'est qu'une fraction. De plus, comme on pourra ralentir à volonté la vitesse du mobile en diminuant la hauteur du plan incliné, rien ne sera plus facile que de mesurer avec cet appareil les espaces parcourus pendant 1, 2, 3,... secondes. On trouvera que ces espaces sont entre eux comme 1, 4, 9,... etc. Quant à la loi des vitesses, on la déduit, par le raisonnement, de la loi des espaces.

Machine d'Atwood.

51. *Machine d'Atwood.* — La *machine d'Atwood* (*fig.* 22), ainsi appelée du nom de son inventeur, professeur de chimie à Cambridge vers la fin du dernier siècle, a également pour but de ralentir la vitesse d'un corps qui tombe et de permettre ainsi non seulement de mesurer plus facilement les espaces parcourus, mais encore de négliger complètement la résistance de l'air. Elle se compose essentiellement d'une poulie très légère A, tournant avec une grande mobilité autour d'un axe horizontal et portant enroulé sur sa gorge un fil de soie très fin, aux deux extrémités duquel sont suspendues deux masses égales M et M'. Ces deux masses se font mutuellement équilibre dans toutes les positions possibles, car le poids du fil, en raison de sa finesse, peut être considéré comme nul. Mais si sur la masse M on place une petite masse additionnelle *m*, l'équilibre sera rompu, et tout le système sera mis en mouvement ; la masse M entraînée par la petite masse additionnelle *m* descendra, tandis que la masse M' remontera.

La petite masse additionnelle *m*, obligée d'entraîner dans son mouvement les deux masses inertes M et M', tombera évidemment moins vite que si elle était seule. Il est facile de déterminer par le calcul le ralentissement de sa vitesse. En représentant par *g* la

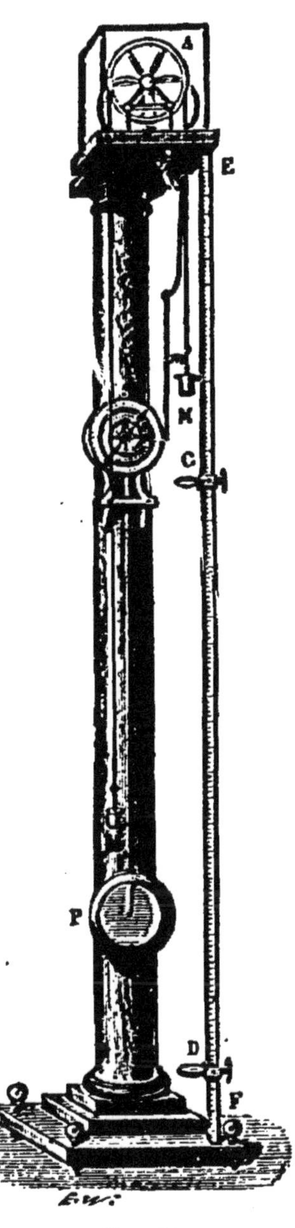

Fig. 22.

vitesse acquise par la masse m après une seconde de chute libre, sa quantité de mouvement sera alors égale à mg (12). Si maintenant nous représentons par x la vitesse acquise dans le même temps par le système des deux masses égales M et M′ entraînées par la petite masse m, la quantité de mouvement sera la même que dans le cas précédent, puisque les deux poids M et M′ se faisant équilibre, la pesanteur est sans effet sur eux. On aura donc l'équation

$$(2M+m)\,x = mg;$$

d'où

$$x = \frac{mg}{2M+m}.$$

Supposons m = l'unité, et chacune des masses M et M′ = 12; on aura

$$x = \frac{g}{25},$$

c'est-à-dire que la vitesse du système sera 25 fois plus petite que si la masse additionnelle m tombait seule.

Ce principe étant posé, voyons comment on se sert de l'appareil d'Atwood pour constater les lois de la pesanteur. La règle verticale EF, divisée en parties égales et placée sur le trajet de la masse M, porte deux curseurs C et D. Le curseur C est percé à son centre d'une ouverture circulaire suffisante pour livrer passage à la masse M, mais trop étroite pour laisser passer la petite masse additionnelle m qui a une forme allongée, le curseur D ne présente aucune ouverture et sert à arrêter le mobile après un temps donné. Un pendule à secondes P est adapté à l'appareil.

1° Pour observer la loi des espaces, on n'a besoin que du curseur plein D. Supposons en effet que le chemin parcouru par la masse M surmontée de la petite masse *m* soit, dans la première seconde, 1 décimètre. En plaçant successivement le curseur aux distances 4, 9, 16... décimètres, on constatera que le mobile arrive au bas de sa course et vient frapper le curseur au bout de 2, 3, 4... secondes, ce qui démontre que les espaces parcourus par un corps qui tombe *croissent proportionnellement aux carrés des temps.*

2° Pour observer la loi des vitesses, on dispose le curseur annulaire C de manière à retenir la petite masse additionnelle *m* après une seconde de chute ; la masse M, ainsi soustraite à l'action de la pesanteur, se meut alors en vertu de la vitesse acquise, et parcourt d'un mouvement uniforme, pendant la seconde suivante, *un espace double* de celui qu'elle avait parcouru dans la première. Si on recommence l'expérience en plaçant le curseur annulaire de manière à retenir la masse additionnelle après deux secondes de chute, on constatera que la vitesse acquise est double de la précédente, qu'après trois secondes elle est triple, après quatre secondes, quadruple, et ainsi de suite ; ce qui démontre que les vitesses acquises par un corps qui tombe *sont proportionnelles aux temps pendant lesquels il est tombé.*

En résumé, si un corps tombe pendant 1, 2, 3, 4... secondes, les espaces parcourus seront entre eux comme 1, 4, 9, 16..., c'est-à-dire proportionnels aux carrés des temps, et les vitesses acquises à la fin de chaque unité de temps seront entre elles comme 2, 4, 6, 8..., c'est-à-dire proportionnelles aux temps.

Appareil de M. Morin.

33. *Appareil de M. Morin.* — Cet appareil (*fig.* 23) se compose d'un cylindre de bois C tournant autour d'un axe vertical et dont la surface est revêtue d'une feuille de papier sur laquelle on a tracé d'avance un certain nombre d'arêtes équidistantes. La rotation du cylindre est produite par la chute d'un poids P' suspendu à un cordon qui s'enroule sur un petit treuil horizontal, lequel porte une roue dentée R engrenant à la fois, par une vis sans fin, avec l'axe du cylindre C et avec l'axe d'un volant V, muni de quatre ailettes. Un poids cylindro-conique en fer P, pouvant tomber en chute libre, porte un crayon disposé horizontalement, et dont la pointe appuie légèrement sur le papier qui recouvre le cylindre, de manière à y laisser une trace continue de son passage. Un levier coudé L permet de maintenir ce poids à la partie supérieure de l'appareil.

Les poids P et P' étant placés en haut de l'appareil, on tire d'abord sur le petit cordon *b* afin de rendre libre le poids P'. Celui-ci, en tombant, fait tourner la roue dentée R, laquelle met aussitôt en mouvement le cylindre C et le volant V. Les ailettes de ce volant, frappant l'air avec une vitesse croissante, finissent par régulariser le mouvement du cylindre et par le rendre uniforme. Dès que ce résultat est obtenu, on dégage, à l'aide du cordon *a*, le poids cylindro-conique P, lequel tombe alors libre-

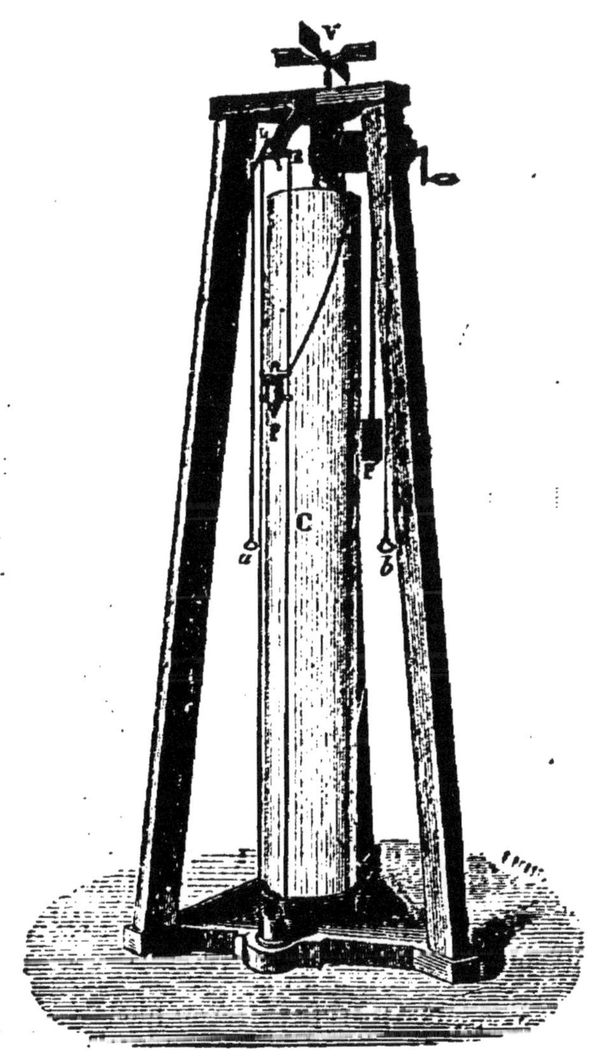

Fig. 23.

ment le long de la surface du cylindre, en y laissant, ainsi que nous l'avons dit, la trace de son passage au moyen du crayon dont il est muni.

Quand le poids P est arrivé au bas de sa course, on déroule la feuille de papier qui recouvrait le cylindre et on l'étend sur un plan (*fig.* 24). On voit alors que la courbe AF′ tracée par le crayon * a rencontré les arêtes verticales et équidistantes CC′, DD′, EE′, FF′, aux points M, N, P, F′... Or, si de ces points nous abaissons des perpendiculaires sur l'arête AB, et si nous prenons pour unité de temps le temps nécessaire pour que, dans la rotation uniforme du cylindre, l'arête CC′ vienne prendre la place de AB, les longueurs AC, CD, DE, EF, étant égales, AG sera l'espace parcouru pendant la première unité de temps par le poids cylindro-conique tombant en chute libre ; AH, l'espace parcouru pendant 2 unités de temps ; AL, pendant 3 ; AB, pendant 4, etc.

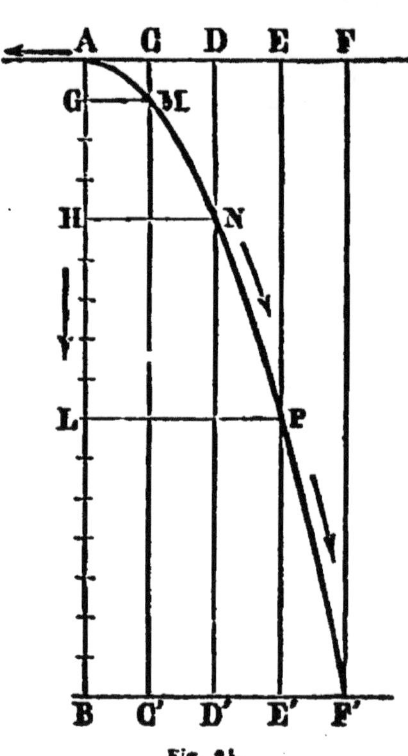

Fig. 24.

Mesurant alors avec un compas les longueurs AG, AH, AL, AB, on trouve que

$$AH = 4\,AG$$
$$AL = 9\,AG$$
$$AB = 16\,AG.$$

Ce qui prouve que les espaces parcourus par un corps tombant en chute libre **, et comptés à partir de l'origine du mouvement, croissent proportionnellement aux carrés des temps employés à les parcourir.

La machine d'Atwood a sur l'appareil de M. Morin l'avantage de démontrer expérimentalement la loi des vitesses. Mais, ainsi que nous l'avons dit, cette loi peut se déduire par le raisonnement de la loi des espaces.

* Cette courbe porte en géométrie le nom de *parabole*.

** La forme cylindro-conique du poids P et le peu de durée de sa chute permettent, dans cette expérience, de négliger l'effet de la résistance de l'air.

En effet, AG étant la distance parcourue par le poids P pendant la première unité de temps; 4 AG, la distance parcourue pendant 2 unités de temps; 9 AG, pendant 3; 16 AG, pendant 4..., il suit de là que la distance parcourue par le mobile dans la *deuxième* unité de temps est 3 AG; dans la *troisième*, 5 AG; dans la *quatrième*, 7 AG...

Or, supposons maintenant que les vitesses acquises par le mobile au bout de chaque unité de temps soient subitement détruites : il est évident que le mobile ne parcourrait alors, dans chacune des unités de temps successives dont se composerait sa chute, que la distance constante AG. Par conséquent, les distances parcourues par le mobile, en *vertu de ses vitesses acquises* après 1, 2, 3... unités de temps, sont :

Dans la deuxième unité de temps 3 AG — AG ou 2 AG;
Dans la troisième unité de temps 5 AG — AG ou 4 AG;
Dans la quatrième unité de temps 7 AG — AG ou 6 AG.

Les vitesses acquises par le mobile après 1, 2, 3... unités de temps sont donc entre elles comme 2, 4, 6, c'est-à-dire proportionnelles aux temps écoulés à partir du commencement de la chute.

La quantité 2 AG dont la vitesse augmente pendant chaque unité de temps est ce qu'on nomme l'*accélération due à la pesanteur*. En prenant la seconde pour unité de temps, cette quantité, que l'on désigne habituellement par la lettre g, initiale du mot *gravité*, représente l'*intensité de la pesanteur*. Nous verrons bientôt que pour un corps tombant librement dans le vide, à Paris, $g = 9^{m},8088$.

Résumé.

I. Tous les corps tombent dans le vide avec la même vitesse.

II. Les différences que nous observons dans la vitesse des corps qui tombent au milieu de l'atmosphère ne tiennent qu'aux résistances plus ou moins grandes que l'air oppose à leur chute.

III. Les espaces parcourus par un corps qui tombe librement dans le vide croissent proportionnellement aux carrés des temps employés à les parcourir, à partir de l'origine du mouvement.

IV. Les vitesses acquises par un corps qui tombe librement dans le vide croissent proportionnellement aux temps écoulés depuis le commencement de la chute.

V. On démontre expérimentalement les lois de la chute des corps au moyen de la machine d'Atwood et de l'appareil de M. Morin.

CHAPITRE III.

Pendule. — Observations de Galilée. — Intensité de la pesanteur. — Balance et dynamomètres.

Pendule. Observations de Galilée.

56. *Pendule.* — On distingue en physique deux sortes de pendules : le *pendule simple* et le *pendule composé.*

1° *Pendule simple.* Un point matériel B (*fig.* 25) suspendu dans le vide à l'extrémité d'un fil CB, inextensible et sans poids, assujetti lui-même par son autre extrémité à un point fixe C, contre lequel il n'exercerait aucun frottement, tel est le *pendule simple,* irréalisable dans la pratique, mais qu'il est permis de supposer pour la démonstration.

Sous l'influence de la pesanteur, ce pendule, comme le fil à plomb, prend naturellement la direction verticale CB, et s'y maintient en équilibre. Mais si on l'écarte de cette direction pour l'amener dans la position CB′, et qu'on l'abandonne ensuite à lui-même, l'équilibre est rompu. Le poids P du point matériel B se décompose alors en deux forces; l'une B′*m*, dirigée suivant le prolongement du fil, l'autre B′*n*, perpendiculaire à ce prolongement dans le plan B′CB. La première est détruite par la résistance du point C; la seconde agit seule, et sollicite le pendule à revenir vers sa position d'équilibre. Il en résulte que le point matériel B parcourt avec une vitesse croissante l'arc B′B. Arrivé en B, il s'élève, en vertu de sa vitesse acquise, qui va en décroissant jusqu'en B″, où il s'arrête, pour redescendre de nouveau jusqu'en B, puis remonter jusqu'en B′, et ainsi de suite, décrivant de la sorte une série d'*oscillations,* dont l'*amplitude* est mesurée par l'angle B′CB″ que forment les deux positions extrêmes du fil.

Fig. 25.

La pesanteur qui, de B′ en B, a agi comme force *accélératrice*, agissant de B en B″, comme force *retardatrice*, doit diminuer successivement la vitesse de la même quantité dont elle l'a augmentée de B'en B. Par conséquent, les oscillations doivent conserver indéfiniment *la même amplitude* et *la même durée*. En théorie, le pendule réaliserait donc le mouvement perpétuel; mais, dans la pratique, deux obstacles s'opposent à cette continuité du mouvement : d'une part, la résistance du milieu dans lequel se meut le pendule ; d'autre part, le frottement qui se produit toujours, quoi qu'on fasse, au point de suspension. Aussi, lorsqu'on fait osciller un pendule, voit-on bientôt l'amplitude des oscillations diminuer peu à peu, et, après un temps plus ou moins long, l'instrument s'arrêter dans sa position verticale d'équilibre.

Lois des oscillations du pendule. Les oscillations du pendule sont soumises aux quatre lois suivantes :

1re loi. *Pour un même pendule, et dans le même lieu, les oscillations dont l'amplitude ne dépasse pas 3 à 4 degrés sont isochrones, c'est-à-dire qu'elles s'exécutent dans des temps égaux, malgré les variations de l'amplitude.*

2e loi. *Pour des pendules de même longueur, oscillant dans le vide et dans un même lieu, la durée des oscillations est la même, quelle que soit la substance dont le pendule est formé.*

3e loi. *Pour des pendules de longueurs différentes, oscillant dans le même lieu, les durées des oscillations sont proportionnelles aux racines carrées des longueurs de ces pendules.* Ainsi, si la longueur d'un pendule devient 4, 9, 16 fois plus grande, la durée de chaque oscillation devient 2, 3, 4... fois plus considérable.

4e loi. *Pour des pendules de même longueur oscillant en différents lieux de la terre, les durées des oscillations sont en raison inverse des racines carrées des intensités de la pesanteur dans ces différents lieux.*

Ces quatre lois, que l'on peut démontrer expérimentalement, se déduisent de la formule

$$t=\pi\sqrt{\frac{l}{g}} \qquad (1)$$

que donne le calcul appliqué au mouvement du pendule simple oscillant dans le vide, et dans laquelle t représente la durée d'une oscillation, l la longueur du pendule, g l'intensité de la pesanteur et π le rapport de la circonférence au diamètre.

La première et la deuxième loi s'en déduisent immédiatement, puisque cette formule ne contenant ni l'amplitude de l'oscillation, supposée très petite, ni la densité de la substance dont le pendule est formé, la valeur de t reste indépendante de ces deux quantités.

Pour la troisième loi, supposons un second pendule d'une longueur l', et désignons par t' la durée d'une de ces oscillations ; on aura, comme pour le premier pendule :

$$t' = \pi \sqrt{\frac{l'}{g}}. \qquad (2)$$

La valeur de g étant la même pour les deux pendules, puisque les oscillations se font dans le même lieu, si nous divisons membre à membre les deux égalités (1) et (2), et si nous supprimons les facteurs communs, nous aurons :

$$\frac{t}{t'} = \frac{\sqrt{l}}{\sqrt{l'}};$$

ce qui démontre qu'en un même lieu les durées des oscillations sont proportionnelles aux racines carrées des longueurs des pendules.

Pour la quatrième loi, supposons que l'on fasse osciller un second pendule de même longueur dans un autre lieu de la terre ; désignons par g' l'intensité de la pesanteur en ce lieu et par t' la durée d'une oscillation, on aura, comme pour le premier pendule :

$$t' = \pi \sqrt{\frac{l}{g'}}. \qquad (3)$$

Si nous divisons encore membre à membre les deux égalités (1) et (3), nous aurons, en supprimant les facteurs communs :

$$\frac{t}{t'} = \frac{\sqrt{g'}}{\sqrt{g}};$$

ce qui démontre qu'en différents lieux de la terre, les durées des oscillations d'un même pendule ou de deux pendules de même longueur sont en raison inverse des racines carrées des intensités de la pesanteur dans ces différents lieux.

2° *Pendule composé.* Les lois que nous venons de faire connaître pour le pendule simple s'appliquent également au pendule composé, le seul réalisable dans la pratique. Seulement, il faut alors définir ce qu'on entend par *longueur* de ce pendule. Dans le pendule simple (*fig.* 25), la longueur est la distance qui sépare le point matériel B de son point de suspension C ; mais il n'en est plus de même pour le pendule composé, dont la figure 26 représente la forme la plus ordinaire, et dans lequel le point matériel est remplacé par une masse plus ou moins grande, et le fil de suspension par une tige rigide et pesante. Il résulte de cette disposition que les divers points matériels dont se compose l'instrument tendent à décrire leurs oscillations dans des temps inégaux et d'autant plus longs qu'ils sont plus éloignés de l'axe ou du point de suspension A. Mais comme tous ces points sont invariablement liés entre eux, leurs oscillations ont nécessairement la même durée : d'où il suit que les points matériels les plus rapprochés de l'axe de suspension accélèrent le mouvement des points les plus éloignés, tandis que ceux-ci retardent le mouvement des premiers. Entre ces points extrêmes se trouve donc un point C dont le mouvement n'est ni accéléré ni retardé par sa liaison avec les points voisins et qui, par conséquent, oscille comme s'il était seul. On nomme ce point *centre d'oscillation*. Or, c'est la distance CA de ce point à l'axe de suspension que l'on appelle la *longueur du pendule composé*. En d'autres termes, on pourrait dire que la longueur du pendule composé est celle du pendule simple qui exécuterait son oscillation dans le même temps.

Fig. 26.

Vérification expérimentale des lois du pendule. Si l'on suspend à l'extrémité d'un fil très fin une petite sphère de plomb ou de platine, on obtient un pendule composé dont la longueur est sensiblement égale à la distance du centre de la petite sphère au point de suspension. Rien n'est plus facile, avec cet instrument, que de vérifier expérimentalement les lois du pendule.

Pour la première loi, il suffit de compter au moyen d'un chronomètre le nombre d'oscillations qu'exécute le pendule en 2 minutes par exemple, en ayant soin que l'amplitude de ces oscillations ne dépasse pas 3 à 4 degrés. On observe alors que, pour des amplitudes successivement réduites à 3, 2, 1 degré, le nombre d'oscillations est constant.

Pour la deuxième loi, on fait osciller plusieurs pendules de même longueur, terminés par des sphères de même diamètre, mais formés de substances différentes, par exemple, de fer, de cuivre, de plomb, de platine, d'ivoire, etc. On observe alors qu'en négligeant la résistance de l'air, ces divers pendules exécutent dans le même temps le même nombre d'oscillations. Ce qui prouve, ainsi que nous l'avons dit (52), que la pesanteur, en un même lieu, imprime à tous les corps la même accélération.

Pour la troisième loi, on fait osciller plusieurs pendules dont les longueurs sont respectivement 1, 4, 9, 16... On trouve que, pendant le même temps, les nombres d'oscillations correspondants sont entre eux comme 1, $\frac{1}{2}$, $\frac{1}{3}$, $\frac{1}{4}$... Ce qui montre que les durées des oscillations sont entre elles comme 1, 2, 3, 4..., c'est-à-dire comme les racines carrées des longueurs des pendules.

Pour vérifier la quatrième loi, il faut transporter le même pendule en différents lieux du globe, de manière à s'écarter ou à se rapprocher de l'équateur. En comptant les nombres d'oscillations qu'exécute ce pendule, dans le même temps, aux différentes stations, on constate que les durées des oscillations sont en raison inverse des racines carrées des intensités de la pesanteur correspondant à chacune de ces stations.

57. *Observations de Galilée. Usages du pendule.* — L'isochronisme des petites oscillations pendulaires a été pour la première fois constaté par Galilée. On raconte qu'il découvrit cette première loi en observant les oscillations d'une lampe suspendue à la voûte de l'église cathédrale de Pise. L'illustre physicien ne tarda pas à reconnaître également le rapport qui existe entre les durées des oscillations et les longueurs des pendules qui les exécutent. C'est donc à ce grand homme que la science est redevable de cet instrument à la fois si simple et si précis, et dont l'étude devait conduire à de si grands résultats. C'est avec le pendule, en effet, que l'on a pu déterminer, ainsi que nous allons le voir, non seulement l'intensité de la pesanteur sur les différents points de notre globe, mais encore la masse des montagnes, la densité de la terre et, par suite, celle des autres planètes. Ce fut, comme on le sait, Huyghens, célèbre géomètre hollandais, qui le premier, en 1657, appliqua le pendule comme régulateur aux horloges, et utilisa ainsi l'isochronisme des petites oscillations pour la mesure du temps. Enfin, un physicien dont la science déplore la perte récente, M. L. Foucault, a, dans ces dernières années, fait servir le pendule à la démonstration expérimentale du mouvement de rotation de la terre sur son axe. Voici sur quel principe repose cette démonstration :

Soit (*fig.* 27) un pendule pouvant osciller librement dans tous les sens autour de son point de suspension O. Si nous portons la boule de ce pendule en A et que nous l'abandonnions à elle-même, nous verrons aussitôt l'instrument osciller suivant le diamètre AB tracé sur le plan MN. Si nous faisons alors tourner doucement l'appareil sur lui-même, soit dans le sens MGN indiqué par les flèches, nous verrons les oscillations du pendule *conserver leur direction*, et correspondre successivement aux diamètres CD, EF, à mesure que ces diamètres viendront l'un après l'autre prendre la place du diamètre AB : *le plan d'oscillation du pendule reste donc invariable*, malgré la rotation sur lui-même de son point de suspension.

Ceci posé, imaginons un pendule très long, pouvant osciller pendant plusieurs heures et, au-dessous de lui, un cercle tracé sur le sol ; on verra, comme dans l'expérience précédente, son plan d'oscillation correspondre successivement, et de l'*est à l'ouest*, aux divers diamètres de ce cercle. Or, comme le plan d'oscillation reste invariable, c'est donc le cercle, c'est-à-dire le sol qui tourne en sens inverse du déplacement apparent des oscillations. La première expérience de ce genre a été faite au Panthéon en 1851, avec un pendule de 50 mètres de longueur.

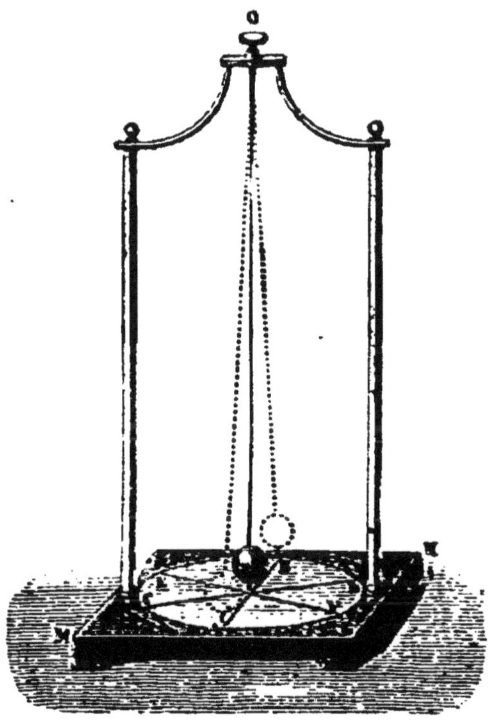

Fig. 27.

Remarque. Si cette expérience se faisait au pôle, le pendule paraîtrait faire le tour du cercle en vingt-quatre heures. A l'équateur, au contraire, le déplacement du pendule serait insensible, car son plan d'oscillation et le diamètre correspondant du cercle resteraient invariablement parallèles à eux-mêmes, et conserveraient par conséquent la même direction. Dans les stations intermédiaires, la vitesse du déplacement apparent serait d'autant plus grande que la latitude du lieu d'observation serait plus élevée.

L'application du pendule comme régulateur des horloges repose, avons-nous dit, sur l'isochronisme de ses petites oscillations. On sait que les horloges ont pour moteur soit un poids, soit un ressort. L'un ou l'autre tend à faire tourner un cylindre qui, au moyen de plusieurs roues dentées, dirige les aiguilles sur le cadran. Or, quelques précautions que l'on prenne pour régulariser soit la chute du poids, soit la détente du ressort et, par suite, le mouvement du cylindre, on ne peut jamais y arriver qu'incomplètement : de là la nécessité d'adapter à l'horloge un régulateur. Au dernier arbre de l'horloge est fixée (*fig.* 28) une roue dentée R, nommée *roue d'échappement*, et à laquelle le moteur, poids ou ressort, tend constamment à donner un mouvement de rotation. Derrière elle se trouve un pendule P dont la tige porte une pièce CD en forme d'ancre, et dont les extrémités recourbées sont disposées de manière que les dents de la roue d'échappement viennent s'appuyer alternativement sur chacune d'elles. Il en résulte que pendant tout le temps qu'une dent est arrêtée par l'une des extrémités de l'ancre, la roue reste immobile, ce qui oblige celle-ci à suivre rigoureusement le mouvement isochrone du pendule. Quand une horloge avance ou retarde il suffit, pour la régler, d'allonger ou de raccourcir le pendule, ou, ce qui revient au même, d'abaisser ou de relever le centre d'oscillation, ce que l'on obtient au moyen d'une petite vis placée sur la tige ou sous la lentille.

Fig. 28.

Dans les montres, le pendule est remplacé par un balancier circulaire que met en mouvement le moteur, et auquel est fixé un ressort très fin nommé *spiral,* qui le fait osciller à la manière d'un pendule.

Intensité de la pesanteur.

58. *Intensité de la pesanteur.* — Nous avons vu (55) que l'accélération communiquée par la pesanteur à un corps quelconque tombant librement dans le vide ou, en d'autres termes, la *vitesse acquise par ce corps au bout d'une seconde* donne la mesure de l'intensité g de la pesanteur.

Théoriquement on pourrait déduire la valeur g des indications de la machine d'Atwood. Mais le pendule fournit un moyen plus précis et plus simple de la déterminer.

En effet, si nous élevons au carré les deux membres de la formule

$$t = \pi\sqrt{\frac{l}{g}},$$

nous aurons :

$$t^2 = \frac{\pi^2 l}{g};$$

d'où nous tirerons la valeur de g, savoir :

$$g = \frac{\pi^2 l}{t^2},$$

Il suffira donc, pour trouver en un lieu quelconque la valeur numérique de g, de mesurer exactement dans ce lieu la durée t d'une oscillation exécutée par un pendule, dont la longueur l aura été déterminée avec soin. C'est de cette manière que Borda, lors de l'établissement du système métrique, a trouvé que la valeur de g est, à Paris, $9^m,8088$. Ainsi, supposons un corps quelconque abandonné à lui-même et tombant dans le vide pendant une seconde ; si ce corps était alors soustrait à l'action de la pesanteur, il continuerait, en vertu de sa vitesse acquise, à se mouvoir uniformément, et il parcourrait dans chacune des secondes suivantes un espace de $9^m,8088$.

59. *Variations de l'intensité de la pesanteur.* — L'intensité de la pesanteur n'est pas la même à toutes les latitudes. On observe qu'elle va en augmentant de l'équateur au pôle. Soit $g = \frac{\pi^2 l}{t^2}$ à Paris ; si l'on transporte le même pendule l dans un autre lieu, on trouvera que la durée t de chacune de ses oscillations augmentera ou diminuera selon que le lieu de l'observation sera plus éloigné ou plus rapproché du pôle ; soit t' cette durée, on aura

$$g' = \frac{\pi^2 l}{t'^2},$$

g' désignant l'intensité de la pesanteur ou l'accélération qui lui est due dans la deuxième station. On déduit de ces deux égalités :

$$\frac{g}{g'} = \frac{t'^2}{t^2},$$

c'est-à-dire que, *en deux lieux différents du globe, les intensités de la pesanteur sont inversement proportionnelles aux carrés des durées des oscillations d'un même pendule.*

Les causes de cette variation dans l'intensité de la pesanteur en divers points de la terre sont au nombre de deux : 1° l'aplatissement du globe terrestre ; 2° la force centrifuge.

1° Nous avons déjà dit (47) que l'attraction d'une masse sphérique ou sphéroïdale sur un corps situé en dehors ou à sa surface est la même que si la somme de toutes les molécules qui la composent était placée à son centre. Or, la terre étant renflée à l'équateur et aplatie vers les pôles, tous les points de la surface terrestre situés à l'équateur sont plus éloignés du centre d'attraction que ceux qui sont aux pôles : et comme la force d'attraction varie en raison inverse du carré de la distance (46), il en résulte que tous les corps placés à l'équateur doivent être moins fortement attirés que ceux qui sont dans le voisinage des pôles.

2° La terre tourne sur son axe en vingt-quatre heures. Ce mouvement de rotation engendre une force centrifuge dont l'intensité va décroissant de l'équateur, où elle est maximum, aux pôles, où elle devient nulle, et cela pour deux raisons : 1° parce que les cercles parallèles à l'équateur devenant de plus en plus petits à mesure qu'ils se rapprochent des pôles, la vitesse de rotation des divers points de leur circonférence diminue proportionnellement ; 2° parce que la force centrifuge qui, à l'équateur, est directement opposée à la direction de la pesanteur, s'incline de plus en plus par rapport à la verticale, et devient ainsi de moins en moins effective, à mesure qu'on s'avance vers les pôles.

On a trouvé par le calcul que la force centrifuge à l'équateur est $\frac{1}{289}$ de la pesanteur. Or, 289 étant le carré de 17, si la terre tournait 17 fois plus vite, la force centrifuge, qui croît proportionnellement au carré de la vitesse (45), deviendrait à l'équateur 289 fois plus intense, c'est-à-dire égale à la pesanteur, et les corps à l'équateur ne pèseraient plus. Avec une vitesse de rotation plus grande encore, non seulement les corps ne pèseraient plus à l'équateur, mais ils seraient lancés dans l'espace par l'effet de la force centrifuge.

L'intensité de la pesanteur diminue à mesure qu'on s'élève dans l'atmosphère. Pour de très petites distances, au-dessus du niveau de la mer, cette diminution n'est pas apparente ; mais quand la hauteur est considérable, elle peut devenir sensible, comme on l'a observé sur le sommet des hautes montagnes.

D'après les mesures de Borda, vérifiées par des savants contemporains, la valeur de l'intensité de la pesanteur est :

à l'équateur,	$9^m,7800$;
à Paris,	$9^m,8088$;
à la latitude de 80°,	$9^m,8293$.

La longueur du pendule qui *bat la seconde*, c'est-à-dire dont chaque oscillation dure une seconde, est, à Paris, $0^m,99386$; à l'équateur, $0^m,99103$; au pôle, $0^m,90667$.

60. *Formules relatives aux lois de la chute des corps.* — La détermination expérimentale des lois de la chute des corps au moyen de la machine d'Atwood et de l'appareil Morin nous a démontré que la pesanteur est une *force constante*. Les formules générales du mouvement uniformément accéléré, précédemment établies (39), sont donc applicables à cette force. Par conséquent :

1° La lettre g représentant l'accélération du mouvement d'un corps tombant en chute libre et v sa vitesse au bout d'un temps t, nous aurons la relation

$$v = gt,$$

2° En désignant par e l'espace parcouru pendant le temps t, nous aurons également

$$e = \frac{gt^2}{2},$$

L'accélération g étant égale à Paris à $9^m,8088$ par seconde, il en résulte qu'un corps tombant dans le vide parcourt dans la première seconde de sa chute $4^m,9044$.

Remarque. — Les formules $v = gt$ et $e = \frac{gt^2}{2}$ ne sont applicables qu'aux corps qui tombent librement dans le vide, *sans vitesse initiale*. Pour calculer les vitesses et les espaces parcourus par des mobiles lancés verticalement, soit de haut en bas, soit de bas en haut, *avec une force quelconque d'impulsion*, on aura recours aux formules indiquées au paragraphe 39, dans lesquelles, représentant par a la vitesse impulsive ou initiale, on a

$$v = a \pm gt \quad \text{et} \quad e = at \pm \frac{gt^2}{2},$$

selon que le mobile est lancé de haut en bas ou de bas en haut.

61. *Problèmes relatifs aux lois de la chute des corps.* — 1° On demande l'espace que parcourrait un corps en tombant à Paris dans le vide pendant 7 secondes.

Appliquons la formule $e=\frac{gt^2}{2}$; en remplaçant g par sa valeur, qui est à Paris de 9^m,8088, et t par le nombre de secondes donné, on aura

$$e=\frac{9^m{,}8088\times 49}{2}=240^m{,}315.$$

2° On demande le temps qu'un corps mettrait à tomber dans le vide de la hauteur de 2000 mètres.

La formule $e=\frac{gt^2}{2}$ donnera $t=\sqrt{\frac{2e}{g}}$. Remplaçant les lettres par leurs valeurs, on aura $t=\sqrt{\frac{2\times 2000}{9{,}8088}}=20^s{,}19.$

3° On demande la vitesse acquise par un corps qui aurait parcouru, en tombant librement dans le vide, un espace de 4000 mètres.

En éliminant t entre les deux formules $v=gt$ et $e=\frac{gt^2}{2}$, on obtient la formule $v=\sqrt{2ge}$, dans laquelle la vitesse acquise v se trouve exprimée en fonction de l'espace parcouru. Remplaçant les lettres par leurs valeurs, on aura

$$v=\sqrt{2\times 9{,}8088\times 4000}=280^m{,}12.$$

Ainsi un corps qui tomberait dans le vide de la hauteur de 4000 mètres aurait, en arrivant à terre, une vitesse acquise capable de lui faire parcourir 280^m,12 par seconde. Ce résultat peut nous donner une idée du danger que nous feraient courir les plus petits grains de grêle et même de simples gouttes de pluie, sans la résistance de l'air, qui ralentit considérablement leur vitesse.

4° On demande de quelle hauteur devrait tomber un corps dans le vide pour acquérir une vitesse de 60 mètres.

La formule $v=\sqrt{2ge}$ donne $e=\frac{v^2}{2g}$; d'où $e=\frac{3600}{2\times 9{,}8088}=183^m{,}486.$

5° Un corps est lancé verticalement de *bas en haut* dans le vide avec une vitesse initiale de 125 mètres par seconde ; on demande : 1° après combien de temps il s'arrêtera ; 2° la hauteur à laquelle il parviendra; 3° le temps qu'il mettra pour retomber à terre; 4° sa vitesse finale.

1° Il est évident qu'à chaque seconde la vitesse initiale du mobile diminuera de g, c'est-à-dire de 9m,8088, vitesse qu'il acquerrait pendant ce temps sous l'action de la pesanteur. Si donc nous représentons par v la vitesse acquise après t secondes et par a la vitesse initiale 125 mètres, nous aurons (60)

$$v = a - gt.$$

Or, le mobile s'arrêtera lorsque v égalera 0, ce qui donnera

$$a - gt = 0 \quad \text{ou} \quad gt = a;$$

d'où

$$t = \frac{a}{g} = \frac{125}{9,8088} = 12^s,74.$$

Ainsi le mobile s'arrêtera après 12 secondes 74 centièmes de seconde.

2° Pour connaître la hauteur à laquelle le mobile s'élèvera, c'est-à-dire l'espace parcouru, rappelons-nous la formule

$$e = at - \frac{gt^2}{2}. \qquad (60)$$

Si nous remplaçons t par sa valeur $\frac{a}{g}$, nous obtiendrons

$$e = \frac{a^2}{2g} = \frac{125^2}{2 \times 9,8088} = 796^m,478.$$

3° Quant au temps employé par le mobile pour retomber à terre, il est facile de voir qu'il sera précisément égal à celui qu'il a mis à s'élever. En effet, si dans la formule générale $e = \frac{gt^2}{2}$ nous remplaçons la quantité e par sa valeur $\frac{a^2}{2g}$, nous aurons

$$\frac{a^2}{2g} = \frac{gt^2}{2},$$

d'où

$$t = \frac{a}{g} = \frac{125}{9,8088} = 12^s,74.$$

4° Pour connaître la vitesse finale v du mobile en arrivant à terre, il suffit d'appliquer aux résultats qui précèdent soit la formule $v = \sqrt{2ge}$ en fonction de l'espace (796m,478), soit la formule $v = gt$ en fonction du temps ($12^s,71$). On trouvera que cette vitesse est précisément égale à la vitesse initiale, c'est-à-dire 125^m par seconde.

6° On demande l'espace que parcourrait un corps en tombant pendant 12 secondes sur un plan incliné dont la hauteur et la longueur seraient dans le rapport de 2 à 5, abstraction faite du frottement et de la résistance de l'air.

En désignant par h la hauteur d'un plan incliné et par l sa longueur, la force effective qui produit la chute sur le plan est égale à la pesanteur multipliée par $\frac{h}{l}$ (53), et, par suite, la vitesse acquise v après la première seconde est égale à $gt.\frac{h}{l}$ Les deux équations du mouvement produit par la pesanteur sur un plan incliné seront donc

$$v=\frac{gth}{l} \quad \text{et} \quad e=\frac{gt^2h}{2l}.$$

Or, en remplaçant dans la seconde formule les lettres par leurs valeurs, nous aurons

$$e=\frac{9,8088\times 144\times 2}{2\times 5}=282^m,493.$$

7° On demande le temps qu'emploierait un mobile pour tomber le long d'un plan incliné dont la longueur serait de 175 mètres et la hauteur de 20 mètres, abstraction faite du frottement et de la résistance de l'air.

La formule $e=\frac{gt^2h}{2l}$ donnera $t=\sqrt{\frac{2el}{gh}}$.

Remplaçant les lettres par leurs valeurs, et remarquant que $e=l$, puisque l'espace à parcourir par le mobile est toute la longueur du plan, on aura

$$t=\sqrt{\frac{2\times 175^2}{9,8088\times 20}}=17^s,68.$$

Remarque. En éliminant le temps t entre les deux formules du mouvement que produit la pesanteur sur le plan incliné (probl. 6), et en posant $l=e$ dans l'équation résultante, on obtient $v=\sqrt{2gh}$ pour la vitesse acquise par un corps qui a parcouru toute la longueur l d'un plan incliné. Or, cette vitesse est précisément égale à celle qu'il acquerrait en tombant librement de la hauteur h de ce même plan (probl. 3).

Balance et dynamomètres.

62. *Balance.* — La balance est un instrument destiné à mesurer le poids relatif d'un corps, c'est-à-dire le rapport de son poids absolu à un autre poids déterminé que l'on prend pour unité (48). La théorie de la balance reposant sur celle du levier, nous emprunterons à la Mécanique les notions suivantes sur cet instrument.

On appelle *levier* une barre inflexible, droite ou courbe, mobile autour d'un de ses points, nommé ***point d'appui,*** et sur laquelle agissent deux forces, dont l'une se nomme la ***puissance*** et l'autre la ***résistance.***

On distingue trois genres de leviers :

1° Le levier du *premier genre* (*fig.* 29), dans lequel le point d'appui C est situé entre la puissance P et la résistance R ;

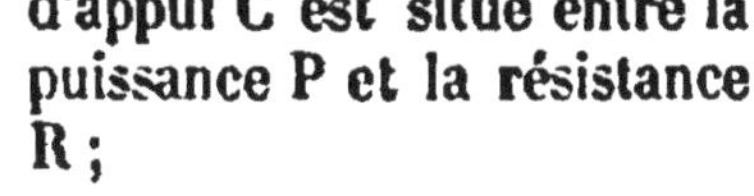

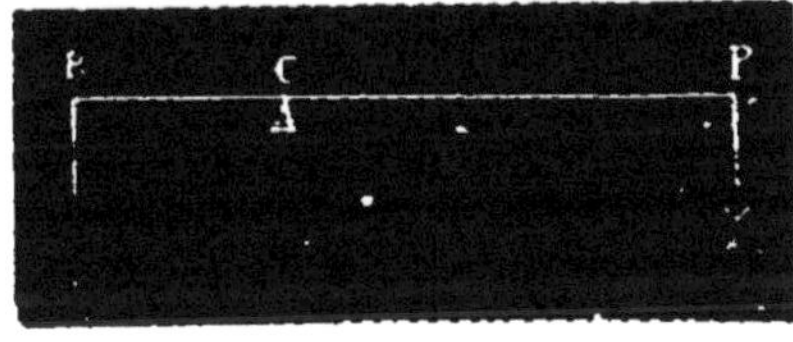

Fig. 29.

2° Le levier du *second genre* (*fig.* 30), dans lequel la résistance R est située entre le point d'appui C et la puissance P ;

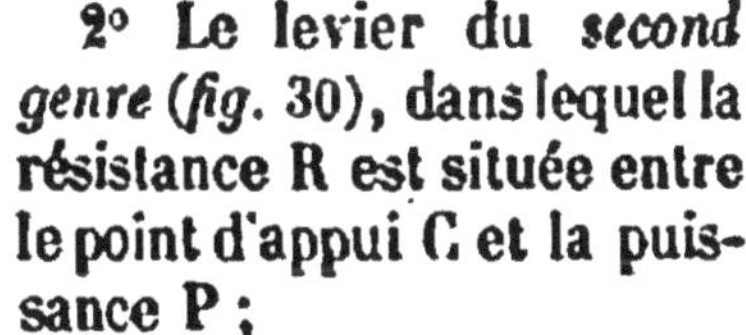

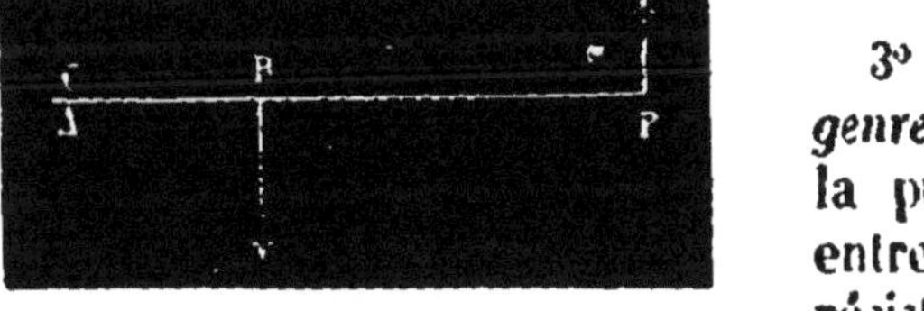

Fig. 30.

3° Le levier du *troisième genre* (*fig.* 31), dans lequel la puissance P est située entre le point d'appui C et la résistance R.

On appelle ***bras de levier*** d'une force, la longueur de la perpendiculaire menée du point d'appui sur la direction de cette force ou sur son prolongement. Ainsi, dans la *fig.* 31, CR est le bras de levier de la résis-

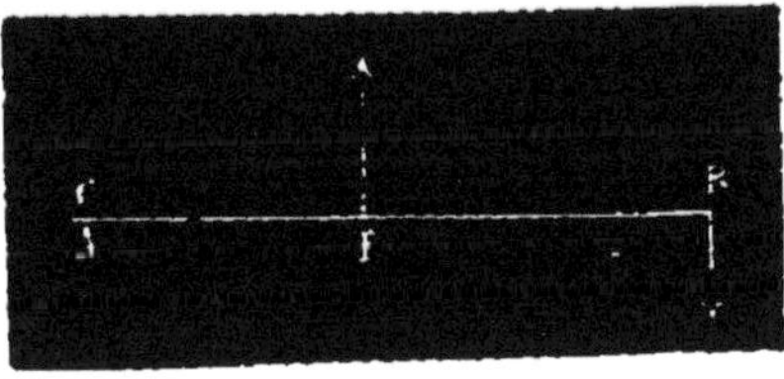

Fig. 31.

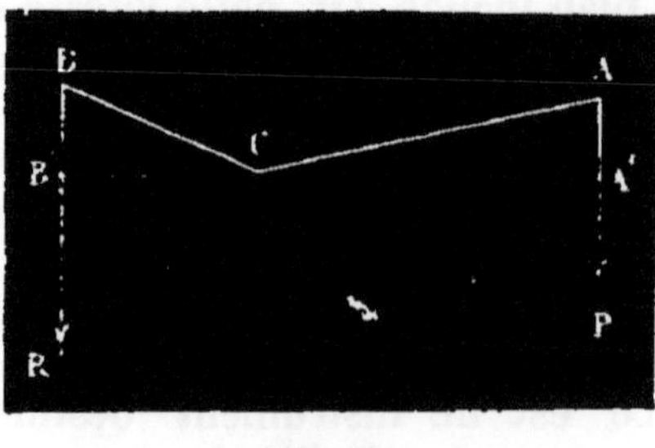

Fig. 32.

Fig. 33.

tance et CP celui de la puissance. Dans la *fig.* 32, qui représente un levier coudé, la ligne CB' est le bras de levier de la résistance R, et CA' celui de la puissance P.

L'équilibre de deux forces agissant sur un levier repose sur le principe suivant découvert par Archimède : ***Deux forces agissant sur un levier se font équilibre lorsqu'elles sont entre elles en raison inverse des bras de levier aux extrémités desquels elles sont appliquées.***

Soit RP (*fig.* 33) un levier du premier genre dont les bras sont inégaux. Soient M et M' deux masses appliquées aux extrémités P et R des bras de levier CP et CR. Si nous supposons ces masses en équilibre, nous aurons la proportion

$$\frac{M}{M'}=\frac{CR}{CP},$$

c'est-à-dire que les masses seront en raison inverse des longueurs des bras de levier. Ainsi, si nous supposons le bras de levier CP trois fois plus long que CR, la masse M sera trois fois plus petite que la masse M' à laquelle elle fait équilibre.

Il résulte de ce principe que, si les deux bras de levier sont égaux, et que deux forces verticales soient appliquées à leurs extrémités, ces deux forces, pour se faire équilibre, devront aussi être égales. C'est le cas de la *balance ordinaire*.

63. *Balance ordinaire.* — Cet instrument (*fig.* 34) se compose d'un levier droit AB du premier genre, nommé *fléau*, mobile autour d'un axe horizontal *m*. Les deux bras du levier sont égaux en poids et en longueur, et supportent à leurs extrémités deux plateaux C et D, d'égal poids. Une aiguille placée verticalement au-dessus ou au-dessous de l'axe de suspension indique, par ses oscillations sur un cadran divisé, les plus petits mouvements du fléau. Quand la balance est vide, le fléau se

Fig. 31.

tient de lui-même horizontal, car son centre de gravité se trouve alors dans la verticale du point d'appui. Dans cette position, l'aiguille correspond exactement au milieu du cadran où se trouve le zéro de la division.

Pour être bonne, il faut que la balance soit *sensible*, c'est-à-dire capable d'osciller sous l'action d'un très petit poids placé dans l'un de ses plateaux, et de plus, qu'elle soit *juste*, c'est-à-dire que deux poids égaux placés dans les bassins se fassent exactement équilibre.

La *sensibilité* d'une balance dépend de trois conditions essentielles : 1° de la *mobilité du fléau autour de l'axe de suspension*; 2° de la *stabilité de l'équilibre ;* 3° de la *distance du centre de gravité du fléau au centre de suspension.*

1° *Mobilité du fléau autour de l'axe de suspension.* Cette mobilité s'obtient facilement en suspendant le fléau par un couteau d'acier dont le tranchant repose sur deux plans très polis en acier ou en agate.

2° *Stabilité de l'équilibre.* Il faut, pour que cette condition soit remplie, que le centre de gravité du fléau soit placé *plus bas* que le centre de suspension. S'il était au-dessus, l'équilibre serait instable et la balance serait *folle*. Si le centre de gravité et le centre de suspension coïncidaient, l'équilibre serait indifférent, et le fléau pourrait prendre toutes les positions possibles autour de son axe (31).

3° *Distance du centre de gravité au centre de suspension*. La balance sera d'autant plus sensible que le centre de gravité du fléau sera plus près du centre de suspension, tout en restant toujours plus bas que lui. Si le centre de gravité était trop éloigné du centre de suspension, la balance n'oscillerait que difficilement et serait dite *paresseuse*.

La *justesse* d'une balance dépend de deux conditions essentielles ; il faut : 1° *que les points de suspension des bassins soient à des distances constantes de l'axe de suspension du fléau, quelle que soit sa position; 2° que les bras du fléau aient une égalité parfaite*.

1° *Distance constante des points de suspension des bassins*. Cela veut dire que la longueur des bras du fléau doit rester rigoureusement invariable pendant les oscillations de la balance, afin que la résultante de deux poids égaux situés dans les bassins passe toujours par l'axe de suspension, et que chaque poids agisse toujours à l'extrémité du même bras de levier pendant une même pesée. On obtient ce résultat en faisant supporter le fléau et les crochets des bassins par des pièces à arêtes très aiguës.

2° *Égalité parfaite des bras du fléau*. Cette condition est indispensable pour que deux poids égaux placés dans les bassins soient en équilibre et maintiennent le fléau dans une position horizontale : car il résulte du principe précédemment énoncé sur l'équilibre des forces appliquées aux extrémités d'un levier, que si l'un des bras du fléau était plus court que l'autre, le poids placé dans le bassin correspondant devrait être plus fort que le poids placé dans le bassin opposé, pour lui faire équilibre.

Telles sont les conditions que doit remplir une balance pour être bonne, c'est-à-dire pour donner exactement le poids relatif d'un corps. Toutefois on peut obtenir ce dernier résultat avec une balance qui ne serait pas parfaitement juste, à l'aide d'un procédé que nous allons indiquer. Ce procédé, dû au physicien Borda, est connu sous le nom de *méthode des doubles pesées*.

64. *Méthode des doubles pesées.* — Voici en quoi consiste cette méthode : on place dans l'un des bassins le corps que l'on veut peser; puis on lui fait équilibre en mettant dans l'autre bassin des grains de sable ou de plomb. Cela fait, on retire le corps placé dans le premier bassin, et on met à sa place des poids marqués jusqu'à ce que l'équilibre soit de nouveau rétabli. Ce résultat obtenu, il est évident que les poids marqués représentent exactement le poids du corps, puisqu'ils font comme lui équilibre à la même quantité de matière placée dans le second bassin. Cette pesée sera donc rigoureusement exacte.

Principales sortes de balances. La balance que nous venons de décrire n'est pas le seul instrument employé pour peser les corps. Il en existe quelques autres dont on se sert journellement dans l'industrie : telles sont la *balance de Roberval*, la *balance de Quintenz* ou *bascule*, la *balance romaine* et le *peson*.

65. *Balance de Roberval.* — Cette balance (*fig.* 35), aujourd'hui très répandue dans le commerce, ne diffère pas dans son principe de la balance ordinaire. La seule modification qui l'en distingue consiste en ce que les deux bassins, au lieu d'être suspendus au-dessous du fléau, sont placés au-dessus, ce qui la rend d'un usage plus commode.

Fig. 35.

66. *Bascule* ou *balance de Quintenz.* — Cette balance (*fig.* 36), ainsi nommée du nom de son inventeur, est principalement employée dans les bureaux des messageries ou des chemins de fer pour peser les bagages, et dans les magasins pour peser les

marchandises lourdes. On la désigne encore sous le nom de *bascule*.

Fig. 36.

Elle se compose (*fig.* 37) d'un large plateau en bois AR sur lequel on place le corps à peser, et d'un autre plateau H sus-

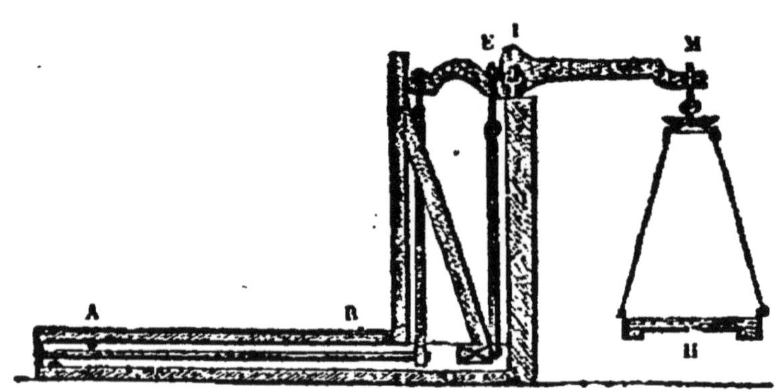

Fig. 37.

pendu à l'extrémité du bras de levier IM et destiné à recevoir le poids qui doit faire équilibre au corps que l'on veut peser. Le premier plateau AR est disposé de façon à ce que le poids total du corps soit transmis intégralement en E sur le levier EM, dont le point d'appui est en I. La longueur du bras de levier IM est dix fois plus considérable que celle du bras de levier EI. Or, d'après le principe de l'équilibre des forces appliquées aux extrémi'és des bras de levier inégaux (62), il suffira, pour faire équilibre au poids du corps placé sur le plateau AR, de mettre sur le plateau H un poids dix fois plus petit. Ainsi un poids de

10 kilogrammes fera équilibre à un fardeau de 100 kilogrammes, un poids de 50 kilogrammes à un fardeau de 500 kilogrammes, etc.

67. *Balance romaine.* — Cette balance, comme la précédente, consiste (*fig.* 38) en un levier à bras inégaux; mais elle est plus commode en ce sens qu'elle n'exige pas l'emploi de poids marqués. Le levier CA est soutenu par le point B et mobile autour de ce point; à l'extrémité du bras de levier le plus court BA est suspendu un crochet destiné à recevoir le corps qu'on veut peser, l'autre bras de levier BC supporte un poids D qui peut glisser, au moyen d'un anneau, sur toute sa longueur. Lorsqu'on veut se servir de cette balance, on suspend d'abord au crochet le corps à peser, puis on fait glisser le poids mobile D jusqu'à ce que le levier CA reste horizontal. La position du poids mobile D sert alors à déterminer le poids du corps. Il suffit pour cela que l'on ait gradué à l'avance la partie CB du levier, en marquant les points où s'arrête le poids mobile quand le corps suspendu au crochet pèse 1 kil., 2 kil., 3 kil., etc. Le crochet est quelquefois remplacé par un plateau sur lequel on pose le corps à peser.

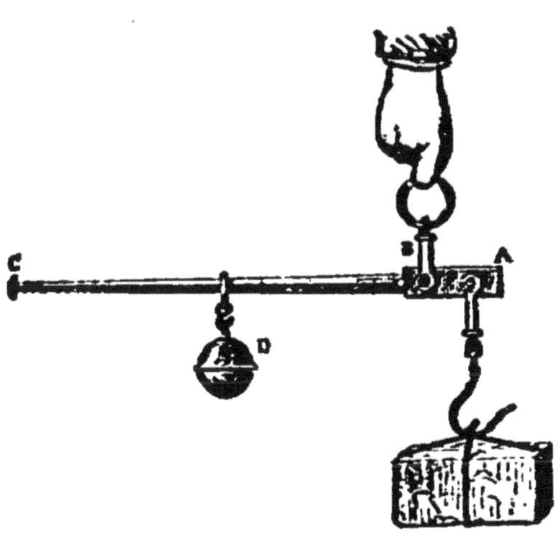

Fig. 38.

68. *Peson.* — Comme la balance romaine, cet instrument sert à déterminer le poids d'un corps sans l'emploi d'aucun poids marqué. Il se compose (*fig.* 39) d'un levier coudé ABC du premier genre, à bras inégaux et mobile autour du point B. A l'extrémité A de la plus petite branche AB du levier est suspendu un plateau E destiné à recevoir le corps à peser; l'autre branche BC porte une petite masse fixe, et se termine par une aiguille qui parcourt, dans les mouvements du levier, les divisions de l'arc CD. Il est facile de voir que le poids du corps placé sur le plateau E fait baisser le point A et relève l'extrémité C de l'ai-

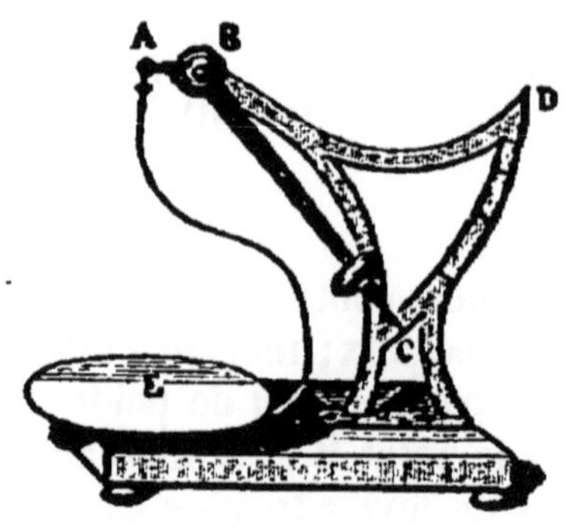

Fig. 39.

guille. Celle-ci décrit alors un arc d'autant plus grand que le poids du corps est plus considérable. Pour graduer cet instrument, on place dans le plateau E des poids connus, et on marque successivement ces poids aux endroits où s'arrête l'aiguille sur le cadran. On fait souvent usage d'un petit peson spécialement destiné à peser les lettres, et désigné pour cela sous le nom de *pèse-lettres*.

69. *Dynamomètres.* — Ces instruments consistent tous en un ressort d'acier que le poids d'un corps fait fléchir plus ou moins. Leur forme est très variable, et ils servent non seulement à déterminer le poids des corps, mais encore à mesurer l'intensité des forces.

Celui qui représente la *fig.* 40 est très fréquemment employé sous le nom de *peson à ressort*. Il est formé d'une lame d'acier ABC recourbée en son milieu, et portant à ses deux extrémités deux arcs en fer CD et ME. Le premier arc CD est soudé, par son extrémité inférieure, à la branche BC, tandis que sa partie supérieure traverse librement la branche AB et se termine par un anneau destiné à suspendre l'instrument. Le second arc ME est, au contraire, soudé par son extrémité supérieure à la branche AB, tandis que sa partie inférieure traverse librement la branche BC et se termine en E par un crochet auquel on suspend le corps qu'on veut peser. Ces deux arcs sont, comme on le voit, disposés en sens inverse l'un de l'autre. Il est facile de comprendre comment le poids d'un corps faisant fléchir le ressort rapproche ses deux extrémités. Ce rapprochement, mesuré par l'arc extérieur CD qui porte des divisions correspondant à des poids marqués, indique le poids du corps.

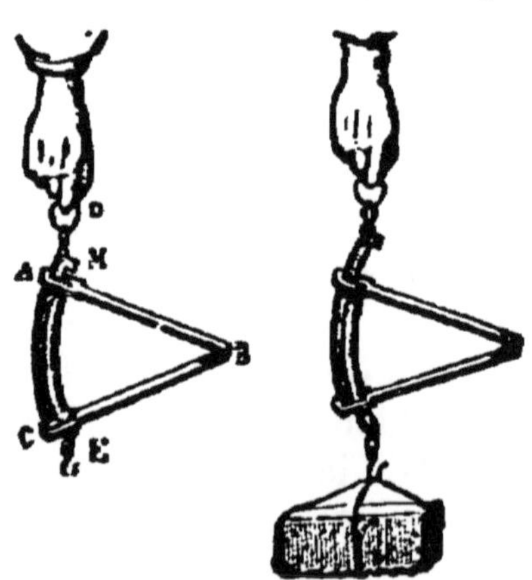

Fig. 40.

Remarque. La balance, quelle que soit sa disposition (balance ordinaire, bascule, balance romaine, peson, etc.), ne donne que le poids relatif des corps, tandis que les dynamomètres peuvent en donner le poids absolu. Remarquons, en effet, qu'une balance dans l'un des plateaux de laquelle est un corps quelconque, et dans l'autre des poids marqués qui lui font équilibre, restera dans cette position d'équilibre aussi bien au pôle qu'à Paris ou à l'équateur ; car l'action de la pesanteur s'exerçant également sur toutes les substances, il est évident que les variations dans l'intensité de la pesanteur auront le même effet, en chaque lieu, et sur les corps à peser et sur les poids dont on fait usage. En un mot, un corps qui pèse 100 grammes à Paris pèsera également 100 grammes au pôle ou à l'équateur.

Mais il n'en est pas de même avec les dynamomètres. Il est facile de comprendre, en effet, que si l'intensité de la pesanteur augmente ou diminue, la flexion du ressort déterminée par un même corps suspendu au crochet de l'instrument deviendra plus grande ou plus petite. En transportant le dynamomètre de l'équateur au pôle, on verrait donc son ressort fléchir de plus en plus, par l'action du même corps, à mesure qu'on s'élèverait en latitude.

Résumé.

I. Le pendule est un instrument composé d'une tige suspendue par son extrémité supérieure à un point fixe, et portant à l'autre extrémité une masse pesante.

II. On distingue en physique deux sortes de pendules : le *pendule simple* et le *pendule composé*.

III. On donne le nom d'oscillation au mouvement de va-et-vient qu'exécute le pendule lorsqu'on l'a écarté de sa position d'équilibre et abandonné ensuite à lui-même.

IV. Pour un même pendule, et dans le même lieu, les oscillations dont l'amplitude ne dépasse pas 3 ou 4 degrés sont isochrones, c'est-à-dire qu'elles s'exécutent dans des temps égaux, malgré les variations de l'amplitude.

V. Pour des pendules de même longueur, et dans le même lieu, la durée des oscillations est la même, quelle que soit la substance dont le pendule est formé.

VI. Pour des pendules de longueurs différentes, oscillant dans le même lieu, les durées des oscillations sont proportionnelles aux racines carrées des longueurs de ces pendules. Ainsi, si la longueur d'un pendule devient 4, 9, 16 fois plus grande, la durée de chaque oscillation devient 2, 3, 4 fois plus considérable.

VII. Pour des pendules de même longueur oscillant en différents lieux de la terre, les durées des oscillations sont en raison inverse des racines carrées des intensités de la pesanteur dans ces différents lieux.

VIII. C'est à Galilée que l'on doit la découverte de l'isochronisme des petites oscillations pendulaires, ainsi que du rapport qui existe entre les durées des oscillations et les longueurs des pendules qui les exécutent.

IX. L'intensité de la pesanteur a pour mesure l'accélération communiquée par cette force à un corps quelconque tombant librement dans le vide pendant une seconde. Sa valeur *g* est égale, à Paris, à 9^m,8088.

X. La pesanteur augmente d'intensité, de l'équateur aux pôles. Cette augmentation est due à deux causes : la forme de la terre, et la force centrifuge qui résulte de son mouvement de rotation sur son axe.

XI. La *balance* est un instrument destiné à mesurer le poids relatif d'un corps.

XII. On distingue plusieurs sortes de balances, savoir : la balance ordinaire, la bascule ou balance de Quintenz, la balance romaine et le peson.

CHAPITRE IV.

Notions sur les divers états de la matière. — État solide, état liquide, état gazeux. — Caractères généraux des corps solides, des corps liquides et des corps gazeux.

Divers états de la matière.

70. *Divers états de la matière.* — Nous avons vu dans les notions préliminaires que les corps peuvent se présenter sous trois états différents: l'état *solide*, l'état *liquide* et l'état *gazeux*.

Certains corps peuvent, sans changer de nature, prendre successivement chacun de ces trois états. Nous citerons comme exemples l'eau, le soufre, le mercure, etc., qui, selon qu'on les chauffe ou qu'on les refroidit, passent de l'état solide à l'état liquide, de l'état liquide à l'état gazeux, et *vice versa*. Théoriquement, on conçoit que tous les corps solides puissent, par une augmentation de chaleur, devenir successivement liquides, puis gazeux, et revenir ensuite, par le refroidissement, à leur premier état; mais, en réalité, diverses circonstances physiques ou chimiques empêchent qu'il en soit ainsi. Quelques corps, en effet, ne se présentent jamais qu'à l'état solide : tels sont le carbone, la chaux, la magnésie, etc. Tout au plus est-on parvenu à ramollir le carbone en le soumettant à l'action calorifique d'une pile de 500 éléments. D'autres corps ne peuvent se montrer qu'à l'état solide ou liquide; d'autres, à l'état liquide ou gazeux. Tel était encore, dans ces derniers temps, le cas de l'alcool et du sulfure de carbone, que l'on est enfin parvenu à solidifier (Janvier 1884), en les soumettant, le premier à un froid de —130°, le second de —116°. Ces froids extrêmes ont été obtenus par M. Wroblewski en faisant évaporer dans le vide de l'éthylène (hydrogène bi-carboné) préalablement liquéfié. Nous verrons (page 74) que tous les gaz peuvent être également liquéfiés et même solidifiés. Toutefois, nous continuerons à désigner sous les noms de corps solides, liquides ou gazeux ceux qui, dans les circonstances ordinaires de température et de pression, affectent l'un ou l'autre de ces trois états.

Caractères généraux des corps solides.

71. *Caractères généraux des corps solides.* — Les corps solides, comme le fer, le marbre, l'ivoire, etc., sont ceux dont on ne peut séparer les parties qui les composent sans un effort plus ou moins grand. Le volume et la forme de ces corps restent donc constants; ils ne peuvent être modifiés que par une action mécanique ou un changement de température.

Les solides possèdent un certain nombre de propriétés physiques qu'il importe d'étudier. Telles sont la *compressibilité*, l'*élasticité*, la *ductilité*, la *malléabilité*, la *ténacité*.

Compressibilité. — Tous les corps solides, sous l'influence d'une pression ou d'un effort tendant à rapprocher leurs molécules, cèdent plus ou moins à cet effort et diminuent de volume; cette propriété est désignée sous le nom de *compressibilité.* Elle varie beaucoup suivant les différents corps : les uns, comme le liège, la moelle de sureau, sont très compressibles; d'autres, comme le marbre, le soufre, le charbon, le sont très peu. La fabrication des monnaies et des médailles repose entièrement sur cette propriété. Les disques ou *flans* de cuivre, d'or, d'argent, etc., destinés à les former, reçoivent leur empreinte du choc d'un balancier qui les frappe subitement, et les force à se mouler sur les traits les plus déliés de l'effigie gravée en creux sur le coin. La continuité de la pression exerce sur la compressibilité des solides une influence dont il faut tenir compte; c'est ainsi que les murs et les colonnes qui supportent nos édifices, peuvent à la longue se raccourcir, de manière à en compromettre la stabilité.

Élasticité. — On nomme ainsi la propriété en vertu de laquelle un corps, modifié dans ses dimensions par l'action d'une force extérieure, tend à reprendre sa forme et son volume primitifs. Certains corps solides, tels que le caoutchouc, l'ivoire, l'acier, sont très élastiques; d'autres, tels que le plomb, la cire, etc., ne le sont qu'à un très faible degré; mais il n'est aucun corps qui soit absolument dépourvu d'élasticité.

Quelque élastique que soit un corps, il y a une limite au delà de laquelle il ne revient plus exactement à sa forme première, quand la force qui l'avait modifié cesse d'agir sur lui: c'est ce qu'on nomme sa *limite d'élasticité.* Ainsi, une lame d'acier trop fortement fléchie se coude et reste coudée, si elle ne se casse pas; un fil de caoutchouc trop fortement tiré conserve, quand on le rend à lui-même, une longueur plus grande que celle qu'il avait auparavant.

Sous l'influence d'un effort longtemps prolongé, l'élasticité d'un corps solide tend à diminuer d'intensité; c'est ce qui explique comment les divers ressorts que nous employons à une foule d'usages perdent avec le temps une partie de leur énergie et finissent par *se fatiguer,* comme on dit vulgairement, bien que l'effort qu'ils ont dû supporter n'ait jamais dépassé leur limite d'élasticité. On distingue plusieurs genres d'élasticité, savoir . l'élasticité de *tension,* celle de *compression,* celle de *flexion* et enfin celle de *torsion,* suivant les divers sens dans lesquels les corps peuvent subir la force qui tend à les déformer.

Ces différents genres d'élasticité sont soumis à des lois que l'on peut démontrer expérimentalement. Ainsi, pour l'élasticité de tension, l'expérience démontre que l'allongement d'un fil métallique tiré est, à la température ordinaire: 1° *proportionnel à sa longueur; 2° en raison inverse du carré de son diamètre; 3° proportionnel à la charge qu'il supporte.* Si le fil est porté à une température supérieure à 100°, on constate que son élasticité va en diminuant à mesure que la température s'élève. L'élasticité de compression obéit aux mêmes lois. Pour l'élasticité de flexion appliquée aux lames métalliques, on trouve que la charge ou l'effort nécessaire pour amener la flexion ou le déplacement déterminé d'une lame est : 1° *proportionnel à la largeur de la lame ;* 2° *proportionnel au cube de son épaisseur ;* 3° *en raison inverse du cube de sa longueur.* Quant à l'élasticité de torsion, sur laquelle sont basés quelques instruments de physique, entre autres la balance de Coulomb, la force avec laquelle un fil métallique tordu tend à se détordre et à reprendre sa position première *est proportionnelle à l'angle de torsion.* On comprend de quelle haute utilité doit être la connaissance de ces lois dans l'art des constructions.

Ductilité et malléabilité. — *La ductilité* est la propriété que possèdent certains corps, et particulièrement les métaux, de se réduire en fils plus ou moins déliés, lorsqu'on les étire en les passant à la filière. La *malléabilité* (de *malleum*, marteau) désigne le plus ou moins de facilité que possèdent les corps à se réduire en lames ou en feuilles minces sous le choc du marteau ou la pression lente du laminoir. Les métaux les plus ductiles sont, *dans l'ordre de leur ductilité :* l'or, l'argent, le platine, l'aluminium, le fer, le cuivre, le zinc, l'étain et le plomb. Les plus malléables sont, *dans l'ordre de leur malléabilité :* l'or, l'argent, l'aluminium, le cuivre, l'étain, le platine, le plomb, le zinc et le fer.

On voit qu'à l'exception de l'or et de l'argent, les métaux les plus ductiles ne sont pas en même temps les plus malléables. Ainsi le platine qui occupe le troisième rang dans l'ordre de ductilité, n'occupe que le sixième dans l'ordre de malléabilité ; le fer, dont la ductilité est assez grande, ne possède qu'une faible malléabilité. La chaleur exerce sur ces deux propriétés une très grande influence. Le verre, par exemple, qui, à la température ordinaire, ne possède aucune ductilité, se laisse étirer en fils d'une extrême finesse, lorsqu'il est chauffé au rouge ; il en est de même pour le zinc qui, très peu malléable à froid, se laisse facilement laminer à une température de 130 à 140 degrés. Le fer, comme on le sait, n'acquiert toute sa ductilité qu'à la température rouge. Quelques métaux, au contraire, perdent de leur ductilité quand on les chauffe ; tels sont le plomb, l'étain et le cuivre, moins ductiles à chaud qu'à froid.

Ténacité. — D'une manière générale, on doit entendre par ténacité la propriété que possèdent seuls les corps solides, d'opposer une résistance plus ou moins grande aux différents efforts qui tendent à les rompre. Toutefois cette expression désigne plus particulièrement la résistance des fils métalliques aux tractions exercées sur eux dans le sens de leur longueur. On donne le nom de *coefficient de rupture* au nombre qui exprime le poids en kilogrammes dont il faut charger un fil de 1 millimètre carré de section pour en déterminer la rupture.

Les coefficients de rupture des divers métaux sont :

Pour le fer.	63,5	Pour l'or.	27,50
— cuivre.	41	— zinc.	15,75
— platine.	35	— étain	2,95
— argent.	29,6	— plomb	2,35

L'expérience prouve que le coefficient de rupture des métaux diminue avec la température. Toutefois il augmente pour le fer jusqu'à 100° ; mais à partir de cette température, ce métal rentre dans la loi commune ; sa ténacité, au rouge sombre, n'est plus que le sixième environ de ce qu'elle était à la température ordinaire.

Trempe, écrouissage, recuit. Résistance des matériaux.

72. *Trempe, écrouissage, recuit.* — Les métaux sont soumis, dans l'industrie, à diverses opérations qui ont pour effet d'en modifier les propriétés physiques : tels sont la *trempe*, l'*écrouissage* et le *recuit*.

La *trempe* est cette opération bien connue qui consiste à porter un métal à une température élevée et à le plonger ensuite brusquement dans un liquide froid. L'eau est le liquide dont on se sert le plus ordinairement ; dans quelques cas on emploie l'huile ou le mercure. Ce dernier liquide, en raison de sa densité et de sa grande conductibilité, produit un refroidissement plus rapide, et, par suite, une trempe plus forte ; celle-ci, pour un motif pareil, est également plus forte dans l'eau que dans l'huile. L'effet général de la trempe est de rendre le métal plus dur et plus cassant. Ainsi l'acier qui, non trempé, n'est guère plus dur que le fer, acquiert par ce procédé une dureté qui lui permet d'entamer, de limer, de raboter le fer et même d'autres corps plus résistants. Dans quelques cas, cependant, la trempe produit un effet contraire. C'est ce qu'on observe pour le bronze, alliage de cuivre et d'étain. Chauffé au rouge et plongé subitement dans de l'eau froide, cet alliage devient assez malléable pour pouvoir être travaillé au marteau ; mais en le chauffant de nouveau et en le laissant se refroidir lentement il redevient dur et fragile. Cette propriété, qui appartient plus spécialement au bronze des cloches, formé d'environ 4 parties de cuivre et 1 d'étain, est utilisée dans la fabrication des tamtams et des cymbales d'orchestre.

L'*écrouissage* a pour but de rapprocher les molécules d'un métal en le soumettant à froid soit aux chocs répétés du marteau, soit à l'action de la filière ou du laminoir. Cette opération a pour effet d'augmenter la densité des métaux et de leur donner en même temps les qualités que donne la trempe, c'est-à-dire plus de dureté et d'élasticité. Ainsi un fil de fer non écroui, de 1 millimètre carré de section, se rompt sous une charge de $50^k,2$, tandis que le même fil, écroui par la filière, exige pour sa rupture un poids de $63^k,5$. L'écrouissage s'applique surtout aux métaux qui ne sont pas susceptibles de se durcir par la trempe. Les anciens donnaient la dureté voulue à leurs armes de bronze par l'écrouissage au marteau; dans l'horlogerie, toutes les pièces de laiton sont durcies de cette manière ou par le laminoir.

Recuit. — Il arrive souvent que des métaux trempés ou écrouis par les procédés que nous venons d'indiquer, ont acquis une dureté trop grande pour l'usage auquel on les destine. Il faut alors détruire en partie les effets de la première opération, afin de les ramener à un degré voulu de ductilité ou de malléabilité. C'est ce que l'on obtient au moyen du *recuit*, c'est-à-dire en chauffant plus ou moins le métal et en le laissant ensuite refroidir lentement. Cette opération, qui exige de la part de l'ouvrier une grande habileté, est fréquemment employée dans la fabrication des instruments en acier. On donne d'abord au métal une très forte trempe, et on le recuit ensuite de manière à diminuer la trop grande dureté qu'il avait acquise, pour ne lui laisser que celle que demande la nature de l'instrument.

73. *Résistance des matériaux.* — La première et la plus importante des notions qu'exige l'art du constructeur est évidemment celle qui a trait à ce qu'on nomme *la résistance des ma-*

tériaux. Cette résistance est avant tout subordonnée à la nature des matériaux ; mais elle dépend aussi de leur agencement, de leurs formes, de leurs dimensions, en un mot, de la manière dont on les met en œuvre.

Relativement à la nature des corps, nous avons vu quelles énormes différences présentent entre eux les coefficients de rupture de fils métalliques formés de fer, de cuivre, de plomb, etc. Des différences non moins grandes s'observent pour la résistance à l'écrasement entre les divers matériaux employés dans les constructions, tels que le porphyre, le granit, le marbre, la brique, les roches calcaires, le plâtre, les mortiers, etc. Ainsi, tandis qu'un bloc de porphyre ne cède qu'à un effort de 2500 kilogrammes par centimètre carré de section, le même bloc en marbre blanc céderait à une charge de 310 kilog. par centimètre, et il ne pourrait, sans s'écraser, en supporter plus de 50 s'il était en plâtre. Voici d'ailleurs, pour nos matériaux de construction les plus usuels, les charges en kilogrammes et par centimètre carré capables d'en amener l'écrasement :

Porphyre,	2500	kilogr.
Basalte d'Auvergne,	2000	—
Grès dur des Vosges,	850	—
Granit vert des Vosges,	620	—
Roche calcaire ou pierre de taille de Bagneux,	440	—
Marbre blanc,	310	—
Roche calcaire d'Arcueil,	280	—
Roche de Châtillon,	170	—
Brique dure,	150	—
Brique tendre,	60	—
Plâtre gâché à l'eau,	50	—
Mortier ordinaire (chaux et sable),	35	—

Ces chiffres n'indiquant que le minimum des charges susceptibles de déterminer l'écrasement, il va sans dire que dans l'application il faut toujours se tenir de beaucoup en deçà, surtout lorsque la charge, comme cela arrive pour les constructions, doit être indéfiniment supportée.

Nous avons dit que la résistance des matériaux ne dépend pas seulement de leur nature, mais encore de leurs formes et de leurs dimensions. Ainsi l'expérience a prouvé qu'une colonne cylindrique résiste mieux qu'un prisme droit de même volume et de même hauteur ; qu'un prisme à base carrée résiste mieux qu'un prisme ayant pour base un parallélogramme. Quant aux dimensions, l'expérience, d'accord avec le calcul, prouve également, que pour des colonnes cylindriques ou prismatiques, la résistance est *proportionnelle à la surface des bases* et *en raison inverse du carré des hauteurs.* Tout le monde sait qu'une barre métallique placée de champ peut soutenir un fardeau beaucoup plus lourd que la même barre disposée à plat, et que, pour une même épaisseur, elle résistera d'autant mieux qu'elle sera moins longue. La résistance d'une barre à la rupture par flexion est, en effet : 1° *proportionnelle à sa largeur ;* 2° *proportionnelle au carré de son épaisseur ;* 3° *en raison inverse de sa longueur.* C'est sur ce principe que repose la fabrication des poutres et des rails en fer employés dans la construction des ponts, des édifices et de nos voies ferrées. Les barres qui les constituent, munies sur chaque arête d'un large rebord, pour plus de stabilité dans les appuis, sont placées de champ, de manière à présenter leur plus grande épaisseur à la direction verticale de la charge.

Rappelons enfin ce fait bien connu qu'un cylindre creux résiste beaucoup mieux à la rupture par flexion ou par écrasement qu'un cylindre massif de même substance qui aurait *le même poids et la même longueur.* La nature nous en a elle-même fourni l'exemple, en donnant aux os longs de la machine animale la forme de cylindres creux. Les plumes des oiseaux, les tiges des graminées, à la fois si légères et si résistantes, sont construites sur ce même modèle, si heureusement mis à profit par l'industrie métallurgique dans une foule de circonstances, où il est utile d'économiser la matière sans nuire à sa solidité. Citons comme exemples de cette ingénieuse application les arceaux, les colonnes, les hauts pilastres en fonte ou en fer creux d'un emploi si fréquent dans la construction des ponts, des gares, des marchés ou autres abris à charpentes métalliques, et ces admirables ponts tubulaires, formés d'énormes poutres ou tubes rectangulaires en tôle rivée, dans l'intérieur desquels, sur certains chemins de fer, des convois entiers franchissent de larges fleuves.

Caractères généraux des liquides.

74. *Caractères généraux des liquides.* — Les *liquides* sont caractérisés par la grande mobilité de leurs molécules, par la facilité avec laquelle ces molécules glissent et roulent les unes sur les autres au moindre effort : d'où résulte pour ces corps la propriété spéciale de *couler,* c'est-à-dire de s'échapper en nappes ou en filets par de petites ouvertures, et de se mouler sur les parois des vases qui les renferment, de manière à en prendre exactement la forme.

Les molécules des corps liquides, malgré leur mobilité, conservent cependant une certaine adhérence réciproque. C'est pourquoi une masse liquide, abandonnée à elle-même et libre de toute influence étrangère, prend constamment la forme sphérique. Ce résultat, que l'on peut expliquer et démontrer par le calcul, se manifeste dans une foule de circonstances vulgaires. C'est ainsi que de très petites gouttes de mercure placées sur une table en bois, ou sur toute autre surface ayant peu d'affinité pour ce métal, prennent une forme à peu près sphérique. Il en est de même d'une goutte d'eau, d'alcool, de plomb fondu, etc., qu'on laisse tomber librement dans l'air. Le plomb de chasse n'est composé que de gouttelettes de plomb fondu reçues dans de l'eau froide qui les a immédiatement solidifiées. L'expérience suivante met en évidence d'une manière aussi nette qu'intéressante cette propriété des liquides.

L'huile, comme on le sait, est plus légère que l'eau et plus lourde que l'alcool. Mais si l'on fait un mélange de ces deux derniers liquides, de manière à lui donner une densité égale à celle de l'huile, celle-ci, versée lentement dans ce mélange, se réunit en une seule masse, et s'y maintient suspendue sous la forme d'une sphère, à laquelle on peut, avec certaines précautions, faire acquérir le volume d'une orange.

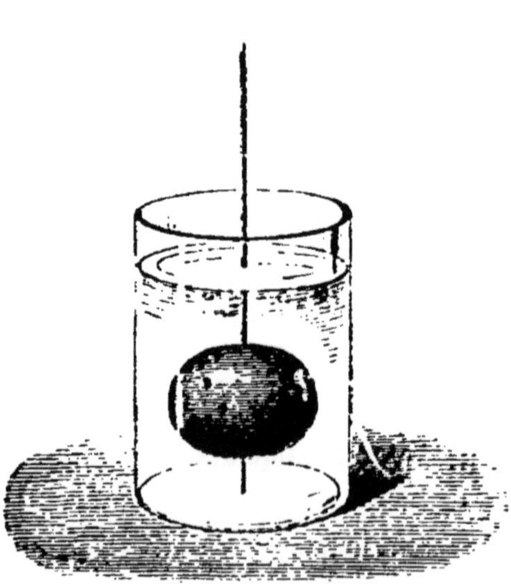
Fig. 41.

Tant que le globe d'huile reste en repos, il conserve rigoureusement sa forme sphérique. Mais si, au moyen d'une longue aiguille verticale passant par son centre, on lui imprime un mouvement de rotation, on le voit aussitôt (*fig.* 41) s'aplatir à ses deux pôles de révolution, et se renfler en un bourrelet saillant vers sa région moyenne, c'est-à-dire à son équateur. Cet aplatissement et ce renflement, comme il est facile de le prévoir, augmentent avec la vitesse de rotation. Mais ce qui rend cette expérience extrêmement curieuse, c'est que si la vitesse du globe huileux va toujours augmentant, il arrive un moment où, la force centrifuge dont il est animé l'emportant sur l'attraction réciproque de ses molécules, on voit le bourrelet équatorial se détacher d'une pièce, et former un anneau qui, pendant quelques instants encore, continue à tourner avec la sphère centrale dont il s'est séparé. Cette belle expérience, réalisée par M. Plateau, donne une idée saisissante de la manière dont la terre et les autres planètes, dans l'hypothèse de leur fluidité primitive, ont dû prendre la forme sphéroïdale qui leur est commune, et du mécanisme suivant lequel a dû se produire l'anneau de Saturne.

Les liquides ont été pendant longtemps considérés comme étant complètement incompressibles; mais cela n'est pas rigoureusement exact. Des expériences faites par Œrsted, et répétées plus tard par Despretz et Saigey, ont démontré que les liquides diminuent de volume quand on les comprime. Toutefois cette diminution est très faible et peut être négligée dans les expériences ordinaires. Ainsi l'eau ne se comprime que de 49 millioniêmes de son volume sous la pression d'une atmosphère, et le mercure de 5 millioniêmes seulement.

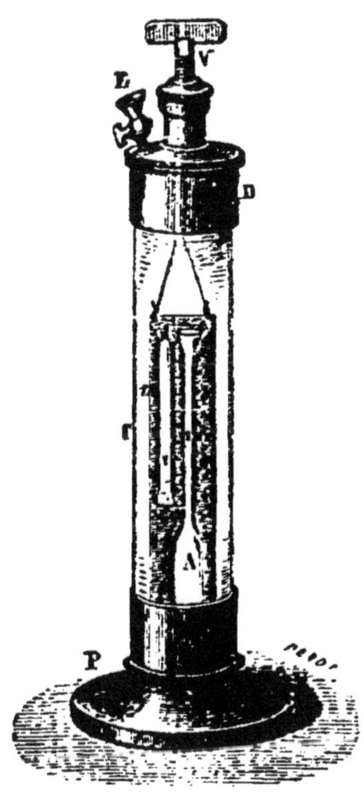

Fig. 42.

Les divers instruments à l'aide desquels on a pu constater et mesurer la compressibilité des liquides ont reçu le nom de *piézomètres*. Le plus convenable est celui d'Œrsted. Il se compose (*fig.* 42) d'un réservoir cylindrique en verre A, surmonté d'un tube capillaire évasé en un petit entonnoir à son extrémité supérieure, et divisé en un certain nombre de parties d'égale capacité, dont chacune représente une fraction connue du volume total du liquide contenu dans le réservoir. Le tout est fixé sur une planchette qui porte en même temps un manomètre *m* à air comprimé, servant à mesurer la pression pendant l'expérience. S'il s'agit, avec cet instrument, de mesurer la compressibilité de l'eau, par exemple, on remplit de ce liquide le réservoir et le tube jusqu'à une hauteur *h*, et on verse au-dessus une gouttelette de mercure qui sert d'*index* en même temps qu'elle isole du milieu ambiant le liquide contenu dans le réservoir. Cela fait, on introduit la planchette avec ses deux pièces dans une éprouvette en cristal C à parois épaisses, solidement enchâssée par sa base dans un pied en cuivre P, et portant à sa partie supérieure une garniture en cuivre D, dans laquelle est un piston que fait mouvoir une vis de pression V. L'éprouvette ayant été remplie d'eau au moyen de l'entonnoir à robinet E, on ferme celui-ci, et l'on tourne la vis V pour faire descendre le piston. La pression, transmise par l'eau de l'éprouvette au liquide contenu dans le réservoir, fait aussitôt baisser l'index de mercure dans le tube capillaire, et il suffit alors de lire sur l'échelle le déplacement de l'index pour savoir de quelle fraction de son volume initial le liquide du réservoir s'est comprimé sous la pression indiquée par le manomètre. Toutefois, il importe, pour établir le coefficient exact de compressibilité, de tenir compte du changement de capacité du réservoir qui, pressé également à l'intérieur et à l'extérieur, se contracte comme le ferait un cylindre de même volume en verre massif. Il faut donc ajouter à la compression apparente indiquée par le piézomètre la compression éprouvée par l'enveloppe de verre.

Remarque. — Lorsque, après avoir comprimé un liquide comme nous venons de le dire, on supprime l'excès de pression auquel on l'avait soumis, l'index de mercure remonte aussitôt à son niveau primitif, ce qui prouve que les liquides *sont parfaitement élastiques*. On sait d'ailleurs que des gouttelettes d'eau ou de mercure rebondissent en tombant sur un plan très dur. Nous aurons plus loin une autre preuve de cette élasticité, déduite de la facilité avec laquelle les liquides, comme les solides, transmettent au loin les ondes sonores.

Caractères généraux des gaz.

75. *Caractères généraux des gaz.* — Les *gaz*, que l'on nomme encore *fluides élastiques*, sont caractérisés par une répulsion constante de leurs molécules, d'où résulte leur *expansibilité*, c'est-à-dire la propriété en vertu de laquelle une masse gazeuse tend toujours à occuper l'espace qui lui est offert, si grand qu'il soit. Ces corps ne peuvent donc avoir de formes propres; ils sont toujours forcés de prendre celles des capacités qui les contiennent, et dont ils pressent les parois de dedans en dehors avec une force plus ou moins grande : cette force est ce qu'on nomme la *tension* ou *force élastique* des gaz.

L'attraction moléculaire, qui existe encore à un certain degré dans les liquides, est devenue tout à fait nulle dans les gaz ; et loin qu'il soit nécessaire d'employer une force quelconque pour séparer leurs molécules, il faut au contraire en employer une pour les empêcher de s'écarter. On peut donc d'après cela considérer un corps gazeux comme formé de molécules isolées, parfaitement mobiles, et dans un état constant de répulsion réciproque.

Les gaz sont éminemment compressibles. Cette propriété, si faible dans les liquides, est, au contraire, extrêmement prononcée dans les gaz. Ainsi, tandis que sous la pression d'une atmosphère l'eau ne se comprime que des 49 millioniémes de son volume, la même pression appliquée à un gaz réduit son volume de moitié.

La facilité avec laquelle les gaz se compriment se démontre au moyen d'un cylindre de verre épais (*fig.* 43) fermé par un bout et dans lequel peut se mouvoir un piston P. Ce cylindre étant rempli d'air ou de tout autre gaz, le moindre effort exercé sur la tige du piston suffit pour réduire aussitôt d'une quantité notable le volume de l'air ou du gaz. Toutefois, si l'on continue à presser sur le piston, on constate que la résistance du gaz, d'abord assez faible, augmente considérablement à mesure que son volume diminue. Si l'on abandonne ensuite le piston à lui-même, celui-ci se meut alors en sens inverse, et remonte jusqu'à ce qu'il ait repris sa position première : ce qui prouve que les gaz sont, comme les liquides, parfaitement élastiques. Le nom de *fluides élastiques*, par lequel on les désigne encore, vient de ce qu'étant très compressibles, l'élasticité dont ils sont doués est beaucoup plus apparente que celle des autres corps.

T

P

Fig. 43.

Le petit instrument que nous venons de décrire a reçu le nom de *briquet à air*, parce qu'en enfonçant brusquement le piston dans le tube, la compression de l'air produit un dégagement de chaleur suffisant pour allumer un morceau d'amadou fixé au fond du tube ou sous le piston.

Tout récemment encore, on distinguait les gaz en gaz *non permanents* et en gaz *permanents :* non permanents, ceux que l'on pouvait amener à l'état liquide ou même à l'état solide, sous l'action simple ou combinée de la pression et du refroidissement; permanents, ceux qui, comme l'oxygène, l'hydrogène, l'azote, l'oxyde de carbone, etc., avaient jusqu'alors résisté à cette double action. Cette distinction n'a plus aujourd'hui sa raison d'être. Deux savants distingués, MM. Cailletet et Raoul Pictet sont, en effet, parvenus dans ces derniers temps à liquéfier tous ces gaz ainsi que l'air atmosphérique lui-même. Ces belles expériences ont été faites par M. Cailletet dans le laboratoire de l'École normale de Paris, le 31 décembre 1877, devant MM. Henri Sainte-Claire Deville, Berthelot, Mascart, etc. Voici comment a opéré M. Cailletet :

Le gaz à liquéfier, préalablement purifié et desséché, est introduit dans un tube étroit de cristal, fermé à sa partie supérieure et plongeant par son bout inférieur, qui est ouvert, dans une cuvette en acier remplie de mercure. Ce tube est entouré d'un manchon en cristal contenant de l'acide sulfureux liquide, faisant fonction de réfrigérant. Les énormes pressions auxquelles le gaz doit être soumis (300 atmosphères pour l'oxygène, 200 pour l'azote, 280 pour l'hydrogène) sont obtenues au moyen d'une puissante presse hydraulique et transmises directement au mercure, qui, en s'élevant peu à peu dans le tube, comprime le gaz devant lui. Arrivé aux pressions que nous venons d'indiquer, si l'on détend subitement le gaz, le refroidissement produit par cette détente, lequel peut être évalué à environ 200 degrés, amène aussitôt la liquéfaction du gaz, qui apparait alors dans le tube sous la forme d'un brouillard ou de fines gouttelettes. Ces gouttelettes, ainsi que l'a démontré M. R. Pictet pour l'oxygène, peuvent même, comme l'acide carbonique liquide, se solidifier subitement, si on leur donne immédiatement issue hors du tube.

Le dernier jour de l'année 1877 restera, comme on le voit, une date mémorable dans l'histoire de la science.

Les gaz, en raison de l'extrême mobilité de leurs molécules, sont soumis, comme les liquides, aux lois de l'hydrostatique, dont nous allons nous occuper dans le chapitre suivant.

Résumé.

I. Les corps peuvent se présenter à nous sous trois états différents : l'état *solide*, l'état *liquide* et l'état *gazeux*.

II. Les corps solides sont ceux dont on ne peut séparer les parties qui les composent sans un effort plus ou moins grand. Ils sont caractérisés par un certain nombre de propriétés physiques dont les principales sont : la *compressibilité*, l'*élasticité*, la *ductilité*, la *malléabilité* et la *ténacité*.

III. On désigne sous le nom de *coefficient de rupture* le nombre qui exprime le poids en kilogrammes dont il faut charger un fil métallique de 1 millimètre carré de section pour en déterminer la rupture.

IV. La *trempe*, l'*écrouissage* et le *recuit* sont des opérations qui ont pour but de modifier les propriétés physiques des métaux, afin de les rendre propres aux divers usages auxquels on les destine.

V. La trempe et l'écrouissage ont pour effet d'augmenter la dureté et l'élasticité de certains métaux. Le recuit les ramène au degré voulu de ductilité et de malléabilité.

VI. La *résistance des matériaux* est non seulement subordonnée à leur nature, mais encore aux formes et aux dimensions qu'on leur donne pour les mettre en œuvre. Pour des blocs cylindriques ou prismatiques, la résistance à l'écrasement est proportionnelle à la surface des bases et en raison inverse du carré des hauteurs.

VII. Les *corps liquides* sont caractérisés par la grande mobilité de leurs molécules et par la facilité avec laquelle ces molécules glissent et roulent les unes sur les autres au moindre effort.

VIII. Les liquides abandonnés à eux-mêmes, c'est-à-dire à leurs seules forces moléculaires, prennent la forme sphérique.

IX. Les liquides sont légèrement compressibles. On le démontre au moyen du *piézomètre*. L'eau, sous la pression d'une atmosphère, se comprime de 49 millioniėmes de son volume et le mercure de 5 millioniėmes seulement.

X. Les *gaz* ou *fluides élastiques* sont caractérisés, non-seulement par l'extrême mobilité de leurs molécules, mais encore par leur *expansibilité*, d'où résulte ce qu'on nomme leur *tension* ou *force élastique*.

XI. Les gaz sont éminemment compressibles et élastiques. On le démontre au moyen de l'instrument nommé *briquet à air*.

CHAPITRE V.

HYDROSTATIQUE.

Principe d'égalité de pression dans les liquides. — Surface libre des liquides pesants en équilibre. — Pressions sur les parois des vases. — Presse hydraulique. — Vases communiquants.

Principe d'égalité de pression dans les liquides. — Surface libre des liquides pesants en équilibre.

76. *Hydrostatique.* — On désigne sous ce nom la partie de la physique qui a pour objet les lois de l'équilibre des liquides et des pressions qu'ils exercent sur les vases qui les renferment.

77. *Principe d'égalité de pression dans les liquides.* — Ce principe, posé pour la première fois par Pascal, découle de la définition même des liquides; il résulte de la grande mobilité de leurs molécules, de la facilité avec laquelle elles glissent et roulent sur elles-mêmes au moindre effort. En voici l'énoncé: *Toute pression exercée sur une portion plane de la surface d'un liquide se transmet intégralement, à travers sa masse, à chaque portion égale des parois du vase qui le renferme;* en d'autres termes, *les liquides transmettent dans tous les sens, et avec une égale intensité, les pressions exercées sur une portion quelconque de leur surface.*

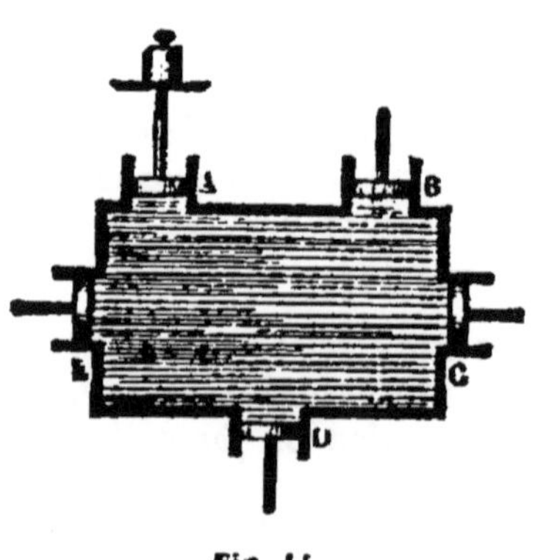

Fig. 44.

Soit un vase de forme quelconque (*fig.* 44), dont les parois portent des ouvertures d'égale étendue et fermées par des pistons mobiles. Supposons ce vase exactement rempli d'un liquide, que nous admettrons, pour la rigueur de la démonstration, sans pesanteur et incompressible. Si sur le piston A nous exerçons une pression quelconque, de 10 kil. par exemple, cette pression va se transmettre instantanément, et sans rien perdre de sa valeur, sur la face interne de chacun des autres pistons B, C, D, E. Chacun de ces pistons recevra donc de dedans en dehors, et perpendiculairement à sa surface, la pression de 10 kil. exercée sur le premier piston A. Il en sera de même pour chaque portion des parois du vase d'une surface égale à celle de ce piston. Par conséquent, pour des surfaces deux, trois, quatre fois plus grandes, la pression serait 20, 30, 40 kil., c'est-à-dire *proportionnelle à l'étendue de la surface.*

Nous avons dit que les gaz, en raison de l'extrême mobilité de leurs molécules, sont soumis à ce même principe. Donc, si le vase, au lieu de contenir de l'eau, était plein d'air ou de tout autre gaz, et que l'on exerçât sur un des pistons, en A je suppose, une pression quelconque, il faudrait, pour empêcher les autres pistons B, C, D, E d'être chassés au dehors, exercer sur chacun d'eux une pression égale. Si l'un des pistons avait une surface double, triple, etc., la pression qu'il supporterait serait elle-même doublée, triplée, etc., c'est-à-dire augmentée proportionnellement à l'étendue de la surface.

78. *Conditions d'équilibre des liquides.* — Pour qu'un liquide soumis à l'action de la pesanteur soit en équilibre, il doit remplir les deux conditions suivantes :

1re Condition. *La surface libre d'un liquide en équilibre doit être, en chaque point, perpendiculaire à la direction de la pesanteur.* Supposons, en effet (*fig.* 45), une masse liquide ABCD dont la surface libre aurait pris la direction inclinée AB. L'action verticale de la pesanteur P sur une molécule *m* de cette surface pourrait alors se décomposer en deux forces, dont l'une Q, perpendiculaire à la surface du liquide, serait détruite par sa résistance ; tandis que l'autre F, tangente à la surface, ferait glisser la molécule *m* dans la direction *m*B. Le même raisonnement pouvant s'appliquer à toute autre molécule de la surface AB, il est évident que l'équilibre ne saurait avoir lieu tant que cette surface n'aura

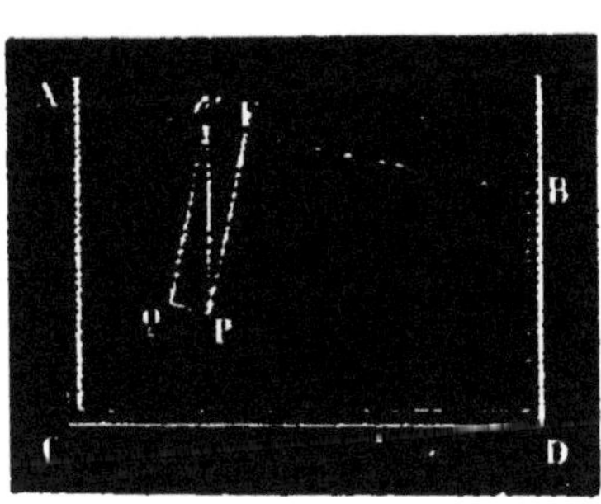

Fig. 45.

pas repris l'horizontalité, c'est-à-dire une direction perpendiculaire à la verticale.

Conséquences. Les surfaces liquides d'une petite étendue doivent être planes et horizontales, puisque les verticales de tous leurs points sont sensiblement parallèles. Mais pour les surfaces d'une grande étendue, comme celle des mers, il n'en peut être ainsi. Ces surfaces devant être, en chaque lieu, perpendiculaires à la verticale, c'est-à-dire à la direction de la pesanteur effective, doivent prendre une courbure sensiblement sphérique, laquelle courbure, supposée prolongée sous les continents, donne le véritable niveau de la surface du globe. Voilà pourquoi le *niveau des mers* a été pris comme point de départ pour mesurer l'altitude des montagnes ou autres lieux de la surface de la terre.

2ᵉ Condition. *Une molécule quelconque d'une masse liquide en équilibre doit éprouver dans tous les sens des pressions égales et contraires.* Cette condition est indispensable ; car si une molécule éprouvait dans un sens une pression plus forte que dans le sens opposé, il est évident qu'elle obéirait à la plus forte pression et se mettrait en mouvement : l'équilibre cesserait alors d'exister.

Pressions sur les parois des vases.

79. *Pressions exercées par les liquides sur les parois des vases qui les contiennent.* — Nous diviserons d'après leur direction les pressions que les liquides exercent, en vertu de la pesanteur, sur les parois des vases qui les contiennent. Nous aurons donc à examiner trois ordres de pressions : 1° les *pressions verticales de haut en bas ;* 2° les *pressions verticales de bas en haut ;* 3° les *pressions latérales.*

1° *Pressions verticales de haut en bas.* La pression qu'exerce un liquide en équilibre sur le fond d'un vase est *indépendante de la forme de ce vase.* Elle ne dépend que de l'étendue de la paroi pressée et de la hauteur du niveau au-dessus de cette paroi. *Elle est égale au poids d'une colonne verticale de liquide qui aurait pour base le fond du vase et pour hauteur la distance de ce fond à la surface libre.* En appelant p cette pression, f le fond du vase, h la hauteur du liquide, d sa densité, et g l'intensité de la pesanteur, on aura $p = fhdg$.

On démontre expérimentalement ce principe au moyen de

l'appareil de Haldat. Cet appareil (*fig.* 46) se compose d'un tube coudé DEFG. Sur la branche verticale ED peuvent se visser successivement des vases *m*, *a*, *b*, de forme et de capacité différentes. Pour faire l'expérience, on verse du mercure dans le tube DEFG jusqu'au niveau correspondant au robinet R, et l'on marque l'autre niveau K de ce liquide dans la branche FG. Ces deux niveaux sont nécessairement sur un même plan horizontal IK. On visse alors successivement les trois vases *m*, *a*, *b*, et on les remplit d'eau jusqu'à la même hauteur H. La pression exercée par cette eau sur le niveau I qui constitue le fond des différents vases, fait alors monter le mercure d'une certaine quantité Kr, *qui est la même pour tous les vases*, ce qui démontre le principe énoncé.

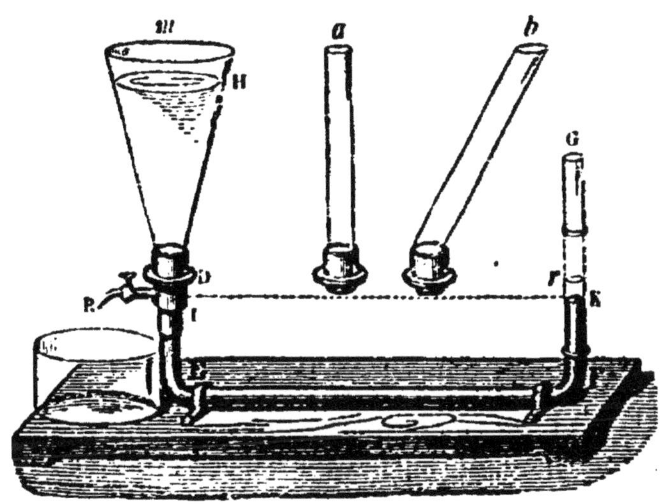

Fig. 46.

2° *Pressions verticales de bas en haut.* Soit un vase ayant la forme indiquée par la *fig.* 47, et rempli de liquide jusqu'en H; la pression exercée *de bas en haut* sur la paroi supérieure AD *est égale au poids d'une colonne liquide qui aurait pour base la surface annulaire* AD *et pour hauteur la distance de cette surface au niveau* H. Ce fait, qui résulte du principe d'égalité de pression, peut se démontrer par l'expérience. On prend pour cela (*fig.* 48) un tube en verre A ouvert à ses deux

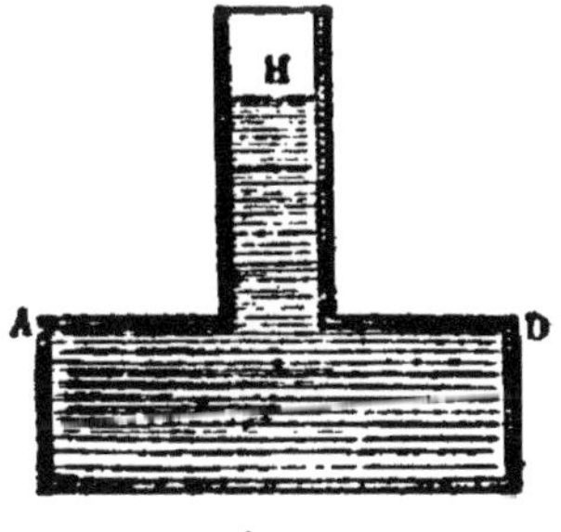

Fig. 47.

extrémités. Un disque en verre dépoli B, servant d'obturateur, est appliqué contre l'extrémité inférieure du tube et soutenu d'abord dans cette position par un fil. On plonge alors l'appareil dans l'eau, puis on abandonne le fil à lui-même. Le disque reste appliqué contre le tube, ce qui prouve déjà que la pression que l'eau exerce sur lui de bas en haut est supérieure à son poids. Pour démontrer que cette pression est bien égale au poids d'un cylindre de liquide qui aurait pour base la surface du disque, et pour hauteur la distance de ce disque à la surface libre du liquide, il suffit de verser de l'eau dans l'intérieur du tube. On voit alors que le disque ne se détache pour tomber au fond du vase que lorsque l'eau versée dans le tube s'est sensiblement élevée au niveau de l'eau extérieure.

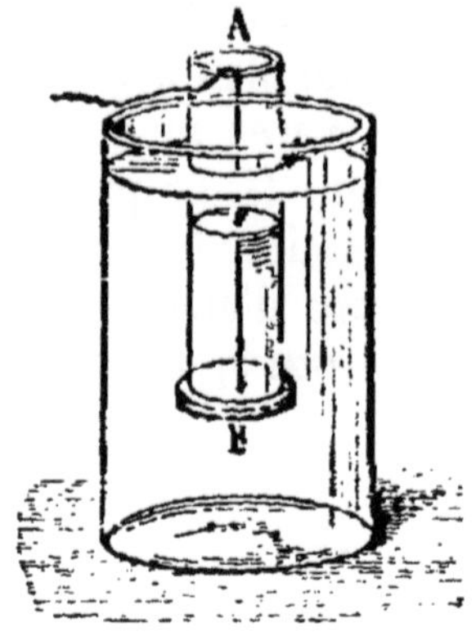

Fig. 49.

Cette pression de bas en haut s'appelle *poussée des liquides*. L'expérience précédente prouve que cette poussée est *toujours égale au poids d'une colonne de liquide qui aurait pour base la surface pressée, et pour hauteur celle du liquide au-dessus de cette surface.*

3° *Pressions latérales. Vases à réaction.* Si l'on pratique une ouverture en un point quelconque de la paroi latérale d'un vase, on voit aussitôt le liquide s'échapper avec une force d'autant plus grande que l'ouverture est à une distance plus considérable au-dessous de la surface libre du liquide. Ce fait est la conséquence des pressions latérales que les liquides exercent sur les parois des vases qui les renferment. Ces pressions sont toujours perpendiculaires aux parois, car, si elles étaient obliques, les molécules du liquide glisseraient sur ces parois, et l'équilibre ne pourrait avoir lieu. On démontre par le calcul, et en s'appuyant sur le principe de Pascal (77), que la pression exercée par un liquide sur une portion déterminée de la paroi latérale d'un vase *est égale au poids d'une colonne liquide qui aurait pour base cette portion de paroi, et pour hauteur la distance verticale de son centre de gravité à la surface libre du liquide.* Le point d'application de cette pression se nomme *centre de pression.* Il est toujours un peu au-dessous du centre de gravité de la paroi, par la raison que les pressions élémentaires qui forment la pression totale augmentent depuis la surface liquide jusqu'au fond du vase.

Le principe des pressions latérales explique le mouvement de recul produit par l'écoulement d'un liquide. Soit un vase prismatique rempli de liquide et reposant sur un petit chariot très mobile (*fig.* 49). Considérons deux petites surfaces opposées *m* et *n* d'égale étendue et prises à volonté sur les parois latérales. Ces deux surfaces éprouvent dans des directions contraires des pressions égales et opposées qui sont détruites par la résistance des parois.

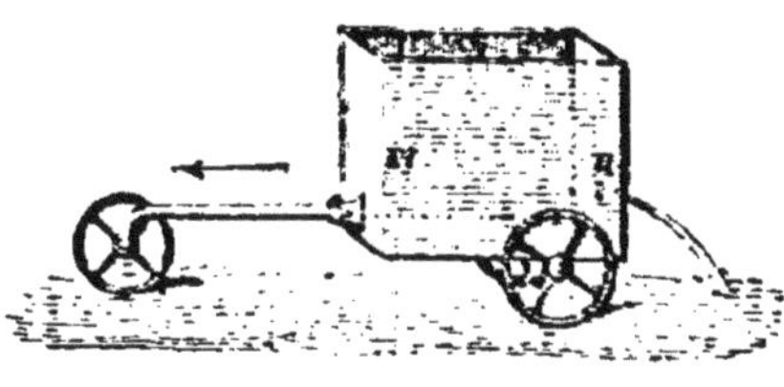

Fig. 49.

Supposons maintenant que l'on pratique une ouverture en détachant la petite surface *n* ; le liquide jaillira, et la pression qui s'exerçait en *n* cessera d'exister. Or, la pression opposée qui s'exerce en *m*, n'étant plus contre-balancée par la première, aura tout son effet ; et le vase, obéissant à un mouvement de recul en sens contraire de l'écoulement, marchera avec une vitesse d'autant plus grande, que la hauteur du niveau du liquide au-dessus de l'ouverture *n* sera plus considérable, et que cette ouverture aura plus de largeur. Ce fait peut encore être mis en évidence à l'aide du *tourniquet hydraulique*.

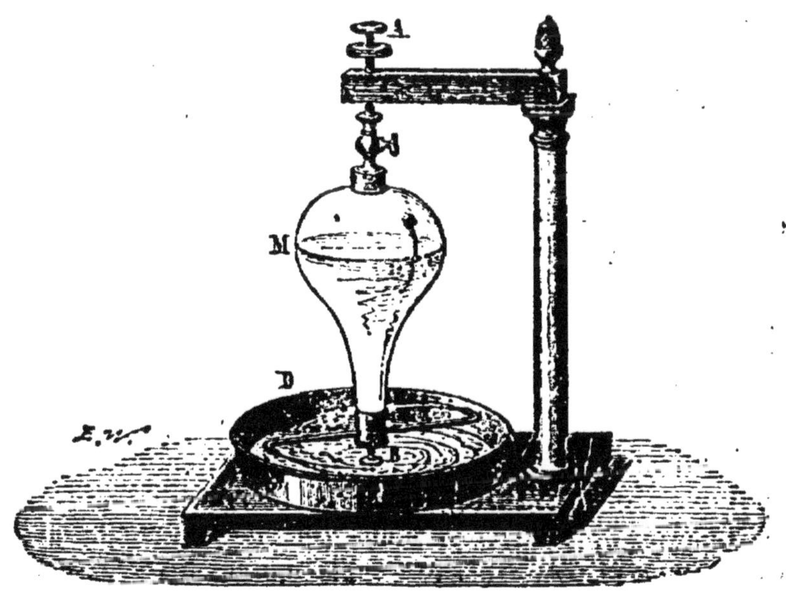

Fig. 50.

Ce petit instrument (*fig.* 50) se compose d'un vase de cristal M reposant sur un pivot, de manière à pouvoir tourner librement autour d'un axe vertical AB fixé au centre d'un bassin D. L'extrémité inférieure du vase communique au moyen d'un robinet avec deux tubes horizontaux coudés en sens contraire à leurs extrémités. L'appareil étant rempli d'eau, on le voit, dès que l'écoulement a lieu, prendre un mouvement de rotation en sens opposé à celui du liquide, lequel mouvement est d'autant plus rapide que la hauteur du niveau dans le vase est plus grande, et que la section des orifices par lesquels l'eau s'échappe est plus large. Cet instrument et celui qui précède sont nommés *vases à réaction.*

80. *Paradoxe hydrostatique.* — Nous avons vu (79) que la pression exercée par un liquide sur le fond d'un vase ne dépend ni de la forme du vase ni de la quantité du liquide qu'il contient, mais seulement de la hauteur du niveau de ce liquide au-dessus du fond horizontal. Or, il ne faut pas confondre cette pression avec le poids réel du liquide, c'est-à-dire la force qui solliciterait le plateau d'une balance sur lequel on aurait placé le vase.

La pression exercée par un liquide sur le fond d'un vase peut être en effet beaucoup plus grande ou beaucoup plus petite que son poids; dans quelques cas, elle peut lui être égale. C'est parce que ce fait semble au premier abord paradoxal, qu'il a reçu le nom de *paradoxe hydrostatique.* Son explication est cependant fort simple. Supposons, en effet, un vase ayant la forme indiquée par la *fig.* 51. La pression exercée sur le fond CD sera égale au poids d'une colonne de liquide CDHG ayant pour base la surface du fond CD et pour hauteur la distance qui sépare cette surface du niveau E. Elle sera, par conséquent, bien supérieure au poids réel du liquide. Mais, tandis que la surface inférieure CD reçoit de *haut en bas* cette pression, l'autre surface annulaire AB reçoit de *bas en haut* une pression égale au poids d'une colonne de liquide ABHG qui aurait pour base cette surface, et pour hauteur la distance qui la sépare du niveau E. Or, en retranchant ces deux pressions l'une de l'autre, puisqu'elles s'exercent en sens inverse, on voit que la résultante, c'est-à-dire la pres-

Fig. 51.

sion effective qu'exercerait le liquide sur le plateau d'une balance, est précisément égale au poids du volume réel ABCDE du liquide que contient le vase.

Une expérience bien connue donne une idée des pressions considérables auxquelles peuvent être soumises, intérieurement et dans tous les sens, les parois des vases remplis d'un liquide dont le niveau est très élevé au-dessus d'elles. On adapte verticalement à la face supérieure d'un tonneau rempli d'eau et reposant sur le sol (*fig.* 52) un tube de verre étroit et long de plusieurs mètres. Cela fait, si l'on verse de l'eau dans ce tube, on voit bientôt le tonneau se disloquer et finir par se rompre sous l'influence de l'énorme pression intérieure que lui communique la colonne d'eau contenue dans le tube. Cette pression est, en réalité, la même que si le tube avait le diamètre du tonneau, et il est facile de l'évaluer numériquement.

Supposons, en effet, que la colonne d'eau versée dans le tube ait 5 mètres de hauteur et que la section de ce tube soit de 2 centimètres carrés. Le poids de la colonne d'eau sera, à la base du tube, de 1 kilogramme. Or, cette pression se transmettant intégralement et dans tous les sens à la surface intérieure du tonneau, on voit que *chaque élément de cette surface égal à la section du tube* supportera un effort de 1 kilogramme, plus l'effort exercé par l'eau que contient le tonneau. Considérons seulement la base supérieure du tonneau et supposons que son rayon soit de 40 centimètres. En appliquant la formule πR^2 de la surface du cercle, nous trouvons pour la surface de cette base 5024 centimètres carrés, ce qui donne une pression totale de bas en haut de 2512 kilogr. En supposant que le tonneau ait 1 mètre de hauteur, on trouverait par le même calcul que la pression supportée de haut en bas par sa base inférieure serait de $3014^{kilog},400^{gr}$.

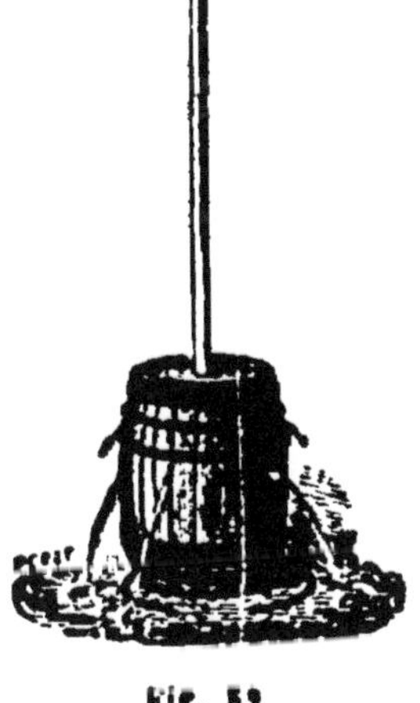
Fig. 52.

Ce résultat nous montre le danger que peut offrir une simple fissure faisant communiquer les eaux pluviales ou autres avec un réservoir d'eau profondément situé. Si solide que soit ce réservoir, il pourra, si la fissure se remplit, céder sous l'effort et se disloquer.

Remarque. Lorsqu'on plonge un corps dans un liquide, la surface de ce corps supporte dans tous les sens une pression d'autant plus forte que la densité du liquide est plus grande et que le corps est plongé plus profondément. Une enveloppe formée de verre mince peut être brisée par cette pression. De là la nécessité de recouvrir d'un étui métallique, pour les garantir de toute rupture ou déformation, les thermomètres destinés à mesurer les températures de la mer à de grandes profondeurs.

Presse hydraulique. Vases communiquants.

81. *Presse hydraulique.* — Cet appareil, dont l'invention est attribuée à Pascal, repose sur le principe d'égalité de pression dans les liquides. Il se compose essentiellement (*fig.* 53) de deux cylindres en fonte A et D, à parois très épaisses, dont l'un a un diamètre beaucoup plus grand que l'autre, et qui communiquent ensemble par un tuyau horizontal également en fonte. Dans chaque cylindre se meut, à frottement très exact, un piston. Les deux cylindres étant remplis d'eau et les niveaux à la même hauteur dans chacun d'eux, supposons que l'on exerce une pression de 100 kil. sur le petit piston *p*. Cette pression se

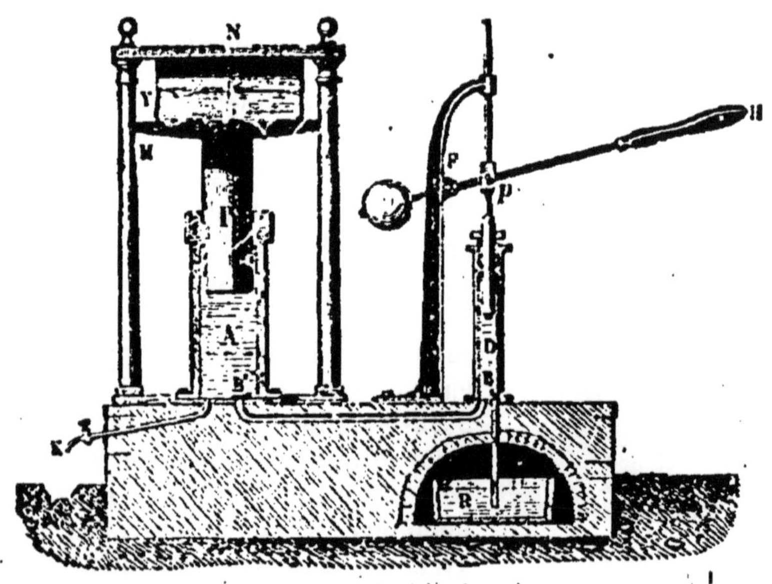

Fig. 53.

transmettant aussitôt dans toute la masse liquide, chaque portion de la surface du grand piston égale à la section du petit recevra de bas en haut une pression de 100 kil. Or, si la surface du grand piston est 10 fois plus grande que celle du petit, la pression totale que recevra le premier sera égale à 100 × 10 ou 1000 kil.

Le piston P porte un plateau métallique M destiné à recevoir le corps Y que l'on veut comprimer : au-dessus de ce plateau est une plate-forme en fonte N qui sert de point d'appui. Un levier FH est adapté au petit piston pour le faire mouvoir ; en outre, les deux cylindres sont munis d'un système de soupapes B, B', et d'un réservoir R propre à rendre la compression continue en fournissant la quantité d'eau nécessaire pour remplir le cylindre A à mesure que le piston P s'élève. Un robinet K sert à retirer l'eau de l'appareil quand on veut faire cesser la compression.

La presse hydraulique est en usage dans la fabrication de la poudre de guerre, du papier, des huiles grasses, des argiles à briques; pour fouler les draps, pour extraire le suc des betteraves, pour séparer l'oléine de la stéarine dans la fabrication des bougies, dans tous les travaux, en un mot, qui nécessitent de grandes pressions.

82. *Équilibre des liquides superposés.* — Quand plusieurs liquides de densités différentes sont contenus dans un même vase, chacun d'eux doit satisfaire aux conditions générales de l'équilibre d'un seul liquide (78) ; il faut de plus, pour que l'équilibre soit stable, que ces liquides se superposent par ordre de densités décroissantes de bas en haut. On démontre ce principe en mettant dans un vase du mercure, de l'eau et de l'huile. Quand on agite le vase, les liquides se mélangent momentanément ; mais aussitôt qu'on les laisse en repos, ils se séparent d'eux-mêmes en tranches horizontales et se superposent de bas en haut dans l'ordre qui correspond à leurs densités : mercure, eau et huile.

83. *Équilibre des liquides dans les vases communiquants.* — Cet équilibre présente deux cas à considérer, selon que les vases qui communiquent entre eux ne renferment qu'un seul liquide homogène ou qu'ils contiennent des liquides de densités différentes.

1er *Cas.* Pour qu'un liquide homogène soit en équilibre dans deux ou plusieurs vases communiquants, *il faut que les niveaux de ce liquide, dans les différents vases, soient tous à la même hauteur*, c'est-à-dire *sur un même plan horizontal.*

Supposons en effet les trois vases A, B, C (*fig.* 51), communiquant entre eux; et considérons, dans le tube de communication, une tranche liquide *mn*. Pour que les molécules qui composent cette tranche soient en équilibre, il faut que les pressions qu'elles supportent de chaque côté soient égales. Or, ces pressions sont équivalentes au poids d'une colonne du liquide qui aurait pour base l'étendue de la tranche que nous considérons, et pour hauteur, la distance verticale de son centre de gravité au niveau du liquide (79). Il faudra donc que la surface libre du liquide soit à la même hauteur, dans chaque vase, pour que les pressions soient égales de chaque côté, et que, par suite, l'équilibre ait lieu.

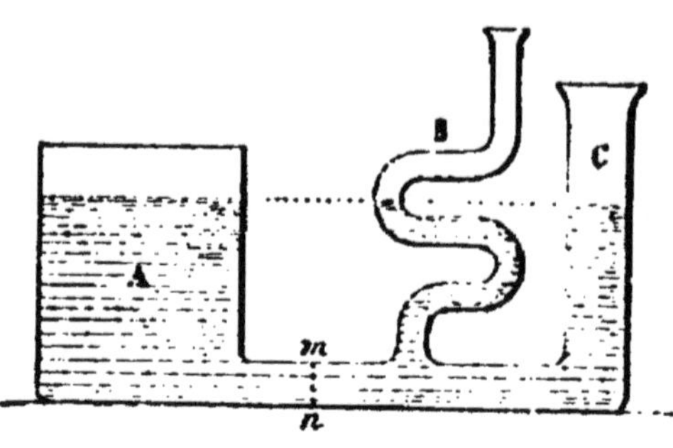

Fig. 51.

C'est sur ce principe, que l'on traduit vulgairement en disant que *l'eau tend sans cesse à reprendre son niveau*, que repose l'explication des phénomènes naturels relatifs aux fontaines, aux sources jaillissantes et aux puits artésiens. C'est sur lui également que repose la construction des écluses, des jets d'eau, et des canaux souterrains destinés à faire arriver l'eau de sources plus ou moins éloignées dans des réservoirs placés à la même hauteur, pour la distribuer ensuite dans les villes*.

2e *Cas.* Lorsque deux liquides de densités différentes et sans action chimique l'un sur l'autre sont contenus dans deux

* A défaut de sources assez hautes, l'eau, prise dans une rivière, dans un lac, etc., est élevée dans les réservoirs au moyen de machines hydrauliques ou à vapeur. Tout le monde connaît la *machine de Marly*, construite sous Louis XIV par un ingénieur hollandais, pour faire monter les eaux de la Seine, à 162 mètres de hauteur, dans un aqueduc qui les conduisait ensuite à Versailles. Cette machine, depuis longtemps hors de service, est aujourd'hui remplacée par une puissante machine à vapeur qui envoie directement les eaux du fleuve dans de vastes réservoirs. De ces réservoirs partent une foule d'artères qui les distribuent dans la ville et dans les jardins, où, par suite de l'élévation de leur niveau au-dessus du sol, elles peuvent se répandre en cascades ou s'élever en jets d'une grande puissance.

vases communiquants, *les hauteurs des colonnes liquides qui se font équilibre sont en raison inverse de leurs densités.*

Soient (*fig.* 55) les deux vases communiquants A et B. Supposons qu'on ait versé d'abord du mercure, et que dans le vase B on verse ensuite de l'eau. Le poids de la colonne d'eau CN fera aussitôt baisser le niveau N du mercure dans le vase B et le soulèvera dans l'autre vase A jusqu'en M. Or, si nous concevons un plan horizontal ON passant par la surface de séparation de l'eau et du mercure, nous voyons que la colonne mercurielle OM fait équilibre à la colonne d'eau CN. Mesurant alors ces deux colonnes, nous trouvons que la première est environ 13 fois et demie plus petite que la seconde; ce qui démontre le principe énoncé, puisque le mercure a une densité environ 13 fois et demie (13,59) plus grande que celle de l'eau.

Fig. 55.

Remarque. — Le tube A est ici représenté comme ayant un diamètre égal à celui du tube B. Mais on obtiendrait le même résultat avec des tubes de diamètres inégaux, pourvu cependant que le plus petit ait un diamètre suffisant pour rendre insensibles les effets de la capillarité. Le tube A fût-il alors cent fois plus large que le tube B, le mercure, en vertu du principe d'égalité de pression, s'y élèverait toujours jusqu'au niveau M; c'est-à-dire à une hauteur treize fois et demie moindre que celle de la colonne d'eau.

81. *Niveau d'eau.* — Cet instrument (*fig.* 56), dont on se sert pour prendre des nivellements de terrain, repose sur le principe de l'équilibre des liquides dans les vases communiquants. Il est formé d'un tube CD en fer-blanc ou en laiton,

Fig. 56.

d'environ un mètre de longueur, et dont les deux extrémités, coudées à angle droit, portent deux tubes en verre A et B. Un pied à trois branches articulées soutient l'appareil. Pour s'en servir, on le dispose horizontalement et l'on y verse de l'eau jusqu'à ce que le liquide apparaisse dans les deux tubes de verre. Quand l'équilibre est établi, les deux niveaux en A et en B sont sur le même plan horizontal.

L'appareil étant ainsi disposé, supposons qu'on veuille déterminer la hauteur d'un point R du sol au-dessus d'un autre point P. On place verticalement en ce dernier point une règle en bois appelée *mire* pouvant s'allonger ou se raccourcir à volonté au moyen d'une double tige à coulisse, et portant à son extrémité supérieure une plaque en fer-blanc de forme carrée, au centre de laquelle est un point de repère M. Un observateur dirige alors sur la mire un rayon visuel passant par les deux niveaux A et B. Un aide auquel est confiée la mire l'allonge ou la raccourcit sur les signes que lui fait l'observateur, jusqu'à ce que le point de repère se trouve sur le prolongement du rayon visuel. Il suffit alors, pour connaître la hauteur du point R au-dessus du point P, de soustraire la hauteur AR du niveau d'eau au-dessus du sol de la longueur MP de la mire. La différence OP est la hauteur cherchée.

85. *Niveau à bulle d'air.* — Ce petit instrument (*fig.* 57) est fréquemment employé pour vérifier l'horizontalité d'un plan ou de l'axe d'une lunette. Il se compose d'un tube de verre légèrement bombé, fermé à ses deux extrémités, et rempli d'eau dans laquelle on a laissé une bulle d'air *mn*. Ce tube est contenu dans une gaîne en cuivre, percée d'une ouverture elliptique qui permet de voir sa partie supérieure, et qui repose sur une plaque du même métal. Pour reconnaître si une surface est horizontale, il suffit d'y placer l'instrument, réglé une fois pour toutes, dans deux directions différentes, non parallèles, et de s'assurer que chaque fois la bulle d'air vient se placer au milieu du tube.

Fig. 57.

86. *Niveau des mers.* — Si la terre était parfaitement homogène et immobile dans l'espace, la surface des mers serait, en vertu des lois de l'hydrostatique, rigoureusement sphérique. Les navigateurs qui la parcourent dans l'un et l'autre hémi-

sphère se trouveraient en même temps à distance égale du centre de la terre. Mais la présence des montagnes qui bordent certaines côtes, et surtout la force centrifuge résultant du mouvement de rotation de la terre sur son axe, empêchent qu'il en soit ainsi. L'attraction des montagnes élève dans leur voisinage la surface des eaux ; la force centrifuge, plus grande à l'équateur que vers les pôles, maintient les océans, dans les régions équatoriales, à un niveau plus élevé.

Toutefois, les mers, sauf la mer Caspienne, communiquant toutes entre elles, leurs niveaux, aux mêmes latitudes, doivent être sensiblement à la même hauteur. Pendant longtemps on avait cru que le niveau de la mer Rouge était plus élevé d'une dizaine de mètres que celui de la mer Méditerranée ; mais le percement de l'isthme de Suez a fait voir, de nos jours, que ces deux mers sont au même niveau. Pareillement, des travaux de nivellement exécutés avec le plus grand soin des deux côtés de l'isthme de Panama, nous ont appris que l'océan Atlantique et le Pacifique sont sensiblement au même niveau, ce qui assure la réussite du projet depuis longtemps formé, et actuellement en cours d'exécution, de réunir par un canal de navigation les deux océans. Seul, le niveau de la mer Caspienne, laquelle est isolée de toutes parts, se trouve à 26 mètres plus bas que celui de la mer Noire.

Résumé.

I. On appelle *hydrostatique* la partie de la physique qui traite des lois de l'équilibre des liquides.

II. Les liquides transmettent dans tous les sens et avec une égale intensité les pressions qu'ils supportent.

III. Pour qu'un liquide soit en équilibre, il faut : 1° que sa surface libre soit en chaque point perpendiculaire à la direction de la pesanteur ; 2° que chacune des molécules qui le composent soit également pressée dans tous les sens.

IV. La pression qu'un liquide en équilibre exerce de *haut en bas*, c'est-à-dire sur le fond d'un vase, est indépendante de la forme de ce vase. Elle est égale au poids d'une colonne verticale de liquide qui aurait pour base le fond du vase et pour hauteur la distance de ce fond à la surface libre. On démontre ce principe au moyen de l'appareil de Haldat.

V. La pression de *bas en haut*, que l'on appelle *poussée* des liquides, est égale au poids d'une colonne de liquide qui aurait pour base la surface pressée et pour hauteur la distance de cette surface au niveau du liquide.

VI. Les pressions latérales qu'exercent les liquides sur les parois des vases sont égales, pour chaque élément de surface pressée, au poids d'une colonne de liquide qui aurait pour base cet élément, et pour hauteur la distance de son centre de gravité à la surface libre du liquide.

VII. La *presse hydraulique* est un appareil destiné à développer de fortes pressions. Elle repose sur le principe d'égalité de pression.

VIII. Quand plusieurs liquides de densités différentes sont contenus dans un même vase, ils se superposent de bas en haut dans l'ordre de leurs densités.

IX. Pour qu'un liquide homogène soit en équilibre dans deux ou plusieurs vases communiquants, il faut que les niveaux de ce liquide, dans les différents vases, soient tous à la même hauteur, c'est-à-dire sur un même plan horizontal. Le *niveau d'eau* dont on se sert pour prendre des nivellements de terrain repose sur ce principe.

X. Lorsque deux liquides de densités différentes et sans action chimique l'un sur l'autre sont contenus dans deux vases communiquants, les hauteurs des colonnes liquides qui se font équilibre sont en raison inverse de leurs densités.

CHAPITRE VI.

Principe d'Archimède. — Poids spécifiques. — Aréomètres. — Phénomènes capillaires. — Endosmose et exosmose.

Principe d'Archimède.

87. *Principe d'Archimède.* — L'équilibre des corps plongés dans les liquides repose sur le principe suivant, découvert par Archimède : *Tout corps plongé dans un liquide subit de la part de ce dernier une poussée dirigée verticalement, de bas en haut, et égale au poids du volume de liquide déplacé,* ce que l'on peut exprimer encore en disant que *tout corps plongé dans un liquide*

perd une partie de son poids égale au poids du volume de liquide qu'il déplace.

Ce principe qui, ainsi que nous le verrons plus loin, s'applique également aux gaz, peut se démontrer de deux manières: par le *raisonnement* et par l'*expérience.*

1° *Démonstration par le raisonnement.* Soit (*fig.* 58) une masse de liquide en équilibre ABCD. Supposons qu'une partie quelconque de cette masse *m* se solidifie sans changer de densité : il est évident que l'équilibre ne sera pas troublé. Or, les pressions que supporte cette portion solidifiée de la part du liquide qui l'enveloppe peuvent se décomposer en pressions horizontales et en pressions verticales agissant perpendiculairement à sa surface. Les premières sont nécessairement détruites, puisqu'elles sont égales pour chacun des points directement opposés. Quant aux pressions verticales, leur résultante, qui n'est autre chose que la *poussée* du liquide, est évidemment égale au poids même de la masse solidifiée *m*, ou, en d'autres termes, *au poids du liquide déplacé*, auquel elle fait équilibre. Si nous remplaçons maintenant la masse *m* par un corps quelconque ayant la même forme, ce corps éprouvera de bas en haut la même pression, et perdra par conséquent une partie de son poids égale au poids du liquide dont il tient la place *.

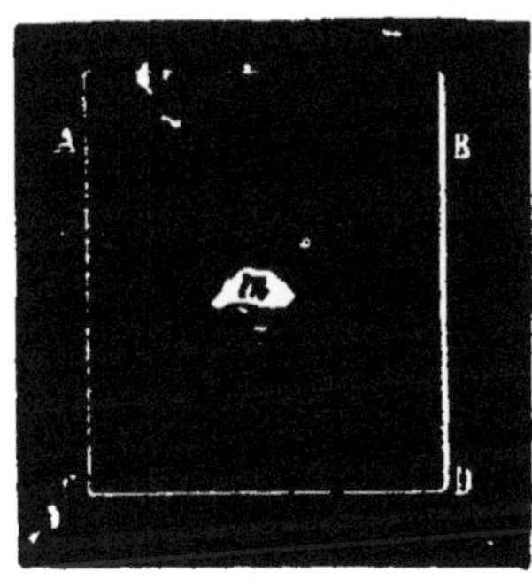

Fig. 58.

2° *Démonstration par l'expérience.* On prend (*fig.* 59) deux petits cylindres métalliques C' et C, dont l'un est plein et l'autre creux. Le premier peut entrer à frottement dans l'autre, *de telle sorte que la capacité du cylindre creux est précisément égale au volume du cylindre plein.* On suspend alors ces deux cylindres à l'un des plateaux A de la *balance hydrostatique* **, en ayant

* Cette expression *perd une partie de son poids* ne veut pas dire que la pesanteur cesse d'agir en partie sur le corps : elle signifie seulement que l'effort nécessaire pour soutenir le corps plongé dans une masse liquide diminue d'une quantité égale au poids du volume de liquide déplacé par le corps.

** Cette balance ne diffère de la balance ordinaire que par un petit crochet soudé au-dessous de chacun des plateaux et par une crémaillère qui permet d'élever ou d'abaisser le fléau à volonté.

soin de placer le cylindre plein au-dessous du cylindre creux ; puis on établit l'équilibre à l'aide de poids posés dans l'autre plateau B. Cela fait, on plonge le cylindre plein dans de l'eau ou dans tout autre liquide EF : l'équilibre est aussitôt détruit à l'avantage du plateau B. Or, pour le rétablir, *il suffit de remplir du même liquide le cylindre creux*. Donc le poids perdu ou, pour mieux dire, la poussée éprouvée par le cylindre plein pendant son immersion est égal au poids d'un volume de liquide égal au sien.

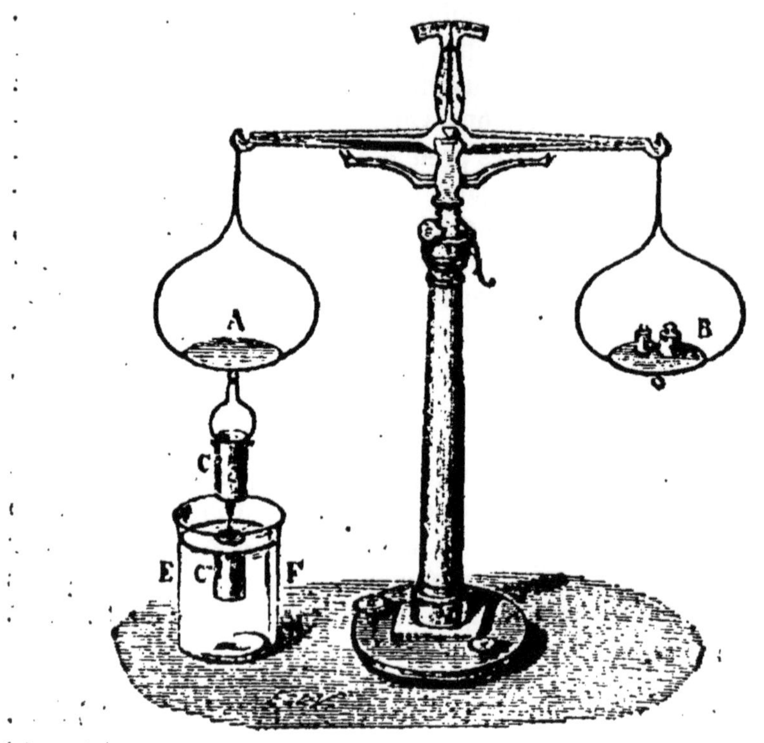

Fig. 59.

88. *Conséquences du principe d'Archimède. Corps flottants. Ludion.* — Quand un corps est plongé dans un liquide, il peut arriver trois cas :

1er *Cas.* Si le corps plongé est plus dense que le liquide, il tombera au fond du vase avec une force égale à la différence entre son poids et le poids du liquide déplacé.

2e *Cas.* Si le corps est de même densité, son poids étant égal à celui du liquide déplacé, il ne pourra ni tomber ni s'élever et il restera suspendu en équilibre dans la masse liquide.

3e *Cas.* Si le corps plongé est moins dense que le liquide, il remontera à la surface avec une force égale à la différence entre son poids et celui du liquide déplacé. Une partie du corps s'élèvera au-dessus de la surface liquide jusqu'à ce que le poids du liquide déplacé soit égal au poids du corps. Ainsi, *tout corps flottant déplace un volume de liquide dont le poids est égal au sien.*

Le petit instrument de physique amusante connu sous le nom de *ludion* permet de réaliser ces trois cas. Une figurine d'émail (*fig.* 60) est suspendue au-dessous d'une boule de verre B contenant une certaine quantité d'air, et percée d'un petit trou à sa partie inférieure. Le tout est plongé dans une éprouvette à pied entièrement remplie d'eau et fermée par une membrane tendue. Le ludion, lesté de manière à être moins pesant que l'eau qu'il déplace, se maintient à la partie supérieure de l'éprouvette. Mais si l'on presse la membrane avec le doigt, l'eau pénètre dans la boule en comprimant l'air qui s'y trouve, et l'on voit aussitôt le ludion, dont le poids a augmenté de celui de l'eau introduite, descendre jusqu'au fond de l'éprouvette. Si, pendant qu'il descend, on modère convenablement la pression, il est facile de le maintenir à telle hauteur qu'on veut. Le poids total du petit appareil et de l'eau qu'il contient est alors égal à celui de l'eau déplacée. Enfin, si l'on cesse de presser sur la membrane, la force élastique de l'air intérieur fait sortir de la boule l'eau qui s'y était introduite et la figurine vient reprendre sa place au haut de l'éprouvette.

Fig. 60.

La *vessie natatoire* des poissons produit des effets analogues à ceux du ludion. Cet organe, placé au-dessous de l'épine dorsale, contient de l'air que le poisson peut, par un effort musculaire, comprimer ou dilater de manière à réduire ou à augmenter son volume, selon qu'il veut descendre ou s'élever au sein des eaux. Presque tous les poissons, à l'exception de ceux qui vivent constamment au fond de l'eau, sont pourvus d'une vessie natatoire.

89. *Équilibre des corps flottants.* — Deux conditions sont nécessaires pour qu'un corps flottant à la surface d'un liquide s'y maintienne en équilibre. Il faut :

1° *Que le corps déplace un volume de liquide égal au sien ;*

2° *Que le centre de gravité du corps et le centre de pression du liquide déplacé soient sur une même verticale.*

Ces deux conditions étant remplies, il est facile de voir que le poids du corps agissant *de haut en bas* et la poussée du liquide agissant *de bas en haut* sont deux forces égales et directement opposées : ces deux forces se font donc équilibre.

L'équilibre des corps flottants peut être *stable* ou *instable*. Il est toujours stable quand le centre de gravité est au-dessous du centre de pression; il tend au contraire à devenir instable quand le centre de gravité est au-dessus. Toutefois, si le corps flottant présente à l'eau une surface suffisamment large, l'équilibre peut être stable, même dans ce dernier cas. Supposons, en effet, que le corps flottant, un navire, par exemple, vienne à s'incliner d'un côté; le liquide déplacé changeant aussitôt de forme, son centre de pression se porte du même côté, tandis que le centre de gravité, dont la position est invariable par rapport au navire, se relève du côté opposé, et tend dès lors à ramener celui-ci à sa position normale d'équilibre.

L'arrimage des navires, c'est-à-dire l'art de disposer le lest et la cargaison de manière à leur donner une stabilité suffisante, repose entièrement sur la connaissance des conditions d'équilibre des corps flottants.

90. *Régulateur à eau.* — Cet appareil a pour but de maintenir l'eau dans un bassin à une hauteur invariable. Il se compose d'un flotteur quelconque relié par une chaine à une vanne. Si l'arrivée d'une trop grande quantité d'eau dans le bassin, après un orage, par exemple, tend à élever son niveau au-dessus de la limite voulue, le flotteur, soulevé par le liquide, fait ouvrir la vanne, et le trop-plein s'écoule aussitôt, jusqu'au moment où l'eau ayant repris dans le bassin son niveau habituel, la vanne retombe et se ferme par son propre poids. C'est par des procédés analogues que l'on utilise la force ascensionnelle des corps flottants pour remettre à flot des bâtiments envasés ou ramener à la surface des objets pesants coulés au fond de l'eau.

Poids spécifiques ou densités des solides et des liquides.

91. *Densité des solides et des liquides.* — Nous avons vu que la densité d'un corps est le rapport de sa masse ou de son poids à son volume (49). Donc, *quand deux corps ont le même volume, leurs densités sont proportionnelles à leurs poids.*

Il résulte de cette définition que si l'on connaît le poids total P d'un corps et son volume V, sa densité sera donnée par la formule

$$D = \frac{P}{V}.$$

En prenant pour unité de poids le *gramme* et pour unité de volume le *centimètre cube*, il sera facile de calculer, d'après cette formule, soit le *poids* d'un corps dont on connaît le volume et la densité, soit le *volume* d'un corps dont on connaît le poids et la densité. On aura pour le poids : $P = V \times D$, exprimé en grammes ; et pour le volume,

$$V = \frac{P}{D}$$

exprimé en centimètres cubes.

Supposons, par exemple, qu'un corps ait pour volume 25 centimètres cubes et pour densité 4 : son poids sera égal à 25×4, c'est-à-dire 100 grammes.

Supposons qu'un corps ait pour poids 250 grammes et pour densité 5 : son volume sera égal à 250 divisé par 5, c'est-à-dire 50 centimètres cubes.

Remarque. L'unité de poids, le *gramme,* correspondant à l'unité de volume, c'est-à-dire au *centimètre cube* d'eau distillée, il en résulte que le nombre V qui exprime le volume d'un corps en centimètres cubes est le même que le nombre *p* qui exprime en grammes le poids du même volume d'eau. La formule $D = \frac{P}{V}$ peut donc s'écrire sous la forme $D = \frac{P}{p}$.

C'est sur ce principe que repose la détermination des *densités relatives* ou *poids spécifiques des corps.* Pour les corps solides et les liquides, on prend l'eau distillée comme terme de comparaison de sorte que *la densité relative ou le poids spécifique d'un corps solide ou liquide est le rapport de son poids au poids d'un même volume d'eau distillée,* la densité de l'eau distillée, à son maximum de densité, étant prise pour unité.

92. *Détermination des poids spécifiques des solides.* — On emploie deux méthodes principales :

1re Méthode : *Balance hydrostatique.* On suspend le corps à l'un des plateaux de la balance au moyen d'un fil très fin, et on détermine successivement son poids dans l'air et dans l'eau distillée : soient P le premier poids et p le second. En vertu du principe d'Archimède, la différence $P - p$ exprime le poids du volume d'eau déplacé, c'est-à-dire d'un volume d'eau égal à celui du corps. Or, comme à volumes égaux les densités de deux corps sont proportionnelles à leurs poids, on aura

$$d = \frac{P}{P - p},$$

d représentant le poids spécifique du corps.

Exemple. Un corps pèse, dans l'air, 64 grammes ; dans l'eau, 52 grammes : on demande son poids spécifique.

La différence des deux pesées 64 — 52, c'est-à-dire 12 grammes, exprimant le poids d'un volume d'eau égal au volume du corps, si l'on appelle x le poids spécifique cherché, on aura

$$x = \frac{64}{12} = 5,33.$$

2e Méthode : *Méthode du flacon.* On se sert d'un flacon ayant la forme représentée par la *fig.* 61. Le bouchon $a\,b$ usé à l'émeri en b est formé d'un tube effilé ouvert à sa partie supérieure a. Le flacon étant rempli d'eau distillée, si l'on y introduit le bouchon, une partie du liquide monte dans le tube et sort par l'ouverture a, de sorte que la capacité intérieure se trouve exactement remplie. Cela fait, on place le flacon, après l'avoir essuyé, sur l'un des plateaux de la balance et, à côté de lui, le corps dont on veut déterminer la densité : on fait la *tare* dans l'autre plateau avec de la grenaille de plomb. L'équilibre étant établi, on enlève le corps et on le remplace par des poids marqués, ce qui donne le poids P du corps par double pesée (64). On retire alors les poids marqués, puis on introduit le corps dans le flacon, qu'on rebouche avec précaution. Il est évident que le corps fait sortir du flacon un volume d'eau égal au sien. Ayant essuyé de nouveau le flacon, on le replace sur le plateau de la balance, puis on rétablit l'équilibre avec des poids marqués, lesquels donnent alors le poids p de l'eau expulsée par le corps. Or, comme les deux volumes, celui du corps et celui de l'eau déplacée, sont égaux, on aura

Fig. 61.

$$d = \frac{P}{p},$$

Exemple. Soit 25 grammes le poids P du corps dans l'air ; soit 10 grammes le poids p de l'eau expulsée du flacon; on aura pour la densité ou le poids spécifique x de ce corps :

$$x = \frac{25}{10} = 2,5$$

Remarque. Si le corps était soluble dans l'eau, on opérerait de la même manière à l'aide d'un liquide d'une densité connue, comme l'huile, l'alcool, l'éther, etc., dans lequel le corps serait insoluble; on obtiendrait ainsi sa densité *par rapport au liquide employé.* Il suffirait ensuite, pour avoir sa densité relativement à l'eau, de multiplier ce premier nombre par la densité du liquide dont on se serait servi.

Si le corps est en poudre, il faut avoir soin, après l'avoir plongé dans le flacon, d'expulser l'air qui adhère aux parcelles qui le composent. On se sert pour cela de la machine pneumatique.

Si le corps est très poreux et que l'on veuille déterminer sa densité sous son volume apparent, on enduit sa surface d'une couche très mince de cire qui s'oppose à son imbibition*.

La méthode du flacon permet de mesurer la densité des corps solides plus légers que l'eau, ce qui n'est pas possible avec la balance hydrostatique.

* On peut se servir encore, pour déterminer le poids spécifique des corps solides, de la méthode suivante, dont l'application est d'une extrême simplicité.

Dans un tube divisé en centimètres cubes on verse une quantité d'eau suffisante pour recouvrir entièrement le corps dont il s'agit de prendre le poids spécifique. Cela fait, on pèse exactement ce corps dans l'air, et l'on marque sur le tube le niveau supérieur de la colonne d'eau. On fait alors tomber le corps solide au fond du tube. Le niveau de l'eau s'élève aussitôt d'une quantité qui représente, en centimètres cubes, le volume du corps immergé. Il ne reste plus, pour connaître son poids spécifique,

93. *Détermination des poids spécifiques des liquides.* — On l'obtient aussi par deux méthodes.

1re Méthode : *Balance hydrostatique.* On suspend à l'un des plateaux de la balance un corps solide, soit une boule de verre, à l'aide d'un fil très fin ; on établit l'équilibre avec une tare, puis on immerge successivement la boule d'abord dans le liquide dont on cherche la densité, puis dans de l'eau distillée. En rétablissant chaque fois l'équilibre par des poids gradués P et p, on obtient ainsi les poids de volumes égaux du liquide et de l'eau, ce qui donne

$$d=\frac{P}{p},$$

Exemple. Un corps plongé dans de l'alcool déplace 3gr,93 de ce liquide ; le même corps plongé dans de l'eau distillée en déplace 5gr : on demande le poids spécifique x de l'alcool.

Les deux volumes d'alcool et d'eau étant égaux, on aura

$$x=\frac{3{,}93}{5}=0{,}79.$$

Fig. 62.

2e Méthode : *Méthode du flacon.* On se sert ordinairement d'un petit flacon composé (*fig.* 62) d'un réservoir cylindrique *b* surmonté d'un tube capillaire *a* et d'un autre tube plus gros *c* qui sert d'entonnoir ; ce tube est muni d'un bouchon de verre, pour le cas où l'on expérimente sur des liquides volatils. Le flacon étant placé vide et bien sec sur le plateau d'une balance, on lui fait équilibre par une tare, puis on le remplit jusqu'en *a* du liquide dont on cherche la densité. Les poids marqués qu'il faut ajouter pour rétablir l'équilibre donnent le poids P de ce liquide. On répète la même opération avec de l'eau, ce qui donne le poids p du même volume d'eau. On aura, par conséquent :

$$d=\frac{P}{p}.$$

qu'à diviser son poids dans l'air par le nombre de centimètres dont la colonne d'eau s'est élevée dans le tube au-dessus de son niveau primitif. Exemple : l'eau occupait dans le tube 30 centimètres cubes : on y a introduit un morceau de soufre du poids de 18gr,27 : l'eau a monté de 9 centimètres. Divisant le poids du soufre 18gr,27 par 9, on a 2,03 pour le poids spécifique du soufre.

Exemple. Soit 282 grammes le poids du liquide ainsi obtenu ; soit 320 grammes le poids de l'eau ; le poids spécifique x de ce liquide sera

$$x = \frac{282}{320} = 0,881$$

Aréomètres.

91. *Aréomètres.* — Nous avons vu précédemment (88) que tout corps flottant en équilibre déplace un volume de liquide dont le poids est égal au sien : d'où il résulte qu'un corps s'enfonce d'autant plus dans un liquide que ce liquide est moins dense. Les aréomètres reposent sur ce principe. Ce sont des appareils flottants destinés à faire connaître les poids spécifiques des corps solides ou liquides, ou à indiquer les variations de densités que les liquides éprouvent par leur mélange avec d'autres corps.

On distingue deux sortes d'aréomètres : 1° les *aréomètres à volume constant et à poids variable;* 2° les *aréomètres à poids constant et à volume variable.*

1° *Aréomètres à volume constant.* Ils sont au nombre de deux, savoir : l'*aréomètre de Nicholson,* employé pour la détermination des poids spécifiques des corps solides; l'*aréomètre de Fahrenheit,* qui sert pour les liquides.

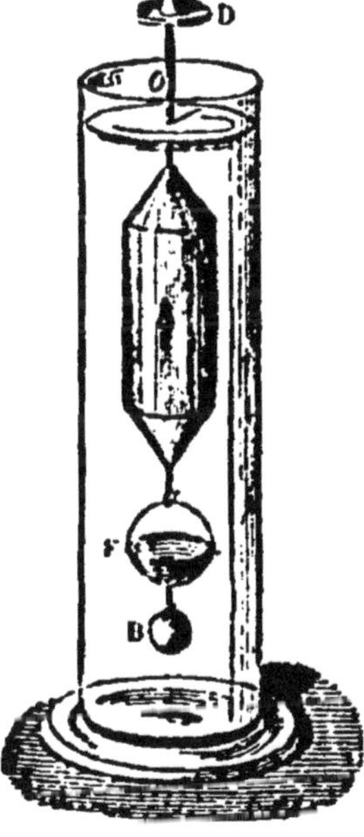

Fig. 63.

Aréomètre de Nicholson. — Cet instrument (*fig.* 63) se compose d'un cylindre en fer-blanc ou en cuivre A, terminé à ses deux extrémités par deux cônes. Le cône supérieur est surmonté par une tige qui porte un plateau D destiné à recevoir des poids. Le cône inférieur porte un crochet qui soutient une espèce de corbeille F propre à recevoir les corps solides dont on cherche la densité, et au-dessous de laquelle est une boule B qui sert à lester l'appareil, de telle manière que, plongé dans de l'eau distillée, il s'y maintienne verticalement et ne s'y enfonce qu'en partie. Sur la tige supérieure est marqué un trait *o* qu'on appelle *point d'affleurement,* parce que, dans toutes les expériences, l'instrument doit toujours être enfoncé dans l'eau jusqu'à ce point, afin de déplacer un *volume constant* de liquide.

Pour se servir de cet aréomètre, on le plonge dans de l'eau distillée, puis on place le corps dont on veut connaître la densité sur le plateau D; on ajoute ensuite de la grenaille de plomb en quantité suffisante pour déterminer l'affleurement, c'est-à-dire pour faire enfoncer l'instrument jusqu'en *o*. On enlève alors le corps et on le remplace par des poids marqués capables de produire de nouveau l'affleurement. On obtient ainsi le poids P du corps par double pesée. Cela fait, on retire les poids marqués et on place le corps dans la corbeille F. Le corps, étant alors plongé dans l'eau, éprouve une poussée égale au poids du volume d'eau déplacée. Il faut donc, pour rétablir l'affleurement, mettre sur le plateau D de nouveaux poids marqués. Or, ceux-ci exprimant le poids p d'un volume d'eau égal à celui du corps, on aura

$$d = \frac{P}{p}.$$

Exemple. Soit 50 grammes le poids nécessaire pour faire affleurer l'instrument quand on a retiré le corps du plateau supérieur; soit 8 grammes le nouveau poids nécessaire pour rétablir l'affleurement quand le corps est placé dans la capsule inférieure : on demande le poids spécifique x de ce corps.

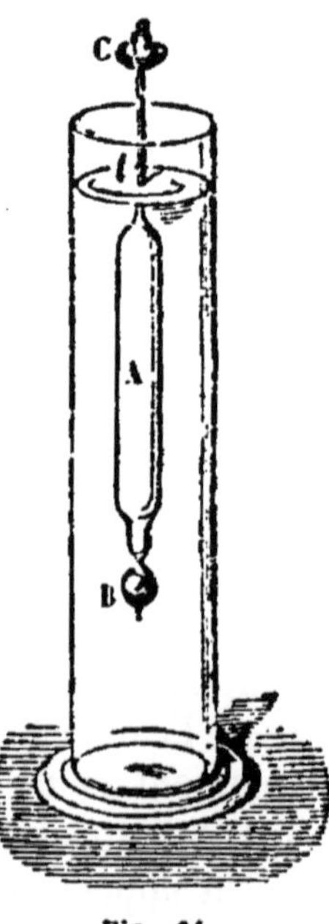

Fig. 64.

Ces deux nombres représentant l'un le poids du corps, l'autre le poids d'un volume d'eau égal au sien, on aura

$$x = \frac{50}{8} = 6,25.$$

L'aréomètre de Nicholson est fort usité en minéralogie, à cause de sa grande simplicité et de la facilité de son emploi.

Aréomètre de Fahrenheit. — Cet instrument (*fig.* 64) est formé d'un cylindre de verre A terminé en bas par une boule pesante B, et surmonté d'une tige très déliée portant une capsule C destinée à recevoir des poids. Sur cette tige est marqué le point d'affleurement *t*.

Pour se servir de cet aréomètre, il faut d'abord connaître son poids K. On le plonge ensuite successivement dans l'eau distillée et dans le liquide dont on veut connaître la densité, en mettant chaque fois dans la capsule les poids nécessaires pour faire affleurer l'instrument. Soient p le poids qu'il a fallu pour obtenir l'affleurement dans l'eau, et P celui qu'il a fallu pour déterminer le même affleurement dans l'autre liquide. Le poids du volume d'eau déplacé est donc égal à $K+p$ et celui du liquide à $K+P$; et comme ces volumes sont égaux, on aura

$$d=\frac{K+P}{K+p}.$$

Exemple. Soit 100 grammes le poids d'un aréomètre de Fahrenheit ; soit 30 grammes le poids nécessaire pour le faire affleurer dans de l'eau distillée; soit 12 grammes le poids nécessaire pour le faire affleurer dans un autre liquide : on demande le poids spécifique de ce liquide.

Les corps flottants déplaçant un volume de liquide dont le poids est égal au leur, $100+30$ représentera le poids du volume d'eau déplacé par l'instrument, et $100+12$ celui du liquide dont on cherche la densité. Ces deux volumes étant égaux, on aura

$$x=\frac{112}{130}=0{,}861.$$

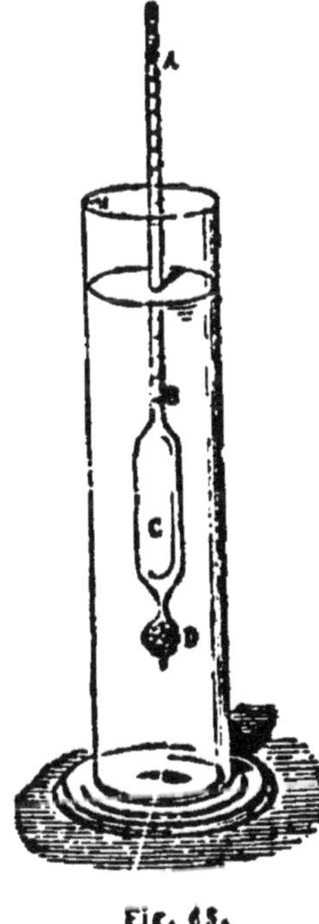

Fig. 65.

2° *Aréomètres à poids constant.* Ces instruments, ou aéromètres proprement dits, sont journellement employés dans le commerce pour estimer, soit la quantité d'alcool que contient une liqueur, soit le degré de concentration d'un acide, d'un sirop, soit la quantité de sel que contient une dissolution. Ils se composent tous d'un cylindre creux en verre C (*fig.* 65), surmonté d'une tige AB, et lesté par une boule plus petite D contenant du mercure ou de la grenaille de plomb. Ces instruments, plongés dans un liquide, s'y enfonceront d'autant plus que ce liquide sera moins dense. Il sera donc facile, au moyen d'une simple graduation tracée sur la tige, d'évaluer la densité relative ou, pour mieux dire, le degré de concentration d'une liqueur, d'un acide, d'une dissolution saline, etc.

Les aréomètres à poids constant que l'on emploie le plus souvent sont l'aréomètre de *Baumé* et l'aréomètre centésimal ou alcoolomètre de *Gay-Lussac.*

Aréomètre de Baumé. — Cet aréomètre porte le nom de *pèse-sels, pèse-acides, pèse-esprits* ou *pèse-liqueurs,* selon sa graduation.

1° S'il doit être employé comme *pèse-sels* ou *pèse-acides,* c'est-à-dire pour des liquides plus denses que l'eau, on lui donne un lest suffisant pour que, plongé dans l'eau pure, il s'enfonce jusqu'au sommet du tube, où l'on marque zéro. On le plonge ensuite dans une dissolution de sel marin contenant 85 parties d'eau et 15 parties de sel, et on marque 15 au point d'affleurement. On divise alors l'intervalle en 15 parties égales ou degrés, et on prolonge la division jusqu'au bas du tube.

2° Si l'instrument doit servir comme *pèse-esprits* ou *pèse-liqueurs,* c'est-à-dire pour des liquides moins denses que l'eau, on dispose son lest de manière que, plongé dans une solution composée de 90 parties d'eau et de 10 parties de sel marin, il s'enfonce jusqu'à la naissance du tube, où l'on marque zéro. On le plonge ensuite dans de l'eau pure et on marque 10 au point d'affleurement; puis on divise l'intervalle en 10 parties égales ou degrés, et on prolonge la division jusqu'au sommet du tube.

Aréomètre centésimal ou alcoolomètre de Gay-Lussac. — Cet instrument est destiné à évaluer la quantité d'alcool que contient un liquide spiritueux. Il est construit et lesté de manière que, plongé dans l'alcool pur, il s'enfonce jusqu'au sommet de la tige, où l'on marque 100; puis on le plonge successivement dans des mélanges artificiels d'eau et d'alcool pur contenant, pour 100 parties en volume, 95, 90, 85, 80...., parties d'alcool, et l'on marque 95, 90, 85, 80..., aux points d'affleurement correspondants. On divise ensuite chaque intervalle en 5 parties égales, ce qui donne 100 divisions ou degrés entre le zéro, qui correspond à l'eau distillée, et le nombre 100, qui indique l'alcool absolu. Supposons que l'alcoolomètre plongé dans une liqueur spiritueuse marque 59, nous conclurons que cette liqueur contient 59 pour 100 d'alcool.

Tc :fois cette graduation ne donne de résultats exacts que pour une température déterminée. Si celle-ci augmente ou diminue, la densité du liquide change, et l'instrument s'enfonce plus ou moins dans une même liqueur alcoolique. Il faut alors faire subir aux indications des corrections indiqués dans des tables construites à cet effet par Gay-Lussac.

Tableau des poids spécifiques des principaux corps solides et liquides à la température de 0°.

Corps solides.	Poids spécif.	Corps liquides.	Poids spécif.
Platine,	22,069	Mercure,	13,596
Or,	19,258	Acide sulfurique,	1,841
Plomb,	11,352	Chloroforme,	1,480
Argent,	10,474	Acide chlorhydrique,	1,240
Cuivre,	8,788	Acide azotique,	1,217
Fer,	7,788	Eau de mer,	1,026
Étain,	7,291	Eau distillée à 4°,	1,000
Zinc,	6,861	Huile d'olive,	0,915
Diamant,	3,516	Éther acétique,	0,890
Marbre blanc,	2,837	Essence de citron,	0,880
Cristal de roche,	2,653	Essence de térébenth.	0,870
Soufre,	2,033	Huile de naphte,	0,887
Bois de sapin,	0,657	Alcool absolu,	0,792
Liége,	0,240	Éther sulfurique,	0,715

Capillarité. Endosmose, exosmose.

95. *Phénomènes capillaires.* — On désigne sous ce nom certains phénomènes dus au contact des solides avec les liquides, et que l'on observe particulièrement dans des tubes de diamètres très petits. Ces phénomènes, qui paraissent être en opposition avec les lois de l'équilibre des liquides, sont le résultat des attractions qui s'exercent soit entre les molécules liquides elles-mêmes, soit entre ces molécules et les corps solides. La partie de la physique qui leur est consacrée porte le nom de *capillarité.*

1° Lorsqu'on plonge un tube de verre AB (*fig.* 66), d'un diamètre suffisamment petit, dans de l'eau ou dans tout autre liquide *susceptible de le mouiller,* on voit le liquide monter dans le tube à une hauteur supérieure à celle de sa surface extérieure, et d'autant plus grande que le tube est plus étroit. La surface terminale *mn* du liquide élevé dans le tube est un ménisque *concave*.

Fig. 66. Fig. 67.

2° Si l'on plonge le même tube dans du mercure ou dans tout autre liquide *non susceptible de le mouiller*, un phénomène inverse se produit : le liquide s'abaisse dans le tube au-dessous de son niveau extérieur (*fig.* 67) et sa surface forme un ménisque *convexe*.

Dans le premier cas, la force d'attraction du solide sur le liquide est plus grande que l'attraction mutuelle des molécules liquides combinée avec l'action de la pesanteur; dans le second cas, elle est plus petite. C'est donc du rapport qui existe entre l'attraction du solide sur le liquide et l'attraction du liquide sur lui-même que dépendent les phénomènes capillaires. C'est à Newton que revient l'honneur d'avoir indiqué le premier la véritable cause de ces phénomènes; Laplace et Poisson en ont donné la théorie mathématique complète.

Nous nous bornerons à reproduire ici, d'après Gay-Lussac, l'énoncé des lois auxquelles ils sont soumis.

1° *Lorsque le liquide mouille les tubes, il y a ascension; la dépression s'observe dans le cas contraire.*

2° *L'ascension et la dépression des liquides dans des tubes étroits sont, pour chaque liquide, en raison inverse des diamètres de ces tubes.*

3° *L'ascension et la dépression varient avec la nature des liquides; mais elles sont indépendantes de la nature du tube et de l'épaisseur de ses parois.* Ainsi, dans un tube de verre de 1 millimètre de diamètre, l'eau s'élève à 30^{mm},7; l'alcool à 12^{mm},1; l'éther à 10^{mm},8; le sulfure de carbone à 10^{mm},2.

La capillarité donne l'explication d'une foule de phénomènes que nous observons journellement. C'est en vertu de cette force que l'huile s'élève dans la mèche d'une lampe ; que l'eau pénètre dans un morceau de sucre plongé par un de ses points ; que le bois, les éponges, et en général tous les corps qui possèdent des pores sensibles s'imbibent plus ou moins facilement. L'ascension de la sève dans les végétaux y trouve un puissant auxiliaire.

Certains corps, plus pesants que l'eau à volume égal, peuvent flotter à sa surface en vertu d'une action capillaire : tel est le cas d'une aiguille d'acier recouverte d'une couche très mince de matière grasse. L'eau ne mouillant pas l'aiguille se déprime tout autour d'elle, et il arrive ainsi que le poids du liquide déplacé peut devenir égal ou supérieur à celui de l'aiguille. C'est par un effet semblable que certains insectes se maintiennent et glissent avec rapidité sur l'eau sans s'y enfoncer.

96. *Endosmose et exosmose.* — Lorsque deux liquides hétérogènes, miscibles et de densité différente, sont séparés par une cloison mince et poreuse, telle, par exemple, qu'une vessie ou toute autre membrane organique, il s'établit entre ces deux liquides et à travers la membrane des courants de direction contraire qui tendent à les mélanger.

Pour rendre ce phénomène sensible, on se sert d'un appareil fort simple nommé *endosmomètre.* Cet appareil (*fig.* 68) se compose d'une poche membraneuse A, surmontée d'un tube de verre T, auquel elle est attachée hermétiquement au moyen d'une ligature. Supposons qu'on remplisse la poche d'une solution de sucre, de gomme, d'albumine, etc., et qu'on la plonge dans un vase rempli d'eau pure ; on voit bientôt le niveau du liquide s'élever peu à peu dans le tube et s'abaisser dans le vase : d'où il faut conclure qu'une partie de l'eau pure a traversé la membrane pour aller se mélanger avec le liquide intérieur. Mais au bout d'un certain temps on constate que l'eau du vase n'est plus pure et qu'elle renferme une partie de la substance, sucre, gomme ou albumine, que le liquide intérieur tenait en dissolution. Un double courant s'est donc produit : l'un, plus fort, de l'extérieur à l'intérieur, c'est-à-dire du liquide moins dense vers le plus dense ; l'autre, plus faible, en sens inverse. Le premier s'appelle *endosmose,* le second *exosmose.*

Si l'on met dans la poche de l'eau pure et dans le vase la solution gommeuse ou sucrée, l'endosmose se produit encore vers la solution, et le niveau s'abaisse cette fois dans le tube, tandis qu'il s'élève dans le vase extérieur.

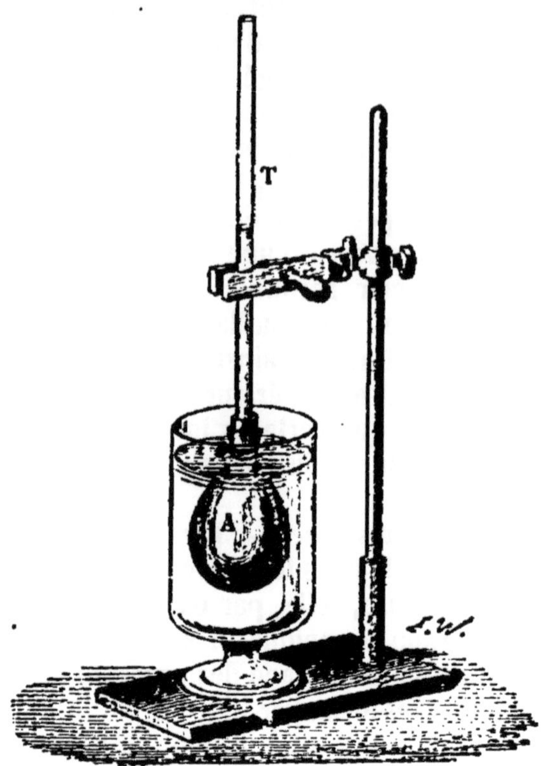

Fig. 63.

La force d'endosmose varie selon la nature des substances dissoutes. De toutes les matières organiques, c'est le sucre et l'albumine qui la possèdent au plus haut degré. En général, c'est du liquide le moins dense vers le plus dense que se dirige le courant d'endosmose. L'alcool et les éthers font cependant exception relativement à l'eau : ainsi, si l'on met de l'alcool dans la poche de l'endosmomètre et de l'eau dans le vase extérieur, l'endosmose s'établit de l'eau vers l'alcool, bien que ce liquide soit moins dense que l'eau.

L'endosmose et l'exosmose jouent un très grand rôle dans plusieurs phénomènes de la physiologie animale ou végétale, particulièrement dans ceux qui ont rapport à l'absorption et à la nutrition. Diverses hypothèses ont été proposées pour expliquer l'endosmose; mais, jusqu'à présent, aucune théorie satisfaisante n'en a été donnée.

97. *Problèmes d'hydrostatique.* — **1.** On demande le volume d'un corps de forme quelconque pesant 528 grammes dans l'air et 406 grammes dans l'eau distillée, à son maximum de densité.

La différence des poids 528 — 406, c'est-à-dire 122 grammes, exprime le poids d'un volume d'eau égal au volume du corps. Or, un centimètre cube d'eau distillée, à son maximum de densité, pesant un gramme, le volume cherché est égal à 122 centimètres cubes.

Donc, pour avoir le volume d'un corps de forme quelconque il suffit de déterminer, soit par la balance hydrostatique, soit par la méthode du flacon (92), le poids d'un volume d'eau égal au sien; ce poids exprimé en grammes donne immédiatement le volume du corps en centimètres cubes. Si la densité du corps était connue, il suffirait, comme nous l'avons vu (91), de diviser son poids dans l'air par le nombre exprimant cette densité.

2. Un lingot formé d'un alliage d'or et d'argent pèse 1000 grammes dans l'air et 942 grammes dans l'eau : on demande combien il contient de grammes de chaque métal, sachant que la densité de l'or est 19,25 et celle de l'argent 10,47.

Puisque la densité de l'or est 19,25, la perte de poids que ce métal éprouve dans l'eau est égale à $\frac{1}{19{,}25}$. On trouve de même que l'argent perd dans l'eau $\frac{1}{10{,}47}$ de son poids.

Or, si nous désignons par x le poids de l'or et par y le poids de l'argent qui composent le lingot, nous aurons

$$x + y = 1000.$$

La perte totale de poids que subit le lingot plongé dans l'eau étant de 58 grammes, nous aurons également

$$\frac{x}{19{,}25} + \frac{y}{10{,}47} = 58.$$

En effectuant le calcul, on trouvera

$$\begin{aligned} x &= 861^{gr},075 \\ y &= 138\ \ ,925 \\ \hline & 1000^{gr},000 \end{aligned}$$

3. Un corps pèse dans l'air 125 grammes et dans l'eau 80 grammes : on demande ce qu'il pèserait dans l'alcool, la densité de ce liquide étant 0,79.

La différence 125 — 80, c'est-à-dire 45, exprime le poids du volume d'eau déplacé par le corps. Le poids du même volume d'alcool sera $45 \times 0,79 = 35,55$. Donc le corps pèsera dans l'alcool $125 - 35,55 = 89^{gr},45$.

4. On demande le poids en kilogrammes d'une sphère de plomb qui aurait un mètre de rayon, la densité du plomb étant 11,35.

En appliquant la formule $V = \frac{4}{3}\pi R^3$, on trouve $4^{m.cub.},189$ pour le volume de cette sphère, ou 4186 décimètres cubes.

Le poids d'un décimètre cube d'eau distillée, à son maximum de densité, étant 1 kilogramme, un volume d'eau égal à celui de la sphère pèserait 4186 kilogrammes. Donc le poids de celle-ci sera

$$4186^{k} \times 11,35 = 47511^{k},100^{gr}.$$

7. Un parallélipipède de glace de 2 mètres de hauteur, 3 mètres de longueur et $2^{m},50$ de largeur flotte sur la mer : la densité de la glace étant 0,916 et celle de l'eau de mer 1,026, on demande la hauteur du bloc de glace au-dessus de la surface de la mer.

Représentons par V le volume du bloc de glace, par V′ le volume d'eau de mer déplacé, par d la densité de la glace et par d' celle de l'eau de mer.

Les deux volumes V et V′ ayant le même poids (91) sont en raison inverse de leurs densités ; par conséquent,

$$\frac{V}{V'} = \frac{d'}{d}.$$

Mais V et V′ sont des parallélipipèdes de même base. Ils sont donc entre eux comme leurs hauteurs H et H′, ce qui donne

$$\frac{H}{H'} = \frac{d'}{d}, \quad \text{d'où} \quad H' = \frac{Hd}{d'}.$$

Or, il est évident que la hauteur du bloc de glace au-dessus de la mer sera égale à la différence H — H′. Si donc nous désignons par h cette hauteur, nous aurons

$$h = H - \frac{Hd}{d'} = 0^m,215.$$

8. Quel effort exigerait, pour être soutenu dans du mercure à 0 degré, un décimètre cube de platine, la densité du mercure étant égale à 13,596 et celle du platine à 22,069?

D'après le principe d'Archimède, cet effort doit être égal à la différence entre le poids d'un décimètre cube de platine et celui d'un décimètre cube de mercure.

Un décimètre cube d'eau pesant 1^k, un décimètre cube de platine pèsera $22^k,069^{gr}$, et le même volume de mercure $13^k,596^{gr}$.

L'effort qu'il faudra faire sera donc égal à $22^k,069 - 13,596 = 8,473^{gr}$.

Résumé.

I. L'équilibre des corps plongés dans les liquides repose sur le principe suivant, découvert par Archimède : *Tout corps plongé dans un liquide éprouve de bas en haut une poussée égale au poids du volume de liquide qu'il déplace.* Ce principe se démontre par le raisonnement et par l'expérience.

II. Tout corps flottant en équilibre déplace un volume de liquide dont le poids est égal au sien.

III. La détermination des densités relatives ou des poids spécifiques des corps solides et des liquides repose sur les deux principes précédents.

IV. Pour mesurer le poids spécifique des corps solides et des liquides, on emploie deux méthodes principales : la méthode dite de la balance hydrostatique et celle du flacon.

V. Les *aréomètres* sont des appareils flottants destinés à reconnaître les densités relatives des corps ou à indiquer les variations de densité que les liquides éprouvent par leur mélange avec d'autres corps. Leur construction repose sur le principe de l'équilibre des corps flottants.

VI. On distingue deux sortes d'aréomètres : les aréomètres à *volume constant et à poids variable* et les aréomètres à *poids constant et à volume variable.*

VII. Les aréomètres à volume constant sont au nombre de deux : l'aréomètre de Nicholson, employé pour déterminer les poids spécifiques des corps solides, et l'aréomètre de Fahrenheit, qui sert pour les liquides.

VIII. Les aréomètres à poids constant employés le plus souvent sont ceux de Baumé et de Gay-Lussac. Celui de Baumé porte encore le nom de pèse-sels, pèse-acides ou pèse-liqueurs, selon sa graduation. Celui de Gay-Lussac, destiné à évaluer la quantité d'alcool que contient un liquide spiritueux, porte encore le nom d'*alcoolomètre centésimal*.

IX. On désigne sous le nom de *phénomènes capillaires* certains phénomènes dus au contact des solides et des liquides, et que l'on observe plus particulièrement dans des tubes de diamètres très petits.

X. Lorsque deux liquides hétérogènes, miscibles et de densité différente sont séparés par une cloison mince et poreuse, telle, par exemple, qu'une vessie ou toute autre membrane organique, il s'établit entre ces deux liquides et à travers la membrane des courants de force inégale et de direction contraire qui tendent à les mélanger.

XI. Le courant qui va du liquide moins dense vers le plus dense est le plus fort et a reçu le nom d'*endosmose*; le courant inverse est nommé *exosmose*.

CHAPITRE VII.

Pesanteur de l'air. — Pression atmosphérique. — Baromètre.

Pesanteur de l'air et pression atmosphérique.

98. *Pesanteur de l'air.* — L'atmosphère est cette couche d'air qui enveloppe notre globe. Elle est composée, d'après les analyses de MM. Dumas et Boussingault, d'oxygène et d'azote dans la proportion de 20,8 d'oxygène et de 79,2 d'azote; elle contient en outre une quantité variable de vapeur d'eau et 4 à 6 dix-millièmes d'acide carbonique. Vu en masse, c'est-à-dire à travers toute l'épaisseur de la couche atmosphérique, l'air présente une coloration bleuâtre, qui donne au ciel la teinte azurée sous laquelle il nous apparaît pendant le jour.

Nous ne savons rien de précis relativement à l'épaisseur de la couche atmosphérique. Les uns l'ont évaluée à 60 ou 70 kilomètres; d'autres physiciens, se fondant sur des considérations dans le détail desquelles nous ne pouvons entrer, pensent qu'elle doit atteindre une hauteur d'environ 340 kilomètres *. Ces deux évaluations montrent, par leur écart considérable, l'état d'incertitude dans lequel la science se trouve actuellement sur ce point.

* Notre astronome populaire, C. Flammarion, a trouvé un nombre qui se rapproche beaucoup de ce dernier. En observant l'éclipse de lune du 4 octobre 1884, il a vu l'ombre de la terre nettement bordée d'une pénombre transparente, dont la mesure l'a conduit à estimer la hauteur de l'atmosphère terrestre à 360 kilomètres.

L'air, comme tous les corps de la nature, est soumis à l'action de la pesanteur. On le démontre en pesant successivement un ballon de verre d'abord vide et ensuite plein d'air. On trouve par ce procédé qu'un litre d'air pur à la température de 0°, et sous la pression atmosphérique ordinaire, pèse 1gr,293 ou approximativement 1gr,3.

99. *Pression atmosphérique.* — La *pression atmosphérique* est la conséquence de la pesanteur de l'air ; elle n'est autre chose que le poids même de la couche d'air qui forme l'atmosphère. Nous avons vu plus haut que les gaz, en raison de l'extrême mobilité de leurs molécules, sont soumis comme les liquides aux lois de l'hydrostatique. Comme les liquides, ils transmettent intégralement et dans tous les sens les pressions exercées sur eux en un point quelconque de leur masse. La pression atmosphérique s'exerce donc *dans tous les sens et avec une égale intensité,* sur une surface plane quelconque, horizontale, verticale ou inclinée.

On démontre la pression atmosphérique au moyen de l'expérience du *crève-vessie* et des *hémisphères de Magdebourg.*

1° *Crève-vessie.* Pour faire cette expérience, on place sur le plateau d'une machine pneumatique un manchon en verre (*fig.* 69) dont la partie supérieure est fermée hermétiquement par un fragment de vessie. Aussitôt que l'on fait le vide, on voit la vessie se déprimer fortement sous la pression atmosphérique qu'elle supporte, jusqu'à ce qu'elle cède et se déchire violemment, avec une détonation produite par la rentrée subite de l'air dans le manchon.

Fig. 69.

Cette expérience peut être faite en sens inverse. On place (*fig.* 70) sous le récipient d'une machine pneumatique une vessie à robinet contenant une petite quantité d'air ou de tout autre gaz. Dès que l'on fait le vide, on voit la vessie se gonfler de plus en plus, à mesure que diminue la pression de l'air du récipient, qui d'abord était égale à celle de l'atmosphère. Si, à la place de la vessie on mettait une petite ampoule de verre très mince remplie d'air ou de tout autre gaz, celle-ci finirait par éclater. Cette expérience met de plus en évidence ce qu'on appelle la *force élastique* des gaz, laquelle force, aussi bien toute autre pression exercée en un point quelconque d'une masse gazeuse, se développe et se transmet dans tous les sens avec une égale intensité, comme le prouvent quelques phénomènes vulgaires, par exemple, le mouvement de rotation que prennent d'elles-mêmes certaines pièces d'artifice, l'ascension des fusées, le recul et la rupture des armes à feu, etc., phénomènes en tout semblables, quant à leur cause, à ceux que produisent le chariot et le tourniquet hydrauliques (79).

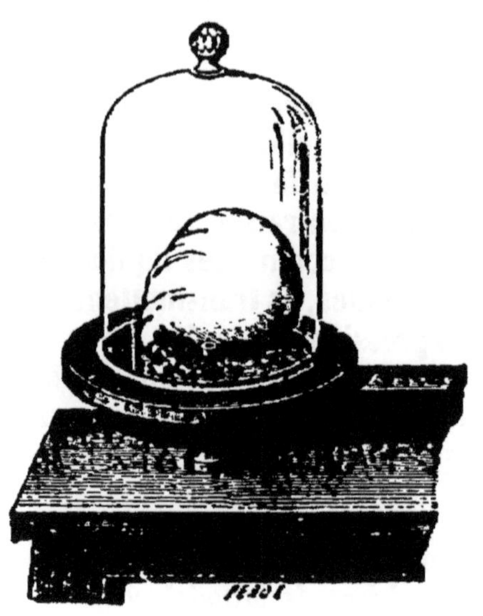

Fig. 70.

2° *Hémisphères de Magdebourg.* Cet appareil est formé (*fig.* 71) de deux hémisphères creux en cuivre, de 12 à 15 centimètres de diamètre, pouvant s'appliquer exactement par leurs bords et tenir le vide. L'un des hémisphères porte un robinet qui peut se visser sur la machine pneumatique, et l'autre se termine par un anneau. Tant que les deux hémisphères, mis en contact, renferment de l'air, on peut facilement les séparer; mais aussitôt que le vide est fait, il faut, pour les désunir, un effort puissant et toujours le même, *quel que soit le sens dans lequel on opère la traction* : ce qui démontre que la pression atmosphérique, ainsi que nous l'avons dit, s'exerce dans tous les sens avec une égale intensité.

Fig. 71.

Remarque. L'ascension de l'eau ou de tout autre liquide dans des tubes dont l'air est aspiré, la suspension de l'eau dans les éprouvettes, sont encore des effets bien connus de la pression atmosphérique. Toutefois l'ascension des liquides dans des tubes où l'on fait le vide a une limite infranchissable. Elle s'arrête au moment où le poids de la colonne liquide soulevée fait équilibre à la pression que l'atmosphère exerce sur la surface extérieure du liquide contenu dans le réservoir où plonge le tube. On raconte à ce sujet que des fontainiers de Florence ayant établi une pompe pour faire monter de l'eau à une grande hauteur, furent très surpris de voir que le liquide, arrivé à une dizaine de mètres d'élévation, cessait brusquement de monter bien que la pompe continuât à manœuvrer. A cette époque, on expliquait l'ascension des liquides dans les tuyaux de pompe, en disant que la nature *avait horreur du vide.* Mais bientôt après, en 1643, Torricelli, disciple de Galilée, donna l'explication du phénomène en prouvant que sa cause réelle est la pression exercée par l'atmosphère sur la surface libre des liquides.

Baromètres.

100. *Baromètre.* — Cet instrument, inventé par Torricelli, est destiné à mesurer la pression atmosphérique, mise en évidence par les expériences précédentes. On en distingue plusieurs espèces, qui sont : le *baromètre à cuvette ordinaire* ou *de Torricelli*, celui *de Fortin*, le *baromètre à siphon* ou *de Gay-Lussac*, le *baromètre à cadran* et le *baromètre métallique de Bourdon*.

Baromètre à cuvette ordinaire. Pour construire cet instrument, on prend un tube de verre d'environ 85 centimètres de longueur, fermé à l'une de ses extrémités. On le remplit peu à peu de mercure purifié, que l'on a soin de faire bouillir pour chasser l'humidité, ainsi que les bulles d'air qui pourraient adhérer aux parois du tube. Lorsque celui-ci est plein, on le bouche avec le doigt et on le renverse verticalement, en plongeant son extrémité dans une cuvette contenant aussi du mercure. Otant alors le doigt, on voit aussitôt le mercure abandonner le sommet du tube et s'arrêter, après quelques oscillations, à une hauteur d'environ 76 centimètres au-dessus du niveau extérieur. La pression atmosphérique sur une surface donnée est donc égale au poids d'une colonne de mercure qui aurait pour base la surface pressée et pour hauteur 76 centimètres, ou, d'une manière plus générale, *la distance verticale comprise entre les deux niveaux du mercure dans le tube et dans la cuvette.*

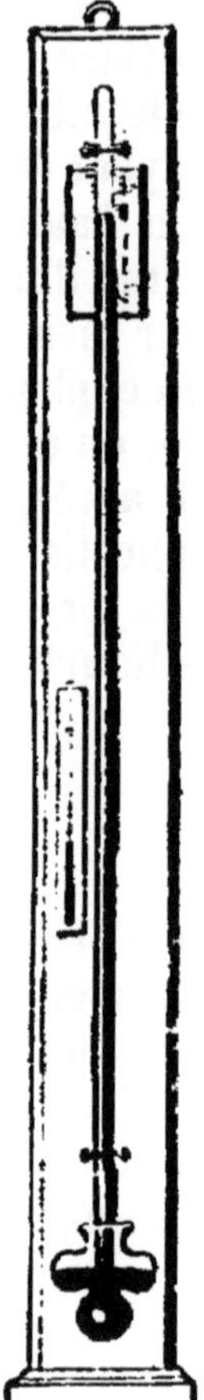

Fig. 72.

Le tube barométrique et sa cuvette (*fig.* 72) sont adaptés à un trumeau de bois qui porte une échelle verticale dont le zéro marque le niveau du mercure dans la cuvette. Pour éviter que les variations du niveau supérieur du mercure entraînent des changements sensibles dans le niveau inférieur, auquel doit correspondre le zéro de la division, on donne à la cuvette une surface beaucoup plus grande que la section du tube.

Remarque. — Il est facile de concevoir que, si au lieu de mercure on employait un autre liquide, la hauteur de la colonne qui ferait équilibre à la pression atmosphérique serait d'autant plus grande que le liquide serait moins dense. C'est ainsi que Pascal ayant répété l'expérience de Torricelli à Rouen, en 1646, avec un tube long de 15 mètres fermé à un bout et rempli de vin rouge, put constater que le liquide s'arrêtait dans le tube à une hauteur d'environ $10^m,40$, c'est-à-dire 13,60 fois plus grande que celle du mercure. Or, comme la densité du mercure est environ 13,60 fois plus forte que celle du vin, on voit que le poids de la colonne de vin soulevée devait être, sur une même surface, égal au poids de la colonne mercurielle dans l'expérience de Torricelli. Pour l'eau, dont la densité diffère peu de celle du vin, la hauteur d'une colonne faisant équilibre à la pression moyenne de l'atmosphère serait de $10^m,33$; elle serait de $13^m,07$ pour l'alcool, en supposant toutefois que l'expérience soit faite à une température assez basse pour que la tension de la vapeur qui se répandrait au-dessus de la colonne liquide soit assez faible pour ne pas la déprimer sensiblement.

Fig. 73.

Baromètre de Fortin. L'instrument que nous venons de décrire est le baromètre à cuvette ordinaire. Celui de *Fortin* n'en diffère que par la disposition de la cuvette, qui est garnie (*fig.* 73)

Fig. 74.

d'un fond mobile AB en peau de daim, qu'une vis C peut faire monter et descendre à volonté, de manière à établir un niveau constant dans toutes les observations. Ce niveau est indiqué par une pointe en ivoire F, à l'extrémité de laquelle correspond le zéro de la division. Lorsqu'on veut observer la hauteur barométrique, on soulève ou on abaisse le fond mobile jusqu'à ce que la surface du mercure rase l'extrémité de la pointe d'ivoire. Les indications données par cet instrument sont donc très exactes.

Baromètre de Gay-Lussac. Gay-Lussac a construit un baromètre beaucoup plus simple, plus portatif et non moins exact que le précédent. Cet instrument (*fig.* 74) se compose de deux branches inégales AB, CD, dont la plus longue est fermée et dont la plus courte porte une ouverture conique très étroite *o*. Ces deux branches, dont les diamètres doivent être parfaitement égaux, sont unies entre elles par un tube capillaire BC, destiné à empêcher l'air de passer dans la *chambre barométrique** quand on renverse l'instrument. La hauteur de la colonne mercurielle qui fait équilibre à la pression atmosphérique est la distance verticale des deux niveaux. On la mesure à l'aide d'une échelle dont le zéro est placé au-dessous du niveau inférieur. La différence de hauteur des deux niveaux au-dessus du zéro donne la hauteur barométrique. Ce baromètre est ordinairement fixé dans une canne creuse ou dans un étui de bois.

101. *Causes d'erreur dans les observations barométriques.* — Les observations barométriques présentent deux causes d'erreur : l'une est produite par les variations de la température, qui, en dilatant ou condensant le mercure, rendent la colonne plus haute ou plus basse pour une même pression ; l'autre est déterminée par l'action capillaire, qui abaisse toujours le mercure d'une quantité notable et d'autant plus grande que le diamètre du tube barométrique est plus petit. Pour remédier à la première cause d'erreur, on est convenu de rapporter toutes les observations à la température zéro ; ce

* On appelle ainsi l'espace vide d'air compris entre l'extrémité fermée du tube et le niveau du mercure.

que l'on obtient à l'aide d'une correction que nous indiquerons plus loin. Quant à la seconde cause d'erreur, relative à la capillarité, elle se trouve naturellement détruite dans le baromètre à siphon de Gay-Lussac, où les dépressions capillaires se compensent exactement dans les deux branches. Pour les autres baromètres, on rectifie les observations au moyen d'une table qui indique la valeur des dépressions capillaires pour des tubes de diamètres déterminés.

102. *Variations de la pression atmosphérique.* — Lorsqu'on observe pendant plusieurs jours un baromètre situé en un lieu quelconque, on trouve que sa hauteur varie presque continuellement. Toutefois, ces variations ne sont pas partout les mêmes ; presque nulles sur les hautes montagnes et entre les tropiques, elles deviennent de plus en plus grandes à mesure qu'on s'avance vers les pôles, où elles atteignent leur maximum d'amplitude. Ainsi, à l'équateur, les plus grandes variations sont ordinairement de 6 millimètres ; elles sont de 30 millimètres au tropique du Cancer, de 50 millimètres à Paris, et de 60 millimètres à 25 degrés du pôle. On a vu à Paris en 1821, le baromètre descendre à 72 centimètres et s'élever dans la même année à 78.

Ces variations barométriques sont essentiellement irrégulières et accidentelles ; elles sont en rapport avec certains états de l'atmosphère. Ainsi, dans nos climats, le baromètre monte en général dans les temps secs et baisse dans les temps de pluie et pendant les orages; dans les régions équatoriales, il reste invariable sous l'influence des plus violentes tempêtes. Plusieurs hypothèses ont été émises pour expliquer ces phénomènes ; mais aucune d'elles, jusqu'à présent, n'en a donné une explication satisfaisante.

Indépendamment de ces variations accidentelles et irrégulières, le baromètre éprouve dans tous les lieux du globe des variations régulières et périodiques, nommées *variations diurnes.* On les observe facilement à l'équateur ; mais il n'en est pas de même sous les latitudes élevées, où elles se confondent avec les variations accidentelles. Ces variations diurnes présentent chaque jour deux maximum et deux minimum : les deux maximum ont lieu à neuf heures du matin et à onze heures du soir; les deux minimum, à quatre heures après midi et à quatre heures du matin. L'amplitude de ces variations, dont la régularité est parfaite, ne dépasse pas 2 millimètres.

Hauteur moyenne du baromètre. Sous l'équateur, la hauteur moyenne annuelle est de $0^m,758$. Elle augmente à mesure qu'on s'avance vers les pôles. A la latitude de Paris, elle est de $0^m,76$ au niveau de l'Océan.

103. *Usages du baromètre.* — On emploie le baromètre pour les observations météorologiques et pour la mesure des hauteurs.

1° *Observations météorologiques.* Ainsi que nous venons de le dire, il existe une relation presque constante entre la hauteur barométrique et l'état de l'atmosphère. En France, le baromètre s'élève généralement au-dessus de sa hauteur moyenne, c'est-à-dire 76 centimètres, quand le temps doit être beau et sec; il s'abaisse au-dessous dans le cas contraire. De là l'usage de cet instrument pour connaître d'avance les variations atmosphériques. Tous les baromètres peuvent servir à cet objet; cependant on emploie de préférence soit le *baromètre à cadran*, soit le *baromètre métallique* de Bourdon, dont les indications sont plus faciles à constater.

Fig. 75.

Baromètre à cadran. Cet instrument (*fig.* 75) est un baromètre à siphon, muni d'un cadran E sur lequel se meut une longue aiguille dont les mouvements correspondent à ceux de la colonne mercurielle, à l'aide d'un mécanisme fort simple. Dans la courte branche A du siphon est un flotteur qui repose sur le mercure, dont il doit suivre le niveau. A ce flotteur est attaché un fil qui s'enroule sur la gorge d'une poulie très mobile B, et dont l'extrémité libre porte un petit contre-poids C un peu plus léger que lui. A l'axe de la poulie est fixée l'aiguille du cadran. Or, quand le baromètre monte, le mercure s'abaisse dans la petite branche, et le flotteur, par son poids, entraîne le contre-poids; dans ce mouvement, la poulie et l'aiguille tournent de gauche à droite. Le contraire a lieu quand le baromètre baisse; le contre-poids descend et l'aiguille tourne de droite à gauche. Sur le cadran E sont écrits les mots *variable*, *pluie, beau temps, etc.*, auxquels s'arrête l'aiguille lorsque le baromètre prend les hauteurs correspondantes.

Baromètre métallique de Bourdon. — Ce baromètre (*fig.* 76) diffère entièrement des baromètres à mercure. Il se compose d'un tube en laiton TT, à parois minces, dont la section est figurée, en T, à gauche de la figure. Ce tube, contourné en cercle, est fixé en A aux parois de la boîte qui le renferme, tandis que ses deux extrémités libres s'articulent au moyen de deux petites bielles *b* et *b'* avec un secteur S mobile autour du point o, et dont l'arc denté engrène avec un pignon P, lequel porte, fixée sur son axe, une aiguille mobile sur un cadran divisé. Le tube est vide d'air et hermétiquement fermé. Or, si la pression atmosphérique augmente, le tube s'aplatit et se courbe davantage; ses deux extrémités se rapprochent, et l'aiguille marche de gauche à droite. Au contraire, si la pression diminue, le tube, en vertu de son élasticité, tend à reprendre sa forme première, et ses deux extrémités s'écartent : l'aiguille marche alors en sens opposé.

Fig. 76.

On gradue ce baromètre par comparaison avec un baromètre à mercure. Cet instrument est peu volumineux et facile à transporter; mais il est sujet à se déranger par suite des modifications qu'éprouve à la longue l'élasticité du tube.

2° *Mesure des hauteurs par le baromètre.* La pression atmosphérique résultant du poids total de la couche d'air comprise entre la limite supérieure de l'atmosphère et le sol, il est évident que cette pression doit diminuer à mesure qu'on s'élève dans l'atmosphère, puisque la hauteur de la colonne d'air superposée devient moindre. Aussi observe-t-on, lorsqu'on gravit une montagne, par exemple, que la colonne de mercure descend graduellement dans le tube barométrique *. Il est donc facile de

* Cette observation a été faite pour la première fois le 19 septembre 1648, sur le Puy-de-Dôme, par Périer, beau-frère de Pascal, d'après les indications

comprendre comment, à l'aide du baromètre, on peut mesurer la hauteur verticale d'un lieu au-dessus du niveau de la mer. Il suffit de connaître la relation qui existe entre tel abaissement du mercure et la hauteur correspondante. Si l'atmosphère était d'égale densité à toutes les hauteurs, cette relation serait très facile à déterminer. Ainsi le mercure étant 10464 fois plus dense que l'air, chaque dépression d'un millimètre de la colonne barométrique correspondrait à une hauteur de $10^{m},464^{mm}$; de telle sorte qu'il suffirait de multiplier ce nombre par le nombre de millimètres dont se serait abaissé le mercure d'un baromètre transporté dans un lieu élevé, pour connaître la hauteur verticale de ce lieu. Mais, en raison du décroissement rapide de la densité de l'air dans les régions supérieures de l'atmosphère, le calcul de la mesure des hauteurs par le baromètre repose sur des formules analytiques très compliquées. M. Oltmanns a construit des tables indiquant la différence de niveau entre deux stations, d'après la connaissance des hauteurs barométriques et des températures correspondantes. Ces tables donnent aux aéronautes le moyen d'apprécier immédiatement la hauteur à laquelle ils se trouvent à un moment donné.

104. *Valeur en poids de la pression atmosphérique.* — La pression atmosphérique ayant pour effet de maintenir le mercure dans le tube barométrique à une hauteur moyenne de 76 centimètres, si nous supposons que la section inférieure du tube soit d'un centimètre carré, la colonne de mercure qui est dans le tube ayant alors la forme d'un cylindre de 1 centimètre carré de base et de 76 centimères de hauteur, son volume sera de 76 centimètres cubes, puisqu'un cylindre a pour mesure le produit de sa base par sa hauteur. Or, un centimètre cube d'eau pesant un gramme, le poids d'un même volume d'eau serait 76 grammes. Mais comme le mercure est 13,60 fois plus dense que l'eau, il en résulte que la colonne de mercure dans le tube pèse 76 grammes multipliés par 13,60, c'est-à-dire 1033 grammes ou, ce qui est la même chose, 1 kilogr. et 33 grammes. Donc la pression atmosphérique, sur un centimètre carré de surface, équivaut à $1^{k},033^{gr}$. Sur un décimère carré, qui contient 100 cen-

de ce dernier. Pendant toute la journée le baromètre se maintint au bas de la montagne à 712 millimètres, tandis que sur le sommet, à environ mille mètres de hauteur, le mercure dans un tube pareil, ne s'élevait qu'à 626 millimètres : ce qui, dit Pascal, ravit les opérateurs d'admiration et d'étonnement.

timètres carrés, cette pression est par conséquent de 103^{kil},300^{gr}; sur un mètre carré, qui renferme 100 décimètres carrés, elle équivaut à 10330 kilogrammes. Ces poids, comme il est facile de le comprendre, varient suivant la pression atmosphérique. Ils deviennent plus forts ou plus faibles selon que cette pression est au-dessus ou au-dessous de la moyenne, c'est-à-dire selon que le mercure dans le baromètre est à une hauteur supérieure ou inférieure à 76 centimètres. Ainsi, quand nous disons qu'à un moment donné, la pression atmosphérique est, par exemple, *de 74 centimètres,* cette locution abrégée signifie que, sur une surface déterminée, la pression exercée par l'atmosphère est égale au poids d'une colonne de mercure qui aurait pour base cette surface, et pour hauteur 74 centimètres.

Problèmes. 1° Évaluer en kilogrammes la pression exercée par l'atmosphère sur un cercle de 0^{m},1 de rayon, en supposant la hauteur barométrique égale à 0,75.

En appliquant la formule πR^2, on trouve pour la surface de ce cercle 3^{dec},14^{cent}. La pression qu'il supporte est donc égale à une colonne de mercure qui aurait pour base 3,14 et pour hauteur 7,5, en prenant le décimètre pour unité. Or, d'après la formule P=VD (91), on aura

$$P=3,14\times7,5\times13,60=320^{kil},280^{gr}.$$

2° Évaluer en *centimètres de mercure* la pression que supporte le fond d'un bassin rempli d'eau ayant 5 mètres de profondeur, le baromètre marquant 0,77.

Cette pression est égale à 77 cent. de mercure plus une colonne d'eau ayant 5 mètres de profondeur. Or, la hauteur H d'une colonne de mercure qui aurait le même poids que l'eau serait, en centimètres,

$$H=\frac{500}{13,60}=36,76.$$

La pression demandée est donc 77+36,76=113^{c},76 de mercure.

On peut, d'après ces résultats, se faire une idée du poids énorme dont l'atmosphère pèse sur la surface de la terre. On a calculé de même la pression exercée par l'atmosphère sur le corps d'un homme de taille moyenne; cette pression est de 16,000 kilogrammes. Ce résultat peut sembler extraordinaire; mais ce qui l'est bien davantage, c'est qu'il existe des poissons qui, en raison de la profondeur à laquelle ils vivent dans l'Océan (cinq à six mille mètres), supportent des pressions cinq à six cents fois plus considérables, puisqu'il suffit d'une colonne d'eau de mer d'environ 10 mètres de hauteur pour produire une pression égale à celle de l'atmosphère. Toutefois, si l'on considère que cette pression s'exerce avec une égalité parfaite de dedans en dehors comme de dehors en dedans de l'organisme, on comprendra facilement comment les êtres les plus délicats dans leur structure, peuvent supporter de semblables pressions sans inconvénients, et même sans en avoir aucune conscience.

L'élévation de la pression atmosphérique est, dans une certaine mesure, nécessaire à la santé. Quand le baromètre monte, c'est-à-dire quand la pression atmosphérique augmente, nos fonctions s'exécutent avec plus d'énergie, la circulation est plus régulière, et nous éprouvons comme un sentiment de bien-être et d'aptitude au mouvement. Au contraire, quand le baromètre baisse, la circulation devient plus rapide, nous éprouvons une sensation de gêne et de fatigue, une propension au repos, et, rapportant à l'air qui nous environne ce qui se passe dans nos organes, nous avons coutume de dire, par une singulière opposition, que l'air est *lourd*, précisément parce qu'il est trop léger.

Lorsque la pression atmosphérique diminue considérablement, comme il arrive sur les hautes montagnes ou dans les ascensions aérostatiques, des troubles plus manifestes se produisent dans l'organisme. La respiration devient laborieuse et pénible ; le sang lancé par le cœur, ne trouvant plus à l'extrémité des vaisseaux une résistance suffisante, s'en échappe, et produit à la surface des membranes muqueuses des hémorragies plus ou moins abondantes. A ces symptômes s'ajoutent des éblouissements, des tintements d'oreille et un sentiment de malaise indéfinissable. Il y a même des limites assez bornées, au delà desquelles l'homme ne pourrait s'élever dans l'atmosphère sans y périr infailliblement*.

* Une catastrophe, qui fera époque dans le martyrologe de la science, n'a que trop cruellement fait connaître ces limites infranchissables. Le 15 avril 1875, trois jeunes savants, MM. Sivel, Crocé-Spinelli et Gaston Tissandier, quittaient Paris dans le ballon le *Zénith* pour observer l'atmosphère à de grandes hauteurs. A 8600 mètres environ, MM. Sivel et Crocé-Spinelli succombaient asphyxiés par le manque d'air et de pression (le baromètre était descendu à 0,30). Seul, M. Gaston Tissandier, non sans avoir été fort éprouvé lui-même, put ramener à terre les cadavres de ses deux amis.

Résumé.

I. L'air, comme tous les corps de la nature, est soumis à l'action de la pesanteur. La pression atmosphérique est la conséquence de cette action. On la met en évidence au moyen de deux expériences : le crève-vessie et les hémisphères de Magdebourg.

II. Le *baromètre* est un instrument destiné à mesurer la pression atmosphérique. On en distingue plusieurs sortes : le baromètre à cuvette de Torricelli, celui de Fortin, le baromètre à siphon de Gay-Lussac, le baromètre à cadran et le baromètre métallique de Bourdon

III. La pression atmosphérique est soumise à deux sortes de variations : les variations accidentelles ou irrégulières et les variations périodiques nommées variations diurnes. Les premières vont en augmentant d'amplitude de l'équateur aux pôles, et sont en rapport avec certains états de l'atmosphère.

IV. La hauteur moyenne du baromètre au niveau des mers est de $0^m,76$.

V. On emploie le baromètre pour les observations météorologiques et pour la mesure des hauteurs.

VI. Le baromètre s'élève généralement quand le temps doit être beau et sec : il s'abaisse dans le cas contraire. De là l'usage du baromètre pour connaître d'avance les variations atmosphériques.

VII. A mesure qu'on s'élève dans l'atmosphère, la pression atmosphérique diminue, et par conséquent la colonne barométrique s'abaisse. On peut donc, à l'aide du baromètre, mesurer la hauteur verticale d'un lieu au-dessus du niveau de la mer.

VIII. La pression atmosphérique est considérable; elle équivaut en moyenne à 103 kilogrammes sur chaque décimètre carré de surface; elle s'exerce dans tous les sens avec une égale intensité.

CHAPITRE VIII.

Loi de Mariotte. — Manomètres. — Machine pneumatique.

Loi de Mariotte.

105. *Loi de Mariotte.* — Cette loi, découverte par Mariotte, physicien français du 17e siècle, a pour objet la relation qui existe entre les volumes d'une masse donnée de gaz et les pressions qu'elle supporte; elle s'énonce ainsi : *Les volumes occupés par une masse donnée de gaz, à une température constante, sont en raison inverse des pressions qu'elle supporte.*

Pour vérifier cette loi, on prend un tube cylindrique CABD (*fig.* 77) recourbé en forme de siphon et fixé verticalement à une planchette en bois. La petite branche BD est fermée et graduée en parties d'égale capacité; l'autre branche AC, beaucoup plus longue, est ouverte et simplement divisée en centimètres. On commence par verser un peu de mercure dans le tube, de manière que les deux niveaux soient sur un même plan horizontal BA dans les deux branches. L'air enfermé dans la courte branche possède alors une force élastique égale à la pression de l'atmosphère. On note avec soin le nombre de divisions occupé par cet air, puis on verse de nouveau du mercure dans la grande branche, jusqu'à ce que le volume de l'air intérieur soit réduit de moitié. Si l'on mesure alors la hauteur de la colonne de mercure comprise entre les deux niveaux F et C, on trouve qu'elle est égale à celle du mercure dans le baromètre, et, par suite, qu'elle équivaut à une pression atmosphérique. En ajoutant à cette pression celle de l'atmosphère qui s'exerce en C au sommet de la colonne, on voit qu'au moment où le volume d'air est *réduit de moitié*, sa force élastique ou la pression qu'il supporte est *double* de ce qu'elle était d'abord. On constaterait de même

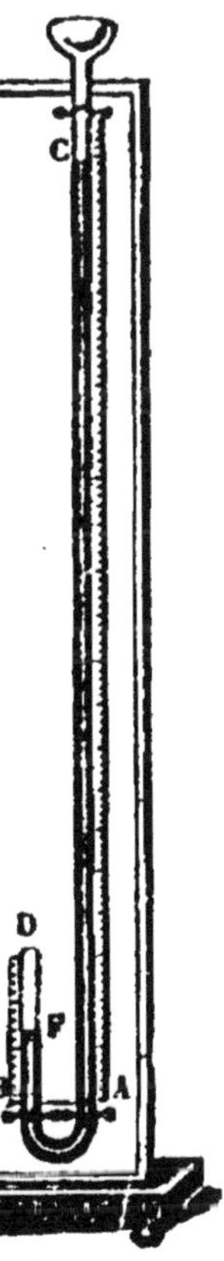

Fig. 77.

que pour une pression *triple, quadruple, etc.*, le volume se réduirait au *tiers*, au *quart, etc.*, et ainsi de suite; ce qui démontre la loi énoncée.

La loi de Mariotte s'applique également à des pressions moindres que celle d'une atmosphère. Pour le démontrer, on prend un long tube (*fig.* 78) gradué en parties d'égale capacité, fermé par un bout et ouvert par l'autre. On le remplit de mercure jusqu'aux trois quarts environ, l'autre quart contenant de l'air; puis on le plonge dans une éprouvette profonde également remplie de mercure, et on l'enfonce jusqu'à ce que le niveau du liquide soit le même dans le tube et dans l'éprouvette. L'élasticité de l'air intérieur est alors égale à la pression atmosphérique. Cela fait, on soulève le tube jusqu'à ce que le volume primitif AB de l'air soit doublé. Le mercure s'élève alors dans le tube en une colonne CD, dont la hauteur est précisément égale *à la moitié de la hauteur barométrique*, ce qui prouve que la pression supportée par l'air intérieur dont le volume a doublé est devenue moitié moindre.

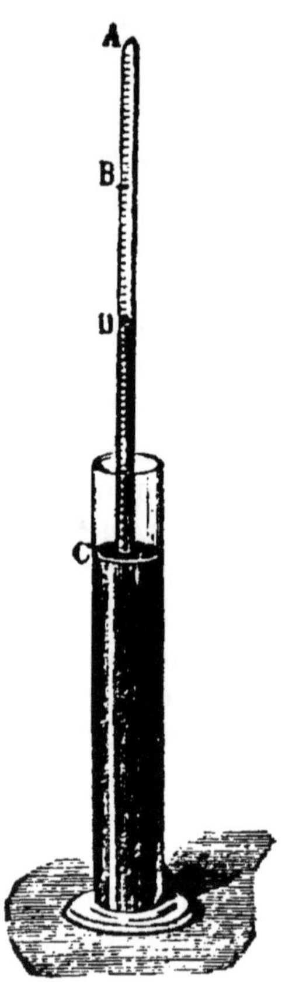

Fig. 78.

Conséquences de la loi de Mariotte. — Dans les deux expériences qui précèdent, le poids de l'air enfermé dans les tubes restant toujours le même, sa densité varie en raison inverse de son volume; d'où l'on déduit, comme conséquence rigoureuse de la loi de Mariotte, que:

1° *Les densités de l'air ou d'un gaz quelconque sont proportionnelles aux pressions qu'il supporte, la température demeurant constante;*

2° *Les poids d'un même volume de gaz sont proportionnels aux pressions auxquelles il est soumis.*

Remarque. — Despretz et Regnault ont démontré que la loi de Mariotte n'est pas absolument vraie pour toutes les pressions et pour tous les gaz. Ainsi Despretz a fait voir qu'elle cesse d'être exacte lorsque les gaz subissent des pressions qui les rapprochent beaucoup de leur liquéfaction. Plus récemment (janvier 1879), M. Cailletet, l'inventeur de l'appareil pour la liquéfaction des gaz, dont nous avons donné plus haut la description (page 71), a pu démontrer, au moyen d'expériences qui lui ont permis d'étudier la compressibilité de l'azote jusqu'à 245 atmosphères, que ce gaz, à partir de 100 atmosphères environ, se comprime de moins en moins à mesure que la pression augmente. Toutefois, ces variations dans la loi de Mariotte ne se produisant que sous des pressions tout à fait exceptionnelles, on peut, dans la plupart des cas où cette loi doit être appliquée, c'est-à-dire pour des pressions moyennes, la considérer comme rigoureusement exacte.

106. *Problèmes sur la loi de Mariotte.* — 1° Soit V le volume d'une masse de gaz à une température donnée, sous la pression P : on demande ce que deviendra ce volume sous une pression P′, la température restant la même.

Les volumes étant en raison inverse des pressions, en représentant par V′ le volume cherché, on aura la proportion suivante :

$$\frac{V'}{V}=\frac{P}{P'}; \qquad \text{d'où} \quad V'=\frac{V\times P}{P'}.$$

En faisant $V=35^{\text{cent cub}}$, $P=0^{\text{m}},75$, et $P'=0^{\text{m}},78$, on aurait

$$V'=\frac{35\times 75}{78}=33^{\text{cent}},653^{\text{mm cub}}.$$

2° Soit P la force élastique ou la pression supportée par une masse de gaz dont le volume est V : on demande quelle sera la force élastique P′ de ce gaz, si son volume devient V′, la température restant constante.

D'après la loi de Mariotte :

$$\frac{P}{P'}=\frac{V'}{V}; \qquad \text{d'où} \quad P'=\frac{P\times V}{V'}.$$

3° Soit D la densité d'un gaz sous une pression P : on demande quelle sera sa densité D′ sous une pression P′.

Les densités d'un gaz étant proportionnelles aux pressions qu'il supporte, on aura :

$$\frac{D'}{D}=\frac{P'}{P}; \quad \text{d'où} \ D'=\frac{D\times P'}{P}.$$

4° Soit p le poids d'un volume de gaz sous une pression P : on demande quel sera le poids p' d'un même volume de ce gaz sous une pression P'.

Les poids, à volume égal, étant proportionnels aux densités, on aura

$$\frac{p'}{p}=\frac{D'}{D}=\frac{P'}{P} \qquad (3)$$

d'où

$$p'=p\times\frac{P'}{P}.$$

5° On demande à quelle profondeur il faudrait plonger, dans la mer, une cloche remplie d'air sous la pression 0,76, pour que le volume de cet air fût réduit au quart, sachant qu'une colonne d'eau de mer de 10 mètres de hauteur fait équilibre à la pression moyenne de l'atmosphère.

Les volumes des gaz étant en raison inverse des pressions, la masse d'air contenue dans la cloche devra, pour que son volume se réduise au quart, supporter une pression quatre fois plus forte. Or, comme une colonne d'eau de mer de 10 mètres de hauteur exerce une pression égale à la pression atmosphérique, il s'ensuit qu'il faudra enfoncer la cloche à une profondeur de 3 fois 10 mètres ou 30 mètres, ce qui donnera, avec la pression atmosphérique ordinaire, une pression totale de 4 atmosphères sur l'air contenu dans la cloche.

6° Un ballon de 10 litres plein d'air, à 0,76, est mis en communication avec un ballon vide de 15 litres; on demande : 1° la pression de l'air dans les deux ballons; 2° le poids de l'air qui reste dans le premier ballon, sachant que 1 litre d'air sec à 0° pèse 1gr,30.

1° La pression de l'air dans le premier ballon étant de 76 centimètres, si nous appelons h la pression de cet air quand il est répandu également dans les deux ballons, c'est-à-dire quand son volume qui étant d'abord 10 litres en occupe 25, nous aurons

$$\frac{h}{76}=\frac{10}{25} \quad \text{d'ou} \quad h=\frac{76\times 10}{25}=30^{c},4.$$

2° Le poids de l'air contenu dans le premier ballon, avant la communication, était de 1gr,30×10 ou 13 grammes, sous la pression de 76 centim. Or, comme à volumes égaux les poids des gaz sont proportionnels aux pressions, nous aurons, en appelant x le poids demandé

$$\frac{x}{13}=\frac{30,4}{76}=\frac{10}{25}, \quad \text{d'où} \quad x=\frac{13\times 10}{25}=5^{gr},20.$$

Manomètres.

107. *Manomètres.* — Ces instruments sont destinés à mesurer la tension d'un gaz fortement comprimé, ou les pressions qui s'exercent dans les machines à vapeur. On en distingue trois espèces : 1° le *manomètre à air libre ;* 2° le *manomètre à air comprimé ;* 3° le *manomètre métallique.*

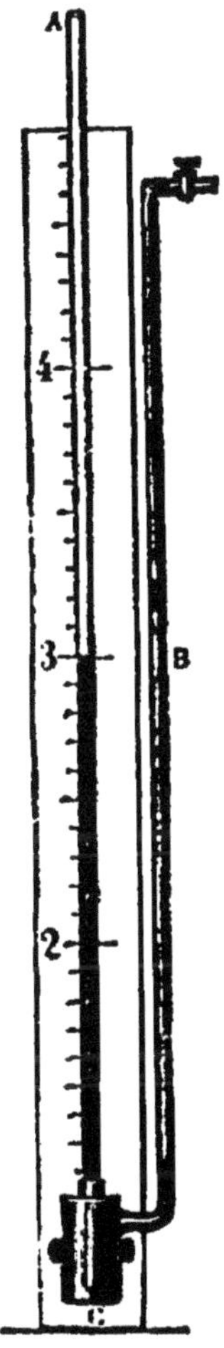

Fig. 79.

1° *Manomètre à air libre.* Cet appareil se compose (*fig.* 79) d'un tube A en cristal, long de 4 à 5 mètres, ouvert à son extrémité supérieure et plongeant par son extrémité inférieure dans du mercure que contient une cuvette C en fer forgé. Le tube et la cuvette, très solidement fixés l'un à l'autre, sont montés sur une planche de sapin destinée à recevoir la graduation. Un second tube en fer B, communiquant avec la cuvette, sert à transmettre au mercure la pression du gaz comprimé ou de la vapeur.

Pour graduer ce manomètre, il suffit de marquer 1, c'est-à-dire une atmosphère, au point où le mercure est au même niveau dans le tube et dans la cuvette ; puis, à partir de ce point, de 76 en 76 centimètres, on marque successivement 2, 3, 4, 5,... qui indiquent le nombre d'atmosphères. Il faut toutefois tenir compte, dans cette graduation, de l'abaissement du mercure dans la cuvette, à mesure qu'il s'élève dans le tube.

Cet abaissement est facile à calculer : soit en effet R le rayon intérieur de la cuvette, r le rayon intérieur du tube, et r' son rayon extérieur, c'est-à-dire comprenant l'épaisseur du verre. La surface annulaire du mercure dans la cuvette sera égale à $\pi R^2 - \pi r'^2$ et celle du mercure dans le tube à πr^2. Supposons que l'on ait trouvé ainsi que la surface du mercure dans la cuvette soit 36 fois celle du mercure dans le tube ; il en résultera que, quand le mercure s'élèvera de n centimètres dans le tube, il s'abaissera de $\frac{n}{36}$ centimètres dans la cuvette. La différence de hauteur des deux niveaux sera donc toujours égale, dans ce cas, à $n + \frac{n}{36}$ centimètres, n étant compté à partir du niveau normal, c'est-à-dire du point où la pression étant d'une atmosphère dans le tube et dans la cuvette, les deux niveaux du mercure sont à la même hauteur, abstraction faite des effets de la capillarité.

La pression indiquée par le manomètre que représente la *fig.* 79 est de 3 atmosphères, parce qu'elle se compose de 2 fois la hauteur de 76 centimètres au-dessus du niveau du mercure dans la cuvette, plus de la pression atmosphérique qui s'exerce au sommet de la colonne de mercure soulevée.

2° *Manomètre à air comprimé.* Celui-ci repose entièrement sur la loi de Mariotte. Il consiste (*fig.* 80) en un tube ABC recourbé sur lui-même, dont l'une des branches est fermée et l'autre ouverte. La courbure B contient du mercure jusqu'à une certaine hauteur. Dans la branche fermée A se trouve de l'air sec; l'autre branche ouverte C communique avec le vase clos qui contient le gaz ou la vapeur dont il s'agit de mesurer la force élastique. Quand les deux niveaux n et n' sont sur un même plan horizontal, la pression, dans les deux branches de l'instrument, est égale à celle de l'atmosphère. Mais si la pression augmente dans la chaudière à vapeur ou dans le récipient à gaz comprimé, avec lesquels la branche C communique, le niveau n' s'abaisse et le niveau n s'élève en comprimant l'air sec contenu dans la branche fermée A. La pression est alors mesurée par la réduction de volume que l'air du manomètre a subie, jointe à la différence des deux niveaux. Ainsi la pression indiquée par le manomètre que représente la *fig.* 80, et dans lequel le volume de l'air, dans la branche A, est réduit de moitié, est égale à 2 atmosphères, plus la colonne de mercure comprise entre les deux niveaux p et p'. Il est facile de comprendre comment on peut graduer d'avance le tube A pour déterminer la position exacte du niveau p à 3, 4, 5, 6 atmosphères, etc. Il suffit pour cela de calculer la hauteur de ce niveau de manière que la force élastique de l'air comprimé, ajoutée au poids de la colonne de mercure comprise entre lui et le niveau

Fig. 80.

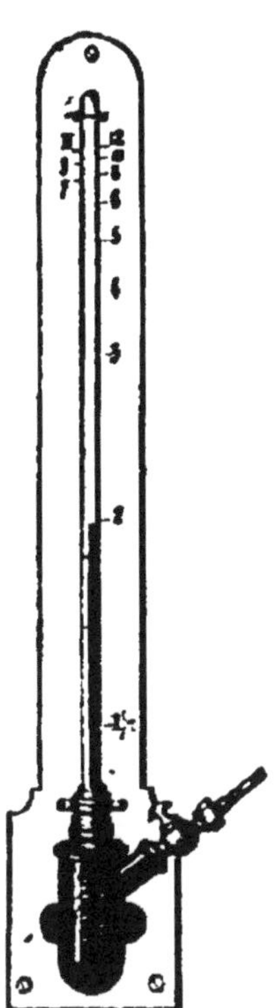
Fig. 81.

p', représente, d'après la loi de Mariotte, les pressions indiquées.

Dans la pratique, le tube fermé AB, au lieu de se recourber en une branche ouverte d'égale section, comme nous l'avons supposé pour faciliter la démonstration, plonge (*fig.* 81), comme celui du manomètre à air libre, dans une cuvette en fer forgé remplie de mercure et communiquant par un tube latéral également en fer avec le récipient dans lequel est le gaz ou la vapeur dont on veut mesurer la tension. Cette tension est encore indiquée par la réduction du volume d'air que contient le tube jointe à la différence de hauteur des deux niveaux du mercure dans le tube et dans la cuvette. L'abaissement de ce dernier niveau, à mesure que le mercure s'élève dans le tube, se calcule de la même manière que dans le manomètre à air libre.

3° *Manomètre métallique.* Ce manomètre, inventé par M. Bourdon, mécanicien à Paris, repose sur le principe suivant : Toute pression exercée à l'intérieur d'un tube à parois flexibles et roulé en hélice, tend à le dérouler, et réciproquement toute pression extérieure tend à l'enrouler davantage. L'appareil, d'après ce principe, se compose (*fig.* 82) d'un tube en laiton T de 70 centimètres de longueur, à parois minces, flexibles et légèrement aplaties, roulé en hélice et placé dans un cadre elliptique. L'extrémité A du tube, qui est ouverte, communique, par une tubulure munie d'un robinet, avec la chaudière à vapeur. L'autre extrémité *b*, qui est fermée, est libre, ainsi que tout le reste du tube, et se termine par une aiguille destinée à indiquer sur un cadran la tension de la vapeur exprimée en atmosphères. On gradue le cadran en soumettant l'appareil à l'action de l'air com-

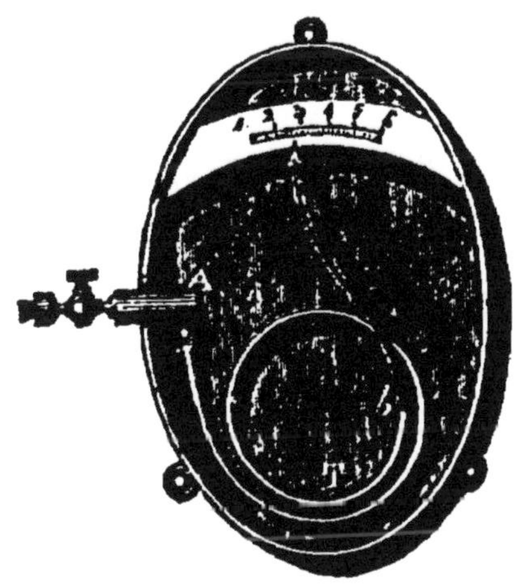
Fig. 82.

primé, et en marquant successivement les positions que prend l'aiguille pour 1, 2, 3, 4, 5... atmosphères mesurées par un manomètre à air libre. Ce manomètre est principalement employé pour les locomotives.

M. Bourdon, ainsi que nous l'avons vu, a construit, d'après le même principe, un baromètre métallique à cadran d'un mécanisme fort simple et très ingénieux.

Problème. La branche fermée d'un manomètre à air comprimé renferme une colonne d'air de 24 centimètres de hauteur quand les niveaux du mercure dans les deux branches sont sur un même plan horizontal. La branche ouverte étant mise en communication avec le récipient d'une machine de compression, le mercure s'élève dans la branche fermée à 18 centimètres au-dessus de son premier niveau : on demande quelle est la tension de l'air dans le récipient.

En supposant les deux branches du manomètre d'égale section, la différence des deux niveaux du mercure sera de 36 centimètres. Or, l'air contenu dans la branche fermée étant réduit au quart du volume qu'il avait sous la pression de l'atmosphère, il est facile de voir que la pression demandée est égale à 4 atmosphères plus 36 centimètres de mercure, c'est-à-dire environ 4 atmosphères et demie.

Machine pneumatique.

108. *Machine pneumatique.* — Cet appareil est destiné à faire le vide dans un espace donné, ou, plus rigoureusement, à raréfier beaucoup l'air qu'il contient; car nous démontrerons bientôt qu'on ne peut pas obtenir le vide absolu. La machine pneumatique a été inventée, en 1650, par Otto de Guericke, bourgmestre de Magdebourg.

Cette machine se compose (*fig.* 83) de deux cylindres en cristal ou en cuivre, dans chacun desquels est un piston P formé de plusieurs rondelles de cuir et muni d'une tige à crémaillère dont les dents engrènent avec un pignon qu'on fait mouvoir alternativement de gauche à droite et de droite à gauche à l'aide d'un double levier M. Les deux corps de pompe sont fixés à leur base sur un support en cuivre et communiquent par deux conduits avec un canal ED (*fig.* 84), nommé canal d'aspiration, et dont l'extrémité vient s'ouvrir au centre d'un disque C recouvert d'une glace épaisse et bien dressée. Sur ce

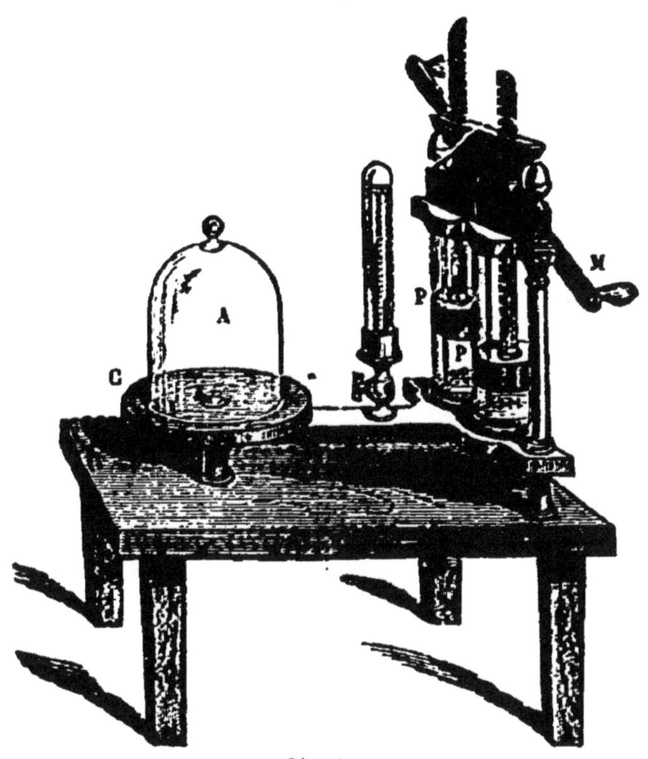

Fig. 83.

disque, qu'on nomme la *platine*, se place le récipient A dans lequel on veut faire le vide. Chacun des deux conduits du canal d'aspiration ED, en communication avec les corps de pompe, se termine par une ouverture conique et est muni d'une soupape F de même forme s'ouvrant de *bas en haut* c'est-à-dire du récipient dans le corps de pompe.

Cette soupape est surmontée d'une tige FT qui traverse à frottement le piston P, et qui porte à sa partie supérieure un bouton Y destiné à l'arrêter, lorsque le piston s'élève, à quelques millimètres au-dessus de l'ouverture conique du conduit d'aspiration. Le piston P porte également une soupape J, s'ouvrant aussi de *bas en haut*, c'est-à-dire de dedans en dehors, et que maintient un léger ressort à boudin. Un robinet O sert à établir ou à intercepter la communication du récipient et des corps de pompe.

Pour bien comprendre le jeu de la machine, il suffit d'examiner ce qui se passe dans l'un des deux corps de pompe, le mécanisme de l'autre étant parfaitement identique. Supposons d'abord le piston P (*fig.* 84) au bas de sa course : dès qu'on le soulève, il entraîne avec lui la tige de la soupape F, qui s'élève aussitôt à quelques millimètres au-dessus de l'ouverture qu'elle fermait ; cette tige est ensuite arrêtée par le bouton Y, et le piston continue à monter seul, en glissant sur elle à frottement doux. La soupape J du piston reste fermée en vertu de son propre poids et de la pression atmosphérique. Le vide tend alors à se former au-dessous du piston, et l'air du récipient, en vertu de son élasticité, se précipite aussitôt par le canal

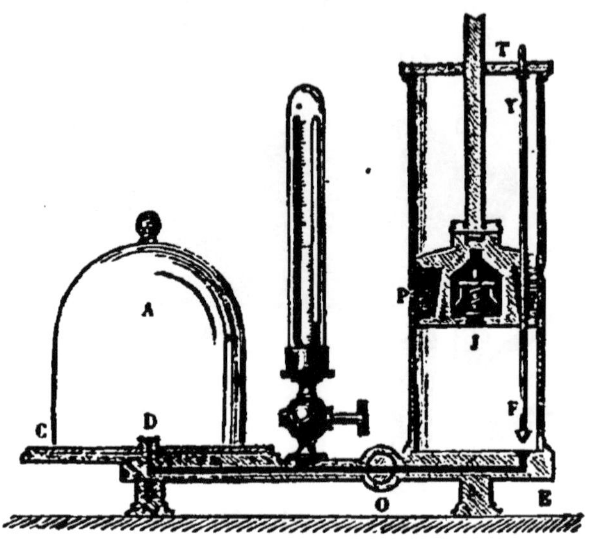

Fig. 84.

d'aspiration ED dans l'intérieur du corps de pompe, en se répandant uniformément dans tout l'espace qui lui est offert. Si on abaisse alors le piston, la tige de la soupape F est immédiatement entraînée de haut en bas, et cette soupape ferme aussitôt l'orifice du canal d'aspiration, dans lequel elle s'applique exactement, de telle sorte que l'air qui vient de se répandre dans le corps de pompe ne peut plus retourner dans le récipient. Le piston continuant à descendre en glissant sur la tige de la soupape F, l'air qui est au-dessous se comprime de plus en plus, et il arrive un moment où sa force élastique devient supérieure à la pression atmosphérique augmentée du poids de la soupape J du piston. Cette soupape est alors soulevée, et l'air comprimé s'échappe au dehors par des ouvertures pratiquées à la partie supérieure du corps de pompe. Quand le piston est ainsi arrivé au bas de sa course, tout l'air qui avait été extrait du récipient est sensiblement expulsé. Un second coup de piston donnera naissance à la même série de phénomènes, et ainsi de suite. Le jeu de la machine se réduit donc aux deux conditions suivantes : *Quand le piston monte, sa soupape reste fermée et la soupape du canal d'aspiration s'ouvre; quand il s'abaisse, sa soupape s'ouvre et la soupape du canal d'aspiration se ferme.*

109. *Loi de la raréfaction de l'air dans le récipient de la machine pneumatique.* — Quelle que soit la perfection de la machine, on ne peut jamais parvenir à faire le vide absolu dans le récipient. Admettons, en effet, que la capacité du corps de pompe soit la cinquième partie de la capacité du canal d'aspiration et du récipient réunis. Le premier coup de piston fera sortir $\frac{1}{6}$ de la masse totale de l'air contenu ; le deuxième coup de piston enlèvera $\frac{1}{6}$ du reste ; le troisième coup enlèvera encore $\frac{1}{6}$ du nouveau reste, et ainsi de suite selon une progression par quotient décroissante. Donc le vide absolu ne peut être fait.

Éprouvette. — Pour mesurer le degré de raréfaction de l'air dans le récipient, on adapte à la machine une éprouvette en cristal (*fig.* 85 et 85 *bis*), pouvant communiquer avec le canal d'aspiration et contenant un petit *baromètre à siphon tronqué* B, de 15 à 20 centimètres de hauteur. Lorsque le récipient est plein d'air, la branche fermée (*fig.* 85) est remplie de mercure dont le niveau, dans la branche ouverte, se trouve alors en M. Lorsque l'air intérieur est suffisamment raréfié, le mercure descend dans la branche fermée et s'élève dans la branche ouverte. Si le vide absolu était possible, les deux niveaux K et L (*fig.* 85 *bis*) arriveraient à la même hauteur ; mais ce résultat ne pouvant être obtenu, il y a toujours une différence de hauteur à l'avantage de la branche fermée, d'autant moindre que la raréfaction est plus grande.

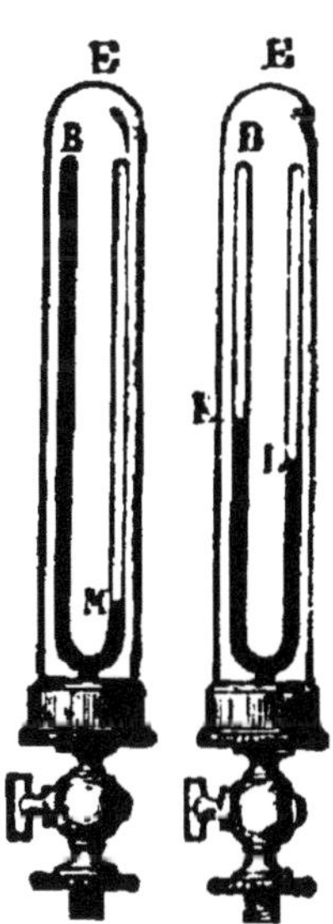

Fig. 85. Fig. 85 *bis*.

Les anciennes machines ne faisaient le vide qu'à 2 millimètres ; mais, à l'aide d'un mécanisme inventé par Babinet, on peut maintenant pousser la raréfaction jusqu'à moins de 1 millimètre de pression.

Machine de Bianchi. — La machine pneumatique que nous venons de décrire exige deux corps de pompe et deux pistons accouplés, afin de neutraliser l'un par l'autre l'effet de la pression de l'air extérieur qui, avec un seul corps de pompe et un seul piston, s'opposerait de plus en plus au mouvement ascensionnel de ce dernier, et rendrait ainsi la manœuvre de plus en plus difficile. M. Bianchi est parvenu à vaincre cette difficulté, en construisant, avec un seul corps de pompe à double effet, une machine qui porte son nom, et qui est aujourd'hui en usage dans plusieurs laboratoires.

Fig. 86.

La figure 86 représente le mécanisme extérieur de cette machine. Quant au mécanisme intérieur contenu dans le corps de pompe C, il ne diffère du mécanisme de la machine ordinaire que par la tige glissante YF (*fig.* 84), qui, au lieu d'une seule soupape conique, en porte deux, une inférieure et une supérieure. Ces deux soupapes s'ouvrent et se ferment alternativement, ce qui permet à l'air du récipient de passer successivement au-dessus et au-dessous du piston sans que la pression extérieure puisse agir sur lui. Une autre soupape à ressort est placée à la partie supérieure du corps de pompe pour la sortie de l'air dans le mouvement ascensionnel du piston. Cette machine, plus puissante que la machine ordinaire, permet de faire rapidement le vide dans de grands espaces.

110. *Usages de la machine pneumatique.* — La machine pneumatique sert à de nombreuses expériences. On démontre avec elle que l'air est l'aliment de la vie et de la combustion, que la pesanteur agit de la même manière sur tous les corps, que le son ne se transmet pas dans le vide, etc.

Le petit instrument connu en médecine sous le nom de *ventouse* est fondé sur la raréfaction de l'air. Il se compose d'une petite cloche en verre que l'on applique sur la peau, et dans laquelle on fait le vide au moyen d'une pompe à air, ou en y faisant brûler quelques gouttes d'alcool. On voit alors la peau se gonfler dans l'intérieur de la cloche et rougir fortement par suite de l'accumulation du sang, dont l'élasticité n'est plus contrebalancée par le poids de l'atmosphère.

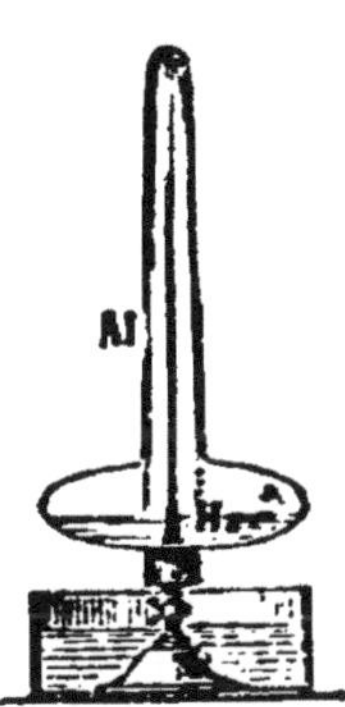

Fig. 87.

Si l'on fait le vide dans le petit appareil M (*fig.* 87) et que l'on place ensuite le pied de cet instrument dans l'eau, on voit, dès qu'on ouvre le robinet, la pression extérieure faire jaillir l'eau avec force par le tube H. C'est le *jet d'eau dans le vide*.

La machine pneumatique a été encore utilisée dans les chemins de fer dits *atmosphériques*. Dans un long tube placé entre les deux rails, et dans lequel une puissante machine pneumatique mue par la vapeur faisait le vide, glissait un piston qui, poussé par la pression atmosphérique agissant sur sa face externe, entraînait tout le convoi. Ce système, que l'on a pu voir fonctionner pendant plusieurs années entre Saint-Germain en Laye et le Pec, pour la traversée de la Seine, est aujourd'hui presque partout abandonné.

Problème. La capacité de chacun des deux corps de pompe d'une machine pneumatique, déduction faite de l'espace occupé par le piston, est égale au cinquième de la capacité d'un récipient dans lequel on veut faire le vide. On demande quelle sera la force élastique de l'air qui restera dans le récipient après 10 coups de piston, en supposant que cette force élastique soit d'abord égale à 760 millimètres et que la température de l'air raréfié reste la même pendant l'expérience.

Lorsque l'un des pistons est arrivé au haut de sa course, le volume de l'air contenu dans le récipient, lequel volume était d'abord 5, devient 5 + 1, puisque l'air se répand aussitôt dans le corps de pompe dont nous supposons la capacité cinq fois plus petite que celle du récipient. Chaque coup de piston fera donc sortir $\frac{1}{6}$ de la quantité d'air que contient le récipient. Or, les $\frac{5}{6}$ qui restent occupant toujours le même volume, leur force élastique sera égale aux $\frac{5}{6}$ de ce qu'elle était avant l'abaissement du piston. Donc les forces élastiques varieront comme les termes d'une progression par quotient dont le premier terme est 760 et la raison $\frac{5}{6}$; de sorte qu'après 10 coups de piston cette force élastique $f = 760 \times \left(\frac{5}{6}\right)^{10}$. En effectuant le calcul, on trouve

$$f = 122^{mm},741$$

Remarque. Dans le fonctionnement de la machine pneumatique, il reste toujours sous les pistons, quand ils sont au bas de leur course, de petites cavités où une partie de l'air reste emprisonnée : c'est ce qu'on nomme l'*espace nuisible*. Or, il est facile de voir que quand l'air du récipient aura atteint un minimum de force élastique suffisant pour que la portion de cet air répandu dans le corps de pompe puisse être réduite au volume de l'espace nuisible, sans acquérir une force élastique supérieure à la pression atmosphérique, la soupape inférieure du piston ne pourra plus être soulevée. Cet air ne pourra donc s'échapper au dehors et, à partir de ce moment, il n'y aurait aucun avantage à faire fonctionner plus longtemps la machine.

Machine de compression. Fontaine de Héron. Gazomètre.

111. *Machine de compression.* — Cette machine, destinée à comprimer de l'air ou tout autre gaz dans un récipient, est construite sur le modèle de la machine pneumatique. Elle n'en dif-

fère que par la disposition des soupapes, qui, au lieu de s'ouvrir de bas en haut, s'ouvrent de *haut en bas*, c'est-à-dire de dehors en dedans, et par le récipient, qui, au lieu d'être simplement posé sur la platine, est vissé solidement sur le canal. L'éprouvette est remplacée par un manomètre à air comprimé. Au lieu de cet appareil, on emploie souvent de préférence une simple *pompe de compression* dite *pompe à main*, d'une manœuvre plus facile, et qui permet en outre de comprimer d'autres gaz que l'air, ce que ne peut faire la machine de compression. Cet instrument se compose d'un cylindre ou corps de pompe dans lequel on fait mouvoir un piston plein. Au bas du cylindre sont deux tubulures munies de soupapes agissant de manière à produire l'aspiration et le refoulement alternatifs de l'air ou du gaz que l'on veut comprimer. La pompe de compression est principalement employée dans l'industrie pour la préparation des eaux gazeuses artificielles.

Divers appareils en usage dans l'industrie ou dans les cabinets de physique servent à utiliser la force élastique de l'air ou des gaz comprimés. Tels sont la fontaine de compression, celle dite de Héron, le fusil à vent, les soufflets et les machines soufflantes employés dans l'industrie métallurgique et le gazomètre des usines à gaz d'éclairage.

La *fontaine de compression* n'est autre chose (*fig.* 88) qu'un vase en métal AB, à parois très résistantes, au fond duquel plonge un tube CD muni d'un robinet R. On verse de l'eau dans le vase de manière à le remplir à moitié ou aux deux tiers, et, au moyen de la machine, on comprime fortement l'air qui est au-dessus. Si l'on ouvre alors le robinet, l'eau jaillit aussitôt par l'orifice du vase à une hauteur d'autant plus grande que la pression ou la force élastique du gaz intérieur est plus considérable. Les flacons d'eau de seltz nommés siphons, que l'on sert sur nos tables, ne sont autre chose que des fontaines de compression dans lesquels l'acide carbonique remplace l'air comprimé.

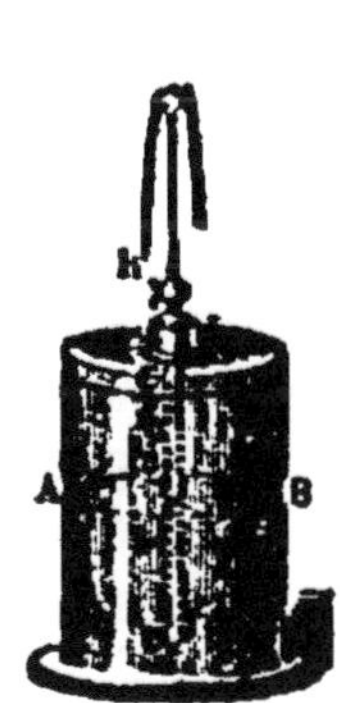

Fig. 88.

La *fontaine de Héron*, du nom de son inventeur qui vivait à Alexandrie 120 ans avant l'ère chrétienne, se compose (*fig.* 89) d'une cuvette en cuivre C et de deux ballons de cristal B et D. Un premier tube en cuivre M fait communiquer la cuvette avec la partie inférieure du ballon D, et un second tube T met en communication les deux ballons B et D par leur partie supérieure. Enfin un troisième tube o plus petit, placé dans l'axe de l'appareil et ouvert extérieurement, traverse le fond de la cuvette et se rend au fond du ballon B. On remplit d'eau en partie ce même ballon et on verse ensuite de l'eau dans la cuvette. Cette eau, descendant aussitôt par le tube M dans le ballon inférieur D, en chasse l'air qui, refoulé dans le ballon supérieur B où il pénètre par le tube T, presse sur l'eau que ce ballon renferme et la fait jaillir comme le montre la figure. Théoriquement, la hauteur du jet devrait être égale à la différence des niveaux d'eau de la cuvette et du ballon D; mais elle est toujours beaucoup moindre à cause de la résistance de l'air extérieur et des frottements de l'eau dans les tubes.

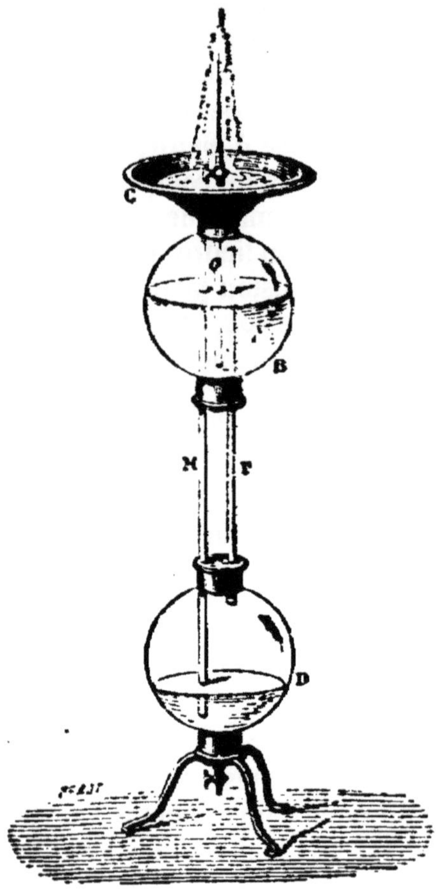

Fig. 89.

Le *gazomètre* des usines à gaz est un appareil destiné à recevoir et à emmagasiner le gaz à éclairage pour le distribuer ensuite dans les endroits où il doit être consommé. Cet appareil (*fig.* 90) est formé d'une grande cloche cylindrique en tôle A, ouverte en bas et reposant sur l'eau que contient un bassin B, construit en maçonnerie. Deux gros tubes en fonte T et T' communiquent avec l'intérieur de la cloche, dans laquelle ils s'élèvent un peu au-dessus du niveau de l'eau extérieure. Le tube T, en communication avec l'appareil où le gaz se produit, amène celui-ci dans le gazomètre; l'autre tube T' forme l'artère principale qui doit porter le gaz dans les tuyaux de conduite servant à la distribution. Ces deux tubes sont munis de robinets qui s'ouvrent et se ferment tour à tour. Lorsqu'on charge le gazomètre, le robinet du tube de distribution T' est fermé, tandis que celui du tube de réception T est ouvert; un contre-poids C soutient la cloche afin de diminuer la pression intérieure. Lorsqu'il s'agit de distribuer le gaz, on ferme le robinet du tube de réception, et on ouvre celui du tube de distribution. L'excès de poids de la cloche sur son contre-poids suffit alors pour lancer le gaz dans les tuyaux de conduite jusqu'aux becs d'éclairage, où on l'allume.

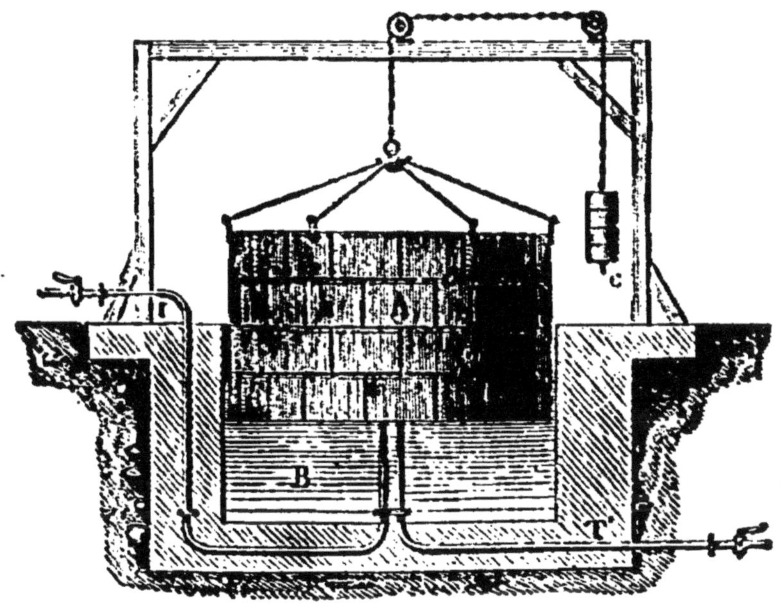

Fig. 90.

Remarque. A mesure que la cloche descend dans l'eau, elle perd nécessairement une partie de son poids, ce qui aurait pour effet, si l'on n'y remédiait, de diminuer la vitesse de l'écoulement du gaz et de rendre ainsi l'éclairage irrégulier. On obvie à cet inconvénient au moyen de la chaîne qui supporte la cloche et le contre-poids. Quand la cloche s'enfonce, la portion de cette chaîne qui est de son côté augmente de longueur et acquiert ainsi un excès de poids calculé de manière à suppléer à l'allégement produit par l'immersion de la cloche. La pression et, par suite, l'écoulement du gaz restent donc constants.

Résumé.

I. D'après la loi de Mariotte, les volumes occupés par une masse donnée de gaz, à une température constante, sont en raison inverse des pressions qu'elle supporte.

II. Les densités de l'air ou d'un gaz quelconque sont proportionnelles aux pressions qu'il supporte, la température demeurant constante.

III. On appelle *manomètres* des instruments destinés à mesurer la tension d'un gaz fortement comprimé ou les pressions exercées par les vapeurs.

IV. On distingue trois espèces de manomètres : 1° le manomètre à air libre; 2° le manomètre à air comprimé; 3° le manomètre métallique.

V. La machine pneumatique est un instrument destiné à faire le vide dans un espace donné, ou plus rigoureusement à raréfier l'air contenu dans cet espace.

VI. La *machine de compression* a pour but de comprimer l'air ou tout autre gaz dans un récipient. Elle diffère de la machine pneumatique par la disposition des soupapes, qui s'ouvrent en sens inverse, c'est-à-dire de *haut en bas*, au lieu de s'ouvrir de *bas en haut*.

VII. Divers appareils en usage dans l'industrie ou dans les cabinets de physique servent à utiliser la force élastique de l'air ou des gaz comprimés. Tels sont, pour ne citer que les principaux, la fontaine de compression, celle dite de Héron, le fusil à vent, les machines soufflantes et le gazomètre des usines à gaz d'éclairage.

CHAPITRE IX.

Pompes; pompe aspirante, pompe foulante, pompe aspirante et foulante. — Siphons; emploi du siphon pour produire un écoulement continu ou intermittent. — Fontaine intermittente. — Théorème de Torricelli. — Vase de Mariotte.

Pompes.

112. *Pompes.* — Les pompes sont des appareils destinés à élever l'eau ou tout autre liquide, soit pour le répandre au dehors, soit pour l'introduire dans un réservoir. On divise les pompes, d'après le système employé pour produire l'ascension du liquide, en trois espèces : la pompe *aspirante*, la pompe *foulante* et la pompe *aspirante et foulante*.

1° *Pompe aspirante*. Cette pompe se compose (*fig*. 91) d'un tuyau d'aspiration CD surmonté d'un corps de pompe ABEF dans lequel se meut un piston P. L'extrémité inférieure du tuyau d'aspiration plonge dans le réservoir qui contient l'eau que l'on veut élever; son extrémité supérieure est munie d'une soupape conique ou d'un clapet S qui s'ouvre de bas en haut. De plus le piston P, au lieu d'être plein, est percé d'une ouverture fermée par une autre soupape S', laquelle s'ouvre également de bas en haut. Enfin, à la partie supérieure du corps de pompe est adapté un tuyau latéral G pour l'échappement et la distribution de l'eau.

Supposons qu'au moyen d'un levier établi à l'extérieur de la pompe on élève le piston placé d'abord au bas de sa course. Le vide tend aussitôt à se faire au-dessous, et la soupape S' reste fermée par l'effet de son propre poids et de la pression atmosphérique; mais en même temps, l'air contenu dans le tuyau d'aspiration soulève, en vertu de son élasticité, la soupape S, et se répand en partie dans le corps de pompe. La pression que cet air exerçait dans l'intérieur du tuyau d'aspiration sur l'eau du réservoir étant ainsi diminuée, il en résulte qu'une colonne d'eau est *aspirée* et monte dans le tuyau, jusqu'à ce que l'équilibre se rétablisse entre la pression extérieure, c'est-à-dire la pression atmosphérique, et la pression de la colonne liquide soulevée, ajoutée à la tension de l'air raréfié qui reste dans l'appareil. Le piston redescendant, la soupape S se referme par son propre poids et la soupape S' s'ouvre sous l'effort de l'air comprimé par le piston, lequel air se dégage alors dans l'atmosphère par le tuyau G. Au deuxième coup de piston, les mêmes phénomènes se reproduisent, et ainsi de suite, jusqu'à ce que l'eau pénètre dans le corps de pompe et passe au-dessus du piston. Quand il en est ainsi, la pompe est *amorcée* :

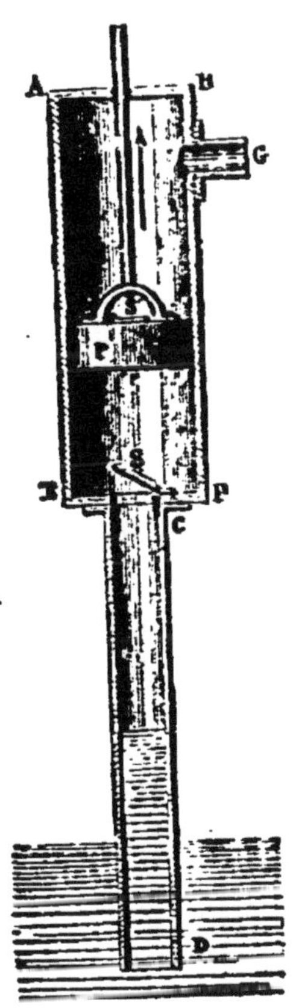

Fig. 91.

le piston, à chacune de ses ascensions, soulève alors le liquide qu'il supporte jusqu'au tuyau latéral G, par lequel ce liquide s'écoule, tandis qu'une autre portion pénètre du réservoir dans le tuyau d'aspiration, et de là dans le corps de pompe pour s'écouler ensuite au dehors par la même voie et par le même mécanisme.

Effort nécessaire pour faire manœuvrer la pompe aspirante. — Quand la pompe est amorcée et que le piston descend, sa soupape S' étant ouverte et celle du tuyau d'aspiration S restant fermée, le piston pour descendre n'a d'autre résistance à vaincre que celle qui résulte de son propre frottement contre les parois du corps de pompe et du passage de l'eau à travers l'ouverture pratiquée dans son épaisseur. Mais il n'en est plus de même quand on fait monter le piston : sa soupape S' étant fermée, et celle du tuyau d'aspiration étant ouverte, la face supérieure de ce piston supporte alors une pression égale à celle de l'atmosphère, *augmentée* du poids de la colonne d'eau qui le surmonte, tandis que sa face inférieure reçoit de bas en haut la pression de l'atmosphère *diminuée* du poids d'une colonne d'eau ayant pour base la surface du piston lui-même et pour hauteur sa distance au niveau de l'eau du réservoir. La force nécessaire pour soulever le piston est donc égale au poids total d'une colonne d'eau ayant pour base la surface du piston et pour hauteur la distance verticale du niveau de l'eau dans le réservoir à l'orifice du tuyau d'échappement G. Cette force est facile à évaluer : connaissant le rayon r du piston et la hauteur h du tuyau d'échappement au-dessus du niveau de l'eau, sa valeur en kilogrammes est $\pi r^2 h$, r et h étant exprimés en décimètres.

Remarque. On expliquait autrefois l'ascension de l'eau dans les pompes, en disant que *la nature avait horreur du vide.* Galilée et son disciple Torricelli démontrèrent que ce phénomène n'est autre qu'un effet de la pression atmosphérique. Aussi est-il impossible d'élever l'eau, dans le tuyau d'aspiration, à plus de 10^{m},34, hauteur d'une colonne d'eau faisant équilibre à la pression atmosphérique. Dans la pratique on ne donne ordinairement au tuyau d'aspiration, lorsqu'il est vertical, que 8 à 9 mètres de longueur.

2° *Pompe foulante.* Cet appareil (*fig.* 92) est formé d'un corps de pompe AB plongeant entièrement dans l'eau du réservoir, et dans lequel est ajusté un piston plein P. Un tuyau CD, nommé *tuyau*

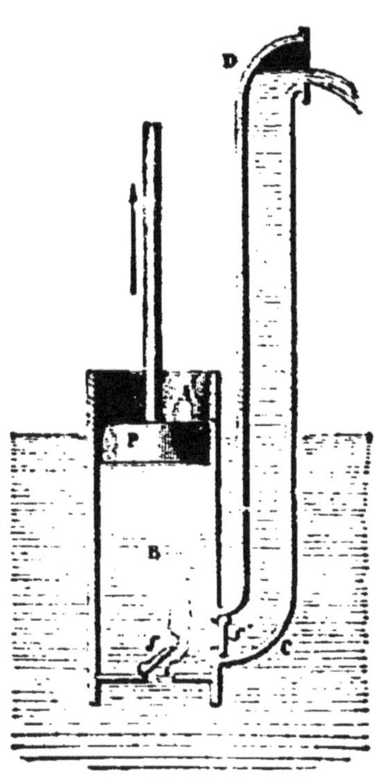

Fig. 92.

d'ascension, communique avec le corps de pompe au moyen d'une soupape *s'*. Enfin une autre soupape *s* s'ouvrant de bas en haut, et placée à la partie inférieure du corps de pompe, sert à établir ou à interrompre la communication de ce dernier avec le réservoir.

Le mécanisme de cette pompe est très simple et facile à comprendre. Supposons que le piston, placé comme le représente la figure, soit abaissé; la soupape *s* va se fermer, tandis que la soupape *s'* s'ouvrira pour livrer passage à l'eau, laquelle sera *refoulée* et projetée plus ou moins loin, selon la force employée, dans le tuyau d'ascension, et de là au dehors. Le piston étant ensuite relevé, la soupape *s'* se ferme sous le poids de la colonne d'eau que contient le tuyau d'ascension. En même temps la soupape *s* s'ouvre, et une autre colonne d'eau, soulevée par la pression atmosphérique que transmet la masse liquide, s'introduit dans le corps de pompe. Si l'on abaisse de nouveau le piston, les mêmes phénomènes se reproduisent, et ainsi de suite.

Quant à l'effort nécessaire pour faire manœuvrer la pompe foulante, il est facile de voir, en raisonnant comme pour la pompe aspirante : 1° que l'effort à employer pour élever le piston n'a à vaincre que le frottement de ce piston et celui de l'eau contre la paroi du corps de pompe; 2° que la force nécessaire pour l'abaisser est au moins égale au poids d'une colonne d'eau ayant pour base la superficie du piston et pour hauteur la distance verticale de l'orifice d'écoulement D au niveau de l'eau dans le réservoir.

3° *Pompe aspirante et foulante.* Cette pompe, qui, ainsi que l'indique son nom, participe à la fois de la pompe aspirante et de la pompe foulante, est en général formée (*fig.* 93) d'un corps de pompe AB, muni d'un piston plein P, et communiquant par sa partie inférieure, au moyen de deux soupapes *s* et *s'*, avec deux tuyaux, l'un CD nommé *tuyau d'aspiration*, l'autre EF appelé *tuyau d'ascension*. Voici quel en est le mécanisme :

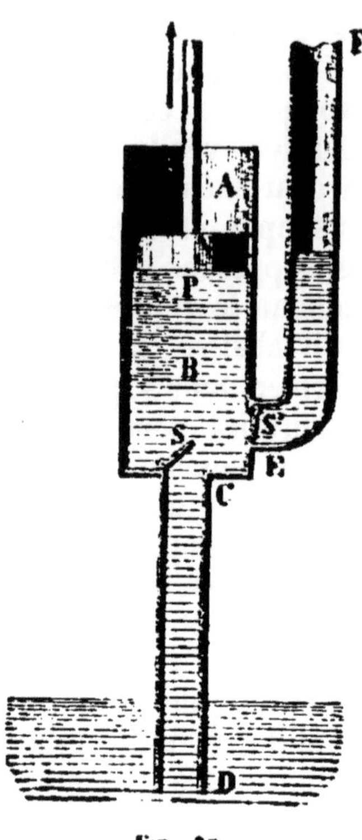

Fig. 93.

Quand le piston P s'élève, la soupape *s'* se ferme tandis que la soupape *s* s'ouvre. L'eau qui remplit le tuyau d'aspiration monte en vertu de la pression atmosphérique et s'introduit dans le corps de pompe. Au contraire, quand le piston descend, la soupape *s* se ferme et la soupape *s'* s'ouvre pour livrer passage à l'eau qui remplissait le corps de pompe. Le liquide se précipite alors dans le tuyau d'ascension, d'où il est lancé au dehors avec une vitesse plus ou moins grande, selon la force employée pour abaisser le piston. Il est facile de voir que dans le premier temps, c'est-à-dire quand le piston s'élève, l'appareil agit comme pompe aspirante, tandis qu'il agit comme pompe foulante dans le second temps, c'est-à-dire quand le piston s'abaisse.

Applications.—Les trois systèmes de pompes que nous venons d'étudier sont journellement employés soit dans l'industrie, soit dans l'économie domestique. Leurs diverses applications étant trop connues pour qu'il soit nécessaire d'entrer dans de longs détails à ce sujet, nous nous bornerons à dire ici quelques mots de la *pompe à incendie*.

La *pompe à incendie* (*fig.* 94) est une pompe foulante présentant, comme la machine pneumatique ordinaire, deux corps de pompe accouplés, dont les pistons P et P' sont mis en mouvement par un balancier horizontal LL', manœuvré à chaque extrémité par quatre hommes. Le tout est placé dans une caisse ou *bache* en bois B que l'on a soin de maintenir pleine d'eau tant que dure la manœuvre. Tandis qu'un des pistons s'élève et aspire l'eau de la bache, l'autre s'abaisse et la refoule dans un réservoir R qui contient une couche d'air, et au fond duquel vient s'ouvrir le tuyau d'ascension T. Ce tuyau, qui est en cuir dans sa partie libre, se termine par un tube de cuivre ou *lance* d'un diamètre plus petit, ce qui augmente la vitesse du jet. L'air contenu dans le réservoir où passe d'abord l'eau refoulée par chaque coup de piston, a pour effet de rendre l'écoulement constant. Comprimé chaque fois que l'eau s'élève dans le réservoir, il réagit sur elle par son élasticité et la force à s'écouler pendant le court instant où les pistons s'arrêtent en arrivant l'un au bas, l'autre en haut de sa course. Sans cette disposition, l'eau cessant d'être refoulée à chaque arrêt des pistons, l'écoulement serait intermittent *.

Fig. 94.

Siphon. — Emploi du siphon pour produire un écoulement continu ou intermittent. — Fontaine intermittente.

115. *Siphon*. — Le siphon est un instrument qui sert à transvaser les liquides, et au moyen duquel il est possible, en mo-

* Parmi les applications des divers systèmes de pompes aux usages domestiques, on peut citer encore les lampes dites *Carcel* et les lampes à *modérateur* qui ont si heureusement remplacé, les dernières surtout, les anciens systèmes d'éclairage à l'huile reposant sur le principe des vases communiquants. Ces deux lampes ne sont, en effet, autre chose que des pompes foulantes destinées à élever l'huile placée dans un réservoir inférieur jusqu'à la hauteur de la mèche, où une partie se brûle, tandis que l'autre retombe goutte à goutte dans le réservoir. Dans la lampe *Carcel*, la pompe est mise en mouvement par un mécanisme d'horlogerie. Dans la lampe à *modérateur*, un large piston mû par un ressort à spirale presse sur l'huile et la fait monter par un tube étroit qui aboutit à la mèche, et dans lequel est une petite tige de forme conique, fixée la pointe en bas, dont l'effet est de *modérer* et de régulariser en même temps l'ascension du liquide.

difiant sa disposition, d'obtenir soit un écoulement continu, soit un écoulement intermittent.

Siphon à écoulement continu ou siphon proprement dit. — Cet instrument (*fig.* 95) est formé d'un tube recourbé ABC, à branches inégales AB, BC. Pour faire usage de cet instrument, on commence par l'*amorcer*, c'est-à-dire par le remplir de liquide; puis on plonge sa petite branche dans le liquide à transvaser. L'écoulement s'établit aussitôt de la petite branche dans la grande, et se continue tant que la première reste plongée dans le liquide.

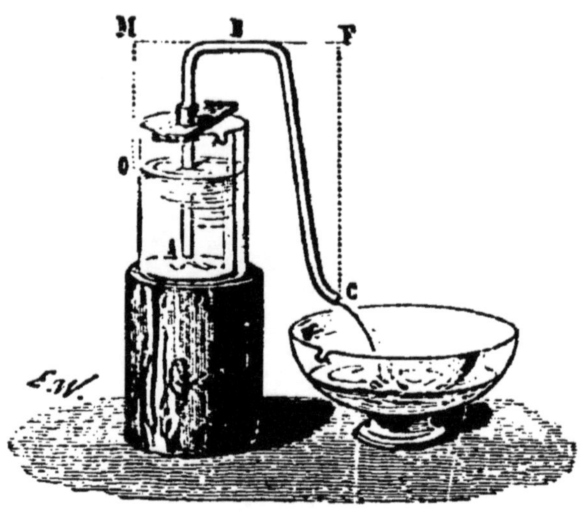

Fig. 95.

L'écoulement, dans le siphon, a lieu en vertu de la différence des pressions inverses qui s'exercent à la surface O du liquide et à l'orifice C de la longue branche de l'instrument. Or, la force qui presse le liquide en O et le sollicite à s'écouler dans la direction OBC est égale à la pression atmosphérique p, moins le poids d'une colonne d'eau dont la hauteur est OM. De même la force opposée, qui presse le liquide en C et le sollicite dans la direction CBO, est égale à la pression atmosphérique p, moins le poids d'une colonne d'eau ayant pour hauteur CF. Cette dernière colonne étant plus grande que la colonne OM, il en résulte que la force p — OM est plus grande que la force p — CF. Donc le liquide s'écoulera dans le sens de la première force p — OM, et avec d'autant plus de vitesse que la différence entre les hauteurs OM et CF sera plus grande.

Il est facile de voir que la vitesse de l'écoulement, en supposant l'appareil immobile, doit diminuer à mesure que le niveau du liquide à transvaser baisse dans le vase qui le contient, puisque la différence entre les colonnes liquides OM et CF devient de plus en plus petite. Pour obtenir une vitesse d'écoulement constante, il faudrait disposer le siphon de manière qu'il puisse descendre dans le liquide à mesure que le niveau s'abaisse.

Dans le vide, le siphon ne fonctionnerait pas. Il en serait de même si la colonne OM dépassait la hauteur voulue pour faire équilibre à la pression atmosphérique. Ainsi, par exemple, il serait impossible de transvaser du mercure avec un siphon dont la courte branche aurait plus de 76 centimètres de hauteur verticale au-dessus du niveau de ce liquide dans le vase d'où on voudrait l'extraire.

Le siphon est d'un usage continuel dans les laboratoires de chimie. On l'amorce soit en le remplissant d'avance et en le renversant ensuite dans le liquide à transvaser, soit au moyen de la bouche, en aspirant l'air qu'il renferme. Pour éviter que le liquide pénètre dans la bouche, on soude à la partie inférieure de la grande branche un tube étroit muni d'une boule M (*fig.* 95 *bis*).

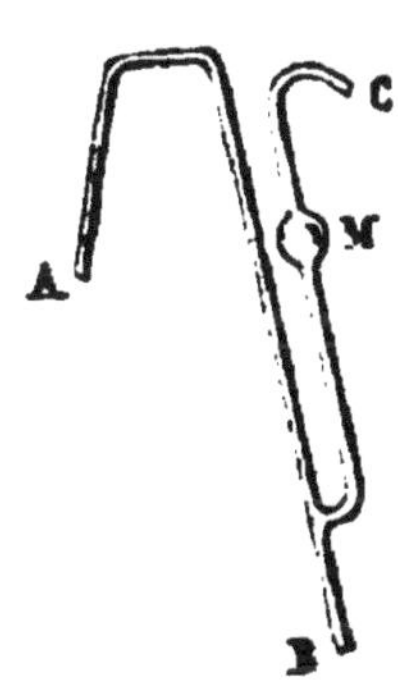

Fig. 95 bis

La petite branche A étant plongée dans le liquide, on ferme l'extrémité B de la grande branche avec le doigt, ou avec un robinet si le liquide est dangereux à toucher. On aspire alors par le tube C. Le liquide, avant d'arriver à la bouche, devant remplir la boule M, il est facile de voir que si cette boule a une capacité suffisante, l'opérateur aura toujours le temps d'en éviter le contact. Le siphon étant ainsi amorcé, on ouvre l'extrémité B et l'écoulement s'établit aussitôt.

114. *Siphon intermittent* ou *vase de Tantale*. Le siphon intermittent, comme son nom l'indique, est celui dans lequel l'écoulement s'interrompt par intervalles. La petite branche *ab* (*fig.* 96) est placée dans un vase M, tandis que la longue branche *bc* en traverse le fond et s'ouvre au dehors. Un courant d'eau continu arrive dans le vase par un tuyau à robinet D et s'introduit en même temps dans la petite branche *a b*. Aussitôt que le niveau de l'eau dépasse la courbure *b*, le siphon s'amorce de lui-même et le liquide s'écoule par la longue

Fig. 96.

branche. Or, le tout étant disposé de manière que l'écoulement du siphon soit plus fort que celui du tuyau qui alimente le vase, la petite branche cesse bientôt de plonger et le siphon se vide entièrement. Mais comme le vase reçoit toujours de l'eau par le tuyau D, le niveau s'élève de nouveau et, dès qu'il dépasse encore la courbure *b*, l'écoulement par le siphon recommence pour s'arrêter un peu plus tard, et ainsi de suite.

115. *Fontaine intermittente.* — Cette fontaine se compose (*fig.* 97) d'un vase en verre M fermé par un bouchon à l'émeri, et portant à sa partie inférieure deux tubulures étroites EF par lesquelles se fait l'écoulement. Un tube de cristal *ab* vient s'ouvrir en *a* à la partie supérieure du vase M, tandis que son extrémité inférieure *b*, également ouverte, arrive vers le fond d'une cuvette en cuivre H, percée d'un petit orifice central. Au-dessous de cet orifice est un autre vase G en verre ou en métal. L'air contenu dans le vase M communiquant d'abord avec l'air extérieur par le tube *ab*, l'eau s'écoule par les orifices E et F en vertu de son propre poids. Mais cette eau, tombant dans la cuvette H, dont l'orifice central est percé de manière à laisser écouler moins d'eau que n'en donnent les deux tubulures E et F, ne tarde pas, en s'élevant dans la cuvette, à boucher l'extrémité *b* du tube et à intercepter, par conséquent, la communication entre l'air extérieur et celui que contient le vase M. L'écoulement continue encore quelques instants; mais dès que l'air intérieur s'est assez raréfié pour que sa force élastique augmentée du poids de la colonne liquide ME ne fasse plus équilibre qu'à la pression atmosphérique qui s'exerce en E et en F, la fontaine cesse de couler. Pendant ce temps d'arrêt, la cuvette continuant à se vider dans le vase G, le bout inférieur *b* du tube se trouve bientôt dégagé, et alors l'air pénétrant de nouveau dans le vase M, l'écoulement recommence et ainsi de suite, tant qu'il reste de l'eau dans le vase.

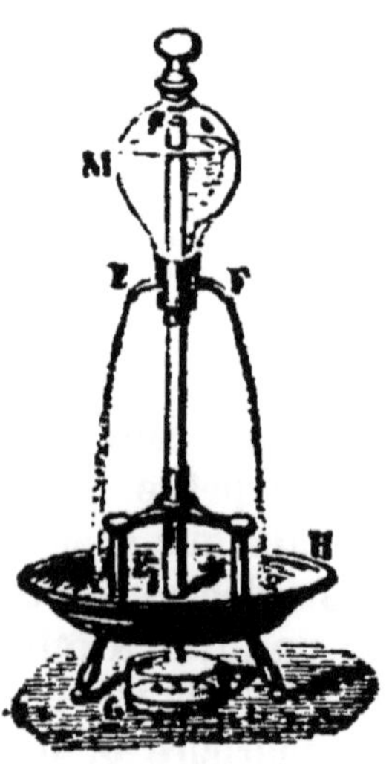

Fig. 97.

Il existe dans certaines contrées des sources ou *fontaines intermittentes naturelles* dont l'écoulement se maintient et s'arrête alternativement pendant plusieurs jours et même plusieurs mois. On explique ce phénomène en supposant que des cavités souterraines se remplissent d'abord lentement par des infiltrations pluviales ou autres, et se vident ensuite par des fissures creusées dans le sol et recourbées de manière à imiter le jeu du siphon intermittent.

Théorème de Torricelli. Vase de Mariotte.

116. *Théorème de Torricelli.* — Lorsqu'un liquide s'écoule par un orifice percé en *mince paroi*, c'est-à-dire dont les bords n'ont que l'épaisseur de la paroi du vase supposée très mince, *la vitesse avec laquelle le liquide traverse l'orifice pour s'échapper au dehors est égale à celle que prendrait une molécule de ce liquide ou tout autre corps pesant, en tombant librement dans le vide, d'une hauteur égale à la hauteur du niveau du liquide au-dessus du centre de l'orifice.*

Toutes les lois de l'*hydrodynamique*, c'est-à-dire de la mécanique appliquée aux mouvements des liquides produits par la pesanteur, sont comprises dans ce théorème fondamental, connu sous le nom de *théorème de Torricelli*. Il en résulte que si l'on désigne par h la hauteur, exprimée en mètres, du niveau d'un liquide au-dessus du centre de l'orifice d'écoulement, et par v la vitesse de cet écoulement, on aura, d'après les formules relatives aux lois de la pesanteur indiquées plus haut (61).

$$v=\sqrt{2gh}$$

Cette formule donne en mètres l'espace que parcourrait chaque molécule liquide en une seconde, si elle continuait à se mouvoir pendant ce temps avec la vitesse qu'elle avait en traversant l'orifice.

L'expérience et le calcul démontrent que cette vitesse est indépendante de la direction de l'écoulement : que celui-ci se produise de haut en bas, de bas en haut ou latéralement, sa vitesse est toujours la même pour la même hauteur de niveau ; pour des hauteurs différentes, elle est *proportionnelle aux racines carrées de ces hauteurs.* Ainsi, dans un vase qui aurait par exemple 20 mètres de hauteur, si l'on perçait deux orifices, l'un à 1 mètre de profondeur au-dessous de la surface du liquide, et l'autre à 16 mètres, la vitesse du liquide sortant par ce dernier orifice serait quatre fois plus grande que la vitesse du liquide sortant par le premier.

Nous avons vu (52) que tous les corps, en tombant de la même hauteur dans le vide, acquièrent la même vitesse. Par conséquent, *la vitesse d'écoulement d'un liquide est indépendante de la nature ou de la densité de ce liquide;* elle ne dépend que de la distance de l'orifice au-dessous du niveau. Ainsi l'eau et le mercure, en s'écoulant par des orifices placés à égale distance de leurs niveaux respectifs, prennent la même vitesse.

Le théorème de Torricelli peut être facilement démontré par l'expérience. Soit un vase ayant la forme représentée par la figure 98. Ce vase étant rempli d'eau ou de tout autre liquide jusqu'au niveau AB, si l'on ouvre l'orifice d'écoulement *o* on voit aussitôt le jet liquide s'élever sensiblement à la hauteur de ce niveau. Or, il ne peut en être ainsi qu'autant que les molécules qui traversent l'orifice d'écoulement sont lancées avec une vitesse égale à celle qu'elles prendraient en tombant dans le vide, de la hauteur du niveau du liquide au-dessus de l'orifice (61). C'est sur ce principe que repose la construction des jets d'eau qui ornent nos jardins et nos places publiques.

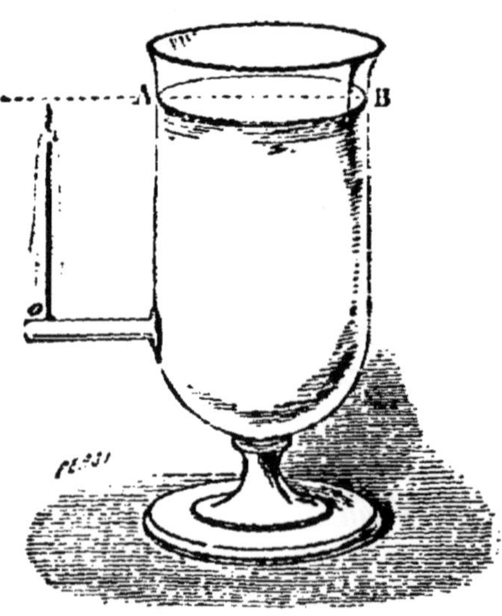

Fig 98.

117. *Vase de Mariotte.* — Lorsqu'un liquide s'écoule par un orifice quelconque, sa vitesse d'écoulement diminue à mesure que son niveau s'abaisse. Le *vase de Mariotte* a pour but d'obvier à cet effet, en permettant au liquide de s'écouler avec une vitesse constante. Il se compose (*fig.* 99) d'un grand flacon fermé par un bouchon que traverse un tube T ouvert à ses

deux bouts. A peu de distance du fond, s'ouvre l'orifice d'écoulement *o*. Supposons d'abord le flacon et le tube remplis d'eau jusqu'au niveau AB et, au-dessus de cette eau, une couche d'air ayant alors une pression égale à celle de l'atmosphère. Si, au niveau de la tranche horizontale *cd*, que vient affleurer l'extrémité *l* du tube, une ouverture était pratiquée en *c*, assez étroite pour que la colonne liquide qui la traverserait ne puisse se diviser, on verrait d'abord un peu d'eau s'écouler ; mais cet écoulement s'arrêterait aussitôt que le niveau de l'eau dans le tube se serait abaissé jusqu'à la tranche *cd*. A ce moment, en effet, la pression de l'air intérieur, plus le poids de la colonne d'eau comprise entre le niveau AB et la tranche horizontale *cd*, feraient équilibre à la pression de l'atmosphère qui s'exerce en *c* et en *l*; il n'y aurait, par conséquent, aucune raison pour que l'écoulement continuât.

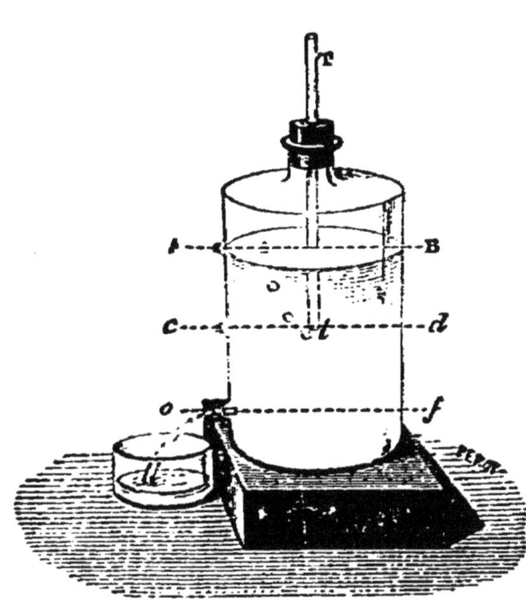

Fig. 99.

Ce point établi, supposons qu'on ferme l'orifice *c* et qu'on ouvre l'orifice *o*: l'écoulement recommencera aussitôt et nous verrons une série de bulles d'air entrer par l'orifice *l* du tube et aller prendre, en haut du flacon, la place de l'eau à mesure que celle-ci s'écoulera par l'orifice *o*. Mais cet écoulement sera *constant*, c'est-à-dire de vitesse uniforme, et se maintiendra tel tant que le niveau de l'eau dans le flacon ne sera pas descendu au-dessous de l'orifice *l* du tube. En effet, la pression de l'air qui est dans le flacon reste toujours égale, ainsi que nous l'avons vu plus haut, à la pression atmosphérique que nous désignerons par H, moins la colonne d'eau A*c*. Cette pression se transmet à la tranche horizontale *of*, laquelle supporte en outre le poids de la colonne d'eau *co*. Donc la pression qui s'exerce de dedans en dehors en *o*, c'est-à-dire à l'orifice d'écoulement, est, en réalité, $H + Ao - Ac$ ou $H + co$. On démontrerait de la même manière que cette pression reste la même quelle que soit la hauteur du niveau AB, entre les limites A et *c*, et que, par conséquent, l'écoulement par l'orifice *o* restera constant tant que ce niveau ne sera pas abaissé au-dessous de l'orifice *l* du tube. Ce n'est qu'à partir de ce moment que la pression et, par suite, la vitesse d'écoulement, commenceront à décroître.

Le vase de Mariotte est utilisé dans certaines industries, notamment dans la fabrication de l'acide sulfurique. On l'emploie également dans certaines analyses chimiques, l'analyse de l'air, par exemple, où il est nécessaire d'obtenir par déplacement un écoulement constant de gaz*.

Remarque. — Lorsqu'un liquide s'écoule par un orifice percé en mince paroi, on peut observer que ses molécules prennent, en sortant de cet orifice, une direction convergente, ce qui a nécessairement pour effet de rétrécir la veine liquide. Ce rétrécissement, que l'on nomme la *contraction de la veine*, atteint son maximum (environ 0,38 de la section de l'orifice), à une distance de cet orifice sensiblement égale à la moitié de son diamètre. Il résulte de ce fait que la *dépense* réelle, c'est-à-dire la quantité de liquide qui s'écoule dans un temps donné par un orifice en mince paroi est toujours moindre que la dépense théorique, calculée d'après le théorème de Torricelli. L'expérience prouve que la dépense réelle augmente, quand on adapte à l'orifice un petit tuyau cylindrique ou conique nommé *ajutage*. L'adhérence qui s'établit entre les parois de cet ajutage et le liquide diminue la convergence des molécules et, par suite, la contraction de la veine. Avec un ajutage conique, la dépense réelle peut atteindre les 0,95 de la dépense théorique. Ces divers résultats peuvent être vérifiés expérimentalement au moyen du vase de Mariotte.

Résumé.

I. Les *pompes* sont des appareils destinés à élever l'eau ou tout autre liquide. On en distingue trois espèces : la pompe *aspirante*, la pompe *foulante* et la pompe *aspirante et foulante*.

II. Le *siphon* est un instrument destiné à transvaser les liquides. Il consiste en un tube à branches inégales, dont la plus courte plonge

* Voyez la *Chimie*.

dans le liquide à transvaser. Selon sa disposition, le siphon peut donner soit un écoulement continu, soit un écoulement intermittent.

III. Lorsqu'un liquide s'écoule par un orifice percé en mince paroi, sa vitesse d'écoulement en sortant de cet orifice est *égale à celle que prendrait une molécule de ce liquide ou tout autre corps pesant, en tombant librement dans le vide d'une hauteur égale à celle du niveau du liquide au-dessus du centre de l'orifice.* (Théorème de Torricelli.)

IV. L'expérience et la théorie démontrent que, pour des hauteurs de niveaux différentes au-dessus du centre de l'orifice, la vitesse d'écoulement est *proportionnelle aux racines carrées de ces hauteurs.*

$$v = \sqrt{2gh}$$

V. La vitesse d'écoulement d'un liquide est *indépendante de la nature ou de la densité de ce liquide;* elle ne dépend que de la distance de l'orifice au-dessous du niveau.

VI. Le *vase de Mariotte* se compose d'un grand flacon fermé par un bouchon que traverse un tube ouvert à ses deux bouts. A peu de distance du fond s'ouvre un orifice par lequel on peut obtenir un écoulement *constant* du liquide contenu dans le flacon.

VII. Lorsqu'un liquide s'écoule par un orifice percé en mince paroi, on observe un rétrécissement ou *contraction de la veine*, dont le maximum (0,38 environ) se trouve à une distance sensiblement égale au demi-diamètre de cet orifice. On peut rendre cette contraction moins grande au moyen d'un ajutage cylindrique ou conique adapté à l'orifice.

CHAPITRE X.

Principe d'Archimède appliqué aux gaz. — Baroscope. — Aérostats et montgolfières. — Équilibre des gaz dont toutes les parties ne sont pas à la même température. — Tirage des cheminées. — Aérage des mines. — Ventilation.

Principe d'Archimède appliqué aux gaz. Baroscope.

118. *Influence du poids de l'air sur le poids des corps qui y sont plongés.* — Le principe d'Archimède s'applique aussi bien aux gaz qu'aux liquides. Par conséquent, *tout corps plongé dans un* *gaz éprouve une poussée verticale de bas en haut égale en grandeur au poids du gaz déplacé*, ce que l'on peut exprimer encore en disant que *tout corps plongé dans un gaz perd une partie de son poids égale au poids du volume de gaz qu'il déplace**. Quand on pèse un corps dans l'air, ce n'est donc pas son poids réel qu'on obtient, mais bien l'excès du poids de ce corps sur le poids du volume d'air qu'il déplace. Ce principe se démontre à l'aide d'un petit appareil nommé *baroscope*.

Baroscope. — Il consiste (*fig.* 100) en une espèce de balance dont le fléau porte à l'une de ses extrémités une petite masse de plomb, et à l'autre extrémité une sphère creuse en cuivre d'un volume assez considérable. Ces deux corps se font équilibre dans l'air; mais si on place l'appareil sous le récipient de la machine pneumatique, et si l'on fait le vide, on voit aussitôt la sphère creuse l'emporter sur la petite masse de plomb, ce qui prouve qu'en réalité elle est plus pesante. Or, si dans l'air elle faisait équilibre à la petite masse, c'est qu'elle perdait une plus grande partie de son poids. Pour prouver que cette perte de poids est bien égale au poids du volume d'air déplacé, il suffit d'ajouter à la petite masse de plomb le poids d'un volume d'air égal à celui de la sphère; l'équilibre, rompu dans l'air, se rétablit aussitôt dans le vide.

Fig. 100.

On peut encore démontrer que le principe d'Archimède s'applique à l'air atmosphérique au moyen d'une expérience fort simple. On pèse une vessie privée d'air aussi exactement que possible. Quand l'équilibre est établi, on la remplit d'air à l'aide d'un soufflet et on la replace sur le plateau de la balance. On constate alors que son poids n'a pas changé : ce qui prouve que le poids de l'air qu'on y a introduit est détruit par le poids du volume d'air sensiblement égal que déplace la vessie gonflée.

Problèmes. 1. Un corps dont le volume est de 4 mètres cubes pèse dans l'air 1000 kilogrammes sous la pression atmosphérique ordinaire et à 0° : on demande son poids dans le vide.

* Voyez la note, page 91.

Tout corps plongé dans l'air perd une partie de son poids égale au poids du volume d'air qu'il déplace. Donc, pour avoir le poids du corps donné dans le vide, il faut ajouter à son poids dans l'air le poids de 4 mètres cubes de ce gaz : 1 mètre cube d'air, sous la pression atmosphérique ordinaire et à 0°, pesant 1k,300, 4 mètres cubes pèseront

$$1^k,300 \times 4 = 5^k,200\,;$$

donc le poids réel du corps sera

$$1000^k + 5^k,200 = 1005^k,200.$$

2. Un corps perd 7 grammes de son poids dans l'air : combien perdrait-il dans l'acide carbonique et dans l'hydrogène, sachant que la densité de l'acide carbonique est 1,524 et celle de l'hydrogène 0,069.

En vertu du principe d'Archimède et de la loi de Mariotte, la perte de poids que subit un corps plongé dans un gaz est proportionnelle à la densité de ce gaz.

Donc la perte de poids dans l'acide carbonique serait

$$7^{gr} \times 1,524 = 10^{gr},668\,;$$

dans l'hydrogène,

$$7^{gr} \times 0,069 = 0^{gr},483.$$

Remarque. De même que pour les liquides, quand un corps est plongé dans l'air, il peut arriver trois cas :

1° Si le corps est plus pesant que l'air sous le même volume, il tombe avec une force égale à l'excès de son poids sur le poids du volume d'air qu'il déplace ;

2° Si le corps, sous le même volume, a un poids égal à celui de l'air, il reste suspendu en équilibre dans l'atmosphère ;

3° Si le corps, à volume égal, est moins pesant que l'air, il s'élève dans l'atmosphère avec une force ascensionnelle égale à la différence entre son poids et celui du volume d'air qu'il déplace. Telle est la cause pour laquelle la fumée, la vapeur d'eau, les aérostats, s'élèvent dans l'atmosphère.

Aérostats et montgolfières.

119. *Aérostats et montgolfières.* — Les aérostats ou ballons se composent d'une enveloppe en étoffe légère et imperméable, de forme sphéroïdale, laquelle, remplie d'air chaud ou de gaz hy-

drogène pèse moins que le volume d'air qu'elle déplace, et, pour cette raison, monte dans l'atmosphère.

L'invention des aérostats est due aux frères Étienne et Joseph Montgolfier, fabricants de papiers dans la petite ville d'Annonay, où le premier ballon fut lancé le 5 juin 1783. C'était un vaste globe de toile doublé de papier, et gonflé avec de l'air chaud obtenu en brûlant, au-dessous d'une ouverture pratiquée à la partie inférieure de l'appareil, de la paille et du papier humides. On donne le nom de *montgolfières* à tous les ballons de ce genre.

Le 21 novembre de la même année, Pilâtre de Rozier et le chevalier d'Arlandes osèrent les premiers s'élever dans un ballon libre à air chaud, qu'ils entretenaient à l'aide d'un feu de paille mouillée. L'ascension eut lieu dans le jardin de la Muette, près du bois de Boulogne, à Paris.

Peu de temps après, le physicien Charles, professeur à Paris, eut l'heureuse idée de substituer l'hydrogène à l'air chaud. Après une première expérience exécutée avec succès au Champ-de-Mars, il s'éleva lui-même, en compagnie de Robert, dans un ballon rempli de ce gaz. Depuis, un grand nombre d'ascensions ont été tentées. Les plus célèbres sont celles de MM. Gay-Lussac, Green, Barral et Bixio. Ces aéronautes, en s'élevant à des hauteurs considérables, ont constaté l'abaissement énorme de la température et la sécheresse extrême de l'air. Dans l'ascension que fit Gay-Lussac en 1804, où il s'éleva à environ 7,000 mètres, le baromètre descendit de 76 à 32 centimètres; le thermomètre, qui au moment du départ marquait 30° centigr., descendit à 10° au-dessous de zéro. Les substances hygrométriques, telles que le papier, le parchemin, se desséchaient et se tordaient comme si on les eût soumises à l'action du feu. Dans ces hautes régions, l'azur du ciel se fonce de plus en plus et prend une teinte noirâtre; autour de l'aéronaute règne un silence absolu.

Le ballon à gaz hydrogène ou à gaz d'éclairage, le seul en usage aujourd'hui pour les ascensions aérostatiques, ne doit pas être entièrement gonflé au moment du départ; car, à mesure qu'on s'élève dans l'atmosphère, la pression de l'air diminuant, le gaz renfermé dans le ballon prend une expansion qui pourrait déterminer la rupture de l'enveloppe. A la partie supérieure du ballon est adaptée une soupape s'ouvrant au moyen d'une corde qui pend dans la nacelle. Quand on l'ouvre, une partie du gaz s'échappe, la force ascensionnelle diminue, et le ballon tend à descendre. Si l'aéronaute veut au contraire s'élever, il vide les sacs de sable qui composent son lest. La nacelle porte encore une ancre suspendue à l'extrémité d'une longue corde pour faciliter la descente.

La force ascensionnelle d'un ballon doit être calculée de façon à ce qu'elle ne dépasse pas 4 à 5 kilogrammes. Remarquons que cette force reste constante tant que le ballon n'est pas entièrement gonflé par l'expansion que prend le gaz intérieur à mesure qu'il monte. En effet, si la pression atmosphérique devient deux fois plus petite, le gaz du ballon prendra, d'après la loi de Mariotte, un volume deux fois plus grand ; et comme la densité de l'air est alors deux fois moindre, il en résulte que le poids du volume déplacé est toujours le même, et par conséquent que la force ascensionnelle qu'avait le ballon au moment du départ n'a pas changé. Mais aussitôt que le ballon est complétement gonflé, sa force d'ascension décroît à mesure qu'il s'élève, et il arrive un moment où le poids du volume d'air qu'il déplace est précisément égal au sien. A ce moment, la poussée est nulle et le ballon cesse de monter. Si l'aéronaute veut s'élever davantage, il faut qu'il jette une partie de son lest ; si au contraire il veut descendre, il doit ouvrir la soupape. C'est d'après les indications du baromètre que l'aéronaute sait s'il monte ou s'il descend, et qu'il détermine la hauteur à laquelle il se trouve.

Les aéronautes emportent quelquefois avec eux, suspendu aux flancs de leur ballon, un appareil nommé *parachute,* avec lequel, en cas d'accident survenu au ballon, ils peuvent effectuer lentement leur descente. C'est une sorte de vaste parapluie en étoffe très solide, de 4 à 5 mètres de diamètre, sur le contour duquel sont fixées des cordes qui soutiennent une petite nacelle. L'air, en s'engouffrant sous l'appareil, le fait bientôt ouvrir, et en ralentit suffisamment la chute par la résistance qu'il lui oppose. Pour éviter les oscillations dangereuses que pourrait prendre la nacelle, si l'air qui afflue sous le parachute s'échappait par son contour, une ouverture est pratiquée à son centre, afin d'en faciliter l'écoulement et de maintenir ainsi la stabilité de l'appareil.

Problèmes. 1. On demande le poids que peut enlever un ballon contenant, au moment du départ, et à la température de 0°, 200 mètres cubes d'hydrogène pur, l'enveloppe, les cordages et la nacelle occupant un volume de 80 décimètres cubes et pesant 60 kilogrammes.

Un litre d'air à 0° pesant $1^{gr},3$, 1 mètre cube de gaz pèse $1^{k},300$. Le poids total du volume d'air déplacé sera donc égal à $1^{k},300 \times 200 = 260^{k}$, plus le poids du volume d'air déplacé par l'enveloppe et les agrès, c'est-à-dire $80 \times 1^{gr},3 = 104^{gr}$. La densité de l'hydrogène étant 0,069, en multipliant ce nombre par 260 kilogrammes, poids du même volume d'air, on aura $17^{k},940$, nombre qui, ajouté à 60 kilogrammes, poids intrinsèque de l'enveloppe, des cordages et de la nacelle, donnera $77^{k},940$ pour le poids total du ballon rempli d'hydrogène. Retranchant ce nombre de $260^{kil},104^{gr}$, poids total du volume d'air déplacé, on aura pour la force ascensionnelle $182^{k},164^{gr}$. Et comme il suffit que cette force soit de 4 à 5 kilogrammes, on voit que le ballon pourra enlever environ $177^{k},164^{gr}$.

2. On demande le poids de l'hydrogène contenu dans un ballon sphérique dont la surface a 100 mètres carrés, sachant que la densité de l'hydrogène est 0,069.

Cherchons d'abord le rayon. La surface du ballon étant de 100 mètres carrés, on aura, d'après la formule $4\pi R^2$ qui représente la surface de la sphère

$$R = \sqrt{\frac{100}{4\pi}} = 2^{m},822.$$

Le volume d'une sphère étant égal à sa surface multipliée par le tiers de son rayon, le volume du ballon et, par suite, celui de l'hydrogène qu'il renferme sera donc égal à

$$100 \times \frac{2,822}{3} = 94^{m\ cub},066.$$

Le même volume d'air pèserait, à 0°, et sous la pression de 76 centim.

$$94,066 \times 1^{k},30 = 122^{kil},286^{gr},$$

nombre qui, multiplié par 0,069, densité de l'hydrogène, donnera $8^{kil},438^{gr}$ pour le poids de ce gaz contenu dans le ballon sous la pression de 76 centim. Sous une autre pression H, plus forte ou plus faible, le poids p du même volume d'hydrogène serait, en vertu de la loi de Mariotte

$$p = 8^{kil},438^{gr} \times \frac{H}{76}$$

Équilibre des gaz dont les diverses parties ne sont pas à la même température. Tirage des cheminées. Aérage et ventilation.

120. *Équilibre des gaz dont les diverses parties ne sont pas à la même température.* — Nous verrons bientôt que tous les corps soumis à l'action de la chaleur se dilatent, et que les gaz sont ceux dont la dilatation est la plus considérable et la plus uniforme. Il en résulte que la densité d'un gaz est d'autant plus petite, que sa température est plus élevée. Si donc nous concevons une masse de gaz dont les diverses parties soient à des températures différentes, il est évident que ces parties se superposeront dans l'ordre de leur température. Les plus chaudes se tiendront à la partie supérieure du récipient, et les plus froides en bas. Ce principe trouve son application dans plusieurs circonstances, et, en particulier, dans la construction de nos divers appareils de chauffage.

121. *Tirage des cheminées.* — Le tirage des cheminées résulte d'une différence de pression entre l'air extérieur et la colonne d'air chaud que contient la cheminée. Cette colonne d'air chaud est, en effet, plus légère que la même colonne d'air froid prise en dehors de la cheminée depuis son sommet jusqu'au foyer; l'air chaud tendra donc à s'élever, et sera à chaque instant remplacé dans le foyer par l'air froid, qui, s'échauffant à son tour, s'élèvera de même dans la cheminée, et ainsi de suite. Le tirage sera par conséquent d'autant plus fort que la différence de température entre l'air contenu dans la cheminée et l'air extérieur sera plus considérable et que la cheminée sera plus haute.

Toutefois, il y a dans la hauteur que l'on peut donner à une cheminée une limite au delà de laquelle une plus grande élévation ne déterminerait plus une augmentation de tirage. On conçoit, en effet, que les frottements que l'air éprouve dans son mouvement ascensionnel et le refroidissement qu'il subit à mesure qu'il s'éloigne du foyer, doivent avoir pour résultat de faire perdre d'un côté ce qu'on chercherait à gagner de l'autre, en augmentant démesurément la hauteur de la cheminée. Il importe aussi de donner aux cheminées une largeur suffisante pour que la colonne d'air et de fumée qu'elles sont chargées de porter au dehors puisse, tout en remplissant en entier leur canal, s'y mouvoir librement.

L'ouverture du foyer a aussi une grande influence sur la rapidité avec laquelle l'air froid s'y précipite. Il est facile de voir, en effet, que la vitesse du courant sera d'autant plus grande que l'étendue de cette ouverture sera moins large. C'est la raison pour laquelle on adapte au-devant des cheminées des rideaux ou obturateurs en tôle à feuillets mobiles, qui permettent de diminuer ou d'augmenter l'ouverture du foyer, et, par suite, d'activer ou de ralentir le tirage.

On a calculé que la chaleur envoyée dans un appartement par le foyer d'une bonne cheminée ne représente guère que le dixième de la quantité de chaleur produite par le combustible brûlé. Le reste accompagne en pure perte l'air et la fumée qui s'échappent au dehors. Sous le rapport du chauffage, les cheminées sont donc de beaucoup inférieures aux divers poêles en fonte ou en faïence, dont les parois, en contact par toute leur surface avec l'air de l'appartement, lui transmettent la plus grande partie de la chaleur dégagée par la combustion.

122. *Aérage, ventilation.*—Si les cheminées sont défectueuses comme moyen de chauffage, elles présentent par contre un très grand avantage au point de vue de la ventilation. Quand une cheminée tire bien, elle entretient dans l'appartement un renouvellement incessant de l'air, qui s'introduit du dehors par les fissures des portes et des fenêtres, les trous des serrures, etc. Aussi la présence d'une bonne cheminée est-elle une des meilleures conditions que puisse offrir, pour l'aérage, toute salle dans laquelle doivent séjourner un grand nombre de personnes.

Quand deux cheminées communiquent avec un espace entièrement clos, si l'on fait du feu dans l'une, un courant descendant s'établit aussitôt dans l'autre et amène dans cet espace l'air pur du dehors. C'est sur ce principe que repose l'*aérage des mines*, au moins de celles d'entres elles qui permettent l'emploi de ce procédé. Dans le cas contraire, soit qu'il y ait danger à entretenir du feu dans la mine, comme dans les houillières, par exemple, soit pour tout autre motif, on a recours pour l'aérage à des appareils mécaniques nommés *ventilateurs.* Ceux que l'on emploie le plus ordinairement sont des ventilateurs à force centrifuge, composés d'une caisse dans laquelle on fait mouvoir rapidement une roue portant à sa circonférence des ailes ou palettes en bois ou en métal. L'air chassé avec force par ces palettes est conduit par un large tube dans la galerie qu'il s'agit d'aérer.

Résumé.

I. Le principe d'Archimède s'applique aussi bien aux gaz qu'aux liquides. Par conséquent, tout corps plongé dans un gaz éprouve une poussée verticale, de bas en haut, égale en grandeur au poids du gaz déplacé, ou, en d'autres termes, perd une partie de son poids égale au poids du volume de gaz qu'il déplace. Ce principe se démontre à l'aide du baroscope.

II. Lorsqu'un corps est plongé dans l'air, il peut arriver trois cas :

1° Si le corps est plus pesant que l'air sous le même volume, il tombe avec une force égale à l'excès de son poids sur le poids du volume d'air qu'il déplace;

2° Si le corps, sous le même volume, a un poids égal à celui de l'air, il reste suspendu en équilibre dans l'atmosphère ;

3° Si le corps, à volume égal, est moins pesant que l'air, il s'élève dans l'atmosphère avec une force ascensionnelle égale à la différence entre son poids et celui du volume d'air qu'il déplace. Les aérostats sont une application de ce dernier principe.

III. Lorsque les diverses parties d'une masse de gaz sont à des températures différentes, ces parties se superposent dans l'ordre de leurs températures. Le tirage des cheminées repose sur ce principe.

CHAPITRE XI.

CHALEUR.

Notions sommaires sur la théorie mécanique de la chaleur. — Sources de chaleur. — Dilatation. — Construction et usages des thermomètres. — Notions sur les coefficients de dilatation des solides, des liquides et des gaz, leurs usages. — Poids spécifiques des gaz.

Chaleur. Notions sommaires sur la théorie mécanique de la chaleur.

123. *Chaleur.* — Pendant longtemps la *chaleur*, c'est-à-dire la cause qui, suivant son plus ou moins d'énergie, produit en nous la sensation du chaud ou du froid, qui fait fondre la glace, bouillir l'eau, rougir le fer, etc., a été attribuée à un fluide impondérable et incoercible, que l'on nommait *calorique*, et auquel on supposait la propriété de se transmettre directement d'un corps à un autre, soit au contact, soit à distance (hypothèse de l'*émission*). Mais il paraît aujourd'hui démontré que la chaleur n'est autre chose que le résultat d'un mouvement vibratoire, très petit et très rapide, des dernières molécules de la matière pondérable, lequel mouvement se propage entre les corps par l'intermédiaire d'un fluide nommé *éther*. Ce fluide éminemment élastique, répandu dans tout l'univers, transmet la chaleur d'un corps à un autre par des ondulations analogues à celles qui, dans l'air, propagent le son (système des *ondulations* ou théorie *thermodynamique*). Néanmoins, tout en admettant ce dernier système, les physiciens ont jusqu'à présent conservé le langage usité dans l'hypothèse de l'émission, parce qu'il simplifie les démonstrations et rend ainsi plus facile l'étude des phénomènes de la chaleur.

124. *Théorie mécanique de la chaleur.* — La théorie thermodynamique, ou *théorie mécanique* de la chaleur, entrevue par Rumford et Davy, qui les premiers reconnurent la transformation réciproque du mouvement en chaleur et de la chaleur en mouvement, n'a pris rang dans la science qu'en 1842, époque à laquelle M. Joule formula nettement le grand principe de l'*équivalence du travail mécanique et de la chaleur*.

Expliquons sommairement en quoi consiste cette théorie, l'une des plus belles conceptions de la physique moderne.

Toutes les fois qu'un corps en mouvement rencontre un obstacle qui l'arrête, son mouvement mécanique disparaît, mais il n'est pas anéanti : *il se transforme en un mouvement vibratoire qui engendre de la chaleur*. Ainsi le marteau qui frappe l'enclume s'échauffe plus ou moins, suivant la violence du choc; le boulet de canon arrêté par les plaques métalliques des navires blindés devient rouge de feu.

Une bille d'ivoire qu'on laisse tomber sur un plan résistant, et qui rebondit à une hauteur à peu près égale à celle de sa chute, *ne s'échauffe pas* sensiblement, parce qu'en vertu de son élasticité elle reprend après le choc sa vitesse première; mais si à cette bille d'ivoire on substitue une balle de plomb ou de toute autre matière non élastique, celle-ci, s'arrêtant contre l'obstacle, s'échauffe aussitôt par suite de la conversion en chaleur de la force vive dont elle était animée. Cet échauffement est tel qu'une balle de plomb tombant dans le vide, d'une hauteur de 1275 mètres, prendrait une température de 100° en frappant le sol ; si elle tombait d'une hauteur de 1300 mètres, à peu près celle du Mont-Blanc, elle atteindrait son point de fusion.

Le frottement, la compression subite des solides, des liquides et surtout des gaz (briquet à air), sont encore autant d'exemples vulgaires de la transformation du mouvement en chaleur. En frottant vivement deux morceaux de glace l'un contre l'autre, Davy parvint à les fondre en grande partie ; le forage d'une masse de bronze immergée dans une certaine quantité d'eau parvient à mettre celle-ci en ébullition (expérience de Rumford). Or, dans tous ces phénomènes, l'observation démontre que *la quantité de chaleur produite est constamment proportionnelle au travail mécanique anéanti.*

Mais si le mouvement anéanti se transforme en chaleur, celle-ci peut à son tour se convertir en travail mécanique. Ainsi, une bande de caoutchouc préalablement étirée, et qu'on laisse revenir à sa longueur première, se refroidit d'une manière sensible au toucher ; un gaz comprimé, introduit dans un corps de pompe, se refroidit également dès qu'on le rend libre d'en soulever le piston. De l'air humide comprimé à 3 ou 4 atmosphères et qu'on laisse échapper par un orifice étroit, se refroidit assez pour couvrir d'une couche de glace une boule de verre que l'on présente au jet gazeux *. L'expansion des vapeurs s'accompagne également d'un refroidissement considérable. Or, la chaleur disparue dans ces expériences se convertit en travail mécanique, lequel a pour effet, soit de mettre en jeu le piston si le gaz ou la vapeur se détend dans un corps de pompe, soit de vaincre simplement la pression de l'atmosphère, si le jet gazeux se répand à l'air libre.

Nous verrons plus loin, à propos de la machine à vapeur, laquelle, en réalité, n'est autre chose qu'un appareil destiné à transformer la chaleur en mouvement, quel rapport existe entre la chaleur dépensée et le travail mécanique produit ; qu'il nous

* On voyait autrefois à Schemnitz, en Hongrie, une machine à air comprimé, dont on se servait pour épuiser les eaux des galeries d'une mine de plomb. L'air qui en constituait le moteur était comprimé à 4 ou 5 atmosphères par le poids d'une colonne d'eau haute d'environ 50 mètres. Lorsqu'on ouvrait un robinet donnant issue à cet air toujours humide, on voyait aussitôt des flocons de neige tourbillonner à peu de distance de l'orifice. Un bonnet de mineur ou tout autre objet placé dans le jet gazeux ne tardait pas à se couvrir d'une couche épaisse de glace, ce qui, dit-on, étonnait beaucoup les curieux qui venaient visiter la mine.

suffise, pour le moment, d'avoir établi l'identité de la chaleur et du mouvement, qui avec l'électricité, la lumière, le magnétisme, etc., ne sont en réalité que des modalités diverses d'une même cause universelle.

Sources de chaleur. Dilatation.

125. *Sources de chaleur.* — Les sources de chaleur peuvent être divisées en trois groupes : 1° les *sources physiques,* comprenant la radiation solaire, la chaleur terrestre, les actions moléculaires et l'électricité ; 2° les *sources mécaniques*, c'est-à-dire le frottement, la percussion et la compression ; 3° les *sources chimiques,* où se placent les combinaisons moléculaires, notamment la combustion et la chaleur animale, laquelle n'est autre chose que le résultat d'une véritable combustion de carbone et d'hydrogène au sein de l'organisme*. De toutes ces sources de chaleur la plus puissante est la radiation solaire. Il résulte d'observations faites par Pouillet pour mesurer la quantité de chaleur que la terre reçoit du soleil pendant une année, que si cette chaleur était tout entière employée à fondre de la glace, elle serait capable d'en liquifier une couche d'environ 32 mètres d'épaisseur tout autour du globe.

126. *Dilatation.* — La chaleur appliquée à un corps quelconque se divise en deux parts : l'une qui se maintient à l'état sensible et échauffe le corps ; l'autre qui disparaît comme chaleur et se transforme en travail mécanique, lequel a pour effet l'augmentation de volume ou la *dilatation* du corps. Cette augmentation de volume, facile à démontrer par l'expérience, varie avec les divers corps ; ainsi les gaz se dilatent beaucoup plus que les liquides et ceux-ci beaucoup plus que les corps solides. Étudions d'abord la dilatation dans chacune de ces trois classes de corps.

1° *Dilatation des solides.* — On distingue dans les solides deux sortes de dilatation : la dilatation *linéaire*, c'est-à-dire suivant une seule dimension, et la dilatation *cubique* ou en volume. Ces deux dilatations ont toujours lieu simultanément.

Pour démontrer la dilatation *linéaire* des solides, on se sert d'un instrument désigné sous le nom de *pyromètre à cadran.* Cet

* Voyez l'*Histoire naturelle.*

instrument se compose (*fig.* 101) d'une tige métallique AB, fixée à l'une de ses extrémités par une vis de pression C, tandis que l'autre extrémité est libre et en contact avec le plus petit bras d'une aiguille coudée F, mobile autour du point O, sur un cadran divisé. L'aiguille étant placée au zéro de la division, on chauffe la tige en brûlant de l'alcool dans un réservoir R placé au-dessous; celle-ci s'allonge aussitôt dans le sens BA, et fait monter l'aiguille sur le cadran d'un certain nombre de degrés, d'autant plus grand que la chaleur est plus forte et la barre métallique plus dilatable.

Fig. 101.

On démontre la dilatation *cubique* au moyen de l'*anneau de S'Gravezende.* Ce petit appareil se compose (*fig.* 102) d'un anneau métallique dans lequel peut passer librement, à la température ordinaire, une sphère en cuivre d'un diamètre à peu près égal. Mais si l'on chauffe cette boule à la flamme d'une lampe à alcool, elle ne peut plus franchir l'anneau; ce qui prouve qu'elle a augmenté de volume.

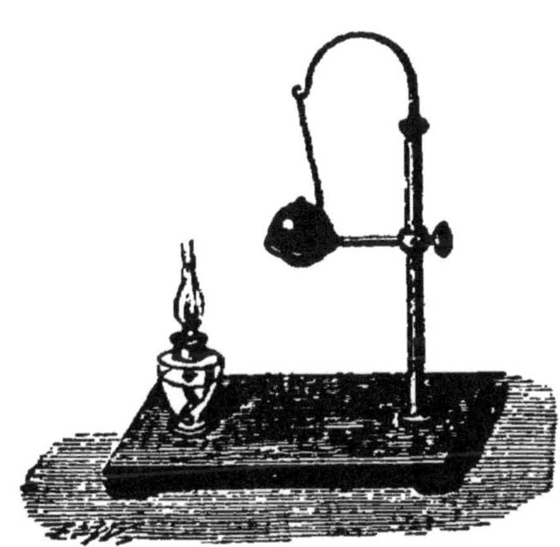
Fig. 102.

2° *Dilatation des liquides.* — On considère dans les liquides deux sortes de dilatation : la *dilatation apparente,* qui consiste dans l'augmentation sensible de volume que prend le liquide dans le vase qui le renferme et dont les parois se dilatent beaucoup moins que lui; et la *dilatation absolue,* qui est la dilatation réelle du liquide, abstraction faite de la dilatation de l'enveloppe.

On démontre la *dilatation apparente* des liquides à l'aide d'un appareil fort simple, composé (*fig.* 103) d'un réservoir en verre A d'un assez grand diamètre, auquel est soudé un tube T long et étroit. La boule et le tube étant remplis de liquide jusqu'à la hauteur h, à la température ordinaire, si on plonge le réservoir dans de l'eau chaude, on voit bientôt le liquide, dilaté par la chaleur de l'eau environnante, monter rapidement dans le tube jusqu'à une certaine hauteur h', d'autant plus grande que la chaleur est plus forte.

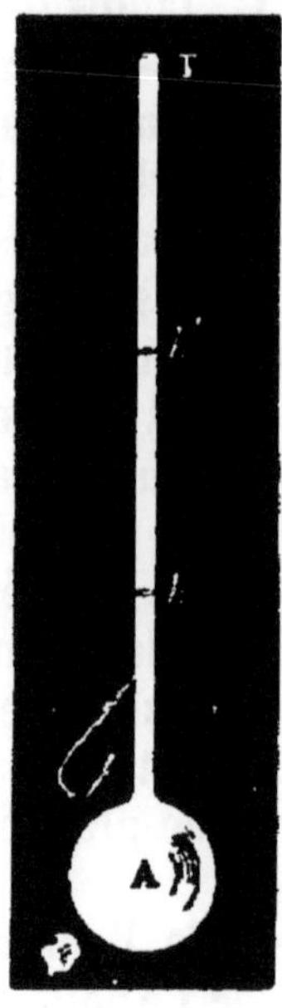

Fig. 103.

Remarque. Dans le premier moment de l'immersion du réservoir dans l'eau chaude, on voit la colonne liquide descendre subitement au-dessous de son niveau primitif h. Cela tient à ce que les parois du réservoir se dilatent avant que le liquide ait eu le temps de ressentir l'influence de la chaleur. Cet effet n'a qu'une très courte durée.

Quant à la *dilatation absolue* des liquides, elle se compose de la dilatation apparente augmentée de la dilatation cubique du vase qui les renferme.

3° *Dilatation des gaz.* — Elle est de beaucoup supérieure à celle des liquides. On la met en évidence au moyen d'une boule en verre B (*fig.* 104) soudée à un tube long et étroit dans lequel se trouve un petit index m de mercure qui intercepte la communication entre l'air extérieur et le gaz intérieur. La chaleur de la main appliquée sur la boule suffit pour dilater le gaz et faire avancer le petit index jusqu'en m' vers l'extrémité libre du tube.

Fig. 104.

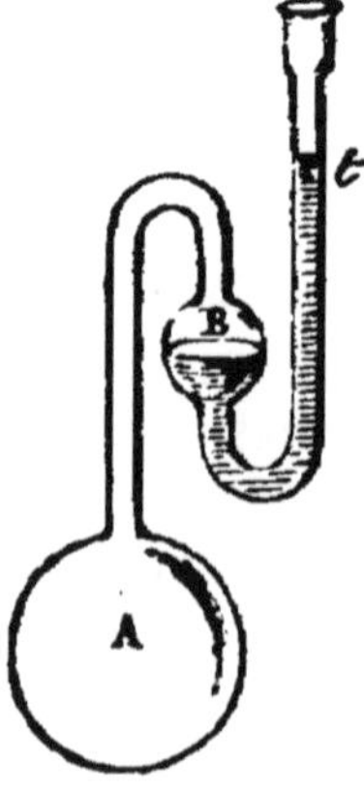

Fig. 105.

Remarque. Lorsqu'on échauffe un gaz en empêchant son volume de s'accroître librement, on voit aussitôt *sa force élastique augmenter.* Soit, en effet (*fig.* 105), un ballon de verre A communiquant avec un tube en S et à boule, Bt, contenant dans sa courbure un liquide coloré dont les deux niveaux sont d'abord à la même hauteur.

Dès qu'on approche la main du ballon, on voit le liquide s'élever rapidement dans la branche ouverte, tandis que son niveau ne s'abaisse que très peu dans la boule B, dont les dimensions, par rapport au tube *t*, sont considérables. La chaleur a donc ici pour effet d'augmenter la force élastique du gaz, dont la dilatation ne peut librement s'opérer.

Construction et usages des thermomètres.

127. *Thermomètres.* — Ces instruments, dont l'invention remonte à la fin du seizième siècle, sont destinés à mesurer la *température* des corps, c'est-à-dire les différents degrés de chaleur sensible qu'ils peuvent avoir. Leur construction repose sur le principe général de la dilatation.

Presque tous les corps pourraient, à la rigueur, servir à la construction d'un thermomètre. On choisit de préférence les liquides, dont la dilatation, plus grande que celle des solides et moins grande que celle des gaz, se prête mieux à l'observation des variations moyennes de température. Les thermomètres à gaz ne sont employés que pour accuser de très faibles changements dans l'intensité de la chaleur. Ceux que l'on construit avec des solides, et que l'on désigne sous le nom de *pyromètres,* servent à mesurer de très hautes températures.

128. *Construction des thermomètres à liquides.* — Parmi les liquides dont on pourrait faire usage pour la construction des thermomètres, on choisit toujours le mercure et l'alcool : le mercure, parce qu'il se dilate plus uniformément que les autres liquides, qu'il ne bout qu'à une température très élevée et ne se congèle qu'à un froid très intense; l'alcool, parce qu'il résiste, sans se congeler, à des froids excessifs pouvant descendre jusqu'à — 130°, température tout à fait exceptionnelle, et qu'on ne peut obtenir qu'artificiellement (voyez page 63).

1° *Construction du thermomètre à mercure.* On prend (*fig.* 106) un tube capillaire *t* bien calibré, c'est-à-dire dont le diamètre intérieur est partout égal *, et terminé à l'une de ses extrémités par un réservoir cylindrique B.

* On s'en assure en faisant cheminer d'une extrémité du tube à l'autre une petite colonne de mercure d'environ un centimètre de longueur. Si le tube est bien calibré, les dimensions de la petite colonne mercurielle ne varient pas.

Fig. 106.

Pour introduire le mercure dans l'appareil, on soude à l'extrémité supérieure du tube un petit entonnoir C, que l'on remplit ensuite de mercure; puis, inclinant le tube comme le représente la figure, on chauffe à la flamme d'une lampe à alcool le réservoir B. L'air qu'il contient se dilate et sort en partie par l'entonnoir C, en traversant bulle à bulle le mercure. Si on laisse alors refroidir le réservoir en tenant le tube vertical, l'air qu'il contient encore se contracte, et la pression atmosphérique force le mercure à descendre de l'entonnoir C dans le réservoir B, où il tombe goutte à goutte, jusqu'à ce que l'air restant ait repris, par la diminution de son volume, une force élastique égale à la pression atmosphérique augmentée du poids de la colonne de mercure qui reste dans le tube. On chauffe une seconde fois le réservoir jusqu'à ce que le mercure qui vient de s'y introduire entre en ébullition. Les vapeurs mercurielles chassent aussitôt devant elles l'air qui se trouve encore dans l'appareil; et, par le refroidissement, le réservoir et le tube se remplissent totalement de mercure. Cela fait, on chauffe une dernière fois l'appareil; puis, au moment où le mercure qui le remplit est presque bouillant, on ferme à la lampe l'extrémité supérieure du tube et on enlève l'entonnoir C désormais inutile. Peu à peu l'instrument se refroidit, et la colonne mercurielle s'abaisse dans le tube, où elle finit par s'arrêter en un point variable selon la température du milieu ambiant.

2° *Construction du thermomètre à alcool.* La construction du thermomètre à alcool exige beaucoup moins de précautions que celle du thermomètre à mercure. Pour introduire le liquide, l'entonnoir précédent est inutile; il suffit de chauffer le réservoir, afin de dilater l'air qu'il contient, et de plonger aussitôt l'extrémité ouverte du tube dans un bain d'alcool coloré. A mesure que l'air intérieur se contracte par le refroidissement, la pression atmosphérique fait monter l'alcool dans le tube et dans le réservoir, qui se remplit en partie. On chauffe de nouveau celui-ci jusqu'à ce que l'alcool entre en ébullition; l'air est complètement chassé par la vapeur; en plongeant alors une seconde fois le tube dans l'alcool la vapeur se condense, et l'appareil se remplit aussitôt. On ferme ensuite le tube à sa partie supérieure comme précédemment.

129. *Graduation du thermomètre à mercure.* — Cette graduation s'obtient à l'aide de deux points fixes de température toujours identiques et faciles à reproduire : la glace fondante, et l'eau bouillante sous la pression moyenne de $0^m,76$. La température de la fusion de la glace est, en effet, toujours la même, quelle que soit la source de chaleur qui la produise ; il en est ainsi de l'ébullition de l'eau, dont la température, à la surface, reste constante tant que la pression ne change pas*. On représente par zéro le point de l'échelle de graduation correspondant à la glace fondante et par 100 celui qui correspond à l'eau bouillante.

Fig. 107.

Pour trouver ces deux points, on plonge d'abord le thermomètre dans un vase percé de trous à son extrémité inférieure et rempli de glace pilée ou de neige. La colonne de mercure s'abaisse d'abord rapidement, puis reste stationnaire. On marque alors zéro sur la tige au point qui correspond au niveau du mercure. Cela fait, on introduit l'instrument dans le tuyau d'un vase en fer-blanc dont la forme est représentée par la *fig.* 107, de manière que le réservoir thermométrique ne fasse qu'effleurer la surface liquide et qu'il soit constamment entouré par la vapeur de l'eau bouillante. Le mercure monte rapidement dans le tube et reste ensuite stationnaire. On marque alors 100 au point de la tige où il s'arrête.

Les deux points fixes ainsi obtenus, on divise (*fig.* 108) l'intervalle qui les sépare en 100 parties égales que l'on appelle

* Voyez le chap. XIV.

Fig. 108.

degrés; puis on prolonge la graduation, en portant ces degrés au-dessus de 100° et au-dessous de 0°, sur toute la longueur de l'échelle. Le thermomètre ainsi gradué porte le nom de *thermomètre centigrade.* Pour distinguer les températures au-dessous de zéro de celles qui sont au-dessus, on les fait précéder du signe —. On les appelle vulgairement des degrés de froid.

La graduation du thermomètre à alcool se fait au moyen d'un thermomètre étalon à mercure. Le thermomètre à alcool est surtout employé pour mesurer de très basses températures, parce que l'alcool ne se congèle pas sous l'influence des plus grands froids que nous connaissions. Le thermomètre à mercure ne pourrait pas servir à cet usage, puisque ce métal se congèle à —39°. Mais il est très propre à mesurer des températures élevées, l'ébullition du mercure n'ayant lieu qu'à 360°.

Remarque. — Les thermomètres sont soumis à une cause d'erreur qu'il est impossible d'éviter, quelque bien construits qu'ils soient : c'est qu'au bout d'un certain temps le zéro se déplace. Il s'élève quelquefois jusqu'à 2 degrés au-dessus de son premier point. Ce phénomène n'a pas encore reçu d'explication satisfaisante. La cause la plus probable, c'est que la capacité du réservoir diminue par suite d'un retrait qu'éprouverait lentement le verre qui en forme les parois. Quoi qu'il en soit, il est essentiel de tenir toujours compte de ce déplacement du zéro, pour obtenir la mesure exacte des températures.

130. *Différentes échelles thermométriques.* — Indépendamment du thermomètre centigrade, on fait encore usage en France du *thermomètre de Réaumur.* En Angleterre, en Hollande, dans l'Amérique du Nord, on se sert d'un autre thermomètre appelé *thermomètre de Fahrenheit,* du nom de son inventeur, physicien de Dantzick, qui l'adopta en 1714.

Dans l'échelle du thermomètre de Réaumur, les deux points

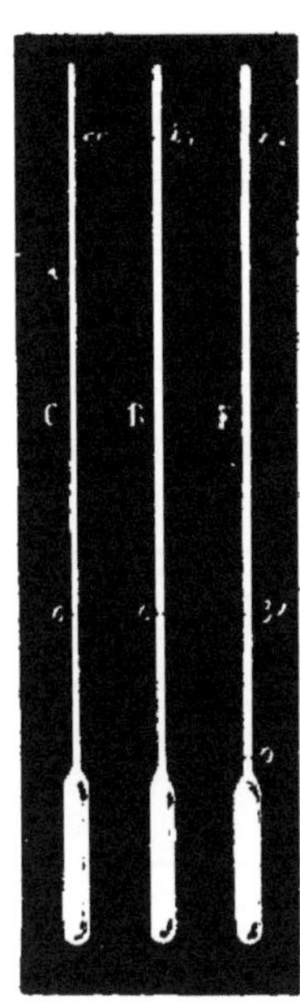

Fig. 109.

fixes sont encore la glace fondante et l'eau bouillante; mais l'intervalle qui les sépare est partagé en 80°. Dans celle du thermomètre de Fahrenheit, le zéro, au lieu d'être indiqué par la glace fondante, correspond au degré de froid qu'on obtient en mélangeant des poids égaux de sel ammoniac et de glace pilée. Le point fixe supérieur est encore donné par l'eau bouillante, et l'intervalle qui le sépare du zéro est divisé en 212°. La température de la glace fondante marque 32° à ce thermomètre. En comparant l'échelle centigrade aux deux échelles Réaumur et Fahrenheit, on voit que 100° centigrades équivalent à 80° Réaumur et à 212° — 32° ou 180° Fahrenheit. La *fig.* 109 permet d'embrasser d'un coup d'œil les trois échelles : C est le thermomètre centigrade, R le thermomètre Réaumur, et F le thermomètre Fahrenheit.

Problèmes sur la conversion des échelles thermométriques. — 1° Convertir 17 degrés Réaumur en degrés centigrades.

100° cent. = 80° R. Donc 1° cent. égale les $\frac{4}{5}$ de 1° R. et 1° R. égale les $\frac{5}{4}$ de 1° cent.

Pour résoudre ce problème, il faudra par conséquent multiplier 17 par $\frac{5}{4}$, ce qui donne 21°,25. Réciproquement s'il s'agissait de convertir les degrés centigrades en degrés Réaumur, il faudrait multiplier leur nombre par $\frac{4}{5}$.

2° Convertir 72° degrés Fahrenheit en degrés centigrades.

En retranchant 32 de 212, pour avoir le nombre de degrés Fahrenheit compris entre la glace fondante et l'eau bouillante, on aura 180° pour l'échelle de ce thermomètre ramenée aux limites du thermomètre centigrade; donc 180° F = 100° cent. Par conséquent 1° F = $\frac{100}{180}$ ou les $\frac{5}{9}$ de 1° cent.

Retranchant alors 32 du nombre donné 72, et multipliant le reste 40 par $\frac{5}{9}$, on aura 22°,22 cent.

Si le nombre de degrés Fahrenheit à convertir en degrés centigrades était moindre que 32, on le retrancherait alors de ce dernier nombre pour avoir les degrés au-dessous de la glace fondante ; puis on multiplierait le reste par $\frac{5}{9}$. Par exemple, 14° F. = (32 — 14) ou $18° \times \frac{5}{9} = -10°$ cent.

131. *Thermomètre a maxima* et *a minima*. Ce thermomètre a pour but de faire connaître quelles ont été, dans un temps donné, la plus haute et la plus basse température d'un lieu et, par suite, la température moyenne de ce lieu *. Il se compose (*fig.* 110) de deux thermomètres ordinaires, coudés à angle droit et fixés horizontalement, l'un au-dessus de l'autre, sur une même planchette.

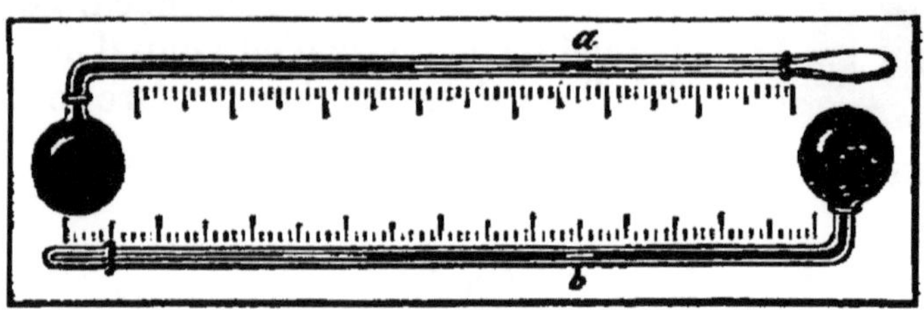

Fig. 110.

Le thermomètre supérieur (thermomètre *a maxima*) est à mercure, et contient dans sa tige, en contact avec la colonne mercurielle, un petit *index a* en acier. Quand le mercure se dilate, il pousse devant lui l'index. Quand, plus tard, la température s'abaisse, le mercure se retire, mais sans ramener avec lui l'index qu'il ne mouille pas, et avec lequel il n'a par conséquent aucune adhérence. Celui-ci reste donc en place et indique de la sorte la plus haute température éprouvée par l'instrument.

Le thermomètre inférieur (thermomètre *a minima*) est à alcool ; il contient également un petit *index b* en émail auquel adhère l'alcool en le mouillant. Quand la température s'abaisse, l'alcool en se retirant entraîne avec lui l'index ; mais si la température s'élève, le liquide passe entre celui-ci et les parois du tube, laissant ainsi cet index au point correspondant à la plus basse température. Quand on a pris note des degrés indiqués par les deux index, il suffit de redresser l'instrument pour remettre ceux-ci dans leur première position, c'est-à-dire aux sommets des colonnes mercurielle et alcoolique.

* Voyez plus loin, chap. XVI.

Remarque. — L'index dans le thermomètre *a maxima* se trouve toujours immédiatement au delà de la colonne mercurielle, tandis que dans le thermomètre *a minima* il est toujours immergé dans l'alcool. Par conséquent la température *maxima* est indiquée par le bout de l'index qui regarde le réservoir et, la température *minima* par le bout opposé.

132. *Thermomètres à gaz.* — Ces thermomètres sont au nombre de deux : le *thermomètre différentiel de Leslie* et le *thermoscope de Rumford.*

1° *Thermomètre différentiel de Leslie.* Cet instrument est destiné à faire connaître les différences de température entre deux points voisins. Il se compose (*fig.* 111) d'un tube recourbé ABCD fixé à une planchette et terminé par deux boules de verre A et C remplies d'air. Le tube contient une certaine quantité d'acide sulfurique coloré dont les deux niveaux E, F, doivent être à la même hauteur dans les deux branches verticales, quand les boules sont à la même température. On marque zéro en regard de chacun de ces niveaux. Pour achever la graduation, on porte l'une des boules à une température qui surpasse de 10° celle de l'autre. L'air qu'elle contient se dilate et fait aussitôt baisser le liquide dans la branche correspondante en l'élevant dans l'autre branche. Quand l'équilibre est établi, on marque 10 de chaque côté, au point où s'arrête le liquide, puis on divise les intervalles compris entre 0 et 10 en dix parties égales. On porte ensuite les mêmes divisions au-dessus et au-dessous du zéro sur toute la longueur des branches.

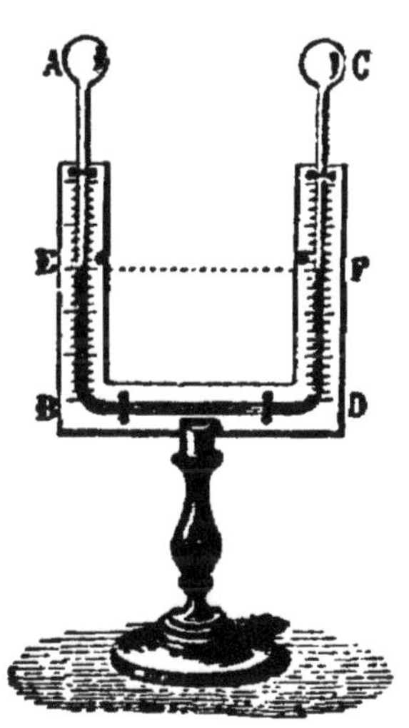

Fig. 111.

2° *Thermoscope de Rumford.* Il ne diffère du précédent que par le volume plus considérable des boules, par la plus grande longueur de la branche horizontale qui porte la graduation, et par l'index dont la longueur ne dépasse pas 2 centimètres, et qui se tient au milieu de la branche horizontale quand les deux boules sont à la même température. Sa graduation et ses usages sont les mêmes que ceux du thermomètre de Leslie.

133. *Pyromètres.* — Ces instruments sont destinés à mesurer des températures très élevées. On les emploie dans les fourneaux d'usines. Le pyromètre le plus en usage est celui de Wedgwood.

Pyromètre de Wedgwood. Il est fondé sur le retrait qu'éprouve l'argile par l'action de la chaleur, lequel provient probablement d'un commencement de vitrification. Il se compose (*fig.* 112) d'une plaque de cuivre sur laquelle sont fixées trois barres du même métal légèrement inclinées l'une à l'autre, afin de former deux rainures coniques se faisant suite, et divisées en 240 parties égales. Pour faire usage de cet instrument, on prend un petit cylindre d'argile A, préalablement desséché à la chaleur du rouge obscur, et d'un diamètre tel, qu'il entre dans la rainure juste au zéro de l'échelle. On porte alors ce petit cylindre dans le fourneau dont on veut connaître la température. On le retire ensuite, et, lorsqu'il est refroidi, on le replace dans la rainure en le faisant glisser le plus loin possible. Il s'enfonce alors plus ou moins profondément en vertu du retrait qu'il a subi et qu'il a conservé en se refroidissant. S'il arrive, par exemple, en A' jusqu'au degré 30, on en conclura que la température du fourneau est à 30 degrés du pyromètre. Mais cette indication ne peut faire connaître qu'avec une approximation très grossière la température réelle du fourneau.

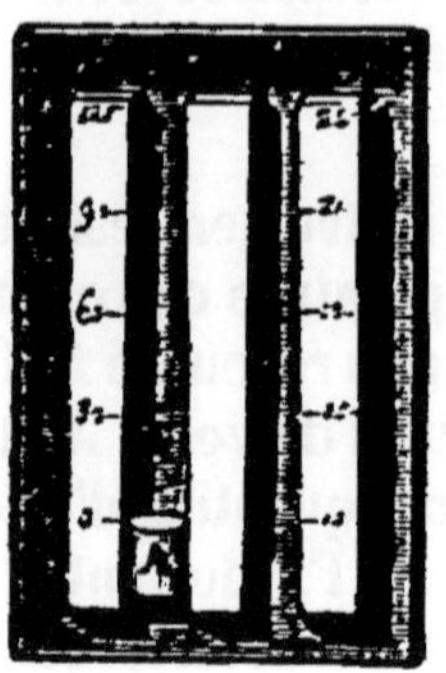

Fig. 112.

On emploie quelquefois le *pyromètre à cadran* inventé par M. Brongniart, et qui a beaucoup d'analogie avec l'appareil représenté *fig.* 101. Mais le pyromètre le plus exact est le *pyromètre à air*, de Pouillet, ou thermomètre à air avec réservoir de platine.

Coefficients de dilatation des solides, des liquides et des gaz; leurs usages. Poids spécifiques des gaz.

134. *Coefficients de dilatation des corps solides.* — Nous avons vu que l'on distingue, pour les corps solides, deux espèces de dilatation : la *dilatation linéaire,* c'est-à-dire suivant une seule dimension, et la *dilatation cubique* ou en volume, c'est-à-dire

suivant les trois dimensions. Or, on appelle coefficient de dilatation linéaire d'une règle solide *le nombre qui exprime l'allongement que prend l'unité de longueur de cette règle lorsque sa température s'élève de 1° centigrade,* et coefficient de dilatation cubique d'un corps solide *le nombre qui exprime l'accroissement de volume que prend l'unité de volume de ce corps lorsque sa température s'élève de 1° centigrade.*

Dilatation linéaire. Les coefficients de dilatation linéaire des solides s'obtiennent par une méthode générale qui consiste *à mesurer d'abord la longueur d'une barre d'un solide quelconque à 0°; puis à porter cette barre à une température connue, et à mesurer de nouveau la longueur qu'elle prend à cette température.* La différence entre cette seconde longueur et la première représentera évidemment la dilatation linéaire que la barre a subie en passant de 0° à la température donnée. Pour obtenir le coefficient, c'est-à-dire l'allongement qui correspond à un seul degré et à l'unité de longueur, on divisera alors la dilatation obtenue par la longueur de la barre et par la température à laquelle cette barre a été portée.

Désignons par δ le coefficient de dilatation linéaire, l la longueur de la barre à 0° et l' la longueur à la température $t°$; on aura

$$\delta = \frac{l' - l}{lt}.$$

Cette méthode a été pour la première fois employée par Laplace et Lavoisier.

Leur appareil (*fig.* 113) consistait en une auge dans laquelle on pouvait mettre à volonté de la glace fondante, de l'eau bouillante ou de l'huile. Une barre AB du corps dont on voulait mesurer la dilatation était posée au fond de la cuve sur des rouleaux de verre. L'une des extrémités B s'appuyait contre un talon fixe, tandis que l'autre extrémité A était en contact avec une tige verticale OA mobile autour du point O et portant une lunette L. A une distance d'environ 200 mètres était placée verticalement et dans le plan du mouvement de la lunette une mire divisée EF. La barre étant d'abord environnée de glace fondante, on déterminait sur la mire la position du point C dans le prolongement de l'axe de la lunette. On versait ensuite de l'eau bouillante dans l'auge. La barre s'allongeant, la tige verticale OA prenait une nouvelle position OD, et on

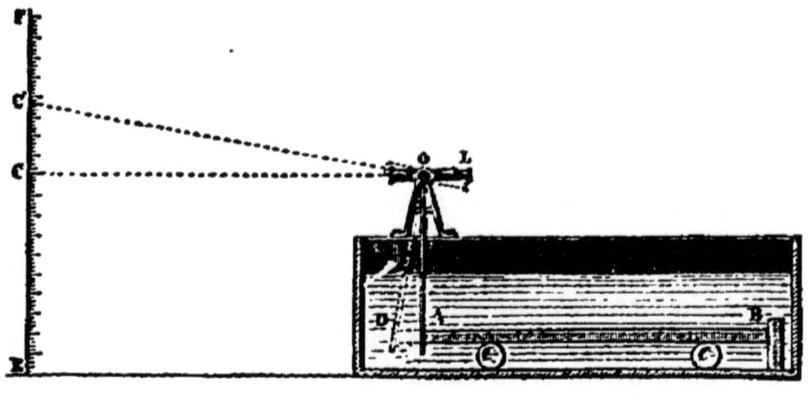

Fig. 113.

déterminait alors sur la mire le nouveau point C′ dans le prolongement de l'axe de la lunette. En raison des triangles semblables AOD et COC′ on a

$$\frac{DA}{CC'}=\frac{OA}{OC},$$

d'où l'allongement de la barre

$$DA=CC'\times\frac{OA}{OC}.$$

OA et OC étant déterminés une fois pour toutes, on voit qu'il était facile d'obtenir l'allongement de la barre, lequel allongement, divisé par la longueur de la barre à 0° et par le nombre indiquant l'accroissement de température, donnait le coefficient de dilatation linéaire du corps soumis à l'expérience.

Dilatation cubique. Le coefficient de dilatation cubique d'un corps est sensiblement *le triple* de son coefficient de dilatation linéaire.

Soit, en effet, l la longueur de l'une des dimensions d'un corps à 0°, l' la longueur de cette même dimension à la température de 1°, et δ le coefficient de dilatation linéaire de ce corps, on aura

$$l'=l+l\delta \text{ ou plus simplement } l'=l\,(1+\delta).$$

Soit maintenant V le volume du corps à 0°, V′ son volume à

la température de 1°, et k son coefficient de dilatation cubique; on aura de même

$$V' = V + Vk \quad \text{ou} \quad V' = V(1+k).$$

Or, le corps en se dilatant étant resté semblable à lui-même, les volumes V et V' sont proportionnels aux cubes des dimensions homologues l et l' : on aura par conséquent

$$\frac{V'}{V} = \frac{l'^3}{l^3};$$

en remplaçant V' et l' par leurs valeurs, il vient

$$\frac{V(1+k)}{V} = \frac{l^3(1+\delta)^3}{l^3},$$

d'où l'on déduit, en supprimant les facteurs communs V et l^3,

$$1 + k = (1 + \delta)^3.$$

En élevant au cube le binôme $(1 + \delta)$ on a

$$1 + k = 1 + 3\delta + 3\delta^2 + \delta^3$$

et enfin

$$k = 3\delta + 3\delta^2 + \delta^3.$$

Or, δ étant toujours, comme on peut le voir dans le tableau qui suit, une fraction très petite, le carré et le cube de cette fraction peuvent être négligés, et l'on a sensiblement

$$k = 3\delta,$$

ce qu'il fallait démontrer. On démontrerait de la même manière que le coefficient de dilatation *superficielle* d'un corps solide est sensiblement le *double* de son coefficient de dilatation linéaire.

Les solides se dilatent plus ou moins selon leur nature, chaque solide a, par conséquent, son coefficient particulier de dilatation. Ce coefficient est sensiblement le même pour chaque degré entre 0 et 100°; mais, d'après les recherches de Petit et Dulong, il augmente et devient irrégulier à partir de 100° jusqu'au point de fusion.

Tableau des coefficients de dilatation linéaire et de dilatation cubique des corps solides les plus employés dans les arts.

Désignation des substances.	Coefficient de dilatation linéaire.	Coefficient de dilatation cubique.
Verre,	0,00000861	0,00002583
Platine,	0,00000884	0,00002652
Acier,	0,00001080	0,00003240
Fer,	0,00001182	0,00003546
Or,	0,00001514	0,00004542
Cuivre,	0,00001872	0,00005136
Laiton,	0,00001867	0,00005601
Argent,	0,00001910	0,00005730
Étain,	0,00002173	0,00006519
Plomb,	0,00002848	0,00008544
Zinc,	0,00003108	0,00009324

135. *Usages et applications des coefficients de dilatation des solides.* — La connaissance des coefficients de dilatation des corps solides offre de nombreuses applications dans les arts. Dans la construction des chemins de fer, par exemple, il est nécessaire de laisser à la jonction des rails un intervalle suffisant pour le jeu de leur dilatation. Si les rails se touchaient, la force de la dilatation les courberait de distance en distance ou briserait leurs coussinets. On a calculé, en effet, que pour un chemin de fer de 100 kilomètres, l'allongement, de l'hiver à l'été, serait de plus de 70 mètres. Il faut également tenir compte de la dilatation dans la pose des grilles de fourneaux, dans la construction des ponts en fer, des toitures en plomb ou en zinc, et, en général de tous les appareils de grosse serrurerie. Le cerclage des roues de voiture, l'assemblage des pièces de tôle au moyen de clous à river trouvent un puissant auxiliaire dans le retrait du fer, employé à chaud, et qu'on laisse ensuite se refroidir lentement*. Mais la plus ingénieuse et la plus

* Deux murailles latérales d'une galerie du Conservatoire des arts et métiers, à Paris, s'étant inclinées en dehors sous le poids du plafond qu'elles soutenaient, furent ramenées à la verticale au moyen de barres de fer étendues transversalement de l'une à l'autre, et terminées extérieurement par des vis recevant de larges écrous. Ces barres ayant été portées au rouge, on serra les écrous à mesure qu'elles s'allongeaient. En les laissant ensuite se refroidir, leur contraction eut pour effet de rapprocher les deux murailles auxquelles elles étaient invinciblement liées.

utile des applications de la dilatation se trouve dans le pendule compensateur.

136. *Pendule compensateur.* — Le pendule est employé, comme on le sait, à régler la marche des horloges. Mais il ne peut remplir ce but qu'à la condition de l'isochronisme le plus parfait dans ses oscillations. Or, si le pendule s'allonge, les oscillations se ralentissent et l'horloge retarde; l'effet inverse est produit si le pendule se raccourcit. Il importe donc de maintenir sa longueur invariable, malgré les variations incessantes de la température extérieure. Sans cela, l'horloge varierait elle-même continuellement, avançant par le froid et retardant par la chaleur. Le *pendule compensateur* a précisément pour but de conserver toujours une égale distance entre le centre de suspension et le centre d'oscillation.

Cet instrument, inventé par Leroy, horloger français, est fondé sur l'inégale dilatabilité du fer et du cuivre. Sa tige (*fig.* 114) se compose de deux barres transversales AB et CD, d'un métal quelconque, aux extrémités desquelles sont soudées

Fig. 114.

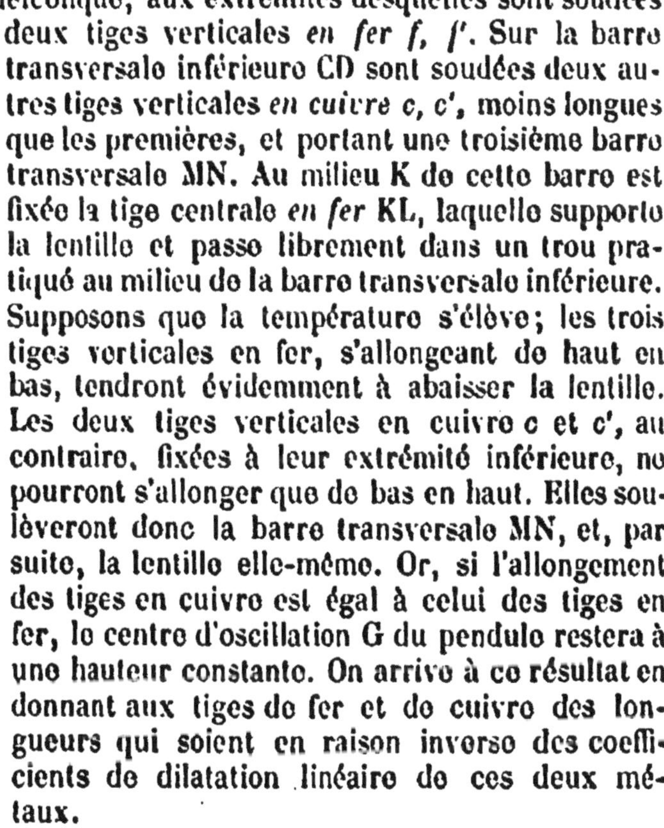
deux tiges verticales *en fer f, f'*. Sur la barre transversale inférieure CD sont soudées deux autres tiges verticales *en cuivre c, c'*, moins longues que les premières, et portant une troisième barre transversale MN. Au milieu K de cette barre est fixée la tige centrale *en fer* KL, laquelle supporte la lentille et passe librement dans un trou pratiqué au milieu de la barre transversale inférieure. Supposons que la température s'élève; les trois tiges verticales en fer, s'allongeant de haut en bas, tendront évidemment à abaisser la lentille. Les deux tiges verticales en cuivre c et c', au contraire, fixées à leur extrémité inférieure, ne pourront s'allonger que de bas en haut. Elles soulèveront donc la barre transversale MN, et, par suite, la lentille elle-même. Or, si l'allongement des tiges en cuivre est égal à celui des tiges en fer, le centre d'oscillation G du pendule restera à une hauteur constante. On arrive à ce résultat en donnant aux tiges de fer et de cuivre des longueurs qui soient en raison inverse des coefficients de dilatation linéaire de ces deux métaux.

On obtient encore la compensation du pendule à l'aide de *lames compensatrices* composées de lames de différents métaux, de fer et de cuivre par exemple, soudées ensemble, et qui, en raison de l'inégale dilatabilité de ces métaux, se courbent dans un sens ou dans l'autre selon que la température s'élève ou s'abaisse. C'est avec ces lames que l'on est parvenu à compenser d'une façon si précise les balanciers des chronomètres employés dans la marine.

137. *Thermomètre de Bréguet.* — Ce petit instrument (*fig.* 115) est une autre application des lames compensatrices. Il est formé d'un ruban très mince AB, composé d'argent, d'or et de platine, soudés ensemble. Ce ruban est roulé en spirale, et porte à son extrémité libre une aiguille mobile autour d'un cadran. La spirale dans laquelle l'argent, plus dilatable, est en dehors, tend à s'enrouler quand la température augmente, et se déroule dans le cas contraire, en faisant mouvoir avec elle l'aiguille indicatrice. Ce thermomètre, d'une grande sensibilité, se gradue dans une étuve avec un thermomètre étalon à mercure.

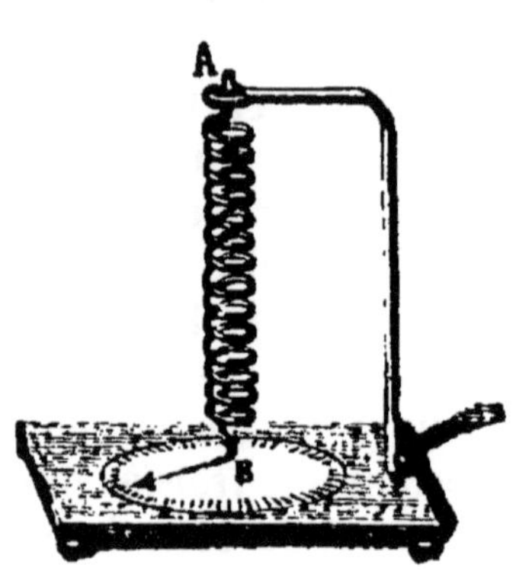

Fig. 115.

138. *Coefficients de dilatation des liquides.* — Nous avons vu (126) que l'on doit distinguer dans les liquides deux sortes de dilatations : la *dilatation apparente* et la *dilatation réelle* ou *absolue*.

Le coefficient de la *dilatation apparente* varie avec la nature du vase; on l'obtient en mesurant le volume d'une masse quelconque de liquide à 0°, et en mesurant ensuite le volume apparent de la même masse porté à une température plus élevée. Soient v le volume à 0° et v' le volume apparent à la température t. En raisonnant comme nous l'avons fait pour les solides (134), on trouvera pour la valeur du coefficient C de la dilatation apparente :

$$C = \frac{v' - v}{vt}.$$

Tableau des coefficients de la dilatation apparente des principaux liquides entre 0 et 100°.

Noms des liquides.	Coefficients de la dilatation apparente.
Mercure,	0,0001543
Eau,	0,0004545
Alcool,	0,0011098
Éther,	0,0015714
Acide sulfurique,	0,0005881
Acide azotique,	0,0011099

On voit, d'après ce tableau, que, pour les divers liquides, les coefficients de dilatation sont très différents. De plus, ces coefficients, pour chaque liquide, ne sont pas uniformes à tous les degrés du thermomètre. Ils augmentent en général avec la température. Le mercure est de tous les liquides celui qui se dilate le plus uniformément.

Quant au coefficient de *dilatation absolue* d'un liquide quelconque, on l'obtient en ajoutant à son coefficient de dilatation apparent le coefficient de dilatation cubique de l'enveloppe. Cependant MM. Petit et Dulong sont parvenus à déterminer directement le coefficient de la dilatation absolue du mercure au moyen d'un vase communiquant composé de deux branches verticales A et B, réunies par un tube capillaire horizontal (*fig.* 116).

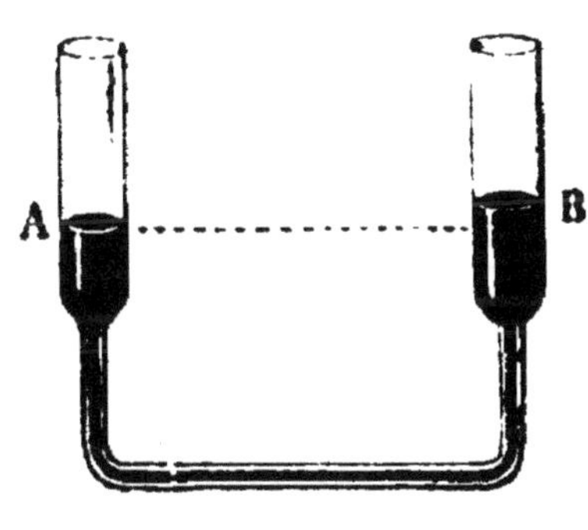

Fig. 116.

Cet appareil étant rempli de mercure, on maintient la branche A à 0°, tandis que l'on porte la branche B à une température t suffisamment élevée. Le mercure, qui était de niveau dans les deux branches lorsque la température y était la même, monte nécessairement dans la branche B, à mesure qu'il se dilate et que sa densité diminue : l'appareil se trouve alors dans le cas d'un vase communiquant contenant deux liquides de densités différentes. Or, en vertu du principe d'hydrostatique que nous avons précédemment démontré (83), si nous désignons par h et d la hauteur et la densité du mercure dans la branche A à 0°, et par h' et d' la hauteur et la densité du mercure dans la branche B à $t°$, nous aurons

$$\frac{h}{h'}=\frac{d'}{d},$$

puisque les hauteurs sont en raison inverse des densités.

Soient maintenant v et v' les volumes du mercure contenu dans la branche B, à 0° et à $t°$. Ces volumes seront aussi en raison inverse des densités, puisque le poids du mercure reste le même; donc

$$\frac{v}{v'}=\frac{d'}{d}, \text{ et par comparaison } \frac{v}{v'}=\frac{h}{h'};$$

d'où

$$\frac{v'-v}{v}=\frac{h'-h}{h};$$

divisant par t les deux membres de cette égalité, on a

$$\frac{v'-v}{vt}=\frac{h'-h}{ht},$$

dont le premier membre représente le coefficient de la dilatation absolue du mercure que nous désignerons par k; donc

$$k=\frac{h'-h}{ht}.$$

La détermination de ce coefficient se réduit par conséquent à la mesure exacte des hauteurs des deux colonnes de mercure en A et en B et de la température t.

MM. Petit et Dulong ont ainsi trouvé que le coefficient de la dilatation absolue du mercure entre 0 et 100° est égal à 0,00018018. Au-dessus de 100°, la dilatation marche plus vite, de sorte que le coefficient moyen entre 100 et 300° est 0,00018766. De — 39 à + 100° la dilatation absolue du mercure est très régulière; au delà elle cesse de l'être, et cette irrégularité est d'autant plus marquée que le liquide est plus près de son point d'ébullition.

139. *Maximum de densité de l'eau.* — L'eau présente, dans une partie de l'échelle thermométrique, une exception remarquable aux lois générales de la dilatation. Si l'on prend une masse d'eau à 100° par exemple, et qu'on la refroidisse progressivement, on voit, conformément aux lois de la dilatation, que son volume diminue de plus en plus, jusqu'à la température de + 4°. Mais à partir de cette température, si l'on continue à la refroidir, loin de se contracter, elle se dilate et, par conséquent, diminue de densité jusqu'au point de congélation, qui a lieu à 0°. *L'eau éprouve donc un maximum de condensation ou de densité à 4°.*

La température du maximum de densité de l'eau a été déterminée par plusieurs procédés. Un des plus simples consiste à peser une boule en verre, lestée avec du sable, dans de l'eau à différentes températures. Despretz, en se servant d'un thermomètre à eau, c'est-à-dire contenant de l'eau au lieu de mercure, a reconnu que c'est à 4° juste que ce liquide présente son maximum de contraction. Ce phénomène explique pourquoi dans les grands lacs la température de l'eau, à partir d'une certaine profondeur, demeure invariablement égale à 4°, aussi bien en été que pendant l'hiver.

140. *Usages et applications des coefficients de dilatation des liquides. Correction barométrique.* — Le principal usage que l'on fait des coefficients de dilatation des liquides a pour but la *correction barométrique.* Il est évident que les observations barométriques, pour être comparables entre elles, doivent toujours être ramenées à une température constante ; autrement la même hauteur barométrique ne correspondrait pas toujours à la même pression. La température à laquelle on les rapporte est ordinairement celle de la glace fondante. La correction barométrique s'obtient par la formule suivante :

$$h = \frac{h'}{1 + kt},$$

dans laquelle h représente la hauteur de la colonne barométrique à 0°, h' sa hauteur à t°, et k le coefficient de la dilatation absolue du mercure. (Voy. page 189, probl. 3.)

141. *Thermomètre à poids.* — Le thermomètre à poids est encore une application des coefficients de dilatation des liquides. Ce petit instrument, imaginé par Petit et Dulong, se com-

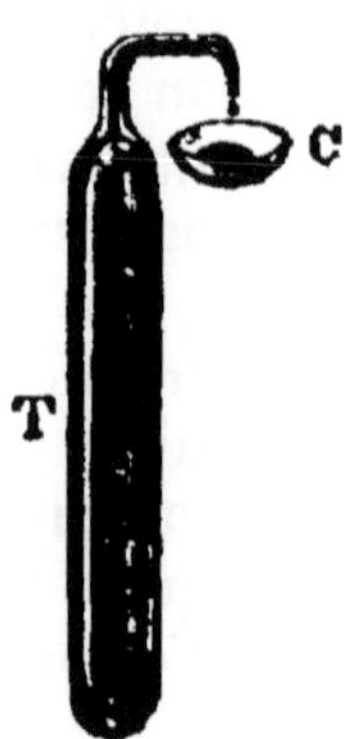

Fig. 117.

pose (*fig.* 117) d'un vase cylindrique en verre T muni d'un tube capillaire recourbé sur lui-même et ouvert à son extrémité. L'instrument étant rempli de mercure à 0°, si on le porte à une température plus élevée t, le mercure se dilate et il en sort une certaine quantité que l'on recueille dans une petite capsule C.

Soit P le poids du mercure qui remplit l'appareil à 0° et p le poids du mercure qui en est sorti à $t°$; la fraction $\frac{p}{P-p}$ exprime le rapport du poids du mercure écoulé au poids du mercure qui reste dans l'appareil à $t°$, c'est-à-dire la dilatation apparente du mercure pour $t°$, puisque la température étant la même, les poids sont proportionnels aux volumes. Or, si nous divisons cette fraction par t, elle représentera évidemment le coefficient C de la dilatation apparente du mercure dans le verre; donc

$$C=\frac{p}{(P-p)t}.$$

Il est facile, comme on le voit, d'obtenir la valeur numérique de C. C'est de cette manière que Petit et Dulong l'ont trouvée égale à $\frac{1}{6480}$ ou 0,0001543. Remplaçant alors C par cette valeur, on a

$$\frac{1}{6480}=\frac{p}{(P-p)t},$$

d'où l'on tire

$$t=\frac{p\times 6480}{(P-p)}.$$

142. *Coefficients de dilatation des gaz.* — Les gaz sont de tous les corps ceux qui se dilatent le plus, et dont la dilatation est la plus uniforme. La valeur numérique de leur coefficient de dilatation a été pour la première fois déterminée par Gay-Lussac au moyen d'un appareil composé (*fig.* 118) d'une enveloppe de verre AB ayant la forme d'un thermomètre à grand réservoir, et dont la tige est divisée en degrés d'égale capacité correspondant chacun à une fraction connue de la capacité du réservoir. Le gaz, préalablement desséché, est introduit

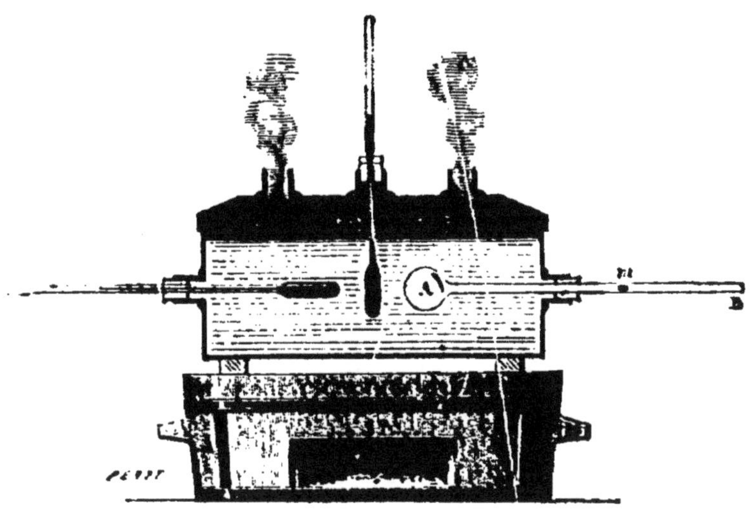

Fig. 118.

dans le réservoir et séparé de l'atmosphère par une petite colonne de mercure *m* qui sert d'*index*. Cela fait, l'instrument est placé dans une caisse métallique CC' et on porte peu à peu le gaz de la température de la glace fondante à une température *t* voisine de l'eau bouillante. On note les deux positions successives de l'index. Soient V le volume du gaz à 0° et V' son volume apparent à $t°$; si l'on désigne par *k* le coefficient de dilatation cubique du verre; le volume réel du gaz à $t°$ sera $V'(1+kt)$. L'accroissement de volume du gaz est donc $V'(1+kt)-V$ et, par suite, le coefficient de dilatation du gaz α sera

$$\alpha = \frac{V'(1+kt)-V}{Vt}$$

Jusqu'en 1837 on avait même admis, d'après les expériences de Gay-Lussac, que tous les gaz se dilatent uniformément, quelle que soit leur densité. Mais, depuis lors, MM. Rudberg à Upsal, Magnus à Berlin et Regnault à Paris ont démontré que tous les gaz n'ont pas le même coefficient de dilatation, et que celui-ci croît, pour un même gaz, avec la pression que supporte ce gaz, c'est-à-dire avec sa densité. Toutefois les différences entre les divers coefficients de dilatation des différents gaz sont très petites, ainsi qu'on peut le voir dans le tableau suivant :

Tableau des coefficients de dilatation des principaux gaz entre 0 et 100° sous la pression atmosphérique.

Noms des gaz.	Coefficients de dilatation.
Air,	0,003665
Hydrogène,	0,003667
Azote,	0,003668
Acide carbonique,	0,003710
Acide sulfureux,	0,003903
Acide chlorhydrique,	0,003981
Cyanogène.	0,003877

143. *Densité des gaz.* — La densité ou le *poids spécifique* des gaz est le rapport du poids d'un certain volume de gaz avec le poids du même volume d'air à la température de 0°, et sous la pression moyenne de 0m,76. Pour l'obtenir on pèse d'abord un ballon de verre de 8 à 10 litres de capacité dans lequel on a fait le vide. On le pèse ensuite plein d'air, puis plein du gaz dont on veut connaître la densité. L'air et le gaz doivent être parfaitement secs, et à la température de 0° : on satisfait à cette condition en plaçant le ballon, lorsqu'on le remplit, dans un vase en zinc entouré de glace. Soit P le poids de l'air contenu dans le ballon et p le poids du gaz dont on cherche la densité. Les volumes étant égaux, les densités sont proportionnelles aux poids : donc on aura, en appelant D la densité cherchée, celle de l'air étant prise pour unité,

$$D = \frac{p}{P}.$$

Remarque. — La pression barométrique doit être, pendant l'expérience, à 0m,76. Si elle était différente, on ramènerait les poids des deux gaz à la pression 0,76. (Voy. page 126, probl. 1.) Pour éviter que les variations de pression et de température de l'atmosphère exercent leur influence sur les pesées, M. Regnault a imaginé de faire équilibre au ballon qui sert à peser les gaz avec un autre ballon de même volume et hermétiquement fermé. De cette manière, quelles que soient les variations atmosphériques, les poussées restant égales des deux côtés, tout se passe comme si les pesées étaient faites dans le vide.

Formules relatives aux dilatations.

141. *Formules relatives aux dilatations**. — Soit L la longueur d'une règle à 0° et δ son coefficient de dilatation linéaire : on demande quelle sera sa longueur L′ à la température t degrés.

Puisque l'unité de longueur de la règle s'allonge de δ en passant de 0° à 1°, elle s'allongera de δt en s'élevant de 0° à t degrés. La longueur L′ s'obtiendra donc en ajoutant à la longueur primitive L sa dilatation $L\delta t$, ce qui donnera pour la longueur totale L′,

$$L' = L + L\delta t \text{ ou plus simplement } L' = L\,(1 + \delta t) \qquad \text{(A)}$$

Par conséquent, ayant la longueur d'une règle à 0°, il suffira, pour trouver sa longueur à une température t, de multiplier la longueur initiale par le *binôme de dilatation linéaire* $(1 + \delta t)$.

Cette formule s'applique également à la dilatation cubique. Il suffit de remplacer L et L′ par V et V′, qui expriment des volumes au lieu d'exprimer des longueurs, et de multiplier par 3 le coefficient δ. On aura ainsi

$$V' = V\,(1 + 3\delta t) \text{ ou plus simplement } V' = V\,(1 + kt) \qquad \text{(A')}$$

k représentant le coefficient de dilatation cubique, lequel, comme nous l'avons vu, est sensiblement le triple du coefficient de dilatation linéaire, le binôme $(1 + kt)$ se désigne sous le nom de *binôme de dilatation cubique*.

2. On connaît le volume V′ d'un corps à t degrés : on demande son volume V à zéro.

La formule précédente $V' = V\,(1 + kt)$ donne

$$V = \frac{V'}{(1 + kt)}. \qquad \text{(B)}$$

* Ces formules ne sont applicables qu'aux corps dont la dilatation est uniforme. Ainsi elles peuvent être appliquées aux solides entre 0° et 100°, au mercure parmi les liquides, et à tous les gaz.

3. Soit V le volume d'un corps à t degrés : on demande son volume V' à t' degrés.

On trouve d'abord le volume à zéro en divisant V par $1+kt$; puis on obtient le volume à t' degrés en multipliant le résultat par $1+kt'$; on a ainsi

$$V'=V\left(\frac{1+kt'}{1+kt}\right). \qquad (C)$$

4. Soit D la densité d'un corps à 0° : on demande sa densité D' à t degrés.

En représentant par 1 le volume du corps à 0°, son volume à $t°$ sera $1+kt$. Or, comme la densité d'un corps est en raison inverse du volume que prend ce corps en se dilatant, on aura

$$\frac{D'}{D}=\frac{1}{1+kt}; \quad \text{d'où} \quad D'=\frac{D}{1+kt}. \qquad (D)$$

145. *Problèmes sur les dilatations.* — 1. Une masse d'air occupe un volume de 156 centim. cub. à la température de 10° et sous la pression de $0^m,78$: on demande le volume x qu'elle occuperait à la température de 35° et sous la pression de 0,75, le coefficient α de dilatation de l'air étant 0,00366.

Appelons V le volume donné. D'après la loi de Mariotte, le volume V, en passant de la pression P à la pression P', devient

$$\frac{VP}{P'}.$$

En appliquant la formule précédente (C), pour le changement de température de t à t' degrés, on aura

$$x=\frac{VP}{P'}\times\left(\frac{1+\alpha t'}{1+\alpha t}\right)=176^{\text{cent cub}},560.$$

2. La densité du mercure à 0° est 13,596 : on demande la densité de ce métal à la température de 75°, son coefficient k de dilatation absolue étant 0,00018.

Soient V le volume d'une certaine quantité de mercure à 0° et V' le volume à $t°$. Si nous désignons par d la densité du mercure à 0° et par d' sa densité à $t°$, nous aurons

$$\frac{d}{d'}=\frac{V'}{V},$$

puisqu'à poids égal les densités sont en raison inverse des volumes.
Mais, d'après la formule précédente (A'),

$$\frac{V'}{V}=1+kt;$$

donc

$$d'=\frac{d}{1+kt}=\frac{13,596}{1+0,00018\times 75}=13,414.$$

Ce calcul peut s'appliquer à toute espèce de corps dont la dilatation est uniforme.

3. Deux hauteurs barométriques ont été observées en A et en B, l'une à $+15°$, l'autre à $-10°$: on demande quelle correction il faut leur faire subir pour les ramener l'une et l'autre à ce qu'elles eussent été à la température de 0°, sachant que le coefficient k de dilatation absolue du mercure est de 0,00018.
On suppose que la hauteur du baromètre en A est de 763 millimètres, et que la hauteur du baromètre en B est de 737.

Désignons par h la hauteur barométrique à 0°, et par h' la hauteur qui mesure la même pression à $t°$; désignons en outre par d et par d' les densités du mercure à 0° et à $t°$. La pression étant la même aux deux températures, les hauteurs seront en raison inverse des densités : on aura par conséquent

$$\frac{h}{h'}=\frac{d'}{d}, \quad \text{d'où} \quad hd=h'd'.$$

Or, $d'=\frac{d}{1+kt}$ (prob. 2), donc $d=d'(1+kt)$.

En remplaçant d par sa valeur dans l'égalité précédente, nous aurons $hd'(1+kt)=h'd'$, ou simplement $h(1+kt)=h'$; donc

$$h=\frac{h'}{1+kt}. \qquad (140)$$

Si t est négatif, on aura

$$h=\frac{h'}{1-kt}.$$

Remplaçant les lettres par les valeurs énoncées dans les données du problème, nous aurons

pour l'observation A,
$$h = \frac{763^{mm}}{1 + 0{,}00018 \times 15} = 760^{mm}{,}94\,;$$

pour l'observation B,
$$h = \frac{737^{mm}}{1 - 0{,}00018 \times 10} = 738^{mm}{,}33.$$

4. Un corps perd 10 grammes de son poids dans de l'air à 0°; on demande ce qu'il perdrait si la température de l'air s'élevait à 34°.

La perte de poids que subit un corps plongé dans un gaz est nécessairement proportionnelle à la densité de ce gaz.

Or, d'après la formule précédente (D), la densité de l'air à 34° est

$$\frac{1}{1 + 0{,}00366 \times 34}\,;$$

donc la perte de poids du corps sera

$$\frac{10}{1 + 0{,}00366 \times 34} = 8^{gr}{,}893.$$

5. Un pendule en cuivre non compensé et battant la seconde règle une horloge placée, à Paris, dans un milieu dont la température est constamment de 8° : on demande de combien de temps cette horloge varierait en 24 heures, si elle était transportée dans un milieu dont la température serait constamment de 40°, sachant que la longueur du pendule battant la seconde est à 8° de 994 millimètres, que la durée des oscillations d'un pendule est en raison directe de la racine carrée de sa longueur, et que le coefficient de dilatation linéaire du cuivre est 0,0000187.

La longueur du pendule étant à 8° de 994 millimètres, sa longueur l à 40° sera

$$l = 994 \times (1 + 0{,}0000187 \times 32).$$

Or, les durées des oscillations étant en raison directe des racines carrées des longueurs d'un pendule, si nous désignons par x la durée de chacune des oscillations que fera le pendule à 40° nous aurons

$$x = \sqrt{\frac{994 \times (1 + 0{,}0000187 \times 32)}{994}} = \sqrt{1 + 0{,}0000187 \times 32},$$

ce qui donne

$$x = 1^s,0002991.$$

L'horloge retardera, par conséquent, de 2991 dix-millionièmes de seconde par seconde.

Pour avoir le retard en 24 heures, il suffira donc de multiplier $0^s0002991$ par 86400, nombre de secondes que contiennent 24 heures, ce qui donnera, à un centième de seconde près,

$$0^s,0002991 \times 86400 = 25^s,84.$$

Résumé.

I. On désigne, en physique, sous le nom de *chaleur*, la cause qui produit en nous la sensation du chaud ou du froid. On admet aujourd'hui que la chaleur est le résultat d'un mouvement vibratoire des molécules de la matière pondérable, transmis d'un corps à un autre par l'intermédiaire d'un fluide répandu dans tout l'univers et que l'on nomme *éther*.

II. La chaleur appliquée à tous les corps les dilate. On distingue dans les solides la dilatation *linéaire* et la dilatation *cubique* ; dans les liquides, la dilatation *apparente* et la dilatation *absolue*.

III. On appelle *thermomètres* des instruments destinés à mesurer la température des corps, c'est-à-dire les différents degrés de chaleur sensible qu'ils contiennent. Ils reposent sur la dilatation.

IV. Les thermomètres proprement dits sont construits avec le mercure ou l'alcool. Leur graduation est établie sur deux points fixes de température : la glace fondante et l'eau bouillante.

V. Il y a trois échelles thermométriques : l'échelle centigrade, de 0° glace fondante à 100° eau bouillante ; celle de Réaumur, de 0° à 80° ; celle de Fahrenheit, de 0°, correspondant au froid produit par un mélange de sel ammoniac et de glace, à 212° eau bouillante. Le 0 glace fondante des thermomètres centigrades et Réaumur correspond au 32e degré Fahrenheit.

VI. Les thermomètres à gaz ont pour but d'apprécier de très petites différences de température. Les principaux sont le *thermomètre différentiel de Leslie* et le *thermoscope de Rumford*.

VII. Les *pyromètres* sont destinés à mesurer de hautes températures. Celui de Wedgwood est fondé sur le retrait qu'éprouve l'argile exposée à une chaleur intense.

VIII. On appelle *coefficient de dilatation* l'accroissement que prend l'unité de volume de chaque corps pour 1° centigrade.

IX. On distingue, dans les solides, deux sortes de coefficients de dilatation : le coefficient de la dilatation linéaire et celui de la dilatation cubique. Celui-ci est sensiblement le triple du premier.

X. Les coefficients de dilatation des solides sont très différents pour chacun d'eux. Entre 0° et 100°, la dilatation de ces corps est régulière ; au delà, elle cesse de l'être et augmente en général avec la température.

XI. Les coefficients de dilatation des solides trouvent leur application dans la construction des chemins de fer, dans les ouvrages de grosse serrurerie, dans le *pendule compensateur*, qui repose sur l'inégale dilatabilité du fer et du cuivre, et dans le *thermomètre de Bréguet*.

XII. Les liquides se dilatent aussi inégalement. Chacun d'eux possède deux coefficients de dilatation : le coefficient de dilatation apparente et le coefficient de dilatation absolue. Ce dernier s'obtient en ajoutant au premier le coefficient de dilatation de l'enveloppe. L'eau possède son maximum de densité à 4° centigrades.

XIII. Les gaz se dilatent beaucoup plus que les autres corps ; leur dilatation est aussi beaucoup plus uniforme et plus régulière. Leurs coefficients de dilatation, fixés par M. Regnault, diffèrent très peu les uns des autres.

XIV. On obtient la densité des gaz en pesant successivement, à la température 0° et sous la pression 0m,76, un ballon de verre d'abord vide, puis plein d'air, et ensuite rempli du gaz dont on veut connaître la densité.

CHAPITRE XII.

Chaleur rayonnante. Miroirs ardents. Loi de Newton. — Pouvoirs absorbant, émissif et réflecteur des corps pour la chaleur. — Expériences de Melloni. Corps diathermanes et athermanes.

Chaleur rayonnante. Miroirs ardents. Loi de Newton.

146. *Chaleur rayonnante.* — On appelle *chaleur rayonnante* la chaleur qui se transmet * d'un corps à un autre à travers

* Nous rappelons ici que par *chaleur qui se transmet* il faut entendre, non pas un fluide particulier se dégageant d'un corps pour se porter dans un autre corps, mais un mouvement vibratoire des molécules matérielles se propageant à distance par l'intermédiaire de l'éther. (Voyez page 162.)

l'espace, et *rayon de chaleur* ou *rayon calorifique*, la ligne que suit la chaleur en se propageant à distance.

La chaleur rayonnante est soumise aux lois suivantes :

1° *Un corps chaud émet de la chaleur, autour de lui, dans toutes les directions.*

Il suffit, pour démontrer cette loi, de placer un thermomètre dans différentes positions autour d'un corps chaud. On voit l'instrument accuser une élévation de température dans chacune des positions qu'il occupe.

2° *La chaleur rayonnante, dans un milieu homogène, se transmet en ligne droite.*

Pour le prouver, on place un écran sur la droite qui joint un foyer de chaleur à la boule d'un thermomètre. L'instrument n'accuse alors aucune élévation de température ; si on enlève l'écran, il monte aussitôt.

3° *La chaleur rayonnante se transmet à travers le vide.*

En plongeant dans l'eau bouillante un ballon de verre renfermant un petit thermomètre, et dans l'intérieur duquel on a fait le vide, on voit aussitôt le thermomètre monter rapidement ; ce qui ne peut être attribué qu'au rayonnement dans le vide, puisque le verre est trop mauvais conducteur de la chaleur pour que la propagation puisse se faire par les parois du ballon et par la tige du thermomètre. Cette expérience a été faite pour la première fois par Rumford, qui lui a donné son nom.

4° *L'intensité de la chaleur rayonnante est proportionnelle à la température du foyer.*

On démontre ce principe à l'aide du thermomètre différentiel de Leslie. En présentant l'une des boules de l'instrument à des sources de chaleur variables, par exemple à l'une des faces d'un cube en fer-blanc rempli successivement d'eau à 50°, 60°, 70°, 80°, 90°, on voit le thermomètre, à distance égale, indiquer des températures qui sont entre elles dans le même rapport que les premières, c'est-à-dire comme 5, 6, 7, 8, 9.

5° *L'intensité de la chaleur rayonnante est en raison inverse du carré de la distance.*

Cette loi se démontre en plaçant l'une des boules du thermomètre différentiel devant une source de chaleur constante, à des distances successivement égales à 1, 2, 3, 4.... On observe alors que les températures indiquées par le thermomètre sont entre elles comme 1, $\frac{1}{4}$, $\frac{1}{9}$, $\frac{1}{16}$, c'est-à-dire en raison inverse du carré des distances.

On peut encore en donner la preuve par le raisonnement, en s'appuyant sur ce théorème de géométrie, que la surface d'une sphère croît comme le carré de son rayon. Soit, en effet, un foyer de chaleur placé au centre d'une sphère creuse d'un rayon donné ; chaque unité de surface de la paroi intérieure recevra une quantité de chaleur déterminée. Supposons maintenant que le rayon de la sphère devienne 2, 3, 4.... fois plus grand, la surface deviendra 4, 9, 16.... fois plus grande, et elle contiendra, par conséquent, 4, 9, 16.... fois plus d'unités de surface. Or, comme le foyer de chaleur reste le même, il est évident que chacune de ces unités de surface recevra 4, 9, 16.... fois moins de chaleur; ce qui prouve le principe énoncé.

6° *Quand un rayon de chaleur tombe sur une surface polie, il se réfléchit en faisant un angle de réflexion égal à l'angle d'incidence ; et ces deux angles sont dans un même plan normal à la surface.*

Soient (*fig.* 119) EF une surface réfléchissante, BC un rayon incident, et CD une ligne perpendiculaire ou *normale* à la surface : le rayon réfléchi CA fera avec la normale CD un angle de *réflexion* ACD égal à l'angle d'*incidence* BCD, et les deux angles seront dans un même plan ACB normal à la surface EF.

Fig. 119.

On démontre en optique que, si un rayon lumineux RD (*fig.* 120) tombe sur la surface d'un miroir sphérique concave MM' dans une direction parallèle à son axe OC et à une petite distance de cet axe, ce rayon lumineux, en se réfléchissant suivant D*x*, viendra couper l'axe OC en un point F sensiblement situé au milieu du rayon de la sphère, c'est-à-dire à distance égale du point O, *centre de figure* du miroir, et du point C, ou *centre de courbure*. Il en est de même pour les autres rayons parallèles à l'axe, et qui tombent sur le miroir dans le voisinage de son centre de figure O. Tous ces rayons viennent, après leur réflexion, se concentrer au point F, que l'on appelle *foyer principal.*

Fig. 120.

Réciproquement, si au foyer principal F d'un miroir concave (*fig.* 121) est placé un point lumineux, tous les rayons divergents qui, partis de ce point, iront frapper le miroir, se réfléchiront parallèlement à son axe ACx.

Fig. 121.

147. *Miroirs ardents.* — Il résulte de ces deux principes que si on dispose en regard l'un de l'autre deux miroirs concaves A et B (*fig.* 122), de manière que leurs axes coïncident, et qu'au foyer principal F de l'un d'eux on place un point lumineux, les rayons réfléchis par le premier miroir formeront au foyer F' du second une image très nette de ce point. Or, si aux rayons de lumière on substitue des rayons de chaleur, en remplaçant

le point lumineux par des charbons ardents, ces rayons de chaleur iront encore, après leur réflexion sur les deux miroirs A et B, se concentrer au foyer F', où ils pourront enflammer un morceau d'amadou, à la distance de plusieurs mètres.

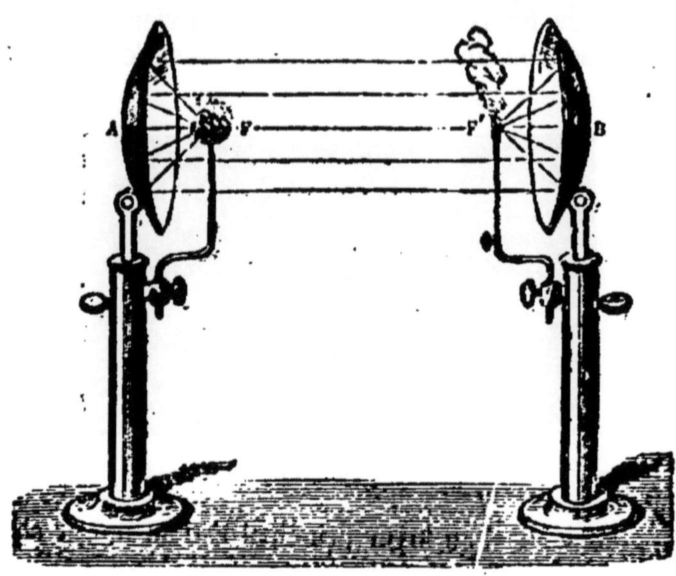

Fig. 122.

Cette expérience prouve évidemment que les rayons calorifiques et les rayons lumineux sont soumis à la même loi de réflexion. Donc en admettant comme vraie pour la lumière la loi précédemment énoncée, cette loi se trouve aussi démontrée pour la chaleur.

148. *Équilibre mobile de la température; loi de Newton.* — Lorsque plusieurs corps ayant des températures inégales sont en présence dans une même enceinte, ils tendent tous à prendre une température uniforme. Un rayonnement mutuel et continu de chaleur s'établit des uns aux autres; les corps les plus chauds, perdant plus de chaleur qu'ils n'en reçoivent des corps plus froids, se refroidissent, tandis que ces derniers s'échauffent jusqu'à ce qu'il y ait égalité ou équilibre de température entre tous. Cet équilibre une fois établi, le *rayonnement mutuel subsiste encore;* mais chacun des corps en présence, recevant à chaque instant autant de chaleur qu'il en émet, reste à une température constante. C'est à cet échange continuel de chaleur entre des corps placés à distance, et dont la température se

maintient égale, que l'on a donné le nom d'*équilibre mobile* de température.

Newton a démontré que lorsqu'un corps est placé dans une enceinte dont la température est plus basse que la sienne, *les abaissements de température qu'il subit dans des intervalles de temps égaux et très courts sont proportionnels aux excès moyens de sa température sur celle de l'enceinte pendant ces mêmes intervalles.* Supposons par exemple qu'un thermomètre chauffé à 20° et porté dans une enceinte dont la température serait de 10° se refroidisse de 2° en une minute ; ce même thermomètre, chauffé à 30° et porté dans la même enceinte, se refroidirait dans le même temps de 4°. Dans le premier cas, l'excès moyen de la température du thermomètre sur celle de l'enceinte est en une minute de 9° ; dans le second cas, il est de 18°. Donc à un excès double correspond un abaissement de température double. Toutefois l'expérience ne confirme cette loi que pour des excès de température ne dépassant pas 25 à 30° ; au delà de cette limite, le refroidissement devient plus rapide que la loi ne l'indique.

149. *Vitesse de la chaleur rayonnante.* — Le soleil nous envoie à la fois et en *même temps* de la chaleur et de la lumière. On remarque, en effet, que dès que le soleil paraît à l'horizon, il influence au même instant l'œil et le thermomètre. Au moment d'une éclipse, quand l'astre disparaît en partie ou en totalité derrière le disque de la lune, le refroidissement survient en même temps que l'obscurité. La vitesse de propagation de la chaleur est donc égale à celle de la lumière, c'est-à-dire d'environ 75,000 lieues par seconde.

150. *Réflexion apparente du froid.* — Deux miroirs concaves étant placés vis-à-vis l'un de l'autre, comme dans l'expérience des miroirs conjugués (*fig.* 122), si l'on place au foyer principal de l'un des miroirs un morceau de glace et au foyer de l'autre un thermomètre très sensible, on voit bientôt ce thermomètre indiquer un refroidissement d'autant plus grand que la température ambiante est plus élevée. On pourrait croire d'abord que ce phénomène est dû à des rayons frigorifiques émis par la glace ; mais il est facile de voir que c'est le thermomètre qui, étant le corps le plus chaud, émet vers la glace des rayons de chaleur plus intenses que ceux qu'il en reçoit : de là l'abaissement de température qu'il indique. Cette expérience rentre donc dans la loi générale de l'équilibre de température. D'ailleurs il ne peut exister de rayons frigorifiques, attendu que le froid n'est pas un agent distinct de la chaleur. Nous disons qu'un corps est froid lorsque sa température est plus basse que celle de nos organes avec lesquels il est en contact. Mais ce corps froid peut être chaud relativement à un autre plus froid que lui, et ainsi de suite, car il n'existe aucun corps absolument privé de chaleur.

Pouvoirs émissif, absorbant et réflecteur des corps pour la chaleur.

151. *Pouvoir émissif des corps pour la chaleur.* — On appelle *pouvoir émissif* la propriété que possèdent les corps d'émettre, à température et à surfaces égales, des quantités de chaleur plus ou moins grandes. Ce pouvoir varie selon la nature des corps, leur texture, et plus particulièrement suivant la densité et le degré du poli de leur surface.

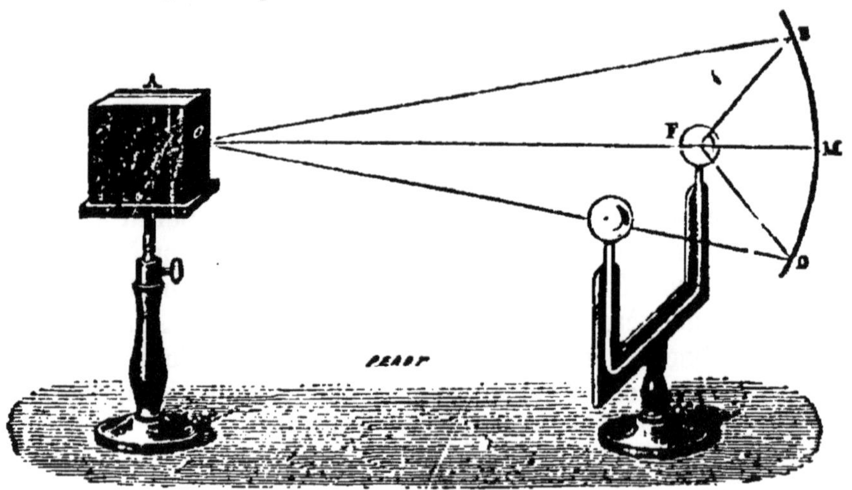

Fig. 123.

Leslie qui, le premier, chercha à déterminer le pouvoir émissif des corps, disposa ses expériences comme le montre la figure 123. La source de chaleur est un vase cubique A dit *cube de Leslie*, dont les faces sont formées de métaux différents ou sont recouvertes de diverses substances, comme de noir de fumée, de verre, de papier, etc. On remplit ce cube d'eau bouillante, puis on le place au-devant d'un miroir concave M, au foyer F duquel se trouve l'une des boules du thermomètre différentiel. Les rayons de chaleur oB, oD partis de la face *o* du cube et réfléchis par le miroir, viennent alors se concentrer sur la boule du thermomètre différentiel, dont ils élèvent la température. Or, le cube restant toujours à la même distance du miroir, si l'on tourne successivement chacune de ses faces vers le réflecteur, on constate que le thermomètre accuse des températures différentes, d'après lesquelles on peut mesurer les pouvoirs émissifs des divers corps. Ainsi en représentant par 100 la chaleur émise par le noir de fumée, Leslie a obtenu le tableau suivant :

Noir de fumée	100	Plomb terne	45
Blanc de céruse	100	Cuivre en feuilles	35
Papier	98	Plomb décapé	19
Verre blanc ordinaire	90	Fer poli	15
Argent mat	54	Or, platine, argent polis	12

Les expériences de Leslie ont été reprises par plusieurs physiciens, entre autres par Melloni et par MM. de la Provostaye et Desains, au moyen du *thermo-multiplicateur* (155), instrument beaucoup plus sensible et plus précis que le thermomètre différentiel. D'après MM. de la Provostaye et Desains, le pouvoir émissif des métaux polis serait beaucoup moindre que celui indiqué par Leslie ; l'or en feuilles, par exemple, n'aurait qu'un pouvoir émissif représenté par 4, et l'argent poli par 2.5.

152. *Pouvoir absorbant des corps pour la chaleur.* — On appelle *pouvoir absorbant* la propriété qu'ont les corps d'absorber une quantité plus ou moins considérable de la chaleur qui tombe sur leur surface. Pour déterminer ce pouvoir, on place au foyer d'un miroir concave l'une des boules du thermomètre différentiel, que l'on recouvre successivement de divers corps, par exemple de noir de fumée, de blanc de céruse, de papier, de feuilles d'or, d'argent, d'étain, de cuivre, etc. ; puis on dispose à quelque distance du miroir, comme dans l'expérience précédente, un vase cubique rempli d'eau bouillante. On observe alors que la boule du thermomètre absorbe plus ou moins de chaleur, selon la substance qui la recouvre, et l'on constate ainsi que l'ordre des pouvoirs absorbants est précisément celui des pouvoirs émissifs : noir de fumée, blanc de céruse, papier, verre, plomb décapé, fer, argent et cuivre polis ; ce qui confirme la loi posée par Dulong, que *le pouvoir émissif d'un corps est toujours égal à son pouvoir absorbant.*

Remarque. Ce que nous venons de dire du pouvoir absorbant des corps pour la chaleur ne s'applique qu'à la chaleur *obscure.* Melloni a, en effet, reconnu que ce pouvoir varie avec la nature de la source calorifique. Le blanc de céruse, par exemple, qui absorbe si facilement la chaleur émise par une source à 100°, en absorbe quatre fois moins quand elle provient d'une source incandescente, telle que la flamme d'une lampe. Seul le noir de fumée absorbe également la chaleur, quelle que soit la source, obscure ou lumineuse, d'où elle émane.

153. *Pouvoir réflecteur des corps pour la chaleur.* — Le *pouvoir réflecteur* est la propriété qu'ont les corps de réfléchir à leur surface une quantité plus ou moins grande de la chaleur rayonnante qu'ils reçoivent.

Ce pouvoir varie avec la nature des corps et avec l'état de leur surface; pour le démontrer, on place (*fig.* 121) devant un miroir concave M une source de chaleur constante, telle qu'un vase cubique A rempli d'eau bouillante, disposé comme dans les deux expériences précédentes, c'est-à-dire de manière que l'axe principal Mo du miroir tombe perpendiculairement sur le milieu de la face *o.* Sur cet axe, entre le miroir et son foyer, est placée une petite plaque R de la substance dont on veut mesurer le pouvoir réflecteur. Les rayons calorifiques oB, *o*D, émis par la source et réfléchis sur le miroir, rencontrent la plaque R, sur laquelle ils se réfléchissent de nouveau pour former leur foyer en un point situé entre cette plaque et le miroir. Or, si l'on met en ce point la

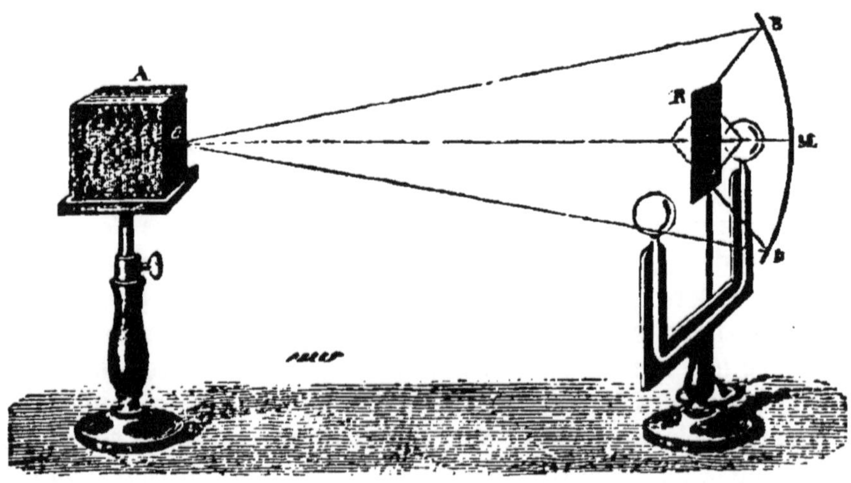

Fig. 121.

boule d'un thermomètre différentiel. on constate que la température accusée par l'instrument varie avec la nature de la plaque.

Leslie a trouvé par cette méthode qu'en représentant par 100 le pouvoir réflecteur du laiton, on peut former le tableau suivant :

Cuivre jaune poli.	100	Plomb	60
Argent	90	Encre de Chine	13
Étain.	80	Verre.	10
Fer poli	70	Noir de fumée	0

On voit, d'après ce tableau, que le pouvoir réflecteur d'un corps pour la chaleur est d'autant plus grand que son pouvoir absorbant est plus petit.

Il est évident, en effet, que moins un corps absorbe de chaleur rayonnante, plus il en réfléchit, et réciproquement. Toutefois ces deux pouvoirs ne sont pas, comme on l'a dit, rigoureusement complémentaires l'un de l'autre ; car la somme des quantités de chaleur réfléchie et absorbée ne représente jamais, dans les expériences, la totalité de la chaleur incidente.

D'après MM. de la Provostaye et Desains, qui, ainsi que nous l'avons dit, ont repris avec beaucoup de soin et à l'aide du thermo-multiplicateur (155) les expériences de Leslie, les pouvoirs réflecteurs des principaux métaux mesurés sous un angle de réflexion de 50°, doivent être classés dans l'ordre suivant :

Argent poli.	0,96	Platine.	0,83
Or.	0,95	Zinc	0,81
Cuivre	0,93	Fer.	0,77
Acier.	0,83	Fonte.	0,73

154. *Applications des pouvoirs émissif, absorbant et réflecteur des corps.* — Les principes que nous venons d'exposer trouvent de nombreuses applications dans l'hygiène, dans l'économie domestique et dans les arts. Tels sont le choix des vêtements les plus convenables dans les différentes saisons, la construction des cheminées et des calorifères, l'emploi des vases dans lesquels on fait chauffer les liquides ou dans lesquels on se propose de les garder le plus longtemps possible chauds ou froids, les procédés mis en usage pour accélérer la fusion de la glace ou pour la conserver dans les climats chauds, etc., etc.*

* Il peut être utile dans certains cas de hâter la fusion de la neige; le meilleur moyen à employer est de la recouvrir d'une couche de suie (noir de

Expériences de Melloni. Pouvoirs diathermanes. Diffusion ou réflexion irrégulière de la chaleur.

155. *Transmission de la chaleur rayonnante à travers les corps solides et les liquides.* — Certains corps se laissent traverser par la chaleur rayonnante, comme les corps diaphanes par la lumière ; d'autres, au contraire, interceptent complétement les rayons calorifiques, comme les corps opaques interceptent les rayons lumineux. Les premiers ont reçu le nom de *corps diathermanes ;* les seconds sont appelés *corps athermanes.* L'air et les gaz sont éminemment diathermanes ; les liquides le sont tous plus ou moins ; parmi les solides, les métaux sont complétement athermanes. Toutefois, malgré l'analogie qui existe entre la chaleur rayonnante et la lumière, le pouvoir diathermane des corps n'est pas en rapport exact avec leur degré de transparence. Ainsi, le cristal de roche enfumé est beaucoup plus diathermane que l'alun parfaitement diaphane.

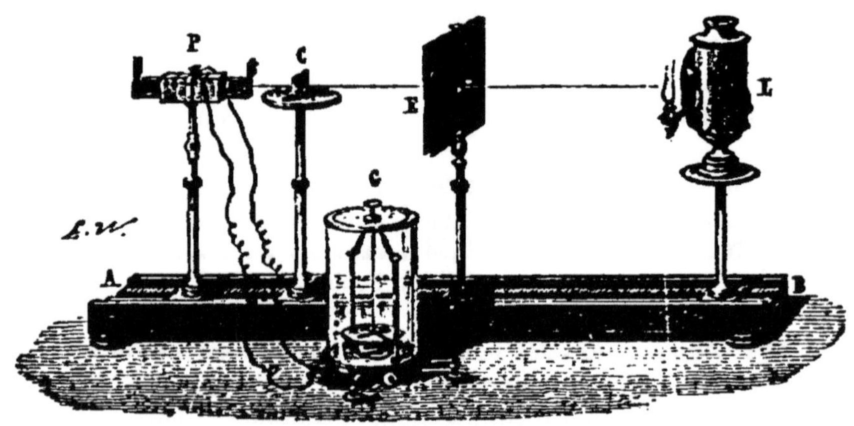

Fig. 125.

C'est à M. Melloni que l'on doit la connaissance de ces faits, qu'il a découverts et démontrés à l'aide d'un appareil thermométrique d'une sensibilité extrême, nommé *thermo-multiplicateur* *, parce qu'il est composé (*fig.* 125) d'une pile thermo-élec-

fumée). Sous cette couche, absorbant avec facilité la chaleur du soleil, la neige fondrait beaucoup plus rapidement.

* Voyez le chapitre XXIII.

trique P de bismuth et d'antimoine et d'un galvanomètre ou multiplicateur à deux aiguilles G. L est une lampe dite Locatelli qui sert de source de chaleur, E un écran mobile percé d'une ouverture circulaire pour le passage des rayons calorifiques, C un support sur lequel on place les corps dont on veut étudier le pouvoir diathermane. En expérimentant sur diverses substances solides et liquides, M. Melloni a obtenu les tableaux suivants :

Pouvoirs diathermanes. — Substances solides.

Sur 100 rayons incidents émis par la flamme de la lampe Locatelli :

Le sel gemme en laisse passer	92
Fluorure de calcium.	78
Le verre à glace,	39
Le spath d'Islande,	39
Le cristal de roche diaphane,	37
Le cristal de roche enfumé,	32
Le sulfate de chaux diaphane,	14
L'alun diaphane,	9
La glace pure,	6

sous une épaisseur constante de $2^{mm},6$.

Pouvoirs diathermanes. — Substances liquides.

Sur 100 rayons incidents :

Le sulfure de carbone en laisse passer	63
L'huile d'olive,	30
L'éther,	21
L'acide sulfurique,	17
L'alcool,	15
L'eau distillée,	11

Ces liquides étaient placés dans une petite auge de verre à faces parallèles et distantes l'une de l'autre de $9^{mm},2$.

Remarque. Le pouvoir diathermane, pour la plupart des corps, diminue rapidement avec la température de la source. Ainsi le verre à glace, qui est très diathermane pour des rayons émis par une source de chaleur incandescente, cesse complètement de l'être pour une source de chaleur obscure, par exemple, un corps chauffé à 100°. Il n'y a d'exception que pour le sel gemme et le fluorure de calcium, qui restent toujours diathermanes au même degré, quelle que soit la température de la source de chaleur. En résumé :

1° Toutes les substances *transparentes*, c'est-à-dire laissant passer les rayons lumineux, sont plus ou moins diathermanes pour la *chaleur lumineuse*.

2° Certaines substances transparentes pour la lumière sont complètement *athermanes* pour la chaleur obscure. Ainsi le verre et le cristal de roche arrêtent la totalité des rayons de chaleur émis par un corps chauffé à 100°.

3° D'autres substances, particulièrement le sel gemme et le fluorure de calcium, sont diathermanes pour *toute espèce de chaleur*, obscure ou lumineuse.

156. *Applications des pouvoirs diathermanes.* — Le grand pouvoir diathermane de l'air donne la raison pour laquelle les couches supérieures de l'atmosphère sont toujours à une très basse température, malgré les rayons solaires qui les traversent. L'eau ayant, au contraire, un pouvoir diathermane très faible, il en résulte que le fond des lacs, des mers, ne peut s'échauffer que très difficilement, et que les couches supérieures seules subissent les variations de la température suivant les saisons.

On utilise le pouvoir diathermane des corps pour séparer les rayons de chaleur des rayons de lumière qui émanent d'une même source. Ainsi le sel gemme recouvert de noir de fumée arrête complètement la lumière et laisse passer la chaleur, tandis qu'une lame ou une dissolution d'alun diaphane produit l'effet inverse. La propriété que possède le verre d'être diathermane pour les rayons émis par une source de chaleur incandescente, et athermane pour les rayons émis par une source dont la température est égale ou inférieure à 100°, explique l'élévation de la température dans les serres et sous les cloches dont on fait usage en horticulture pour abriter certaines plantes. En effet, les rayons solaires dont la source est incandescente traversent facilement le verre, tandis que la chaleur obscure qui rayonne du sol ou de l'intérieur de la serre est arrêtée au passage.

157. *Diffusion ou réflexion irrégulière de la chaleur.* — Sur les surfaces bien polies, la chaleur se réfléchit toujours régulièrement, c'est-à-dire suivant les lois que nous avons précédemment indiquées. Mais il n'en est pas de même lorsqu'elle tombe sur une surface rugueuse comme des plaques dépolies de verre ou de métal, du bois, du papier, etc. Une partie de la chaleur incidente se réfléchit irrégulièrement, c'est-à-dire dans toutes les directions autour du point d'incidence. C'est ce phénomène, découvert par M. Melloni, que l'on désigne sous le nom de *diffusion* ou *réflexion irrégulière* et que l'on peut démontrer facilement au moyen du thermo-multiplicateur. Il suffit pour cela de recevoir sur une surface non polie un faisceau de chaleur et de présenter sous une inclinaison ou dans une direction quelconque la pile de l'instrument. On voit aussitôt l'aiguille du galvanomètre s'écarter plus ou moins, ce qui prouve qu'il y a de la chaleur réfléchie dans toutes les directions et sous toutes les inclinaisons.

158. *Réfraction des rayons calorifiques.* — Melloni, à l'aide de son appareil thermo-multiplicateur, a démontré que les rayons calorifiques, en passant à travers les substances diathermanes, se réfractent comme les rayons lumineux à travers les corps transparents. Ainsi, à l'aide d'une lentille en sel gemme, on concentre en un foyer la chaleur obscure comme avec une lentille de verre on concentre la lumière et la chaleur lumineuse. M. Melloni a reconnu également qu'il existe différentes espèces de rayons calorifiques, comme il existe des rayons lumineux de diverses couleurs.

Résumé.

I. La chaleur rayonnante est celle qui se transmet d'un corps à un autre à travers l'espace.

II. La chaleur rayonnante se meut en ligne droite; son intensité est en raison inverse du carré de la distance.

III. Quand la chaleur rayonnante se réfléchit à la surface des corps, l'angle de réflexion est égal à l'angle d'incidence, et ces deux angles sont situés dans un même plan normal à la surface réfléchissante.

IV. On appelle équilibre mobile de la température le rayonnement mutuel et continu de plusieurs corps placés en présence dans une même enceinte et se maintenant à une température égale.

V. Le pouvoir émissif et absorbant des corps pour la chaleur est la propriété qu'ils possèdent d'émettre ou d'absorber des quantités plus ou moins grandes de chaleur. Ces deux pouvoirs sont en raison directe l'un de l'autre.

VI. Le pouvoir réflecteur est la propriété que possèdent les corps de réfléchir une quantité plus ou moins grande de la chaleur rayonnante qui tombe sur leur surface. Ce pouvoir est en raison inverse des pouvoirs émissif et absorbant.

VII. On appelle corps *diathermanes* ceux qui se laissent traverser par la chaleur; ceux qui interceptent les rayons calorifiques portent le nom de corps *athermanes*. Le sel gemme est de tous les corps le plus diathermane; les métaux, au contraire, sont complètement athermanes.

VIII. On désigne sous le nom de *diffusion* la réflexion irrégulière de la chaleur à la surface des corps non polis.

IX. Les rayons calorifiques, en passant à travers les corps diathermanes, se réfractent comme le font les rayons lumineux à travers les corps diaphanes.

CHAPITRE XIII.

Conductibilité des corps pour la chaleur, Procédé d'Ingenhousz. — Calorimétrie. Détermination de la chaleur spécifique des solides, des liquides et des gaz. — Fusion et solidification. — Chaleur latente de fusion. — Dissolution; cristallisation; sursaturation. — Mélanges réfrigérants.

Conductibilité des corps pour la chaleur. Procédé d'Ingenhousz.

159. *Conductibilité des corps pour la chaleur.* — On donne le nom de *conductibilité* à la propriété dont jouissent les corps de transmettre plus ou moins facilement la chaleur de proche en proche dans l'intérieur de leur masse.

Tous les corps n'ont pas la même conductibilité. Les uns sont *bons conducteurs*, comme l'or, l'argent, le cuivre, et en général tous les métaux; d'autres, au contraire, sont *mauvais conducteurs*, c'est-à-dire qu'ils ne transmettent que très difficilement la chaleur dans leur masse, comme le verre, la porcelaine, le bois, les résines, et surtout les liquides et les gaz.

160. *Conductibilité des corps solides. Procédé d'Ingenhousz pour la déterminer.* — Ce procédé consiste dans l'emploi du petit appareil représenté par la *figure* 126, et à l'aide duquel on peut déterminer l'ordre des pouvoirs conducteurs des corps solides. Il se compose d'une caisse rectangulaire en cuivre B, munie d'un manche A, et sur l'une des faces de laquelle sont implantées extérieurement des tiges de différentes substances D, E, F, G, H, dont l'extrémité adhérente pénètre un peu dans l'intérieur de la caisse. On recouvre ces tiges d'une légère couche de cire blanche, puis on verse de l'eau bouillante dans la caisse. On voit alors la cire fondre sur les tiges, à une distance plus ou moins grande de la paroi de la caisse; ce qui indique, pour chaque tige, le degré de conductibilité de la substance qui la compose. En exprimant par 100 le degré de conductibilité de l'argent, qui est de tous les métaux celui qui conduit le mieux la chaleur, la conductibilité des autres métaux usuels est représentée par les nombres suivants :

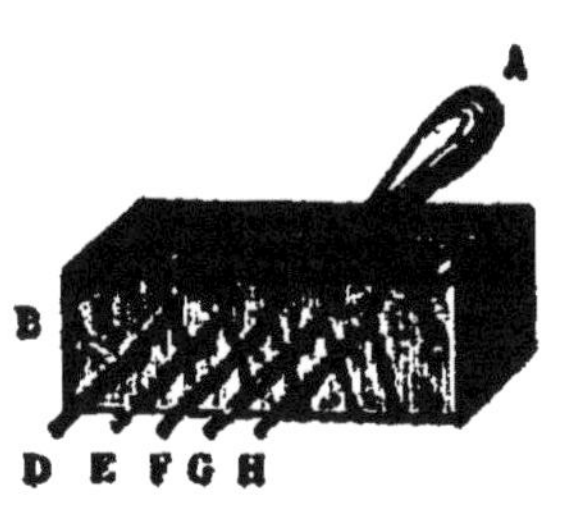

Fig. 126.

Tableau des divers degrés de conductibilité des principaux métaux.

Argent,	100,0	Étain,	14,4
Cuivre,	77,6	Fer,	11,9
Or,	53,2	Plomb,	8,5
Laiton,	23,6	Platine,	8,4
Zinc,	19,0	Bismuth,	1,8

Fig. 127.

161. *Conductibilité des liquides.* — Les liquides sont très mauvais conducteurs de la chaleur. Il suffit, pour le démontrer (*fig.* 127), d'introduire de l'eau dans un long tube au fond duquel est un petit thermomètre, et de chauffer, en inclinant légèrement le tube, les couches supérieures du liquide au moyen d'une lampe à alcool. On voit bientôt l'eau bouillir à la surface, tandis que le thermomètre placé au fond du tube accuse à peine une très légère augmentation de température

Remarque. — Lorsqu'un liquide est en communication, par sa partie inférieure, avec une source de chaleur, ce n'est donc pas par un effet de conductibilité qu'il s'échauffe, mais par suite du déplacement de ses molécules, qui toutes viennent tour à tour au fond du vase recevoir l'impression de la chaleur. Supposons, en effet (*fig.* 128), un vase en verre rempli d'eau et chauffé par sa partie inférieure; les couches liquides qui reposent immédiatement sur le fond vont, en s'échauffant, devenir moins denses, et monteront à la surface en formant au centre de la masse un courant ascendant. Les couches latérales moins chauffées, et par conséquent plus denses, descendront au contraire vers le fond en formant à l'extérieur de la masse un courant descendant. Ces deux courants se maintiendront tant que le liquide s'échauffera. On peut les rendre visibles en plaçant dans le liquide de la sciure de bois qui monte et descend avec eux.

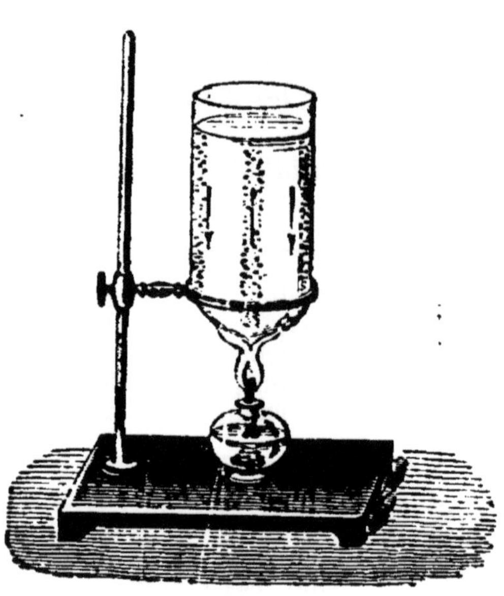

Fig. 128.

162. *Conductibilité des gaz.* — Il est difficile d'apprécier directement le pouvoir conducteur des gaz, à cause de l'extrême mobilité de leurs molécules; toutefois leur conductibilité est presque nulle. L'hydrogène seul possède un certain degré de conductibilité qui augmente avec la pression.

Les gaz ne peuvent donc s'échauffer qu'à la manière des liquides, c'est-à-dire par des courants ascendants et descendants qui mettent successivement toutes leurs molécules en contact avec le foyer de chaleur.

163. *Applications de la conductibilité.* — Les faits qui précèdent ont reçu dans les arts et dans la vie commune de nombreuses applications. S'il s'agit, par exemple, d'empêcher un corps de se refroidir, on l'enveloppe de substances non con-

ductrices; le même moyen l'empêche également de s'échauffer. C'est ainsi que pour conserver la glace en été, on l'entoure de paille ou d'une couverture de laine. Les *glacières* où l'on emmagasine la glace recueillie pendant l'hiver, consistent en une fosse profonde maçonnée en brique, substance très peu conductrice; la glace y repose sur un lit de paille et y est recouverte d'une couche épaisse de la même substance maintenue par des planches chargées de pierres.

Les matières filamenteuses, telles que les fourrures, l'ouate, les tissus de laine, l'édredon, le plumage des oiseaux, etc., doivent surtout leur propriété si précieuse de conserver la chaleur au peu de conductibilité de l'air qu'elles emprisonnent et retiennent dans leurs mailles, comme une éponge retient l'eau. Cette couche d'air, maintenue tout autour du corps, nous protége d'autant plus efficacement contre le froid qu'elle est plus épaisse et se renouvelle plus difficilement. C'est encore sur le peu de conductibilité de l'air que repose l'emploi des doubles fenêtres en usage dans les pays froids, pour maintenir la chaleur dans les appartements.

Enfin le plus ou moins de conductibilité des corps pour la chaleur nous explique comment diverses substances ayant la même température nous donnent au toucher des sensations si différentes. Un morceau de bois, par exemple, à la température ordinaire, c'est-à-dire de dix à quinze degrés, ne nous semble en le touchant ni chaud ni froid, tandis qu'une barre de fer à la même température nous paraît très froide. Réciproquement, si le bois et le fer étaient à une température plus élevée que celle de la main, le métal nous semblerait beaucoup plus chaud que le bois. Cela tient à ce que le métal, possédant une conductibilité beaucoup plus grande que celle du bois, nous enlève ou nous communique instantanément une plus grande quantité de chaleur. Toutefois, il importe de tenir compte, dans l'explication de ce phénomène, de l'état de la surface du corps sur lequel on expérimente. Ainsi un même corps ayant une température inférieure à celle de la main, nous paraîtra d'autant plus froid que sa surface sera plus lisse et mieux polie, par la raison toute simple que le contact étant plus parfait, la quantité de chaleur enlevée dans le même temps sera plus considérable.

Calorimétrie. Détermination de la chaleur spécifique des corps solides, des liquides et des gaz.

164. *Chaleur spécifique.* — On appelle *chaleur spécifique* ou *capacité calorifique* d'un corps la quantité de chaleur que l'unité de poids de ce corps absorbe pour passer de 0° à 1°, comparée à la quantité de chaleur que l'unité de poids d'eau distillée absorberait pour passer également de 0° à 1°. La chaleur spécifique de l'eau est donc prise pour unité dans la mesure des chaleurs spécifiques des autres corps solides ou liquides.

165. *Quantité de chaleur.* — La *quantité de chaleur* qu'un corps peut absorber ou émettre, pour passer d'un degré de température à un autre, est nécessairement proportionnelle à son poids, au nombre de degrés de température qu'il acquiert ou qu'il perd, et à sa chaleur spécifique. Par conséquent, *la quantité de chaleur que possède un corps est égale au produit de son poids par sa température et par sa chaleur spécifique.* En représentant par q la quantité de chaleur d'un corps, par m son poids, par t sa température et par c sa chaleur spécifique, on aura

$$q = mtc.$$

166. *Unité de chaleur ou calorie.* — On appelle *unité de chaleur* ou *calorie* la quantité de chaleur nécessaire pour élever de 1 degré la température de 1 kilogramme d'eau.

167. *Détermination de la chaleur spécifique des corps solides.* — Pour mesurer la chaleur spécifique des corps solides, on emploie deux méthodes principales ; la méthode des mélanges et la méthode de fusion de la glace.

1° *Méthode des mélanges.* Soient m le poids et t la température, voisine de 100°, d'un corps solide dont on veut déterminer la chaleur spécifique x. On plonge rapidement ce corps dans une masse d'eau froide M dont la température initiale est t'. Soient de même m' le poids connu du vase qui contient l'eau, et c sa chaleur spécifique également connue. On agite le mélange jusqu'à ce que l'eau ait atteint la température maximum θ.

Le corps s'étant alors refroidi d'un nombre de degrés $t-\theta$, la quantité de chaleur qu'il a perdue a pour mesure $mx(t-\theta)$.

Or, cette quantité de chaleur est précisément égale à celle acquise par l'eau, c'est-à-dire $M(\theta-t')$, plus celle acquise par le vase $m'c(\theta-t')$.

On aura donc l'équation

$$mx(t-\theta)=M(\theta-t')+m'c(\theta-t'),$$

ou

$$mx(t-\theta)=(M+m'c)(\theta-t');$$

d'où

$$x=\frac{(M+m'c)(\theta-t')}{m(t-\theta)}.$$

On remplace souvent $m'c$ par la lettre μ qui désigne le poids d'eau qui absorberait la même quantité de chaleur que le vase, ce qui donne

$$x=\frac{(M+\mu)(\theta-t')}{m(t-\theta)}.$$

2° *Méthode de fusion de la glace.* Nous verrons bientôt que lorsqu'on mélange 1 kilogramme de glace pilée à 0° et 1 kilogramme d'eau à 79°, toute la glace se fond, et que l'on obtient toujours deux kilogrammes d'eau à 0°. Par conséquent, 1 kilogramme de glace à 0° absorbe, pour se fondre, 79 calories ou unités de chaleur, c'est-à-dire la quantité de chaleur nécessaire pour élever 1 kilogramme d'eau liquide de 0 à 79°. Il suffira donc de connaître la quantité de glace que fond un corps en s'abaissant d'une température donnée à 0°, pour déterminer facilement sa chaleur spécifique. On se sert pour cela d'un appareil connu sous le nom de *calorimètre de glace de Laplace et Lavoisier.*

Cet instrument (*fig.* 129) se compose de trois vases concentriques en fer-blanc. Celui du centre sert à recevoir le corps dont on veut connaître la chaleur spécifique ; les deux autres sont remplis de glace pilée à 0°. Un couvercle, également recouvert de glace, ferme exactement chaque vase. La glace du vase moyen est destinée à être fondue par le corps chaud ; celle que contient le vase extérieur, ainsi que celle qui est placée sur les couvercles, a pour but d'empêcher la chaleur ambiante d'agir sur la glace du vase moyen, laquelle doit être uniquement fondue par le corps chaud et recueillie avec soin au moyen d'un tube à robinet R plongeant dans un récipient V.

Un second robinet A sert à donner issue à l'eau provenant de la fusion de la glace placée dans le vase extérieur.

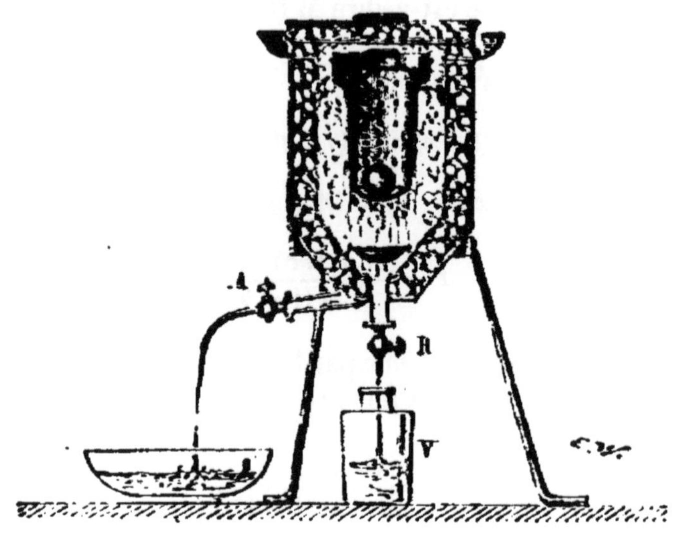

Fig. 129.

Soient maintenant m le poids en kilogrammes d'un corps introduit dans le calorimètre, t sa température, et P le poids de la glace que ce corps a fondue en s'abaissant de t° à 0°. La quantité de chaleur perdue par le corps sera mtc ; la quantité de chaleur nécessaire pour fondre un poids P de glace est égale à $P \times 79$ calories ou unités de chaleur, puisqu'un kilogramme de glace absorbe, pour se fondre, 79 unités de chaleur. Or, comme la quantité de chaleur mtc perdue par le corps a été tout entière absorbée par le poids P de glace fondue, on aura l'égalité

$$mtc = 79\,P\,;$$

d'où

$$c = \frac{79\,P}{mt}.$$

Exemple. 2 kilog. de cuivre à 60° ont fondu 150 grammes de glace. On demande la chaleur spécifique x du cuivre.

$$2 \times 60 \times x = 79 \times 0{,}150.$$

d'où

$$x = \frac{79 \times 0{,}150}{2 \times 60} = 0{,}094.$$

Au lieu de l'appareil que nous venons de décrire, on emploie quelquefois, pour déterminer la chaleur spécifique des corps, le *puits de glace*. C'est tout simplement un bloc de glace dans lequel on a pratiqué un trou destiné à recevoir le corps, et qui est recouvert d'un autre morceau de glace.

168. *Chaleurs spécifiques des liquides.* — Les chaleurs spécifiques des liquides se déterminent également par la méthode des mélanges ou par celle du calorimètre de glace de Laplace et Lavoisier. Pour cette dernière méthode, les liquides sont renfermés dans des tubes de verre très mince, que l'on place, comme les corps solides, dans le vase intérieur du calorimètre. Mais il faut alors tenir compte de la quantité de glace fondue par l'enveloppe, dont on connaît le poids et la chaleur spécifique, et retrancher cette quantité du poids total de la glace fondue. On obtient ainsi le poids de la glace fondue par le liquide seul, d'où l'on tire, comme précédemment, sa chaleur spécifique.

Remarque. La chaleur spécifique pour un même corps solide ou liquide n'est pas absolument constante aux diverses températures. Si l'on mélange, par exemple, 1 kilogr. de mercure à 0° et 1 kilogr. de mercure à 300°, le mélange, au lieu de prendre la température moyenne qui serait 150°, prend la température de 153° environ, ce qui prouve que la chaleur spécifique du mercure est plus grande entre 153° et 300° qu'entre 0° et 153°. La chaleur spécifique d'un même corps varie également selon qu'il est à l'état solide ou à l'état liquide : elle est généralement plus grande quand il est dans ce dernier état. Ainsi la chaleur spécifique de la glace n'est environ que la moitié de celle de l'eau. A l'état de vapeur, la chaleur spécifique d'un même corps est ordinairement moindre qu'à l'état liquide.

Chaleur spécifique des principaux corps solides ou liquides entre 0° et 100°.

Eau,	1,0000	Zinc,	0,0955
Mercure,	0,0333	Fer,	0,1138
Argent,	0,0570	Soufre,	0,2025
Or,	0,0324	Charbon,	0,2415
Cuivre,	0,0940	Verre,	0,1976

169. *Chaleurs spécifiques des gaz.* — Les chaleurs spécifiques des gaz se déterminent par la méthode des mélanges convenablement modifiée. On fait passer dans un serpentin entouré d'eau

froide une quantité connue de gaz à une température déterminée, et on note le nombre de degrés dont la température de l'eau s'est accrue. La quantité de chaleur cédée par le gaz étant égale à la quantité de chaleur gagnée par l'eau, par les parois du vase et par le serpentin, on obtient une équation dont il est facile de tirer le nombre exprimant la chaleur spécifique cherchée. Voici, d'après M. Regnault, les chaleurs spécifiques des principaux gaz, par rapport à l'eau :

Air atmosphérique . .	0,2374	Chlore	0,1209
Oxygène.	0,2175	Acide carbonique . . .	0,2024
Azote	0,2438	Ammoniaque	0,5083
Hydrogène.	3,4090	Protoxyde d'azote. . .	0,3447

170. *Loi de Dulong.* — Dulong et Petit, en 1820, ont découvert la loi suivante : *Les atomes des différents corps simples, solides ou liquides, ont tous la même chaleur spécifique.* Ces deux physiciens ont, en effet, reconnu que si l'on multiplie les nombres qui expriment les chaleurs spécifiques des divers corps simples, solides ou liquides, par leurs poids atomiques, on obtient *un produit sensiblement constant.* Ce produit, qui est en moyenne 6,4, représente ce qu'on nomme la *chaleur atomique.* Il suit de là que si l'on prenait des quantités de ces divers corps simples proportionnelles à leurs poids atomiques, soit, par exemple, 200 gr. de mercure, 108 gr. d'argent, 32 gr. de soufre, etc., il faudrait la même quantité de chaleur pour élever de 1° la température de chacun d'eux.

Fusion et solidification. Chaleur latente de fusion.

171. *Passage de l'état solide à l'état liquide.* — Nous avons vu que toutes les fois que l'on chauffe un corps solide, il se dilate. Or, il est facile de concevoir qu'il y a, pour cette dilatation, une limite au delà de laquelle l'attraction moléculaire devient impuissante à maintenir le corps à l'état solide. Alors apparaît un autre phénomène auquel on a donné le nom de *fusion,* et qui consiste dans le passage de l'état solide à l'état liquide.

Le phénomène de la fusion est constamment soumis aux deux lois suivantes :

1° *La température à laquelle s'opère la fusion est invariable pour chaque corps;*

2° *La température d'un corps qui fond demeure constante pendant toute la durée de la fusion.*

Tableau des températures de fusion de diverses substances.

Mercure,	— 39°	Plomb,	320
Glace,	0	Zinc,	360
Phosphore,	43	Argent,	1000
Potassium,	58	Fonte blanche.	1100
Stéarine,	60	Fonte grise.	1200
Cire vierge,	63	Or,	1250
Sodium,	90	Fer doux,	1500
Soufre,	115	Platine,	2000
Étain,	230	Iridium,	2500

172. *Chaleur latente de fusion.* — La température d'un corps qui fond reste constante pendant toute la durée de la fusion. La conséquence de ce fait, c'est que la chaleur cédée au corps par le foyer, quelle qu'en soit l'activité, est *tout entière employée à opérer son changement d'état.* Or, ce changement ne peut s'effectuer qu'en vertu d'un travail mécanique considérable, ce qui explique la disparition de la chaleur émise par le foyer. Nous disons que cette chaleur est devenue *latente,* mais en réalité elle n'a fait que se transformer en un travail mécanique, qui a eu pour effet de mettre le solide en fusion.

L'expérience suivante va nous donner une idée très exacte de ce qu'il faut entendre par *chaleur latente.* Si l'on verse 1 kilog. d'eau à 79° sur un kilog. de glace pilée ou de neige à 0°, celle-ci fond aussitôt et *l'on obtient 2 kil. d'eau à 0°, c'est-à-dire à la température qu'avait la glace.* On voit par là que la glace, uniquement pour se fondre, puisqu'elle n'a pas changé de température, a absorbé et rendu latente toute la quantité de chaleur nécessaire pour élever un poids égal d'eau de 0° à 79°. Cette quantité de chaleur est, comme on le voit, considérable, ce qui explique la lenteur avec laquelle la glace se liquifie dans les conditions ordinaires. En résumé, *on appelle* chaleur latente de fusion *la chaleur qu'un corps absorbe et rend insensible au thermomètre pour passer de l'état solide à l'état liquide sans changer lui-même de température.*

173. *Passage inverse de l'état liquide à l'état solide.* — Ce phénomène, qui porte le nom de *solidification* ou *congélation,*

est toujours soumis aux deux lois suivantes, qui sont les réciproques de celles de la fusion.

1° *La température à laquelle chaque corps se solidifie est précisément égale à celle de sa fusion;*

2° *Le liquide, en se solidifiant, dégage et transmet aux corps environnants toute la chaleur qu'il avait absorbée et rendue latente pendant sa fusion, et il reste à la même température jusqu'à ce qu'il soit complètement solidifié.*

L'eau, dans quelques circonstances, fait exception à ces lois. Dans un vase de verre dont la surface intérieure ne présente aucune aspérité, et qui est à l'abri de toute agitation, l'eau peut être abaissée, sans se congeler, à 10° et même à 12° au-dessous de zéro. Mais alors le moindre ébranlement suffit pour déterminer subitement sa congélation en masse et faire remonter le thermomètre à 0°. Ce phénomène, connu sous le nom de *surfusion*, n'est pas spécial à l'eau; d'autres corps, tels que le soufre, le phosphore, etc., peuvent le présenter également.

L'eau, en se congelant, augmente considérablement de volume. Sa force d'expansion est telle qu'elle brise et fait éclater les vases qui la renferment. Les pierres gélives qui se délitent après la gelée, la désorganisation des plantes surprises par le froid lorsqu'elles sont en pleine sève, sont encore des exemples de cette force expansive.

Par suite de cette augmentation de volume, la glace devient beaucoup plus légère que l'eau; sa densité n'est plus égale qu'à 0,916. C'est pourquoi la glace se maintient à la surface des eaux, où elle forme dans les égions polaires ces montagnes flottantes si dangereuses pour les navigateurs. Enfin la diminution de densité que l'eau subit quand sa température s'abaisse, à partir de 4° jusqu'à 0°, et son peu de conductibilité pour la chaleur, expliquent comment les eaux tranquilles des lacs, des étangs, etc., ne se congèlent qu'à leur surface, et gardent ainsi au-dessous de la couche durcie qui les recouvre la fluidité nécessaire à la conservation des animaux et des plantes qui vivent dans leurs profondeurs.

Quelques autres corps, tels que la fonte de fer, l'antimoine, le bismuth, etc., jouissent, comme l'eau, de la propriété de se dilater lorsqu'ils passent de l'état liquide à l'état solide; mais ce phénomène est une exception. La plupart des corps éprouvent, au contraire, au moment où ils se solidifient, une contraction, c'est-à-dire une diminution plus ou moins sensible de leur volume. Tels sont le cuivre, le plomb, l'étain, le soufre, la cire et une foule d'autres. Le *moulage* obtenu avec ces derniers corps est toujours plus ou moins défectueux. Mais il n'en est pas de même avec les substances qui, comme la fonte de fer, se dilatent en se solidifiant, et peuvent ainsi reproduire les plus fins détails des divers moules en terre, en plâtre ou en sable fin dans lesquels ils sont versés.

La présence de corps étrangers tenus en dissolution dans un liquide en retarde généralement la solidification. Ainsi l'eau saturée de sel marin ne commence à se congeler qu'à 21 degrés au-dessous de zéro. Avec des proportions de sel moindres, le point de solidification est moins abaissé, mais il est toujours au-dessous de celui de l'eau pure. L'eau de mer, par exemple, ne se congèle qu'à — 2°,5. Un fait digne de remarque, c'est qu'au moment de la congélation d'une solution saline, l'eau et le sel se séparent généralement. Ainsi la glace provenant de la congélation de l'eau de mer n'est pas salée par elle-même. Si parfois elle le paraît, c'est qu'elle a, en se formant, emprisonné quelques cristaux de sel.

Remarque. — Nous avons dit (page 214) que la température à laquelle un corps solide entre en fusion est invariable, ou, en d'autres termes, qu'un corps solide commence toujours à fondre à une même température, que l'on nomme son *point de fusion* (0° pour l'eau, 43° pour le phosphore, 320° pour le plomb, etc.).

Cette loi, absolument vraie dans les conditions ordinaires, est susceptible de varier légèrement sous l'influence de certaines conditions exceptionnelles, notamment sous l'influence de la pression, laquelle peut, suivant les cas, avancer ou retarder le point de fusion des corps.

Des expériences très précises de MM. W. Thomson et Bunsen ont, en effet, démontré que la pression abaisse le point de fusion de la glace et des quelques autres corps qui, comme elle, diminuent de volume en fondant, tandis qu'elle élève, au contraire, le point de fusion des corps, beaucoup plus nombreux, dont le volume augmente quand ils passent à l'état liquide. C'est ainsi que la glace, dont le point de fusion est 0° sous la pression normale, ne commence à fondre qu'à — 0°,05 sous une pression de huit atmosphères, et à — 0,13 sous 17 atmosphères environ.

Cet abaissement du point de fusion de la glace par la pression explique la propriété qu'elle possède de se souder avec elle-même, propriété connue sous le nom de *regel*, et que l'on peut mettre facilement en évidence au moyen des deux expériences suivantes :

1° On prend de la glace pilée que l'on place entre deux pièces de bois dur, laissant entre elles une cavité de forme lenticulaire. Si l'on soumet le tout à une forte pression, on retire bientôt de ce moule une lentille de glace dure, homogène et d'une transparence parfaite.

2° Un bloc de glace étant placé entre deux supports étroits (*fig.* 129 *bis*), si l'on applique sur lui un fil de fer ou de tout autre métal fortement tendu par un poids attaché à ses deux bouts réunis, on voit ce fil pénétrer peu à peu dans la glace, et en même temps les deux fragments se ressouder au-dessus de lui ; si bien qu'à la fin de l'expérience, quand le fil a traversé tout le bloc, on retrouvera celui-ci tel qu'il était auparavant, c'est-à-dire entier, d'un seul morceau.

Fig. 129 *bis*.

Dans ces deux expériences, la chaleur résultant de la pression, ou plus exactement de la quantité de travail mécanique détruite par la résistance de la glace, détermine la fusion de celle-ci sur tous les points soumis à cette pression, soit (dans la première expérience) aux points de contact des fragments entre eux, soit (dans la seconde expérience) aux points pressés par le fil. Mais comme la fusion de la glace ne s'opère, dans ces conditions, qu'à une température inférieure à zéro, il en résulte que l'eau de fusion qui se trouve naturellement à cette même température, et qui échappe alors à la pression soit en se logeant dans les interstices des fragments de glace (première expérience), soit en passant au-dessus du fil (deuxième expérience), se *regèle* immédiatement.

Cette propriété du regel fait que la glace, bien qu'étant de sa nature très dure et très cassante, peut, sous l'influence d'une pression plus ou moins forte, se mouler exactement sur les vases qui la renferment, se comportant ainsi, du moins en apparence, comme un corps mou et plastique. On explique de cette façon la formation des glaciers.

La neige qui tombe en toute saison sur les sommets des hautes montagnes s'y accumule en couches superposées. Les couches supérieures, pressant de tout leur poids les couches inférieures, celles-ci, grâce au regel, ne tardent pas à se durcir d'abord, puis à se transformer peu à peu en une masse de glace parfaitement homogène et transparente. Mais à mesure que s'opère cette transformation, cette masse de glace, sans cesse entretenue et renouvelée par des chutes de neige sur les sommets, glisse lentement, par suite de son poids, le long des flancs de la montagne, dans les gorges, les ravins, pour descendre vers la plaine, entraînant avec elle mille fragments de rochers. Cette descente, bien que fort lente (cent mètres à peine en une année), n'en est pas moins pour nous, comme le dit avec juste raison M. Émile Bouant, un grand bonheur : « car à mesure que la partie inférieure du glacier arrive dans la plaine, là où il ne fait plus froid, elle fond ; elle fond lentement, à petits coups, alimentant ainsi une source qui ne peut jamais tarir. Les plus grands fleuves naissent à la base d'un glacier, et voilà pourquoi ils ont toujours de l'eau, même dans les grandes chaleurs de l'été*. »

Dissolution des corps dans les liquides; Cristallisation; Sursaturation; Mélanges réfrigérants.

171. *Dissolution des corps solides dans les liquides. Cristallisation. Sursaturation.* — Un fragment de sucre ou de sel jeté dans de l'eau prend peu à peu la forme liquide, et se mélange avec l'eau elle-même, dans laquelle il se distribue uniformément. Ce genre de passage de l'état solide à l'état liquide, connu sous le nom de *dissolution*, détermine, comme la fusion, dont il n'est d'ailleurs qu'un mode particulier, l'absorption d'une certaine quantité de chaleur, toujours nécessaire pour ce changement d'état. On observe, en effet, que la dissolution d'un corps solide dans un liquide, lorsqu'elle n'est accompagnée d'aucun phénomène chimique, donne constamment lieu à un abaissement de température.

Tous les corps susceptibles de se dissoudre, soit dans l'eau, soit dans tout autre liquide, n'y sont pas également solubles. Leur solubilité varie suivant leur nature, suivant celle du li-

* *Leçons de choses*, par Émile Bouant, ancien élève de l'École normale; 2e édition, page 121. Nous ne saurions trop recommander à nos lecteurs ce petit livre, écrit pour les élèves des classes préparatoires de nos lycées, mais dont on peut à tout âge tirer profit. Nous l'avons lu, sans démordre

quide et aussi suivant la température; elle est, en général, d'autant plus grande que celle-ci est plus élevée.

Quand on met dans une quantité limitée de liquide, soit un sel, soit tout autre corps soluble dans ce même liquide, il arrive un moment où le corps ne se dissout plus : on dit alors que la solution est *saturée*, ce qui exprime que le liquide contient, dans les conditions où l'on opère, la quantité maxima qu'il peut normalement dissoudre. S'il s'agit d'un corps dont la solubilité croît avec la température (ce qui est le cas le plus commun), la solution saturée à chaud, devra, en se refroidissant, abandonner une partie de ce corps, qui reprendra l'état solide. C'est, en effet, ce qui arrive : à mesure que la solution saturée se refroidit, on voit des portions du corps dissous se déposer sous la forme de cristaux d'autant plus réguliers et plus volumineux que le refroidissement est plus lent et le repos du liquide plus complet. La plupart des sels tels que le sulfate de soude, le sulfate de cuivre, le salpêtre, l'alun, etc., sont obtenus au moyen de ce procédé de cristallisation, dite par *voie humide* (Voyez la *Chimie*, page 3 et suiv.).

Un phénomène analogue à celui que nous avons précédemment décrit sous le nom de *surfusion* (173) peut cependant se présenter ici. Il peut arriver qu'une solution saturée à chaud ne donne lieu, en se refroidissant lentement et dans un repos absolu, à aucun dépôt cristallin. Comme dans la surfusion, la solidification est ici retardée; la liqueur refroidie ne présente aucun changement d'aspect, bien qu'elle renferme alors une proportion du corps dissous plus grande que celle qui est normalement nécessaire pour la saturer : on dit, dans ce cas, qu'elle est *sursaturée*.

Nous avons vu que le moindre ébranlement communiqué à un liquide en état de surfusion, l'introduction dans sa masse d'un corps solide, si petit qu'il soit, suffisent pour en amener subitement la solidification. De même une secousse légère imprimée à une solution sursaturée, ou mieux encore la projection dans la liqueur de parcelles solides font immédiatement cesser la sursaturation; la partie en excès du corps dissous se précipite aussitôt, et la liqueur n'en retient plus alors que la quantité normalement soluble à la température où l'on opère.

d'un bout à l'autre, entraîné par le charme du style et par les mille détails intéressants qu'il renferme. Ceux qui l'auront lu, comme nous, ne trouveront pas que nous forcions l'éloge en disant que ce petit livre, élégamment illustré, est dans son genre un vrai chef-d'œuvre.

Les expériences ont démontré que le plus sûr moyen de faire cesser brusquement la sursaturation d'un liquide est d'y introduire une parcelle cristalline de la substance dissoute. Le vide est, au contraire, favorable au maintien de la sursaturation. C'est ainsi qu'une solution de sulfate de soude saturée à chaud, et remplissant en partie un tube où l'on a fait le vide, peut se conserver indéfiniment dans l'état de sursaturation qu'elle acquiert en se refroidissant. Mais vient-on à ouvrir le tube, l'entrée subite de l'air et des parcelles de poussière qu'il entraîne toujours avec lui suffit pour déterminer aussitôt la formation d'aiguilles cristallines, qui peu à peu envahissent la solution tout entière. Ce phénomène paraît avoir pour cause principale la projection de la poussière atmosphérique dans le liquide : car si l'on filtre l'air appelé dans le tube, en le faisant passer sur une couche de coton cardé, la cristallisation n'a pas lieu.

175. *Mélanges réfrigérants.* — Ces mélanges sont employés pour produire artificiellement des abaissements considérables de température. Quand on mélange, en effet, un sel très soluble dans l'eau avec de la glace, l'affinité réciproque des deux corps détermine rapidement leur fusion, et, par suite, l'absorption d'une grande quantité de chaleur aux éléments du mélange lui-même et aux corps environnants. Voici le tableau des principaux mélanges et des abaissements de température qu'ils peuvent produire :

Mélanges réfrigérants.

Substances mélangées.	Proportions.	Abaissement du thermomètre.
Sel marin, Glace pilée ou neige,	1 2	de + 10° à — 18°
Chlorure de calcium, Glace pilée ou neige,	2 1	de — 18° à — 54°
Eau, Azotate d'ammoniaque,	1 1	de + 10° à — 16°
Sulfate de soude, Acide chlorhydrique étendu,	8 5	de + 10° à — 17°

L'intervention de la glace dans le mélange n'est pas, comme on le voit, toujours nécessaire. La simple dissolution dans l'eau d'un sel très soluble suffit, comme nous venons de le voir, pour produire un froid considérable. La chaleur ainsi absorbée disparaît et se transforme encore, comme pour la fusion, en un travail mécanique qui a pour effet la désagrégation moléculaire du sel mis en dissolution.

Remarque. L'acide sulfurique mélangé avec de la glace détermine tantôt une élévation, tantôt un abaissement de température, selon les proportions du mélange. Ainsi 4 parties d'acide sulfurique et 1 partie de glace produisent de la chaleur; au contraire, 4 parties de glace et 1 partie d'acide sulfurique font descendre le thermomètre jusqu'à — 20°. Dans le premier cas, l'action chimique entre l'eau et l'acide sulfurique dégage plus de chaleur que la glace n'en absorbe en fondant; dans le second cas, c'est le contraire qui arrive.

176. *Problèmes sur la chaleur spécifique et sur la chaleur latente de fusion.* — **1.** On demande le poids x de glace à 0° qu'il faudrait pour ramener 225 kilogrammes d'eau de 38° à 12° *.

La quantité de chaleur que prendra la glace sera égale : 1° pour se fondre, à $x \times 79$; 2° pour passer de 0° à 12°, à $x \times 12$; total $91\,x$.

La quantité de chaleur que perdra l'eau pour s'abaisser de 38° à 12° sera égale à $225 \times (38-12) = 5850$ calories.

Or, la chaleur prise par la glace étant égale à la chaleur perdue par l'eau, on aura

$$91\,x = 5850, \quad \text{d'où} \quad x = 64^{\text{kil}},285^{\text{gr}}.$$

2. Sur 16 kilogrammes de glace à 0° on verse 54 kilogrammes d'eau à 45° : on demande quelle sera la température de la masse liquide quand la glace sera fondue.

54 kilogr. d'eau à 45° contiennent $54 \times 45 = 2430$ calories ou unités de chaleur.

16 kilogr. de glace absorbent, pour se fondre, $16 \times 79 = 1264$ calories.

La quantité de chaleur sensible que contiendra la masse liquide après la fusion de la glace sera donc égale à $2430 - 1264 = 1166$ calories.

* Dans ce problème et dans les suivants, on suppose nulle l'influence exercée par les parois des vases.

En appliquant la formule précédente $q = mtc$ (164), nous aurons

$$t = \frac{q}{mc} = \frac{1166}{70} = 16^\circ{,}65.$$

3. Dans 25 kilogrammes d'eau à 15° on verse 18 kilogrammes de mercure à 86° : on demande la température du mélange, la chaleur spécifique du mercure étant 0,033.

Appelons x la température du mélange.

La quantité de chaleur que le mercure va perdre a pour mesure $18 \times 0{,}033 \times (86 - x)$.

La quantité de chaleur que l'eau gagnera a pour mesure

$$25 \times (x - 15).$$

Ces deux quantités étant égales, on a l'équation

$$25 \times (x - 15) = 18 \times 0{,}033 \times (86 - x), \quad \text{d'où} \quad x = 16^\circ{,}65.$$

Résumé.

I. La conductibilité des corps pour la chaleur est la propriété qu'ils possèdent de transmettre la chaleur de proche en proche dans l'intérieur de leur masse.

II. On divise les corps en corps *bons conducteurs* de la chaleur et en corps *mauvais conducteurs*. Les premiers sont les métaux ; les seconds sont le verre, le bois, les résines, et surtout les liquides et les gaz. On mesure les divers degrés de conductibilité des corps pour la chaleur au moyen de l'appareil d'Ingenhousz.

III. On appelle *chaleur spécifique* ou *capacité calorifique* d'un corps la quantité de chaleur que l'unité de poids de ce corps absorbe pour s'élever de 0° à 1°.

IV. On appelle *unité de chaleur* ou *calorie* la quantité de chaleur nécessaire pour élever d'un degré un kilogramme d'eau.

V. La chaleur spécifique des corps se détermine par deux méthodes : la méthode des mélanges et la méthode de fusion de la glace.

VI. La *fusion* est le passage d'un corps de l'état solide à l'état liquide. Ce phénomène est soumis aux deux lois suivantes : 1° la température à laquelle s'opère la fusion est rigoureusement déterminée et invariable pour chaque corps ; 2° la température d'un corps qui fond demeure constante pendant toute la durée de la fusion.

VII. On appelle *chaleur latente de fusion* la chaleur qu'un corps absorbe et rend insensible au thermomètre pour passer de l'état solide à l'état liquide.

VIII. Quand un corps repasse de l'état liquide à l'état solide, il dégage toute la chaleur latente qu'il avait absorbée. Celle-ci redevient alors sensible.

IX. Quand les liquides se solidifient lentement, ils cristallisent, c'est-à-dire qu'ils prennent des formes géométriques régulières.

X. Les mélanges réfrigérants ont pour but de produire artificiellement du froid. Ils sont formés en général de substances solides dont l'affinité réciproque détermine la fusion rapide, et, par suite, l'absorption d'une grande quantité de chaleur. Ex.: sel marin et glace pilée.

CHAPITRE XIV.

Formation des vapeurs dans le vide. Vapeurs saturantes et non saturantes. Maximum de tension. — Mesure du maximum de tension de la vapeur d'eau à diverses températures par la méthode de Dalton. — Tables. — Mélange des gaz et des vapeurs. — Évaporation. — Ébullition. — Distillation.

Formation des vapeurs dans le vide. Vapeurs saturantes et non saturantes. Maximum de tension.

177. *Passage de l'état liquide à l'état de vapeur.* — Presque tous les liquides peuvent se transformer, soit spontanément, soit par l'action de la chaleur, en fluides élastiques auxquels on a donné le nom de *vapeurs*.

Les vapeurs sont de véritables gaz dont la *tension* ou la force élastique croît avec la température; mais elles se distinguent des gaz ordinaires par la facilité avec laquelle elles repassent à l'état liquide, soit par un léger abaissement de température, soit par un accroissement de pression. Quelques liquides, comme l'eau, l'alcool, l'éther, sont très volatils, c'est-à-dire qu'ils se transforment facilement en vapeurs à toutes les températures. D'autres, au contraire, n'émettent des vapeurs à la température ordinaire qu'en fort petite quantité et très lentement : tel est le mercure. Enfin il en est qui, au-dessous d'une certaine température, ne donnent plus de vapeurs appréciables : de ce nombre sont les huiles grasses et l'acide sulfurique concentré.

Certains corps solides, l'iode et le camphre, par exemple, se réduisent en vapeurs sans passer par l'état liquide. On dit alors que ces corps se *subliment*, pour indiquer que leurs vapeurs se condensent en parcelles cristallines dans le haut des vases qui les renferment.

178. *Formation des vapeurs dans le vide.* — La pression atmosphérique est un obstacle au passage des liquides à l'état de vapeur. Voilà pourquoi un liquide exposé à l'air ne se volatilise que lentement. *Dans le vide*, au contraire, *la formation des vapeurs est instantanée*. Pour le démontrer on prend (*fig.* 130) deux baromètres A et B, plongeant dans la même cuvette C, et dont les deux niveaux sont, par conséquent, sur un même plan horizontal. Si l'on introduit alors dans l'un des baromètres B quelques gouttes d'un liquide, volatil, comme l'eau, l'alcool, l'éther, etc., on voit qu'*à l'instant même* où le liquide, après avoir traversé la colonne mercurielle, arrive dans le vide barométrique, le niveau du mercure s'abaisse, comme le montre la figure. Or, cette dépression du mercure ne peut être le résultat du poids du liquide introduit, puisque ce poids n'est qu'une fraction très petite de celui du mercure déplacé. Il y a donc eu *formation instantanée* de vapeur dont la force élastique a refoulé la colonne mercurielle.

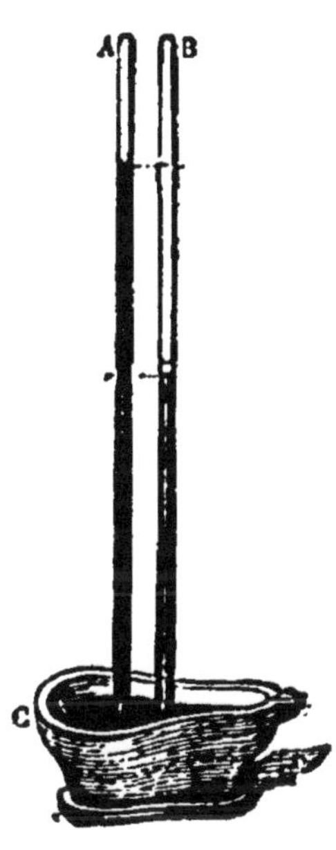

Fig. 130.

179. *Vapeurs saturantes et non saturantes.* — Lorsque, dans l'expérience précédente, on a introduit dans le baromètre une quantité de liquide suffisante pour qu'il en reste un excès en contact avec la vapeur formée, on dit que cette vapeur est *saturante*, attendu que la chambre barométrique en renferme tout ce qu'elle peut en contenir à la température de l'expérience : il y a donc *saturation* de l'espace donné. Lorsque la quantité de liquide est, au contraire, trop petite pour qu'il en reste quelque trace après sa vaporisation, on dit que la vapeur est *non saturante,* par la raison que l'espace peut alors ne pas en contenir la quantité suffisante pour en être *saturé.*

180. *Maximum de tension des vapeurs.* — Quand un espace donné est saturé de vapeur, à une température déterminée, et qu'il *contient du liquide en excès,* la vapeur prend d'elle-même son *maximum de force élastique ou de tension.* Ce maximum, ainsi que nous le verrons bientôt, varie avec la température, mais il est indépendant de la pression. En effet, si l'on augmente la pression, une partie de la vapeur repasse immédiatement à l'état liquide; si on la diminue, une partie du liquide en excès se vaporise aussitôt. Or, la force élastique de la vapeur reste la même dans les deux cas.

On fait l'expérience avec un baromètre plongeant dans une cuvette profonde, analogue à celui dont on se sert pour la loi de Mariotte(*fig.* 78, p. 124). On introduit dans le tube une quantité d'éther suffisante pour qu'au-dessus du mercure il en reste une couche d'un centimètre environ à l'état liquide, la chambre barométrique étant saturée de vapeur. On note alors la hauteur du mercure dans le tube, au-dessus du niveau du mercure dans la cuvette. Cela fait, si on enfonce le tube dans la cuvette, afin d'augmenter la pression sur la vapeur, ou si on le soulève, afin de la diminuer, on observe que *la hauteur de la colonne mercurielle au-dessus du niveau extérieur reste la même*. Dans le premier cas, l'espace occupé par la vapeur diminue et la couche d'éther augmente, parce qu'une partie de la vapeur repasse à l'état liquide; dans le second cas, le contraire a lieu : ce qui prouve que *la force élastique d'une vapeur saturante,* c'est-à-dire d'une vapeur saturant un espace donné et restant en contact avec son liquide générateur, *se maintient invariable, quelle que soit la pression, pourvu que la température demeure constante.*

Si la quantité de liquide était insuffisante pour qu'il en restât un excès après sa vaporisation, on verrait alors, en soulevant et en abaissant successivement le tube, la tension ou la force élastique de la vapeur varier en raison inverse de son volume; ce qui démontre que la force élastique d'une vapeur *non saturante* est soumise, comme les gaz proprement dits, à la loi de Mariotte. Il n'y a donc, comme on le voit, aucune différence essentielle entre les gaz et les vapeurs. Les gaz, en réalité, ne sont autre chose que des vapeurs qui, à la température et sous la pression ordinaires, sont plus ou moins éloignées de leur point de saturation.

Mesure de la force élastique maximum de la vapeur d'eau à diverses températures.

181. *Mesure de la force élastique maximum de la vapeur d'eau à diverses températures.* — La force élastique maximum de la vapeur d'eau varie considérablement avec la température. Entre 0° et 100°, on la mesure au moyen de l'appareil de Dalton.

Appareil de Dalton. Tables. — L'appareil de Dalton (*fig.* 131) se compose de deux baromètres A et B, plongeant dans la même cuvette C en fonte et enveloppés dans un manchon en verre M. Ce manchon repose sur le mercure et contient de l'eau dont on peut élever progressivement la température à l'aide d'un fourneau F placé sous la cuvette. Un thermomètre T donne à chaque instant la température du liquide. On introduit dans l'un des baromètres, B par exemple, une petite couche d'eau E, exactement privée d'air, puis on chauffe l'eau du manchon, en ayant soin de l'agiter à chaque instant pour y répandre uniformément la chaleur. Or, à mesure que la température s'élève, une partie de l'eau contenue dans le baromètre à vapeur B se vaporise, et l'on voit le niveau du mercure baisser de plus en plus. La différence de hauteur entre ce niveau et le niveau constant *h* du mercure dans le baromètre A donne, pour chaque température, la mesure de la force élastique maximum de la vapeur d'eau. Quand l'eau du manchon est portée à 100°, c'est-à-dire à la température de l'ébullition de l'eau à l'air libre, le mercure du baromètre à vapeur est déprimé jusqu'au niveau extérieur de la cuvette; ce qui prouve que *la force élastique de la vapeur d'eau à la température de l'é-*

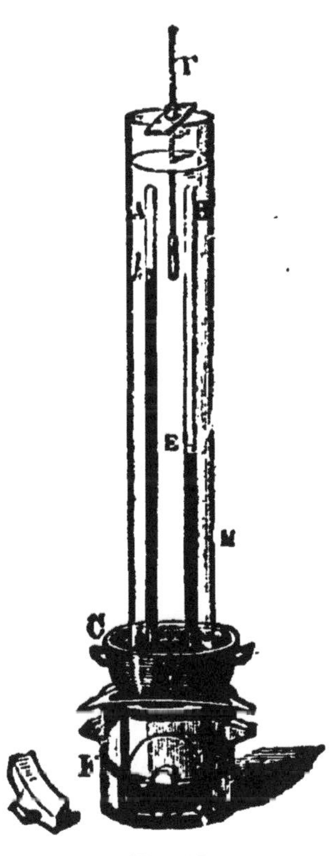

Fig. 131.

bullition de ce liquide, à l'air libre, est égale à la pression atmosphérique. Ce principe est vrai pour tous les autres liquides : ainsi la force élastique de la vapeur d'éther est égale à la pression atmosphérique, à la température de 35°, qui est celle de l'ébullition de ce liquide; celle de la vapeur d'alcool à 79°, du mercure à 360°, etc.

Dans cette expérience, la dépression du mercure ne peut être prise pour mesure de la force élastique maximum de la vapeur qu'à la condition de subir la correction nécessaire pour ramener à 0° la température du mercure dans les deux tubes (voy. 140). Il faut tenir compte également du poids de la petite colonne de liquide E qué supporte le mercure dans le tube B, et enfin des actions capillaires dues aux courbures différentes des surfaces du mercure et du liquide sur lequel on expérimente.

La force élastique de la vapeur d'eau au-dessus de 100° a été mesurée d'une manière très exacte par Dulong et Arago, en déterminant la température à laquelle l'eau bout sous des pressions connues. De son côté, Gay-Lussac a mesuré la force élastique de la vapeur d'eau, au-dessous de 0°, au moyen de deux baromètres, dont l'un, contenant une petite quantité d'eau, était entouré, à sa partie supérieure, d'un petit manchon dans lequel était un mélange réfrigérant.

Voici les résultats des expériences qui ont été faites pour déterminer la force élastique maximum de la vapeur d'eau, depuis la température — 20° jusqu'à 200°.

Tableau des forces élastiques de la vapeur d'eau, à diverses températures, exprimées en millimètres de mercure.

Températures.	Tensions.	Températures.	Tensions.
	mm		mm
— 20	0,93	60	148,79
— 10	2,09	80	354,64
0	4,60	90	525,45
+ 10	9,16	100	760..... 1 atmosph.
20	17,39	121	2 atmosph.
40	54,91	135	3 atmosph.
50	91,98	160	6 atmosph.
		200	15 atmosph.

On voit, par ce tableau, que la force élastique de la vapeur d'eau, au-dessus de 50°, croît beaucoup plus rapidement que la température. Mais la loi de cette progression n'est pas connue.

Mélange des gaz et des vapeurs.

182. Le mélange des gaz et des vapeurs est soumis aux deux lois suivantes :

1° *Un espace étant donné, la tension maximum et, par suite, la quantité de la vapeur nécessaire pour le saturer, sont toujours les mêmes, à température égale, que cet espace soit vide ou qu'il soit occupé par un gaz.*

2° *Lorsqu'une vapeur se répand dans un espace déjà rempli de gaz, sa force élastique s'ajoute à celle du gaz avec lequel elle se mélange,* ou, en d'autres termes, *la force élastique d'un mélange de gaz et de vapeur est égale à la somme des forces élastiques qu'auraient séparément le gaz et la vapeur, si chacun d'eux occupait seul le volume du mélange.*

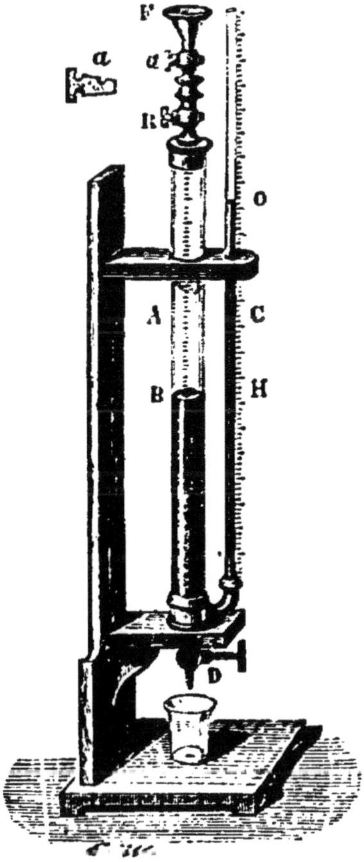

Fig. 132.

On démontre ces deux lois à l'aide de l'appareil suivant, imaginé par Gay-Lussac et représenté par la *fig.* 132. Cet appareil se compose d'un large tube de verre A, divisé en parties d'égale capacité et communiquant avec un tube plus étroit C, ouvert à son extrémité supérieure, et divisé en parties d'égale longueur. Le premier tube A se termine par deux robinets en fer R et D. L'appareil étant plein de mercure, on y introduit une certaine quantité d'air ou de gaz sec. Il suffit pour cela de visser sur le robinet R un ballon rempli d'air ou de tout autre gaz desséché et d'ouvrir les deux robinets R et D. Une partie du mercure remplissant le tube s'écoule par le robinet inférieur D et est aussitôt remplacé par l'air du ballon. On ferme alors les robinets, et on verse du mercure dans le petit tube C, jusqu'à ce que les deux niveaux B et H soient à la même hauteur. De cette manière, l'air ou le gaz emprisonné entre l'extrémité supérieure du tube A et le niveau du mercure B a une élasticité égale à la pression atmosphérique. Cela fait, on visse à la place du ballon un petit entonnoir F, muni d'un robinet *a*, qui diffère des robinets ordinaires en ce sens qu'au lieu d'être percé de part en part il porte seulement une petite cavité. On remplit l'entonnoir du liquide que l'on veut vaporiser, puis, après avoir ouvert le robinet R, on tourne le robinet *a* de manière que sa cavité se remplisse de liquide et le verse ensuite dans l'espace A. On continue ainsi jusqu'à ce que cet espace soit complètement saturé de vapeur, c'est-à-dire jusqu'à ce que le mercure cesse de s'abaisser dans le grand tube A et de monter dans le petit tube C. Ce résultat obtenu, on ramène le niveau du mercure dans le grand tube A au point B où il se trouvait précédemment, en versant du mercure dans le petit tube C jusqu'à une hauteur suffisante O. Le gaz a conservé la force élastique qu'il avait auparavant, puisque son volume primitif est encore le même; donc la différence HO que l'on observe maintenant entre les deux niveaux du mercure représente la tension de la vapeur qu'on y a ajoutée. *Or, cette tension est précisément égale à celle qu'aurait la même vapeur dans le vide barométrique à la même température;* ce qui démontre les deux lois précédemment énoncées.

183. *Densité des vapeurs.* — Les densités des vapeurs se mesurent, comme celles des gaz, par rapport à la densité de l'air prise pour unité : par conséquent on appelle densité d'une vapeur *le rapport entre les poids de deux volumes égaux de vapeur et d'air, pris dans les mêmes conditions de température et de pression.* Le procédé que l'on emploie pour la détermination des densités des vapeurs est le même, sauf la forme des appareils, que celui dont on se sert pour mesurer les densités des gaz (143). Les chiffres suivants indiquent les densités des principales vapeurs :

Eau.	0,622	Soufre.	2,206
Alcool	1,613	Mercure	6,976
Éther.	2,586	Iode	8,716

Évaporation. Ébullition. Distillation. Phénomènes de caléfaction.

184. *Évaporation.* — Lorsqu'un liquide est exposé au contact de l'air, sa surface laisse dégager lentement des vapeurs qui se répandent dans l'atmosphère. C'est en vertu de ce phénomène, connu sous le nom d'*évaporation*, que de l'eau placée dans un vase ouvert disparait complètement au bout d'un certain temps, laissant au fond du vase les substances fixes qu'elle pouvait tenir en dissolution. Le séchage du linge exposé à l'air, l'extraction du sel marin dans les marais salants, la cristallisation par voie humide*, reposent sur cette propriété.

Plusieurs circonstances favorisent l'évaporation des liquides : telles sont l'élévation de la température, la diminution de pression extérieure, la sécheresse de l'air, son agitation et enfin l'étendue de la surface d'évaporation.

185. *Ébullition.* — On entend par *ébullition* (*fig.* 133) le passage rapide et tumultueux d'un liquide à l'état de vapeur, se dégageant du sein même de la masse liquide sous la forme de grosses bulles qui viennent crever à la surface. Ce phénomène, quel que soit le liquide qui le présente, est soumis aux deux lois suivantes :

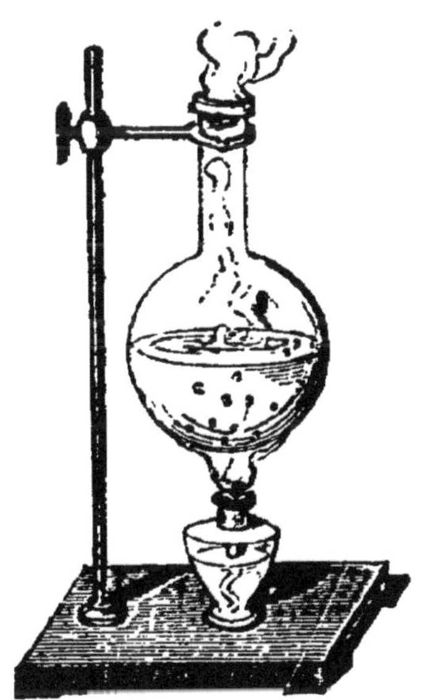

Fig. 133.

1° *Pour un même liquide, placé dans les mêmes conditions, l'ébullition se produit toujours à une même température. Cette température reste invariable pendant toute la durée de l'ébullition.*

2° *La vapeur qui se dégage à la surface d'un liquide en ébullition possède une force élastique précisément égale à la pression de l'atmosphère naturelle ou artificielle qui l'entoure.*

* Voyez la Chimie.

Plusieurs causes peuvent faire varier la température à laquelle l'ébullition se produit. Ces causes sont : 1° la nature du liquide; 2° la nature du vase; 3° les substances tenues en dissolution dans le liquide; 4° la pression extérieure.

1° *Nature du liquide.* La température de l'ébullition est loin d'être la même pour chaque liquide, sous la pression atmosphérique. Ainsi, l'eau bout sous la pression de 0m,76, à 100°; l'éther à 35,66; l'alcool à 79°; le mercure à 360, etc.

2° *Nature du vase.* Dans un ballon de verre, l'eau bout à une température plus élevée que dans un vase métallique. Ainsi, quand la surface intérieure du ballon de verre est bien polie, la température de l'ébullition de l'eau peut s'élever à 101, 102, 103 et même jusqu'à 106°. Mais il suffit de projeter un petit fragment de métal au fond du ballon pour ramener aussitôt la température de l'ébullition à 100°. On attribue ce phénomène à l'affinité du verre pour l'eau.

3° *Substances tenues en dissolution.* Les substances dissoutes dans un liquide, lorsqu'elles ne sont pas elles-mêmes volatiles, retardent son ébullition. Ainsi, l'eau saturée de sel marin ne bout qu'à 109°; d'azotate de potasse, à 116°; de carbonate de potasse, à 135°; de chlorure de calcium, à 179°.

4° *Pression extérieure.* Nous avons vu que la force élastique de la vapeur produite par un liquide en ébullition doit être égale à la pression qui s'exerce à la surface du liquide. Celui-ci, pour entrer en ébullition, s'échauffera donc d'autant moins que la pression extérieure sera plus petite. Ainsi, au niveau des mers et sous la pression de 0m,76, l'eau bout à 100°; mais au sommet des montagnes, où la pression est moindre, elle bout à une température plus basse. Sur le Mont Blanc, par exemple, la température de l'ébullition de l'eau n'est que de 84°. Sous le récipient d'une machine pneumatique, où on raréfie l'air, l'eau peut même bouillir à la température ordinaire.

On peut obtenir le même résultat au moyen d'une expérience curieuse, due à Franklin. On prend un matras de verre B (*fig.* 134), dans lequel on fait bouillir de l'eau pendant quelques minutes. Quand la vapeur a entraîné tout l'air du ballon, on bouche celui-ci hermétiquement et on le retourne en faisant plonger l'extrémité du col dans un vase V contenant de l'eau. Le liquide cesse alors de bouillir; mais si l'on verse de l'eau froide sur le ballon ainsi renversé, la vapeur qui est au-dessus du liquide venant à se con-

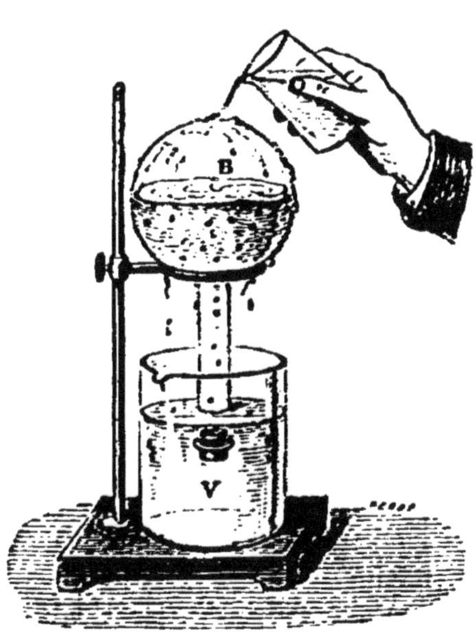

Fig. 134.

denser en partie, sa pression diminue, et l'on voit aussitôt se produire une vive ébullition dans la masse d'eau chaude que contient le ballon.

Réciproquement si la pression augmente au lieu de diminuer, l'ébullition est retardée. Elle n'a lieu pour l'eau, par exemple, qu'à 121°, quand la pression est de deux atmosphères. Voilà pourquoi, dans un vase profond, les couches inférieures d'un liquide en ébullition sont toujours à une température plus élevée que celle des couches supérieures.

186. *Distillation.* — La distillation est une opération par laquelle on réduit les liquides en vapeur, au moyen de la chaleur, pour les faire retourner ensuite à l'état liquide par le refroidissement. Elle a pour but de purifier les liquides en les séparant des substances fixes ou des corps d'une volatilité différente qu'ils tiennent en dissolution; exemple : la distillation de l'eau, de l'alcool, des huiles essentielles.

On opère la distillation dans des vases particuliers, connus sous le nom d'*alambics*. Ces appareils distillatoires se composent (*fig.* 135) de trois parties essentielles : la *cucurbite*, le *chapiteau* et le *serpentin* ou réfrigérant. La cucurbite ou chaudière C reçoit le liquide que l'on veut distiller, et repose sur un fourneau F; le chapiteau D recouvre immédiatement la cucurbite, et communique par un tuyau incliné EK avec le serpentin S. Ce serpentin, formé d'un tuyau tourné en spirale, est placé dans un vase métallique ABGH qui contient de l'eau froide, afin de maintenir ses parois à une basse température. Pour opérer la distillation, on porte à l'ébullition le liquide contenu dans la cucurbite; la vapeur se rend dans le chapiteau et de là dans le serpentin, où elle se condense par le refroidissement qu'elle éprouve. On recueille le liquide par l'extrémité R du réfrigérant. L'eau qui entoure le serpentin s'échauffant très vite par la chaleur qu'abandonne la vapeur en se condensant, il est néces-

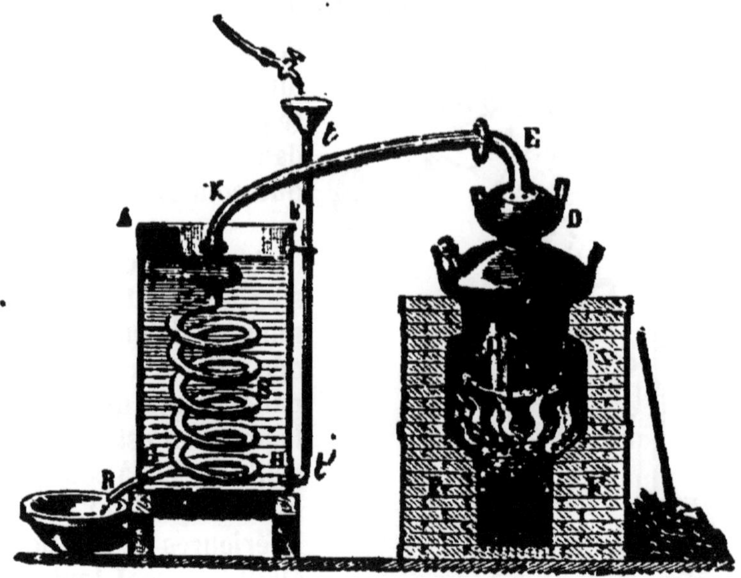

Fig. 133.

saire de la renouveler plusieurs fois quand la distillation doit durer un certain temps; ce qui se fait à l'aide d'un tuyau *tt'* surmonté d'un entonnoir, et dont l'extrémité inférieure arrive au fond du vase ABGH. On peut se servir de l'eau échauffée par la condensation de la vapeur pour alimenter la chaudière de l'alambic, ce qui économise le combustible.

186 *bis*. *Phénomènes de caléfaction*. — Tout le monde sait que si l'on projette une petite quantité d'eau sur une plaque métallique chauffée au rouge, le liquide se sépare aussitôt en petits globules, qui se mettent à tournoyer dans tous les sens, se réduisant petit à petit, jusqu'à ce qu'ils disparaissent au bout d'un certain temps. Ce phénomène, qui tout d'abord semble anormal, a été désigné sous le nom de *caléfaction* ou *état sphéroïdal* des liquides.

La caléfaction ne se produit que si la température de la plaque dépasse une certaine limite, variable suivant la nature des liquides. D'après Boutigny, qui le premier a étudié ce phénomène, cette température minima, toujours supérieure au point d'ébullition des liquides, est de 171° pour l'eau, de 130° pour l'alcool, de 61° pour l'éther sulfurique. Un peu au-dessous de cette température, le liquide, projeté sur la plaque, se vaporise instantanément sans prendre l'état sphéroïdal; mais il n'y a pas de limite pour les températures plus élevées.

La caléfaction, dans ce dernier cas, se produit d'autant mieux que la plaque est plus fortement chauffée.

L'explication de la caléfaction est plus facile qu'elle ne le semble à première vue. Le liquide, tombant sur une surface brûlante, émet aussitôt une certaine quantité de vapeur qui le soulève, et lui permet de prendre de lui-même la forme sphéroïdale, comme il arrive à tout liquide soumis à ses propres forces moléculaires (74). En outre, le liquide ne touchant pas la plaque incandescente, l'évaporation rapide dont sa surface est le siège l'empêche de s'échauffer, et lui communique en même temps les mouvements rapides qu'il présente toujours en pareil cas. On conçoit enfin que si la plaque se refroidit assez pour ne plus pouvoir maintenir à distance le globule liquide, celui-ci venant en contact avec une surface dont la température est encore très supérieure à son point d'ébullition, se vaporise instantanément, et souvent même avec explosion.

Certaines explosions de chaudières à vapeur, se produisant au moment où l'on ralentit le feu, n'ont pas d'autre cause. Il suffit en effet, que, par suite d'une circonstance quelconque, une partie de leur paroi s'échauffe jusqu'au rouge. Si l'eau contenue dans la chaudière rencontre cette surface incandescente, elle éprouvera d'abord la caléfaction; puis, quand la température s'abaissera, elle donnera brusquement naissance à un excès de vapeur qui peut être assez grand pour déterminer l'explosion de la chaudière.

Résumé.

I. Les vapeurs se distinguent des gaz ordinaires par la facilité avec laquelle elles se liquéfient, soit par un léger abaissement de température, soit par un accroissement de pression.

II. Les vapeurs, dans le vide, se forment instantanément.

III. Quand une vapeur, saturant un espace donné, *est en contact avec son liquide générateur*, elle est toujours à son *maximum de tension* ou de force élastique.

IV. *Entre* 0° *et* 100°, on mesure le maximum de force élastique des vapeurs au moyen de l'appareil barométrique de Dalton : *au-dessus de* 100°, on le mesure en déterminant la température à laquelle l'eau bout sous des pressions connues; *au-dessous de* 0° on emploie deux baromètres, dont l'un contient une petite quantité d'eau et est entouré à sa partie supérieure d'un mélange réfrigérant.

V. Un espace étant donné, la tension, et, par suite, la quantité de la vapeur nécessaire pour le saturer sont toujours les mêmes, que cet espace soit vide ou occupé par un gaz.

VI. Lorsqu'une vapeur se répand dans un espace déjà rempli de gaz, sa force élastique s'ajoute à celle du gaz avec lequel elle se mélange.

VII. L'ébullition est le passage rapide et tumultueux d'un liquide à l'état de vapeur. Ce phénomène est soumis aux deux lois suivantes : 1° *quand un liquide bout, sa température reste constante pendant toute la durée de l'ébullition ;* 2° *la vapeur qui se dégage à la surface d'un liquide en ébullition possède une force élastique précisément égale à la pression de l'atmosphère qui l'entoure.*

VIII. La température à laquelle se produit l'ébullition dépend : 1° de la nature du liquide ; 2° de la nature du vase ; 3° des substances en dissolution dans le liquide ; 4° de la pression.

IX. La *distillation* est une opération par laquelle on réduit un liquide en vapeur pour le condenser ensuite. Cette opération se fait au moyen de l'alambic ou appareil distillatoire, composé essentiellement de trois parties : la cucurbite, le chapiteau et le serpentin.

CHAPITRE XV.

Chaleur latente des vapeurs. Froid produit par l'évaporation. — Machines à vapeur. — Équivalent mécanique de la chaleur.

Chaleur latente des vapeurs. Froid produit par l'évaporation.

187. *Chaleur latente des vapeurs.* — Nous venons de voir que la température d'un liquide reste stationnaire pendant toute la durée de son ébullition. Donc toute la chaleur que le liquide reçoit du foyer, à partir du moment où il commence à bouillir, est uniquement employée à opérer sa transformation en vapeur. Cette chaleur est très considérable. Ainsi, Despretz a démontré que la quantité de chaleur nécessaire pour vaporiser 1 kilogramme d'eau à 100° serait capable d'élever un poids égal d'eau liquide de 0° à 510°, ou, ce qui est la même chose, de porter de 0° à 100° 5^{kilogr},100 d'eau liquide. Cette chaleur, dite *chaleur latente de vaporisation,* est donc égale, pour l'eau, à 510 calories. Elle varie avec les divers liquides ; ainsi pour l'alcool elle n'est que de 208 calories ; pour l'acide acétique de 102 ; pour l'éther sulfurique de 91, etc.

Nous disons encore, pour nous conformer au langage reçu, que cette chaleur devient *latente;* mais ici, comme pour la fusion, elle ne fait que se transformer en force mécanique, ayant pour principal effet la séparation et l'écartement des molécules du liquide mis en vapeur.

188. *Expérience de Leslie.* — Lorsqu'un liquide s'évapore à la température ordinaire, il enlève une grande quantité de chaleur aux corps avec lesquels il est en contact : de là le refroidissement qui se produit à la surface de ces corps, et qui est d'autant plus considérable que l'évaporation est plus rapide. C'est ce qui explique la sensation de froid assez vive que l'on éprouve en sortant du bain, et le froid plus vif encore que déterminent quelques gouttes d'éther versées sur la main ou sur toute autre région du corps. De même, quand l'eau s'évapore dans le vide, le froid produit par la partie qui se volatilise suffit pour congeler celle qui échappe à l'évaporation, ainsi que le démontre l'*expérience de Leslie.*

Pour faire cette expérience, on prend (*fig.* 136) un vase en verre V qui contient de l'acide sulfurique concentré et au-dessus duquel est suspendue une petite capsule en liége *c*, recouverte intérieurement d'une couche de noir de fumée. On verse un peu d'eau dans cette capsule et on place le tout sous le récipient d'une machine pneumatique, dans lequel on fait le vide aussi exactement que possible; puis on ferme le robinet de la machine. L'évaporation rapide d'une partie de l'eau contenue dans la capsule produit un refroidissement suffisant pour congeler, au bout de quelques minutes, le reste du liquide. L'acide sulfurique que renferme le vase V a pour but d'absorber la vapeur d'eau à mesure qu'elle se forme, et de favoriser ainsi l'évaporation en maintenant l'espace ambiant très loin de son point de saturation*.

Fig. 136.

* Le refroidissement produit par l'évaporation des liquides volatils a été utilisé dans ces derniers temps pour la fabrication industrielle de la glace, au moyen d'un appareil dit *appareil Carré*, fondé sur l'évaporation du

189. *Marmite de Papin.* — Pour qu'un liquide soumis à l'action de la chaleur entre en ébullition, il faut que le vase qui le renferme soit largement ouvert, afin que la vapeur puisse librement s'en dégager et se répandre dans l'espace. Si le vase est complètement fermé, l'ébullition est impossible, et on voit alors la température du liquide s'élever de plus en plus, en même temps qu'augmentent, suivant les rapports que nous avons précédemment indiqués (180), la tension et, par suite, la densité de la vapeur qui se produit. La *marmite de Papin** a pour but de mettre ce fait en évidence.

Cet appareil (*fig.* 137) se compose d'un vase cylindrique en bronze A, à parois épaisses, muni d'un couvercle de même métal pouvant se fixer très solidement au moyen d'une vis de pression C. Près du bord du couvercle est un petit orifice *o* que bouche exactement un disque métallique. Un levier L, mobile à son extrémité *cc*, presse sur le disque obturateur avec une force d'autant plus grande que le poids *p*, dont la position peut varier à volonté, est plus près de son extrémité libre. On place ce poids de manière que le disque soit soulevé et donne issue à la vapeur, lorsque celle-ci a atteint une tension telle qu'il y aurait menace de rupture de la chaudière si elle la dépassait. On évite ainsi le danger d'une explosion; ce qui justifie le nom de *soupape de sûreté,* sous lequel on désigne ce mécanisme.

Pour faire fonctionner la marmite de Papin, on la remplit

gaz ammoniac préalablement liquéfié par la pression. Une solution aqueuse de gaz ammoniac est placée dans une chaudière qui communique par un tube avec un récipient annulaire exactement clos, et entourant un vase central dans lequel se trouve l'eau que l'on veut congeler. En chauffant la solution ammoniacale contenue dans la chaudière, le gaz s'en dégage, et se rend dans le récipient annulaire, où il se liquéfie par sa propre pression. Si l'on éteint alors le feu qui chauffait la chaudière, la pression intérieure diminuant aussitôt, le liquide ammoniacal condensé dans le récipient reprend l'état gazeux et retourne dans la chaudière, où il se redissout dans l'eau qui y est restée. Mais cette évaporation rapide du liquide ammoniac ne pouvant se faire qu'en enlevant à l'eau contenue dans le vase central sa chaleur latente, cette eau se congèle et se convertit en peu de temps en une colonne de glace compacte. Celle-ci étant enlevée et remplacée par une nouvelle quantité d'eau, il suffit de rallumer le feu sous la chaudière pour reproduire les mêmes effets, et, par suite, un nouveau bloc de glace.

* Denis Papin, médecin français, né à Blois en 1650, mort en 1710. Le premier il fit connaître la force motrice de la vapeur et le parti qu'on pouvait en tirer. Aussi le considère-t-on, à juste titre, comme l'inventeur de la machine à vapeur.

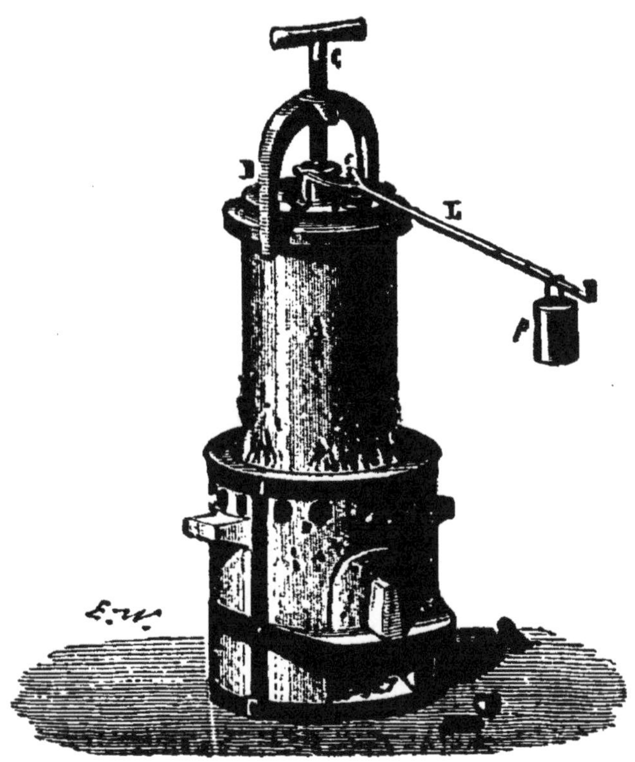

Fig. 137.

d'eau aux deux tiers environ, et, après l'avoir fermée, on la place sur un fourneau. Le liquide a bientôt dépassé la température de 100°, et s'échauffe d'autant plus que la soupape est plus fortement chargée. La température de l'eau pourra s'élever, par exemple, à 135°, si la charge de la soupape correspond à une tension de 3 atmosphères; elle montera jusqu'à 160°, si la charge équivaut à 6 atmosphères, etc.

Si l'on ouvre alors la soupape, un jet de vapeur s'échappe avec bruit et s'élève, en s'élargissant, à une grande hauteur. L'eau du vase, qui jusqu'alors n'avait pas bouilli, entre aussitôt en ébullition, et sa température s'abaisse promptement à 100°.

On a employé la marmite de Papin pour augmenter l'action dissolvante de certains liquides et pour obtenir en peu de temps la cuisson des substances alimentaires : de là le nom de *digesteur* qu'on lui avait donné dans le commerce. Toutefois son usage ne s'est pas répandu dans le public, en raison des dangers auxquels il expose entre des mains inexpérimentées.

190. *Condensation.* — On désigne sous ce nom le retour de la vapeur à l'état liquide. Le refroidissement et la compression sont les deux causes principales de ce phénomène.

Lorsque les vapeurs se condensent, elles abandonnent leur chaleur latente, qui redevient sensible. Une expérience fort simple démontre qu'il suffit de 190 grammes environ de vapeur d'eau bouillante dirigée dans 1 kilogr. d'eau à 0°, pour élever la température de cette eau jusqu'à 100°.

191. *Chauffage à la vapeur.* — Cette propriété des vapeurs de restituer leur chaleur latente, lorsqu'elles se condensent, a été utilisée dans plusieurs circonstances, et en particulier dans le chauffage des bains, des lieux d'habitation, des édifices publics, des serres et des étuves. Les appareils à l'aide desquels on établit ce mode de chauffage se composent en général d'une chaudière, où la vapeur se produit, et d'un système de tuyaux dans lesquels elle circule et se condense, en cédant au milieu environnant sa chaleur latente, qui redevient sensible*.

Problème. Dans 62 kilogrammes d'eau à 8°, on fait condenser 3 kilogrammes de vapeur à 100°; on demande quelle sera la température de la masse liquide.

Les 3 kilogr. de vapeur à 100° contiennent 300 calories ou unités de chaleur sensible, plus 540×3 unités de chaleur latente qui redevient sensible par la condensation; total 1920.

Les 62 kilogr. d'eau à 8° renferment 62×8 unités de chaleur $= 496$.

Donc la quantité de chaleur contenue dans la masse liquide après le passage de la vapeur sera égale à $1920 + 496 = 2416$ calories.

En appliquant la formule précédente $q = mtc$ (165), nous aurons

$$t = \frac{q}{mc} = \frac{2416}{65} = 37°,17.$$

* Parmi les divers systèmes de chauffage vulgairement employés nous citerons encore le chauffage par *circulation d'eau chaude* et le chauffage par *l'air chaud*. Le premier est fondé sur la grande chaleur spécifique de l'eau, laquelle permet à ce liquide chauffé à une température voisine de 100° et circulant dans un système de tuyaux convenablement disposés, de céder facilement à l'air ambiant une quantité de chaleur suffisante pour obtenir la température voulue. Le second consiste à diriger dans les appartements de l'air pris au dehors et préalablement échauffé dans un calorifère, généralement placé dans le sous-sol du bâtiment.

Machines à vapeur; leur classification. Détente. Cheval-vapeur.

192. *Machines à vapeur.* — Les machines à vapeur sont des instruments qui ont pour but de convertir la chaleur en travail mécanique par l'intermédiaire des vapeurs.

Toute machine à vapeur se compose essentiellement de trois parties : 1° de la *chaudière*, ou appareil destiné à la production de la vapeur; 2° d'un *cylindre* ou corps de pompe dans lequel se trouve un piston que la vapeur met en mouvement; 3° d'un appareil destiné à la transmission du mouvement.

1° L'appareil destiné à la production de la vapeur se compose ordinairement d'une *chaudière* CD (*fig.* 138), en tôle épaisse, communiquant par deux larges tubes T, T, avec deux cylindres BB, nommés *bouilleurs*, placés au-dessous et recevant directement la flamme du foyer F. Cette flamme, après avoir passé d'abord sous les deux bouilleurs, s'engage entre ceux-ci et la chaudière, puis s'échappe par la cheminée A. Un registre R, soutenu par une chaîne qui passe sur une poulie de renvoi *g* et à l'extrémité libre de laquelle est un contre-poids *h*, sert à régler le tirage de la cheminée.

Fig. 138.

La chaudière doit être à moitié remplie d'eau et les deux bouilleurs en totalité; un tube E sert à introduire cette eau dans l'appareil et à la renouveler à mesure qu'elle s'épuise pendant le travail de la machine. La vapeur produite dans les bouilleurs monte dans la chaudière par les tubes T, T, en même temps que l'eau de la chaudière descend par ces mêmes tubes dans les bouilleurs, où elle se vaporise à son tour, et ainsi de suite. Cette vapeur s'amasse et se concentre dans la partie supérieure de la chaudière, d'où un tube V la conduit dans le *cylindre* ou *corps de pompe*, où elle doit produire son effet sur le piston.

Diverses précautions sont prises pour empêcher les explosions. Il importe d'abord que le niveau de l'eau dans la chaudière se maintienne à une hauteur à peu près constante. On comprend, en effet, que si ce niveau descendait trop bas et qu'on vînt ensuite à verser de l'eau dans la chaudière, les parois surchauffées pourraient développer instantanément une quantité de vapeur suffisante pour la faire éclater.

Un *tube indicateur* I, en verre épais et communiquant par deux conduits métalliques avec l'eau et avec la vapeur de la chaudière, indique sans cesse le niveau du liquide, qui est nécessairement le même dans le tube et dans la chaudière. De plus, un *flotteur indicateur a b c*, dont la grosse boule *c* flotte sur l'eau, indique encore les variations de niveau au moyen d'une tige attachée à cette boule et terminée extérieurement par une petite chaîne *d*, qui supporte un contre-poids *p* placé devant une règle graduée. Enfin, un autre appareil *m o n*, dit *flotteur d'alarme*, a pour but de parer au manque de vigilance de la personne chargée de surveiller la machine. La grosse boule *m* plonge entièrement dans l'eau, et sa tige *m o* ferme en *s* une ouverture de la chaudière. Si le niveau de l'eau baisse d'une quantité assez considérable, la boule *m*, en s'abaissant elle-même, rend libre l'ouverture, et la vapeur, s'échappant aussitôt, vient frapper contre les bords d'une petite cloche en bronze K et fait entendre un sifflement aigu qui avertit du danger.

L'abaissement du niveau de l'eau dans la chaudière n'est pas la seule cause qui puisse produire l'explosion. Une trop forte tension de la vapeur peut également déterminer cet accident.

C'est pourquoi on adapte à la machine un *manomètre* qui indique à chaque instant le degré de tension de la vapeur, et de plus une *soupape de sûreté* S qui a pour but de livrer passage à la vapeur toutes les fois que sa force élastique dépasse la tension maximum que les parois de la chaudière peuvent supporter. Cette soupape consiste en une ouverture conique fermée par un cône tronqué que maintient en place un levier horizontal, à l'extrémité duquel est attaché un poids déterminé selon le degré de résistance de la chaudière. Si la tension dépasse la pression produite par le poids, celui-ci est soulevé et la vapeur s'échappe aussitôt, jusqu'à ce que sa tension revienne à son degré normal.

Enfin une ouverture circulaire H, assez grande pour livrer passage à un ouvrier, et nommée pour cette raison *trou d'homme*, est pratiquée à la partie supérieure de la chaudière afin d'en permettre le nettoyage et l'enlèvement des dépôts calcaires que laissent toujours les eaux que l'on emploie pour le service de la machine.

2° Le *cylindre* ou corps de pompe est l'appareil destiné à utiliser la force motrice de la vapeur que lui amène le tube V (*fig.* 138). Il se compose (*fig.* 138 *bis*) d'un cylindre dans lequel glisse à frottement un piston P surmonté d'une tige R destinée à transmettre son mouvement de va-et-vient. Pour que ce mouvement se produise, il faut que la vapeur arrive alternativement au-dessus et au-dessous du piston, et qu'à chaque mouvement, soit d'élévation, soit d'abaissement de ce piston, la vapeur qui l'a engendré soit immédiatement dispersée ou détruite. On obtient ce résultat en faisant communiquer cette vapeur, soit avec l'atmosphère, où elle se perd, soit avec un récipient G vide d'air et rempli d'eau froide, où elle se condense, et que l'on nomme pour cette raison *condenseur*.

La vapeur, arrivant de la chaudière par le tube V, est d'abord reçue dans une capacité I, appelée *boîte à vapeur*, qui communique avec le corps de pompe par les deux ouvertures E et F et avec le condenseur G par le conduit M. Pour que cette vapeur passe alternativement sur les deux faces du piston et se rende ensuite dans le condenseur, une pièce métallique CBD, nommée *tiroir* et ayant la forme d'un demi-cylindre dont la section est représentée en K, est disposée dans la boîte à vapeur de manière que ses deux extrémités saillantes C et D viennent tour à tour se placer au-dessus et au-dessous des orifices E et F du cylindre. Ce tiroir est mis en mouvement par la machine elle-même au moyen d'une tige T. Dans notre dessin, les deux extrémités saillantes du tiroir sont représentées au-dessus des ouvertures E et F. La vapeur de la chaudière arrive donc par l'ouverture E sur le piston P, qu'elle fait descendre,

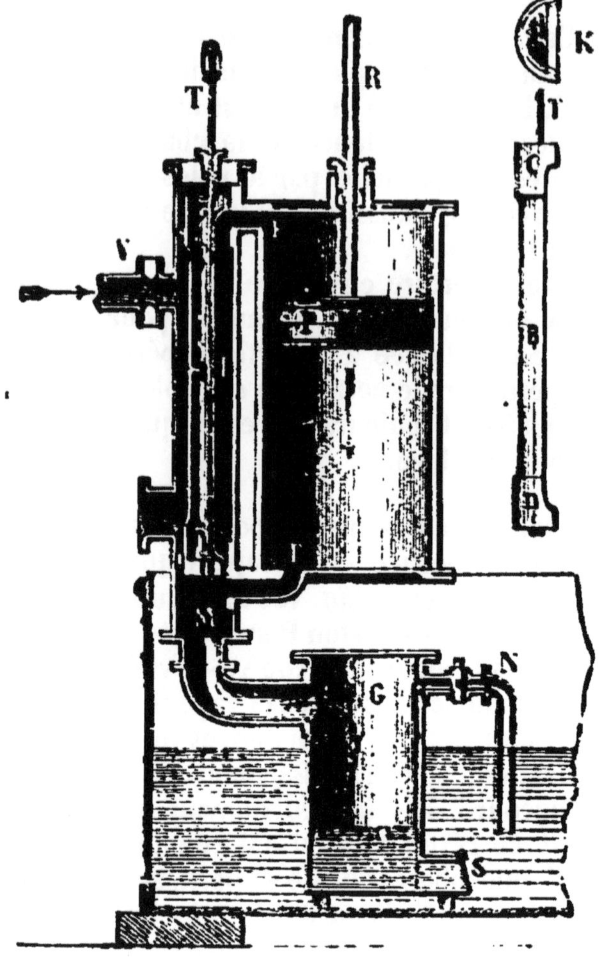

Fig. 138 *bis.*

tandis que la vapeur, qui précédemment a soulevé le piston en agissant sur sa face inférieure, s'échappe par l'orifice F et se rend en passant par le conduit M dans le condenseur.

3° L'appareil destiné à la transmission du mouvement varie selon que le cylindre est disposé verticalement ou horizontalement.

La fig. 140 représente l'appareil destiné à transmettre le mouvement dans une machine à *cylindre vertical*. AB est un *balancier* que la tige du piston met en mouvement au moyen d'une articulation A. Une pièce métallique BCD nommée *bielle*, fixée à l'autre extrémité du levier, transmet le mouvement à *l'arbre de couche* G. Le mouvement rectiligne de la tige du piston est ainsi transformé en un mouvement circulaire que régularise une grande roue en fonte VV nommée *volant*.

La fig. 140 représente l'appareil destiné à transmettre le mouvement dans une machine à *cylindre horizontal*. La tige P du piston, mobile dans le cylindre C, s'articule avec une pièce en fer à cheval D, dont l'extrémité B porte une tige qui tient lieu de bielle et qui imprime à l'arbre de couche un mouvement de rotation au moyen de la manivelle M. Un volant V sert encore à régulariser le mouvement.

Fig. 139.

Dans la figure 139 les trois tiges MN, PQ et RS, attachées au balancier dont elles reçoivent le mouvement, servent à faire manœuvrer trois pompes. La tige MN est en rapport avec une *pompe à air*, laquelle a pour but de faire d'abord le vide dans le condenseur avec lequel elle communique par la soupape S (*fig.* 138 *bis*), et d'enlever ensuite l'eau échauffée par la vapeur qui s'y est condensée; cette eau est remplacée à mesure par de l'eau froide que la pression atmosphérique fait jaillir par le tube N. La tige PQ fait mouvoir la *pompe alimentaire*, qui a pour fonction de maintenir l'eau de la chaudière à un niveau constant. La tige RS communique avec la *pompe à eau froide*, laquelle élève l'eau d'une prise quelconque et la verse dans un réservoir entourant le condenseur.

Dans la figure 140, la pompe alimentaire P et la pompe à eau froide P' sont mises en mouvement par un axe RR' que fait tourner une courroie sans fin communiquant avec l'arbre de couche.

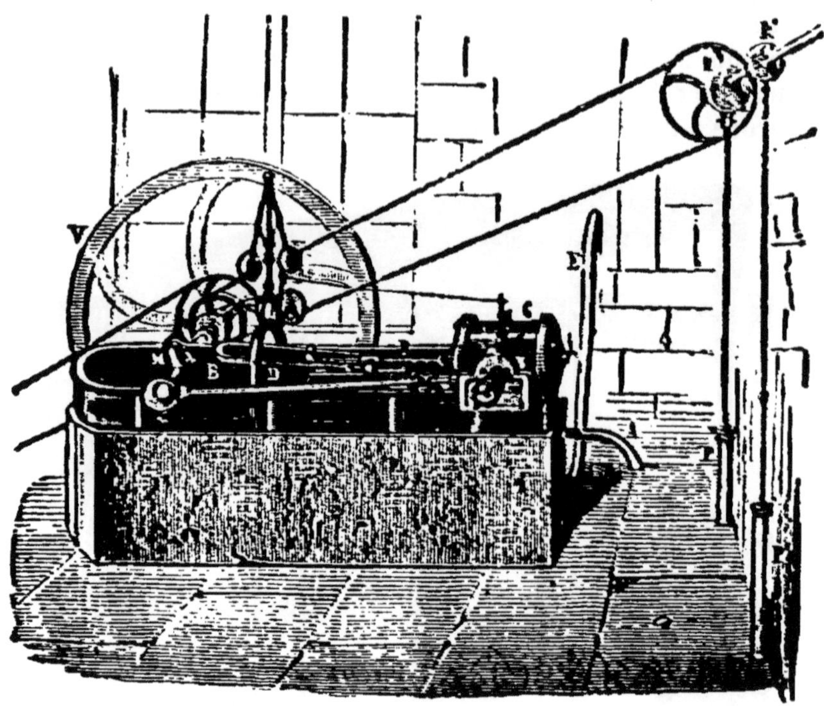

Fig. 140.

Toutes les machines à vapeur ne sont pas pourvues de condenseur. La vapeur, après avoir produit son effet, s'échappe alors dans l'atmosphère, ce qui dispense de la pompe à air. Quelquefois cette vapeur est dirigée par un tube E (*fig.* 140) dans un réservoir rempli d'eau froide où elle se condense en échauffant l'eau, dont on se sert ensuite pour alimenter la chaudière, ce qui produit une économie de combustible.

C'est l'arbre de couche qui, dans les *machines fixes*, met en jeu les différents rouages, de manière à produire le travail auquel ils sont destinés. Dans les *machines mobiles*, comme les locomotives, les navires, etc., l'arbre de couche se termine par deux roues, ou par une *hélice*, espèce de vis placée à l'arrière du bâtiment, et qui, en tournant rapidement dans l'eau, pousse le navire devant elle.

Injecteur Giffard. — Dans toutes les machines mobiles, telles que les locomotives, et dans un grand nombre de machines fixes, la pompe alimentaire est aujourd'hui remplacée par un organe, dit *injecteur Giffard* (du nom de son inventeur), au moyen duquel la chaudière s'alimente d'elle-même et directement, par le seul effet de la condensation de sa vapeur. Voici en quoi consiste cet appareil, une des plus curieuses et en même temps des plus utiles inventions mécaniques de notre époque.

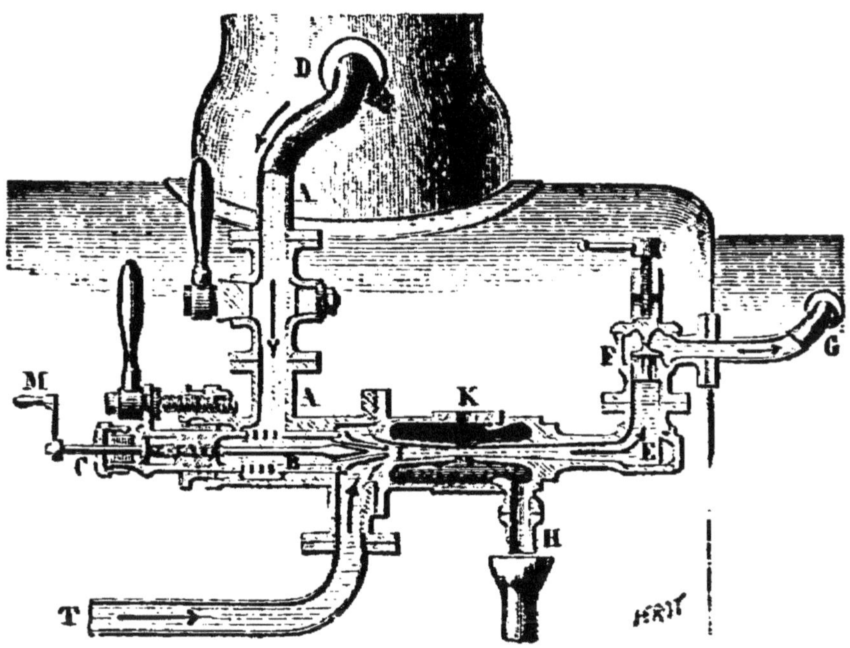

Fig. 141.

Un tuyau AA (*fig.* 141) communiquant avec le dôme de la chaudière D, amène la vapeur dans un second tuyau B qui lui est perpendiculaire. Ce tuyau est percé de petits trous pour recevoir la vapeur, et se termine par une ouverture conique I. Un autre tuyau T, dit tuyau d'aspiration, aspire l'eau froide du réservoir, placé, pour les locomotives, dans le tender qui suit la machine. Cette eau, arrivant autour du tuyau B, près de son ouverture conique I, rencontre la vapeur qui s'en échappe, et qui, se condensant aussitôt par l'effet du refroidissement, lui communique sa force vive. Le jet liquide acquiert alors un surcroît de pression, qui le pousse par les tuyaux E et G jusque dans la chaudière. Entre ces deux tuyaux est une boîte F, munie d'une soupape de retenue pour empêcher l'eau de sortir de la chaudière quand l'appareil ne fonctionne pas. Une tige à vis C, mue par une manivelle M, et terminée en une pointe conique correspondant à l'ouverture I du tuyau B, sert à régler le passage de la vapeur. En H est un tuyau de purge ou de trop plein pour régulariser le débit.

193. *Classification des machines à vapeur. — Détente. — Cheval-vapeur.* — On les divise en machines à *simple effet* et à *double effet*, et en machines à *basse*, *moyenne* et *haute pression*.

Les machines à simple effet sont celles dans lesquelles le piston ne reçoit la vapeur que sur sa face supérieure et remonte au moyen d'un contre-poids. Les machines à double effet ou machines de Watt sont celles dans lesquelles la vapeur presse alternativement les deux faces du piston. Ces dernières sont à peu près les seules que l'on emploie aujourd'hui.

Watt eut le premier l'idée de ne laisser arriver la vapeur de la chaudière dans le cylindre ou corps de pompe que *pendant une partie de la course du piston*. A un moment donné, le tube d'arrivée, par une disposition convenable du tiroir, se trouve fermé, et la vapeur introduite sous le piston continue à le faire mouvoir par sa *détente*, c'est-à-dire en augmentant simplement de volume, jusqu'à ce que le piston soit au bout de sa course. La détente économise donc la vapeur et par suite le combustible. Aussi presque toutes les machines sont-elles construites d'après ce principe.

On dit qu'une machine est à basse pression, quand la tension de sa vapeur ne s'élève que très peu au-dessus d'une atmosphère. La machine est à moyenne pression, quand elle fonctionne entre deux et quatre atmosphères, c'est-à-dire avec une pression de 2 à 4 kilogr. environ sur chaque centimètre carré des deux faces du piston (104). Au-dessus de quatre atmosphères, la machine est à haute pression. La puissance d'une machine ne dépend donc pas seulement de la tension de la vapeur, mais encore de la largeur du piston; d'où il résulte qu'une machine à basse pression peut être aussi forte et même beaucoup plus forte qu'une machine à haute pression: il suffit pour cela que les deux faces du piston soient suffisamment grandes.

L'*unité de force* qui sert à mesurer la puissance d'une machine est désignée sous le nom de *cheval-vapeur :* c'est l'effort nécessaire pour soulever, d'un mouvement continu,

75 kilogrammes à un mètre de hauteur par seconde, ou, ce qui revient au même, un travail de 75 *kilogrammètres* effectué en une seconde. Ainsi une machine de 10 chevaux est celle qui est capable de soulever à un mètre de hauteur par seconde 750 kilogrammes, ou dont le travail, en une seconde, équivaut à 750 kilogrammètres.

Équivalent mécanique de la chaleur.

191. *Équivalent mécanique de la chaleur.* — Nous avons dit (page 20) ce qu'on entend par *énergie actuelle* ou *force vive*, c'est-à-dire le pouvoir que possèdent tous les corps en mouvement de produire du travail mécanique. Nous avons fait connaître également la distinction établie entre cette énergie actuelle ou de mouvement et l'*énergie potentielle* ou de tension.

Or, l'expérience démontre que lorsque l'énergie actuelle d'un corps varie, son énergie potentielle varie simultanément d'une quantité égale, mais en sens inverse.

Considérons un corps très élastique, une bille d'ivoire par exemple, suspendue par un fil à une certaine hauteur au-dessus d'une plaque de marbre placée horizontalement sur le sol. Tant que la bille reste suspendue, elle possède une énergie potentielle égale au produit de son poids par la hauteur où elle est placée au-dessus du sol. Mais si l'on vient à couper le fil, la bille tombe aussitôt verticalement, et elle acquiert dans sa chute une énergie actuelle ou force vive telle, qu'arrivée au bas de sa course, elle rebondit sur la plaque de marbre de manière à remonter juste à son point de départ, et à récupérer ainsi toute l'énergie potentielle qu'elle possédait avant sa chute. Nous supposons, bien entendu, l'élasticité de la bille parfaite et la résistance de l'air nulle.

Cette expérience nous montre donc l'énergie potentielle ou de tension se transformant, après la section du fil, en énergie actuelle ou de mouvement, et celle-ci revenant, après le choc de la bille sur le sol, à son premier état d'énergie potentielle, *sans rien perdre ni rien gagner.* Il y a eu, en un mot, équivalence parfaite entre l'énergie actuelle acquise par la bille en tombant et l'énergie potentielle, qu'elle récupère en remontant à la hauteur d'où elle était tombée : de là le grand principe de la *conservation de l'énergie*, admis aujourd'hui par tous les physiciens.

Mais si au lieu d'un corps parfaitement élastique tombant d'une certaine hauteur sur le sol, nous supposons un corps mou privé ou à peu près d'élasticité, une masse de plomb, par exemple, l'effet produit sera tout différent. Cette masse, arrivant sur le sol, s'y arrêtera net, sans rebondir; son énergie de mouvement, la force vive qu'elle avait acquise en tombant semblera donc s'être anéantie subitement. Mais alors apparait un phénomène nouveau. Tandis que la bille d'ivoire, tombant et rebondissant sur le sol, conservait la même température, la masse de plomb, au moment du choc, *s'est échauffée spontanément*. On est donc en droit de penser que la chaleur ainsi produite a remplacé l'énergie actuelle ou force vive que possédait la masse de plomb au moment de toucher le sol, ou plutôt que cette énergie de mouvement s'est transformée en une autre énergie, en *énergie calorifique*.

Ce phénomène est général; on le voit se produire toutes les fois qu'un corps en mouvement est brusquement arrêté, ou qu'on lui oppose une résistance qui, sans l'arrêter complètement, tend à diminuer sa vitesse et, par suite, son énergie actuelle. Telle est l'origine de la chaleur produite par le frottement. Supposons un disque de métal ou de toute autre matière mis en mouvement de rotation sur son axe, ou bien encore une tige rigide recevant un mouvement de va-et-vient sous un effort quelconque. Si rien ne gêne le mouvement soit du disque, soit de la tige, ils prendront l'un et l'autre une certaine vitesse et conséquemment une énergie de mouvement ou force vive ($\frac{1}{2}mv^2$) déterminée. Mais vient-on à gêner leur mouvement par une cause extérieure, par exemple, au moyen d'un autre corps s'appuyant sur leur surface, on voit aussitôt, l'effort restant le même, diminuer leur vitesse. Or, tandis que le disque ou la tige, libres de toute entrave, restaient, comme notre bille d'ivoire, à la même température, on constate, au contraire, qu'ils s'échauffent, dès qu'ils sont soumis au frottement. Ici encore la perte d'énergie de mouvement résultant de la diminution de vitesse se compense par une production de chaleur, ou, en d'autres termes, l'énergie de mouvement se transforme en énergie calorifique. Non seulement le choc, le frottement, mais encore la pression, particulièrement la compression des gaz, produisent, comme nous l'avons dit plus haut, un effet semblable.

Nous pouvons donc établir comme principe général que toutes les fois que, par une cause quelconque, *l'énergie actuelle ou de mouvement que possède un corps semble disparaître, on voit apparaître à sa place une certaine quantité de chaleur.*

Inversement toute production de travail mécanique, soit par nos machines, soit par l'homme ou les animaux, *donne lieu à une dépense de chaleur*, ou pour mieux dire, à *une transformation d'énergie calorifique en énergie de mouvement.*

Le travail mécanique et la chaleur peuvent donc être considérés comme deux *quantités équivalentes*, pouvant, suivant les circonstances, se remplacer et se transformer l'une dans l'autre.

Pour fixer les idées et bien faire comprendre ce grand principe, dont la découverte a si puissamment contribué aux étonnants progrès de la physique moderne, revenons à notre expérience de la bille d'ivoire et de la masse de plomb tombant d'une certaine hauteur sur un plan résistant.

La bille d'ivoire, qui tombe et rebondit sous le choc jusqu'à la hauteur de son point de départ, et qui continuerait ainsi à se mouvoir indéfiniment si son élasticité était parfaite et que l'expérience se fît dans le vide, conserve intégralement toute son énergie de mouvement, laquelle ne fait, dans ce double trajet de descente et d'ascension, que passer du potentiel à l'actuel et réciproquement, sans produire aucun dégagement de chaleur. La masse de plomb, que nous supposerons du même poids et tombant de la même hauteur, s'arrête, au contraire, sans rebondir, et reste immobile sur le plan qui la reçoit; mais elle s'échauffe aussitôt d'une certaine quantité. Or, cette quantité de chaleur (en y ajoutant toutefois celle que représente le travail moléculaire correspondant à la déformation de la masse de plomb au moment du choc) *est précisément celle qu'il faudrait dépenser pour faire remonter cette même masse à la hauteur d'où elle est tombée.* En d'autres termes, la chaleur que prend la masse de plomb en s'arrêtant sur le sol *équivaut* au travail mécanique que dépense la bille d'ivoire pour rebondir jusqu'à la hauteur d'où elle était tombée.

Reste maintenant à établir dans quelle proportion se manifeste cette équivalence de la chaleur et du travail mécanique, c'est-à-dire à déterminer le nombre de calories qu'il faut dépenser pour obtenir un kilogrammètre de force mécanique, ou réciproquement quelle quantité de chaleur peut développer la force vive acquise par une masse pesant un kilogramme et tombant sur le sol, avec arrêt complet et instantané, de la hauteur d'un mètre (13).

C'est à M. Joule, de Manchester, que l'on doit cette détermination, qu'il a obtenue, le premier, d'une manière très précise en mesurant la chaleur développée par le frottement de divers corps solides ou liquides les uns contre les autres sous l'action d'une quantité déterminée de travail mécanique. L'appareil qu'il a imaginé dans ce but étant très compliqué, par suite de la nécessité d'éliminer toutes les causes d'erreur que présentait cette expérience délicate, nous nous bornerons à en faire connaître ici le principe.

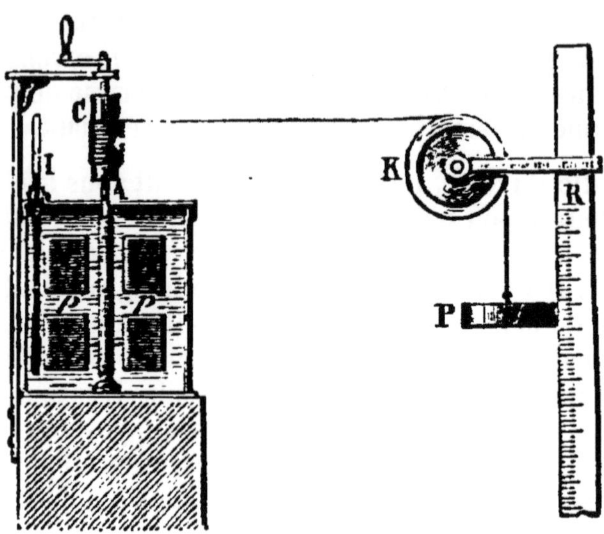

Fig. 142.

Un axe vertical A (*fig.* 142) plonge inférieurement dans un vase rempli d'eau et muni d'un thermomètre I très sensible. La partie immergée de cet axe porte des palettes en laiton *pp*, tandis que sa partie supérieure est recouverte d'un cylindre en bois C, sur lequel s'enroule un fil dont le bout libre, après s'être réfléchi sur une poulie K, soutient un poids P. Devant ce poids se trouve placée verticalement une règle divisée R, destinée à en mesurer la course.

L'appareil étant mis en mouvement, il est facile de voir que la chute du poids P fera tourner l'axe vertical A et, par suite, les palettes immergées *pp*. Le frottement de l'eau tant sur elle-même que sur les parois du vase et sur les palettes aura pour premier effet de diminuer la vitesse de chute du poids moteur, et de lui soustraire ainsi une partie de sa force vive. Mais à cette perte de force vive correspond une élévation de température du vase et de son contenu, accusée par le thermomètre. On pourra donc en déterminant, d'une part, la quantité en calories de chaleur produite, et d'autre part, le travail mécanique dépensé pendant la chute du poids (travail égal à la valeur de ce poids par sa hauteur de chute), calculer le rapport de ces deux quantités.

La moyenne des expériences plusieurs fois répétées avec des liquides et des palettes de nature différente, et même avec un anneau de fonte frottant sur un cône de même métal, a donné pour valeur de ce rapport le nombre 425 *kilogrammètres pour une calorie :* d'où il suit que pour produire une calorie, c'est-à-dire la quantité de chaleur nécessaire pour élever de 1° centigrade la température de 1 kilogramme d'eau, il faut dépenser le travail nécessaire pour élever un poids de 425 kilogrammes à 1 mètre de hauteur (43).

Ce nombre de 425 kilogrammètres est ce qu'on appelle l'*équivalent mécanique de la chaleur* ou ce qu'on pourrait appeler plus exactement l'*équivalent mécanique de la calorie.*

Réciproquement, si au lieu de chercher à obtenir de la chaleur en dépensant du travail mécanique, on cherche à produire du travail en consommant de la chaleur, ce qui est précisément le but de la machine à vapeur, des expériences non moins précises, auxquelles M. Hirn, de Colmar, a le premier attaché son nom, ont démontré que pour chaque calorie utilement dépensée il y a production d'un travail égal à 425 kilogrammètres.

Remarque. — La transformation du mouvement en chaleur et réciproquement n'est pas le seul phénomène que l'on observe dans les manifestations de cette puissance universelle et indestructible qui anime la matière et que nous nommons *énergie.* Le mouvement et la chaleur peuvent aussi, comme nous le verrons bientôt, se convertir en électricité, en magnétisme, en lumière, qui, malgré la diversité de leurs effets, ne sont, en réalité, que des états particuliers de cette même puissance, toujours capables de se transformer les uns dans les autres, et toujours aussi en quantités équivalentes. De cette équivalence des forces naturelles découle, comme conséquence immédiate, le grand principe de la *conservation de l'énergie*, qui, de nos jours, a exercé sur le développement des sciences physiques et naturelles une influence non moins grande que le principe de la *conservation de la matière*, découvert et proclamé vers la fin du dernier siècle par Lavoisier.

Résumé.

I. On désigne sous le nom de *chaleur latente des vapeurs* la chaleur qu'un liquide absorbe et rend latente lorsqu'il se vaporise.

II. La chaleur absorbée par les vapeurs et devenue latente est très considérable. Ainsi, la quantité de chaleur nécessaire pour vaporiser un kilogramme d'eau, sous la pression ordinaire, est capable d'élever de 0 à 100° 5 kilog. 400gr. d'eau liquide.

III. La *condensation* est le retour de la vapeur à l'état liquide. Elle peut être produite soit par le refroidissement, soit par la pression.

IV. Quand la vapeur se condense, elle abandonne sa chaleur latente, qui redevient sensible.

V. La force élastique de la vapeur d'eau sert à communiquer le mouvement à des machines dites *machines à vapeur*. Toute machine à vapeur se compose essentiellement de trois parties : 1° la chaudière, 2° le cylindre; 3° l'appareil destiné à transmettre le mouvement.

VI. On divise les machines à vapeur en machines à *simple effet* et à *double effet*, et en machines à *basse*, *moyenne* et *haute* pression.

VII. L'unité de force qui sert à mesurer la puissance d'une machine est le *cheval-vapeur :* on entend par ce mot l'effort nécessaire pour soulever d'un mouvement continu 75 kilogrammes à un mètre de hauteur par seconde.

VIII. Une partie de la chaleur employée dans les machines à vapeur disparaît et se *transforme en mouvement*. La relation qui existe entre la quantité de chaleur détruite et le travail mécanique produit est ce qu'on appelle l'*équivalent mécanique de la chaleur*.

IX. Il résulte d'expériences très précises que l'équivalent mécanique de la chaleur est égal à 425 kilogrammètres. Donc l'*unité de chaleur* ou calorie, c'est-à-dire la quantité de chaleur nécessaire pour élever de 1 degré centigr. 1 kilogramme d'eau, *produit, en se transformant en mouvement, une force capable d'élever 425 kilogrammes à un mètre de hauteur, et réciproquement.*

CHAPITRE XVI.

MÉTÉOROLOGIE.

Hygrométrie. — Rosée. — Pluie. — Neige. — Climats. — Température. — Influence de la latitude, de la position sur les continents et les iles. — Lignes isothermes. — Distribution annuelle de la température. — Vents réguliers et irréguliers.

Hygrométrie.

195. *Météorologie.* — La *météorologie* est l'étude des phénomènes atmosphériques ou *météores*, que l'on divise en météores *aqueux* ou *aériens*, tels que la pluie, la neige, les vents, etc., dont nous allons nous occuper, et en météores *lumineux*, tels que la foudre, l'arc-en-ciel, etc., dont nous renvoyons la description aux chapitres qui traitent de l'électricité et de la lumière. Disons d'abord quelques mots de l'hygrométrie, sur laquelle repose l'explication des météores aqueux.

196. *Hygrométrie.* — On désigne sous ce nom la partie de la physique qui a pour objet la détermination du *rapport existant entre la tension actuelle de la vapeur d'eau contenue dans l'air atmosphérique et la tension qu'aurait cette même vapeur à la même température, si l'air en était saturé.* Ce rapport est ce qu'on nomme l'*état hygrométrique* de l'air, lequel se trouve, à un moment donné, d'autant plus *humide* que la vapeur d'eau qu'il contient est plus voisine de son point de saturation, et d'autant plus *sec* qu'elle en est plus éloignée.

Les instruments qui servent à mesurer l'état hygrométrique de l'air portent le nom d'*hygromètres*. Ceux dont l'usage est le plus répandu sont l'*hygromètre à cheveu* ou de Saussure, et l'*hygromètre à condensation* ou de Daniell.

197. *Hygromètre à cheveu.* — Le cheveu, préalablement dégraissé dans de l'eau bouillante contenant un centième de son poids de carbonate de soude, jouit de la propriété de s'allonger lorsqu'il est humide et de se raccourcir quand on le dessèche. C'est sur cette propriété que repose la construction de l'hygromètre dit à cheveu, inventé par Saussure. Cet instrument (*fig.* 143) se compose d'un cadre en cuivre ABCD, sur lequel est tendu verticalement un cheveu dégraissé F, maintenu par son bout supérieur au moyen d'une pince P, que serre une vis de pres-

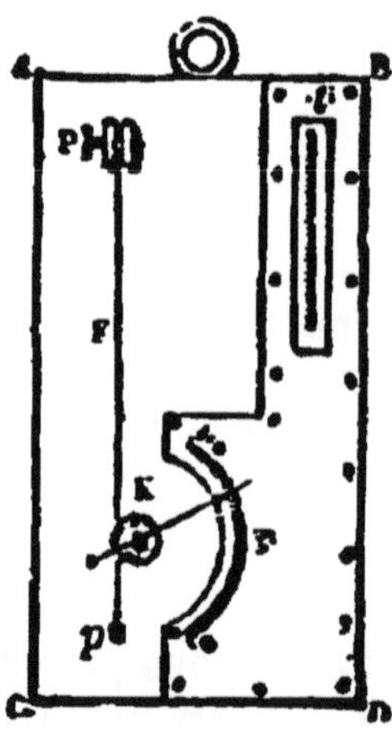

Fig. 143.

sion, et s'enroulant à son extrémité inférieure sur une poulie à deux gorges K à laquelle il est fixé. Sur la seconde gorge s'enroule un fil de soie qui porte un petit poids *p* destiné à donner au cheveu une tension continuelle et toujours égale; l'axe de la poulie porte une aiguille qui se meut sur un cadran vertical. Un petit thermomètre *t* est adapté à l'appareil.

Pour graduer cet instrument, on le place d'abord sous une cloche remplie d'air parfaitement desséché à l'aide de substances très avides d'eau, comme le chlorure de calcium ou le carbonate de potasse calciné. On voit alors le cheveu se raccourcir et l'aiguille descendre peu à peu, puis rester stationnaire au bout de quelques jours. On marque 0 sur le cadran, au point où l'aiguille s'est arrêtée, pour indiquer la sécheresse extrême. Cela fait, on retire de la cloche les substances desséchantes; on sature d'humidité l'air qu'elle renferme en mouillant ses parois avec de l'eau distillée, et on y place de nouveau l'hygromètre. Le cheveu s'allonge aussitôt, et l'aiguille monte rapidement sur le cadran, où elle reste ensuite stationnaire au bout de deux ou trois heures. On marque alors 100 sur le cadran, au point où l'aiguille s'est arrêtée, pour indiquer l'humidité extrême. On divise ensuite l'arc compris entre les deux points extrêmes en 100 parties égales, qui sont les degrés de l'hygromètre.

La moyenne des indications hygrométriques dans nos climats, à la surface de la terre, est de 72°; jamais l'hygromètre exposé à l'air libre ne descend au-dessous de 30°, et il n'arrive que très rarement, même dans les plus grandes pluies, qu'il s'élève jusqu'à 100°, lorsqu'il est abrité.

L'hygromètre de Saussure indique seulement que l'air, à un moment donné, est plus ou moins humide; mais il ne fait pas immédiatement connaître son état hygrométrique. Il faut, pour en déduire cette détermination, avoir recours aux tables construites par Gay-Lussac, dans lesquelles sont indiqués, pour les températures ordinaires, les divers états hygrométriques de l'air correspondant aux divers degrés de l'instrument.

198. *Hygromètre à condensation.* — Tout le monde sait qu'un vase rempli d'eau fraîche, une carafe, par exemple, que l'on transporte dans un endroit chaud, se recouvre immédiatement d'une couche de rosée. C'est sur ce fait que repose l'hygromètre à condensation.

Cet instrument (*fig.* 143 *bis*) se compose d'un tube en verre deux fois recourbé et terminé par deux boules A et B. La boule A, en verre noir, est aux deux tiers remplie d'éther, dans lequel plonge le réservoir d'un petit thermomètre *t*. La boule B est entourée d'une gaze fine, et ne contient que de la vapeur d'éther. Sur le support de l'instrument est un autre thermomètre T qui indique la température de l'air ambiant.

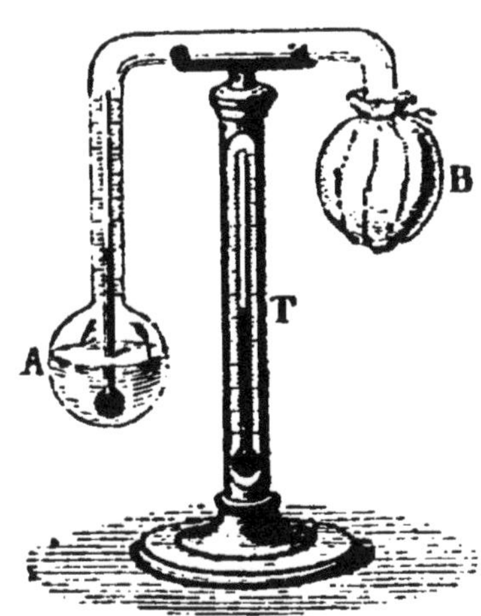

Fig. 143 *bis*.

En versant goutte à goutte de l'éther sur la gaze de la boule B, celle-ci se refroidit aussitôt, ce qui a pour effet, par suite de la différence de température qui s'établit alors entre les deux boules, de produire l'évaporation d'une partie de l'éther contenu dans la boule A, laquelle vient se condenser dans la boule B. La boule A se refroidit donc à son tour, et il arrive un moment où l'on voit sa surface se ternir en se recouvrant d'une mince couche liquide. On note alors la température du thermomètre intérieur *t* : c'est ce qu'on nomme *point de rosée.*

Il ne reste plus qu'à chercher dans la table des forces élastiques de la vapeur d'eau aux diverses températures (page 228) la tension maxima correspondant au point de rosée, et à diviser ensuite cette tension par la tension maxima correspondant à la température de l'air indiquée par le thermomètre extérieur T : le quotient exprimera l'état hygrométrique de l'air au moment de l'expérience.

Remarque. — Connaissant le poids p de la vapeur contenue dans un volume déterminé d'air, f sa force élastique actuelle, P le poids de vapeur que contiendrait le même volume d'air, s'il en était saturé, et F la tension maxima à la même température, on aura, en supposant applicable, la loi de Mariotte, $\frac{f}{F}=\frac{p}{P}$, ce qui permet, dans la définition de l'état hygrométrique, de substituer le rapport des poids à celui des tensions.

Rosée. Pluie. Neige. Verglas.

199. *Rosée.* — On donne le nom de *rosée* à la condensation de la vapeur d'eau atmosphérique qui se dépose pendant la nuit, sous la forme de gouttelettes limpides, à la surface des corps placés sur le sol. L'explication de ce phénomène est très facile à saisir. Pendant le jour, la terre est chauffée par les rayons du soleil; mais aussitôt que la nuit est venue, sa surface rayonne vers les espaces célestes une grande partie de la chaleur qu'elle a reçue. Il en résulte que tous les corps reposant sur le sol se refroidissent d'un certain nombre de degrés, ainsi qu'il est facile de le constater en comparant la température d'un thermomètre couché sur la terre ou sur l'herbe à la température indiquée par un autre thermomètre suspendu à quelques mètres au-dessus du sol. Or, si la vapeur d'eau contenue dans l'air ambiant n'est pas très éloignée de son point de saturation, il arrive bientôt qu'en se refroidissant au contact du sol, elle se liquéfie et se condense en partie sous la forme de gouttelettes. De là la production de la rosée, qui sera plus ou moins abondante selon les degrés du refroidissement nocturne.

Circonstances qui influent sur la production de la rosée. — Ces circonstances sont toutes celles qui peuvent favoriser ou affaiblir le rayonnement nocturne. Elles sont au nombre de quatre : 1° l'*exposition;* 2° l'*état du ciel;* 3° la *nature des corps;* 4° l'*agitation de l'air.*

1° *Exposition.* Le refroidissement nocturne d'un corps placé à la surface de la terre est d'autant plus grand que ce corps est exposé à une étendue du ciel plus considérable. Un arbre, un mur, un édifice, une montagne, situés dans le voisinage du corps, sont autant d'obstacles à son refroidissement et diminuent par conséquent la quantité de rosée qui peut s'y déposer.

2° *État du ciel.* Pour que la rosée se produise, il est nécessaire que le ciel soit pur. Si l'atmosphère est chargée de nuages, il s'établit entre ceux-ci et la surface du sol un rayonnement réciproque qui restitue au sol une grande partie de la chaleur qu'il émet. Le refroidissement n'est pas alors suffisant pour déterminer la formation de la rosée.

3° *Nature des corps.* Les corps qui se recouvrent le plus facilement de rosée sont ceux dont le pouvoir émissif est le plus considérable, par la raison toute simple qu'ils se refroidissent davantage : tels sont le verre, l'herbe, le bois, les tuiles, etc. Au contraire, les corps dont le pouvoir émissif est faible, ne se refroidissant que très difficilement, se recouvrent rarement de rosée. Ainsi sur les métaux polis la rosée ne se dépose presque jamais.

4° *Agitation de l'air.* Une grande agitation de l'air est un obstacle à la production de la rosée, et cela pour deux raisons : parce que l'air en se renouvelant réchauffe à chaque instant le sol refroidi par le rayonnement, et qu'en même temps il détermine l'évaporation de la rosée qui aurait pu se déposer déjà. Un vent faible et humide, en renouvelant les couches d'air qui apportent leur vapeur d'eau, favorise, au contraire, le développement de la rosée.

200. *Serein, gelée blanche.* — Pendant les grandes chaleurs, la rosée commence à se former dès le coucher du soleil, quelques moments avant le crépuscule ; elle porte alors le nom de *serein* et résulte du refroidissement des couches inférieures de l'air, dont la température descend au-dessous de leur point de saturation.

La *gelée blanche* n'est autre chose que la rosée congelée. Elle se produit quand la température du sol s'abaisse au-dessous de 0°. On l'observe principalement au printemps.

201. *Pluie.* — Lorsque les vapeurs qui s'élèvent sans cesse de la surface des mers, des lacs, des fleuves, du sol humide, rencontrent dans l'atmosphère des espaces dont la température est assez froide pour les condenser, elles se transforment en une sorte de poussière liquide excessivement fine qui constitue les *brouillards* et les *nuages*. Si la condensation de ces vapeurs devient plus considérable, elles forment alors des gouttelettes plus ou moins grosses, dont la chute produit la *pluie*.

La quantité de pluie qui tombe dans un temps donné ne dépend pas seulement du refroidissement qu'a éprouvé la vapeur d'eau atmosphérique, mais encore de sa température primitive : plus cette température est élevée, plus la quantité de pluie est grande. Ainsi de l'air saturé de vapeur d'eau à 27° donnerait en s'abaissant à 24°, je suppose, beaucoup plus de pluie que le même air saturé à 10° et qui s'abaisserait à 7°, bien que dans les deux cas la différence de température soit la même. Cela tient à ce que de 27° à 24° la différence entre les tensions maximum et, par suite, entre les quantités de vapeur d'eau correspondant à ces deux températures est beaucoup plus grande que de 10° à 7°. Voilà pourquoi les pluies sont beaucoup plus abondantes dans les régions intertropicales que dans nos climats. C'est aussi pour cette raison que les pluies d'été produisent généralement dans un temps donné beaucoup plus d'eau que les pluies d'hiver. La quantité de pluie qui tombe annuellement à Paris, mesurée au moyen du *pluviomètre,* est de 56 centimètres, ce qui veut dire qu'elle formerait sur le sol une couche d'eau de 56 centimètres si elle était soustraite à l'évaporation et à l'infiltration. Cette quantité est à Lyon de 89 centimètres ; à Naples de 95 ; à Calcutta de 2m,05, etc.

202. *Neige.* — Lorsque la température des nuages s'abaisse au-dessous de 0°, la poussière liquide qui les compose se congèle et cristallise. Si l'air est calme, cette cristallisation prend des formes parfaitement géométriques, et la neige tombe alors en flocons étoilés d'une admirable régularité, dans lesquels on retrouve toujours l'hexagone régulier, qui paraît être la figure fondamentale des flocons neigeux. La *fig.* 144 représente quelques-unes de ces formes les plus communes.

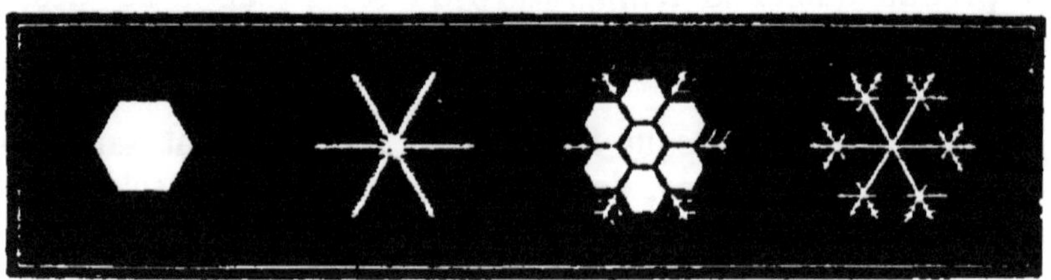

Fig. 144.

203. *Verglas.* — Lorsqu'à la suite d'une gelée qui a duré plusieurs jours, la température vient à s'adoucir subitement, la surface du sol, ne se réchauffant pas aussi vite que l'air ambiant, conserve pendant un certain temps une température inférieure au zéro thermométrique. Si une pluie fine vient alors à tomber, celle-ci se congèle en touchant la terre et la recouvre d'un vernis glacé que l'on désigne sous le nom de *verglas.*

Climats. Température. Influence de la latitude, de la position sur les continents et les îles. Distribution annuelle de la température.

204. *Distribution de la température à la surface du globe.* — La température de l'air à la surface du globe est essentiellement variable. Les causes principales de ces variations sont la latitude, la hauteur au-dessus du niveau de l'Océan ou l'altitude, et le voisinage des mers.

Influence de la latitude. — Cette influence, qui est la plus considérable, résulte du plus ou moins d'obliquité des rayons solaires. Plus ces rayons sont obliques à la surface du sol, moins il y a de chaleur absorbée : voilà pourquoi la quantité de chaleur absorbée par le sol décroît de l'équateur, où l'incidence des rayons est toujours à peu près normale, vers les pôles, où cette incidence devient de plus en plus oblique à l'horizon. C'est encore au plus ou moins d'obliquité des rayons solaires qu'il faut attribuer en partie les différences de température que présentent les *saisons* dans nos climats. En été, par exemple, indépendamment de la longueur des jours, les rayons solaires nous arrivent dans des directions beaucoup moins obliques qu'en toute autre saison, et nous communiquent, par conséquent, beaucoup plus de chaleur, bien que le soleil soit plus éloigné de la terre que dans l'hiver. Aussi observe-t-on à Paris, et même à des latitudes beaucoup plus élevées, comme à Saint-Pétersbourg, des jours d'été dont la chaleur est presque aussi forte qu'à l'équateur, où la température est à peu près invariable pendant toute l'année.

Influence de l'altitude. — L'air ne s'échauffant que par son contact avec le sol, sa température doit diminuer progressivement à mesure qu'on s'élève au-dessus du niveau des mers. On a la preuve de ce fait dans l'existence des neiges perpétuelles qui recouvrent le sommet des hautes montagnes, non-seulement dans nos climats, comme on l'observe sur les Alpes, les Pyrénées, mais encore dans les régions équatoriales, sur les cimes élevées du Chimborazo, du Sorata et autres montagnes des Cordillères. Toutefois, la hauteur à laquelle se maintiennent les neiges perpétuelles décroît considérablement de l'équateur aux pôles : entre les tropiques, elle est de 5000 mètres ;

aux latitudes moyennes de 42° à 45°, elle est de 2500 mètres; entre 60° et 70°, elle n'est plus que de 1500 à 1000 mètres. Gay-Lussac, dans son ascension aérostatique, en 1807, a observé qu'à la hauteur de 7000 mètres, le thermomètre qui marquait à Paris, à la surface du sol, + 32° centigrades, descendit à — 10. Dans une ascension faite par MM. Barral et Bixio (1850), le thermomètre descendit encore beaucoup plus bas. La loi du décroissement de la chaleur, à mesure qu'on s'élève dans l'atmosphère, n'est pas connue.

Influence du voisinage des mers. — La température des mers est beaucoup moins variable que celle de la surface solide des continents. Cette influence se fait surtout sentir dans les îles, où les étés sont en général moins chauds et les hivers moins froids: de là les noms de *climat des îles*, *climat maritime*, donnés aux climats qui présentent le moins de variations dans leur température. Ce qui contribue le plus à établir cette uniformité de température dans les contrées voisines de la mer, ce sont ces *brises* périodiques qui le matin soufflent de la terre à la mer, et le soir en sens opposé. L'air qui baigne les côtes étant plus froid le matin que celui qui repose sur la surface de la mer, dont le refroidissement nocturne est toujours beaucoup moindre, forme un courant qui descend et se dirige au large, pour remplacer l'air plus chaud et moins dense qui s'élève au-dessus des eaux; le soir, au contraire, l'air des côtes, échauffé par le soleil, monte en vertu de sa légèreté plus grande, tandis que l'air de la mer, à son tour plus froid, afflue pour le remplacer. Telle est la cause de ces brises du soir qui, sur les rivages des tropiques, viennent tempérer si agréablement les ardeurs du jour.

205. *Température moyenne d'un lieu.* — La température moyenne d'un lieu s'obtient en déterminant successivement les températures moyennes des jours, des mois et des années. La température moyenne des jours s'obtient en prenant la demi-somme des deux températures maximum et minimum de chacun d'eux; celle des mois, en faisant la somme des températures moyennes des jours de chaque mois, et en divisant cette somme par leur nombre; celle des années, en prenant le douzième de la somme des températures moyennes des douze mois de l'année. Dans nos climats, la température moyenne du mois d'octobre diffère généralement peu de celle de l'année. En additionnant successivement les moyennes d'un grand nombre d'années consécutives, et en divisant leur somme par le nombre des années, on obtient enfin la moyenne d'un lieu. A Paris, la température moyenne est d'environ 10°,8; à Calcutta, elle est de 28°,5; à Saint-Pétersbourg, de 3°,5; au cap Nord, de 0°; au Groënland, de —8°.

206. *Climats. Climats extrêmes ou continentaux; climats constants ou maritimes.* — On désigne sous le nom de *climats* certaines zones ou régions caractérisées par leur température moyenne et par leurs températures extrêmes. On dit que le climat est *brûlant* dans la zone torride ou équatoriale, dont la température moyenne est d'environ 28°; *chaud*, quand la température moyenne est de 18° à 20°; *doux*, quand elle est de 15° à 18°; *tempéré*, quand elle est de 10° à 15°; *froid*, quand elle est de 5° à 10°; *très froid*, quand elle est de 0° à 5°; *glacé*, quand elle est au-dessous de zéro.

On divise encore les climats en *climats extrêmes* ou *continentaux* et en *climats constants* ou *maritimes*. Les premiers sont ceux dont la température offre de grandes différences dans le cours de l'année entre les limites extrêmes de la chaleur et du froid; on les observe sur les continents: tels sont les climats de Paris, de Vienne, de Saint-Pétersbourg, de New-York, de Pékin. Les seconds sont ceux dont les températures extrêmes de l'hiver et de l'été ne présentent que de faibles différences. Ce caractère appartient en général aux climats des îles ou *climats maritimes;* ce qui tient, ainsi que nous l'avons dit précédemment, à ce que la température de la mer varie beaucoup moins, dans chaque région, que celle de la surface des continents.

Lignes isothermes. Vents réguliers et irréguliers.

207. *Lignes isothermes.* — Lorsque, partant d'un point où la température moyenne est connue, on joint entre eux, sur une carte, tous les lieux du même hémisphère où la température moyenne est la même, on obtient une ligne qui porte le nom de *ligne isotherme.* Si la température moyenne d'un lieu ne dépendait que de sa latitude, toutes les lignes isothermes se confondraient avec les cercles parallèles à l'équateur. Mais, indépendamment de la latitude, nous avons vu que la hauteur au-dessus du niveau de l'Océan et le voisinage des mers font aussi varier la

température. Si à ces causes générales nous ajoutons toutes les circonstances locales qui peuvent produire le même résultat, telles que le voisinage des montagnes, la nature du sol, son inclinaison, les vents qui y règnent, on comprendra facilement pourquoi ces lignes isothermes sont en général très sinueuses, et vont en se rapprochant, dans une étendue souvent très considérable, tantôt de l'équateur et tantôt du pôle. De ce que deux lieux sont à la même latitude, il ne faudrait donc pas en conclure qu'ils ont la même température moyenne. Il peut y avoir à cet égard de très grandes différences qui tiennent aux circonstances générales et locales dont nous avons parlé. L'espace compris entre deux lignes isothermes est ce qu'on appelle une *zone isotherme.*

208. *Vents.* — Les *vents* sont des courants plus ou moins rapides qui se produisent dans l'atmosphère. Ils sont toujours le résultat d'une rupture d'équilibre dans quelques parties de la masse atmosphérique, causée, soit par les variations de la température, soit par la formation de la pluie. Par exemple, si la température de l'air en contact avec le sol augmente sur une certaine étendue, cet air, devenu plus léger, monte aussitôt vers les régions supérieures, tandis que l'air plus froid des parties environnantes afflue pour le remplacer. De même, si une grande quantité de vapeur répandue dans l'air se condense subitement et se résout en pluie, un vide se forme dans la région de l'atmosphère où la condensation a lieu, et l'air des parties voisines se précipite encore pour le remplir.

On distingue les vents en *vents réguliers* et en *vents irréguliers.*

1° *Vents réguliers.* Les vents réguliers, que l'on observe principalement dans les régions intertropicales, sont ceux dont la direction reste constante pendant un temps très long, et qui reviennent périodiquement à des époques fixes. On connaît deux sortes de vents réguliers : les vents *moussons* et les vents *alizés.*

Les *moussons* soufflent pendant six mois, d'avril en octobre, du nord-est au sud-ouest ; et pendant six autres mois, d'octobre en avril, dans la direction opposée, c'est-à-dire du sud-ouest au nord-est. Ils règnent dans la mer des Indes, dans le golfe du Bengale et dans la mer de Chine. Les vents *alizés* forment deux courants superposés et de sens inverse : l'*alizé infé-*

rieur et l'*alizé supérieur*. Le premier souffle perpétuellement, dans les régions équatoriales, du *nord-est* au sud-ouest pour l'hémisphère boréal, et du *sud-est* au nord-ouest pour l'hémisphère austral. On observe toutefois aux environs de l'équateur une zone de 5 à 6 degrés ou d'environ 150 lieues de largeur, où les vents sont souvent très faibles et variables, quelquefois nuls, et que pour cette raison on appelle la zone des *calmes*. Les vents alizés résultent de l'action combinée de la chaleur solaire et du mouvement de rotation de la terre sur son axe.

2° *Vents irréguliers*. Les vents irréguliers sont ceux dont la direction varie très souvent, et dont le retour ne saurait être prévu par aucune loi actuellement connue. Quoique ces vents puissent souffler indistinctement de tous les points de l'horizon, on distingue cependant huit directions principales, qui sont : le nord, le nord-est, l'est, le sud-est, le sud, le sud-ouest, l'ouest et le nord-ouest. Les vents, dans nos climats, sont très irréguliers; ils le deviennent encore plus vers les régions polaires, où ils changent à chaque instant de direction, et souvent même semblent souffler de tous les côtés en même temps.

La vitesse du vent est très variable : on la mesure au moyen d'un instrument nommé *anémomètre*, lequel n'est autre chose qu'un petit moulinet à ailettes que le vent fait tourner. Le nombre de tours que fait le moulinet dans un temps donné indique la vitesse du vent. Dans nos climats, la vitesse moyenne est de 3 à 6 mètres par seconde. Dans les ouragans, elle peut atteindre 40 mètres; ce qui donne 144 kilomètres à l'heure.

La direction des vents exerce une influence très marquée sur la température des lieux qu'ils traversent. Ainsi, à Paris, le vent du nord refroidit presque toujours l'atmosphère, tandis que le vent du sud l'échauffe ; le vent d'ouest, qui est le plus fréquent, est ordinairement humide et pluvieux ; le vent d'est, chaud en été et froid en hiver, amène la sécheresse. Le vent le plus froid est celui du nord-est.

Résumé.

1. La *météorologie* est l'étude des phénomènes atmosphériques ou *météores*, tels que la pluie, la neige, les vents, la foudre, l'arc-en-ciel, etc.

II. Les hygromètres sont des instruments destinés à mesurer les divers degrés d'humidité atmosphérique. Celui que l'on emploie le plus souvent est l'hygromètre à cheveu ou de Saussure, fondé sur la propriété que possède le cheveu de s'allonger par l'humidité et de se raccourcir par la sécheresse.

III. La rosée est le résultat de la condensation, à la surface du sol, de la vapeur d'eau atmosphérique, par suite du rayonnement nocturne. Si la température du sol s'abaisse au-dessous de 0°, la rosée se congèle et forme la *gelée blanche.*

IV. La condensation de la vapeur d'eau atmosphérique donne naissance aux *brouillards* et aux *nuages,* lesquels se résolvent en *pluie* si la condensation devient plus considérable.

V. La neige est produite par la congélation des nuages. Elle présente des formes cristallines très variées, dont le type est l'hexagone régulier.

VI. La température de l'air à la surface du globe est très variable. Ces variations dépendent de trois causes principales : la latitude, l'altitude et le voisinage des mers.

VII. On désigne sous le nom de *climats* certaines zones ou régions caractérisées par leurs températures moyennes et extrêmes. Les climats se divisent en climats *extrêmes* ou continentaux et en climats *constants* ou maritimes.

VIII. Les vents sont des courants plus ou moins rapides qui se produisent dans l'air. Ils sont le résultat d'une rupture d'équilibre dans quelques parties de la masse atmosphérique.

IX. Les vents sont réguliers ou irréguliers. Les vents réguliers appartiennent aux régions intertropicales : tels sont les *moussons* et les *vents alizés.* Les vents irréguliers appartiennent aux climats tempérés et surtout aux régions polaires.

CHAPITRE XVII.

ÉLECTRICITÉ.

Développement de l'électricité par le frottement. — Corps conducteurs; corps non conducteurs. — Lois des attractions et des répulsions électriques. — L'électricité se porte à la surface des corps et s'accumule vers les pointes. — Électricité par influence ou par induction. — Machines électriques. — Électrophore. — Électroscopes. — Usages de la machine électrique.

Électricité. Développement de l'électricité par le frottement.

209. *Électricité.* — On donne le nom d'*électricité* à un agent impondérable pouvant produire une foule de phénomènes dont les principaux consistent en des attractions et des répulsions, des apparences lumineuses, la fusion, la volatilisation de certains métaux, des combinaisons et des décompositions chimiques, des commotions organiques, etc. L'étude de l'électricité se partage en deux grandes divisions : l'*électricité statique* et l'*électricité dynamique*. La première comprend les phénomènes produits par l'électricité en repos et à l'état de tension à la surface des corps ; la seconde embrasse les phénomènes produits par l'électricité en mouvement.

210. *Développement de l'électricité par le frottement.* — Un certain nombre de substances, telles que le verre, la résine, l'ambre, le soufre, etc., acquièrent, lorsqu'on les frotte avec un morceau de laine ou une peau de chat, la propriété d'attirer les corps légers, comme des brins de paille, de papier, des barbes de plumes, des feuilles métalliques, etc. On dit alors que ces corps sont *électrisés*. Pour constater plus facilement cet état, on se sert de petits instruments nommés *électroscopes*, dont le plus simple est le *pendule élec-*

Fig. 148.

trique. Cet appareil (*fig.* 145) consiste en un support à pied de verre auquel est attaché un fil de soie portant à son extrémité une petite boule en moelle de sureau. Lorsqu'on approche un corps électrisé, la petite boule est attirée et s'écarte aussitôt de sa position d'équilibre.

Remarque. La chaleur élevée à un haut degré (500 à 600°, d'après Pouillet) produit de la lumière; elle peut être aussi, comme nous le verrons plus loin, une source d'électricité. Réciproquement, l'électricité, peut se transformer en chaleur et en lumière. Le rapprochement de ces faits a conduit les physiciens à admettre que la chaleur, la lumière et l'électricité ne sont autre chose que des modalités variables d'une cause ou plutôt d'un agent unique et universel, l'éther. Toutefois, tandis que la chaleur et la lumière seraient le résultat de vibrations transmises à l'éther par les dernières molécules de la matière pondérable (123), l'électricité dépendrait d'un simple déplacement du fluide éthéré, qui, en se condensant ou se raréfiant à la surface des corps, produirait tous les phénomènes que nous allons maintenant étudier. Nous continuerons néanmoins, comme nous l'avons fait pour la chaleur, à considérer l'électricité comme un agent spécial, en conservant le langage usité dans cette hypothèse, et que, dans l'état actuel de la science, on ne saurait modifier sans nuire gravement à la clarté des démonstrations.

Corps conducteurs; corps non conducteurs.

211. *Corps conducteurs. Corps non conducteurs.*— Les corps, relativement à l'électricité, se divisent, comme pour la chaleur, en corps *bons conducteurs* et en corps *mauvais conducteurs.* Les corps bons conducteurs de l'électricité sont les métaux, le charbon calciné, l'eau et les acides; les mauvais conducteurs sont le verre, les résines, la soie, le soufre et l'air sec. Lorsqu'un corps bon conducteur est mis en contact par un seul point avec une source d'électricité, il s'électrise aussitôt dans toute son étendue; les corps mauvais conducteurs, au contraire, ne s'électrisent qu'au point de contact ou dans une très petite étendue autour de ce point. Entre ces deux classes de corps, il en existe une foule d'autres dont la conductibilité présente tous les degrés intermédiaires.

212. *Réservoir commun, corps isolants.* — La terre étant composée de substances conductrices de l'électricité, lorsqu'un corps conducteur électrisé est mis en communication avec elle par un autre conducteur, l'électricité se répand immédiatement dans le sol, auquel on donne, pour cette raison, le nom de *réservoir commun.* Or, pour qu'un corps conducteur conserve son électricité, il faut qu'il soit séparé du sol par un corps mauvais conducteur, tel que le verre, la soie, la résine, qui l'*isole* de la masse terrestre. Voilà pourquoi on appelle les corps mauvais conducteurs *corps isolants* ou *isoloirs.* L'air sec est un corps isolant; mais il perd cette propriété à mesure qu'il se charge de vapeur d'eau : c'est pour cette raison que les expériences d'électricité réussissent si difficilement dans les temps humides.

Remarque. Tous les corps s'électrisent par le frottement. Cependant il n'y a que les corps mauvais conducteurs, le verre, la résine, le soufre, qui donnent des signes d'électricité quand on les frotte en les tenant directement avec la main; les métaux, au contraire, n'en donnent aucun. Céla tient à ce que le corps humain étant lui-même conducteur, l'électricité développée par le frottement à la surface du métal se répand immédiatement dans le sol. Mais si le métal est soutenu par un manche en verre, et si on le frotte avec un corps mauvais conducteur, tel qu'un morceau de soie ou de taffetas ciré, il donne aussitôt, comme tous les autres corps, des signes manifestes d'électricité.

213. *Attractions et répulsions électriques.* — Les corps électrisés s'attirent ou se repoussent suivant certaines conditions, que l'on met en évidence au moyen des trois expériences suivantes :

1° Lorsqu'on approche d'un pendule électrique un tube de verre poli, après l'avoir électrisé en le frottant avec une étoffe de laine, la boule de sureau est d'abord attirée. Mais aussitôt qu'elle a touché le tube de verre, et qu'elle lui a pris dans ce contact une partie de son électricité, elle est vivement repoussée.

2° De même, lorsqu'on présente à un second pendule électrique un bâton de résine électrisé par le frottement d'un drap de laine, il y a d'abord attraction, puis répulsion après le contact. Le bâton de résine, comme le tube de verre, repousse donc la balle de sureau dès qu'elle a partagé son électricité.

3° Si maintenant on approche le bâton de résine de la balle de sureau électrisée par le verre et repoussée par lui, celle-ci est vivement attirée. Réciproquement, si on présente le tube de verre au second pendule électrisé par la résine et repoussé par elle, il y aura encore attraction. De ces trois expériences on tire les conséquences suivantes :

L'électricité qui se développe par le frottement d'un drap de laine sur le verre n'est pas identique à celle que produit le même frottement sur la résine. On donne à la première le nom d'*électricité vitrée ou positive*, et on la représente par le signe +; on donne à la seconde le nom d'*électricité résineuse ou négative*, et on la représente par le signe —.

Deux corps chargés de la même électricité se repoussent.

Deux corps chargés d'électricités contraires s'attirent.

211. *Théories de Symmer et de Franklin.* — Lorsqu'on frotte l'un contre l'autre deux corps de nature quelconque, si l'un s'électrise positivement, l'autre se charge en même temps d'une égale quantité d'électricité négative.

D'après Symmer, tout corps possède simultanément les deux électricités, vitrée et résineuse. Lorsqu'elles sont en quantités égales, ces deux électricités, se neutralisant mutuellement, forment ce qu'on appelle l'*électricité naturelle* ou *fluide neutre*. Le frottement de deux corps l'un contre l'autre a pour effet de séparer ces deux électricités, en accumulant la vitrée sur l'un et la résineuse sur l'autre. Il y aurait donc d'après cette théorie deux espèces d'électricité tout à fait distinctes, d'où le nom de théorie ou *hypothèse des deux fluides* qui lui a été donné.

D'après Franklin, il n'y aurait, au contraire, *qu'une seule électricité*. Quand un corps en possède sa quantité normale, il est à l'état *neutre* ou *naturel*. Le frottement de deux corps l'un contre l'autre aurait alors pour effet de faire passer une partie de l'électricité de l'un sur l'autre. Celui des deux corps qui a pris ainsi un excès d'électricité est à l'état *positif*; l'autre, qui en contient moins qu'auparavant, est à l'état *négatif*.

Nous conserverons, avec la plupart des auteurs, la théorie de Symmer, plus favorable à la clarté des démonstrations, en désignant toutefois sous les noms d'électricité *positive* ou *né-*

gative les deux électricités vitrée et résineuse, attendu qu'un même corps peut prendre, selon les circonstances, l'une ou l'autre de ces deux électricités*.

Lois des attractions et des répulsions électriques.

215. *Lois des attractions et des répulsions électriques.* — Les actions que les corps électrisés exercent les uns sur les autres sont soumises aux deux lois suivantes :

1° *Les attractions et les répulsions électriques sont en raison inverse des carrés des distances ;*

2° *Les attractions et les répulsions électriques sont proportionnelles au produit des deux quantités d'électricité de nom contraire ou de même nom dont les corps sont chargés.*

Ces deux lois se démontrent expérimentalement au moyen de la *balance électrique de Coulomb*. Cet instrument (*fig.* 146) se compose d'une cage cylindrique en verre ABCD, surmontée d'un tube de verre vertical ; dans l'axe de ce tube est suspendu un mince fil d'argent HG, fixé par son extrémité supérieure à une tige de cuivre L qui permet d'en changer la longueur, et portant à son extrémité libre une aiguille horizontale de gomme laque, terminée par un disque E de clinquant ou de papier doré. La tige de cuivre L, à laquelle est attaché le fil d'argent, fait corps avec un tambour métallique KI pouvant tourner sur la partie supérieure du tube vertical, de manière à tordre le fil dans un sens ou dans l'autre. Ce tambour est gradué à sa circonférence, et glisse sur un repère fixe qui permet de mesurer la torsion que reçoit le fil métallique. La cage cylindrique de verre ABCD

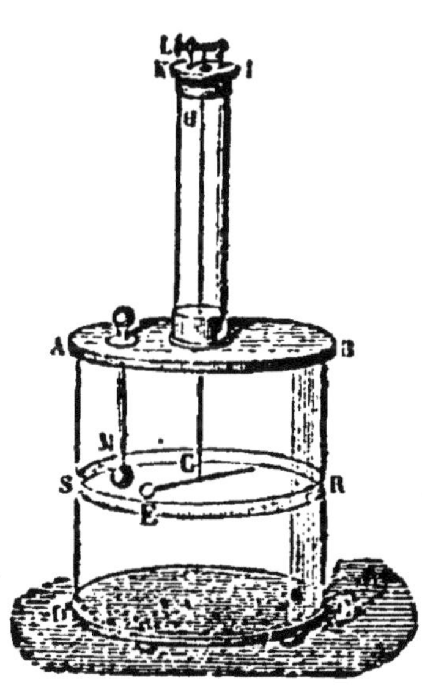

Fig. 146.

* Un bâton de verre poli prend l'électricité résineuse si, au lieu de le frotter avec une étoffe de laine, on le frotte avec une peau de chat. Deux morceaux du même verre, l'un poli, l'autre dépoli, frottés l'un contre l'autre, prennent, le premier l'électricité vitrée, le second l'électricité résineuse.

porte en outre, au niveau de l'aiguille de gomme laque et du disque de clinquant E qui la termine, une bande de papier SR sur laquelle sont tracées les divisions du cercle. Enfin le plateau supérieur AB, également en verre, est percé d'une ouverture circulaire qui sert à introduire dans la cage une boule en cuivre M, soutenue par une tige isolante en verre dont l'extrémité supérieure porte un bouton qui bouche l'ouverture en s'appuyant sur ses bords. Le centre de la boule en cuivre M doit être en regard du centre du disque de clinquant E, et ces deux points doivent être à égale distance du fil métallique qui soutient l'aiguille en gomme laque.

Démonstration de la première loi. — Pour démontrer avec cet appareil la première des deux lois ci-dessus, il faut d'abord avoir soin de dessécher l'air contenu dans la cage, en y plaçant pendant plusieurs jours une capsule remplie de chaux vive. Cela fait, on tourne le tambour KI, de manière à amener le disque de clinquant en contact avec la boule de cuivre M, dont le centre correspond au zéro de la division SR tracée sur la cage. On retire alors la boule métallique M, en la tenant par son manche en verre; on l'électrise, puis on la replace rapidement dans l'appareil. Le disque de clinquant, s'électrisant aussitôt par son contact avec la boule, est repoussé par elle et s'arrête, après quelques oscillations, à une certaine distance, que nous supposerons de 40 degrés. Il y a alors équilibre entre la force répulsive de l'électricité et la force de torsion du fil métallique HG qui soutient le disque. Or, on sait que cette force de torsion est proportionnelle à l'angle de torsion : *la répulsion électrique sera donc représentée, à la distance actuelle, par 40 degrés de torsion.* Cherchons maintenant la valeur de cette force à une distance moitié moindre. Pour cela tournons le tambour IK de manière à tordre le fil jusqu'à ce que le disque de clinquant soit ramené devant la division 20 de la circonférence SR. A cette distance, qui est la moitié de la précédente, la répulsion électrique est toujours égale à la force de torsion du fil. Or, cette force de torsion se compose actuellement de l'angle de torsion 20, plus du nombre de degrés dont il a fallu tourner le tambour mobile IK. On trouve que ce nombre est de 140 degrés; *ce qui donne une torsion totale de 160 degrés pour mesure de la répulsion électrique à la distance actuelle.* A la distance précédente, *double* de celle-ci, la force de répulsion électrique n'était que de 40 degrés, c'est-à-dire *quatre fois moindre.* On verrait de la même manière qu'à une distance triple la force de répulsion est neuf fois plus petite. Donc *les répulsions électriques sont en raison inverse du carré de la distance.* Les attractions électriques sont soumises à la même loi.

Démonstration de la seconde loi. — Pour démontrer la seconde loi, c'est-à-dire pour constater que les attractions et les répulsions électriques sont proportionnelles aux quantités d'électricité dont les corps sont chargés, on électrise encore la boule de cuivre M, puis on note la répulsion imprimée au disque de clinquant. Cela fait, on retire la boule M, et on la touche avec une autre boule en cuivre non électrisée, de même diamètre et isolée. La boule M perd alors la moitié de son électricité. Or, en la replaçant dans l'appareil, on voit que sa force de répulsion n'est plus que la moitié de ce qu'elle était d'abord. Si on lui enlève encore de la même manière la moitié de l'électricité qui lui reste, sa force de répulsion n'est plus que le quart de la répulsion primitive, et ainsi de suite. Comme on obtiendrait le même résultat en diminuant successivement la charge électrique du disque E, on en conclut que les forces répulsives ou attractives qui s'exercent entre deux corps électrisés *sont proportionnelles à la quantité d'électricité de chacun d'eux et, par conséquent, au produit des deux charges électriques.*

L'électricité se porte à la surface des corps et s'accumule vers les pointes.

216. *L'électricité se porte à la surface des corps.* — D'après ce qui précède, on peut considérer chacune des deux électricités, positive ou négative, comme un fluide impondérable dont les molécules sont dans un état continuel de répulsion réciproque. Lors donc qu'un corps est électrisé soit positivement, soit négativement, l'électricité, en vertu de cette force répulsive qui anime ses propres molécules, *se porte tout entière à la surface de ce corps*, quelle que soit sa forme. On démontre expérimentalement ce principe à l'aide d'une sphère en cuivre creuse, percée d'une ouverture circulaire à sa partie supérieure, et isolée par un support en verre (*fig.* 147). Si l'on électrise cette sphère au moyen d'une source d'électricité quelconque, il est facile de constater que la *surface extérieure seule* se charge d'électricité, tandis que la surface intérieure n'en porte aucune trace. Il suffit pour cela de toucher successivement les deux surfaces avec un petit instrument nommé *plan d'épreuve*, formé (*fig.* 147 *bis*) d'une aiguille non conductrice de gomme laque B, dont l'une des extrémités porte un petit disque métallique A qui sert à recueillir l'électricité. Or, quand on touche la surface *intérieure* de la sphère électrisée avec ce plan d'épreuve, et qu'on le présente immédiatement à l'aiguille horizontale de la balance de Coulomb, on n'observe aucun signe d'électricité. Au contraire, si le plan d'épreuve est porté dans la balance après avoir touché la surface *extérieure* de la sphère, l'aiguille horizontale est aussitôt attirée, ce qui prouve que cette surface seule est électrisée.

Fig. 147.

Fig. 147 *bis*.

On peut encore démontrer le même principe par l'expérience suivante : on prend une sphère en cuivre pleine et isolée, que recouvrent exactement deux hémisphères en cuivre de même diamètre et pouvant s'enlever à volonté à l'aide de deux manches en verre. On électrise d'abord la sphère à l'aide d'une machine électrique, puis on y applique les deux hémisphères en les tenant par leurs manches isolants. Cela fait, si on retire brusquement, et d'un seul coup, les deux hémisphères, on constate qu'ils sont électrisés tous les deux, tandis que la sphère a cessé complètement de l'être.

Remarque. L'électricité n'est retenue à la surface des corps que par la pression de l'air environnant et par le peu de conductibilité que possède ce gaz lorsqu'il est sec. Dans le vide, les corps électrisés perdent instantanément la plus grande partie de leur électricité. On peut donc considérer les corps électrisés comme recouverts d'une couche mince d'électricité, dans un état de tension permanente dû à la force de répulsion réciproque de ses molécules, et luttant sans cesse contre la résistance de l'air. Ce qu'on appelle *tension électrique* n'est donc autre chose que l'énergie avec laquelle l'électricité accumulée à la surface d'un corps tend à s'échapper et à se répandre dans l'atmosphère ou dans les corps environnants.

217. *L'électricité s'accumule vers les pointes.* — Sur une sphère conductrice et isolée, comme celle que représente la *fig.* 147, l'électricité se distribue uniformément sur tous les points de la surface. Chacun de ces points est donc chargé d'une égale quantité d'électricité, ce qui est une conséquence nécessaire de la symétrie parfaite de la sphère. Il n'y a pas de raison, en effet, pour que le fluide électrique s'accumule en un point plutôt que dans un autre. Mais il n'en est plus de même sur un corps ayant la forme d'un ellipsoïde, tel que le représente la *fig.* 148 : la quantité d'électricité cesse d'être partout égale. L'électricité, obéissant à la force de répulsion qui anime ses molécules, s'accumule vers les extrémités A et B du grand axe, où elle acquiert son maximum d'épaisseur ou de *tension*, tandis qu'aux extrémités C et D du petit axe elle est à son minimum. Ce principe peut encore se démontrer à l'aide du plan d'épreuve et de la balance de Coulomb. Si on touche, en effet, avec le plan d'épreuve les différents points de l'ellipsoïde et qu'on le porte ensuite dans la balance, on constate que la charge électrique va en augmentant des extrémités C et D du petit axe aux extrémités A et B du grand.

Fig. 148.

218. *Pouvoir des pointes.* — La quantité d'électricité qui s'accumule aux extrémités du grand axe d'un ellipsoïde est d'autant plus grande que l'ellipsoïde est plus allongé. Il résulte de ce principe, que sur un corps conducteur terminé en cône (*fig.* 149), c'est-à dire par une pointe, la charge électrique doit aller en s'accumulant vers cette extrémité, et la tension devenir capable de vaincre la résistance de l'air. L'électricité s'échappera donc par cette pointe et s'écoulera dans l'atmosphère, où elle se dispersera entièrement. C'est ce que démontre l'expérience. Ainsi une pointe métallique adaptée au conducteur d'une machine électrique l'empêche de se charger, parce que l'électricité s'écoule par son

Fig. 149.

extrémité dans l'atmosphère à mesure qu'elle se produit. Si on approche la main à quelque distance de la pointe, on sent comme un souffle léger qui semble en sortir; dans l'obscurité, l'écoulement de l'électricité se manifeste par une aigrette lumineuse.

Électricité par influence ou par induction.

219. *Électricité par influence.* — Lorsqu'un corps électrisé est placé à quelque distance d'un autre corps à l'état naturel, il décompose le fluide neutre de ce corps, attire vers lui l'électricité contraire à celle dont il est chargé et repousse à l'extrémité opposée l'électricité de même nom. Ce phénomène a reçu le nom d'*électrisation* ou d'*électricité par influence* ou *par induction*. On nomme corps *induisant* ou *inducteur* le corps électrisé qui agit par induction et corps *induit* celui sur lequel s'exerce l'action du premier.

Démonstration expérimentale. — Cette démonstration se fait au moyen d'un cylindre en cuivre AB (*fig.* 150) isolé sur un pied de verre, et portant à ses extrémités deux petits pendules électriques dont les balles de sureau sont suspendues par des fils conducteurs de chanvre ou de lin. Si l'on approche ce cylindre à quelques centimètres d'un corps conducteur isolé C que l'on peut électriser à volonté, et que nous supposerons chargé d'électricité *positive*, on voit aussitôt les deux petits pendules s'écarter des tiges qui les supportent : ce qui prouve déjà que les extrémités du cylindre sont électrisées. De plus, si l'on présente successivement à chacun de ces petits pendules un corps électrisé négativement, par exemple, un bâton de résine frotté avec de la laine, on constate qu'il y a répulsion du pendule placé à l'extrémité A, la plus voisine du corps électrisé, tandis que le pendule de l'extrémité la plus éloignée B est vivement attiré : d'où l'on conclut que l'extrémité A

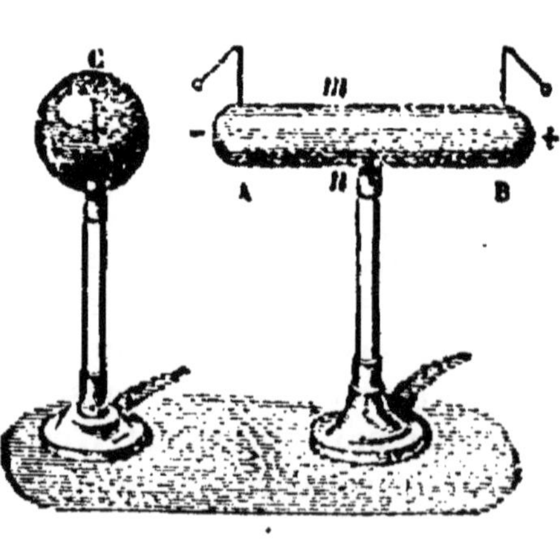

Fig. 150.

est chargée d'électricité *négative*, et l'extrémité B d'électricité *positive*, ainsi que le représente la figure. Le cylindre se trouve donc divisé en deux parties inversement électrisées. Entre ces deux parties existe une ligne de séparation *mn*, où la tension électrique est nulle. Cette ligne neutre n'est pas au milieu du cylindre ; elle est toujours plus rapprochée du corps électrisé et change de position selon la distance du cylindre à ce corps.

Théorie. — Ces faits sont la conséquence des lois qui président aux attractions et aux répulsions électriques. En effet, le corps C, électrisé positivement, décompose à distance l'électricité naturelle du cylindre, attire à l'extrémité la plus voisine l'électricité négative et repousse à l'autre extrémité le fluide positif. Les électricités du cylindre sont donc séparées par l'*influence* du corps électrisé. Ce qui le prouve, c'est qu'aussitôt que l'on fait cesser cette influence, en mettant le corps C en communication avec le sol, les deux électricités se recomposent subitement, et le cylindre retombe à l'état neutre.

Remarque. — Lorsqu'un corps conducteur est électrisé par influence, si on le touche en un quelconque de ses points, l'électricité de même nom que celui de la source électrique s'écoule dans le sol, tandis que l'électricité de nom contraire reste à sa surface. Ainsi, dans l'expérience précédente (*fig.* 150), si l'on met le cylindre AB en communication avec le sol *par un point quelconque de sa surface*, l'électricité positive disparaîtra immédiatement, et il ne restera plus que de l'électricité négative. Cela se conçoit sans peine quand la communication avec le sol est établie par un point compris entre la ligne neutre *mn* et l'extrémité B du cylindre, puisque le fluide positif est repoussé indéfiniment par l'électricité semblable du corps C. Mais quand la communication part de l'extrémité A, le fait semble paradoxal. Voici comment on l'explique : le conducteur qui établit la communication du cylindre avec le sol est lui-même influencé par le corps électrisé C ; son électricité positive est refoulée dans le sol, tandis que son électricité négative est attirée et se porte sur le cylindre, où elle neutralise l'électricité positive qui s'y trouve. Si l'on supprime alors la communication du cylindre AB avec le sol et si l'on retire ensuite le corps électrisé C, le cylindre reste chargé d'électricité négative libre.

220. *Communication de l'électricité à distance; étincelle électrique.*— Quand un corps conducteur électrisé est mis en présence d'un autre corps conducteur isolé ou non, il attire vers lui l'électricité contraire et repousse au loin l'électricité de même nom. Les deux électricités contraires tendent alors à se réunir et font effort contre l'air environnant dont la résistance les sépare. En ce moment, si la distance diminue ou si la tension augmente, la résistance est vaincue, et les deux électricités se recomposent à travers l'air en produisant une étincelle plus ou moins vive accompagnée d'un bruit sec.

221. *Attractions et répulsions électriques.* — La théorie de l'électrisation par influence donne encore l'explication des attractions et des répulsions électriques dont nous avons précédemment étudié les lois. Soient en effet (*fig.* 151) le conducteur A d'une machine électrisée positivement et une balle de sureau B placée à quelque distance; l'électricité positive du corps A décompose par influence le fluide neutre de la balle de sureau, comme le représente la figure. Or, les attractions se faisant en raison inverse du carré de la distance, l'attraction entre les points *c* et *d* l'emporte sur la répulsion entre les points plus éloignés *c* et *k*, et la balle de sureau sera attirée. Mais aussitôt que le contact aura lieu, l'électricité positive de la machine neutralisera le fluide négatif de la balle de sureau, et celle-ci, ne contenant plus alors que du fluide positif, sera repoussée par le conducteur.

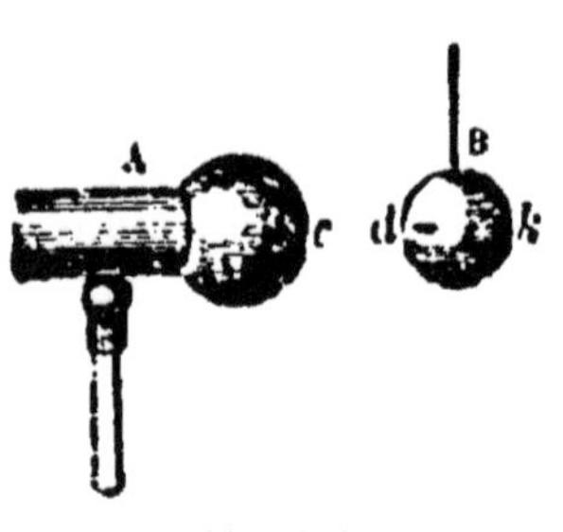

Fig. 151.

Machines électriques. Électrophore. Électroscopes.

222. *Machine électrique ordinaire ou de Ramsden.* — Cette machine (*fig.* 152) se compose d'un plateau circulaire en verre VV', que l'on peut faire tourner à frottement, au moyen d'une manivelle M, entre deux paires de coussins CC'. Ces coussins sont en cuir rembourré de crin; on les recouvre d'une couche d'or mussif (bisulfure d'étain), dans le but d'augmenter le développement de l'électricité. Au devant du plateau de verre se trouvent deux cylindres creux en laiton E, D, appelés conducteurs, supportés par des pieds isolants en verre G, F, I, K. Les deux conducteurs communiquent entre eux par une tige transversale H et se terminent, du côté du plateau, par

deux branches en fer à cheval B et B', armées de pointes métalliques et embrassant le plateau en regard duquel ces pointes sont placées.

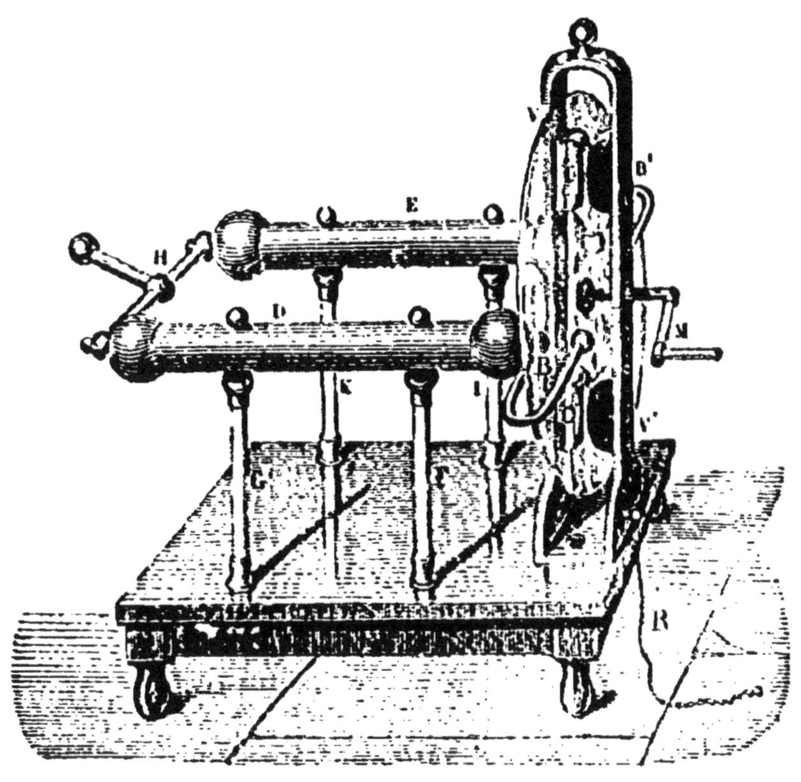

Fig. 152.

Théorie de la machine électrique. — Cette théorie repose sur l'électrisation par le frottement et par influence. Elle est extrêmement simple. Le plateau de verre, dans son mouvement de rotation, s'électrise positivement tandis que les coussins s'électrisent négativement. Mais ceux-ci, étant en communication avec le sol par les montants en bois auxquels ils sont fixés, et au besoin par une chaîne métallique R, perdent à chaque instant leur électricité. Il ne reste donc que l'électricité positive développée à la surface du plateau de verre. Cette électricité décompose alors par influence le fluide neutre des conducteurs, attire l'électricité négative qui, s'échappant par les pointes, vient la neutraliser à la surface du plateau à mesure qu'elle se produit, et laisse sur les conducteurs l'électricité positive.

223. *Machine électrique de Nairne.* — Un médecin anglais, Nairne, a imaginé une machine qui donne en même temps les deux électricités. Elle se compose de deux conducteurs isolés et ne communiquant pas entre eux. L'un porte les coussins, tandis que l'autre est armé de pointes. Entre ces deux conducteurs est un grand cylindre en verre que l'on peut faire tourner sur son axe au moyen d'une manivelle et qui, d'un côté, frotte contre les coussins et, de l'autre, passe devant les pointes. Le conducteur qui porte les coussins s'électrise alors négativement, tandis que le conducteur armé de pointes se charge, comme dans la machine électrique ordinaire, d'électricité positive.

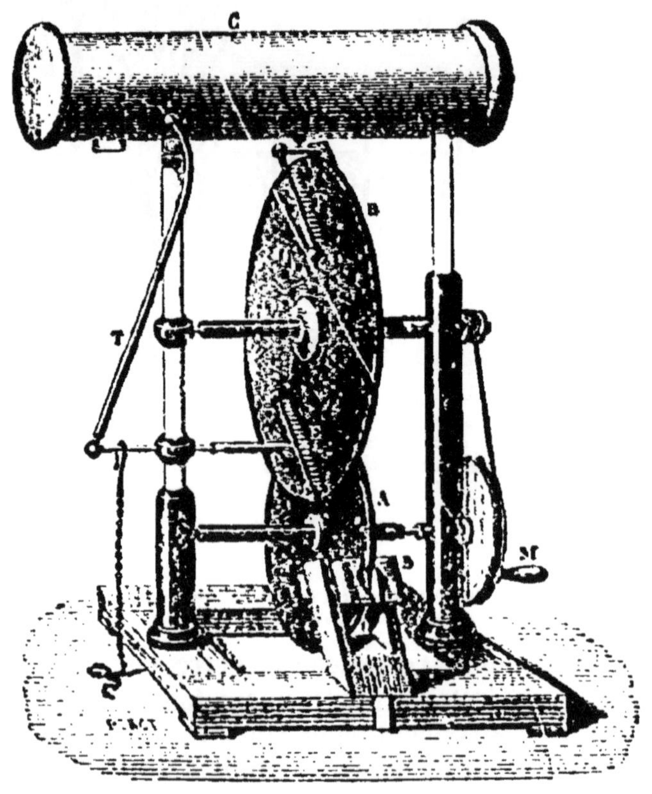

Fig. 152 *bis*.

224. *Machine diélectrique.* — On doit à M. Carré une nouvelle machine électrique dite *Machine diélectrique* ou d'induction. Cette machine (*fig.* 152 bis) se compose d'un premier plateau A, en verre ou en caoutchouc durci, que l'on fait tourner au moyen d'une manivelle M entre deux coussins D enduits d'or mussif. Ce plateau s'électrise positivement, et agit par induction sur un second plateau en caoutchouc B, plus grand et tournant dix fois plus vite. Le premier plateau A induit positivement le secteur du plateau B qui passe devant lui ; mais ce secteur décomposant aussitôt, par influence, l'électricité neutre du conducteur inférieur T, en communication avec le sol, se charge immédiatement d'électricité négative que lui amène le peigne E, tandis que l'électricité positive se disperse dans le sol. Le plateau B s'avance donc chargé d'électricité négative vers le peigne F du conducteur supérieur et isolé C, lequel se charge alors par influence de la même électricité. Cette machine, dont l'emploi commence à se généraliser, fournit beaucoup d'électricité à haute tension. Le grand modèle, qui figurait à l'Exposition internationale d'électricité, en 1881, donnait un jet continu d'étincelles de 15 à 25 centim. de longueur.

Nous nous bornerons à mentionner ici une machine électrique fort curieuse dite *machine hydro-électrique d'Armstrong*, du nom de son inventeur, célèbre physicien anglais. Quand la vapeur d'eau, sous une forte pression, se dégage par de petits orifices, elle se charge d'électricité positive, tandis que la chaudière s'électrise négativement. C'est sur ce principe que repose cette machine, douée d'une très grande puissance, mais dont la manœuvre, peu commode et dispendieuse, n'a pas permis d'en généraliser l'usage.

223. *Électrophore.* — Cet instrument, inventé par Volta, peut, dans beaucoup de circonstances, remplacer la machine électrique, sur laquelle il a l'avantage d'être portatif. Il se compose (*fig.* 153) d'un gâteau de résine R coulé dans un moule en bois et d'un disque de bois P, recouvert d'une feuille d'étain et muni d'un manche isolant en verre M. Pour obtenir de l'électricité au moyen de cet appareil, on électrise la surface du gâteau de résine en la battant fortement avec une peau de chat, puis on pose dessus le disque de bois recouvert d'étain.

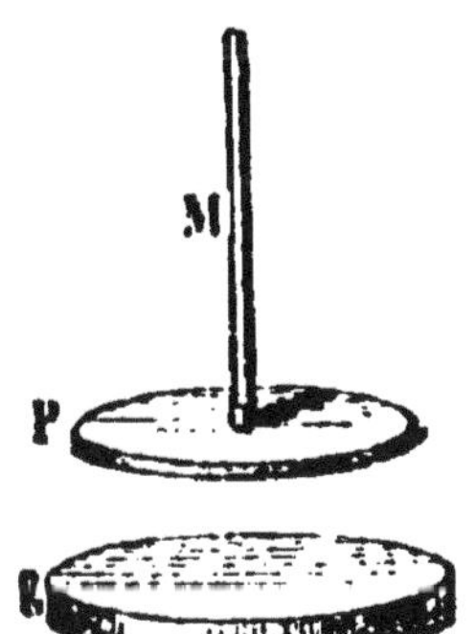

Fig. 153.

L'électricité négative développée à la surface du gâteau de résine ne passe pas sur le disque, à cause de la non-conductibilité de la résine ; mais elle décompose par influence l'électricité neutre du disque, attire le fluide positif sur sa face inférieure et repousse sur sa face supérieure le fluide négatif. Si on soulevait alors le disque, il retomberait immédiatement à l'état neutre, et l'on n'aurait pas d'électricité; mais si, *avant* de le soulever et en le tenant par son manche isolant, on le touche avec le doigt, le fluide négatif s'écoule dans le sol, et le fluide positif, devenu libre aussitôt que le disque est séparé du gâteau de résine, donne une vive étincelle à l'approche de la main ou de tout autre corps conducteur qu'on lui présente. En replaçant le disque sur le gâteau de résine, en le touchant de nouveau avec le doigt et en le soulevant ensuite, on obtiendra une nouvelle étincelle, et ainsi de suite pendant un temps très long, si l'air est sec. L'électrophore est fréquemment employé en chimie pour faire détoner dans l'eudiomètre des mélanges gazeux, par exemple un mélange d'oxygène et d'hydrogène.

226. *Machine électrique de Holtz.* — Cette machine, dont l'usage s'est répandu depuis quelques années, se rapproche de l'électrophore, en ce sens qu'elle n'a besoin, comme ce dernier, que d'être *amorcée* au commencement de la marche pour fournir ensuite une quantité presque indéfinie d'électricité.

Sous sa forme la plus simple, elle se compose (*fig.* 154) de deux plateaux de verre A et B, placés verticalement en regard et à très petite distance (3 à 4 millim.) l'un de l'autre. Le plateau A, d'un diamètre un peu plus grand, est fixe; le plateau B, plus petit, est mobile autour de son axe et est mis en mouvement au moyen d'une manivelle V et d'un système de roues reliées entre elles par des courroies sans fin.

Dans le plateau A sont percées, en forme de secteurs circulaires, deux fenêtres F et F', que l'on voit sur la figure par transparence au travers du plateau B. Sur les bords de ces fenêtres, et sur la face opposée à celle qui regarde le plateau B, sont collées deux bandes de carton mince C et C', l'une sur le bord inférieur de la fenêtre F, l'autre sur le bord supérieur de la fenêtre F'. Ces deux bandes sont terminées chacune par une languette *l* et *l'* taillée en angle aigu à son extrémité, et inclinée de manière à présenter sa pointe au plateau mobile B. En regard de ce dernier plateau, tout près de sa face antérieure opposée à celle qui est tournée vers le plateau A, sont placés horizontalement, et de chaque côté de l'axe, deux peignes métalliques P et P', dont les conducteurs se terminent en dehors et en avant par deux boules M et M'. Ces deux boules sont traversée à frottement par deux tiges métalliques tt', munies de manches isolants, et terminées également par deux petites boules b et b'.

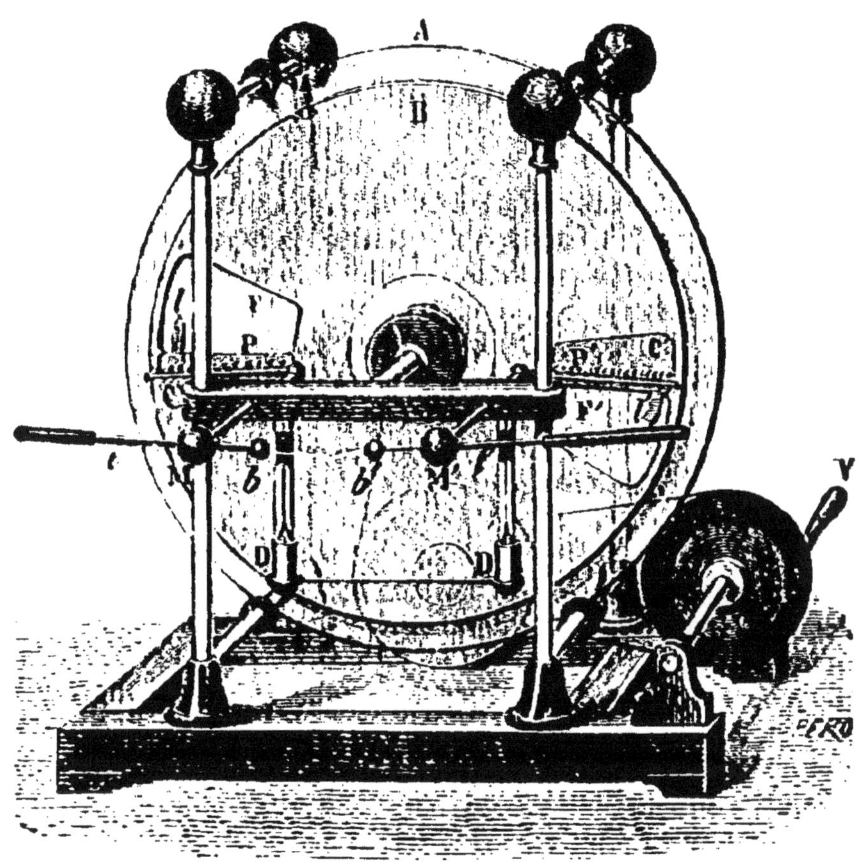

Fig. 154.

Pour faire fonctionner la machine, on commence par mettre en contact les deux petites boules b et b', de manière à faire d'abord communiquer les deux peignes. On approche ensuite à petite distance de l'une des bandes de carton, de la bande C par exemple, un bâton de résine ou de caoutchouc durci que l'on a fortement électrisé, en le frottant vivement avec une peau de chat, puis on met le plateau B en mouvement. Au bout d'un certain temps, on entend un crépitement au niveau des deux peignes métalliques, et si l'on écarte alors les deux petites boules b et b', on voit jaillir entre elles un torrent d'étincelles, qui se continue, si l'air est bien sec, aussi longtemps que la machine est maintenue en mouvement.

La théorie de cette machine, de l'aveu même des physiciens

les plus compétents, laisse encore à désirer. Voici toutefois comment on peut se rendre compte de son fonctionnement En approchant le bâton de résine ou de caoutchouc durci de l'une des bandes de carton, soit C, par exemple, ce bâton, électrisé négativement, décompose par influence l'électricité neutre de cette bande, soutire par la languette en pointe *l* qui la termine son électricité positive, et la laisse chargée de l'électricité négative. Cette électricité, agissant à son tour par influence, au travers du plateau B, sur le peigne P, attire sur la partie de ce plateau qui lui fait face son électricité positive, tandis que la boule *b* du conducteur auquel ce même peigne est fixé se charge d'électricité négative. Le plateau B étant alors mis en mouvement, ceux de ses points qui se sont aussi électrisés positivement arrivent, au bout d'une demi-révolution, devant la fenêtre F', où ils agissent aussitôt par influence sur la bande de carton C', comme le bâton de résine, devenu maintenant inutile, avait d'abord agi, mais en sens inverse, sur le carton C, et ainsi de suite.

227. *Électroscopes.*— On désigne sous ce nom divers appareils qui servent à constater la présence de l'électricité sur un corps et à en reconnaître la nature. Le pendule électrique que nous avons décrit (210) est le plus simple de tous les électroscopes. Il nous reste à faire connaître l'*électroscope ordinaire ou à feuilles d'or*, beaucoup plus sensible que le pendule électrique, et l'*électroscope à cadran de Henley*. Dans le chapitre suivant, nous parlerons d'un autre appareil de ce genre plus sensible encore, connu sous le nom d'*électromètre condensateur*.

Fig. 155.

Électroscope ordinaire ou à feuilles d'or. — Cet instrument (*fig.* 155) se compose d'une cloche en verre C, dont la tubulure livre passage à une tige métallique BB, terminée en dehors par une boule B, et en dedans par deux petits crochets auxquels on suspend deux petites lames ou feuilles d'or *a* et *b*. Pour se servir de cet appareil, on commence par lui communiquer une électricité connue, en approchant à une petite distance du bouton extérieur un cylindre de verre électrisé positivement : l'électricité positive de ce corps décompose par influence l'électricité neutre de la tige BB et des feuilles d'or, attire la négative sur le bouton B, et repousse dans les feuilles d'or l'électricité positive; celles-ci s'écartent aussitôt l'une de l'autre. On touche alors avec le doigt le bouton extérieur; l'électricité *positive* qui maintenait écartées les feuilles d'or s'écoule immédiatement dans le sol, et les deux feuilles se rapprochent. Si maintenant on retire *d'abord* le doigt et *ensuite* le cylindre de verre, l'électroscope restera chargé d'électricité *négative* et les feuilles divergeront de nouveau.

Cela fait, quand on présentera à cet instrument ainsi électrisé un corps électrisé de la même manière, c'est-à-dire négativement, ce corps repoussera l'électricité négative de l'électroscope dans les feuilles d'or et *augmentera* ainsi leur divergence. L'effet contraire se produira si l'on approche un corps électrisé positivement. L'augmentation ou la diminution de divergence des feuilles d'or fera donc connaître, dans l'un ou dans l'autre cas, l'espèce d'électricité dont un corps est chargé.

Remarque. Dans l'intérieur de la cloche se trouvent deux petites colonnes *c* et *d* sur lesquelles les feuilles d'or viennent, dans leur plus grande divergence, se décharger de leur électricité. On évite de la sorte les erreurs que l'on pourrait commettre si ces conducteurs mobiles communiquaient au verre une électricité qui pourrait se conserver longtemps.

Électroscope à cadran ou de Henley. — Ce petit instrument sert à mesurer la tension de l'électricité développée sur les machines électriques. Il se compose (*fig.* 156) d'une tige en bois B, que l'on fixe sur l'un des conducteurs et qui porte un cadran en ivoire C, au centre duquel est attaché un petit pendule D. Ce pendule est formé d'une aiguille en baleine terminée par une boule de moelle de sureau. Quand la machine est au repos, le petit pendule est vertical; mais aussitôt qu'on développe de l'électricité, on le voit s'écarter de la verticale, et faire avec cette ligne un angle d'autant plus grand que la tension électrique est plus forte.

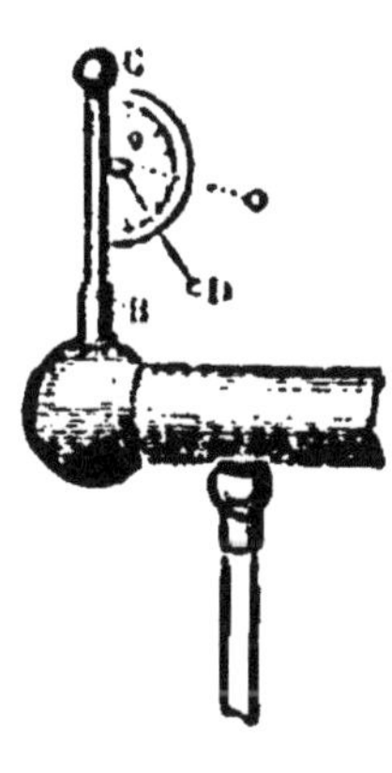

Fig. 156.

Usages de la machine électrique.

228. *Usages de la machine électrique.* — La machine électrique sert à faire de nombreuses expériences, dont l'explication repose sur les principes que nous avons précédemment développés : telles sont l'expérience du *carillon électrique*, celles de la *grêle*, de la *danse des pantins* et du *tourniquet électrique*.

1° Le *carillon électrique* (*fig.* 157) se compose d'une tige métallique AB, suspendue par un anneau au conducteur de la machine. Aux extrémités de cette tige sont attachés par des chaînes métalliques deux timbres C et D; un troisième timbre O, communiquant avec le sol par une petite chaîne métallique, est attaché au milieu par un fil de soie. Enfin, entre les timbres sont suspendus, également par des fils de soie, deux petites balles métalliques *b* et *b'*. Lorsque la machine est mise en activité, les deux timbres C et D s'électrisent, tandis que le timbre O, qui est isolé de la machine par son fil de soie, reste à l'état neutre. Les deux balles métalliques *b*, *b'*, aussitôt attirées par les deux timbres C et D, viennent les frapper et s'électrisent comme eux. Elles sont alors repoussées et vont ensuite frapper le timbre O, au contact duquel elles retombent à l'état neutre. Attirées de nouveau par les timbres C et D, et repoussées de la même manière vers le timbre O, elles exécutent ainsi une série d'oscillations qui se prolongent tant que la machine est en mouvement. Lorsque la charge électrique est considérable, on voit des étincelles jaillir d'un timbre à l'autre.

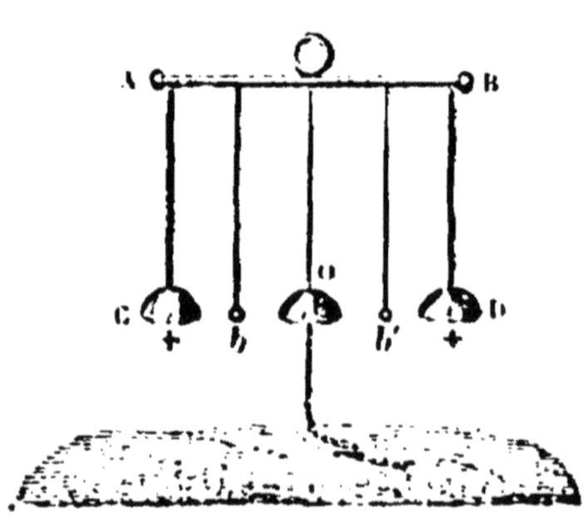

Fig. 157.

2° L'expérience de la *grêle* se fait au moyen d'une cloche de verre V (*fig.* 158) reposant sur un plateau métallique M, et dont l'ouverture est traversée par une tige de cuivre BO. Cette tige se termine supérieurement par un anneau et porte inférieurement un second plateau de cuivre AD, qui se trouve ainsi suspendu à quelque distance au-dessus du premier plateau M. Une chaîne métallique BK fait communiquer l'anneau avec le conducteur d'une machine électrique, et dans l'intérieur de la cloche sont placées plusieurs petites balles de sureau. Dès que l'on met en mouvement le plateau de la machine, le disque métallique AD s'électrise; les balles de sureau, attirées, puis repoussées, se soulèvent et retombent rapidement. En touchant le plateau inférieur M qui communique avec le sol, elles repassent à l'état neutre, et sont de nouveau attirées, puis repoussées, et ainsi de suite. Cette expérience a reçu le nom qu'elle porte, parce que Volta expliquait de cette manière la formation et la suspension de la grêle entre les nuages électrisés.

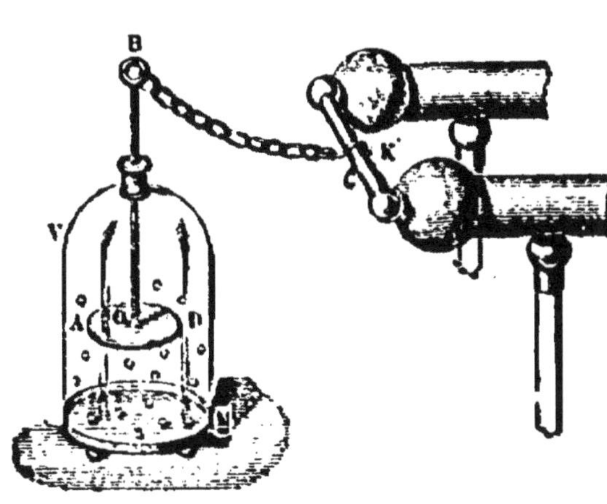

Fig. 158.

On remplace quelquefois les balles par de petits pantins de liège ou de moelle de sureau. L'expérience prend alors le nom de *danse des pantins.*

3° Le *tourniquet électrique* a pour but de démontrer l'écoulement de l'électricité par les pointes. Il se compose (*fig.* 159) de plusieurs tiges de cuivre recourbées toutes dans le même sens, terminées en pointes et disposées autour d'une chape commune en forme de rayons. Ce petit appareil est mobile à l'extrémité d'une tige métallique qui est fixée sur un conducteur de la machine électrique. Aussitôt que celle-ci est mise en activité, on voit le tourniquet prendre un mouvement de rotation rapide dans le sens opposé aux pointes, comme l'indiquent les flèches de la figure. Quelques physiciens ont cru que ce mouvement était un effet de réaction analogue à celui du tourniquet hydraulique (79). Mais on admet aujourd'hui qu'il est le résultat de la répulsion qui s'exerce entre l'électricité accumulée vers les pointes et celle qu'elles viennent de communiquer à l'air. Ce qui le prouve, c'est que le tourniquet n'entre point en mouvement dans le vide.

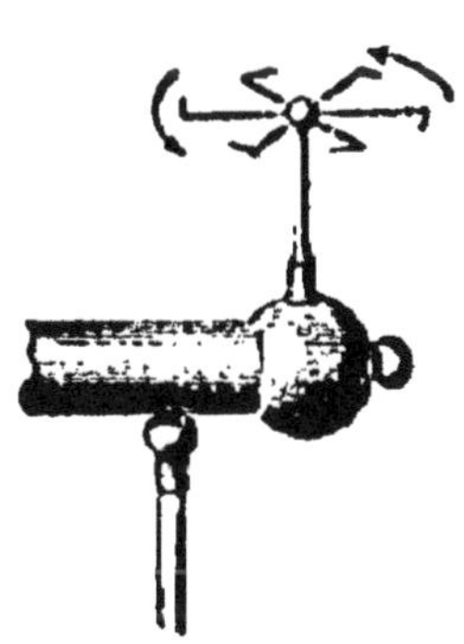
Fig. 159.

Résumé.

I. L'électricité est un agent impondérable qui se développe par le frottement à la surface des corps, auxquels il communique la propriété d'attirer et de repousser ensuite des substances légères.

II. Les corps se divisent, relativement à l'électricité, en corps bons conducteurs et en corps mauvais conducteurs. Les bons conducteurs sont les métaux, le charbon calciné, l'eau et les acides; les mauvais conducteurs sont le verre, la soie, les résines, le soufre et l'air sec.

III. On admet l'existence de deux fluides électriques : l'un vitré ou positif, l'autre résineux ou négatif. Ces deux fluides existent dans tous les corps à l'état de combinaison et constituent le fluide neutre ou naturel.

IV. Deux corps chargés de la même électricité se repoussent. Deux corps chargés d'électricités contraires s'attirent.

V. Les attractions et les répulsions électriques varient en raison inverse du carré de la distance, et en raison directe des quantités d'électricité dont les corps sont chargés. Ces deux lois se vérifient avec la balance électrique de Coulomb.

VI. L'électricité, en raison de la force répulsive qui anime ses molécules, se porte toujours à la surface des corps, où elle forme une couche mince, retenue par la résistance de l'air.

VII. Sur une sphère homogène, la couche électrique est partout d'égale épaisseur. Sur un ellipsoïde, l'électricité s'accumule aux extrémités du grand axe. Si le corps électrisé se termine par une pointe, son électricité s'écoule dans l'atmosphère.

VIII. Lorsqu'un corps électrisé est placé à quelque distance d'un autre corps à l'état naturel, il décompose le fluide neutre de ce corps, attire vers lui l'électricité contraire à celle dont il est chargé et repousse à l'extrémité opposée l'électricité de même nom. Ce phénomène porte le nom d'*électrisation* ou d'*électricité par influence* ou par *induction*.

IX. Lorsqu'un corps conducteur est électrisé par influence, si on le touche en un quelconque de ses points, l'électricité de même nom que celui de la source s'écoule dans le sol, et le corps reste chargé de l'électricité contraire.

X. L'étincelle électrique est produite par la combinaison soudaine à travers l'air des deux électricités contraires.

XI. La théorie de la machine électrique repose sur l'électrisation par le frottement et par influence. Le plateau de verre s'électrise par le frottement, et les conducteurs par influence. L'électrophore repose également sur ces deux modes d'électrisation.

XII. On donne le nom d'*électroscopes* à des instruments qui servent à constater la présence de très petites quantités d'électricité et la nature de cette électricité. Tels sont le pendule électrique, l'électroscope ordinaire ou à feuilles d'or et l'électroscope à cadran ou de Henley.

CHAPITRE XVIII.

Électricité condensée ou dissimulée. — Appareils condensateurs. — Bouteille de Leyde et batteries électriques. — Électromètre condensateur. — Effets produits par le passage de l'électricité. — Électricité atmosphérique. Foudre; paratonnerres.

Électricité condensée ou dissimulée.

229. *Condensation de l'électricité.* — On désigne sous ce nom l'accumulation des deux fluides positif et négatif, mis en présence l'un de l'autre sur deux plateaux conducteurs, entre lesquels est une lame mince de verre ou de toute autre substance isolante.

Théorie. — Soient (*fig.* 160) deux lames métalliques C et C' séparées par une lame de verre plus grande AB. Supposons que la lame conductrice C soit mise en communication avec une source constante d'électricité, par exemple avec la machine électrique, et que l'autre lame C' communique avec le sol au moyen d'une chaîne métallique. La lame C se chargera d'abord d'une quantité *maximum* d'électricité positive variant selon l'étendue de sa surface et l'énergie de la source. Mais cette électricité positive agissant aussitôt par influence, à travers la lame de verre, sur l'électricité neutre de la lame conductrice C', en décomposera une partie, attirera vers elle, c'est-à-dire sur la face interne de la lame C', en contact avec le verre, l'électricité négative et repoussera dans le sol le fluide positif. Or, cette électricité négative ainsi attirée et fixée tout entière sur la face interne de la lame C' par le fluide positif de la lame C, cessera d'être libre; sa tension extérieure sera *complètement* détruite et son action neutralisée : on dit alors qu'elle est *dissimulée*. Mais ce même fluide négatif réagissant à son tour, à travers la lame de verre, sur le fluide positif de la lame métallique C, tendra à le neutraliser ou, pour mieux dire, à le dissimuler de la même façon. La neutralisation serait complète et les deux fluides se combineraient si la distance qui les sépare était nulle; mais, en raison de l'épaisseur de la lame de verre, *une partie* seulement du fluide positif de la lame C sera attirée et fixée sur sa face interne; cette partie cessera d'être libre et passera, comme le fluide négatif de la lame C′, à l'état d'électricité dissimulée. La lame C n'aura donc plus sa charge *maximum*, et pourra dès lors recevoir de la source une nouvelle quantité d'électricité positive, laquelle agira comme la première sur une autre portion du fluide neutre de la lame C′, et ainsi de suite, jusqu'à ce que la somme des excès de fluide positif libre qui restent chaque fois sur la lame C soit égale à la quantité *maximum* qu'elle prendrait si elle était seule et soustraite à l'influence de la lame C′.

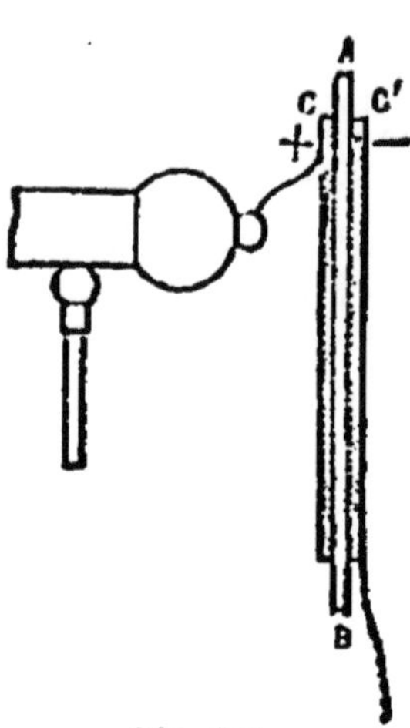

Fig. 160.

230. *Condensateur.* — L'appareil que nous venons de décrire se nomme *condensateur,* parce qu'il sert à accumuler ou à *condenser,* en les dissimulant, de grandes quantités d'électricité. Les deux lames métalliques C et C′ sont des feuilles minces d'étain, simplement collées sur chaque surface d'un carreau de verre plus grand, de manière à laisser autour d'elles un rebord d'environ cinq à six centimètres de largeur. Nous venons de voir quelle est la limite de la charge électrique que cet instrument peut recevoir. Cette charge sera d'autant plus grande que la surface des lames sera plus étendue, la source électrique plus intense, et l'épaisseur de la lame isolante plus petite. Toutefois, si cette lame était trop faible, elle pourrait être brisée par la force d'attraction des deux électricités contraires, qui alors se combineraient en donnant naissance à une forte étincelle.

Décharge du condensateur. — On peut décharger le condensateur de deux manières : *successivement* ou *instantanément.*

1° *Décharge successive.* Quand le condensateur est chargé, et qu'on a rompu ses communications avec la machine et avec le sol, la lame métallique C, qui communiquait avec la source, contient *un excès d'électricité positive libre,* tandis que le fluide négatif de la lame C' est complètement dissimulé. Pour rendre ce fait plus sensible, on adapte à chaque lame du condensateur un petit pendule (*fig.* 161). Le pendule *p* de la lame C accuse, par sa divergence, cet excès d'électricité positive libre, le pendule *p'*, au contraire, reste au repos, ce qui prouve que l'électricité négative de la lame C' est tout entière dissimulée. L'appareil étant dans cet état, si on approche alors le doigt de la lame C, on obtient une petite étincelle, le pendule *p* retombe aussitôt, et à l'instant même *le pendule p' s'écarte de la lame* C'. Une certaine quantité d'électricité négative devient donc libre sur la lame C', tandis que le fluide positif qui reste sur la lame C se trouve à son tour complètement dissimulé. Si maintenant on touche la lame C', on obtient une seconde étincelle, le pendule *p'* retombe, et le pendule *p* de la lame C se relève de nouveau; ce qui accuse un *nouvel excès* d'électricité positive devenu libre sur cette lame. En continuant à toucher alternativement les deux lames, les mêmes effets se reproduiront. On enlèvera ainsi, à chaque contact, une partie du fluide dont chaque lame est chargée, ce qui donnera une longue série d'étincelles électriques, dont l'intensité ira en s'affaiblissant, jusqu'à ce que l'appareil soit complètement déchargé.

Fig. 161.

2° *Décharge instantanée.* Lorsqu'on veut décharger instantanément le condensateur, il suffit de mettre les deux lames métalliques en communication au moyen d'un corps conducteur. On se sert pour cela d'un instrument appelé *excitateur* (*fig.* 162). C'est un arc en laiton, composé de deux branches A et B, terminées chacune par une boule de même métal et réunies par une charnière C. Deux manches en verre M et M' servent à tenir l'instrument et à préserver l'expérimentateur de toute commotion, lorsque le condensateur est fortement chargé. Pour faire usage de l'excitateur, on applique une de ses boules sur l'une des lames du condensateur et on approche l'autre de la lame

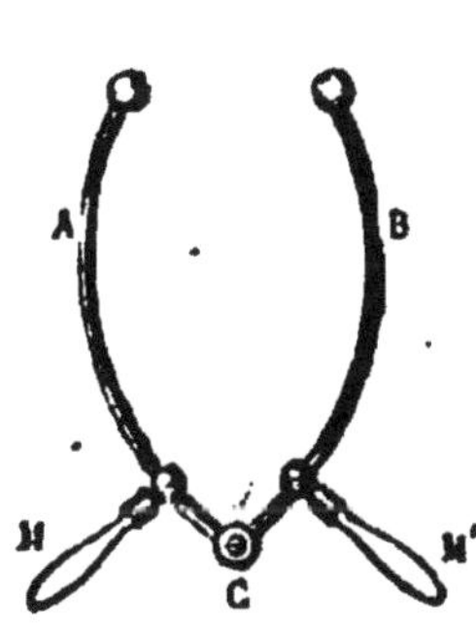

Fig. 162.

opposée. Les deux fluides contraires dont les deux lames sont chargées se combinent alors instantanément et produisent une vive étincelle. Si au lieu d'employer l'excitateur on touchait d'une main l'une des faces du condensateur et qu'on approchât l'autre main de la seconde face, l'étincelle jaillirait encore, et l'on éprouverait une violente secousse due à la recomposition des deux fluides à travers les bras et la poitrine qui, dans ce cas, serviraient de conducteurs.

Remarque. Une première étincelle ne suffit pas toujours pour décharger complètement le condensateur. Ce qui le prouve, c'est qu'en continuant l'expérience on obtient une seconde étincelle, puis une troisième, et même un plus grand nombre dont l'intensité diminue de plus en plus. Cela provient de ce que les deux fluides condensés, positif et négatif, s'attirant avec beaucoup de force, abandonnent en partie les lames métalliques du condensateur pour se porter à la surface même du verre qui les sépare.

Appareils condensateurs. Bouteille de Leyde. Batteries électriques. Électromètre condensateur.

231. *Condensateur à plateaux.* — Ce condensateur (*fig.* 163) est formé d'une lame de verre circulaire A, verticalement placée, et de deux plateaux de cuivre de même forme et plus petits B et C, munis chacun d'un électromètre *a* et *b*. Ces deux plateaux sont isolés sur des pieds de verre pouvant glisser,

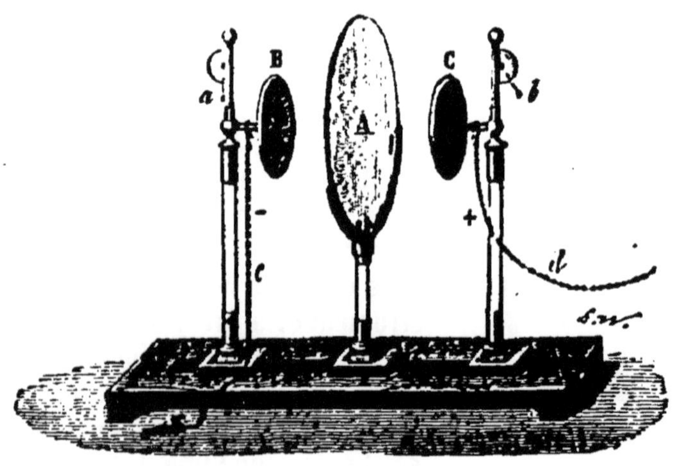

Fig. 163.

dans une rainure, sur une planchette de bois qui porte tout l'appareil. Pour charger l'instrument, on rapproche les deux plateaux jusqu'au contact de la lame de verre, puis on met l'un des plateaux, soit le plateau C, en communication avec la machine électrique au moyen d'une chaîne métallique *d*, et l'autre plateau B en communication avec le sol au moyen de la chaîne c.

Le condensateur étant chargé, si l'on interrompt, sans écarter les plateaux, les communications avec le sol et avec la machine, on remarque que le petit pendule *b* de l'électromètre du plateau C diverge seul, tandis que le pendule *a* de l'électromètre du plateau B reste vertical par la raison que nous venons d'indiquer. Mais si l'on écarte les plateaux, les deux pendules divergent aussitôt, car les deux électricités cessent de se dissimuler. On peut alors mesurer sur les cadrans des électromètres la charge de chaque plateau.

232. *Condensateur à taffetas.* — On fait quelquefois usage d'un condensateur composé (*fig.* 164) d'un disque en bois *ab*, recouvert d'une lame de taffetas vernissé *tt'*, sur laquelle est placé un plateau en cuivre jaune *cc'*, d'un plus petit diamètre et muni d'un manche en verre M. Cet instrument ne peut recevoir d'aussi grandes quantités d'électricité que le condensateur à lame de verre; mais il peut rendre sensible l'électricité dégagée par une source électrique assez faible. Pour cela, on met le disque *ab* en communication avec le sol, et le plateau métallique *cc'* en contact avec la source. On soulève ensuite le plateau perpendiculairement, et on le présente à l'électroscope pour reconnaître l'espèce d'électricité dont il est chargé.

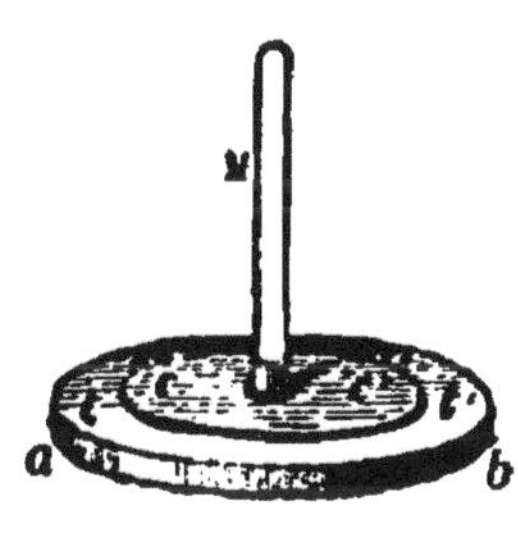

Fig. 164.

233. *Bouteille de Leyde.* — Ainsi nommée du nom de la ville où elle fut inventée, la *bouteille de Leyde* n'est autre chose qu'un condensateur destiné à accumuler, en les dissimulant, de grandes quantités d'électricité. Elle se compose (*fig.* 165) d'un flacon de verre, à minces parois, recouvert extérieurement, jusqu'à une certaine distance au-dessous du col, d'une feuille d'étain nommée *armature extérieure*, et contenant intérieurement des feuilles d'or ou de clinquant, qui forment l'*armature intérieure*. Une tige métallique traversant à frottement dur le bouchon de liège qui ferme le goulot plonge au milieu des

Fig. 165.

feuilles d'or ou de clinquant qui remplissent la bouteille, et se prolonge au dehors par une extrémité recourbée en forme de crochet et terminée par un bouton.

On charge la bouteille de Leyde en tenant d'une main l'une de ses armatures (ordinairement l'armature extérieure) et en mettant l'autre armature en communication avec la machine électrique. Cette dernière armature reçoit alors de l'électricité positive, tandis que l'autre s'électrise négativement par influence. On peut encore charger à la fois plusieurs bouteilles de Leyde en les suspendant les unes au-dessous des autres au conducteur de la machine électrique, de manière que l'armature extérieure de la première communique avec l'armature intérieure de la seconde, et ainsi de suite jusqu'à la dernière, dont l'armature extérieure doit communiquer avec le sol. Cette méthode a reçu le nom de charge *par cascade.*

Théorie de la bouteille de Leyde. — La théorie de la bouteille de Leyde est identiquement la même que celle du condensateur (229). L'armature intérieure, en communication avec la source électrique, représente la lame C, et l'armature extérieure la lame C′ (*fig.* 160). On peut la décharger soit instantanément, au moyen de l'excitateur, soit lentement, en touchant tour à tour chacune de ses armatures. Dans la décharge instantanée, la première étincelle ne suffit pas toujours pour ramener la bouteille à l'état naturel. Cela prouve que les deux fluides positif et négatif abandonnent en partie les armatures pour se porter, comme dans le condensateur ordinaire, sur les faces du verre qui les sépare.

Fig. 166.

On démontre ce fait au moyen d'une bouteille de Leyde à armatures mobiles, composée (*fig.* 166) d'un vase en fer-blanc ou en cuivre A, dans lequel entre un autre vase en verre B, qui reçoit lui-même un troisième vase métallique C terminé par une tige à crochet. Après avoir électrisé cet appareil comme une bouteille de Leyde ordinaire, on le pose sur un gâteau de résine pour l'isoler; puis on enlève successivement les trois pièces qui le composent. On reconnait alors que les deux armatures A et

C sont à peine électrisées; et cependant, si on remet le tout en place, même après avoir ramené les deux armatures à l'état naturel, on obtient une étincelle presque aussi forte que si l'appareil n'eût pas été touché. Il est donc évident que l'électricité condensée était restée presque tout entière adhérente aux deux surfaces du vase en verre.

234. *Batteries électriques.* — On appelle *batterie électrique* (*fig.* 167) la réunion de plusieurs bouteilles de Leyde placées dans une même caisse en bois. Les armatures extérieures communiquent entre elles au moyen d'une lame d'étain qui revêt le fond de la caisse, tandis que les armatures intérieures sont unies par des tiges métalliques. Les bouteilles dont se composent les batteries sont, en général, plus grandes que les bouteilles de Leyde ordinaires : elles portent le nom de *jarres.* Leur goulot est beaucoup plus large, ce qui permet de remplacer les feuilles d'or ou de clinquant par une feuille d'étain collée intérieurement. La tige qui traverse le bouchon est droite et se termine inférieurement par une chaine métallique qui la fait communiquer avec la feuille d'étain formant l'armature intérieure.

Fig. 167.

Les batteries électriques produisent les mêmes effets que la bouteille de Leyde, mais beaucoup plus intenses. On les charge en faisant communiquer leur armature intérieure avec la machine électrique, et leur armature extérieure avec le sol au moyen d'une chaine métallique attachée à l'une des deux poignées de la caisse. La charge électrique est indiquée par un petit électromètre à cadran fixé à l'une des jarres. Pour les décharger, on fait communiquer les deux armatures au moyen de l'excitateur à manches isolants, en ayant soin de toucher d'abord l'armature extérieure, et en prenant toutes les précautions nécessaires pour éviter la commotion, qui pourrait entraîner des accidents graves et même donner la mort si la batterie était puissante et fortement chargée.

235. *Électromètre condensateur.* — Cet instrument, imaginé par Volta, se compose (*fig.* 168) d'un électroscope ordinaire à feuilles d'or E, dont le bouton extérieur est remplacé par un disque *condensateur* P en cuivre, recouvert d'une couche très mince de vernis à la gomme laque. Sur ce plateau est placé un autre disque métallique D de même diamètre, nommé plateau *collecteur;* sa face inférieure est également recouverte de gomme laque, et il porte un manche isolant en verre M. Les deux plateaux superposés forment ainsi un condensateur d'une extrême sensibilité. Pour se servir de l'appareil, on met le corps électrisé en contact avec le plateau supérieur et on touche avec le doigt le plateau inférieur. L'électricité du corps décompose alors par influence l'électricité neutre du disque inférieur, repousse dans le sol le fluide de même nom et attire le fluide de nom contraire. Les deux fluides s'accumulent donc sur les deux plateaux, comme dans le condensateur ordinaire, et comme ils sont dissimulés par leur attraction réciproque à travers la couche de gomme laque qui les sépare, les lames d'or de l'électroscope ne divergent pas. Mais si l'on retire *d'abord* le doigt qui était en contact avec le plateau inférieur, et si on enlève *ensuite* le plateau supérieur, les deux fluides n'étant plus en présence deviennent libres, et les deux lames d'or s'écartent aussitôt (227).

Fig. 168.

Cet électromètre est aujourd'hui généralement remplacé par un autre plus sensible encore, l'*électromètre de Thomson* ou *à cadrans*, lequel se compose d'une plaque mince d'aluminium, en forme de 8, suspendue horizontalement dans une cage en verre, par un fil de platine très fin. Au-dessous et à une petite distance de cette plaque sont fixés quatre secteurs métalliques horizontaux, formant les cadrans d'un même cercle, et communiquant diamétralement deux par deux, au moyen de leurs supports. La plaque d'aluminium étant mise en rapport avec une source constante et très faible d'électricité, si l'on transmet à deux des secteurs diamétralement opposés une petite charge d'électricité connue, la plaque est attirée vers ces deux secteurs ou repoussée vers les deux autres, avec d'autant plus de force que la quantité d'électricité dont elle est chargée est plus considérable : ce qui indique à la fois et la nature et le degré de tension de cette électricité.

Effets produits par le passage de l'électricité.

236. *Effets produits par le passage de l'électricité.* — Ces effets peuvent se diviser en trois classes : les effets physiques, les effets chimiques et les effets physiologiques.

1° *Effets physiques.* Ce sont la fusion, la volatilisation des métaux, l'inflammation de l'éther, de l'alcool, de la poudre à canon, certaines actions mécaniques, telles que l'expansion subite des gaz, la rupture, la perforation des substances peu conductrices; enfin la production de la lumière.

Lorsqu'on approche d'une machine électrique suffisamment chargée un corps conducteur communiquant avec le sol, on obtient une étincelle dont la forme et l'éclat varient suivant la distance. Si cette distance est très faible, l'étincelle est rectiligne ; à une longueur de trois à quatre centimètres, elle devient sinueuse ; pour une distance plus grande, elle prend la forme d'un zigzag à angles brusques ou d'un trait brillant irrégulièrement sinueux, d'où s'échappent de fines ramifications en forme d'aigrettes. Dans de l'air très raréfié, l'étincelle électrique se change en une lueur purpurine, de forme ovoïde, et d'autant plus faible que l'air est plus raréfié. Dans le vide barométrique, le passage de l'électricité se manifeste par une lueur verdâtre dont la couleur est attribuée aux vapeurs mercurielles que contient toujours cet espace. Il n'est pas prouvé que l'électricité puisse traverser le vide absolu.

2° *Effets chimiques.* Ce sont tantôt des combinaisons de corps simples, tantôt des décompositions de corps composés. Ainsi, une seule étincelle électrique suffit pour déterminer la *combinaison* immédiate de certains gaz simples, mélangés en proportions convenables, tels que l'oxygène et l'hydrogène, l'hydrogène et le chlore, etc.; au contraire, une série d'étincelles produit la *décomposition* du gaz ammoniac en azote et en hydrogène, de l'acide sulfhydrique en soufre et en hydrogène, de l'acide carbonique en oxygène et en oxyde de carbone, etc.

3° *Effets physiologiques.* Ce sont des commotions plus ou moins violentes qui se font principalement sentir dans les articulations. Ces commotions peuvent se transmettre simultanément, au moyen de la bouteille de Leyde, à un grand nombre de personnes faisant la chaine et se tenant par la main. L'étincelle donnée par la machine ne produit qu'une commotion assez faible; celle de la bouteille de Leyde donne une secousse beaucoup plus forte et d'un caractère particulier. La décharge d'une batterie est toujours dangereuse; elle suffit pour foudroyer des animaux assez robustes, et pourrait certainement mettre en péril la vie d'un homme.

Électricité atmosphérique. Foudre. Paratonnerres.

237. *Électricité atmosphérique.* — L'air atmosphérique, même lorsqu'il est parfaitement pur et sans nuages, est toujours plus ou moins chargé d'électricité. Ce fait, constaté pour la première fois en 1752 par Monnier, membre de l'académie des sciences, peut se démontrer facilement au moyen de *l'électromètre de Saussure,* lequel n'est autre chose qu'un électroscope ordinaire à feuilles d'or, dont la tige a cinq ou six décimètres de hauteur et se termine par un bouton ou par une pointe. En élevant verticalement cet appareil dans l'atmosphère, à deux ou trois mètres au-dessus du sol, on voit les feuilles d'or diverger sensiblement, ce qui prouve la présence de l'électricité dans l'air. Voici les principaux résultats obtenus par Saussure lui-même et confirmés par d'autres observateurs :

1° Quand le temps est serein, l'atmosphère contient toujours une certaine quantité d'électricité *positive* libre, dont la tension est d'autant plus considérable que l'air est plus pur et plus sec.

2° Cette électricité n'est sensible en rase campagne qu'à environ un mètre au-dessus du sol, et elle augmente d'intensité à mesure qu'on s'élève dans l'atmosphère.

3° La surface du sol, quand le temps est serein, est électrisée négativement.

La présence de l'électricité libre dans l'atmosphère a été successivement attribuée au frottement de l'air contre le sol, aux phénomènes de la végétation, à la combustion et à l'évaporation des eaux chargées de matières salines. Cette dernière cause est la seule qui ait été rigoureusement constatée. Pouillet a démontré, en effet, que l'évaporation des eaux répandues à la surface de la terre et qui tiennent toujours en dissolution diverses substances salines, produit de l'électricité positive que la vapeur emporte dans l'atmosphère, tandis que l'électricité négative se disperse dans le sol.

238. *Foudre.* — La ressemblance qui existe entre les effets de la foudre et ceux de l'électricité frappa les premiers physiciens qui observèrent l'étincelle électrique, vers le milieu du dernier siècle. Dalibard en France et Franklin en Amérique en démontrèrent l'identité. Le 10 mai 1752, Dalibard, ayant dressé dans un jardin de Marly, près de Paris, une barre de fer de 13 mètres de hauteur, terminée en pointe et isolée par sa base, obtint, sous l'influence d'un nuage orageux, de fortes étincelles avec lesquelles il put charger plusieurs bouteilles de Leyde. Quelques jours plus tard, au mois de juin de la même année, Franklin, qui ne pouvait connaître les expériences de Dalibard, obtenait les mêmes résultats à l'aide d'un cerf-volant lancé pendant un orage dans un champ voisin de Philadelphie. La *foudre* n'est donc autre chose qu'un phénomène électrique tout à fait pareil à ceux que nous obtenons avec nos instruments. Les nuages qui la produisent sont électrisés les uns positivement, les autres négativement. La formation des nuages positifs s'explique facilement, puisque l'atmosphère est un vaste réservoir d'électricité positive. Quant aux nuages négatifs, on suppose qu'ils se forment par l'influence des premiers lorsqu'ils communiquent avec la terre par des couches d'air chargées d'humidité, ou bien encore qu'ils proviennent de brouillards qui se sont électrisés négativement par leur contact avec le sol, avant de s'élever dans l'atmosphère. La foudre présente à considérer deux phénomènes : l'*éclair* et le *tonnerre.*

1° *Éclair.* L'éclair est un trait de lumière éblouissante projetée par une vaste étincelle électrique. Cette étincelle jaillit le plus souvent entre deux nuages électrisés en sens inverse; mais elle peut éclater entre un nuage et le sol. Semblable à l'étincelle que donnent nos machines, l'éclair ne se meut pas en ligne droite; il dessine dans l'espace des zigzags plus ou moins prononcés. Tantôt c'est une ligne sinueuse de lumière parfaitement nette et qui peut avoir plusieurs kilomètres de longueur; tantôt c'est une lueur éclatante qui embrasse une vaste étendue de l'horizon; tantôt enfin ce sont comme des globes de feu qui semblent tomber des nuages sur la terre. Quant à ces éclairs sans bruit qui brillent quelquefois en été dans un ciel sans nuages, et que l'on appelle *éclairs de chaleur,* il est probable que ce sont les éclairs d'un orage lointain réfléchis par les couches supérieures de l'atmosphère. La lumière des éclairs est généralement blanche ; dans quelques cas, elle prend une teinte bleue, rouge ou violette.

2° *Tonnerre.* Le tonnerre est le résultat de l'expansion subite de la couche d'air et de vapeurs que traverse l'éclair. Quand il se fait entendre de très près, il est sec, déchirant et de courte durée; de loin, il se prolonge en un roulement dont les modulations sont très inégales et saccadées. Ce roulement est évidemment produit par les échos accidentés des nuages et de la terre qui répètent et agrandissent la détonation. L'éclair et le bruit sont simultanés; cependant on observe le plus souvent un intervalle assez considérable entre ces deux phénomènes. Cela provient de ce que le son va beaucoup moins vite que la lumière. Quelle que soit la distance qui sépare l'observateur du lieu où se produit l'éclair, la lumière, pour franchir cette distance, ne mettra qu'un temps inappréciable; tandis que le son, dont la vitesse n'est que de 340 mètres par seconde, emploiera par exemple 10 secondes si la distance est de 3400 mètres. On peut estimer que le son parcourt environ 300 mètres pendant l'intervalle qui s'écoule entre chaque battement du pouls. Nous avons donc un moyen très facile de mesurer approximativement la distance qui nous sépare de chaque explosion de la foudre. Il suffit de compter le nombre de pulsations qui se produisent entre l'apparition de l'éclair et l'audition du bruit, puis de multiplier ce nombre par 300. Pour avoir un résultat exact, il faudrait se servir d'un chronomètre à secondes, et multiplier par 340 le nombre des secondes écoulées entre les deux perceptions de l'œil et de l'ouïe.

239. *Théorie de la foudre.* — Quand un nuage électrisé passe au-dessus du sol, il décompose par influence l'électricité neutre de tous les objets situés dans sa sphère d'activité, attire à leur surface l'électricité de nom contraire et repousse dans le sol l'électricité de même nom. Si la tension des deux électricités opposées du nuage et des corps terrestres n'est pas suffisante pour vaincre la résistance de l'air, et si le nuage s'éloigne, les corps terrestres repassent peu à peu à l'état naturel. Mais si la tension électrique entre le nuage et l'un de ces corps l'emporte sur la résistance de l'air, l'étincelle éclate et le corps est foudroyé directement. Ce sont ordinairement les corps bons conducteurs de l'électricité et ceux qui se rapprochent le plus par leur élévation du nuage orageux, comme les édifices, les maisons, les grands arbres, les rochers, que la foudre frappe de préférence. Ce fait est une conséquence de la première loi des attractions électriques.

Effets de la foudre. — Les effets de la foudre sont entièrement semblables à ceux que nous produisons avec nos batteries électriques : ils n'en diffèrent que par leur intensité beaucoup plus grande. Ainsi la foudre tue les hommes et les animaux, fond et volatilise les métaux, déchire et perfore les corps mauvais conducteurs, met le feu aux substances combustibles, etc. Quand la foudre pénètre dans un sol siliceux, à travers une couche de sable ou d'argile, elle y creuse quelquefois des tubes de plusieurs mètres de profondeur dont les parois intérieures sont vitrifiées, et que l'on a nommés *tubes fulminaires* ou *fulgurites.* Elle peut encore aimanter des barres de fer et changer les pôles des aiguilles dans les boussoles. Enfin, la foudre laisse souvent sur son passage une forte odeur sulfureuse qui résulte d'une modification que subit l'oxygène sous l'influence de la décharge électrique. L'oxygène ainsi modifié porte le nom d'*ozone**.

240. *Choc en retour.* — L'homme et les animaux peuvent éprouver une commotion violente, et souvent mortelle, sans être directement frappés par la foudre, et à une distance même assez grande du lieu où l'éclair s'est produit. Cette commotion, qui a reçu le nom de *choc en retour,* s'explique facilement. En effet, lorsqu'un individu se trouve sous l'influence d'un nuage orageux, son corps, ainsi que la surface du sol, est chargé d'électricité contraire à celle du nuage. Or, si dans ce moment la foudre éclate et frappe, soit un autre nuage, soit un corps situé à quelque distance sur le sol, l'influence électrique à laquelle était soumis l'individu cesse tout à coup ; une recomposition instantanée des deux fluides que l'action du nuage avait décomposés a lieu à travers ses organes et y produit une secousse qui peut être assez forte pour lui donner la mort. On peut rendre ce phénomène sensible en plaçant une grenouille dans le voisinage d'une forte machine électrique : on voit l'animal éprouver une vive secousse chaque fois que l'on tire une étincelle.

241. *Paratonnerres.* — Les paratonnerres, inventés par Franklin, ont pour but de préserver nos édifices et nos maisons des effets de la foudre. Ils se composent d'une tige en fer de 7 à 8 mètres de hauteur, terminée en pointe et dressée

* Voyez la Chimie.

verticalement sur la toiture des édifices. Cette tige communique profondément avec le sol au moyen d'une corde en fil de fer qui descend le long du bâtiment, aux parois duquel elle est fixée de distance en distance par des crampons de fer. Cette corde métallique porte le nom de *conducteur*.

Théorie du paratonnerre. — La théorie du paratonnerre repose sur l'électrisation par influence et sur le pouvoir des pointes. Lorsqu'un nuage orageux passe au-dessus d'un paratonnerre, il décompose par influence l'électricité naturelle de la tige, du conducteur et du sol ; il attire vers lui l'électricité de nom contraire et repousse dans le sol le fluide de même nom. L'électricité opposée à celle du nuage s'écoule d'une manière continue par la pointe du paratonnerre ; elle traverse la couche d'air qui la sépare du nuage et, se répandant à sa surface, le ramène sans bruit à l'état naturel. Le paratonnerre prévient donc l'explosion de la foudre pour deux raisons : la première, parce qu'il s'oppose à l'accumulation de l'électricité sur l'édifice qu'il protége ; la seconde, parce qu'il ramène à l'état neutre les nuages orageux : cependant, si la tension du nuage électrique était énorme, il pourrait arriver que le paratonnerre fût insuffisant pour empêcher l'explosion ; mais, dans ce cas, il protégerait encore l'édifice, car, étant le meilleur conducteur, il recevrait seul la décharge.

Conditions que doit remplir un paratonnerre. — Un paratonnerre, pour être efficace, doit remplir les cinq conditions suivantes :

1° Le conducteur doit être parfaitement continu, depuis la tige jusqu'au sol. Car, s'il présentait la moindre solution de continuité, l'électricité repoussée par le nuage, ne pouvant plus s'écouler librement dans le sol, frapperait les corps voisins et pourrait entraîner de graves accidents.

2° Pour la même raison, la communication du conducteur avec le sol doit être aussi parfaite que possible. On atteint ce but en faisant descendre le conducteur dans un puits ou dans une fosse remplie de braise de boulanger, laquelle présente le double avantage de bien conduire l'électricité et de préserver le fer de l'oxydation.

3° La tige et le conducteur du paratonnerre doivent avoir un diamètre suffisant pour ne pas être fondus ni volatilisés si la foudre tombe dessus. Ce diamètre doit être au moins, pour la tige, de 5 à 6 centimètres, et pour le conducteur, de 2 à 3. Les conducteurs sont quelquefois formés d'un assemblage de barres de fer. Mais les cordes en fil de fer sont préférables, attendu qu'elles sont plus solides et qu'elles présentent, pour la même épaisseur, une plus large surface conductrice. Pour les préserver de l'oxydation, on les recouvre d'une couche de peinture, ce qui n'empêche pas la circulation du fluide électrique.

4° La pointe qui termine le paratonnerre doit être en platine ou en cuivre doré, pour empêcher que l'oxydation l'émousse et pour lui permettre de donner toujours une issue facile à l'électricité.

5° Si le bâtiment sur lequel est dressé le paratonnerre contient des masses métalliques d'un certain volume, comme une toiture en zinc, des gouttières en plomb, une charpente en fer, etc., ces masses doivent être mises en communication avec le conducteur du paratonnerre.

Sphère d'action d'un paratonnerre. — L'expérience a démontré qu'un paratonnerre protége efficacement autour de lui tous les corps compris dans un espace circulaire d'un rayon double de sa longueur. Ainsi, un paratonnerre dont la tige a 8 mètres de hauteur étend sa sphère d'action sur un cercle de 16 mètres de rayon.

Résumé.

I. On entend par *condensation de l'électricité* l'accumulation des deux fluides, positif et négatif, mis en présence l'un de l'autre sur deux plateaux conducteurs, entre lesquels est une lame mince de verre ou de toute autre substance isolante. L'électricité ainsi condensée porte le nom d'*électricité dissimulée.*

II. Les *condensateurs* sont des appareils qui servent à accumuler, en les dissimulant, de grandes quantités d'électricité.

III. Quand un condensateur est électrisé, on peut le décharger de deux manières : 1° lentement, en touchant alternativement avec le doigt les deux faces de l'appareil; 2° instantanément, en mettant les deux faces en communication au moyen d'un arc métallique nommé *excitateur.*

IV. La *bouteille de Leyde* n'est autre chose qu'un condensateur. On la charge en tenant par la main son armature extérieure et en mettant son armature intérieure en communication avec la machine électrique. On peut la décharger lentement ou instantanément.

V. Une *batterie électrique* est la réunion de plusieurs bouteilles de Leyde, dont les armatures de même ordre communiquent entre elles. Ses effets sont les mêmes que ceux de la bouteille de Leyde, mais beaucoup plus énergiques.

VI. L'*électromètre condensateur* est un instrument destiné à mettre en évidence, dans les corps, les plus faibles traces d'électricité. Il se compose d'un électroscope ordinaire surmonté d'un condensateur très sensible.

VII. Les effets produits par l'étincelle électrique se divisent en trois classes : les effets physiques, les effets chimiques et les effets physiologiques.

VIII. L'air atmosphérique, quand le ciel est sans nuages, contient toujours un excès d'électricité *positive* libre. La surface du sol est, au contraire, électrisée *négativement*.

IX. Les sources de l'électricité atmosphérique sont le frottement de l'air contre le sol, la végétation, la combustion et l'évaporation des eaux chargées de matières salines.

X. La foudre n'est autre chose qu'un phénomène électrique. Ses effets ne diffèrent de ceux que nous produisons avec nos batteries électriques que par leur plus grande intensité.

XI. Le choc en retour est la commotion violente et quelquefois mortelle que subissent l'homme et les animaux lorsqu'ils cessent tout à coup d'être sous l'influence d'un nuage orageux d'où vient de partir la foudre.

XII. Les paratonnerres sont des appareils destinés à préserver les édifices des effets de la foudre. Leur construction et leur théorie reposent sur l'électrisation par influence et sur le pouvoir des pointes.

CHAPITRE XIX.

MAGNÉTISME.

Attraction qui s'exerce entre l'aimant et le fer. — Pôles des aimants. — Aiguille aimantée. — Magnétisme terrestre. — Déclinaison et inclinaison. — Boussoles. — Procédés d'aimantation.

Attraction qui s'exerce entre l'aimant et le fer.

242. *Magnétisme.* — On entend par *magnétisme* l'ensemble des phénomènes que présentent certains corps appelés *aimants.* Ce mot sert encore à désigner la cause de ces phénomènes.

243. *Aimants.* — Les *aimants* sont des substances qui jouissent de la propriété d'attirer le fer, l'acier, et quelques autres métaux, tels que le nickel, le cobalt et le chrome. On les divise en aimants *naturels* et en aimants *artificiels.*

1° *Aimants naturels.* Les aimants naturels, que l'on appelle encore *pierres d'aimant,* se trouvent très abondamment dans la nature : ils sont tous formés d'un oxyde de fer désigné en chimie sous le nom d'*oxyde magnétique.* Cet oxyde a pour formule Fe^3O^4. On le trouve principalement en Suède et en Norvège, où on l'emploie comme minerai pour la fabrication du fer.

2° *Aimants artificiels.* Les aimants artificiels sont des barreaux ou des aiguilles d'acier trempé, auxquels on a communiqué les propriétés des aimants naturels à l'aide de procédés dont nous parlerons plus loin. Ils ont sur les aimants naturels l'avantage d'être, en général, plus puissants et d'un emploi beaucoup plus commode.

244. *Attraction qui s'exerce entre l'aimant et le fer.* — Cette attraction s'exerce soit au contact, soit à distance, à travers tous les corps qui ne sont pas eux-mêmes magnétiques, tels que le bois, le papier, le carton, le verre, etc. Son intensité décroît rapidement à mesure que la distance augmente, et elle varie avec la température. Quand on chauffe, en effet, un barreau aimanté, sa force magnétique diminue de plus en plus; mais il la reprend en se refroidissant, pourvu cependant qu'il n'ait pas été chauffé jusqu'au rouge, température à laquelle il la perd sans retour.

Pôles des aimants.

245. *Pôles des aimants.* — La force magnétique n'est pas la même à tous les points de la surface d'un aimant (*fig.* 169). Elle est nulle à sa partie moyenne, qui pour cette raison a reçu le nom de *ligne neutre,* et s'accroît à partir de cette ligne jusqu'à deux points P et P' situés au voisinage de ses extrémités, et que l'on désigne sous le nom de *pôles magnétiques.* Pour le démontrer, il suffit de plonger dans de la limaille de fer une aiguille ou un barreau aimanté. On voit alors la limaille s'attacher avec force aux deux bouts du barreau, où elle forme des filaments dont la longueur et le nombre vont en diminuant vers sa partie moyenne, au niveau de laquelle l'adhérence est nulle.

Fig. 169.

Le même phénomène se reproduit avec tous les aimants naturels ou artificiels. Donc tout aimant possède au moins une ligne neutre et deux pôles. Nous disons au moins, parce qu'il peut se faire qu'en raison de certains accidents d'aimantation une aiguille ou un barreau présente, entre ses deux pôles extrêmes, d'autres pôles intermédiaires que l'on appelle *points conséquents.* Mais comme cette disposition des aimants est exceptionnelle, nous supposerons toujours, dans les développements qui vont suivre, que les aimants n'ont qu'une ligne neutre et deux pôles.

246. *Action mutuelle des aimants.* — Les deux pôles des aimants ont reçu les noms, l'un de *pôle austral* et l'autre de *pôle boréal*, en raison de l'action directrice que la terre exerce sur l'aiguille aimantée. Bien que ces deux pôles aient la même action sur le fer, la force magnétique qu'ils possèdent est essentiellement différente dans chacun d'eux. En effet, si l'on ap-

proche du pôle austral d'une aiguille librement suspendue le pôle semblable d'une autre aiguille que l'on tient à la main, on observe une vive répulsion; si, au contraire, on présente le même pôle austral au pôle boréal de l'aiguille mobile, il y a attraction. Les mêmes phénomènes se reproduisent en sens inverse si l'on approche successivement des deux pôles de l'aiguille mobile le pôle boréal de l'aiguille fixe. L'action réciproque des deux aimants est donc soumise à la loi suivante : *Les pôles de même nom se repoussent, et les pôles de noms contraires s'attirent.*

247. *Hypothèse des deux fluides magnétiques.* — Les phénomènes d'attraction et de répulsion que nous venons d'indiquer ont conduit les physiciens à supposer, pour le magnétisme comme pour l'électricité, l'existence de deux fluides contraires s'attirant mutuellement, et dont les molécules de chacun se repoussent. Ces deux fluides ont été appelés, l'un *fluide austral* et l'autre *fluide boréal*, suivant le nom des pôles des aimants où leur intensité prédomine. Nous admettrons encore cette hypothèse par laquelle on explique facilement tous les phénomènes magnétiques; mais nous devons, dès à présent, faire observer qu'il est bien plus probable que ces phénomènes dépendent de l'électricité dynamique.

248. *Substances magnétiques.* — On entend par *substances magnétiques* toutes celles que l'aimant attire avec plus ou moins d'énergie : telles sont le fer, l'acier, le nickel, le cobalt et le chrome. On admet que toutes ces substances renferment les deux fluides magnétiques à l'état de *fluide neutre* ou de combinaison. Les substances magnétiques se distinguent des aimants, parce qu'elles n'exercent dans leur état ordinaire aucune attraction les unes sur les autres, et que, présentées successivement aux deux pôles d'un aimant, elles les attirent indistinctement l'un et l'autre

249. *Aimantation par influence.* — Le fluide magnétique neutre que renferment les substances magnétiques peut être décomposé par l'influence d'un aimant, soit au contact, soit à distance.

Pour démontrer ce fait, on présente à l'un des pôles d'un barreau aimanté AB (*fig.* 170) un petit cylindre *ab* de fer doux. Supposons que ce soit au pôle austral A. Dès que la distance est suffisamment petite, et, à plus forte raison, quand le contact a lieu, le fluide magnétique neutre du petit cylindre de fer est décomposé ; son fluide boréal *b* est attiré vers l'extrémité la plus rapprochée du pôle austral A du barreau aimanté, tandis que son fluide austral *a* est repoussé vers l'autre extrémité. Le petit cylindre devient alors lui-même un aimant, ayant sa ligne neutre et ses deux pôles ; il peut à son tour en attirer un autre *b'a'*, lequel en attirera un troisième *b'a'*, et ainsi de suite, tant que l'influence du barreau sera assez énergique. Mais cette aimantation ne dure en général que pendant le temps où s'exerce cette influence ; car aussitôt que l'on sépare du barreau le premier cylindre, les autres se détachent et ne conservent aucune trace de magnétisme ; ce qui prouve que leurs fluides, un instant séparés, se sont immédiatement recomposés. Les filaments que forment les grains de limaille autour des pôles des aimants sont également un effet de l'aimantation par influence.

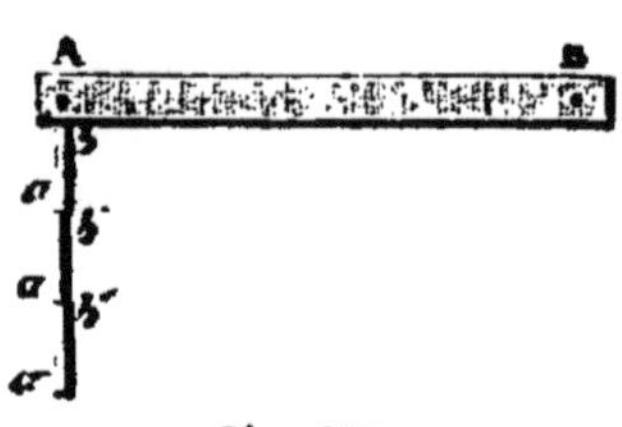

Fig. 170.

250. *Force coercitive.* — La décomposition par influence des deux fluides magnétiques, et leur recomposition quand l'influence a cessé d'agir, n'est pas également facile pour toutes les substances magnétiques. Avec le fer doux, ce double effet se produit instantanément, comme le prouve l'expérience précédente ; mais dans l'acier trempé, par exemple, la séparation des fluides est lente et difficile. Il faut, pour l'obtenir, un contact prolongé ou des frictions répétées avec un aimant. Réciproquement, lorsque la décomposition est effectuée, les deux fluides restent séparés, et l'acier peut conserver indéfiniment ses propriétés magnétiques après avoir été soustrait à l'influence de l'aimant qui les lui a communiquées. Or, cet obstacle qui, dans l'acier trempé, s'oppose d'abord à la séparation des fluides magnétiques, et ensuite à leur recomposition, est le résultat d'une force qui a reçu le nom de *force coercitive.* Cette force est d'autant plus grande que la trempe de l'acier est plus dure. Le fer doux ou fortement recuit en est totalement dépourvu, mais il peut l'acquérir à un certain degré par l'oxydation, la pression ou la torsion.

251. *Théorie du magnétisme.* — Bien que les deux fluides magnétiques semblent séparés l'un de l'autre par la ligne neutre et paraissent être distribués d'une manière distincte dans les pôles d'un aimant, il ne faudrait pas croire que chaque pôle contînt exclusivement, l'un du fluide austral et l'autre du fluide boréal. Les deux fluides, au contraire, sont répandus dans toutes les parties de l'aimant. Si l'on prend, en effet (*fig.* 171), une longue aiguille aimantée AB dont on a reconnu la ligne neutre et les deux pôles, et qu'on la casse en son milieu, chaque moitié devient aussitôt elle-même un aimant complet *ab*, ayant aussi sa ligne neutre et ses deux pôles contraires. Si l'on brise ensuite par le milieu ces deux nouveaux aimants, on observe encore le même phénomène, c'est-à-dire la formation instantanée d'un aimant complet *a'b'* pour chacun des fragments séparés, et ainsi de suite, aussi loin qu'il est possible de pousser l'expérience. Les deux fluides magnétiques existent donc dans toutes les parties d'un aimant. Pour expliquer leur séparation apparente dans les deux pôles, on admet que les deux fluides austral et boréal sont distribués autour de chaque molécule de l'aimant, dans deux directions constantes et opposées l'une à l'autre, ce qui donne deux résultantes contraires, dont les points d'application, voisins des extrémités de l'aimant, forment les pôles, et dont le plan de séparation forme la ligne neutre.

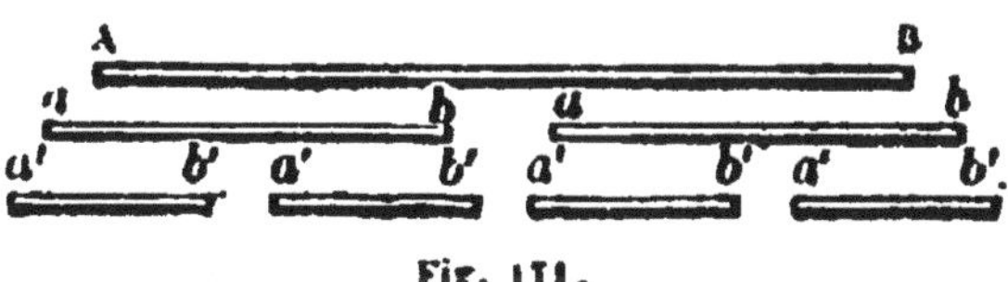

Fig. 171.

252. *Action des aimants sur tous les corps.* — Le fer, l'acier, le nickel, le cobalt et le chrome ne sont pas les seules substances sur lesquelles peuvent agir les aimants. Beaucoup d'autres corps sont sensibles à leur action, mais d'une manière très faible. La connaissance de ce fait résulte d'expériences très délicates exécutées par Coulomb en 1812, et plus tard par MM. Lebaillif et Becquerel. Ces observateurs ont reconnu que certaines substances sont attirées par l'aimant, tandis que d'autres sont repoussées. Les premières ont reçu le nom de *corps magnétiques*, les secondes ont été nommées *corps diamagnétiques*. L'or, l'argent, le verre, le bois, sont des corps magnétiques; le bismuth, le plomb, le soufre, la cire, l'eau, sont, au contraire, diamagnétiques.

253. *Loi des attractions et des répulsions magnétiques.* — Les actions magnétiques qui s'exercent entre les pôles con-

traires ou semblables de deux aimants sont soumises à la loi suivante, découverte par Coulomb : *Les attractions et les répulsions magnétiques varient en raison inverse du carré des distances.* Cette loi se démontre, comme celle des attractions électriques, au moyen de la balance de torsion, ou par la méthode des oscillations. Cette dernière méthode consiste à faire osciller une petite aiguille aimantée sous l'influence d'un aimant placé successivement à diverses distances, et à compter le nombre des oscillations qu'elle exécute dans un même temps; on trouve ensuite la loi par le calcul.

Aiguille aimantée. — Magnétisme terrestre. — Déclinaison et inclinaison. — Boussoles.

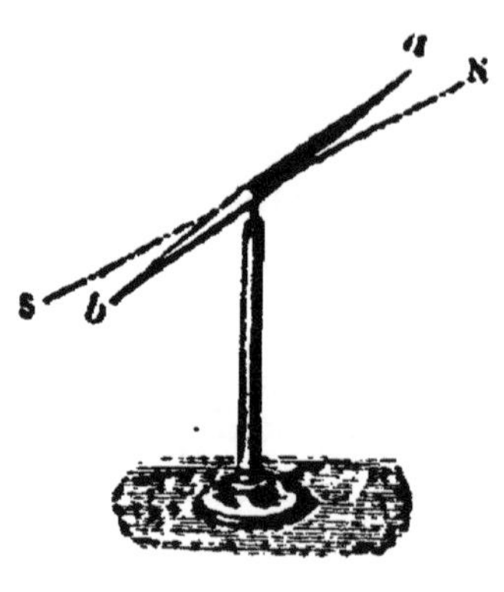

Fig. 172.

254. *Aiguille aimantée.* — Lorsqu'une aiguille aimantée repose par son centre de gravité sur un pivot vertical autour duquel elle peut tourner librement (*fig.* 172), elle prend toujours d'elle-même une position fixe à laquelle elle est invinciblement ramenée, lorsqu'on l'en écarte, après une série d'oscillations. On observe que l'un de ses pôles *a* se dirige constamment *vers le nord*, et l'autre pôle *b vers le sud*.

255. *Magnétisme terrestre.* — La force magnétique qui agit sur l'aiguille aimantée s'exerce dans tous les lieux de la terre, sur le sommet des plus hautes montagnes comme dans les mines les plus profondes. Elle a donc son siège dans le globe terrestre lui-même, lequel peut être considéré comme un vaste aimant dont la ligne neutre est située au voisinage de l'équateur et les deux pôles magnétiques aux environs des pôles de rotation. Les fluides magnétiques terrestres ont reçu les noms des pôles de rotation où leur intensité prédomine. Ainsi celui qui prédomine au pôle nord a été nommé fluide *boréal*, tandis que l'autre a été appelé fluide *austral*. Or, comme les fluides de nom contraire s'attirent et que ceux de même nom se repoussent, l'extrémité de l'aiguille qui se dirige vers le nord ou vers le pôle boréal de la terre a dû recevoir le nom de pôle *austral*, et réciproquement, l'extrémité qui se tourne vers le sud a été nommée pôle *boréal*. D'où il résulte que les pôles de l'aiguille aimantée sont désignés en sens inverse des pôles magnétiques terrestres.

Remarque. — L'action de la terre sur l'aiguille aimantée est une action *purement directrice*, dont l'effet se borne à faire tourner l'aiguille sur son pivot de manière à placer dans le prolongement l'une de l'autre les deux forces contraires qui la sollicitent. Il suffit, pour démontrer ce principe, de fixer une aiguille aimantée sur un disque de liège flottant sur l'eau : on voit alors cette aiguille tourner autour de son centre et s'orienter du sud au nord ; mais on n'observe *aucun mouvement de translation* du disque vers un point quelconque de la surface du liquide, ce qui prouve que l'aiguille n'est ni attirée ni repoussée, mais simplement *dirigée* par la terre, qui agit sur elle à la manière d'un couple.

256. *Méridien magnétique.* — On appelle *méridien magnétique* d'un lieu le plan vertical passant par la ligne qui joint les pôles d'une aiguille aimantée placée en ce lieu, et maintenue horizontalement en équilibre sur un axe vertical (*fig.* 172). Rappelons ici que le *méridien terrestre* ou *géographique* d'un lieu est le plan vertical qui passe par ce lieu et par les deux pôles de la terre, et que la *méridienne* est la trace de ce plan sur la surface du globe.

257. *Déclinaison.* — Nous venons de dire que les pôles d'une aiguille aimantée, mobile autour de son centre dans un plan horizontal, se dirigent constamment l'un vers le nord et l'autre vers le sud. Mais cette direction ne coïncidant pas exactement avec la méridienne, on appelle *déclinaison magnétique* l'angle que forme le méridien magnétique avec le méridien terrestre, ou plus simplement, *l'angle plan formé par la direction de l'aiguille avec la méridienne passant par son centre de mouvement.* Ainsi, dans la *fig.* 173, l'angle AON est l'angle de déclinaison formé par la méridienne NS et par l'aiguille AB mobile autour du point O. La déclinaison est dite *orientale* ou *occidentale*, selon que le pôle austral de l'aiguille se dirige à l'est ou à l'ouest de la méridienne.

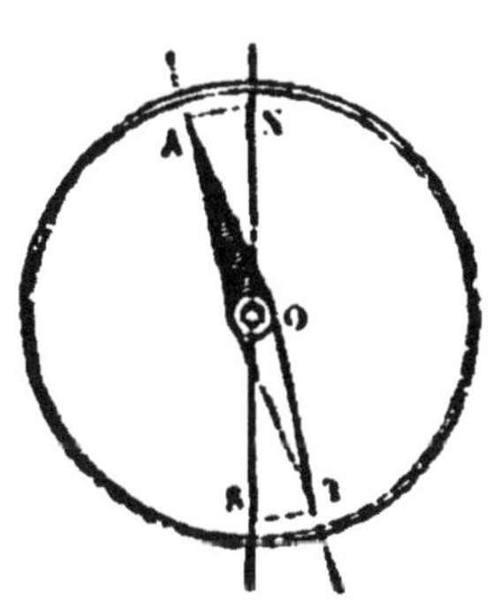

Fig. 173.

258. *Variations de la déclinaison.* — La déclinaison varie, selon les différents lieux de la terre, avec la latitude et avec la longitude. Elle est occidentale en Europe, orientale en Amérique et dans le nord de l'Asie. Il y a des points du globe où elle est nulle, c'est-à-dire où les deux méridiens magnétique et terrestre coïncident : l'ensemble de ces points forme des lignes sinueuses appelées *lignes sans déclinaison*. La déclinaison change encore pour un même lieu avec le temps : elle est actuellement occidentale à Paris et d'environ 20°; mais elle a grandement varié depuis à peu près trois siècles, comme le montre le tableau suivant des observations faites à Paris depuis l'année 1580 :

Années.	Déclinaisons.	Années.	Déclinaisons.
1580.	11° 30' à l'est.	1830.	22° 10'.
1618.	8°.	1850.	20° 21'.
1663.	0.	1855.	19° 57'.
1700.	8° 10' à l'ouest.	1860.	19° 32'.
1800.	22° 5'.	1865.	18° 57'.
1814.	22° 34' à l'ouest.	1878.	17° 00'.

On voit, par ce tableau, que la déclinaison a varié à Paris de plus de 32°, en allant toujours de l'est à l'ouest depuis 1580, époque des premières observations, jusqu'en 1814, où elle a atteint son maximum 22°,34' à l'ouest. Depuis cette époque, elle n'a plus cessé de rétrograder vers l'est.

Indépendamment de ces variations que l'on peut appeler *variations séculaires*, et dans lesquelles l'aiguille aimantée semble osciller lentement autour du méridien terrestre, la déclinaison éprouve encore des *variations diurnes*. Depuis le lever du soleil jusqu'à trois heures après midi, le pôle austral de l'aiguille s'avance vers l'ouest ; de 3 heures à minuit environ, il retourne à l'est. Pendant la nuit l'aiguille reste stationnaire. Ces variations diurnes sont très petites ; leur amplitude ne dépasse pas un quart de degré.

259. *Perturbations de l'aiguille aimantée.* — L'aiguille aimantée est quelquefois soumise à des *perturbations* ou variations accidentelles dans sa direction. Ces perturbations sont la conséquence de quelques-uns des grands phénomènes naturels.

tels que les aurores boréales, les tremblements de terre, les éruptions volcaniques et surtout le passage de la foudre au voisinage de l'aiguille. Dans ce dernier cas, l'aiguille peut perdre son magnétisme; on a vu quelquefois ses pôles renversés en sens contraire, accident qui a pu faire courir de grands dangers aux navigateurs.

260. *Inclinaison.* — Lorsqu'une aiguille est suspendue par son centre de gravité sur un axe horizontal autour duquel elle peut tourner librement dans un plan vertical, elle prend encore une direction fixe qui dépend de la situation du plan vertical dans lequel elle se meut. Lorsque ce plan coïncide avec le méridien magnétique, *le plus petit des deux angles que fait la moitié australe de l'aiguille avec l'horizon* porte le nom d'*inclinaison magnétique.* Ainsi dans la *fig.* 174 l'angle DOA, formé par l'horizon CD et par la moitié australe OA de l'aiguille AB est l'angle d'inclinaison. Cet angle varie suivant une progression déterminée par la latitude.

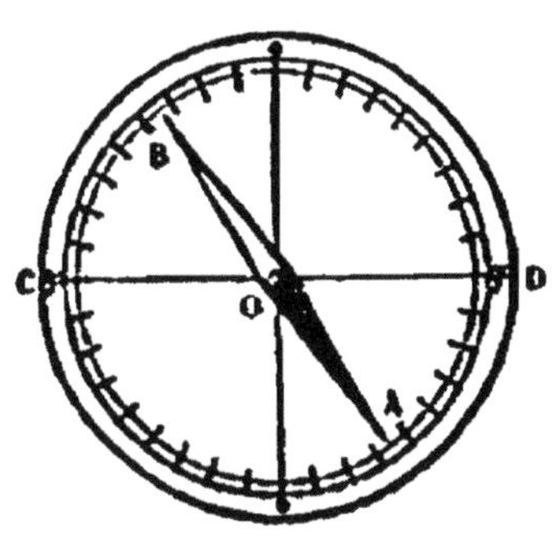

Fig. 174.

261. *Équateur et pôles magnétiques de la terre.* — Dans les régions équatoriales, on trouve une série de points où l'aiguille, également sollicitée de chaque côté par les deux pôles magnétiques de la terre, se tient horizontale, et où, par conséquent, l'inclinaison est nulle. La ligne qui joint ces points forme une courbe sinueuse qui coupe l'équateur terrestre en deux points opposés, à partir desquels elle s'en écarte d'environ 15° à 16°, en passant de l'un à l'autre hémisphère. Cette ligne a reçu le nom d'*équateur magnétique.* Si, partant de cet équateur, on s'avance vers l'un ou l'autre des deux pôles terrestres, on voit le pôle contraire de l'aiguille s'incliner de plus en plus au-dessous de l'horizon et finir par prendre une direction verticale. L'inclinaison est alors de 90°, et elle indique, dans chaque hémisphère, la situation du *pôle magnétique* correspondant. C'est ainsi que l'on a reconnu que le pôle magnétique boréal est situé vers le 75e degré de latitude nord, et le pôle magnétique austral vers le 72e degré de latitude sud.

262. *Variations de l'inclinaison magnétique.* — L'inclinaison magnétique d'un lieu varie avec le temps, comme la déclinaison. En 1670, époque à laquelle ont commencé les observations, elle était, à Paris, de 75°. Depuis cette époque, elle a toujours diminué, et elle n'est plus actuellement que de 65° 30′.

263. *Boussoles.* — On désigne sous le nom de *boussoles* les instruments destinés à mesurer la déclinaison ou l'inclinaison magnétique. Il y a donc deux sortes de boussoles : celle d'*inclinaison* et celle de *déclinaison*.

Boussole de déclinaison. — Cette boussole consiste (*fig.* 175) en un cadran horizontal au centre duquel est un pivot vertical en acier. Une aiguille aimantée très légère repose sur ce pivot par une chape en agate, et peut ainsi se mouvoir autour du cadran dont le limbe est gradué. Deux diamètres NS, OE, se coupant à angles droits, servent à orienter la boussole. On emploie cet instrument pour mesurer la déclinaison d'un lieu dont on connaît le méridien terrestre, et réciproquement, pour trouver ce méridien quand on connaît la déclinaison.

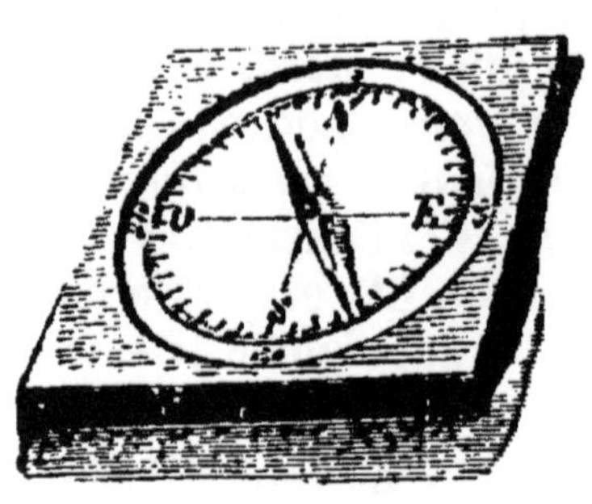

Fig. 175.

1° Pour mesurer la déclinaison, il suffit d'orienter la boussole, c'est-à-dire de placer le diamètre NS dans le plan du méridien terrestre, l'extrémité N dirigée vers le nord. On lit alors sur la division du cadran l'angle que fait l'aiguille avec le diamètre NS. Cet angle indique la valeur de la déclinaison.

2° Pour trouver le méridien terrestre d'un lieu dont on connaît la déclinaison, on tourne la boussole jusqu'à ce que l'angle formé par l'aiguille et par le diamètre NS soit égal à l'angle de déclinaison du lieu. Le diamètre NS est alors dans le plan du méridien terrestre.

Méthode du retournement. — La distribution du magnétisme dans les aiguilles des boussoles n'est pas toujours régulière, en ce sens que leur axe magnétique ne coïncide pas constamment avec leur axe de figure. La déclinaison donnée directement par de telles aiguilles est donc inexacte : elle est toujours trop grande ou trop petite. C'est pour corriger cette cause d'erreur que l'on emploie la *méthode du retournement*. Cette méthode consiste à faire deux observations en retournant successivement l'aiguille sur chacune de ses deux faces. Supposons que la déclinaison trouvée soit de 18° dans l'une des observations et de 16° dans l'autre. Il est évident que le premier angle sera plus grand que la déclinaison réelle, et le second plus petit. Or, comme la différence en plus ou en moins est la même, il suffira, pour avoir exactement la déclinaison, de prendre la moyenne ou la demi-somme des deux observations, ce qui donnera, pour l'exemple que nous avons choisi, un angle de 17°.

Boussole marine. — La boussole marine, nommée encore *compas de mer* ou *compas de variation*, est une boussole de déclinaison dont se servent les navigateurs pour diriger la marche de leurs navires. Cette boussole est placée dans une boîte à l'arrière du bâtiment. Elle a pour cadran une feuille mince de talc recouverte d'un cercle de papier sur lequel est imprimée la *rose des vents*. Ce cadran est fixé sur la face supérieure de l'aiguille, et tourne avec elle devant une ligne appelée *ligne de foi*, dont la direction, parallèle à la quille du vaisseau, est indiquée par deux points marqués sur les bords de la boîte. La boussole marine est suspendue de manière à conserver toujours sa position horizontale, malgré les oscillations du navire.

261. *Boussole d'inclinaison.* — Cette boussole (*fig.* 176) se compose essentiellement d'un cercle vertical en cuivre C dont le limbe est divisé et au centre duquel est un axe horizontal qui soutient l'aiguille *ab* par son centre de gravité. Ce cercle et l'axe de l'aiguille sont supportés par un cadre DEFG, lequel est mobile sur un cercle horizontal C' que soutient le pied de l'appareil. Trois vis calantes *m*, *n*, *o*, et un niveau à bulle d'air Z servent à placer le cercle C' dans le plan de l'horizon. Le cercle vertical C doit toujours être tourné dans la direction du méridien magnétique lorsqu'on veut observer l'inclinaison.

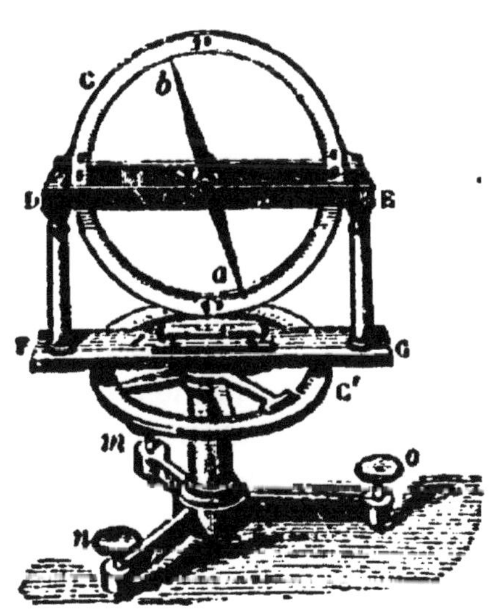

Fig. 176.

265. *Aimantation par l'action de la terre.* — La terre agit comme les aimants sur les substances magnétiques; elle décompose par influence leur fluide neutre et les transforme en aimants. Mais, comme cette influence est très faible, elle ne peut avoir d'effet que sur les substances magnétiques dont la force coercitive est à peu près nulle. Voilà pourquoi l'action de la terre, insensible sur l'acier trempé, est au contraire très-évidente sur le fer doux. Lorsqu'on prend, en effet, une barre de fer doux d'environ un mètre de longueur et qu'on la dispose parallèlement à l'aiguille d'inclinaison dans le méridien magnétique, ses deux fluides se séparent aussitôt; un pôle austral se forme dans la partie de la barre dirigée vers le nord, tandis qu'un pôle boréal se développe à l'autre extrémité. Mais, comme la force coercitive du fer doux est nulle, il suffira de retourner la barre, toujours maintenue dans le méridien magnétique, pour intervertir aussitôt ses deux pôles. Toutefois si, pendant que la barre de fer est sous l'influence du globe terrestre, on frappe quelques coups de marteau sur l'une de ses extrémités, on lui communiquera une certaine force coercitive en vertu de laquelle ses pôles magnétiques pourront se fixer pour quelque temps.

Remarque. La torsion, l'oxydation, l'action de la lime et presque toutes les actions mécaniques ou chimiques produisent sur le fer doux le même effet que la percussion, en ce sens qu'elles y développent un certain degré de force coercitive.

266. *Aiguilles astatiques.* — On appelle *aiguilles astatiques* celles qui sont soustraites à l'action directrice du globe. On parvient à rendre des aiguilles astatiques de deux manières différentes : 1° en les suspendant sur un axe situé dans le plan du méridien et parallèle à l'inclinaison; 2° en réunissant parallèlement (*fig.* 177), les pôles contraires en regard, deux aiguilles de même force. Dans le premier cas, l'action directrice du globe, agissant suivant l'axe, ne peut imprimer à l'aiguille aucune direction déterminée; dans le second cas, cette action est évidemment détruite.

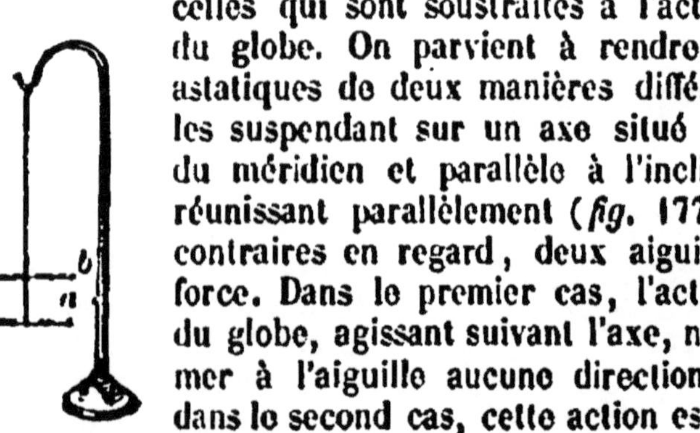

Fig. 177.

Procédés d'aimantation.

267. *Procédés d'aimantation.* — Nous avons vu (250) qu'en vertu de sa force coercitive, l'acier trempé conserve presque indéfiniment la puissance magnétique qui lui a été communiquée par un aimant, et devient lui-même un aimant plus ou moins énergique selon le degré de trempe qu'il a reçu. Il existe toutefois une limite dans la force coercitive de l'acier, et par conséquent dans la puissance magnétique que peut acquérir une aiguille ou un barreau. Quand cette limite est atteinte, on dit que l'acier est à son *point de saturation.* Le fer doux, qui, dans son état ordinaire, ne possède aucune force coercitive, peut en prendre un certain degré lorsqu'il est soumis à une forte torsion au choc d'un marteau. Il peut alors, comme l'acier, se transformer en un aimant sous l'influence des agents capables de décomposer son fluide neutre; mais ce genre d'aimant est toujours très faible et de courte durée. Les sources d'aimantation sur lesquelles reposent les procédés que nous devons faire connaître sont au nombre de trois : l'influence des aimants, le magnétisme terrestre et l'électricité. Nous ne parlerons ici que de l'aimantation par l'influence des aimants.

268. *Procédé d'aimantation par les aimants.* — Ce procédé, fondé sur l'aimantation par influence (219), comprend trois méthodes principales : 1° la *méthode de la simple touche;* 2° la *méthode de la double touche;* 3° la *méthode de la touche séparée.*

1° *Méthode de la simple touche.* Cette méthode ne peut convenir que lorsqu'il s'agit d'aimanter des aiguilles ou de petits barreaux, attendu qu'elle ne possède qu'une faible puissance d'aimantation. Elle consiste à faire glisser d'un bout à l'autre du barreau qu'on veut aimanter le pôle d'un aimant puissant, et à répéter plusieurs fois les frictions dans le même sens et sur les deux faces du barreau. L'extrémité que le pôle de l'aimant mobile quitte la dernière prend un pôle de nom contraire, tandis que l'autre extrémité prend un pôle de même nom. Indépendamment de son peu de puissance d'aimantation, ce procédé a encore l'inconvénient de développer fréquemment entre les pôles extrêmes du barreau des pôles intermédiaires, que l'on désigne sous le nom de *points conséquents.*

2° *Méthode de la double touche*. Cette méthode, imaginée par Mitchell et perfectionnée par Æpinus, est celle qui possède le plus grand pouvoir d'aimantation. Elle doit donc être préférée toutes les fois qu'il s'agit d'aimanter à saturation des barreaux très forts. Voici en quoi elle consiste : on place d'abord (*fig.* 178) les deux extrémités *b* et *a* du barreau que l'on veut aimanter sur les pôles contraires A et B de deux aimants puissants formés par des faisceaux magnétiques (251) ; puis on prend deux autres aimants de même force dont on applique les deux pôles contraires A' et B' sur le milieu du barreau, en les inclinant sur celui-ci d'un angle d'environ 20 degrés. Ces deux pôles sont séparés l'un de l'autre par une petite pièce de bois et sont placés dans le même ordre que les pôles des aimants fixes. Ces dispositions étant prises, on fait glisser les deux aimants mobiles vers l'une des extrémités du barreau, puis vers l'autre, et ainsi de suite en parcourant toute sa longueur. On répète ces frictions un certain nombre de fois sur les deux faces, en ayant soin de revenir toujours au milieu du barreau par l'extrémité contraire à celle par laquelle on a commencé. Cette méthode a encore, comme la première, l'inconvénient de donner assez souvent naissance à des points conséquents.

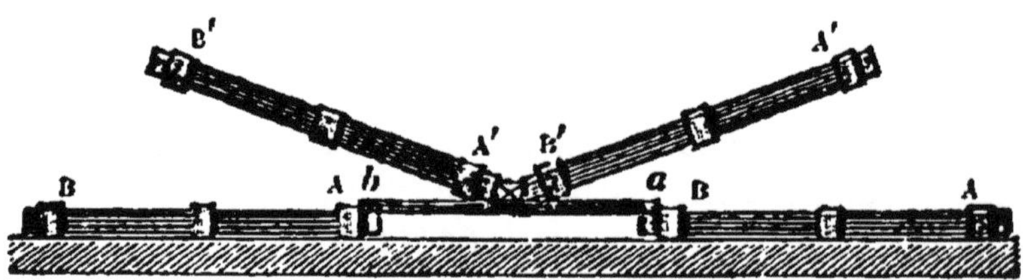

Fig. 178.

3° *Méthode de la touche séparée*. C'est elle qui donne l'aimantation la plus régulière et que l'on emploie généralement pour aimanter les aiguilles des boussoles. Elle est encore connue sous le nom de *méthode de Duhamel*. On commence, comme dans la méthode précédente, par poser l'aiguille *ba* que l'on veut aimanter (*fig.* 179) entre les deux pôles contraires A et B de deux aimants ou faisceaux magnétiques puissants. On prend ensuite deux autres aimants d'égale force A'B', dont on applique les pôles contraires, et dirigés dans le même sens que ceux des aimants fixes, sur la partie moyenne de l'aiguille, en les inclinant suivant un angle d'environ 25 degrés. Cela fait, on écarte les deux aimants mobiles l'un de l'autre en les faisant glisser séparément vers les extrémités de l'aiguille, puis on les soulève et on les reporte au milieu pour les faire glisser encore de la même manière, et ainsi de suite un certain nombre de fois sur les deux faces jusqu'à saturation. Cette méthode n'engendre jamais de points conséquents.

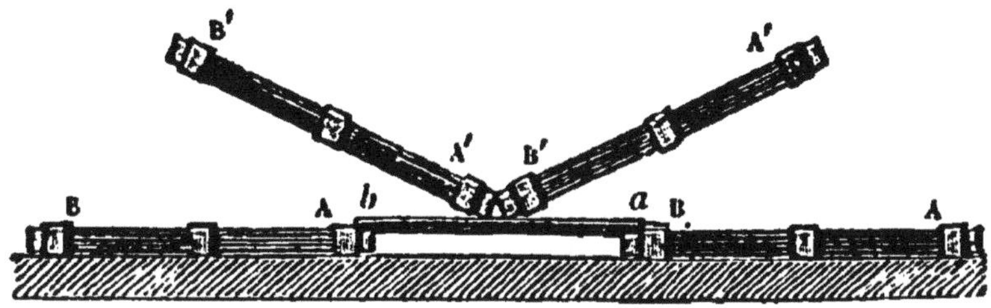

Fig. 179.

Remarque. Dans chacune des méthodes que nous venons de décrire, les aimants dont on se sert ne perdent rien de leur force ; ce qui prouve que les fluides magnétiques ne se transmettent pas d'un barreau à un autre. Remarquons encore que les aiguilles ou les barreaux, après leur aimantation, ont exactement le même poids qu'ils avaient auparavant ; ce qui démontre que le fluide magnétique est impondérable.

269. *Armures des aimants.* — Lorsqu'un barreau aimanté à saturation est abandonné à lui-même, sa puissance magnétique tend à diminuer peu à peu. Pour obvier à cet inconvénient, on met ses deux extrémités en contact avec des pièces de fer doux qui, sollicitant sans cesse l'action magnétique, l'empêchent de s'affaiblir et tendent même à l'augmenter. Ces pièces de fer doux portent le nom d'*armures des aimants ;* elles ont ordinairement la forme de prismes quadrangulaires.

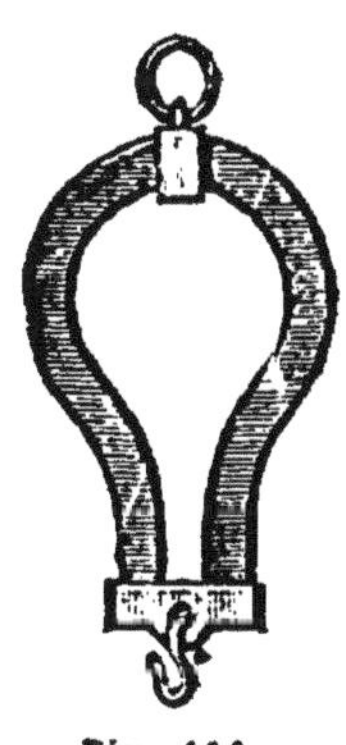

Fig. 180.

270. *Faisceaux magnétiques.* — En réunissant par leurs pôles de même nom plusieurs barreaux aimantés à saturation, on forme ce que l'on appelle les *faisceaux magnétiques*, qui jouissent d'une grande puissance. Un professeur distingué, M. Jamin, a inventé dans ces derniers temps des aimants composés d'un système de lames minces d'acier trempé, disposées en faisceaux, et doués d'une force réellement extraordinaire. Un de ces aimants pesant 2 kil. porte un poids de 20 kil. Ce résultat montre que la force portative des aimants croît avec l'étendue de leurs surfaces. On donne quelquefois aux barreaux aimantés la forme de fer à cheval (*fig.* 180), ce qui fait plus que doubler leur puissance d'attraction, puisque les deux pôles sont utilisés en même temps, et que l'action de chacun d'eux tend à augmenter l'aimantation développée par l'autre.

Résumé.

I. Les aimants sont des substances qui jouissent de la propriété d'attirer le fer, l'acier et quelques autres métaux, tels que le nickel, le cobalt et le chrome. On les divise en *aimants naturels* et en *aimants artificiels*. Les aimants naturels sont formés d'un oxyde de fer qui a pour formule Fe^3O^4.

II. L'attraction qui s'exerce entre l'aimant et le fer se produit à distance et à travers tous les corps qui ne sont pas eux-mêmes magnétiques.

III. Les aimants possèdent tous une ligne neutre et deux pôles situés au voisinage de leurs extrémités. L'attraction magnétique croît depuis la ligne neutre, où elle est nulle, jusqu'aux pôles, où elle atteint son maximum.

IV. Les deux pôles ont reçu les noms, l'un de pôle *austral* et l'autre de pôle *boréal*. L'action réciproque de ces pôles est soumise à la loi suivante : *Les pôles de noms contraires s'attirent, les pôles de même nom se repoussent.*

V. Pour expliquer plus facilement les phénomènes magnétiques, on admet par hypothèse l'existence de deux fluides magnétiques que l'on désigne sous les noms de *fluide austral* et de *fluide boréal*, suivant les pôles des aimants où leur intensité prédomine.

VI. On entend par *substances magnétiques* toutes celles que l'aimant attire avec plus ou moins d'énergie. Ces substances renferment les deux fluides magnétiques à l'état de fluide neutre ou naturel, et peuvent s'aimanter par influence.

VII. On appelle *force coercitive* la force qui s'oppose soit à la décomposition, soit à la recomposition des fluides magnétiques. Nulle dans le fer doux, cette force existe dans l'acier trempé, où elle est d'autant plus énergique que la trempe est plus dure.

VIII. La séparation des deux fluides magnétiques par la ligne neutre n'est qu'apparente. Ces deux fluides existent dans toutes les parties d'un aimant; ce que démontre l'expérience des aimants brisés dans leur partie moyenne, et dont les deux moitiés sont encore des aimants complets.

IX. Presque tous les corps de la nature sont sensibles, mais d'une manière très faible, à l'action de l'aimant : les uns sont attirés et les autres repoussés.

X. Les attractions et les répulsions magnétiques varient en raison inverse du carré des distances.

XI. On appelle *déclinaison magnétique* l'angle dièdre que forme le méridien magnétique avec le méridien terrestre, ou plus simplement l'angle plan formé par la direction de l'aiguille avec la méridienne passant par son centre de mouvement.

XII. On appelle *inclinaison magnétique* l'angle aigu que fait avec l'horizon la moitié australe d'une aiguille aimantée suspendue par son centre de gravité sur un pivot horizontal et située dans le plan du méridien magnétique.

XIII. On appelle *boussoles* les instruments destinés à mesurer la déclinaison ou l'inclinaison magnétique. La boussole de déclinaison est horizontale; celle d'inclinaison est verticale.

XIV. Une barre de fer doux peut être aimantée par la seule influence du globe terrestre; il suffit de la placer dans le méridien magnétique parallèlement à l'inclinaison. En frappant quelques coups de marteau sur l'une de ses extrémités, on lui communique la force coercitive nécessaire pour maintenir pendant un certain temps ses fluides magnétiques séparés.

XV. Les sources d'aimantation sont au nombre de trois : l'influence des aimants, le magnétisme terrestre et l'électricité.

XVI. L'aimantation par influence des aimants comprend trois méthodes : la simple touche, la double touche et la touche séparée.

CHAPITRE XX.

ÉLECTRICITÉ DYNAMIQUE.

Électricité dynamique ou Galvanisme. Expériences de Galvani et de Volta. — Pile voltaïque. — Diverses modifications de cet appareil. — Électricité développée par les actions chimiques. — Polarisation de la pile. — Piles à courant constant. — Piles de Daniell, Bunsen, Marié-Davy, Grenet, Leclanché.

Électricité dynamique. Expériences de Galvani et de Volta.

271. *Électricité dynamique.* — On entend par *électricité dynamique* ou *Galvanisme* la partie de la physique qui a pour objet l'étude des phénomènes produits par l'électricité en mouvement.

272. *Expériences de Galvani.* — En 1789, Galvani, médecin et professeur d'anatomie à Bologne, ayant suspendu par hasard, à un balcon de fer, des grenouilles dépouillées de leur peau, et tenues par de petits crochets de cuivre qui passaient entre les nerfs lombaires et la colonne vertébrale, observa que ces grenouilles, quoique mortes et mutilées, éprouvaient de vives convulsions toutes les fois que, par l'action du vent ou de toute autre cause accidentelle, leurs membres inférieurs venaient toucher les tiges de fer du balcon. Ce fait singulier frappa vivement Galvani; pour en pénétrer plus facilement la cause, il se mit à étudier les circonstances qui pouvaient le faire naître, et bientôt il parvint à le reproduire d'une manière plus simple. Il prit un arc métallique (*fig.* 181) dont il engagea l'une des extrémités entre les nerfs lombaires et la colonne vertébrale d'une grenouille récemment écorchée et coupée par le milieu du corps. Touchant alors avec l'autre extrémité de l'arc un point quelconque des muscles de la jambe ou de la cuisse, il observa qu'à chaque contact les membres de l'animal se contractaient violemment, et que cette moitié de grenouille semblait, pour ainsi dire, reprendre la vie. Telle est l'expérience fondamentale qui a servi de point de départ à cette branche si intéressante et si féconde de la physique moderne.

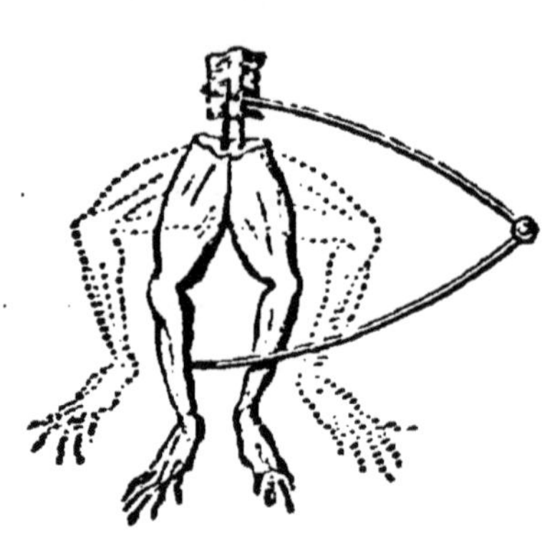

Fig. 181.

273. *Théorie de Galvani.* — Galvani, pour expliquer ce phénomène, admit l'existence d'un fluide vital, inhérent à l'organisme et analogue au fluide électrique. Il assimila la grenouille à une petite bouteille de Leyde, dont les muscles et les nerfs formaient les deux armatures, et dont la décharge avait lieu toutes les fois qu'on réunissait ces organes par un arc conducteur. Ce fluide reçut alors le nom d'*électricité animale* ou de *fluide galvanique*.

274. *Expériences de Volta.* — La théorie de Galvani fut d'abord admise par un grand nombre de savants; mais son règne ne fut pas long. Un physicien déjà célèbre par d'importantes découvertes sur l'électricité, Volta, professeur à Pavie, remarqua bientôt que les muscles de la grenouille se contractaient beaucoup plus violemment lorsque l'arc conducteur, au lieu d'être formé d'un seul métal, était composé de deux métaux différents. Il en conclut aussitôt que la cause du phénomène était dans l'arc conducteur lui-même, et non dans les organes de l'animal. Il admit que de l'électricité se développait au contact des deux métaux hétérogènes, lesquels, par le seul fait de ce contact, s'électrisaient en sens contraire, et que la grenouille ne jouait, dans cette expérience, que le rôle de simple conducteur et d'un électroscope éminemment sensible. Pour expliquer les contractions produites par un arc homogène, Volta dut étendre son principe, et soutenir que le contact de deux corps hétérogènes quelconques suffit pour les constituer, l'un à l'état d'électricité positive et l'autre à l'état d'électricité négative.

Volta ne tarda pas à démontrer par des expériences directes ce qu'il avançait. A l'aide de l'électromètre condensateur qu'il venait d'inventer (235), il put rendre sensible l'électricité dont il attribuait le développement au contact de deux métaux différents. En effet, l'appareil étant parfaitement sec, si on applique le doigt sur le disque supérieur, et qu'en même temps on touche le disque inférieur, qui est en cuivre, avec une lame de zinc tenue à la main, on voit, dès que l'on rompt les communications et qu'on enlève le disque supérieur, les feuilles d'or diverger d'une quantité sensible; on reconnait en outre que la divergence est due à de l'électricité négative.

275. *Théorie de Volta.* — Pour expliquer ces phénomènes, Volta, comme nous venons de le dire, fut conduit à admettre que le *contact de deux corps hétérogènes* développait instantanément une force ayant pour effet de décomposer leur fluide neutre et de s'opposer ensuite à la recomposition des fluides contraires accumulés sur les deux corps en contact. Il donna à cette force le nom de *force électro-motrice.* Ainsi, disait Volta, la force électromotrice engendrée par le contact du zinc et du cuivre décompose leur fluide neutre; elle transporte l'électricité positive sur le zinc et l'électricité négative sur le cuivre, en donnant à chaque métal une tension électrique égale et contraire.

Nous verrons bientôt (281) que le simple contact de deux corps différents ne suffit pas pour développer l'électricité; il faut de plus que ces deux corps *exercent l'un sur l'autre une action chimique.* Dans l'expérience précédente ce n'est pas, comme le croyait Volta, le seul contact de la lame de zinc avec le disque en cuivre de l'électromètre qui développe l'électricité ; c'est l'humidité acide dont la main est toujours imprégnée, qui, en oxydant le zinc, le charge d'électricité négative qu'il transmet à l'instrument, tandis que l'électricité positive développée à la surface des doigts qui tiennent le zinc s'écoule dans le sol par le corps de l'expérimentateur. Volta avait lui-même remarqué que la charge électrique que reçoit l'instrument est beaucoup plus forte quand les doigts ont été préalablement imprégnés d'eau légèrement acidulée.

Pile voltaïque.

276. *Pile voltaïque.* — Conduit par les idées théoriques que nous venons de faire connaître, Volta ne tarda pas à inventer la pile qui porte son nom : c'était un assemblage (*fig.* 182) de *couples* composés chacun de deux disques zinc et cuivre, soudés ensemble et superposés dans le même ordre, de manière à établir une alternance régulière entre les deux métaux. Entre chacun de ces couples étaient placées des rondelles de drap ou de carton, imbibées d'eau légèrement acidulée (mélange d'eau et d'acide sulfurique). Cette pile se nommait encore *pile à colonnes*, à cause des trois colonnes en verre, qui la soutenaient. Voici comment fonctionne cet appareil :

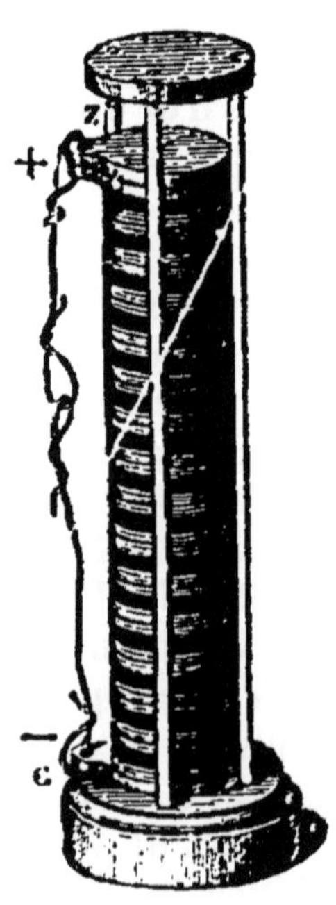

Fig. 182.

L'action chimique de l'eau acidulée sur le zinc électrise ce métal *négativement*, tandis que les rondelles se chargent d'électricité *positive*. Or, supposons la pile isolée, son extrémité zinc en haut et son extrémité cuivre en bas, et ne considérons que ses deux couples extrêmes.

Le disque de cuivre du couple supérieur prend à la rondelle humide qui le supporte immédiatement son électricité positive et la transmet au dernier disque de zinc Z, qui la recueille et forme ainsi le *pôle positif* de la pile. De même le disque de zinc du couple inférieur, électrisé négativement par la rondelle humide qui est immédiatement au-dessus de lui, transmet son électricité au dernier disque de cuivre C, qui la recueille et forme ainsi le *pôle négatif* de la pile. Le même effet se produit dans tous les couples intermédiaires, dont les fluides ainsi séparés viennent s'accumuler aux deux extrémités de la pile, le fluide positif à l'extrémité zinc et le fluide négatif à l'extrémité cuivre.

Remarque. Le mot *couple*, n'a plus maintenant la même signification. Le couple voltaïque, tel qu'on l'entend aujourd'hui, c'est le zinc et le cuivre, non plus soudés, mais au contraire séparés par la rondelle imbibée d'eau acidulée ou par une couche du même liquide. Cet ensemble constitue, en effet, la partie vraiment active de la pile, et que, pour ce motif, on appelle encore *élément voltaïque*.

Remarquons de plus que, bien que le zinc, en présence de l'eau acidulée, s'électrise négativement et le cuivre positivement, le pôle positif de la pile de Volta correspond à son extrémité zinc, et le négatif à son extrémité cuivre (*fig.* 182). Mais cette contradiction n'est qu'apparente, attendu que le zinc du disque supérieur et le cuivre du disque inférieur *ne remplissent que le rôle de conducteurs*, et pourraient être supprimés sans rien changer à la position des pôles.

277. *Tension de la pile.* — On entend par *tension* de la pile l'effort que fait, pour se dégager, l'électricité accumulée aux extrémités de l'appareil. Cette tension, que l'on désigne encore dans le langage moderne sous le nom de *potentiel*, est proportionnelle *au nombre des couples*. Il ne faut pas confondre la tension d'une pile avec la *quantité* d'électricité qu'elle peut produire; cette quantité, toutes choses égales d'ailleurs, est proportionnelle à la *surface* des couples (Voy. le chap. suiv.).

278. *Rhéophores, courants.* — On désigne sous le nom de *rhéophores* ou *fils conjonctifs* deux fils métalliques fixés aux pôles de la pile et destinés à les faire communiquer entre eux. Quand on approche ces deux fils l'un de l'autre, on obtient, chaque fois qu'on les met en contact, une étincelle plus ou moins vive : ce qui prouve que l'*action de la pile est continue* et reproduit incessamment les deux électricités à mesure qu'elles se combinent. Or, si l'on réunit les deux fils de manière à établir une communication permanente entre les deux pôles, il se fait dans ces fils une recomposition continuelle des fluides que la pile met sans cesse en liberté. Le mouvement continu qui résulte de ces actions a reçu le nom de *courant électrique*.

279. *Direction des courants; circuit voltaïque.*—Il est probable que la recomposition des fluides positif et négatif de la pile s'opère également d'un pôle à l'autre, et que, par conséquent, le fil qui fait communiquer les pôles est incessamment sillonné par deux courants contraires, l'un d'électricité positive, allant du pôle positif au pôle négatif; l'autre d'électricité négative, allant du pôle négatif au pôle positif. Le même effet doit se produire également dans la pile elle-même; de sorte que le fil conducteur et la pile forment un *circuit* complet dans lequel se meuvent circulairement et en sens contraire les deux électricités. Mais pour faciliter l'explication des phénomènes produits par les courants, *on est convenu* de ne considérer dans le fil conducteur interpolaire qu'un seul courant d'*électricité positive* (*fig.* 183) allant du pôle positif au pôle négatif, tandis que le courant négatif traverse la pile elle-même pour se porter du pôle négatif au pôle positif. Dans cette hypothèse, l'expression de *courant électrique,* dont nous nous servirons dans la suite, signifie donc *le mouvement du fluide positif dans le fil interpolaire*, ou, en d'autres termes, *le courant allant du pôle positif au pôle négatif dans la partie du circuit extérieure à la pile.*

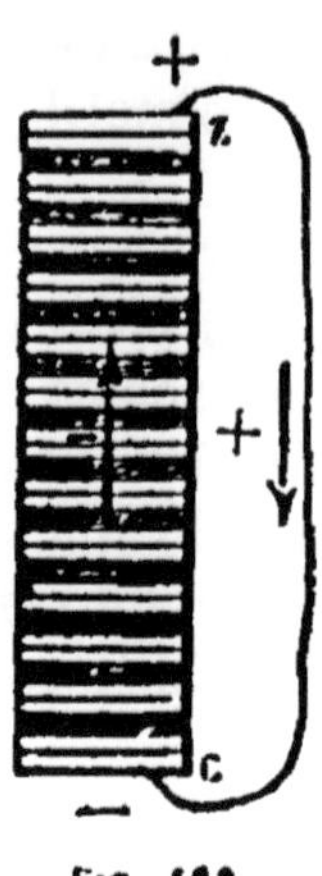

Fig. 183.

Modifications de la pile voltaïque.

280. *Modifications de la pile voltaïque.* — La pile voltaïque ou à colonnes offre l'inconvénient de ne pas conserver longtemps sa conductibilité. Le poids des disques superposés, en comprimant les rondelles humides, en fait sortir le liquide et les dessèche promptement; de plus, le liquide, en s'écoulant, établit entre les couples une communication extérieure qui donne lieu à la recomposition partielle de leur électricité. C'est pour obvier à cet inconvénient qu'ont été imaginées la *pile à auge* et *la pile de Wollaston*, lesquelles ne sont que de simples modifications de la pile voltaïque.

1° *Pile à auge.* Cette pile n'est, pour ainsi dire, qu'une pile à colonne horizontale. Elle est formée (*fig.* 184) d'une caisse rectangulaire en bois recouverte intérieurement d'un mastic isolant, et dans laquelle sont fixés verticalement, à une distance d'un centimètre environ les uns des autres, des couples de dimension égale à la section intérieure de la caisse. Ces couples sont composés de plaques de cuivre et de zinc soudées ensemble. Les intervalles qui les séparent forment autant de compartiments distincts que l'on remplit d'eau légèrement chargée

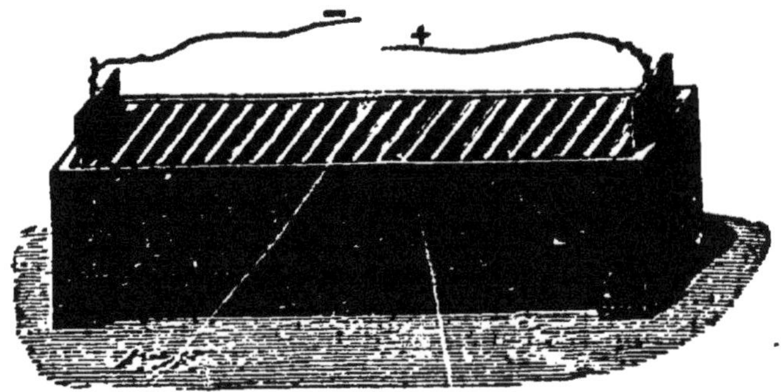

Fig. 184.

d'acide sulfurique. Ce liquide remplace ici les rondelles de drap humide de la pile à colonnes. Deux plaques de cuivre, portant chacune un fil métallique, et plongeant dans les deux derniers compartiments, servent à faire communiquer les deux pôles.

2° *Pile de Wollaston.* Voici quelle est la disposition des couples qui composent cette pile (*fig.* 185) : *abs* est une lame

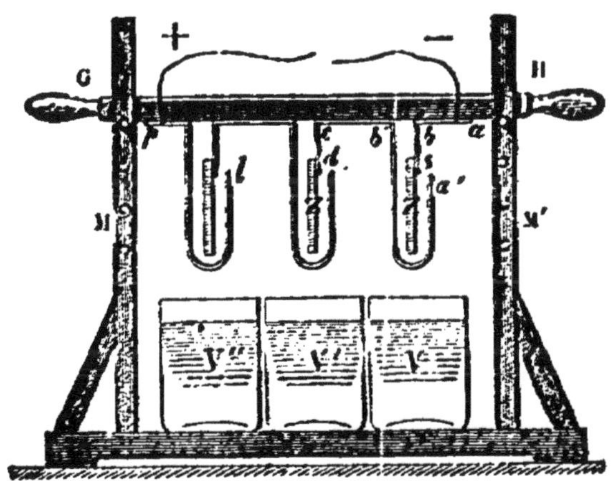

Fig. 185.

de cuivre recourbée à angle droit; sa portion horizontale *ab* est fixée à une traverse en bois GH qui repose sur deux supports M, M', tandis que sa portion verticale *bs* est soudée en *s* à une large plaque de zinc Z. Cet assemblage constitue le premier couple. Autour de la plaque de zinc Z est une seconde lame de cuivre *a'b'cd* trois fois recourbée sur elle-même; la partie *a'b'* de cette lame enveloppe sans la toucher la plaque de zinc, la partie horizontale $b'c$ est fixée à la traverse de bois, et la partie verticale cd est soudée en d à une seconde plaque de zinc Z'. Ce nouvel assemblage forme le second couple. Tous les autres sont disposés de la même manière et se succèdent dans le même ordre. Au-dessous de ces couples sont des bocaux en verre V, V', V", dans lesquels on verse de l'eau contenant un vingtième d'acide sulfurique. Il suffit, pour mettre la pile en activité, de faire plonger les couples dans les vases qui leur correspondent en abaissant la traverse de bois GH. Le premier cuivre *abs* étant soudé à un zinc représente le pôle négatif, tandis que le dernier cuivre *lp*, n'étant en contact avec aucun zinc, ne fait que transmettre le fluide positif qui lui est fourni par le dernier couple, et représente par conséquent le pôle positif. M. Münch, ancien professeur de physique à Strasbourg, a simplifié cette pile en remplaçant les bocaux de verre par une auge commune en bois, mastiquée à l'intérieur, et dans laquelle on fait plonger tous les couples.

Électricité développée par les actions chimiques.

281. *Électricité développée par les actions chimiques.* — Nous avons dit précédemment (275) que l'électricité développée par la pile est due, non au simple contact, comme le croyait Volta, mais à *l'action chimique* des substances qui la composent, et particulièrement des liquides acidulés sur les métaux.

Que l'on fasse, par exemple, communiquer avec un galvanomètre (page 361) deux fils de platine, et qu'on les plonge en même temps dans de l'acide azotique, on n'observe aucune déviation de l'aiguille du galvanomètre, parce que l'acide azotique seul est sans action sur le platine. Mais si l'on verse une goutte d'acide chlorhydrique vers l'un des fils immergés, on voit aussitôt l'aiguille dévier d'un certain nombre de degrés, ce qui indique la production d'un courant électrique, lequel résulte évidemment de l'action chimique exercée sur le platine par le mélange des deux acides.

Toutes les actions chimiques, telles que l'oxydation, l'action des acides sur les métaux, la combinaison des acides avec les bases, etc., dégagent de l'électricité. Ce fait, aperçu d'abord en Italie par Fabroni, disciple de Volta, soutenu ensuite en Angleterre par Wollaston et J. Davy, a été mis hors de doute par les travaux de MM. Becquerel et de La Rive. Voici les lois découvertes par ces habiles physiciens, et sur lesquelles repose le dégagement de l'électricité produit par les actions chimiques:

1° Quand l'oxygène se combine avec un autre corps, il s'électrise positivement, tandis que le corps combustible prend l'électricité négative;

2° Dans l'action chimique d'un acide sur un métal, l'acide prend toujours l'électricité positive, et le métal se charge d'électricité négative;

3° Dans les combinaisons des acides avec les bases, l'acide prend toujours l'électricité positive, et la base l'électricité négative;

4° Dans les décompositions chimiques, les effets électriques sont inverses des précédents.

Polarisation de la pile. — Piles à courant constant.

282. *Polarisation de la pile. Piles à courant constant.* — Dans les piles voltaïques, où les deux métaux, cuivre et zinc, sont en présence d'une même dissolution d'acide sulfurique, l'intensité du courant décroît rapidement. Cet effet est dû à deux causes: 1° à l'affaiblissement de l'action chimique par suite de la neutralisation de l'acide sulfurique à mesure qu'il agit sur le zinc; 2° au transport sur les plaques de cuivre de l'hydrogène, provenant de la décomposition de l'eau, d'où résulte non seulement un obstacle mécanique au passage du courant, mais encore la formation de courants secondaires en sens inverse du courant principal, phénomène que l'on désigne sous le nom de *polarisation de la pile.*

C'est pour obvier à ce double inconvénient que plusieurs physiciens ont eu l'heureuse idée de construire des piles avec deux liquides différents, dont l'un contient en dissolution ou en suspension un corps oxygéné (*corps dépolarisant*) facilement décomposable, et capable ainsi de s'emparer de l'hydrogène pour reformer de l'eau. Ces piles ont reçu le nom de piles à *courant constant*, parce que leurs effets conservent pendant assez longtemps le même degré d'énergie. Ce sont aujourd'hui les seules que l'on emploie. Les principales sont celles de Daniell, de Bunsen, de Marié-Davy, la pile au bichromate de potasse et la pile Leclanché.

283. *Pile de Daniell.* — Cette pile, inventée par le chimiste anglais Daniell, est une des premières piles à courant constant dont on ait fait usage. Chacun de ses couples ou éléments se

compose (*fig.* 186) d'un vase extérieur en verre V dans lequel est reçu un cylindre en cuivre rouge C, ouvert à ses deux extrémités et percé de trous latéralement. A la partie supérieure de ce cylindre est une rigole circulaire, dont le fond est également percé de petits trous. Dans ce cylindre prend place un second vase en terre poreuse T, lequel contient un autre cylindre en zinc Z, ouvert aussi par ses deux bouts et amalgamé. Enfin les deux cylindres, celui de cuivre et celui de zinc, portent chacun une patte de cuivre qui sert à transmettre le courant aux fils conducteurs qui y sont fixés par des vis de pression.

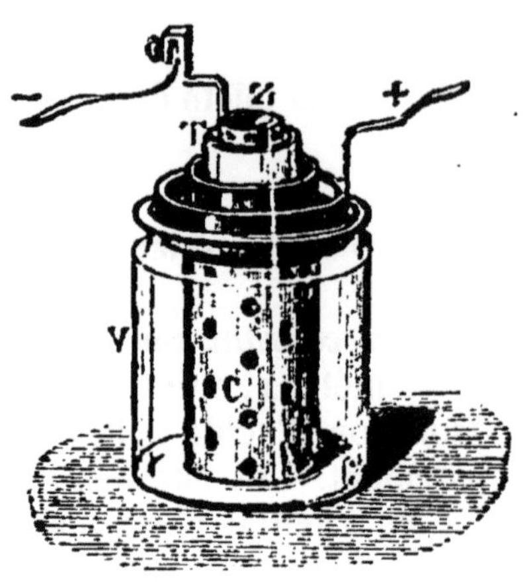

Fig. 186.

Pour mettre cet appareil en activité, on verse dans le vase extérieur en verre V une dissolution saturée de sulfate de cuivre, et dans le vase en terre poreuse T de l'eau légèrement acidulée avec de l'acide sulfurique. On dépose ensuite dans la petite rigole circulaire quelques cristaux de sulfate de cuivre, lesquels ont pour but de maintenir constamment la dissolution cuivreuse à l'état de saturation.

Théorie de la pile de Daniell. — Tant que les deux fils conducteurs destinés à réunir les pôles ne communiquent pas entre eux, la pile reste inactive; mais aussitôt que la communication est établie, on observe un courant dont l'intensité peut demeurer constante pendant très longtemps. Voici ce qui se passe dans chaque élément : l'eau est décomposée; son oxygène se combine avec le zinc, qu'il électrise *négativement* (281), tandis que l'hydrogène se porte, à travers le vase en terre poreuse, sur le sulfate de cuivre qu'il décompose en acide sulfurique et en cuivre métallique. Ce métal se charge alors d'électricité *positive*, qu'il transmet au cylindre extérieur de cuivre C sur lequel il se dépose. Le sulfate de cuivre est donc ici le corps *dépolarisant*, c'est-à-dire destiné à s'emparer de l'hydrogène.

En résumé, l'effet de ces actions chimiques est : dans le vase poreux, *transformation de l'eau et de l'acide sulfurique en sulfate de zinc*, et dans le vase extérieur, *transformation du sulfate de cuivre en acide sulfurique, en eau et en cuivre métallique.*

Remarque. Dans la pile de Volta ou à colonnes que nous avons précédemment décrite (276), le pôle positif correspond à l'extrémité zinc et le pôle négatif à l'extrémité cuivre; le contraire a lieu dans la pile de Daniell, où le pôle positif correspond au cuivre et le pôle négatif au zinc. A première vue, on pourrait croire que l'action de ces deux piles est différente; mais il n'en est rien. Dans la pile de Volta, comme dans celle de Daniell, *le zinc s'électrise toujours négativement au contact du liquide acidulé;* il transmet, comme nous l'avons dit, cette électricité négative au disque de cuivre auquel il est soudé, tandis que l'électricité positive, traversant la rondelle humide et le disque de cuivre qui lui fait suite, se porte sur le zinc. Le dernier cuivre et le dernier zinc qui forment les extrémités opposées de la pile de Volta pourraient donc, ainsi que nous l'avons vu, être supprimés, sans rien changer à la distribution de l'électricité; et alors, comme dans la pile de Daniell, les deux pôles, positif et négatif, de la pile de Volta correspondraient à leurs métaux respectifs, le premier au cuivre et le second au zinc.

281. *Pile de Bunsen.* — Cette pile est encore désignée sous le nom de *pile à charbon.* Chacun de ses éléments se compose (*fig.* 187) d'un vase extérieur F en grès ou en verre, dans lequel entre un cylindre creux Z en zinc amalgamé. Dans l'intérieur de ce cylindre est un vase poreux P, en terre de pipe, lequel reçoit un second cylindre ou un prisme C de charbon, formé d'un mélange intime de coke et de houille grasse fortement calcinés. Deux lames de cuivre, fixées l'une au zinc, l'autre au charbon, servent à établir les communications électriques.

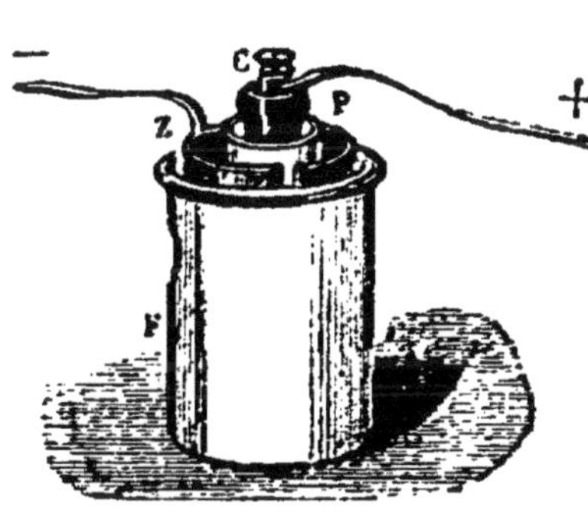

Fig. 187.

Pour faire usage de cet appareil, on verse dans le vase extérieur qui contient le zinc de l'eau chargée d'un dixième environ d'acide sulfurique, et dans le vase en terre poreuse qui contient le charbon de l'acide azotique ordinaire. On forme la pile en réunissant plusieurs couples ou éléments semblables dont on fait communiquer, par des bandes de cuivre recourbées, le charbon de l'un avec le zinc de l'autre.

Théorie de la pile de Bunsen. — Dans cette pile, comme dans celle de Daniell, l'action ne commence qu'à partir du moment où la communication est établie entre les deux pôles. Voici ce qui se passe alors dans chaque élément : l'eau est décomposée par l'influence combinée du zinc et de l'acide sulfurique. Le zinc, attirant l'oxygène, se transforme d'abord en oxyde, puis en sulfate, et s'électrise négativement. L'hydrogène, à l'état naissant, se porte vers l'acide azotique (qui est ici le corps *dépolarisant*), le décompose et le transforme en acide hypoazotique, qui se dégage en partie. Le charbon, par l'effet de cette réaction, s'électrise positivement. Le pôle négatif correspond donc au zinc et le pôle positif au charbon.

En remplaçant le charbon de la pile de Bunsen par une lame de platine, on obtient la pile dite de *Grove*, dont l'action est absolument la même, mais que l'on emploie plus rarement, à cause du prix élevé du platine, et de l'inconvénient que présente ce métal de devenir cassant quand la pile a fonctionné pendant un certain temps.

Remarque. C'est pour éviter l'action trop vive de l'acide sulfurique sur le zinc ordinaire que l'on se sert, dans les piles de Daniell et de Bunsen, de zinc amalgamé, c'est-à-dire combiné à sa surface avec une petite quantité de mercure. Ainsi préparé, le zinc n'est attaqué par l'acide sulfurique que lorsque les pôles de la pile communiquent, et il présente de plus l'avantage de donner naissance à un courant plus intense et plus régulier.

285. *Piles au sulfate de mercure et au bi-chromate de potasse.* — La pile au *sulfate de mercure*, de *Marié-Davy*, est disposée comme celle de Bunsen. Le vase extérieur F (*fig.* 187) où se trouve le zinc, au lieu de contenir de l'eau acidulée, ne reçoit que de l'eau pure ; dans le vase poreux qui contient le charbon, l'acide azotique est remplacé par du bi-sulfate de mercure, réduit en poudre et délayé dans une très petite quantité d'eau. Quand la pile est en activité, le zinc décompose l'eau et se transforme en oxyde ; l'hydrogène mis en liberté se rend dans le vase poreux où il décompose le sulfate de mercure (qui est ici le corps *dépolarisant*) en mercure métallique et en acide sulfurique, lequel se porte alors sur le zinc et le convertit en sulfate. Le mercure métallique résultant de la réduction de son oxyde se dépose sur le charbon, d'où il tombe ensuite au fond du vase poreux. Comme dans la pile de Bunsen, le pôle positif correspond au charbon et le pôle négatif au zinc.

Cette pile présente l'avantage de ne s'user que très lentement, ce qui la rend d'un emploi commode pour le fonctionnement des appareils qui n'exigent que des courants peu énergiques (sonneries électriques, appareils électro-médicaux, etc.).

La *pile au bi-chromate de potasse*, de *Grenet*, consiste en un ballon de verre contenant une dissolution composée de 900 grammes d'eau, 50 grammes de bi-chromate de potasse (qui en est le corps *dépolarisant*) et 50 grammes d'acide sulfurique. Dans cette solution plonge un couple formé d'un prisme de charbon entouré par deux lames de zinc, et que l'on peut élever ou faire descendre à volonté au moyen d'une tige à crémaillère. Cette pile, douée d'une grande force électromotrice, est employée à de nombreux usages, y compris l'éclairage électrique, auquel elle a pu, dans ces derniers temps, être appliquée avec succès, notamment par notre savant électricien, M. E. Hospitalier (Journal la *Nature*, 14 février 1885).

286. *Pile Leclanché.* — Cette pile, plus récente que les précédentes, se compose d'une lame ou d'un bâton de zinc plongeant dans une dissolution de chlorure d'ammonium (sel ammoniac), et d'un prisme de charbon pareil à ceux de la pile de Bunsen. Ce prisme est également enfermé dans un vase poreux, que l'on remplit en outre de petits fragments de coke et de bioxyde de manganèse. Dès qu'on ferme le circuit, en réunissant par un fil conducteur le zinc et le charbon, le zinc attaque le chlorure d'ammonium, pour former du chlorure de zinc, de l'ammoniaque qui reste en dissolution, et de l'hydrogène. Ce dernier, se portant aussitôt vers le charbon, rencontre le bioxyde de manganèse, qui est ici le corps *dépolarisant*, et forme avec lui du sesquioxyde de manganèse et de l'eau. De ces actions chimiques résulte un dégagement continu d'électricité, négative sur le zinc et positive sur le charbon.

Cette pile, plus puissante que celle de Daniell, est aujourd'hui très répandue; elle est surtout employée en télégraphie et pour le service des téléphones. C'est elle qui, pendant notre grande Exposition d'électricité, en 1881, servait à la transmission téléphonique de l'orchestre et des chants de l'Opéra au Palais de l'Industrie.

Les cinq piles que nous venons de décrire peuvent être

considérées comme autant de types caractérisés, chacun, par son corps dépolarisant :

Type Daniell, *sulfate de cuivre;*

Type Bunsen, *acide azotique;*

Type Marié-Davy, *sulfate de mercure;*

Type Grenet, *bi-chromate de potasse;*

Type Leclanché, *bioxyde de manganèse.*

Autour de ces types gravitent une infinité d'autres piles, qui n'en diffèrent que par des changements de forme, de dimensions ou autres modifications accessoires plus ou moins avantageuses, mais dont nous n'avons point à parler ici.

Résumé.

I. On entend par *électricité dynamique ou galvanisme* la connaissance des lois et des effets de l'électricité en mouvement.

II. L'électricité dynamique a été découverte par Galvani et par Volta, à l'aide d'expériences faites sur des grenouilles.

III. La *pile de Volta* ou pile voltaïque se compose d'un assemblage de *couples* ou *éléments* formés chacun d'un disque de zinc et d'un disque de cuivre, séparés l'un de l'autre par une rondelle de drap imbibée d'eau acidulée avec de l'acide sulfurique. Les disques contigus, zinc et cuivre, sont soudés ensemble et superposés dans le même ordre d'un bout à l'autre de la pile.

IV. On entend par *tension* de la pile l'effort que fait pour se dégager l'électricité accumulée à ses extrémités. Cette tension est proportionnelle au nombre des couples. La *quantité* d'électricité dégagée par la pile, qu'il ne faut pas confondre avec la tension, est proportionnelle à la surface des couples.

V. Quand les deux pôles d'une pile voltaïque en activité communiquent par un fil conducteur, un *courant* électrique s'établit entre ces deux pôles. On admet que ce courant va du pôle positif au pôle négatif dans le fil conducteur, et du négatif au positif à travers la pile.

VI. La pile à auge et celle de Wollaston ne sont que des modifications de la pile voltaïque.

VII. Il est aujourd'hui démontré que le développement de l'électricité dans la pile est entièrement dû à l'action chimique des substances qui forment cet appareil, particulièrement des liquides acidulés sur les métaux.

VIII. Le développement de l'électricité par les actions chimiques est soumis aux lois suivantes :

1° Quand l'oxygène se combine avec un autre corps, il s'électrise positivement, tandis que le corps combustible prend l'électricité négative ;

2° Dans l'action chimique d'un acide sur un métal, l'acide prend toujours l'électricité positive, et le métal se charge d'électricité négative,

3° Dans la combinaison des acides avec les bases, l'acide prend toujours l'électricité positive, et la base l'électricité négative ;

4° Dans les décompositions chimiques, les effets électriques sont inverses des précédents.

IX. L'intensité du courant dans la pile voltaïque décroît rapidement par suite du transport sur le cuivre de l'hydrogène provenant de la décomposition de l'eau, ce qui amène la *polarisation* de la pile, c'est-à-dire la formation de courants secondaires en sens inverse du courant principal.

X. C'est pour obvier à la polarisation de la pile qu'ont été construites les piles dites à *courants constants* ou à *deux liquides* différents, dont l'un contenant un corps oxygéné capable de s'emparer de l'hydrogène pour reformer de l'eau (corps dépolarisant).

XI. Les piles à courants constants ou à deux liquides, les seules dont on se serve aujourd'hui, se rapportent à divers types, caractérisés chacun par son corps dépolarisant, savoir :

Type Daniell, *sulfate de cuivre ;*
Type Bunsen, *acide azotique ;*
Type Marié-Davy, *sulfate de mercure* ;
Type Grenet, *bi-chromate de potasse* ;
Type Leclanché, *bioxyde de manganèse.*

XII. La pile de Daniell est remarquable par la constance de son action ; celles de Bunsen, de Grenet et de Leclanché sont les plus puissantes. La pile de Marié-Davy et quelques autres, parmi lesquelles la curieuse pile au charbon de M. Tommasi, sont principalement employées pour les sonneries électriques, les appareils électro-médicaux, ou autres usages n'exigeant que l'emploi de courants peu intenses.

CHAPITRE XXI.

Définitions de ce qu'on appelle, en électricité, tension, force électromotrice et quantité. — Courants électriques; leur intensité. — Lois de l'intensité des courants. — Unités électriques. — Montage des piles ou association de leurs éléments. — Effets de la pile. — Galvanoplastie.

Tension et force électromotrice. Quantité d'électricité.

287. *Tension et force électromotrice.*— Prenons un couple ou élément voltaïque (zinc, cuivre et eau acidulée à l'acide sulfurique), le zinc et le cuivre munis chacun d'un fil conducteur. Ces deux fils étant séparés l'un de l'autre, chacun d'eux se chargera d'une certaine quantité d'électricité, négative du côté zinc, positive du côté cuivre, qui tendront l'une et l'autre à se dégager et à se rejoindre, ainsi qu'il est facile de le constater au moyen de l'électroscope. Cet état particulier de l'électricité, cette tendance à s'écouler en dehors de son générateur est ce qu'on appelle la *tension*, ou encore, dans le langage moderne, le *potentiel* électrique, du mot latin *potentia*, puissance (force latente ou en puissance dans les corps).

Or, si nous représentons par $+e$ le potentiel positif et par $-e$ le potentiel négatif d'un élément de pile, la différence algébrique $2e$ ou *différence de potentiel* entre les deux pôles de cet élément, représente précisément sa *force électromotrice*, sous l'impulsion de laquelle s'établira et se maintiendra le courant, dès qu'on réunira les deux pôles par leurs fils conducteurs.

Cette force électromotrice qui, dans un élément de pile, représente la valeur effective de la tension, *dépend uniquement de l'intensité des actions chimiques* qui se produisent entre les substances dont l'élément est formé. Elle est donc *toujours la même* pour chaque élément de pile de composition identique, *quelles que soient ses dimensions*. Elle ne diffère qu'entre des piles de types différents. Une grande et une petite pile du même type, chargées de la même façon, *auront toujours la même force électromotrice, la même tension*. Si on les oppose l'une à l'autre en réunissant par un fil conducteur leurs pôles de même nom, elles se feront équilibre, exactement comme se font équilibre une grande et une petite quantité d'eau dans deux vases communiquants : il n'y aura pas de courant de l'une à l'autre.

288. *Quantité d'électricité.* — La *quantité* d'électricité exprime la masse ou le volume d'électricité que peut fournir une pile dans un temps donné. Contrairement à la tension, qui reste la même pour une même pile, grande ou petite, la quantité d'électricité *varie avec les dimensions de la pile*, c'est-à-dire avec l'étendue des surfaces sur lesquelles s'opère l'action chimique. Une pile dix fois plus grande qu'une autre en surface (les deux piles étant du même type et chargées de la même manière) produira, dans le même temps, dix fois plus d'électricité. Le débit seul pourra varier suivant la résistance du circuit.

Plusieurs phénomènes physiques d'un autre ordre présentent une certaine analogie avec les effets de tension et de quantité électriques, et vont nous permettre, par comparaison, de bien faire comprendre la valeur de ces deux termes *tension* et *quantité*, dont il est généralement difficile de se faire une idée juste.

1° Nous avons vu en hydrostatique (chap. V) qu'un immense bassin et un autre très petit, tous deux remplis d'eau au même niveau et réunis par un tube ouvert à ses deux bouts, se font équilibre ; il n'y a pas de courant de l'un à l'autre (vases communiquants). La pression du liquide, sa tendance à s'échapper au dehors, ce qu'on pourrait appeler également, pour serrer de plus près l'analogie, sa *tension* ou sa force *hydromotrice*, est donc la même en chaque point des deux bassins situés dans un même plan horizontal. La quantité du liquide, si on lui donne issue, n'interviendra, à ouverture égale, que dans la durée de l'écoulement.

2° De même pour la chaleur, un litre ou mille litres d'eau bouillante, c'est-à-dire à la même température, élèveront un thermomètre au même degré. La *tension* de la chaleur, si l'on peut ainsi dire, sera donc égale de part et d'autre. Sa quantité seule sera différente, étant, à égalité de température, proportionnelle à la masse du liquide, de même qu'en électricité, la quantité de celle-ci est proportionnelle à l'étendue des surfaces actives de la pile.

3° De même encore, en acoustique, la hauteur ou la tonalité du son rendu par deux cordes identiques et également tendues, ce qu'on pourrait ici plus justement encore appeler la *tension* du son, sera la même, quelle que soit l'amplitude des vibrations, la hauteur du son ne dépendant que du nombre des vibrations exécutées dans un temps donné. Mais la grandeur du son, son volume ou *quantité* dépendra de l'amplitude, c'est-à-dire de l'étendue en surface de ces mêmes vibrations.

Ainsi pour l'électricité, même différence, même indépendance, ou à peu près, que pour les liquides, la chaleur et le son, entre la tension et la quantité, la première ne dépendant que de l'activité chimique des éléments qui la produisent, la seconde étant uniquement subordonnée à l'étendue de leurs surfaces actives.

Ces notions de tension et de quantité, que nous venons de chercher à faire sortir de l'obscurité où les ont tenues jusqu'à présent la plupart des auteurs classiques, ne sont pas seulement intéressantes au point de vue philosophique; elles sont encore, dans la pratique, d'une haute utilité. Comme nous le verrons bientôt, l'intensité des courants électriques, les phénomènes qu'ils produisent, varient, en effet, suivant la tension et suivant la quantité de l'électricité dégagée par ses divers générateurs.

Ainsi, les effets mécaniques et les effets chimiques (force motrice, chocs, commotions, électrolyse) sont principalement subordonnés à la tension;

Les effets calorifiques et lumineux dépendent surtout de la quantité;

Quant aux effets physiologiques, un de nos médecins électriciens les plus distingués, le docteur G. Apostoli, a démontré que la tension est surtout l'excitant direct du système nerveux, tandis que la quantité met principalement en jeu la contractilité musculaire.

Courants électriques; leur intensité.

289. *Courant électrique.* — Une pile composée d'un seul ou de plusieurs couples ou éléments étant chargée, si l'on réunit ses deux pôles par un fil conducteur, un dégagement d'électricité se produit aussitôt, ayant la forme ou l'apparence d'un *courant* continu, parcourant incessamment le fil interpolaire et la pile elle-même. Quant au sens de ce courant, tout porte à

le considérer comme allant, dans le fil interpolaire, du *pôle positif au pôle négatif*, et dans la pile, du *pôle négatif au pôle positif*. Mais comme dans le fonctionnement de la pile, on n'utilise jamais que la partie extérieure du courant, celle qui passe par le fil qui réunit les pôles, on est convenu de désigner spécialement par *sens du courant*, le sens dans lequel *se meut l'électricité positive en dehors de la pile*.

On nomme *circuit* du courant l'ensemble formé par la pile et les conducteurs interpolaires. On dit que le circuit est *fermé* quand le conducteur interpolaire se continue, sans interruption, d'un pôle à l'autre du générateur électrique (pile ou tout autre appareil). On dit, au contraire, que le circuit est *ouvert*, quand en un point quelconque le conducteur est coupé, et que ses deux bouts sont séparés par un intervalle suffisant pour interrompre toute communication de l'un à l'autre. Dans ce dernier cas, le courant ne pouvant plus passer, tous ses effets sont suspendus. Pour qu'ils se produisent de nouveau, il faut remettre en contact les deux parties séparées du conducteur. Cela s'appelle *fermer le circuit*.

290. *Intensité des courants électriques.* — L'intensité d'un courant électrique, sa puissance ou force vive, dont dépendent ses divers effets, est entièrement subordonnée à la *quantité d'électricité* qui passe, dans un temps déterminé, soit une seconde, *par une section transversale considérée en un point quelconque du conducteur interpolaire*.

L'expérience suivante, due à Faraday, vient confirmer cette définition.

Soit (*fig.* 188) une pile P, dont les deux pôles, positif et négatif, sont réunis par un conducteur CCC, se divisant en A et en B en deux branches de même diamètre et de longueur égale. En V, sur un des points du conducteur entier, est intercalé un voltamètre (appareil destiné à mesurer l'intensité des courants électriques par la décomposition de l'eau, et que nous décrivons un peu plus loin, page 354). En *v* et *v'* sur chacune des branches de la bifurcation, sont également intercalés deux autres voltamètres. Or, l'expérience montre : 1° que les quantités soit d'hydrogène, soit d'oxygène dégagées dans les deux voltamètres *v* et *v'* sont respectivement égales entre elles; 2° que leur somme est toujours égale à la quantité de l'un ou de l'autre de ces deux gaz dégagée par le voltamètre V. Il en serait de même pour tout autre corps susceptible d'être ainsi

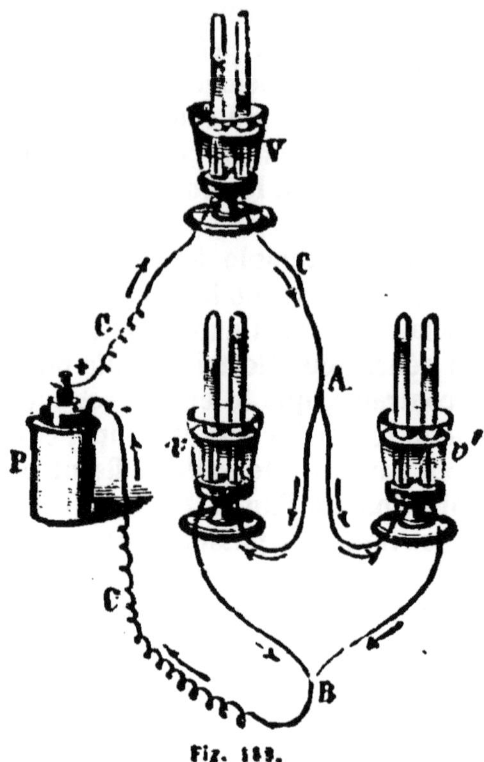

Fig. 189.

décomposé. L'intensité du courant dans le conducteur entier CCC est, par conséquent, double de ce qu'elle est dans chacune de ses branches de bifurcation, où ne passe, en effet, que la moitié du courant total.

Donc, quelque idée que l'on se fasse du courant électrique, que ce soit un fluide impondérable, un flux de l'éther cosmique ou seulement une série de vibrations de ce même fluide, circulant ou se propageant avec une immense vitesse à travers les corps matériels, si l'on prend pour mesure de l'intensité de ces courants leurs effets chimiques (ce qui est le plus simple et le meilleur moyen de l'évaluer), on est conduit à considérer cette intensité comme équivalant, ainsi que nous l'avons dit, *à la quantité d'électricité qui passe pendant un temps déterminé, dans le conducteur interpolaire.*

Il en est de même encore pour un cours d'eau, dont l'intensité ou force vive est proportionnelle, à vitesse égale, à la masse ou quantité de liquide qui passe, dans un temps donné, par une section transversale considérée en un point quelconque de l'aqueduc.

Lois de l'intensité des courants. — Unités électriques.

291. *Lois de l'intensité des courants électriques.* — Nous avons vu que la quantité d'électricité que peut fournir une pile quelconque est proportionnelle à l'étendue de ses surfaces actives; mais le *débit* de cette électricité, la quantité qui, à chaque instant, passera dans le circuit, et dont seule dépend l'intensité du courant, est subordonnée à deux autres conditions non moins essentielles : la *force électromotrice* avec laquelle l'électricité sera poussée au dehors, et la *résistance* totale du circuit, c'est-à-dire la résistance opposée par le conducteur interpolaire et par la pile elle-même au passage de l'électricité.

De même, en hydrodynamique, le volume d'eau débité dans un temps donné par un tube ou un aqueduc est subordonné à la pression qui pousse le liquide et à la résistance que lui oppose le frottement contre les parois des conduites.

Le calcul et l'expérience démontrent que l'intensité des courants électriques engendrés par la pile ou par tout autre générateur est soumise aux deux lois suivantes :

1° *Elle est directement proportionnelle à la force électromotrice de la pile ;*

2° *Elle est inversement proportionnelle à la résistance totale du circuit* (celle de la pile et celle du conducteur).

La force électromotrice d'un élément de pile dépend exclusivement, ainsi que nous l'avons dit, de son activité chimique.

La *résistance de la pile* varie en raison inverse de l'étendue de ses surfaces actives, du degré de conductibilité du liquide employé, et en raison directe de l'écartement de ces mêmes surfaces, c'est-à-dire de l'épaisseur de la couche liquide qui les sépare.

La *résistance du conducteur* est proportionnelle à sa longueur; elle est en raison inverse de sa section transversale et de son degré de conductibilité. Elle sera donc d'autant plus grande que le fil interpolaire sera plus long et plus fin ; d'autant plus petite que le fil sera plus court, plus gros et meilleur conducteur.

En résumé, un élément de pile étant donné, fonctionnant sur un circuit formé d'un conducteur d'une certaine longueur, un courant électrique s'établira sous l'influence de la force électromotrice développée par l'action chimique de cet élément. Ce courant prendra une intensité qui dépendra à la fois de cette même force électromotrice et de la résistance totale du circuit (pile et conducteur).

Or, si nous désignons par I l'intensité du courant (quantité d'électricité débitée dans l'unité de temps), par E la force électromotrice, et par R la résistance du circuit, ces trois quantités seront reliées entre elles par la formule suivante, dite *formule de Ohm*, du nom du physicien qui l'a établie le premier :

$$I = \frac{E}{R};$$

ce qui veut dire que l'intensité du courant augmente, ainsi que nous l'avons vu, proportionnellement à la force électromotrice du générateur électrique, et diminue proportionnellement à la résistance du circuit. Nous nous bornerons ici à ce simple énoncé de ces lois, sur lesquelles nous reviendrons d'ailleurs en étudiant les intruments (voltamètre et galvanomètre) qui servent à les démontrer (voy. pages 354 et 361).

292. *Unités électriques.* — Des trois quantités exprimées dans la formule qui précède, deux d'entre elles étant connues, il est toujours facile, par un calcul fort simple, de déterminer la troisième. Connaissant, par exemple, l'intensité I du courant et la résistance R du circuit, on aura pour valeur de la force électromotrice E l'égalité $E = IR$; et pour valeur de la résistance R l'égalité $R = \frac{E}{I}$.

Mais l'évaluation numérique de ces trois quantités exige nécessairement pour chacune d'elles la fixation d'une unité à laquelle on puisse la rapporter. De là l'établissement des trois unités électriques, *unité de force électromotrice*, *unité de résistance* et *unité d'intensité*, dont nous ne donnerons ici que les définitions sommaires, ne pouvant, sans dépasser les limites d'un livre élémentaire, entrer dans le détail des expériences délicates et des considérations techniques d'après lesquelles ces trois unités fondamentales ont été fixées, en mai 1884, par la Commission internationale d'électricité.

293. *Unité de force électromotrice.* — Cette unité, que l'on désigne sous le nom de VOLT, en souvenir de Volta, est représentée par la force électromotrice d'un élément de Daniell, dans lequel la solution de sulfate de cuivre est remplacée par une solution d'azotate de cuivre. Le motif qui a déterminé le choix de cet élément est la régularité presque parfaite avec laquelle cette force s'y développe. Elle ne varie, en effet, que très peu

soit avec la température, soit avec le degré de concentration de l'eau acidulée ou de la solution cuivreuse.

Comparés à l'élément de Daniell, pris pour unité de force électromotrice, l'élément de Bunsen est représenté, en moyenne, par 1,5 *volt*, celui de Grave par 1,7, celui de Marié-Davy par 1,5, la pile au bi-chromate de potasse par 2,028, l'élément Leclanché par 1,4.

294. *Unité de résistance.* — Cette unité, désignée sous le nom de OHM, est représentée par la résistance d'une *colonne de mercure de 1 millimètre carré de section et de 106 centimètres de longueur, à la température de 0°.*

On a choisi le mercure, de préférence à tout autre métal, à cause de la facilité avec laquelle on peut l'obtenir parfaitement pur, et de son état liquide qui lui donne une constitution physique invariable. Cette unité représente à peu près la résistance d'un fil de fer de 4 millimètres de diamètre (grosseur ordinaire des fils télégraphiques) et de 100 mètres de longueur. Un kilomètre de fil télégraphique a donc une résistance de 10 *ohms* environ. Si ce fil était en cuivre, sa résistance ne serait que de 2,2 ohms, la résistance du cuivre étant à peu près quatre fois et demi moindre que celle du fer. On voit par cet exemple l'énorme influence que peut avoir sur l'intensité des courants la nature, c'est-à-dire le degré de résistance des conducteurs interpolaires. Nous donnerons plus loin (page 365) les coefficients de résistance des principaux métaux ou autres substances le plus souvent employées dans les appareils électriques.

295. *Unité d'intensité.* — Cette unité, qui porte aujourd'hui le nom d'AMPÈRE, se déduit immédiatement, d'après la formule de Ohm, $I = \frac{E}{R}$, des deux unités précédentes. Elle représente, par conséquent, l'intensité d'un courant se mouvant dans *un circuit de 1 ohm avec une force électromotrice de 1 volt.* Cette unité est principalement employée dans les applications industrielles de l'électricité, telles que l'éclairage et la transmission de force à distance.

Dans la pratique, la mesure des trois quantités qui précèdent s'obtient au moyen d'appareils spéciaux (voltamètres ou galvanomètres) étalonnés et gradués de manière à indiquer directement, par simple lecture, leur valeur en unités et fraction de ces unités.

Montage des piles ou association de leurs éléments. Association en tension ou en série; association en quantité ou en batterie; association mixte.

296. *Montage des piles.* — L'intensité des courants électriques dépend, ainsi que nous l'avons vu, de la quantité d'électricité débitée dans un temps déterminé, quantité qui elle-même est en partie subordonnée à la tension et, par suite, à la force électromotrice de la pile et à la résistance du circuit. Il importe donc, plusieurs éléments de pile étant donnés, de les disposer entre eux de manière à faire prédominer dans leur action commune soit la tension, soit la quantité, suivant le genre de travail auquel la pile est destinée, et suivant la résistance plus ou moins grande du conducteur interpolaire. C'est ce qu'on appelle le *montage des piles* ou *association de leurs éléments*.

L'association des éléments d'une pile peut se faire de trois manières différentes : l'association *en tension ou en série*, l'association *en quantité* ou *en batterie* et l'association *mixte*.

1° *Association en tension ou en série.* — Ce mode d'association (*fig.* 189) s'obtient en unissant les couples ou éléments par *leurs pôles de noms contraires*. Il est facile de comprendre que si on multiplie, en les groupant de cette façon, les éléments d'une pile, leurs forces électromotrices s'ajoutent, et que, par suite, la tension de la pile devient égale *à la somme des tensions de chacun de ses éléments*.

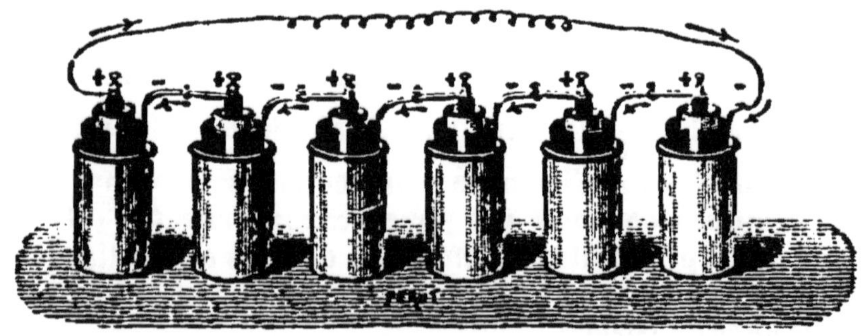

Fig. 189.

Si nous désignons par E la tension ou force électromotrice de chacun de ces éléments et par n leur nombre, la tension de la pile sera donc nE.

Mais il n'en sera pas tout à fait de même pour l'intensité du courant. Cette intensité étant subordonnée, comme nous l'avons vu, non seulement à la tension, mais encore à la résistance du circuit total (pile et conducteur), chaque élément ajouté aura nécessairement pour effet d'augmenter la résistance intérieure du circuit (celle de la pile) de sa résistance propre, et, par conséquent, de diminuer dans une certaine proportion l'intensité du courant fourni par la pile.

Soit, en effet, E la force électromotrice de chacun des éléments de la pile, r sa résistance propre et R la résistance du conducteur interpolaire : l'intensité i du courant partiel produit par cet élément sera, d'après la formule de Ohm,

$$(1) \qquad i = \frac{E}{r + R}.$$

Soit maintenant n le nombre des éléments qui forment la pile, ayant tous la même force électromotrice E. Le conducteur interpolaire, dont la résistance est R, restant le même, l'intensité I du courant de la pile ou courant total, sera

$$(2) \qquad I = \frac{nE}{nr + R}.$$

En comparant ces deux formules, on voit aussitôt que l'intensité I du courant de la pile ne pourra jamais égaler $n\,i$, c'est-à-dire n fois l'intensité partielle i de chacun de ses éléments, puisque, en même temps que la tension devient n fois plus grande, la résistance intérieure de la pile s'accroît dans la même proportion, ce qui augmente d'autant la résistance totale $nr + R$ du circuit.

Toutefois, il est facile de voir que l'intensité I du courant de la pile sera d'autant plus grande et se rapprochera d'autant plus de $n\,i$, que la résistance r de chaque élément sera plus petite par rapport à la résistance R du conducteur. L'association en tension ou en série convient donc dans ce dernier cas, et il y a avantage, si l'on veut obtenir un courant très intense, à multiplier le nombre des éléments. C'est précisément ce que l'on fait en télégraphie, où la longueur des conducteurs et, par suite, leur résistance considérable exige de fortes tensions.

Applications numériques. — La force électromotrice d'un élément de Bunsen étant 1,5 volt (294), supposons la résistance intérieure r de chacun des six éléments, que représente la figure 189, égale à 2 ohms, et la résistance R du conducteur égale à 1 ohm (295).

L'intensité du courant partiel i fourni par chacun de ces éléments séparés sera

$$i = \frac{1,5}{2+1} = 0,5, \text{ dont le produit par } 6 = 3 \text{ ampères.}$$

Soit maintenant ces mêmes éléments, non plus séparés, mais réunis en tension : on aura, pour l'intensité I de la pile

$$I = \frac{6 \times 1,5}{6 \times 2 + 1} = 0,69.$$

Supposons maintenant qu'en rapprochant les surfaces actives de chacun de ces éléments, nous réduisions successivement leur résistance intérieure r : 1° de 2 à 1 ; 2° de 1 à 0,5 ; 3° de 0,5 à 0,05, et que, pour ne pas changer la résistance $r + R = 3$ du circuit total, nous augmentions d'autant la résistance R du conducteur, nous aurons alors :

1° $I = \frac{6 \times 1,5}{6+2} = 1,12$; 2° $I = \frac{6 \times 1,5}{6 \times 0,5 + 2,5} = 1,63$;

3° $$I = \frac{6 \times 1,5}{6 \times 0,05 + 2,95} = 2,77$$

L'intensité du courant de la pile va donc en augmentant, et se rapproche de plus en plus de la somme des intensités partielles de ses éléments, à mesure que diminue la résistance de ces derniers par rapport à la résistance du conducteur interpolaire.

2° *Association en quantité ou en batterie.* — Ce mode d'association (*fig.* 190) s'obtient en unissant les éléments par *leurs pôles de même nom.* Dans ce mode d'arrangement, on ne fait, en réalité, que réunir par leurs surfaces semblables (zinc et zinc, cuivre et cuivre, charbon et charbon, etc.), plusieurs éléments en un seul élément autant de fois plus grand. Cette pile, ainsi constituée, produira donc, dans un temps donné, une quantité d'électricité égale *à la somme des quantités fournies par chaque élément*, mais sa force électromotrice *restera la même* que celle de chacun de ses éléments séparés.

Supposons, comme le représente notre dessin, six éléments de Bunsen réunis de cette façon, c'est-à-dire, par leurs pôles semblables : la pile qui en résultera agira exactement comme le ferait un seul de ces éléments rendu six fois plus grand. Elle produira donc, dans un temps donné, six fois plus d'électricité, mais sa force électromotrice ne changera pas, celle-ci, comme nous l'avons vu (288), restant toujours la même pour un même élément de pile, quelles que soient ses dimensions.

Fig. 190.

Si, dans la pile en tension, la résistance intérieure nr augmente avec le nombre des éléments, elle diminue, au contraire, dans la pile montée en quantité, par suite de la mise en communication des mêmes surfaces, ce qui rend naturellement plus facile le passage de l'électricité à travers la pile, le courant n'ayant plus, d'une part, à traverser les liquides interposés, toujours plus ou moins résistants, et d'autre part, trouvant dans l'agrandissement des surfaces conductrices résultant de leur adjonction une résistance d'autant moins grande.

Soit encore E la force électromotrice de l'un des éléments, r sa résistance intérieure, et R la résistance du conducteur interpolaire : l'intensité i du courant produit par cet élément sera, comme dans le cas précédent,

$$(3) \qquad i = \frac{E}{r + R}.$$

Soit maintenant n le nombre des éléments composant la pile : la résistance intérieure de cette pile par rapport à la résistance r de chacun de ses éléments sera $\frac{r}{n}$, puisqu'elle diminue en raison de leur nombre. On aura, par conséquent, pour l'intensité I du courant de la pile, la résistance R restant la même,

$$(4) \qquad I = \frac{E}{\frac{r}{n} + R}.$$

La pile se comportera donc comme un seul élément dont la résistance serait n fois moindre, et dont la force électromotrice serait la même, celle-ci, ainsi que l'expérience le prouve, restant invariable, quel que soit le nombre des éléments associés de cette façon.

Or, si nous comparons entre elles, comme précédemment, ces deux dernières formules, nous voyons que l'intensité I du courant de la pile sera d'autant plus grande et se rapprochera d'autant plus de ni, c'est-à-dire de la somme des intensités partielles, que la résistance R du conducteur sera plus petite par rapport à la résistance intérieure r de chacun de ses éléments. L'association en quantité convient donc dans ce dernier cas, et il y a avantage, si l'on veut obtenir un courant très intense, soit à multiplier le nombre des éléments, soit, ce qui est plus simple et revient au même, à se servir d'éléments à grande surface. C'est ce que l'on fait généralement pour obtenir, au moyen de la pile, l'incandescence des fils métalliques ou des charbons destinés à l'éclairage de points peu éloignés.

Applications numériques. — Comme pour la pile montée en tension, supposons encore :

$$i=\frac{1,5}{2+1}=0,5, \text{ dont le produit par } 6=3 \text{ ampères.}$$

L'intensité I de la pile montée en quantité avec ces six éléments sera :

$$I=\frac{1,5}{\frac{2}{6}+1}=1,12.$$

Supposons qu'en diminuant la longueur du conducteur R, nous réduisions sa résistance : 1° de 1 à 0,5 ; 2° de 0,5 à 0,05, et que, pour ne pas changer la résistance $r+R=3$ du circuit total, nous augmentions d'autant, en écartant l'une de l'autre ses surfaces actives, la résistance intérieure r de chaque élement, nous aurons alors :

1° $$I=\frac{1,5}{\frac{2,5}{6}+0,5}=1,63;$$ 2° $$I=\frac{1,5}{\frac{2,95}{6}+0,05}=2,77.$$

Ici encore nous voyons l'intensité du courant de la pile croître et se rapprocher de la somme des intensités partielles de ses éléments, à mesure que diminue la résistance du conducteur par rapport à la résistance intérieure.

3° *Association mixte.* — Les deux modes d'association des éléments de pile que nous venons d'étudier, l'association en *tension* et l'association en *quantité*, peuvent se combiner entre eux de manière à réaliser une pile qui ait, suivant les besoins, plus ou moins de tension ou de résistance intérieure : c'est ce qu'on peut appeler *l'association mixte*.

Ainsi, nos six éléments de pile étant donnés, nous pouvons :

a. Les associer par trois en *tension*, de manière à en former deux séries que l'on réunit l'une à l'autre en *quantité* par les fils CC (*fig.* 191) : la force électromotrice sera dans ce cas 3 E, et la résistance intérieure $\frac{3r}{2}$.

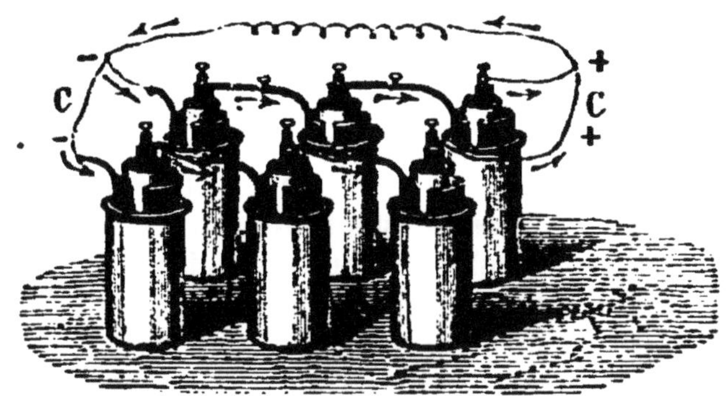

Fig. 191.

b. Les associer par deux en tension et par trois en quantité. La force électromotrice sera dans ce cas 2 E, et la résistance $\frac{2r}{3}$.

Nous n'avons pas besoin d'insister pour faire comprendre comment, au moyen de calculs fort simples, il sera toujours facile, la résistance R du conducteur extérieur étant connue, de déterminer la meilleure disposition à donner à un nombre quelconque d'éléments, en vue du résultat à obtenir. Nous nous bornerons à dire, en terminant, que l'expérience et le calcul conduisent à cette conséquence remarquable, que, pour donner au courant son maximum d'intensité, il faut associer les éléments de manière que *la résistance intérieure de la pile soit égale à la résistance du conducteur extérieur.*

L'hydrostatique et l'hydrodynamique nous fournissent encore ici des exemples, dont nous allons profiter pour jeter le plus de lumière possible sur ce sujet important.

1° Supposons que nos six éléments de pile (*fig.* 189 et 190) soient remplacés par six vases cylindriques de même diamètre entre eux, et contenant chacun une colonne d'eau de même hauteur. Si nous prenons un autre vase de diamètre égal et d'une hauteur suffisante, et si nous y versons nos six colonnes d'eau de manière à les *empiler* verticalement, la pression du liquide sur le fond de ce vase, sa *tension* ou tendance à s'en échapper, en un mot, sa *force hydromotrice*, si l'on peut ainsi dire, sera six fois plus grande que dans chacun des six petits vases séparés. Nous aurons donc ici une sorte de *pile hydraulique montée en tension*, dont la force hydromotrice sera, comme la force électromotrice de la pile, proportionnelle au nombre de ses éléments, représentés par nos six colonnes d'eau.

Supposons maintenant qu'on livre passage au liquide par une ouverture faite au fond du vase, et en mince paroi, afin d'éviter toute résistance : l'intensité du courant, à masse égale, sera six fois plus grande, ou, pour mieux dire, chaque molécule liquide aura, en traversant l'orifice, supposé que l'on maintienne le niveau constant, une force vive six fois plus grande que celle des molécules qui sortiraient par une ouverture faite au fond de l'un quelconque de nos six petits vases. Or, il en serait exactement de même pour une pile électrique montée en tension, dont la résistance intérieure r ne serait qu'une fraction négligeable de la résistance R du conducteur extérieur, prise pour unité. Dans ce cas, en effet, on aurait (formule 2), $I = nE$, c'est-à-dire l'intensité du courant sensiblement proportionnelle au nombre des éléments.

2° Supposons qu'au lieu de verser le contenu de nos six petits vases dans un autre plus haut et de même diamètre, on les place côte à côte sur un même plan horizontal, et qu'on les fasse communiquer tous ensemble, au niveau de leur fond, par des tubes latéraux : nous aurons alors une *pile hydraulique montée en quantité*. La pression du liquide sur le fond de ce vase ainsi devenu six fois plus grand, sa *tension* ou *force hydromotrice*, restera égale, pour chaque unité de surface, à celle qu'il exerçait isolément sur le fond de chacun des six vases, avant leur réunion.

Supposons encore que, par un trou percé en mince paroi dans le fond du grand vase, on donne issue au liquide : l'intensité du courant, la force vive de chacune de ses molécules (supposé toujours qu'on maintienne le niveau constant), ne sera, à l'orifice, ni plus grande ni plus petite que si le liquide s'échappait par une ouverture semblable pratiquée au fond de l'un quelconque des six vases séparés. Or, il en serait encore de même pour une pile électrique montée en quantité, dont la résistance intérieure r ne serait qu'une fraction négligeable de la résistance R du conducteur extérieur, prise pour unité. Dans ce cas, en effet, on aurait (formule 4), $I = E$, c'est-à-dire l'intensité du courant sensiblement égale à celle d'un seul de ses éléments.

Nous terminerons ici notre comparaison entre les liquides et l'électricité dynamique, comparaison féconde en aperçus utiles pour l'enseignement, et que, pour ce motif, nous avons voulu pousser aussi loin que nous le permettaient les limites d'un livre élémentaire. Ajoutons que cette analogie saisissante entre les fluides pondérables et l'électricité offre un très haut intérêt au point de vue de la physique générale. Quel puissant argument à l'appui de l'opinion qui considère le courant électrique comme un flux, un transport véritable de l'éther cosmique à travers les corps matériels! Aussi bien les nombreux partisans de cette doctrine n'ont-ils jamais manqué de faire valoir cet argument, notamment le P. A. Secchi, dans son admirable ouvrage sur l'*Unité des Forces physiques*, auquel nous emprunterons, pour finir, le passage suivant : « L'ensemble des faits connus nous conduit à croire que les physiciens versés dans l'étude de la télégraphie n'ont pas tort quand ils parlent de l'électricité comme d'un fluide en mouvement, et quand ils appliquent au courant électrique la terminologie de l'hydrodynamique. Pour eux, non seulement les fils conducteurs fonctionnent exactement comme de véritables tuyaux de conduite, mais encore la pile fait l'office d'un réservoir plus ou moins vaste et prompt à se remplir (*loc. cit.*, page 380).

Effets produits par la pile.

297. *Effets calorifiques.*—Quand un courant électrique suffisamment intense passe à travers un fil métallique, ce fil, suivant son diamètre et sa longueur, s'échauffe, rougit, fond et se volatilise. Une pile composée de 30 éléments de Bunsen est capable de fondre ou de volatiliser ainsi les fils de fer, de cuivre, d'or, d'argent et même de platine. Le fer entre en fusion et tombe sous la forme de globules incandescents; l'or, l'argent le cuivre, brûlent et se volatilisent en projetant de vives étincelles, diversement colorées; le platine devient d'un blanc éblouissant et finit même par couler en gouttelettes comme du plomb.

M. Fabre a démontré, au moyen d'expériences très précises, que la chaleur développée par la pile est entièrement due au travail chimique qui s'accomplit entre ses éléments. Cet habile physicien a reconnu que la quantité de chaleur produite est invariablement *proportionnelle au poids du zinc dissous*, soit 18 calories pour 33 grammes de zinc oxydé et tranformé en sulfate.

Ce résultat nous donne la raison pour laquelle les effets calorifiques de la pile sont d'autant plus intenses que les couples qui la composent ont une plus grande surface. M. Joule, de son côté, a reconnu que la quantité de chaleur dégagée dans le fil qui unit les pôles *est en raison directe de la résistance que ce fil oppose au passage de l'électricité,* ce qui explique pourquoi un fil placé dans le circuit voltaïque s'échauffe d'autant plus qu'il est plus fin et que le métal dont il est formé est moins bon conducteur de l'électricité.

298. *Effets lumineux.* — Ces effets sont intimement liés aux effets calorifiques que nous venons d'étudier. Ils se manifestent par de vives étincelles et par l'incandescence des métaux ou des autres substances placées dans le courant voltaïque.

299. *Lumière électrique.* — C'est J. Davy qui le premier à Londres, en 1801, produisit dans tout son éclat le phénomène de la lumière électrique. Pour faire cette expérience, on prend (*fig.* 192) deux petites baguettes *a* et *b* de charbon de coke fortement calciné, provenant des résidus des cornues à gaz. Ce charbon est dur, solide comme un métal, et conduit facilement l'électricité. A l'aide de l'appareil à colonne de verre que représente la figure, on place ces deux baguettes bout à bout et en contact l'une avec l'autre, puis on fait passer le courant d'une forte pile au moyen des conducteurs *c* et *c'*. On voit aussitôt paraître, à la jonction des charbons, une lumière éblouissante, et tellement vive qu'on ne peut la comparer qu'à celle du soleil. Si l'on écarte alors légèrement les deux charbons, on aperçoit un arc lumineux (*arc voltaïque*) d'une intensité très remarquable s'étendant d'un charbon à l'autre. Cet arc est le résultat d'un transport de la matière propre du charbon du pôle positif au pôle négatif, ce que l'on peut constater facilement en projetant sur un écran, au moyen d'une lentille, l'image grossie des deux cônes incandescents.

Fig. 192.

La lumière électrique agit comme celle du soleil sur un mélange gazeux de chlore et d'hydrogène et sur le chlorure d'argent. Transmise à travers le prisme, elle se décompose et donne un spectre analogue au spectre solaire, mais qui en diffère par la présence de certaines raies brillantes dont la couleur et la disposition varient suivant la nature des électrodes. Appliquée à la photographie, la lumière électrique peut donner de fort belles épreuves, remarquables par la vivacité des tons. La lumière électrique, employée depuis longtemps déjà pour l'éclairage des phares maritimes, a été plus récemment utilisée pour l'éclairage public, grâce à un nouveau système imaginé par un jeune savant russe, M. Jablochkoff. Voici en quoi consiste ce système.

Ce qui jusqu'alors avait empêché l'emploi de la lumière électrique pour l'éclairage usuel, c'était l'usure des charbons, dont on ne pouvait maintenir les pointes à la distance voulue qu'au moyen d'appareils régulateurs compliqués et dispendieux. Pour obvier à cet inconvénient, M. Jablochkoff a eu l'heureuse idée de placer les deux charbons parallèlement l'un à côté de l'autre, en les séparant par une petite lame isolante de plâtre de 3 à 4 millimètres de largeur (bougie Jablochkoff). Une fois le courant établi, les charbons brûlent lentement jusqu'à leur base, tandis que le plâtre, se volatilisant à mesure, laisse toujours en regard les extrémités supérieures des charbons entre lesquelles s'étend l'arc voltaïque. Cette disposition a, en outre, l'avantage immense de permettre la divison du courant et, par suite, l'établissement sur un même circuit de plusieurs foyers lumineux. Nous reviendrons plus loin sur ce sujet intéressant dans un chapitre spécial, tout entier consacré à l'éclairage électrique (Voyez le chapitre XXVI).

300. *Effets physiologiques.* — Ces effets sont ceux que produit la pile sur les animaux morts ou vivants. Nous connaissons déjà les effets observés par Galvani sur des grenouilles récemment tuées, effets qui ont conduit à la découverte de l'électricité dynamique. Ce sont des contractions plus ou moins énergiques que développe le passage du courant à travers les muscles de l'animal. Si l'on touche avec les mains mouillées les deux pôles d'une pile en activité, on ressent, au moment du contact, une commotion plus ou moins vive, qui se renouvelle au moment où l'on interrompt le circuit. L'électricité dynamique a été expérimentée sur l'homme de mille façons ; des essais de

tout genre ont été tentés, avec plus ou moins de succès, pour l'appliquer à la guérison des maladies, particulièrement des systèmes nerveux et musculaire.

Effets chimiques de la pile ou électro-chimie. Loi de Faraday.

301. *Effets chimiques de la pile.* — Presque tous les corps peuvent être décomposés par l'action de la pile ; mais ses effets chimiques les plus remarquables sont ceux qu'elle produit sur l'eau, sur les oxydes métalliques et sur les sels. Faraday qui, le premier, a étudié avec soin ce genre d'analyse chimique, a désigné sous le nom d'*électrolyse* la séparation des corps composés en deux éléments; sous le nom d'*électrolyte* le corps soumis à la décomposition, et sous celui d'*électrodes* les parties immergées des conducteurs de la pile où la décomposition s'effectue. L'électrode est dite *positive* ou *négative* suivant le pôle avec lequel elle communique.

Décomposition de l'eau. — La première application de la pile à la chimie a été faite, au commencement de ce siècle, par deux physiciens anglais, Carlisle et Nicholson, et a eu pour objet la décomposition de l'eau. L'appareil dont on se sert pour faire l'expérience se compose (*fig.* 193) d'un vase en verre V dont le fond est traversé par deux tiges de platine qui s'élèvent, dans l'intérieur du vase, à 3 ou 4 centimètres de hauteur, et qui se terminent extérieurement par deux crochets destinés à recevoir les fils conducteurs de la pile. Le vase étant rempli d'eau légèrement acidulée, on pose sur les tiges de platine deux petites éprouvettes *a* et *b*, graduées et remplies du même liquide.

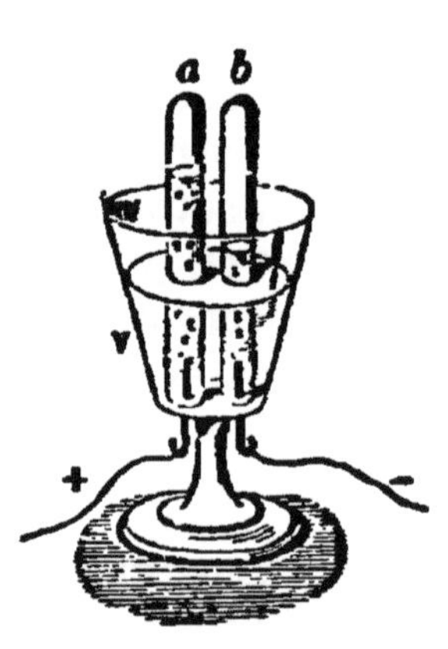

Fig. 193

Dès que le courant est établi, on voit de petites bulles de gaz se détacher de toute la surface des tiges de platine et s'élever dans les éprouvettes. Le gaz qui se dégage au pôle positif, et qui se rend dans l'éprouvette *a*, est de l'oxygène pur ; celui qui se produit au pôle négatif, et qui se rassemble dans l'éprouvette *b*, est de l'hydrogène, également pur. Au bout de quelque temps, on peut constater que le volume de l'hydrogène est double de celui de l'oxygène. Cet appareil a reçu le nom de *voltamètre*, parce qu'il permet de mesurer l'intensité des courants voltaïques par la quantité de gaz qu'ils produisent dans un temps donné.

Remarque. Si les tiges qui transmettent le courant étaient en cuivre ou en fer, au lieu d'être en platine, on obtiendrait encore la même quantité d'hydrogène ; mais l'oxygène se combinerait alors avec le métal et cesserait de se dégager.

Décomposition des oxydes métalliques. — Ces oxydes sont décomposés par la pile de la même manière que l'eau. Leur oxygène se porte au pôle positif, tandis que le métal se rend au pôle négatif. C'est par ce moyen que Davy, en 1807, est parvenu le premier à décomposer la potasse et la soude, que l'on regardait alors comme des corps simples.

Décomposition des sels. — La pile décompose tous les sels à l'état de dissolution. Quand l'acide et la base sont stables, ils sont simplement séparés : l'acide se rend alors au pôle positif, et la base au pôle négatif; exemple : le sulfate de soude. Mais quand la base est un oxyde facilement réductible, elle est elle-même décomposée ; son oxygène se porte avec l'acide du sel au pôle positif, tandis que le métal va se déposer au pôle négatif : c'est ce que l'on observe avec les sels de cuivre, de plomb, d'argent, et en général avec tous les sels ternaires des trois dernières sections. Le même effet se produit encore avec les chlorures, les iodures, les cyanures, etc. ; le métal mis en liberté se rend au pôle négatif, avec lequel il contracte souvent la plus étroite adhérence.

302. *Loi de Faraday.* — Cette loi peut être exprimée ainsi : *Les actions chimiques produites dans les diverses parties d'un circuit sont rigoureusement équivalentes.* Ainsi, si l'on mesure la quantité d'eau décomposée par le voltamètre dans un temps donné, on trouvera qu'elle est égale à la quantité d'eau décomposée, pendant le même temps, *dans chaque élément de la pile.*

Faraday a également reconnu que les *poids des corps simples séparés par un même courant électrique sont constamment entre eux comme les équivalents chimiques de ces corps.* Ainsi, une pile qui en décomposant de l'eau donnerait un équivalent ou 1 gramme d'hydrogène, précipiterait dans le même temps, en décomposant des dissolutions salines de cuivre, d'or, d'argent etc., 31gr,75 de cuivre, 98gr,20 d'or, 108 gr. d'argent, etc., soit un équivalent de chacun de ces métaux.

Galvanoplastie. Dorure, argenture, nickelure.

303. *Galvanoplastie.* — Cet art, inventé par Spencer et Jacobi, a pour but soit la reproduction des médailles ou des planches gravées, soit l'application d'une légère couche métallique sur certains objets d'art ou en usage dans l'économie domestique.

1° *Reproduction des médailles.* On commence par recouvrir d'une couche de cire la tranche ou le bord de la médaille, puis on frotte chacune des deux faces avec une brosse fine légèrement graissée, afin d'empêcher l'adhérence des dépôts métalliques. Cela fait, on suspend (*fig.* 194) la médaille *m* à l'extrémité d'un fil métallique communiquant avec le pôle négatif d'un élément de Daniell ou de Bunsen, et on la plonge ensuite dans une dissolution saturée de sulfate de cuivre. Dans cette dissolution plonge également, en regard et à une petite distance de la médaille, l'électrode positive formée par une plaque de cuivre rouge *p* à peu près de même dimension.

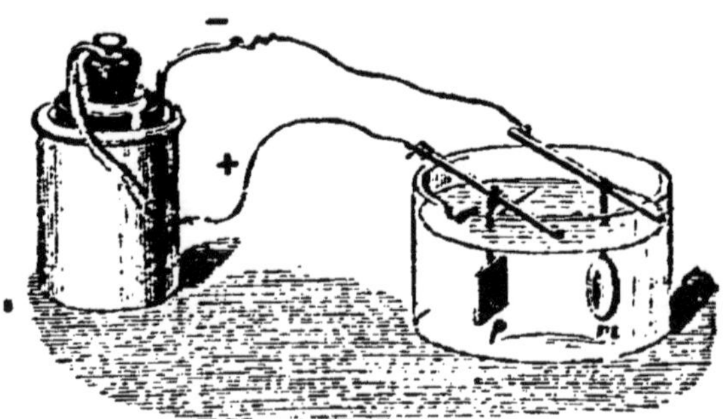

Fig. 194.

Aussitôt que le courant est établi, le sulfate de cuivre est décomposé ; son acide et l'oxygène de l'oxyde se rendent au pôle positif, tandis que le cuivre seul se porte au pôle négatif, où il se dépose lentement sur la surface de la médaille. En détachant cette couche, lorsqu'elle a acquis une épaisseur suffisante, des deux faces de la médaille qu'elle recouvre, on trouve sur chaque surface adhérente une empreinte rigoureusement fidèle du dessin correspondant. Seulement les saillies répondent à des creux et réciproquement. Mais à l'aide de ces premières empreintes, ou plus simplement encore au moyen de moules préparés, soit en métal fusible, soit en stéarine ou en gutta-percha, on pourra, par un procédé semblable, obtenir la reproduction exacte de l'original. C'est de cette manière également que l'on obtient les *clichés* des planches gravées sur cuivre ou sur bois, si répandus aujourd'hui dans l'art typographique.

Remarque. A mesure que le cuivre se dépose sur la médaille, la dissolution du sulfate tend à s'appauvrir de plus en plus. Mais l'acide sulfurique et l'oxygène, qui se rendent en même temps au pôle positif, se combinent avec le cuivre de la plaque *p* et reproduisent à chaque instant une quantité de sulfate égale à celle que décompose le courant. Cette plaque s'appelle, pour cette raison, *l'électrode soluble,* parce qu'elle se dissout en effet et maintient la dissolution dans un état de saturation à peu près constante.

2° *Application d'une couche métallique sur la surface des corps.* Le cuivre est de tous les métaux celui qui se dépose le plus facilement, au moyen de la galvanoplastie, sur la surface des corps non métalliques. Supposons, par exemple, que l'on veuille recouvrir de ce métal une statuette en plâtre. On commence par appliquer à sa surface, au moyen d'une brosse fine ou d'un blaireau, une couche très légère de plombagine. Cette première opération a pour but de *métalliser* la surface, c'est-à-dire de la rendre conductrice de l'électricité, condition indispensable pour que le cuivre se dépose régulièrement sur le plâtre ou sur tout autre corps peu conducteur. Cela fait, on plonge, comme précédemment, la statuette dans une dissolution de sulfate de cuivre, en la faisant communiquer avec le pôle négatif d'une pile de Daniell ou de Bunsen dont le pôle positif plonge également dans la dissolution. Les candélabres à gaz, les fontaines en fonte de fer qui ornent nos places publiques, sont aujourd'hui recouverts par ce procédé d'une couche de cuivre qui leur donne l'aspect et les qualités du bronze.

301. *Dorure, argenture et nickelure.* — C'est à MM. de La Rive, Elkington et Ruolz que sont dus les procédés de dorure, d'argenture et de nickelure galvaniques, qui forment aujourd'hui une des branches les plus importantes de l'industrie. Ces procédés sont les mêmes que ceux de la galvanoplastie. Ils consistent à précipiter l'or, l'argent ou le nickel de leurs combinaisons salines au moyen de la pile, pour les appliquer en couches minces sur d'autres métaux.

1° *Dorure.* On plonge les pièces à dorer dans une dissolution composée de 100 parties d'eau, 10 parties de cyanure jaune de fer et de potassium, 5 parties de cyanure d'or et autant de carbonate de soude. Ces pièces communiquent avec le pôle négatif d'une pile formée de quatre ou cinq éléments de Bunsen. L'électrode positive plonge également dans la dissolution et se termine par une feuille d'or qui se dissout à mesure que le cyanure d'or, se décomposant par l'action du courant électrique, dépose son métal à la surface des pièces.

2° *Argenture.* C'est exactement le même procédé que pour la dorure, si ce n'est que l'on remplace dans la dissolution le cyanure d'or par le cyanure d'argent, et que l'opération se fait à froid, tandis que la dorure exige une température d'environ 70°.

3° *Nickelure.* Cette opération, qui a pour but de recouvrir d'une couche de nickel, métal blanc et inoxydable à la température ordinaire, divers objets en fer, tels que clefs, serrures, boutons de porte, rampes d'escalier, balustrades, etc., a pris dans ces dernières années une grande extension. On a pu voir, à l'Exposition universelle de 1878, de nombreux objets nickelés par notre habile électricien, M. Gaiffe, qui ne laissaient rien à désirer sous le rapport de la pureté et du fini de l'exécution. Le sel employé pour cette opération est le sulfate double de nickel et d'ammoniaque.

Résumé.

I. La *tension* électrique, que l'on désigne encore sous le nom de *potentiel*, est la tendance de l'électricité à vaincre les résistances qu'on lui oppose et à s'écouler au dehors de son générateur.

II. Si l'on représente par $+e$ le potentiel positif et par $-e$ le potentiel négatif d'un élément de pile, la différence algébrique $2e$ ou *différence de potentiel* entre les deux pôles de cet élément, représente précisément ce qu'on appelle sa *force électromotrice*.

III. La tension, dans un élément de pile et la force électromotrice qui en dérive dépendent uniquement de l'intensité des actions chimiques qui la produisent entre les substances dont cet élément est formé.

IV. L'*intensité* d'un courant électrique, sa puissance ou force vive, est subordonnée à la quantité d'électricité qui passe, dans un temps déterminé, par une section transversale prise en un point quelconque du conducteur interpolaire.

V. L'intensité des courants électriques est proportionnelle à la force électromotrice de la pile. Elle est inversement proportionnelle à la résistance du circuit.

VI. L'*unité de force électromotrice* ou VOLT est représentée par la force électromotrice d'un élément de Daniell, dans lequel la solution de sulfate de cuivre est remplacée par une solution d'azotate de cuivre.

VII. L'*unité de résistance* ou OHM est représentée par la résistance d'une colonne de mercure de 1 mètre de longueur et de 1 millimètre de section.

VIII. L'*unité d'intensité* ou AMPÈRE est l'intensité d'un courant se mouvant dans un circuit de 1 *ohm* avec une force électromotrice de 1 *volt*.

IX. L'association des éléments d'une pile se fait de trois manières différentes :

1° En *tension* ou en série, en unissant les éléments par leurs pôles contraires;

2° En *quantité* ou en batterie, en unissant les éléments par leurs pôles de même nom;

3° En combinant ces deux premiers modes d'association ou association *mixte*.

X. Les effets calorifiques de la pile se traduisent par l'incandescence, la fusion et la volatilisation des métaux.

XI. Les effets lumineux s'obtiennent à l'aide de deux baguettes de charbon communiquant avec les pôles d'une forte pile et placées en contact bout à bout, ou à une petite distance l'une de l'autre (arc voltaïque).

XII. Les effets physiologiques de la pile sont ceux qu'elle produit sur des animaux morts ou vivants. Ce sont en général des contractions musculaires ou des commotions plus ou moins violentes.

XIII. Les effets chimiques de la pile sont très variés et très nombreux. Les plus remarquables sont la décomposition de l'eau, la réduction des oxydes et la décomposition des sels.

XIV. La galvanoplastie est l'art de modeler les métaux en les précipitant de leurs dissolutions salines par l'action d'un courant électrique. Elle a pour but la reproduction des médailles, l'application des métaux en couches minces à la surface des corps, la dorure, l'argenture et la nickelure.

CHAPITRE XXII.

ÉLECTRO-MAGNÉTISME.

Expérience d'Œrstedt. — Construction et usages du galvanomètre. — — Actions des courants sur les aimants et des courants sur les courants. — Solénoïdes. — Action directrice de la terre sur les courants. — Assimilation des aimants aux solénoïdes. — Théorie d'Ampère.

Électro-magnétisme. Expérience d'Œrstedt.

305. *Électro-magnétisme.* — On donne le nom d'*électro-magnétisme* à cette partie de la physique qui a pour objet l'étude des actions réciproques des courants sur les aimants et des aimants sur les courants.

306. *Expérience d'Œrstedt.* — C'est Œrstedt, professeur de physique à Copenhague, qui fit le premier connaître, en 1820, l'action directrice des courants électriques sur l'aiguille aimantée. Voici sur quelle expérience fort simple repose cette importante découverte, qui a servi de point de départ à l'électro-magnétisme. Concevons (*fig.* 195) que l'on ait réuni les deux pôles d'une pile voltaïque ou d'un simple élément de Bunsen par un long fil métallique, et qu'on approche une portion rectiligne de ce fil, maintenue dans le méridien magnétique SN, au-dessus ou au-dessous d'une aiguille aimantée *ab*, mobile sur un pivot vertical; l'aiguille se déviera aussitôt de sa position d'équilibre, et *tendra à prendre une direction perpendiculaire au courant*, c'est-à-dire *à se mettre en croix avec lui*.

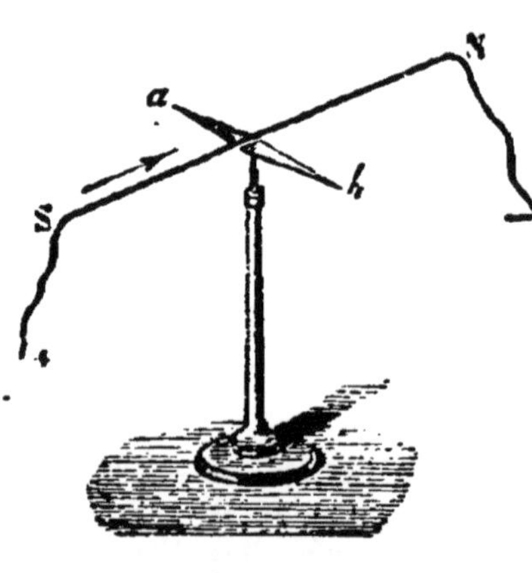

Fig. 195.

Voici maintenant les lois de cette déviation :

1° Si le courant passe *au-dessus* de l'aiguille et va du *sud au* *nord**, le pôle austral de l'aiguille est dévié à l'*ouest*, comme le représente la *fig.* 191 ;

2° Si le courant passe *au dessous* de l'aiguille en allant toujourd du *sud au nord*, le pôle austral est dévié à l'*est ;*

3° Si le courant passe *au-dessus* de l'aiguille et va du *nord au sud*, le pôle austral est dévié à l'*est ;*

4° Si le courant passe *au-dessous* de l'aiguille en allant toujours du *nord au sud*, le pôle austral est dévié à l'*ouest*.

Remarque. — Les quatre énoncés qui précèdent peuvent se résumer en une seule proposition, qui est la suivante : *Dans l'action directrice d'un courant sur un aimant, le pôle austral est constamment dévié à la gauche du courant.* Il suffit, pour comprendre cette proposition, de personnifier le courant, c'est-à-dire de supposer, comme l'a fait Ampère, un observateur placé dans le fil qui unit les pôles, de manière que le courant, allant du pôle positif au pôle négatif, le traverse des pieds à la tête et que sa face soit constamment en regard de l'aiguille. Il est facile de voir que, dans les quatre positions que nous venons d'indiquer, le pôle austral sera toujours à la gauche de l'observateur.

Construction et usages du galvanomètre.

307. *Galvanomètre.* — On appelle *galvanomètre* un instrument qui sert à reconnaître l'existence, la direction et l'intensité des courants. Cet instrument, que l'on désigne encore quelquefois sous les noms de *rhéomètre* ou de *multiplicateur*, a été une des premières applications de la découverte d'Œrstedt, si féconde en résultats de la plus haute importance.

Théorie du galvanomètre. — Pour comprendre le principe sur lequel repose la construction du galvanomètre, imaginons (*fig.* 196) une aiguille aimantée *ba* suspendue, par un fil de soie sans torsion, au milieu d'un circuit rectangulaire formé par un fil de cuivre *mnpq* et placé, suivant la direction de l'aiguille, dans le plan du méridien magnétique. Dans l'état de repos, l'ai-

* Rappelons-nous que l'on est convenu de considérer toujours le courant comme allant, dans le fil conducteur, du pôle positif au pôle négatif de la pile.

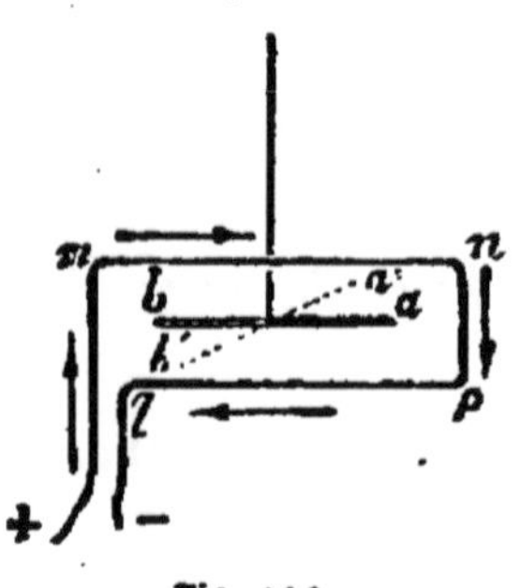

Fig. 196.

guille est parallèle aux côtés horizontaux du circuit. Mais aussitôt que le courant est établi, l'aiguille est déviée de sa position d'équilibre, et il est facile de voir que toutes les parties du courant tendent à la diriger dans le même sens, *b'a'*, c'est-à-dire son pôle austral *a'* vers la gauche d'un observateur qui serait couché dans le courant et marcherait avec lui suivant la direction des flèches, en regardant toujours l'aiguille.

Par cette disposition, l'action du courant sur l'aiguille se trouve donc augmentée. Mais si, au lieu d'un seul rectangle entourant l'aiguille, on en forme plusieurs avec le même fil, en l'enroulant autour d'un cadre en bois, l'action du courant deviendra nécessairement beaucoup plus forte. Toutefois, ce moyen fort simple de *multiplier* la force électro-magnétique a une limite, qui tient à ce que l'intensité du courant s'affaiblit à mesure que la longueur du fil augmente.

Dans le système qui précède, l'action directrice de la terre lutte sans cesse contre celle du courant, en tendant à ramener l'aiguille dans le plan du méridien magnétique. C'est pour parer à cet inconvénient que Nobili a eu l'heureuse idée d'employer, au lieu d'une seule aiguille, un système de deux aiguilles astatiques *ab* et *ba* (*fig.* 197), réunies entre elles par un fil de cuivre, et dont les pôles sont tournés en sens contraire. L'une d'elles est en dehors et l'autre en dedans et au milieu du circuit *mnpq*. De cette manière, non seulement l'action du globe est compensée, mais, de plus, les actions du courant sur les deux aiguilles s'ajoutent pour les diriger ensemble dans un même sens *a'b'*, *b'a'*, ce qui augmente encore l'effet produit.

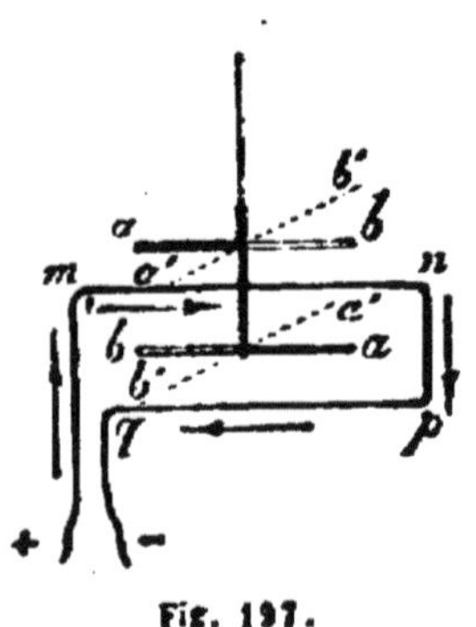

Fig. 197.

Il ne faudrait pas cependant que le système des deux aiguilles *fût complètement astatique;* car un courant, quelque faible qu'il fût, les mettrait toujours en croix avec lui, et toute comparaison entre les intensités de divers courants deviendrait alors impossible. Il faut donc que l'une des deux aiguilles soit toujours un peu plus fortement aimantée que l'autre, afin que l'action directrice de la terre, bien que réduite à une très petite fraction de sa valeur, ne soit pas complètement anéantie.

Construction du galvanomètre. — La construction du galvanomètre est maintenant facile à comprendre. Sur un cadre rectangulaire en bois CD (*fig.* 198) s'enroule un fil de cuivre FG recouvert de soie dans toute sa longueur, afin d'isoler latéralement les circuits les uns des autres. Ce cadre est surmonté par un cadran horizontal dont le limbe est divisé en 360 degrés; le diamètre qui correspond aux degrés 0 et 180 doit être parallèle à la direction du fil sur le cadre. Deux aiguilles aimantées *ab* et *b'a'*, ayant leurs pôles contraires en regard, sont suspendues horizontalement au moyen d'un simple fil de cocon, l'une au-dessus du cadran, l'autre dans l'intérieur du cadre ou du circuit. Ces deux aiguilles sont réunies entre elles par un fil de cuivre vertical comme celles de la précédente figure, afin qu'elles ne puissent être déviées l'une sans l'autre. Leurs intensités magnétiques ne doivent pas être rigoureusement égales, pour la raison que nous avons tout à l'heure indiquée. Enfin tout le système est recouvert d'une cloche de verre qui le garantit des agitations de l'air, à l'exception des deux bouts F et G du fil conducteur qui est enroulé sur le cadre. Ces deux bouts, ayant chacun quelques décimètres de longueur, sortent par des ouvertures pratiquées dans l'épaisseur du socle qui soutient l'appareil et servent à transmettre le courant.

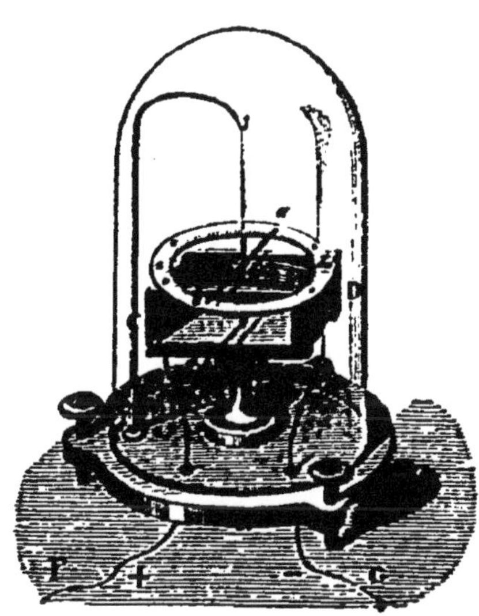

Fig 198.

Usages du galvanomètre. — L'instrument que nous venons de décrire sert à constater la présence des plus faibles courants électriques et à faire connaître en même temps leur direction et leur intensité. Quand on veut en faire usage, on commence par tourner le cadre jusqu'à ce que l'aiguille supérieure soit sur le zéro du cadran; la direction du circuit est alors dans le plan du méridien magnétique, et les deux aiguilles lui sont par conséquent parallèles. Aussitôt que le courant, transmis par les extrémités F et G du fil conducteur, passe dans le circuit, on voit l'aiguille faire un angle de déviation dans un sens ou dans l'autre, selon la direction du courant, et d'autant plus grand que celui-ci est plus énergique.

Remarque. La déviation des aiguilles du galvanomètre augmente avec l'intensité du courant ; mais au delà de 20 à 30 degrés elle ne lui est plus proportionnelle. La relation qui existe entre ces deux termes dépend d'ailleurs d'une foule d'éléments qui varient dans chaque galvanomètre, tels que la longueur du fil conducteur enroulé sur le cadre, la distance du circuit aux aiguilles, la forme, la grandeur de celles-ci et leur degré d'aimantation. Il est donc indispensable de construire expérimentalement, pour chaque galvanomètre, une table qui donne les intensités correspondantes aux divers angles de déviation.

308. *Lois de la résistance électrique; unité et coefficients de résistance.* — Nous avons vu (chap. XXI) que l'intensité d'un courant électrique fourni par une pile quelconque varie selon la résistance, c'est-à-dire suivant la longueur, le diamètre et la nature des fils conducteurs qui réunissent les deux pôles de cette pile. Cette résistance se mesure soit au moyen du galvanomètre, soit avec le voltamètre (301), par la comparaison des quantités d'hydrogène dégagées dans le même temps par divers courants. Elle est soumise aux lois suivantes, que nous avons déjà indiquées, mais que nous reproduirons ici en raison de leur importance.

1re loi. *La résistance d'un fil conducteur est proportionnelle à sa longueur ;*

2e loi. *Elle est inversement proportionnelle à sa section ;*

3e loi. *Elle est proportionnelle au degré de conductibilité du métal qui le compose.*

4e loi. *Lorsque les deux pôles d'une pile ou d'un simple élément sont réunis par un conducteur, que ce conducteur soit homogène ou formé de fragments de nature et de dimensions diverses, l'intensité du courant est la même dans tous les points du circuit.*

Il suit de là que la *résistance* qu'oppose un circuit au courant qui le traverse est d'autant plus grande que le fil est plus long, plus fin et moins bon conducteur; elle est d'autant moindre que le fil est plus court, plus gros et meilleur conducteur.

Tous les corps ne conduisent pas également bien l'électricité : ils présentent entre eux, sous ce rapport, des différences énormes : d'où leur distinction en corps bons ou mauvais conducteurs. Ces derniers, selon leur nature, présentent également entre eux de notables différences de conductibilité : ainsi, le cuivre conduit mieux l'électricité que le platine, celui-ci mieux que le fer, ce dernier mieux que le charbon de cornues, le coke, etc. D'où il suit que si, entre les pôles d'une pile en activité, on remplace un fil métallique par un autre fil de même longueur et de même section, mais de nature différente, l'intensité du courant prendra en général une valeur différente, et d'autant plus petite que le fil interpolaire sera moins bon conducteur, ou, ce qui revient au même, offrira une plus grande résistance au courant.

Nous avons dit (chap. XXI) que la plupart des physiciens ont aujourd'hui adopté comme *unité de résistance* la résistance d'une *colonne cylindrique de mercure ayant 1 mètre de longueur et 1 millimètre de section*, unité généralement désignée sous le nom d'*Ohm*, en l'honneur du physicien de ce nom qui, le premier, en 1827, a formulé les lois de l'intensité des courants voltaïques.

Voici, rapportée à cette unité, la valeur des résistances spécifiques des métaux et autres corps les plus fréquemment employés dans les appareils d'électricité :

Mercure *	1 000	Platine.	0,093
Argent.	0,016	Fer	0,102
Cuivre.	0,017	Coke.	43,000
Zinc	0,070	Charbon de piles. . . .	66,530

309. *Vitesse de l'électricité.*—Tous les physiciens sont aujourd'hui d'accord pour admettre que l'électricité ne passe pas dans le vide absolu. Aucun fait ne prouve que, comme la lumière et la chaleur, elle traverse les espaces interplanétaires. La présence de la matière pondérable est indispensable à sa transmission. Cela n'empêche pas sa vitesse d'être au moins égale, supérieure peut-être à celle de la lumière, puisque d'après Wheatstone, elle serait, dans un conducteur complètement isolé, de 461 000 kilomètres par seconde ! Toutefois cette vitesse est loin d'être aussi grande dans les fils télégraphiques, surtout dans les câbles sous-marins, où des phénomènes d'induction (voy. le chap. XXIV) retardent la marche du courant.

Une série d'expériences entreprises sur le câble transatlantique, a en effet, démontré que la vitesse de l'électricité y serait seulement de 4300 kilomètres, ce qui exigerait une seconde environ pour la traversée.

Actions des courants sur les aimants, des courants sur les courants.

310. *Actions des courants sur les aimants.* — Les courants électriques exercent sur les aimants deux genres d'action : 1° une action *directrice;* 2° une action *attractive* ou *répulsive.*

1° *Action directrice.* L'action directrice des courants sur les aimants vient d'être démontrée par l'expérience d'Œrstedt (296).

D'après les recherches de MM. Biot et Savart, elle est soumise aux deux lois suivantes :

I. Son intensité est en raison inverse de la distance qui sépare le courant de l'aiguille aimantée;

II. Elle s'exerce dans tous les sens et à travers toutes les substances, excepté les substances magnétiques.

2° *Action attractive ou répulsive.* Cette action se constate en présentant un courant horizontal à une petite aiguille à coudre aimantée et suspendue verticalement, par l'une de ses extrémités, à un fil de soie très fin. On observe alors, suivant la direction du courant, des attractions ou des répulsions dont l'explication repose sur la théorie des solénoïdes, que nous allons bientôt exposer (313).

311. *Action des aimants sur les courants.* — L'action des courants sur les aimants est réciproque. En effet, si au lieu de présenter, comme dans l'expérience d'Œrstedt, un courant fixe à un aimant mobile, on présente au contraire un aimant fixe à un courant rendu mobile par une disposition que nous indiquerons plus loin, celui-ci se met aussitôt en croix avec l'aimant, le pôle austral de ce dernier occupant toujours la gauche du courant.

312. *Actions des courants sur les courants.* — Deux fils métalliques, traversés par des courants et placés à une petite distance l'un de l'autre, s'attirent ou se repoussent selon la direction réciproque des courants qui les parcourent. Voici quelles sont les lois, découvertes par Ampère, qui régissent ces actions mutuelles des courants :

1° *Deux courants parallèles et de même sens s'attirent;*

2° *Deux courants parallèles et de sens contraire se repoussent;*

3° *Deux courants croisés s'attirent quand ils s'approchent ou s'éloignent ensemble de leur point de croisement;*

4° *Deux courants croisés se repoussent quand l'un s'approche du point de croisement tandis que l'autre s'en éloigne.*

Démonstration expérimentale.—On démontre ces lois en présentant, dans différentes positions, un courant fixe à un courant mobile. Un *courant fixe* n'est autre chose que celui que l'on obtient en réunissant les deux pôles d'une pile ou d'un simple élément de Bunsen par un long fil de cuivre que l'on peut plier et diriger comme l'on veut. Un *courant mobile* est celui qui est libre de tourner autour d'un axe vertical et de prendre telle ou telle position d'équilibre sous l'influence d'un courant fixe ou de toute autre cause agissant sur lui.

Pour obtenir un courant mobile, on se sert de l'appareil représenté par la *fig.* 199. P et P′ sont deux colonnes métalliques recourbées en forme de potence et terminées par deux petites capsules c et c′, dont le fond est une lame de verre. Les centres des deux capsules sont situés sur une même verticale. Chacune d'elles reçoit du mercure destiné à transmettre le courant au circuit ABCD, dont les deux extrémités, terminées par des pointes d'acier, reposent sur le fond des capsules. Les deux colonnes P et P′ sont mises en communication avec les pôles d'une pile au moyen de deux bandes métalliques M et M′, fixées à la planchette en bois qui supporte l'appareil. D'après cette disposition, il est facile de voir que le circuit ABCD peut tourner très librement autour de la verticale cc′ qui joint les centres des capsules. Ce circuit est ordinairement formé par un fil de cuivre que l'on peut plier de différentes manières, en rectangle, en carré, en cercle, en hélice, etc.

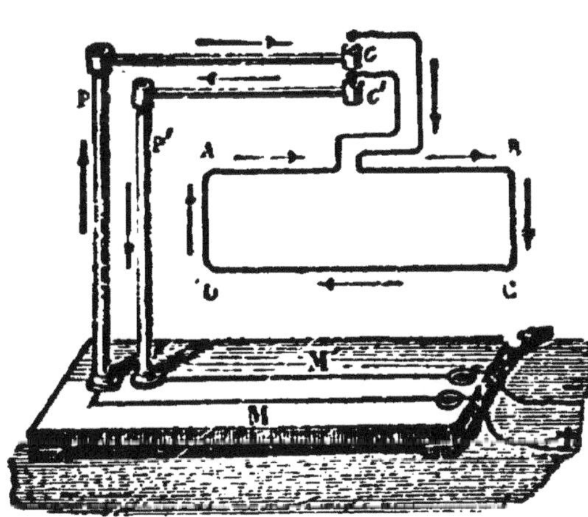

Fig. 199.

L'appareil étant mis en activité, si l'on place, parallèlement au côté vertical BC du rectangle ABCD, un fil métallique traversé par un courant, on voit aussitôt le conducteur mobile *s'approcher* peu à peu du conducteur fixe, si les deux courants vont dans *le même sens*, et s'en *éloigner* s'ils vont en *sens contraire*; ce qui démontre les deux premières lois. Si on place horizontalement le conducteur fixe un peu au-dessous de la base DC du rectangle ABCD de manière que la direction des deux courants forme un angle, on voit aussitôt le rectangle tourner autour de son axe; l'angle formé par les deux courants *diminue* s'ils vont dans *le même sens*, il *augmente* s'ils vont en sens *contraire*. Dans les deux cas, le rectangle ne s'arrête en équilibre que lorsque les deux courants sont devenus parallèles et de même sens; ce qui démontre la troisième et la quatrième loi.

Conséquences. — Les lois et les démonstrations qui précèdent nous conduisent aux deux résultats suivants, que l'on peut vérifier expérimentalement.

1° Deux courants mobiles, plus ou moins distants l'un de l'autre, et croisés comme ceux que représente la *fig.* 200, tourneront autour du point d'entre-croisement O, jusqu'à ce qu'ils soient devenus parallèles et qu'ils soient dirigés dans le même sens. Il est facile de voir, en effet, qu'il y aura attraction dans les angles AOD, COB, où les courants marchent dans le même sens relativement au sommet des angles, et répulsion dans les angles AOC, DOB, où les courants vont en sens contraire.

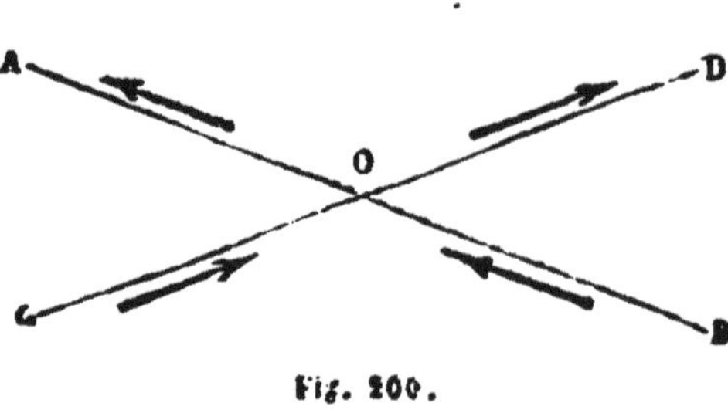

Fig. 200.

2° Un courant rectangulaire ou circulaire, mobile autour d'un axe vertical, et placé au-dessus ou au-dessous d'un courant fixe horizontal et indéfini, prend toujours une position d'équilibre stable dans un plan parallèle au courant fixe et dans un sens tel, que la partie du courant mobile la plus rapprochée du courant fixe marche dans la même direction que lui. Soit (*fig.* 201) un courant fixe et indéfini PQ placé horizontalement au-dessous des deux courants, rectangulaire ABCD et circulaire MN, mobiles l'un et l'autre autour d'un axe vertical KO; ces deux courants, pour se mettre en équilibre, se dirigeront dans un plan parallèle au courant fixe PQ, de manière que dans la base inférieure CD du rectangle, ainsi que dans l'arc MON du circuit circulaire, le sens du courant soit le même que dans le fil horizontal PQ. Ce second résultat des principes que nous avons précédemment posés est très important à connaître pour l'intelligence des développements qui vont suivre.

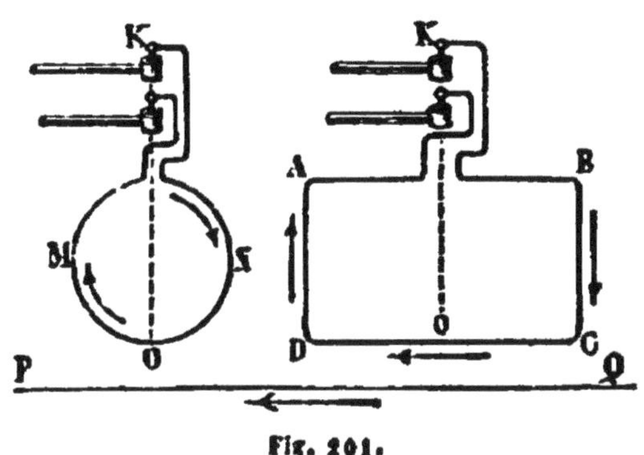

Fig. 201.

Solénoïdes. Actions des courants sur les solénoïdes.

313. *Solénoïdes.* — On donne le nom de *solénoïdes* à un système de courants circulaires égaux et parallèles, dont les plans sont perpendiculaires à une même ligne droite que l'on appelle *axe du solénoïde.*

Pour construire ce petit appareil, on enroule en hélice (*fig.* 202) un long fil de cuivre ABC, recouvert de soie, en ayant soin de ramener une partie rectiligne BC du fil métallique dans l'intérieur et suivant l'axe de l'hélice. Quand un solénoïde ainsi formé est mis en activité, c'est-à-dire quand ses deux extrémités A et C communiquent avec les pôles d'une pile, le courant qui le parcourt peut se décomposer en trois parties : 1° un courant rectiligne suivant la longueur AB du solénoïde ; 2° un courant rectiligne en sens inverse suivant l'axe BC ; 3° une suite de courants circulaires égaux, parallèles et de même sens. Les effets des deux courants rectilignes AB et BC se détruisant, puisque ces courants vont en sens contraire, il ne reste donc, pour l'effet du solénoïde, que les courants circulaires.

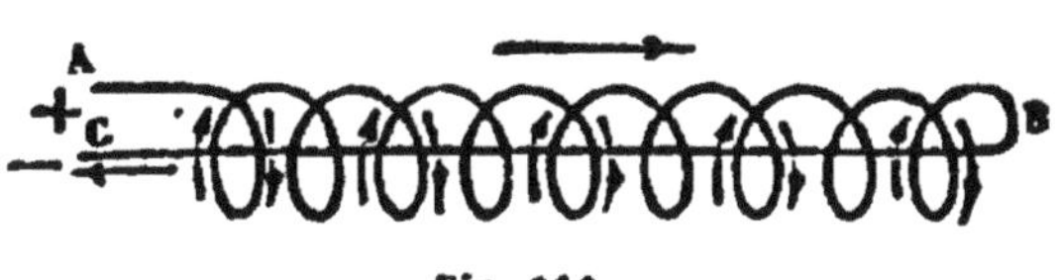

Fig. 202.

Le solénoïde que nous venons de décrire est un solénoïde fixe ou à la main. Pour rendre cet appareil mobile autour d'un axe

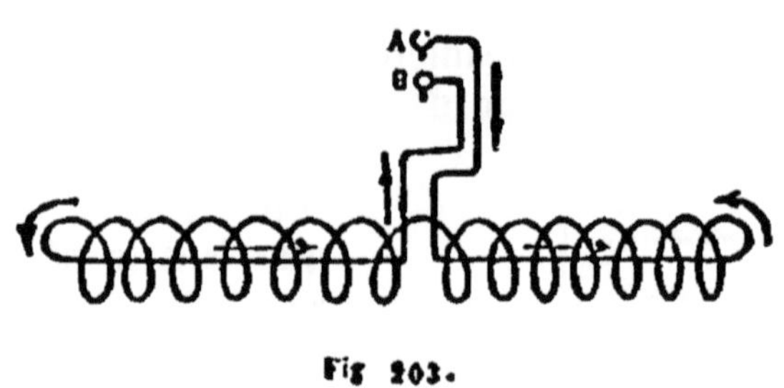

Fig 203.

vertical, on le construit comme l'indique la *fig.* 203, de manière qu'on puisse le suspendre par deux pivots en acier A et B dans les capsules de l'appareil représenté *fig.* 199.

314. *Actions des courants sur les solénoïdes.* — 1° Lorsqu'un fil rectiligne, traversé par un courant indéfini, est tendu horizontalement au-dessus ou au-dessous d'un solénoïde mobile et parallèlement à sa longueur, on voit le solénoïde tourner sur lui-même et tendre à se placer *dans un plan perpendiculaire au fil rectiligne*, c'est-à-dire en croix avec lui. Cette position d'équilibre une fois atteinte, on reconnait que les courants circulaires, dans chacune de leurs moitiés les plus voisines du fil rectiligne, sont de même sens que le courant fixe et indéfini qui passe par ce fil. Ce fait est la conséquence de l'action des courants rectilignes fixes sur les courants rectangulaires et circulaires mobiles dont nous avons parlé plus haut (301).

2° Si, au lieu de placer un courant horizontalement au-dessus ou au-dessous d'un solénoïde mobile, on approche de l'une de ses extrémités un courant vertical très puissant, on observe que cette extrémité du solénoïde est *attirée* ou *repoussée*, selon que le courant qui circule dans les parties du solénoïde les plus rapprochées du courant vertical est de même sens que lui ou de sens contraire.

315. *Action mutuelle des solénoïdes.* — Quand on approche l'extrémité d'un solénoïde que l'on tient à la main de l'une des extrémités d'un solénoïde mobile, on observe entre les deux solénoïdes des phénomènes d'attraction et de répulsion semblables à ceux que présentent entre eux les pôles des aimants. Lorsque, dans les parties mises en présence, les courants qui circulent sont de même sens, il y a attraction; lorsqu'ils sont de sens contraire, il y a répulsion. Ce résultat est encore la conséquence des deux premières lois qui régissent l'action mutuelle des courants (301).

Remarque. Dans les expériences qui précèdent, nous avons fait abstraction de l'action directrice que la terre exerce sur les solénoïdes. C'est cette action que nous allons maintenant étudier.

Action de la terre sur les courants. Assimilation des aimants aux solénoïdes. Théorie d'Ampère.

316. *Action de la terre sur les courants. Conducteurs astatiques.* — Si l'on suspend verticalement un circuit rectangulaire ou circulaire comme le représente la *fig.* 204, et qu'on le place d'abord dans le plan du méridien magnétique, on le voit, dès que le courant est établi, se dévier spontanément, et s'arrêter, après quelques oscillations, *dans un plan perpendiculaire au méridien magnétique*. On observe en outre que, dans la partie inférieure du circuit, l'électricité se meut de *l'est à l'ouest*. Si l'on renverse le sens du courant, le circuit mobile fait aussitôt une demi-révolution, de manière à maintenir toujours le courant de l'est à l'ouest dans sa partie inférieure.

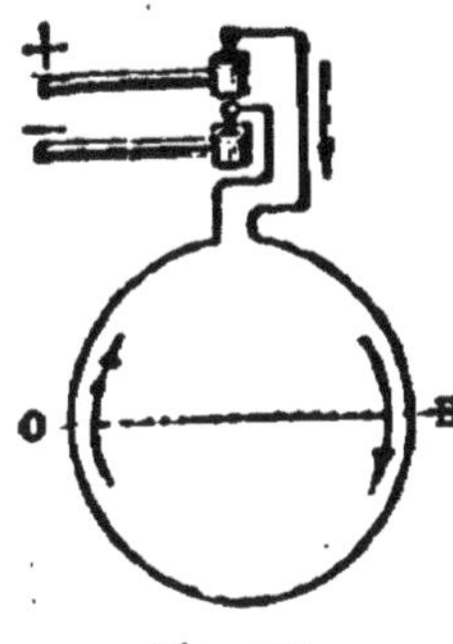

Fig. 204.

Dans cette expérience, il est évident que le circuit mobile n'est sollicité que par la seule action magnétique de la terre. Or, en rapprochant ce fait des principes que nous avons précédemment développés (311 et 312), il est facile de voir que la terre agit sur le circuit mobile comme le ferait un courant fixe indéfini placé au-dessous de lui et allant de l'est à l'ouest (*fig.* 201). On peut donc, d'après cette expérience, considérer le globe terrestre comme étant sillonné à sa surface par de vastes courants électriques, *dirigés perpendiculairement au méridien magnétique et de l'est* à *l'ouest*, c'est-à-dire en sens inverse de son mouvement de rotation diurne.

Les conducteurs mobiles peuvent être, comme les aimants du galvanomètre (307) rendus *astatiques*, c'est-à-dire soustraits à l'action directrice de la terre. Il suffit pour cela de donner au fil conducteur la forme d'un double rectangle ou toute autre disposition telle, que l'action de la terre sur les deux parties du circuit tendent à les faire tourner en sens contraire.

317. *Action de la terre sur les solénoïdes.* — Supposons (*fig.* 205) un solénoïde BA traversé par un courant et pouvant tourner librement autour d'un axe vertical ; chacun des cercles parallèles qui le composent se placera, d'après l'expérience précédente, dans un plan perpendiculaire au méri-

dien magnétique, et dans un sens tel, que la partie inférieure des courants circulaires marche de l'est à l'ouest. Par conséquent, l'axe BA du solénoïde sera situé dans le méridien magnétique lui-même; de telle sorte *que le solénoïde se dirigera exactement, suivant sa longueur, comme l'aiguille aimantée, l'une de ses extrémités se tournant vers le nord et l'autre vers le sud*. Si on renverse le sens du courant, le solénoïde fait aussitôt une demi-révolution pour venir se placer de nouveau dans le méridien magnétique, comme le ferait un aimant dont on renverserait instantanément les pôles.

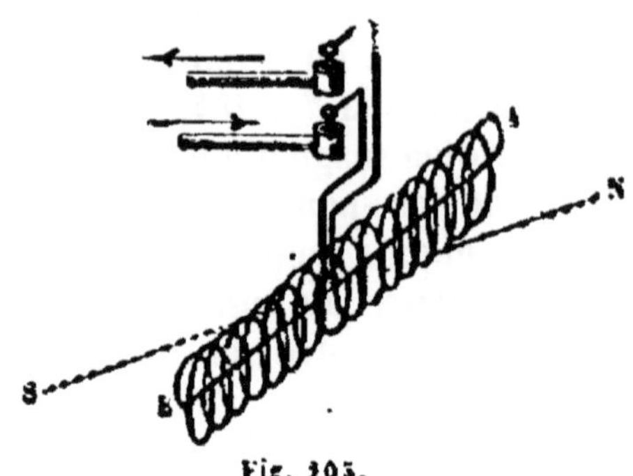

Fig. 205.

Un solénoïde mobile autour d'un axe vertical se comportant, sous l'influence terrestre, exactement comme une aiguille aimantée, on a dû appliquer à ses deux extrémités les mêmes noms qu'aux pôles de l'aimant. Ainsi on appelle pôle *austral* d'un solénoïde celle de ses extrémités qui se dirige vers le nord, et pôle *boréal* celle qui se tourne vers le sud.

318. *Action des aimants sur les solénoïdes et des solénoïdes sur les aimants.* — Nous avons déjà vu (315) que les solénoïdes s'attirent ou se repoussent à la manière des aimants; les mêmes phénomènes se produisent entre ceux-ci et les solénoïdes. Par exemple, le pôle austral d'un aimant attire le pôle boréal d'un solénoïde et repousse son pôle austral. Réciproquement, le pôle austral ou boréal d'un solénoïde attire le pôle contraire d'un aimant et repousse le pôle de même nom. *Les lois des attractions et des répulsions magnétiques s'appliquent donc exactement aux actions réciproques des solénoïdes et des aimants.*

319. *Assimilation des aimants aux solénoïdes. Théorie d'Ampère.* — Nous venons de voir que les solénoïdes se comportent exactement comme se comportent les aimants eux-mêmes, soit entre eux, soit sous l'action des courants, soit sous l'action de la terre, soit enfin sous l'action des aimants. En réfléchissant à cette analogie frappante, et qui se poursuit dans les moindres détails, on est naturellement conduit à se demander si les phénomènes magnétiques, au lieu d'être la conséquence de deux fluides particuliers, ne se rattacheraient pas aux propriétés générales de l'électricité dynamique.

Pour expliquer, d'après cette théorie, les actions magnétiques, Ampère a le premier considéré les aiguilles et les barreaux aimantés comme des systèmes de courants circulaires, constituant de véritables solénoïdes, c'est-à-dire dirigés dans des plans parallèles entre eux et perpendiculaires à l'axe magnétique de l'aimant. Ces courants électriques circulant incessamment dans le même sens autour des molécules de chaque aimant, équivaudraient, par conséquent, à un courant unique, d'une intensité égale à la somme de toutes leurs intensités partielles, et qui serait dirigé circulairement à la surface des aimants, comme le représente la *fig.* 206.

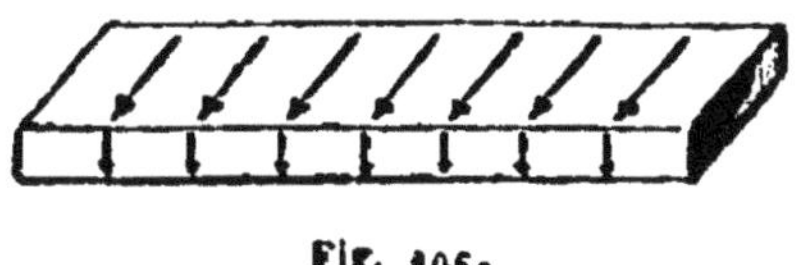

Fig. 206.

Ainsi, d'après cette ingénieuse théorie, *les aimants et la terre elle-même ne sont autre chose que des solénoïdes.* Le phénomène de la direction des aimants par le globe terrestre, les attractions et les répulsions magnétiques, ne sont plus que la conséquence des actions mutuelles des courants. Si cette théorie n'offre pas le caractère de la certitude absolue, elle est du moins l'expression fidèle de tous les faits relatifs à l'électro-magnétisme. Toutes les recherches qui, depuis Ampère, ont été faites dans cet ordre d'idées n'ont fait que la confirmer, et elle a été le point de départ de nombreuses et importantes découvertes.

Résumé.

I. On donne le nom d'*électro-magnétisme* à cette partie de la physique qui a pour objet l'étude des actions réciproques des courants sur les aimants et des aimants sur les courants.

II. Quand on place dans le méridien magnétique un courant rectiligne au-dessus et au-dessous d'une aiguille aimantée mobile sur un pivot vertical, l'aiguille tend à se mettre en croix avec le courant, son pôle austral tourné à gauche.

III. On appelle *galvanomètre* ou *multiplicateur* un instrument qui sert à reconnaître l'existence, la direction et l'intensité des courants. Sa construction repose sur l'action directrice des courants sur les aimants.

IV. Indépendamment de leur action directrice sur les aimants, les courants exercent encore sur eux une action attractive ou répulsive.

V. Les courants agissent sur les courants selon les lois suivantes : 1° deux courants parallèles et de même sens s'attirent; 2° deux courants parallèles et de sens contraire se repoussent ; 3° deux courants angulaires s'attirent quand ils se rapprochent ou qu'ils s'éloignent tous les deux du sommet de l'angle; 4° ils se repoussent dans le cas contraire.

VI. Deux courants croisés tendent à devenir parallèles et de même sens.

VII. Un courant rectangulaire ou circulaire, mobile autour d'un axe vertical, et situé au-dessus ou au-dessous d'un courant fixe horizontal, se place toujours dans un plan parallèle au courant fixe, de manière que la partie du courant mobile la plus rapprochée du courant fixe marche dans le même sens que lui.

VIII. On donne le nom de *solénoïde* à un système de courants circulaires égaux et parallèles, formé par un fil de cuivre recouvert de soie et roulé sur lui-même en hélice.

IX. Quand un solénoïde, mobile autour d'un axe vertical, est sollicité par un courant fixe tendu horizontalement au-dessus ou au-dessous de lui, il se place toujours, comme le ferait un aimant, dans une direction perpendiculaire au courant fixe.

X. Les extrémités de deux solénoïdes s'attirent ou se repoussent, à la manière des pôles des aimants, selon que les courants, dans les extrémités mises en présence, sont de même sens ou de sens contraire.

XI. Un circuit rectangulaire ou circulaire, mobile autour d'un axe vertical, se place constamment, sous l'influence de l'action magnétique de la terre, dans un plan perpendiculaire au méridien magnétique, le courant allant de l'est à l'ouest dans sa partie inférieure.

XII. Un solénoïde librement suspendu sur un pivot vertical et traversé par un courant se dirige exactement comme l'aiguille aimantée. De là l'assimilation des aimants aux solénoïdes, d'après la théorie d'Ampère sur le magnétisme.

CHAPITRE XXIII.

Aimantation par les courants. — Électro-aimants. — Télégraphes et sonneries électriques. — Applications diverses des électro-aimants. — Courants thermo-électriques. — Thermo-multiplicateur.

Aimantation par les courants. Électro-aimants.

320. *Aimantation par les courants.* — Lorsqu'on plonge dans de la limaille de fer un fil de cuivre traversé par un courant énergique, on voit la limaille s'enrouler avec force autour du fil et y rester adhérente tant que le courant subsiste. Mais vient-on à interrompre le courant, la limaille se détache et tombe à l'instant même. Ce fait capital, découvert par Arago, prouve que *les courants électriques agissent sur les substances magnétiques de manière à déterminer leur aimantation.* Le fer doux et l'acier trempé sont, de toutes les substances magnétiques, celles qui s'aimantent avec le plus d'énergie sous l'influence des courants.

321. *Aimantation du fer doux.* — Soit un fil métallique (*fig.* 207) traversé par un courant indéfini et mis en croix avec un barreau ou une aiguille de fer doux AB : on constate que le barreau s'aimante immédiatement et que, conformément à la loi que nous avons indiquée plus haut (306) son pôle austral A se forme à la gauche du courant. L'aimantation développée de cette manière sera, à la vérité, très faible; mais si le fil conducteur, au lieu de passer simplement devant le barreau, s'enroule en hélice autour de lui, perpendiculairement à son axe, toutes les spires de l'hélice ainsi formée exerçant sur le barreau des actions concourantes, l'aimantation pourra devenir alors très énergique. Elle sera d'autant plus forte que le nombre des tours de spire sera plus considérable. Toutefois cette aimantation, quelque puissante qu'elle soit, n'est jamais que tempo-

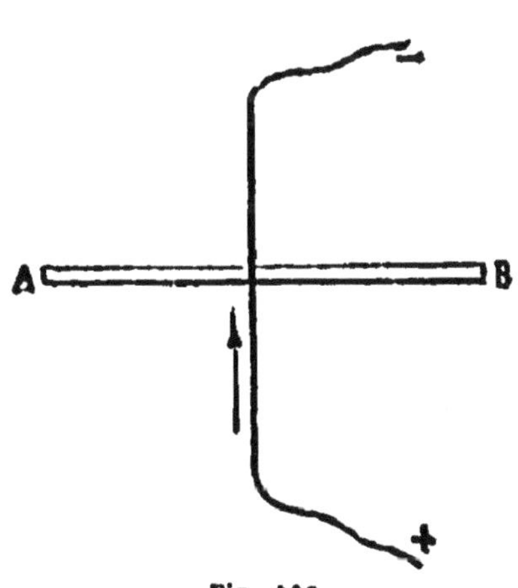

Fig. 207.

raire : elle cesse aussitôt que le courant est interrompu. On donne le nom d'*électro-aimants* aux barreaux de fer doux aimantés de la sorte.

322. *Électro-aimants.* -- Pour mieux juger de la puissance magnétique que développe dans un barreau de fer doux le passage d'un courant voltaïque, on donne ordinairement aux électro-aimants (*fig.* 208) la forme d'un fer à cheval FG, sur les deux branches duquel on enroule, un grand nombre de fois, un même fil de cuivre MN revêtu de soie. L'enroulement doit être tel, qu'en supposant le barreau redressé, l'hélice de l'une des branches soit la continuation de l'autre, ou, en d'autres termes, que les deux hélices n'en forment qu'une seule d'un bout à l'autre du barreau.

Aussitôt que les deux bouts libres M et N du fil conducteur sont en communication avec les pôles d'une forte pile, l'appareil se transforme instantanément en un aimant puissant dont le pôle austral est à gauche et le pôle boréal à droite du courant, l'un à l'entrée, l'autre à la sortie. A l'aide d'une pièce de contact P en fer doux, appelée *portant*, on peut faire soutenir à l'électro-aimant un poids plus ou moins considérable, selon les dimensions du barreau, la force du courant, la longueur et la grosseur du fil qui l'entoure. Mais aussitôt que le courant cesse de passer, l'électro-aimant revient à l'état naturel, et le poids qu'il portait se détache et tombe. La faculté des sciences de Paris possède un électro-aimant qui peut soutenir plusieurs centaines de kilogrammes.

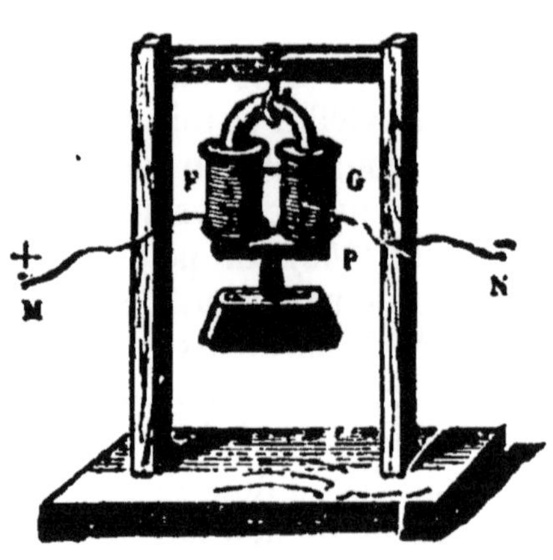

Fig. 208.

Les électro-aimants ont donné lieu à de nombreuses applications, dont la plus belle et la plus importante est celle qui a pour objet la télégraphie électrique. Ceux que l'on emploie dans les appareils télégraphiques, au lieu d'être formés par de simples barres courbées en fer à cheval, se composent (*fig.* 209) de deux cylindres parallèles C et C′ en fer doux, réunis par une lame transversale D de même métal. Un même fil de cuivre IK, très fin et recouvert de soie, s'enroule sur les deux cylindres, qu'il recouvre d'un grand nombre de tours dirigés, comme le représente la figure, de manière à former deux bobines A et B dont l'hélice de l'une soit, ainsi que nous venons de le dire, la continuation de l'hélice de l'autre. Par cette disposition les deux pôles contraires que développe le courant viennent se placer l'un à l'extrémité C, l'autre à l'extrémité C' des deux cylindres de fer doux.

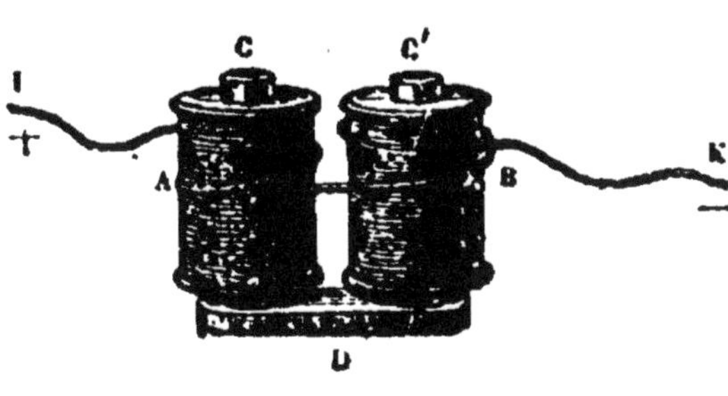

Fig. 209.

323. *Aimantation de l'acier.* — L'acier subit, comme le fer doux, l'influence des courants électriques. Mais, en raison de la force coercitive dont il est doué, l'aimantation qu'il reçoit, au lieu d'être temporaire comme celle du fer doux, est permanente. Pour aimanter des aiguilles ou des barreaux d'acier on les place (*fig.* 210) dans des tubes de verre autour desquels sont enroulés en hélice des fils de cuivre dont les spires sont assez espacées pour ne pas se toucher. Si le fil est enroulé sur le tube de droite à gauche, l'hélice est dite *dextrorsum*; s'il est enroulé de gauche à droite, on l'appelle *sinistrorsum*.

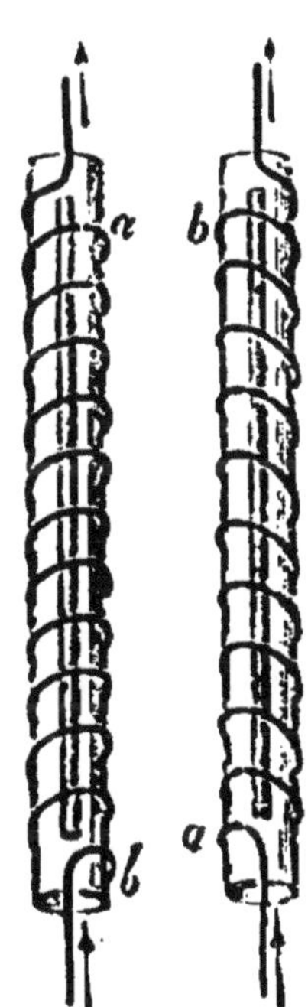

Fig. 210.

Les deux bouts de l'hélice étant en communication avec les pôles d'une pile, quelques instants suffisent pour aimanter à saturation l'aiguille ou le barreau d'acier placé dans le tube. Si l'hélice est *dextrorsum*, le pôle boréal *b* de l'aiguille ou du barreau d'acier se forme à l'entrée du courant, et le pôle austral *a* à la sortie (296). Le contraire a lieu si l'hélice est *sinistrorsum*.

324. *Explication du phénomène de l'aimantation voltaïque par la théorie d'Ampère.* — L'aimantation du fer doux et de l'acier par le courant de la pile peut s'expliquer facilement par la théorie d'Ampère (319). Il suffit pour cela de supposer qu'au-

tour de chaque molécule des substances magnétiques circulent des courants dirigés dans tous les sens imaginables, et qui, par cette raison, se détruisent mutuellement. L'influence d'un courant électrique sur une substance magnétique aurait alors pour effet d'*orienter* tous ces courants moléculaires, c'est-à-dire de les tourner dans le même sens et dans des plans parallèles.

Télégraphes.

325. *Télégraphie électrique.* — Les véritables inventeurs de ce merveilleux système de communication sont Galvani, Volta, Œrstedt et Arago. Galvani, en découvrant le principe de l'électricité dynamique; Volta, en créant la pile; Œrstedt, en faisant connaître l'action des courants sur les aimants; Arago, en démontrant l'aimantation produite sur le fer doux par le passage des courants, avaient successivement posé les bases fondamentales de la transmission instantanée du mouvement à de grandes distances. L'idée d'appliquer ce mouvement à la production des signes télégraphiques ne tarda pas à se présenter à l'esprit de plusieurs physiciens. En 1820, Ampère, s'appuyant sur la découverte qu'Œrstedt venait de faire, proposa le premier de correspondre au loin, au moyen d'un système électro-magnétique, composé d'aiguilles aimantées en nombre égal à celui des lettres de l'alphabet et mises en mouvement par autant de courants distincts. Depuis cette époque, un grand nombre de savants et d'habiles mécaniciens se sont occupés de cette grande question. Parmi ceux qui, tant en France qu'à l'étranger, ont le plus contribué à donner à la télégraphie électrique le degré de précision et de simplicité qu'elle possède aujourd'hui, nous citerons, MM. Bréguet, Froment, Wheatstone, Morse, Hughes et Caselli.

326. *Théorie générale des télégraphes électriques.* — La théorie générale des télégraphes électriques repose principalement sur la propriété que possèdent les électro-aimants d'acquérir et de perdre instantanément leur aimantation aussitôt qu'ils sont soumis à l'influence d'un courant ou qu'ils cessent de l'être. C'est, en effet, cette propriété que l'on utilise maintenant pour produire à de grandes distances le mouvement générateur des signaux télégraphiques. Voici par quel procédé fort simple on obtient ce résultat.

Supposons (*fig.* 211) un fil métallique *cdef* partant du pôle positif P d'une pile placée à Paris, allant s'enrouler sur un électro-aimant G, situé à Rouen par exemple, et revenant à

Paris se terminer au pôle négatif N de la même pile. Entre A et B, près de la pile et sur le trajet du pôle positif à l'électro-aimant, le fil est interrompu; mais les deux bouts du fil sont placés en regard l'un de l'autre, de manière à pouvoir être facilement mis en contact ou séparés. De sorte qu'il sera facile de fermer ou d'ouvrir le circuit à volonté, c'est-à-dire de permettre ou d'interrompre le passage du courant. En présence de l'électro-aimant G se trouve un petit levier en fer doux LT, mobile autour du point O et retenu par un ressort K. Deux arrêts x et y limitent les excursions du levier lorsqu'il se rapproche ou qu'il s'écarte de l'électro-aimant.

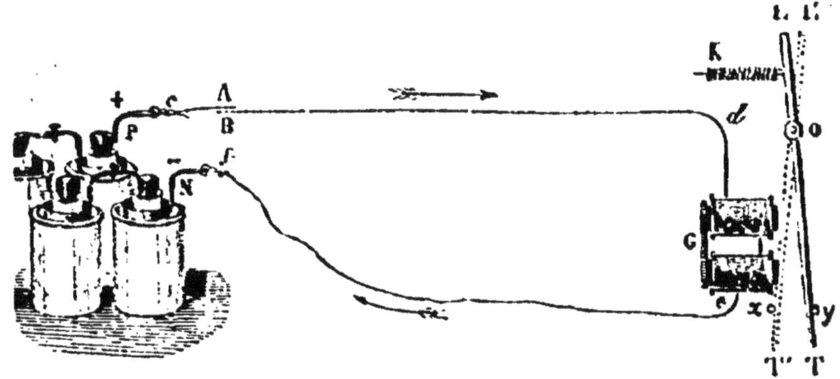

Fig. 211.

Ceci posé, examinons ce qui se passe dans ce système lorsqu'on y établit et qu'on interrompt alternativement le courant voltaïque. Mettons d'abord en contact les deux bouts A et B du fil conducteur; aussitôt le circuit se ferme, et le courant, partant du pôle positif P, se propage dans le fil *cd*, comme l'indique la flèche, passe dans les bobines de l'électro-aimant G, et de là revient par le *fil de retour ef* au pôle négatif N de la pile. Le magnétisme, développé instantanément dans l'électro-aimant, attire alors le levier en fer doux LT, qui aussitôt vient battre contre l'arrêt x, en prenant la position que représente la ligne ponctuée L'T'. Tant que le courant circulera, le levier gardera cette position; mais supposons que l'on supprime la communication en écartant l'un de l'autre les deux bouts A et B du fil conducteur; le courant sera interrompu, et l'électro-aimant, perdant immédiatement son magnétisme, cessera d'attirer le levier. Celui-ci, abandonné alors à l'action du ressort K, s'écartera de l'électro-aimant et viendra battre contre l'arrêt y en reprenant la position LT. Si l'on rétablit de nouveau et si l'on supprime ensuite la communication, les mêmes effets se reproduiront; de sorte qu'en une seconde, par exemple, on pourra faire osciller entre ses deux arrêts x et y le levier LT, que nous avons supposé placé à Rouen, autant de fois qu'il sera possible, à Paris, de fermer et d'ouvrir le circuit dans le même temps. Ainsi, si dans une seconde, à Paris, on ferme et on ouvre le circuit 10, 15, 20 fois, en mettant en contact et en écartant ensuite les deux bouts A et B du fil de communication, le levier fera à Rouen 10, 15, 20 vibrations, composées chacune d'un mouvement de va-et-vient entre ses deux arrêts. Toutefois, pour obtenir des vibrations rapides, il y a plusieurs conditions à remplir : il faut d'abord que le poids du levier et la tension du ressort ne soient pas trop grands; que la décomposition et la recomposition du magnétisme de l'électro-aimant se fassent avec une extrême promptitude, ce qui dépend de la qualité du fer dont il est formé; il faut, de plus, que le levier, en venant battre contre l'arrêt x, ne touche pas tout à fait à l'électro-aimant : car, quelque prompte que soit la disparition du magnétisme quand le courant a cessé d'agir, le levier, s'il était au contact, pourrait être un instant retenu et ne pas obéir assez vite à l'action de son ressort.

Suppression du fil de retour. Pour bien faire comprendre la marche du courant entre Paris et Rouen, nous avons supposé (*fig.* 241) un circuit métallique complet, composé : 1° d'une portion de fil *cd* partant du pôle positif d'une pile située à Paris pour aller communiquer à Rouen avec les bobines d'un électro-aimant; 2° d'une autre portion de fil *ef* ramenant le courant au pôle négatif de la pile. Or, l'expérience a démontré que ce *fil de retour ef* dont on faisait usage dans les premiers temps de l'emploi des télégraphes, est complètement inutile, et qu'il suffit, pour établir le courant, de faire communiquer avec le sol, d'un côté, le pôle négatif de la pile et, de l'autre, l'extrémité du fil *cd* après son passage à travers l'électro-aimant. Les couches du sol, absorbant alors l'électricité à mesure qu'elle leur arrive, permettent à la pile de fonctionner indéfiniment. De plus, comme la résistance du sol au passage des courants peut être considérée comme à peu près nulle, il en résulte que l'intensité du courant est presque le double de ce qu'elle serait avec un fil de retour, puisque la longueur du circuit est ainsi réduite de moitié (308). Pour mieux assurer la communication avec le sol, on termine les fils par deux plaques métalliques que l'on enfonce dans la terre humide, ou mieux encore dans un puits profond et bien alimenté.

327. *Composition des télégraphes électriques.* — Tout système de télégraphie électrique se compose essentiellement de quatre parties : 1° d'une *pile;* 2° d'un *conducteur;* 3° d'un *appareil manipulateur;* 4° d'un *appareil récepteur.*

1° *Pile.* Les piles que l'on emploie ordinairement sont celles de Daniell ou de Marié-Davy (283-286). La pile de Bunsen, d'une intensité beaucoup plus grande, n'est employée qu'exceptionnellement, quand la correspondance exige un courant d'une grande puissance.

2° *Conducteur.* Le conducteur est formé par des fils de fer galvanisés de 4 à 5 millim. de diamètre, que soutiennent des poteaux en bois de sapin, plantés de 50 en 50 mètres le long des chemins de fer. Sur ces poteaux sont fixés, à 2 ou 3 mètres au-dessus du sol, des supports isolants, en porcelaine ou en terre cuite, ayant généralement la forme d'anneaux dans lesquels passent les fils.

On peut également faire passer les conducteurs sous terre ou au fond de la mer. Pour les conducteurs sous-marins on remplace le fil de fer par un faisceau formée de plusieurs fils de cuivre juxtaposés. Ce faisceau est recouvert d'une couche épaisse de gutta-percha qui sert à l'isoler, et est en outre protégé par une armature en fils de fer revêtus de chanvre et roulés en spirale autour de lui. Telle est en particulier la disposition du câble transatlantique, dont le faisceau conducteur est composé de sept fils.

3° *Manipulateur.* On appelle ainsi l'appareil placé au point de départ du fil conducteur, c'est-à-dire près de la pile. C'est à l'aide de cet appareil que l'on règle l'emploi du courant en ouvrant ou en fermant le circuit à volonté, pour produire à l'autre extrémité de la ligne le mouvement de va-et-vient nécessaire à la transmission des signaux.

4° *Récepteur.* C'est l'appareil qui *reçoit* la dépêche transmise par le manipulateur. Il renferme l'électro-aimant et son levier, ainsi que le mécanisme destiné à la formation des signaux.

Chaque poste télégraphique, pour envoyer et pour recevoir les dépêches, doit être muni d'un manipulateur, d'un récepteur et d'une pile. Nous verrons plus loin comment les mêmes fils peuvent suffire à ce double usage.

328. *Divers systèmes de télégraphes électriques.* — Il existe plusieurs systèmes de télégraphes électriques. Ceux que l'on emploie le plus généralement en France sont le *télégraphe de Morse*, le *télégraphe imprimant de Hughes* et le *télégraphe à cadran*.

329. *Télégraphe Morse.* — Le télégraphe Morse, inventé en Amérique, est aujourd'hui employé par toutes les nations, grâce à la simplicité de son mécanisme, qui rend la transmission des dépêches aussi sûre que rapide.

Fig. 212.

Manipulateur du télégraphe Morse. — Il consiste en un petit levier de cuivre KL (*fig.* 212) fixé par un axe mobile O sur un socle quadrangulaire en bois. L'extrémité K de ce levier est surmontée d'un bouton B en bois ou en ivoire; l'autre extrémité L porte une vis en cuivre A dont la pointe repose sur une petite pièce métallique D. Au-dessous de la partie antérieure du levier est une autre pièce métallique ou *enclume* C, dont le levier est sans cesse écarté par l'action d'un petit ressort *r*. En *b*, *b'* et *b''* sont des boutons métalliques auxquels on attache les fils. Au bouton *b* est attaché le fil de la pile P; au bouton *b'* le fil du récepteur R; au bouton *b''* le fil de la ligne L. Des bandes de cuivre fixées sous l'appareil établissent des communications, savoir : entre *b* et l'enclume C, entre *b'* et D, entre *b''* et O. Il résulte de ces dispositions que, lorsque le manipulateur est au repos, une communication existe toujours entre O et D, c'est-à-dire entre la ligne et l'appareil récepteur. Au contraire, si l'on vient à peser avec le doigt sur le bouton B, de manière à mettre le levier KL en contact avec l'enclume C, la communication s'établit entre C et O, de sorte que le courant passe aussitôt dans le fil de la ligne L.

Récepteur du télégraphe Morse. — La *fig.* 213 représente cet appareil : C et C' sont deux cylindres que l'on peut à volonté faire tourner l'un sur l'autre en sens contraire, par l'action d'un mouvement d'horlogerie H. Entre ces deux cylindres est engagée une bande de papier PPP' enroulée sur la roue R : E, E', sont les bobines d'un électro-aimant, au-dessus duquel est un levier AB mobile autour du point O. L'extrémité A de ce levier porte un poinçon en acier ou un crayon destiné à tracer les signaux sur la bande de papier comprise entre les deux cylindres. *ff'* est une armature en fer doux ; *r* est un ressort à boudin dont la tension se règle au moyen d'un bouton D, et qui sert à maintenir le poinçon écarté du papier, tant que le courant ne passe pas par l'électro-aimant. Enfin, au bouton *b* est attaché le fil de ligne L, et au bouton *b'* le fil de terre T.

Fig. 213.

Rien n'est plus facile à comprendre que la manière dont fonctionne ce télégraphe. Nous avons dit qu'il suffit d'appuyer sur le bouton B du manipulateur pour envoyer aussitôt un courant dans le fil de la ligne L. Ce courant arrive dans le récepteur en passant par le manipulateur au repos du bureau auquel est adressée la dépêche, traverse les bobines de l'électro-aimant et va se perdre dans le sol, où le conduit le fil de terre T. En ce moment, l'armature *ff'* est attirée, et le poinçon, pressant sur la bande de papier qui se déroule entre les deux cylindres, y imprime un trait ou un point, selon la durée du contact. Dès que l'on cesse d'appuyer sur le bouton B du manipulateur, le courant est interrompu et le poinçon s'écarte du papier par l'action de son ressort r. On peut donc, en appuyant et en cessant d'appuyer successivement sur le levier du manipulateur, produire à volonté des séries de points ou de traits, dont les combinaisons variées servent à représenter les lettres, les chiffres et autres signes nécessaires à la correspondance télégraphique. Le tableau suivant indique les signes convenus pour l'alphabet français, les chiffres et la ponctuation.

Lettres et chiffres employés pour la correspondance avec le télégraphe Morse.

a ·—	k —·—	u ··—	1 ·————
b —···	l ·—··	v ···—	2 ··———
c —·—·	m ——	w ·——	3 ···——
d —··	n —·	x —··—	4 ····—
e ·	o ———	y —·——	5 ·····
f ··—·	p ·——·	z ——··	6 —····
g ——·	q ——·—	, ·—·—·—	7 ——···
h ····	r ·—·	; —·—·—·	8 ———··
i ··	s ···	: ———···	9 ————·
j ·———	t —	. ······	0 —————

330. *Télégraphe imprimant de Hughes.* — Ce télégraphe, (*fig.* 214), dont l'usage tend à se répandre de plus en plus, ne se compose que d'un seul appareil, à la fois manipulateur et récepteur. Son mécanisme, assez compliqué dans ses détails, repose sur un système de rouages que met en mouvement un poids de 50 kilogrammes. L'une des roues R dite *roue des types* porte sur sa circonférence les 26 lettres de l'alphabet gravées en relief, plus les chiffres, un point et un blanc. Un levier, mû par l'armature de l'électro-aimant, met en contact avec cette

roue, chaque fois que le courant passe dans les bobines, une bande de papier sur laquelle les lettres viennent s'imprimer, et qu'un encliquetage fait avancer d'une quantité constante à mesure qu'il s'imprime. La transmission du courant à l'électro-aimant se fait au moyen d'un clavier de piano faisant fonction de manipulateur, et dont les touches portent également les 26 lettres de l'alphabet, les chiffres, le point et le blanc.

Par une disposition des plus ingénieuses, chaque fois que l'on abaisse une touche au point de départ, la bande de papier de l'appareil situé à la station d'arrivée vient prendre aussitôt sur la roue des types l'empreinte de la lettre dont cette touche est marquée.

Fig. 214.

M. Caselli a inventé, dans ces derniers temps, un télégraphe dit *autographique*, avec lequel un dessin quelconque, l'écriture, la signature même d'une personne, peuvent être fidèlement reproduits. Mais de tous les moyens de communiquer à distance par l'électricité, le plus étonnant est assurément le *téléphone*, récemment inventé par M. Graham Bell, de Boston (1877), pour transmettre au loin les sons et la parole (voyez chap. XXVII).

331. *Télégraphe à cadran.* — Le télégraphe à cadran de M. Breguet, employé depuis longtemps en France pour le service particulier des chemins de fer, se compose d'un manipulateur et d'un récepteur munis chacun d'un cadran circulaire, sur lequel sont représentés les vingt-cinq lettres de l'alphabet et une croix nommée *final*, plus les vingt-cinq premiers nombres

et le zéro qui correspond à la croix. Le cadran du manipulateur porte une manivelle au moyen de laquelle se fait la transmission des dépêches; celui du récepteur porte une aiguille légère dont la pointe peut parcourir les 26 divisions de la circonférence.

Le mécanisme de ce télégraphe qui, comme dans tous les autres systèmes, a pour but de fermer ou d'ouvrir alternativement le circuit, est organisé de telle manière qu'en plaçant successivement la manivelle sur chacune des lettres du cadran correspondant à celles de la dépêche, celles-ci sont immédiatement indiquées par l'aiguille du récepteur, disposée de façon à reproduire exactement, par l'intermédiaire du courant, tous les mouvements communiqués à la manivelle.

Sonneries électriques. Applications diverses des électro-aimants.

332. *Sonneries électriques.* — Tous les bureaux télégraphiques sont munis d'une sonnerie qui correspond avec les divers postes d'où les dépêches peuvent être expédiées, et au moyen de laquelle les employés sont avertis avant chaque expédition.

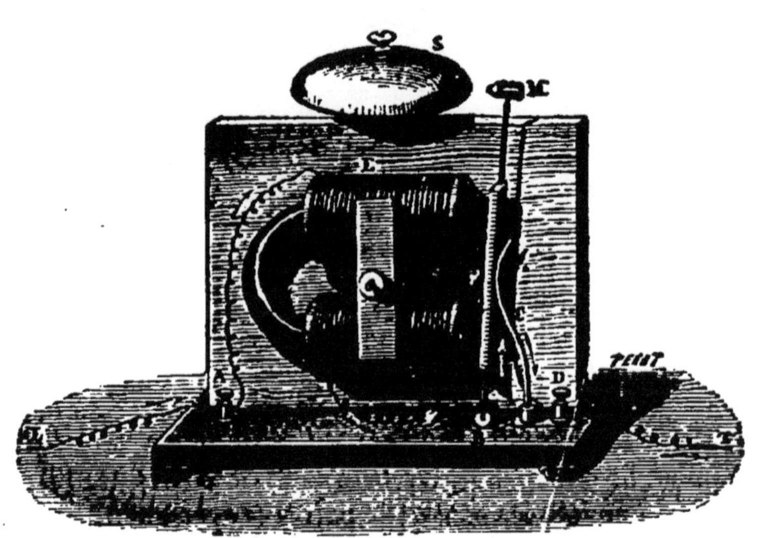

Fig. 215.

La sonnerie la plus communément employée est celle dite *à trembleur*. Elle se compose (*fig.* 215) d'un électro-aimant E dans lequel arrive par le bouton A le courant de la ligne L; une lame élastique d'acier, fixée au bouton B, soutient l'armature en fer doux F de l'électro-aimant, laquelle armature porte à son extrémité supérieure le marteau M destiné à frapper sur le timbre S. A l'état de repos l'armature F, écartée par son ressort des pôles de l'électro-aimant, s'appuie contre une lame de laiton C, qui communique par le bouton D avec un fil T plongeant dans le sol. Voici maintenant comment fonctionne l'appareil.

Le courant de la ligne L, après avoir parcouru le fil de l'électro-aimant, arrive au bouton B, passe ensuite par l'armature F et de là dans la lame C, qui le transmet au bouton D, puis au fil T par lequel il s'écoule dans le sol. Mais le passage du courant ayant pour effet d'aimanter l'électro-aimant, l'armature F est attirée, *elle s'écarte de la lame de laiton C,* et son marteau vient frapper le timbre S; le circuit est alors interrompu, et l'électro-aimant perd aussitôt son magnétisme. Il en résulte que l'armature F, n'étant plus attirée, obéit à son ressort qui la ramène *en contact avec la lame* C; le circuit se trouve donc de nouveau fermé, ce qui permet à l'électro-aimant d'attirer de nouveau l'armature, dont le marteau frappe une deuxième fois le timbre, et ainsi de suite. Ce mouvement de va-et-vient se continue tant qu'il y a émission du courant.

Ce genre de sonnerie n'est pas seulement en usage pour les télégraphes électriques; on l'emploie également dans les ateliers, les appartements et autres lieux d'habitation, où il permet de mettre facilement en communication des pièces très-éloignées les unes des autres. Une petite pile au sulfate de mercure suffit, dans ce cas, pour entretenir le fonctionnement de l'appareil.

333. *Influence des orages sur les appareils de télégraphie électrique.* — Les orages produisent sur les appareils de télégraphie électrique des effets extrêmement remarquables. A chaque éclair, un courant se développe dans les conducteurs, et l'on voit les aiguilles se mettre en mouvement comme si elles étaient sous l'influence de la pile. Souvent même elles deviennent étincelantes. Dans certains cas plus rares, les fils de l'électro-aimant sont échauffés, fondus et même volatilisés. On évite tous ces effets de la foudre en faisant communiquer les fils de la ligne directement avec la terre. Les courants orageux vont alors se perdre dans le sol, sans endommager les appareils.

334. *Applications diverses des électro-aimants.* — Outre les télégraphes et les sonneries électriques que nous venons de décrire, les électro-aimants ont donné lieu à plusieurs autres

applications industrielles, parmi lesquelles nous nous bornerons à mentionner les *horloges électriques*, les *chronoscopes*, destinés à mesurer des intervalles de temps très courts, les *moteurs électro-magnétiques* et l'*électro-trieur*. Ce dernier appareil a pour but de séparer de leur gangue les minerais de fer magnétiques. Il se compose de trois roues en fonte tournant sur un même axe horizontal et portant chacune plusieurs électro-aimants disposés dans le sens des rayons. Au-dessous de ces électro-aimants arrive, sur une toile sans fin, le minerai pulvérisé, dont les parcelles d'oxyde magnétique, attirées par les électro-aimants, sont ainsi séparées de leur gangue, c'est-à-dire des matériaux étrangers sur lesquels le magnétisme est sans action. Aussitôt que les électro-aimants ont dépassé la toile qui apporte le minerai, le courant, par une disposition particulière de l'appareil, cesse pour chacun d'eux; l'oxyde n'étant plus attiré tombe alors sur un plan incliné, qui le conduit dans le lieu où il doit être utilisé.

Courants thermo-électriques. Thermo-multiplicateur.

335. *Courants thermo-électriques.* — La chaleur peut, dans certaines conditions, donner naissance à des courants électriques qui ne se distinguent des courants ordinaires que par leur tension comparativement beaucoup plus faible. Pour mettre ce fait en évidence, on se sert d'un petit appareil composé (*fig.* 216) d'une lame de bismuth BH, dont les deux extrémités sont soudées à une lame de cuivre CD, recourbée de manière à former un circuit dans l'intérieur duquel est une aiguille aimantée *ab* mobile sur un pivot. L'appareil étant placé dans la direction du méridien magnétique, si l'on chauffe légèrement l'une des soudures, on voit aussitôt l'aiguille dévier de sa position d'équilibre,

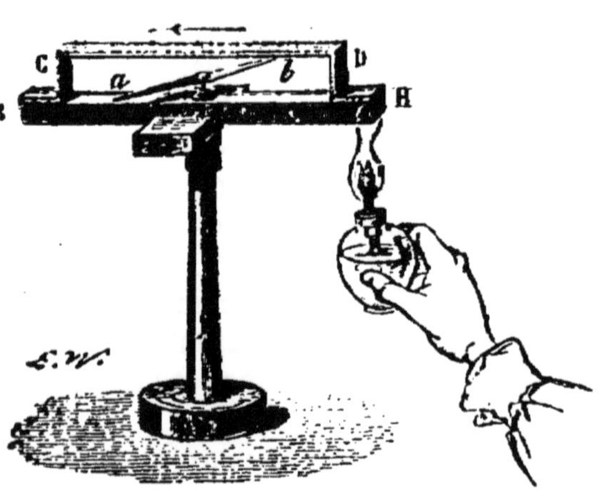

Fig. 216.

et prendre une direction qui indique la production d'un courant allant, dans la lame de cuivre DC, de la soudure chauffée vers la soudure froide. Si, au lieu de chauffer la soudure H, comme le représente la figure, on la refroidit avec de la glace, en conservant à l'autre soudure sa température normale, on voit encore un courant se produire, mais en sens inverse du premier. Dans les deux cas, l'*intensité du courant est proportionnelle à la différence de température des deux soudures.*

Les courants thermo-électriques sont le résultat de l'*inégale propagation de la chaleur* au travers des différentes pièces métalliques composant le circuit. Pour le démontrer, on prend un circuit formé d'un seul métal, soit d'un fil de cuivre dont toutes les parties sont homogènes : si l'on chauffe un des points de ce circuit, il ne se manifeste aucun courant. Mais si l'on vient à rompre l'homogénéité du circuit, en tordant plusieurs fois le fil sur lui-même dans une partie de sa longueur, et qu'on le chauffe ensuite près de l'endroit où il a été tordu, on observe un courant allant de la partie chauffée vers cet endroit. Toutefois le courant ainsi obtenu est excessivement faible ; aussi est-il préférable, pour la production des courants thermo-électriques, d'employer des circuits composés de métaux différents.

336. *Pile thermo-électrique.* — La pile thermo-électrique, dite *pile de Melloni*, du nom de son inventeur, a pour objet d'accumuler les tensions des courants thermo-électriques produits dans un circuit formé de plusieurs métaux. Elle se compose (*fig.* 217) d'une série continue de barreaux de bismuth *bb'* et d'antimoine *aa'* soudés les uns aux autres, et recourbés de manière que toutes les soudures d'ordre pair soient d'un côté, et les soudures d'ordre impair du côté opposé.

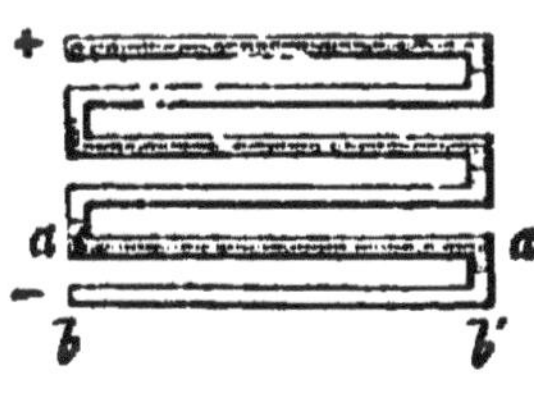

Fig. 217.

Ces barreaux, dont on peut multiplier le nombre à volonté, sont disposés par rangées verticales de quatre ou cinq couples, communiquant ensemble, et placés dans un étui rectangulaire de cuivre, qui ne laisse visibles, à ses deux bouts (*fig.* 218), que les soudures de même ordre.

Cette pile a été modifiée en 1880 par un physicien distingué, M. Clamont, de manière à en obtenir des courants assez intenses pour servir à l'éclairage électrique. Les éléments de ce nouveau système sont composés d'un alliage d'antimoine et de zinc, employé comme soudure, et de lames de fer-blanc. Celles-ci sont réunies en forme de chaîne, et placées entre deux surfaces métalliques, dont l'une, qui est en fonte, reçoit la chaleur d'un calorifère au coke. Avec une seule de ces piles et une dépense relativement minime de combustible, on peut alimenter un foyer lumineux équivalant à 40 becs Carcel.

337. *Thermo-multiplicateur.* — La pile thermo-électrique, combinée avec le galvanomètre, porte le nom de *thermo-multiplicateur.* C'est avec cet appareil (*fig.* 218), inventé par Melloni, qu'ont été faites les expériences délicates dont nous avons parlé plus haut (155) sur les divers pouvoirs des corps relatifs à la chaleur rayonnante. L est une lampe Locatelli qui sert de source de chaleur, E un écran mobile, percé d'une ouverture circulaire pour le passage des rayons calorifiques, C un support sur lequel on place les corps soumis à l'expérimentation, P la pile thermo-électrique, dont les deux pôles communiquent avec un galvanomètre G. Ces différentes pièces, moins le galvanomètre, sont fixées à des distances variables sur une règle en cuivre AB, d'un mètre de longueur et divisée en centimètres.

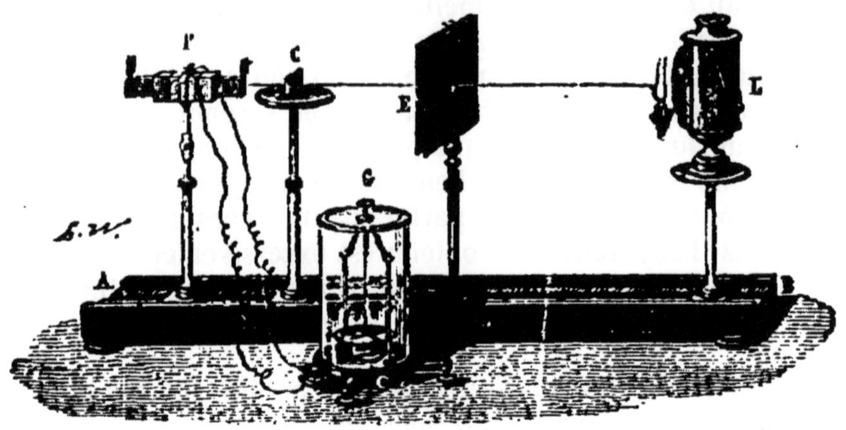

Fig. 218.

Résumé.

I. Les substances magnétiques s'aimantent instantanément sous l'influence des courants électriques.

II. Les électro-aimants sont des barres de fer doux, ayant la forme d'un fer à cheval, sur les deux branches duquel est enroulé un long fil de cuivre revêtu de soie de manière à former deux hélices continues. Quand un courant passe dans ce fil, l'électro-aimant acquiert une force magnétique très grande, qu'il perd aussitôt que le courant cesse de passer.

III. On aimante des aiguilles ou des barreaux d'acier en les plaçant dans des tubes de verre autour desquels sont enroulés en hélice des fils de cuivre que traversent des courants. Ces hélices sont dites *dextrorsum* ou *sinistrorsum*, suivant le sens de leur enroulement.

IV. Les télégraphes, les sonneries électriques et autres appareils de ce genre (horloges, chronoscopes, etc.), reposent sur la propriété que possèdent les électro-aimants d'acquérir ou de perdre instantanément leur aimantation, lorsqu'ils sont soumis à l'influence d'un courant ou qu'ils cessent de l'être.

V. Tout système de télégraphie électrique se compose essentiellement de quatre parties : 1° d'une *pile*; 2° d'un *conducteur;* 3° d'un *appareil manipulateur;* 4° d'un *appareil récepteur*. Les télégraphes actuellement employés en France sont le télégraphe Morse, celui de Hughes et le télégraphe à cadran.

VI. La chaleur peut, dans certaines circonstances, donner naissance à des courants qui ont reçu le nom de courants *thermo-électriques*. Ces courants ne se distinguent des courants ordinaires que par leur tension comparativement beaucoup plus faible.

VII. La pile thermo-électrique a pour objet d'accumuler les tensions des courants thermo-électriques qui se produisent dans un circuit formé de plusieurs métaux. Les métaux employés dans sa construction sont le bismuth et l'antimoine.

VIII. Combinée avec le galvanomètre, la pile thermo-électrique constitue le plus sensible de tous les appareils thermométriques. Cet appareil, inventé par Melloni, a reçu le nom de *thermo-multiplicateur*.

CHAPITRE XXIV.

Induction électrique. — Courants d'induction. — Courants volta-électriques. — Courants magnéto-électriques. — Loi générale des courants d'induction ou loi de Lens. — Induction des courants sur eux-mêmes, extra-courants. — Premières machines d'induction : Bobine de Ruhmkorff. — Machines de Pixii et de Clarke.

Induction électrique.

338. *Courants d'induction.* — On donne le nom de *courants d'induction*, ou *de courants induits*, à des courants instantanés qui se développent dans des conducteurs métalliques, sous l'influence des courants voltaïques ou des aimants. De là deux classes de courants d'induction, lesquels ne diffèrent d'ailleurs que par leur origine, savoir :

1° Les courants *volta-électriques*, ou courants produits sous l'influence des courants voltaïques ordinaires;

2° Les courants *magnéto-électriques*, ou courants produits sous l'influence des aimants ou du magnétisme terrestre.

C'est à Faraday que l'on doit la découverte (1831) des courants d'induction, qui jouent aujourd'hui le plus grand rôle dans les applications industrielles de l'électricité.

Courants volta-électriques.

339. *Production des courants d'induction par l'influence des courants voltaïques.* — Soit une bobine en bois M placée, comme la représente la *fig.* 219, dans une autre bobine K. Sur la première bobine est enroulé un long fil de cuivre *ab* revêtu de soie; sur l'autre bobine est également enroulé *dans le même sens* un second fil *cd:* ces deux fils forment par conséquent deux hélices semblables et superposées. Cela fait, si l'on met les deux bouts *a* et *b* du fil de la bobine M en communication avec une pile, et qu'on place dans le circuit de la bobine K un galvanomètre G dont l'aiguille est au zéro, voici ce que l'on observe :

1° *Au moment même* où le courant de la pile commence à

traverser le fil *ab* de la bobine M, de *a* vers *b* par exemple, l'aiguille du galvanomètre éprouve une déviation qui indique qu'un courant instantané et de *sens inverse* du premier s'est

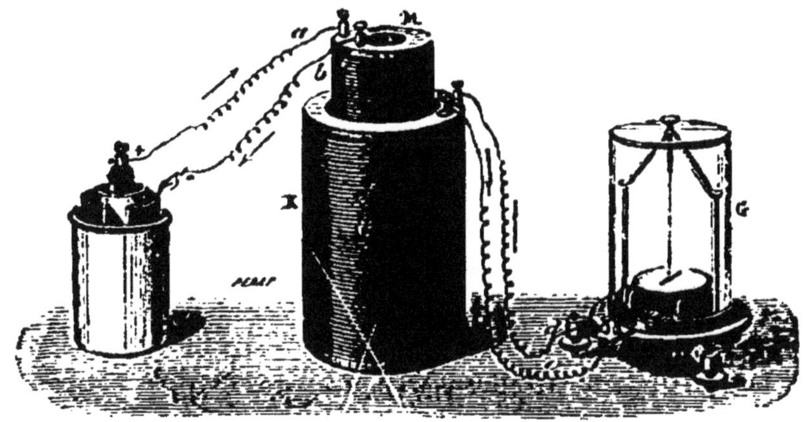

Fig. 219.

développé dans le fil de la bobine K. Cet effet ne dure qu'un instant très court; car l'aiguille, après quelques oscillations, revient au zéro et s'y maintient tant que le courant voltaïque continue à passer dans le fil *ab*.

2° Si l'on interrompt le courant voltaïque, en supprimant la communication de la pile avec la bobine M, l'aiguille du galvanomètre est de nouveau déviée, mais *en sens contraire* de la déviation précédente; ce qui prouve qu'à l'*instant même* où le courant s'est arrêté dans le fil *ab*, un nouveau courant, *direct* cette fois, c'est-à-dire de même sens que le courant *ab*, s'est encore développé instantanément dans le fil *cd*.

Le courant voltaïque *ab* sous l'influence duquel se sont produits les deux courants instantanés dans le fil *cd* s'appelle *courant inducteur*, et ceux-ci *courants induits;* on dit encore que le fil *ab* est le *fil inducteur*, et le fil *cd* le *fil induit*.

Nous venons, pour mieux faire comprendre ce que sont les courants d'induction, de supposer la bobine inductrice placée dans la bobine induite; mais cela n'est pas nécessaire pour la production de ces courants. Il suffit que les deux bobines soient simplement en regard et à petite distance l'une de l'autre, comme le représente la figure 220. Voici alors ce que l'on peut observer :

1° Si l'on établit et si l'on rompt successivement la communication de la bobine M avec la pile P, l'aiguille du galvano-

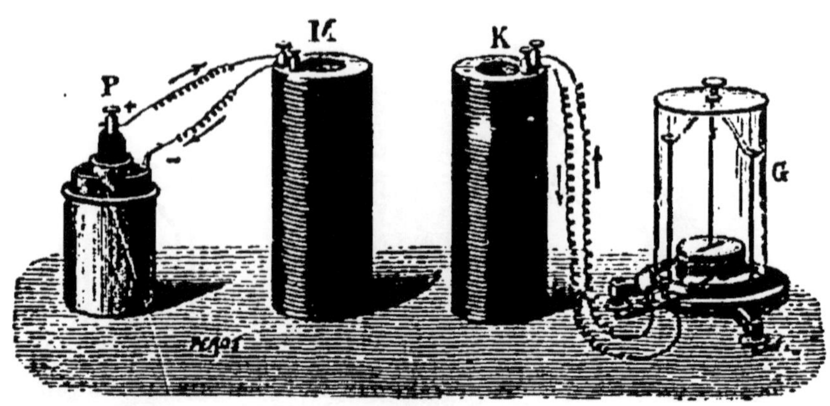

Fig. 220.

mètre G indique encore, comme dans le cas précédent, la production dans la bobine K de deux courants instantanés et successifs, l'un inverse, l'autre direct.

2° Si, laissant en communication la bobine M avec la pile, de manière à y faire passer un courant continu, on approche vivement la bobine K de la bobine M, un courant de *sens contraire* à celui de la pile se produit aussitôt dans la bobine K; si l'on écarte ensuite les deux bobines, un nouveau courant se produit encore dans la bobine K, mais cette fois de *même sens* que celui de la pile. Ces deux courants sont également instantanés, ainsi que le prouve l'aiguille du galvanomètre revenant immédiatement à sa position d'équilibre, dès que les deux bobines sont laissées au repos.

3° Enfin on peut constater encore que si l'on augmente ou si l'on diminue l'intensité du courant, en ajoutant à la pile soit un peu d'acide, soit un peu d'eau, on obtient immédiatement dans la bobine K un courant inverse ou un courant de même sens, correspondant, le premier à l'augmentation, le second à la diminution d'intensité du courant de la pile.

Nous résumerons de la manière suivante les résultats de ces expériences, la pile P et la bobine M formant le *courant inducteur*, la bobine K et le galvanomètre G constituant le *circuit fermé* dans lequel se développe le *courant induit* :

1. Tout courant qui commence fait naître immédiatement

da. un circuit fermé et placé près de lui un courant *inverse*, c'est-à-dire de *sens contraire* au sien ;

2. Tout courant qui finit fait naître dans un circuit voisin un courant *direct*, c'est-à-dire du même sens que le sien ;

3. Tout courant que l'on approche d'un circuit fermé fait naître dans ce circuit un courant *inverse ;*

4. Tout courant que l'on éloigne d'un circuit fermé fait naître dans ce circuit un courant *direct ;*

5. Tout courant qui augmente ou diminue subitement d'intensité fait naître dans un circuit voisin : dans le premier cas, un courant *inverse ;* dans le second cas, un courant *direct ;*

6. Les courants induits, inverses ou directs, sont toujours *instantanés ;* ils ne durent que l'instant très court pendant lequel on change soit les conditions du courant inducteur, soit le rapport de position entre celui-ci et le circuit fermé dans lequel ils prennent naissance. Ces courants ont encore pour caractère d'être toujours plus intenses que les courants inducteurs dont ils procèdent.

Courants magnéto-électriques.

340. *Production des courants d'induction sous l'influence des aimants.* — Nous avons vu (321) que les courants voltaïques développent le magnétisme dans le fer et dans l'acier.

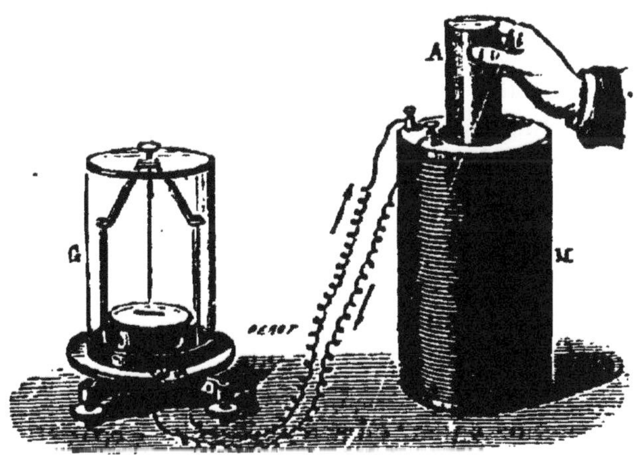

Fig. 221.

Réciproquement, un aimant fait naître, dans des circuits métalliques, des courants induits. Pour le démontrer, on prend une bobine creuse en bois M (*fig.* 221), sur laquelle est enroulé un seul fil de 200 à 300 mètres de longueur. Les deux extrémités de ce fil étant mises en communication avec un galvanomètre G, si l'on introduit brusquement dans l'intérieur de la bobine un barreau aimanté A, voici ce que l'on observe :

1° *Au moment* où le barreau est introduit, le galvanomètre indique le passage dans le fil d'un courant instantané de *sens inverse* des courants qui, d'après la théorie d'Ampère, circuleraient autour du barreau, assimilé à un solénoïde. Ce courant ne dure qu'un temps très court; car l'aiguille du galvanomètre revient promptement à sa position d'équilibre, et s'y maintient tant que l'aimant reste dans la bobine.

2° Si l'on retire rapidement le barreau, un nouveau courant, qui cette fois est *direct*, se développe encore dans le fil.

On obtient encore les mêmes effets si, laissant le barreau aimanté dans la bobine, on approche et on éloigne alternativement de l'un de ses pôles un morceau de fer doux, ou réciproquement, si le fer doux, étant placé dans la bobine, on le soumet de la même manière à l'influence de l'aimant. Le plus léger mouvement de l'un vers l'autre, ne serait-ce qu'une simple vibration, suffit pour faire aussitôt dévier l'aiguille du galvanomètre. Nous verrons plus loin les merveilleuses applications que la science moderne a su tirer de ces phénomènes.

341. *Emploi du fer doux pour augmenter l'intensité des courants induits.*— Supposons que dans la bobine inductrice M (*fig.* 219) on place un barreau de fer doux : au moment où le courant passe dans cette bobine, le fer s'aimante à la manière d'un électro-aimant. Or, cette aimantation subite a pour effet de développer aussitôt dans le fil de la bobine extérieure K un courant induit magnéto-électrique de *même sens* que le courant induit volta-électrique produit dans ce même fil par le courant de la pile circulant dans la bobine inductrice M. Si l'on interrompt le circuit, le même effet se reproduit en sens inverse par la désaimantation subite du fer doux. D'où il résulte qu'un barreau de fer doux placé à l'intérieur et dans l'axe d'une bobine d'induction a pour effet d'*augmenter l'intensité des courants induits*, développés par le passage et l'interruption alternatifs du courant voltaïque dans le fil inducteur.

342. *Induction par l'action de la terre.* — Si, d'après la

théorie d'Ampère, le globe terrestre est magnétiquement assimilable à un solénoïde (319) dont les courants circuleraient de l'est à l'ouest, il est rationnel d'admettre que, sous la seule influence de la terre, des courants induits doivent se développer dans des circuits convenablement disposés. C'est, en effet, ce qu'il est facile de démontrer au moyen d'une spirale AB (*fig.* 222) formée d'un long fil de cuivre recouvert de soie et communiquant par ses deux bouts avec un galvanomètre très sensible.

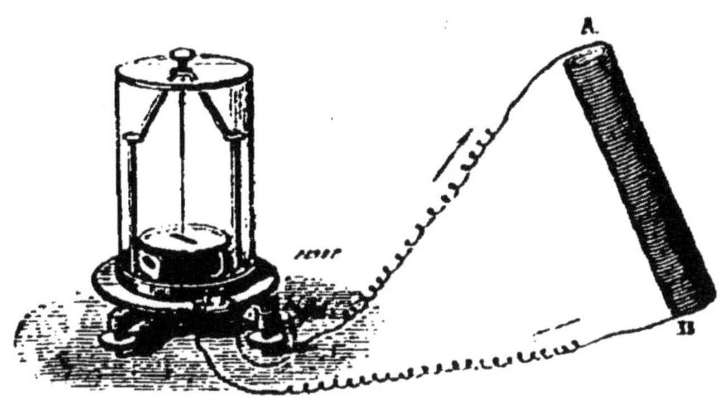

Fig. 222.

Cette spirale étant d'abord placée de manière que *son axe soit parallèle à l'aiguille de la boussole d'inclinaison*, si, par un mouvement rapide, on change sa position, l'aiguille du galvanomètre accuse aussitôt la production instantanée d'un courant induit. Ce courant aura son maximum d'intensité si la spirale est amenée perpendiculairement à sa première direction.

Remarque. Les faits qui précèdent nous montrent une similitude complète, absolue, entre l'action inductrice des courants électriques et celle des aimants sur un circuit voisin. Les uns et les autres y font naître des courants induits, qui suivent exactement ces mêmes lois. Nouvelle preuve à ajouter à celles indiquées plus haut (319) de l'identité étiologique, proclamée par Ampère, entre les phénomènes de l'électricité dynamique et ceux du magnétisme.

Loi générale des courants d'induction ou loi de Lens.

343. *Loi de Lens.* — Nous venons de voir (339) :

1° Que si l'on *approche* parallèlement d'un circuit traversé par le courant d'une pile voltaïque un autre circuit fermé (*fig.* 220), un courant induit, de sens *inverse* de celui de la pile, se développe aussitôt dans ce dernier circuit. Or, comme deux courants parallèles et de sens contraire se repoussent (312), le courant induit *tend donc à s'opposer* au rapprochement des deux circuits ;

2° Que si l'on *éloigne* parallèlement d'un circuit traversé par le courant d'une pile un autre circuit voisin et fermé, un *courant direct* ou de *même sens* que celui de la pile se développe aussitôt dans ce dernier circuit. Or, comme deux courants parallèles et de même sens s'attirent, ce courant induit *tend donc à s'opposer* à l'éloignement des deux circuits.

On tire de ces deux faits, qui, ainsi que nous l'avons vu, résultent également de l'action des aimants sur un circuit voisin, la formule générale suivante, dite *loi de Lens*, du nom du physicien russe qui l'a le premier établie :

Le déplacement d'un courant électrique ou d'un aimant, situés dans le voisinage d'un circuit fermé, développe dans ce circuit un courant induit de sens contraire à celui qui eût été capable de produire ce déplacement, en d'autres termes, *un courant qui tend à s'opposer au mouvement produit.*

L'effet est d'ailleurs le même si, le courant ou l'aimant demeurant fixes, on déplace le circuit.

Tous les phénomènes d'induction, de quelque façon qu'ils se produisent, sont soumis à cette loi, qui nous donne ainsi le moyen fort simple, connaissant la position d'un courant ou d'un aimant inducteurs, de prévoir quel sera le sens du courant induit développé dans un circuit voisin par un changement de position des inducteurs ou du circuit.

La résistance opposée par les courants induits au mouvement qui tend à les produire a été pour la première fois démontrée par L. Foucault, au moyen d'un appareil fort simple (*fig.* 223), composé d'un disque en cuivre C placé verticalement entre les pôles A et B d'un puissant électro-aimant, et pouvant être mis en rotation rapide au moyen d'une manivelle M et d'un système d'engrenages. Une pile P destinée à exciter à volonté l'électro-aimant complète cet appareil.

Tant que l'électro-aimant est au repos, le moindre effort suffit pour faire tourner le disque. Mais dès qu'on y lance le courant de la pile, le disque semble aussitôt arrêté comme par un frein invisible. Ce frein, c'est la succession rapide des courants induits développés à la surface du disque, en sens contraire du courant inducteur de l'électro-aimant considéré comme un solénoïde (319). L'opérateur se trouve, en quelque sorte, comme le batelier remontant le courant d'un fleuve.

Fig. 223.

Si, malgré la résistance, on continue à faire tourner le disque, on constate alors qu'il s'échauffe, au point d'acquérir bientôt une température telle qu'on ne peut plus le toucher. Preuve nouvelle et péremptoire de l'identité entre l'énergie motrice et l'énergie calorifique, se transformant ici l'une dans l'autre par l'intermédiaire de l'électricité.

Induction des courants sur eux-mêmes. Extra-courants.

341. *Induction des courants sur eux-mêmes. Extra-courants.* — Un courant qui commence ou qui finit développant des courants induits dans un circuit voisin, il est naturel de penser, par analogie, qu'il doit exercer une action semblable *sur son propre circuit*, action qui sera d'autant plus marquée que ce circuit se composera d'éléments plus rapprochés, tels, par exemple, que les tours juxtaposés d'une hélice ou d'une bobine. C'est, en effet, ce qui a lieu.

Soit (*fig.* 224 et 225) une pile M, dont le pôle positif P et le pôle négatif N sont réunis par un fil PABCDN, sur le trajet duquel sont interposés une bobine BC et un fil de dérivation AD, muni d'un galvanomètre G. Le courant, partant de P, se bifurque au point A en deux parties, dont l'une traverse la bobine et l'autre le galvanomètre, comme l'indiquent les flèches. Sous l'influence de ce courant, l'aiguille du galvanomètre tend à dévier et à prendre la position *ba*, le pôle austral *a* à gauche du courant (306). On peut avec cet appareil obtenir les deux effets suivants :

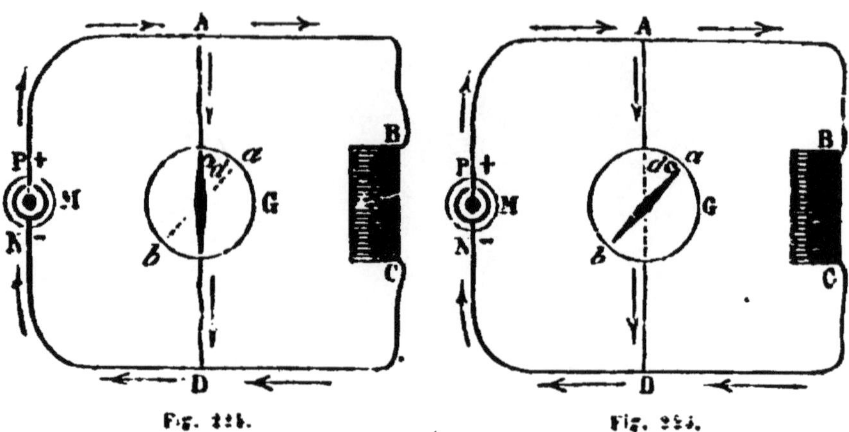

Fig. 224. Fig. 225.

1° Un petit arrêt *d* (*fig.* 224) étant placé à droite du pôle austral de l'aiguille du galvanomètre, de manière à empêcher celle-ci de prendre la position *ba*, que tend à lui donner le courant venant de la pile, si l'on interrompt subitement ce courant en détachant le fil conducteur du pôle P de la pile, le pôle austral de l'aiguille reçoit aussitôt une vive impulsion *à gauche* de l'arrêt *d*, ce qui montre qu'au *moment de la rupture* du courant de la pile, un autre courant, venant cette fois de la bobine, a traversé le fil AD de D en A. Ce courant a dû pour cela parcourir la bobine, où il a pris subitement naissance, de B en C, c'est-à-dire dans le *même sens* que celui de la pile. C'est ce qu'on nomme l'*extra-courant de rupture*, courant *direct*, comme le sont tous les courants induits, dus à l'interruption d'un courant inducteur.

2° Après avoir ainsi reconnu l'effet produit par la rupture du courant de la pile, si l'on ramène l'aiguille du galvanomètre (*fig.* 225) dans la position *ba* qu'elle prend d'elle-même sous l'action de ce courant, et, qu'après l'avoir fixée dans cette position au moyen du petit arrêt *d*, on referme alors le circuit, en remettant le fil conducteur en contact avec le pôle P de la pile, on constate aussitôt que le pôle austral de l'aiguille reçoit une vive impulsion *à droite* de l'arrêt *d*, après quoi il revient à sa première position ; ce qui montre, comme dans la précédente expérience, qu'au *moment de la fermeture* du circuit, un courant induit s'est de nouveau produit dans la bobine, mais cette fois de *sens contraire* à celui de la pile. C'est ce qu'on nomme l'*extra-courant de fermeture*, courant *inverse*, comme le sont tous les courants induits dus à l'établissement du courant inducteur.

En résumé, tout circuit traversé par un courant donne lieu, au moment de sa *rupture*, à un extra-courant *direct*, et au moment de sa *fermeture* à un extra-courant *inverse*, résultat conforme aux principes généraux de la production des courants induits volta-électriques (339).

Remarque. — L'extra-courant de fermeture étant inverse du courant principal, a pour effet, au moment où ce dernier commence, d'en diminuer l'intensité ; au contraire, l'extra-courant de rupture étant de même sens que le courant principal, a pour effet, au moment où ce dernier finit, d'en augmenter l'intensité. Ce double effet peut être démontré par diverses expériences. La meilleure est celle que l'on peut en faire sur soi-même de la manière suivante :

Fig. 226.

Soit (*fig.* 226) une pile P de force moyenne contenant une bobine B dans son circuit. Cette pile étant mise en activité, si l'on prend, un de chaque main, les deux bouts du fil de la bobine, préalablement dépouillés de leur enveloppe isolante, et qu'on les détache vivement de la pile, de manière que la bobine forme avec le corps un circuit fermé, on reçoit à l'instant même une commotion violente, évidemment produite par l'extra-courant de rupture développé dans la bobine, au moment où l'on interrompt le courant. Cela fait, si, tenant toujours les mêmes fils, on referme le circuit en les remettant simultanément en contact avec les pôles de la pile, on ressent encore une secousse, due cette fois à l'extra-courant de fermeture, mais beaucoup plus faible que la précédente, et qui cesse aussitôt, pour ne plus se reproduire, tant que le courant ne sera pas de nouveau interrompu.

Les commotions produites dans l'organisme par l'extra-courant de rupture sont fréquemment utilisées en médecine, au moyen d'appareils spéciaux, comprenant une pile, une bobine et un *interrupteur*, dont le jeu a pour effet de produire une succession rapide de fermetures et de ruptures du circuit. Ces appareils, appliqués à un membre ou à tout autre organe paralysé, y déterminent une série de secousses ou de contractions qui peuvent avoir pour effet, quand la paralysie ne tient qu'à une cause accidentelle, d'y ramener la sensibilité ou la contractilité momentanément abolies.

Premières machines d'induction. Bobine de Ruhmkorff.

345. *Bobine de Ruhmkorff.* — Cette bobine, ainsi appelée du nom de son inventeur, se compose (*fig.* 227) d'un cylindre en bois B, sur lequel s'enroule d'abord un *fil inducteur* d'environ 40 mètres de longueur et de 2 millimètres de diamètre, puis, par-dessus, le *fil induit*, lequel est beaucoup plus fin et a une longueur de plusieurs kilomètres. Le tout forme une bobine de 15 à 20 centimètres de diamètre, terminée par deux disques de verre qui servent à l'isoler, et dont les deux fils, l'inducteur et l'induit, sont entourés de coton imprégné lui-même d'une couche isolante de gomme-laque fondue.

Les deux extrémités du fil inducteur s'attachent l'une au bouton F, l'autre au bouton E, lesquels communiquent avec les pôles P et N d'une pile de Bunsen. Un petit appareil nommé *commutateur*, placé à droite de la bobine, permet de fermer ou d'ouvrir à volonté le circuit, et de faire entrer le courant de la pile par l'un quelconque des deux boutons E et F. Ce commutateur n'est autre chose qu'un petit cylindre d'ivoire que l'on peut faire tourner sur son axe, et sur lequel sont fixées deux demi-viroles en cuivre laissant entre elles et de chaque côté une bande d'ivoire libre. Deux ressorts en acier communiquant avec le fil inducteur pressent sur ce cylindre, de telle sorte que le courant passe ou est interrompu selon qu'on les fait appuyer sur le cuivre ou sur l'ivoire.

Fig. 227.

Les deux extrémités du fil induit, après avoir traversé le disque de verre représenté à gauche de la figure, s'attachent aux boutons C et D, que supportent deux colonnes de verre isolantes. Dans l'intérieur de la bobine est placé un faisceau de fils de fer qui a pour but de renforcer le courant induit (311), et dont une des extrémités (celle de gauche sur la figure) fait saillie en dehors de la bobine. Au-dessous de cette extrémité du faisceau magnétique est un petit appareil nommé *interrupteur*, destiné à produire des vibrations rapides au moyen desquelles le courant inducteur est successivement interrompu et rétabli, condition nécessaire au développement des courants induits, ceux-ci ne se produisant, ainsi que nous l'avons vu, qu'au moment où le courant inducteur commence ou finit. La figure 228, qui représente en plan la disposition de ce petit appareil, nous permettra d'en faire saisir immédiatement le mécanisme.

A est le faisceau de fils de fer placé dans la bobine, B une petite colonne en cuivre isolée du sol et située directement au-dessous de A; un petit marteau M en fer doux, pouvant osciller librement entre A et B, est articulé en O, au sommet d'une autre colonne métallique F, également isolée (représentée par la même lettre à gauche de la figure 227). Le courant, parti du pôle positif P de la pile, après avoir parcouru le fil inducteur *f* de la bobine, arrive par la colonne F au marteau M, d'où il passe par la colonne B pour aller rejoindre le pôle négatif N. Mais pendant que le courant passe dans le fil inducteur *f* qui entoure le faisceau de fils de fer A, celui-ci s'aimante et attire le marteau M, lequel se sépare alors de la colonne B; le courant se trouve donc interrompu. Cette interruption ayant aussitôt pour effet de faire cesser l'aimantation du faisceau A, le marteau retombe, et, venant de nouveau toucher la colonne B, qui lui sert d'enclume, rétablit le courant: de là nouvelle attraction, et ainsi de suite. Ce mouvement de va-et-vient du marteau étant très rapide, le circuit inducteur se trouve donc ouvert et fermé automatiquement un grand nombre de fois par seconde*.

Fig. 228.

A chaque ouverture, se développe dans le fil induit un *courant direct* ou de même sens que le courant inducteur, et à chaque fermeture, un *courant inverse:* courants doués, le premier surtout, d'une puissance beaucoup plus grande que celle de l'inducteur, ce qui, en tenant compte également de l'excès de tension due à la résistance du fil induit, beaucoup plus fin et

* Cet interrupteur, dit à marteau, ne convient qu'à des bobines de force moyenne. Avec de trop fortes bobines, l'échauffement des surfaces de contact du marteau et de l'enclume ne tarderait pas à les détériorer, et à mettre l'appareil hors d'usage. On emploie alors l'*interrupteur à mercure* de Foucault, dans lequel le marteau et l'enclume sont remplacés par deux tiges de platine fixées à l'extrémité d'un levier horizontal, et plongeant verticalement dans deux godets contenant du mercure. Un électro-aimant spécial et une pile à faible courant, distincte de celle de la bobine, font osciller ce levier, de telle façon que les tiges de platine, alternativement soulevées et abaissées, sortent du mercure et y rentrent, ce qui, au moyen de certaines dispositions très ingénieuses, a pour effet d'ouvrir et de fermer successivement le circuit inducteur de la bobine.

plus long que l'inducteur, explique l'intensité extraordinaire des effets produits par cet appareil.

Avec une bobine Ruhmkorff de grandeur moyenne et un seul élément de Bunsen, les commotions que l'on éprouve en prenant avec les mains humides les extrémités du fil induit fixées aux boutons C et D (*fig.* 227) sont à peine supportables; deux éléments suffisent pour tuer un lapin; avec un plus grand nombre d'éléments, un homme serait certainement foudroyé.

Un fil de fer, tendu sur le trajet du courant induit, est fondu à l'instant et brûle avec une vive lumière. Si l'on interpose dans ce même courant deux tiges minces de cuivre placées bout à bout, et qu'on les écarte l'une de l'autre, on voit aussitôt jaillir entre elles une série d'étincelles vives et bruyantes, dont la longueur peut atteindre plusieurs décimètres; ces étincelles percent des blocs de verre de cinq à six centimètres d'épaisseur.

En faisant passer le courant dans des tubes, dits *tubes de Geissler*, contenant des gaz ou des vapeurs raréfiés, on obtient des phénomènes lumineux d'une grande beauté : une traînée de lumière tantôt rouge, tantôt violette ou bleuâtre, selon la nature des gaz ou des vapeurs, parcourt le tube d'un bout à l'autre, interrompue en certains endroits par des bandes ou intervalles obscurs qui la font paraître comme stratifiée.

La bobine de Ruhmkorff a reçu diverses applications industrielles, dont la plus importante est l'exploitation des carrières et le percement des tunnels par l'explosion des mines à fortes charges, que l'on peut aujourd'hui enflammer à l'instant et sans danger, grâce à cette bobine, qui permet de porter l'étincelle à des distances considérables.

Machines de Pixii et de Clarke.

346. *Machine de Pixii.* — La machine de Pixii a pour but de produire des courants induits magnéto-électriques, se succédant avec assez de rapidité pour devenir sensiblement continus. Elle se compose en principe (*fig.* 229) d'un électro-aimant fixe ABC au-dessous duquel est un aimant DGHE, mobile autour d'un axe vertical KL. Les extrémités opposées A et D, C et E, de l'électro-aimant et de l'aimant, quoique très rapprochées, ne se touchent pas. Ceci posé, si l'on fait tourner l'aimant DGHE autour de son axe KL, il est facile de voir que l'électro-aimant ABC passera successivement par des états magnétiques contraires, dont l'intensité sera maximum quand les pôles de l'aimant correspondront à ses extrémités, et qui deviendra nulle quand l'aimant sera en croix avec lui. Par conséquent, les courants induits, développés dans le fil MN, changeront de sens à chaque demi-révolution. Si la rotation de l'aimant est très rapide, on conçoit que ces courants deviendront en quelque sorte continus, et produiront d'autant plus d'effet que la vitesse de rotation sera plus grande.

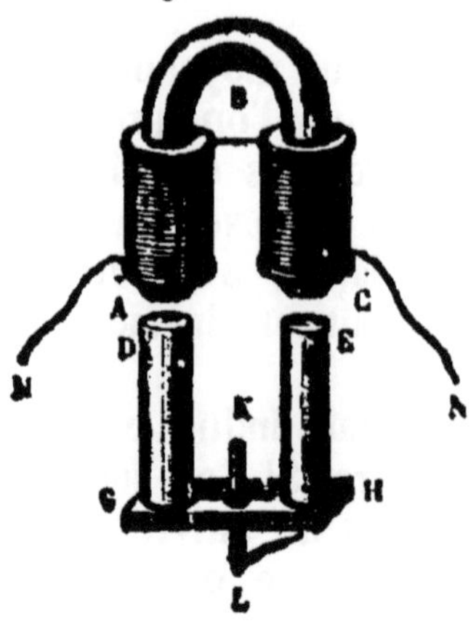

Fig. 229.

347. *Machine de Clarke.* — Cette machine (*fig.* 230) repose sur le même principe que la précédente, mais elle en diffère en ce sens que c'est l'électro-aimant qui est mobile et qui tourne avec son hélice devant un aimant fixe. Cette disposition inverse rend l'appareil plus portatif, et permet d'obtenir une rotation plus rapide, ce qui augmente l'énergie des courants induits.

L'aimant fixe A est formé de plusieurs lames d'acier en fer à cheval, reliées et fixées ensemble à une planche verticale P. En R est une roue portant une chaîne sans fin, destinée à transmettre au moyen d'une manivelle M un mouvement de rotation rapide aux deux bobines B et B', formées chacune d'un cylindre en fer doux, autour duquel s'enroule, en sens inverse sur chacun d'eux, un long fil de cuivre entouré de soie. Ces deux bobines, dont les cylindres ou noyaux en fer doux sont reliés à leur bout antérieur par une plaque également en fer doux, forment donc ensemble un électro-aimant, mobile autour d'un axe horizontal.

Cet axe est formé d'une tige métallique, dont la partie extérieure est recouverte d'une gaine isolante en ivoire, qui porte elle-même deux anneaux en cuivre sur lesquels viennent s'appuyer deux ressorts métalliques *r* et *r'*. L'anneau sur lequel appuie le ressort *r*, isolé de l'axe par la gaine d'ivoire, communique directement avec les deux bouts antérieurs des fils des bobines; l'anneau sur lequel appuie le ressort *r'* est, au contraire, relié à l'axe par une vis qui traverse la gaine d'ivoire, ce qui met cet anneau en communication avec les deux bouts postérieurs des fils des bobines, soudés à ce même axe. Ces deux anneaux représentent donc les pôles des courants qui se développent dans les bobines.

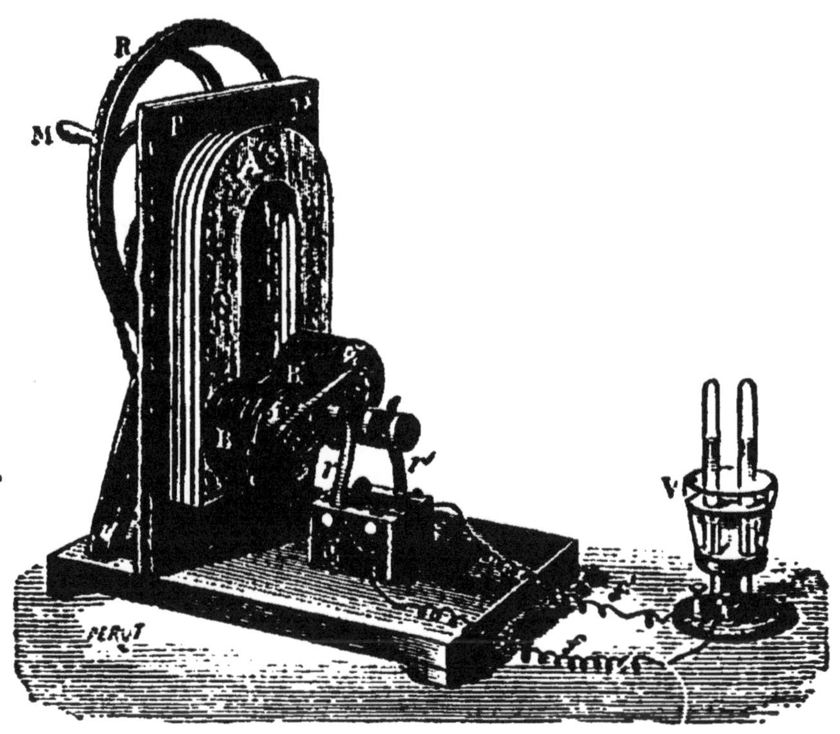

Fig. 230.

Les deux ressorts *r* et *r'*, qui, pendant la rotation de l'axe, frottent constamment contre les anneaux pour y recueillir les courants, sont supportés par deux bandes métalliques, placées de chaque côté de la face supérieure d'un bloc en bois C, et munies de boutons pour donner attache aux deux extrémités des fils *f* et *f'* du circuit extérieur.

La machine étant mise en mouvement au moyen de la manivelle, il est facile de voir que chacune des deux bobines B et B', passant successivement devant les pôles contraires de l'aimant A, donnera naissance à deux *courants alternatifs*, changeant de sens à chaque demi-révolution. Deux courants contraires passeront donc à chaque tour complet de l'axe, dans chacun des ressorts, et de là dans le circuit extérieur. Un voltamètre V, placé dans ce circuit, donnera, en effet, dans chacune de ses éprouvettes, deux volumes égaux d'un mélange d'hydrogène et d'oxygène.

Mais il est facile, avec cette même machine, d'obtenir des courants de sens invariable. Il suffit pour cela d'y annexer un *commutateur* analogue à celui que nous avons précédemment indiqué comme faisant partie de la bobine Ruhmkorff.

Ce commutateur (*fig.* 231) se compose de deux demi-viroles de cuivre *cc'*, appliquées sur la gaine d'ivoire qui recouvre la partie antérieure de l'axe de rotation, et isolées l'une de l'autre par deux petits intervalles diamétralement opposés et situés dans le même plan que les axes des deux bobines. Comme les deux anneaux précédents, ces deux demi-viroles communiquent encore, l'une, avec les deux bouts antérieurs des fils des bobines, l'autre, avec leurs bouts postérieurs.

Fig. 231.

Les deux ressorts collecteurs *r* et *r'* étant mis en communication avec ce système, on voit qu'à chaque demi-tour de l'axe, chacune des deux demi-viroles passe successivement de l'un à l'autre ressort, et cela, à l'instant précis où les courants induits changent eux-mêmes de sens. Le circuit extérieur sera donc traversé par une succession de courants dirigés constamment *dans le même sens*. Un voltamètre V, placé dans ce circuit, donnera, en effet, non plus à l'état de mélange, mais *séparément*, de l'oxygène dans l'une de ses éprouvettes, et dans l'autre, un volume double d'hydrogène. La machine agit alors exactement comme le ferait une simple pile voltaïque.

318. *Caractères et propriétés des courants d'induction.* — Les courants d'induction, malgré leur instantanéité, possèdent, grâce à leur succession rapide obtenue au moyen des machines que nous venons de décrire, toutes les propriétés des courants continus fournis par les piles voltaïques ordi-

naires. Ils donnent naissance à de vives étincelles ; ils peuvent rougir des fils métalliques, donnent lieu à l'incandescence des charbons, d'où procède la lumière électrique ; ils peuvent décomposer l'eau, les oxydes, les sels, aimanter l'acier, produire dans l'organisme des commotions violentes, etc. Nous reviendrons, dans les chapitres suivants, sur ces divers effets et sur les merveilleuses applications que la science moderne a su en tirer.

Résumé.

I. On désigne sous le nom de *courants d'induction* ou *courants induits* des courants électriques instantanés se développant dans des conducteurs métalliques, sous l'influence des courants voltaïques (courants volta-électriques) ou des aimants. Ces derniers sont alors nommés *courants* ou *aimants inducteurs* (courants magnéto-électriques).

II. Tout courant voltaïque *qui commence* fait naître immédiatement dans un circuit fermé et placé près de lui un *courant inverse* ou de *sens contraire* au sien. Tout courant *qui finit* y fait naître aussitôt un *courant direct* ou de *même sens* que le sien.

III. Tout courant voltaïque que l'on *approche* d'un circuit fermé fait naître dans ce circuit un courant *inverse*. Tout courant qu'on en éloigne y produit aussitôt un courant *direct*.

IV. Les courants induits, directs ou inverses, sont toujours *instantanés*. Ils ne durent que l'instant très court pendant lequel se produisent les conditions qui les font naître. Ils ont encore pour caractère d'être toujours plus intenses que les courants inducteurs dont ils procèdent.

V. Quand on *approche* un aimant d'un circuit fermé, cet aimant, comme le courant voltaïque, y produit un courant *inverse* des courants qui, d'après la théorie d'Ampère, circuleraient autour du barreau aimanté, assimilé à un solénoïde. Si l'on *éloigne* ensuite ce même aimant, un courant *direct* se produit aussitôt dans le circuit.

VI. L'action magnétique de la terre suffit pour développer des courants induits dans un circuit fermé, dont on fait varier brusquement la position par rapport au méridien magnétique.

VII. Le déplacement d'un courant électrique ou d'un aimant, situé dans le voisinage d'un circuit fermé, fait naître dans ce circuit un courant induit de sens contraire à celui qui eût été capable de produire ce déplacement, c'est-à-dire un courant *qui tend à s'opposer au mouvement produit* (loi de Lens).

VIII. Tout circuit traversé par un courant donne lieu, au moment de sa rupture, c'est-à-dire au moment où cesse le courant, à un *extra-*

courant direct, et au moment de sa fermeture, c'est-à-dire au moment où le courant s'établit, à un *extra-courant* inverse.

IX. Les premières machines imaginées pour utiliser les courants d'induction sont celles de Pixii, de Clarke, et la bobine de Ruhmkorff. Cette dernière est surtout remarquable par la puissance de ses effets.

X. Les courants d'induction possèdent toutes les propriétés des courants voltaïques proprement dits : ils donnent de vives étincelles, rougissent des fils métalliques, donnent lieu à l'incandescence des charbons, d'où procède la lumière électrique ; ils peuvent décomposer l'eau, les oxydes, les sels, aimanter l'acier, produire dans l'organisme des commotions violentes, etc.

CHAPITRE XXV.

Applications modernes de l'électricité. — Nouvelles machines d'induction. — Machines magnéto-électriques et dynamo-électriques. Machine de Nollet, dite de l'Alliance. — Machines Gramme.

Nouvelles machines d'induction. Machines magnéto-électriques et dynamo-électriques.

349. *Nouvelles machines d'induction. Machines magnéto-électriques et dynamo-électriques.* — Les immenses progrès réalisés depuis quelques années dans les applications de l'électricité sont principalement dus, ainsi qu'on a pu le voir à notre grande *Exposition internationale d'électricité* de 1881, aux perfectionnements apportés aux machines d'induction déjà connues, et à la création de nouvelles machines de même ordre. C'est grâce à ces puissants générateurs de la force voltaïque, que l'éclairage électrique, qui jusqu'alors n'avait été, pour ainsi dire, qu'une curiosité de laboratoire, le transport à distance des forces motrices, la galvanoplastie appliquée aux objets d'art ou autres pièces de grandes dimensions, ont pris rang, avec la télégraphie et le téléphone, parmi les grandes découvertes qui seront l'honneur et la gloire de notre siècle, le siècle de la vapeur et de l'électricité, comme le nommera l'histoire.

Les machines actuellement destinées à la production industrielle de l'électricité se divisent en deux classes :

Les machines *magnéto-électriques*, dans lesquelles on emploie des aimants ordinaires ou permanents, comme dans les machines de Pixii et de Clarke, précédemment décrites;

Les machines *dynamo-électriques*, dans lesquelles les aimants ordinaires ou permanents sont remplacés par des électro-aimants.

Il existe aujourd'hui un grand nombre de types de ces deux classes de machines. Mais comme ces divers types reposent tous sur les mêmes principes, et ne diffèrent entre eux que par des détails de construction, nous nous bornerons à décrire celles de ces machines dont l'emploi est le plus répandu, savoir : la machine magnéto-électrique de Nollet, dite de l'*Alliance*, du nom de la compagnie industrielle qui l'a exploitée la première, et les deux *machines Gramme*, magnéto et dynamo-électriques.

Machine magnéto-électrique de Nollet ou de l'Alliance.

330. *Description et applications de cette machine.* — La machine de Nollet ou de l'Alliance, que représente dans son ensemble la figure 232, n'est autre chose qu'une machine de Clarke agrandie et multipliée de manière à fournir des courants électriques d'une grande puissance. Elle consiste en un bâti circulaire de fonte, sur le contour duquel sont des traverses de bois supportant huit rangées horizontales de faisceaux aimantés, recourbés en fer à cheval et capables de porter chacun un poids d'environ soixante kilogrammes. Ces faisceaux, au nombre de cinq par rangée, sont groupés de telle façon que leurs pôles de noms contraires soient toujours en regard l'un de l'autre.

Un axe de fer horizontal, allant d'un bout à l'autre du bâti, porte quatre disques ou rouleaux de bronze correspondant aux intervalles compris entre les séries verticales des faisceaux aimantés, et sur la circonférence desquels sont fixées seize bobines cylindriques munies chacune d'un noyau de fer doux. Les fils de ces bobines, recouverts d'une couche isolante de bitume, sont tous enroulés dans le même sens et communiquent entre eux. Comme dans la machine de Clarke, l'ensemble de ces fils vient aboutir, d'une part avec l'axe, d'autre part avec une pièce métallique fixée sur ce même axe, mais dont elle est isolée par un manchon d'ivoire qui l'en sépare complètement.

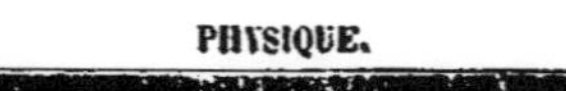

Deux petites bornes fixées à la partie supérieure du bâti, et communiquant, l'une avec l'axe, l'autre avec la pièce métallique dont nous venons de parler, reçoivent les fils destinés à conduire les courants dans les appareils où ils doivent être utilisés.

Une machine à vapeur, de la force de plusieurs chevaux, imprime à tout le système, par l'intermédiaire d'une courroie sans fin s'enroulant sur une poulie fixée à l'extrémité de l'axe, une vitesse de deux à trois cents tours par minute. Chacune des bobines, passant ainsi, à chaque révolution, devant les seize pôles alternativement contraires des faisceaux aimantés, produit donc huit courants directs et huit courants inverses, en tout seize courants, alternativement de sens contraires, ce qui donne, par minute, avec une vitesse moyenne de 250 tours, 4 000 courants alternatifs.

Le même effet se produit dans chacune des 64 bobines que portent ensemble les quatre rouleaux; mais comme les fils de ces bobines sont tous enroulés dans le même sens et communiquent entre eux, leurs effets ne font que s'ajouter, et l'on n'a toujours que le même nombre de courants, mais plus intenses. Dans le cas où l'on aurait besoin de courants de même sens, ce qui arriverait, par exemple, si l'on voulait appliquer cette machine à la galvanoplastie ou au transport de la force motrice, on obtiendrait facilement ce résultat au moyen d'un commutateur semblable à celui de la machine de Clarke, et placé comme lui sur l'axe de rotation. On peut, du reste, comme on le fait pour les éléments d'une pile ordinaire, changer les modes de communication des bobines entre elles, et les réunir ainsi, suivant les besoins, en tension ou en quantité.

La machine de Nollet ou de l'Alliance est surtout employée pour l'éclairage électrique à de grandes distances et, en particulier, pour l'éclairage des phares maritimes. Sa grande puissance, la régularité parfaite et la sûreté de son fonctionnement lui ont valu, jusqu'à présent, la préférence sur d'autres machines analogues destinées au même usage. Elle a été pour la première fois appliquée, en 1863, à l'éclairage par l'arc voltaïque des deux grands phares du cap de la Hève, près du Havre, où elle fonctionne encore aujourd'hui.

Machine Gramme magnéto-électrique.

351. *Théorie de la machine Gramme magnéto-électrique.* — Bien que présentant dans son ensemble (*fig.* 235) une certaine analogie de forme et de construction avec celle de Clarke, *la machine magnéto-électrique de Gramme* repose cependant, comme on va le voir, sur un mode de fonctionnement tout différent.

Supposons (*fig.* 233) un anneau circulaire de fer doux placé entre les branches d'un aimant vertical M en fer à cheval, de telle sorte que son diamètre horizontal soit sur la ligne AB qui joint les deux pôles A et B de l'aimant. Une petite spirale ou bobine *s*, formée par un fil de cuivre recouvert de soie, est enroulée autour de cet anneau, et peut glisser facilement sur lui de manière à en parcourir toute la circonférence dans un sens ou dans l'autre.

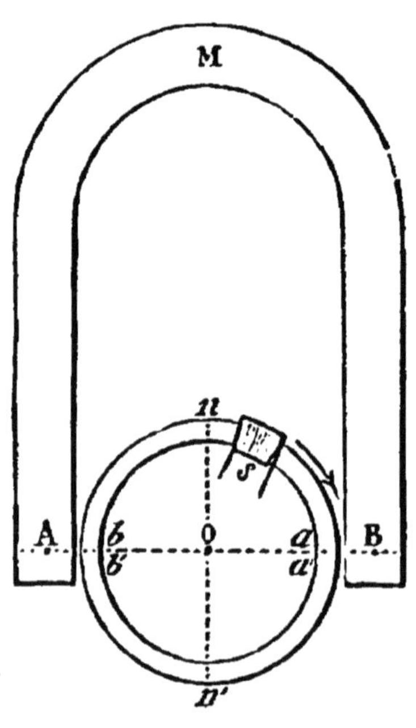

Fig. 233.

Les deux pôles A et B de l'aimant, agissant par influence sur l'anneau, déterminent l'aimantation de chacune de ses deux moitiés *b n a* et *b' n' a'*, situées, l'une au-dessus et l'autre au-dessous de la ligne diamétrale AB, qui joint les deux pôles de l'aimant. De là résulte la production, en face du pôle austral A, d'un double pôle boréal *b b'*, et en face du pôle boréal B, d'un double pôle austral *a a'*. En *n* et *n'* sont les lignes neutres de ces deux moitiés d'anneau ainsi aimantées, et qui, dans cet état, représentent deux aimants que l'on aurait courbés en demi-cercle et placés bout à bout, se touchant par leurs pôles de même nom.

Supposons maintenant que la bobine *s* étant d'abord placée en un point voisin de l'extrémité *n* du diamètre vertical *n n'* joignant les deux lignes neutres de l'anneau, on la fasse glisser, dans le sens indiqué par la flèche, de manière à lui faire parcourir, par petits déplacements successifs, la demi-circonférence *n a a' n'*, l'expérience, d'accord avec la théorie, montre que cette bobine est aussitôt traversée par une succession de courants induits dont l'intensité croît à mesure qu'elle se rapproche des pôles *a a'* de l'anneau, et décroît à mesure qu'elle s'en éloigne, jusqu'à ce qu'elle arrive en *n'*. On pourrait, à première vue, supposer que ce courant doit changer de sens au moment où la bobine dépasse les pôles *a a'*; mais comme cette bobine leur présente maintenant le bout opposé à celui qu'elle leur présentait d'abord, le courant conserve *le même sens* dans toute la demi-révolution *n a a' n'*. Si l'on met les deux bouts du fil en communication avec un galvanomètre, on constate, en effet, que, pendant que la bobine accomplit cette demi-révolution, l'aiguille reste déviée du même côté du zéro, avec un angle de déviation qui va augmentant dans le quart de révolution *n a*, et en diminuant dans l'autre quart *a' n'*.

Quand la bobine *s* arrive en *n'*, à égale distance des pôles *a a'* et *b b'*, le courant devient nul; mais si, continuant sa marche, elle dépasse la ligne neutre *n'*, pour parcourir ensuite la demi-circonférence *n' b' b n*, un nouveau courant s'y produit aussitôt, avec les mêmes alternatives d'accroissement et de diminution d'intensité, mais *en sens inverse* du premier, jusqu'à l'arrivée de la bobine en *n*, où il devient nul à son tour, et ainsi de suite. L'aiguille du galvanomètre, que nous avons supposé placé dans le circuit de la bobine, se porte, en effet, au moment ou celle-ci dépasse *n'*, de l'autre côté du zéro, et s'y maintient, en présentant la même série de déviations que précédemment, jusqu'à l'arrivée de la bobine en *n*.

En résumé, pendant un tour complet *n n' n* de la bobine sur l'anneau, on constate : que dans la demi-révolution *n a a' n'*, qui s'effectue à droite de la verticale ou *ligne de partage* passant par les lignes neutres *n* et *n'* de l'anneau, il se produit dans la bobine un courant dont le sens reste *constant*, et que dans la demi-révolution de gauche, il se produit un nouveau courant dont le sens est encore *constant*, mais *inverse* du premier. Quant à l'action inductrice qu'exercent également sur la bobine les deux pôles A et B de l'aimant vertical M, la théorie d'Ampère et la loi de Lens (343) s'accordent pour démontrer que cette action produit sur la bobine le même effet que les pôles inverses *a a'* et *b b'* de l'anneau. Ces deux effets ne font donc, en s'ajoutant, qu'augmenter l'intensité des courants.

Les phénomènes que nous venons d'étudier resteront absolument les mêmes si, la spirale *étant fixée à l'anneau*, on fait tourner celui-ci autour de son axe. Dans ce cas, les doubles pôles *bb'* et *aa'*, bien que se déplaçant dans la masse de l'anneau, *resteront toujours fixes dans l'espace*, en regard des pôles contraires A et B de l'aimant M. La bobine *s*, entraînée par l'anneau, s'approchera donc ou s'éloignera de ces mêmes pôles de la même façon que si l'anneau, restant immobile, comme nous l'avons d'abord supposé, c'était elle, au contraire, qui en parcourût le contour. C'est ce mouvement de l'anneau, plus facile à réaliser, que l'inventeur Gramme a adopté pour ses diverses machines.

Ces préliminaires établis, il est facile de voir que si, au lieu d'une seule bobine, on fixe sur le contour de l'anneau (*fig.* 234) une série de bobines semblables *s, s, s, s*, toutes celles de ces bobines qui, pendant la rotation de l'anneau, se trouveront à droite ou à gauche de la ligne de partage *n n'*, seront traversées par des courants de même sens, tandis que celles du côté opposé seront traversées par des courants de sens inverse des premiers. En un mot, les choses se passeront dans chacune de ces bobines, comme dans la bobine unique que nous avons prise pour exemple dans notre première démonstration.

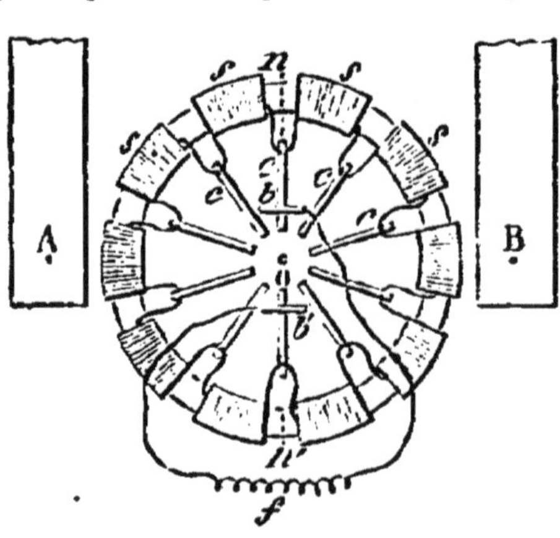

Fig. 234.

Supposons maintenant qu'entre toutes ces bobines se trouvent placées de champ des lames de cuivre rayonnantes *c c c*, assujetties à l'anneau de manière à tourner avec lui autour de l'axe O, et qu'à chacune de ces lames soient soudés, d'un côté le bout initial, et de l'autre le bout terminal de deux bobines consécutives *s, s*. Devant ce système formant ainsi un circuit fermé, ajoutons deux pièces métalliques ou *collecteurs b b'*, fixées perpendiculairement à la ligne neutre ou de partage *n n'*, c'est-à-dire, dans une position telle que, pendant la rotation de l'anneau, chacune de ces deux pièces se trouve respectivement en contact avec les lames rayonnantes correspondant à cette ligne neutre. Ces deux pièces, étant réunies par un fil conducteur *f*, recueilleront à chaque demi-révolution de l'anneau les courants des deux systèmes de bobines situés l'un à droite et l'autre à gauche de *n n'* ; elles se trouveront, par conséquent, dans les mêmes conditions que si elles étaient fixées aux deux pôles d'une pile dont les éléments, représentés par les bobines, formeraient deux séries associées en quantité, c'est-à-dire par leurs pôles de même nom. Le circuit extérieur *f* sera donc traversé par un courant constant en intensité et en direction, tant que l'anneau tournera avec la même vitesse et dans le même sens.

Telles sont les dispositions imaginées par M. Gramme pour la construction de ses machines magnéto-électriques (*fig.* 235).

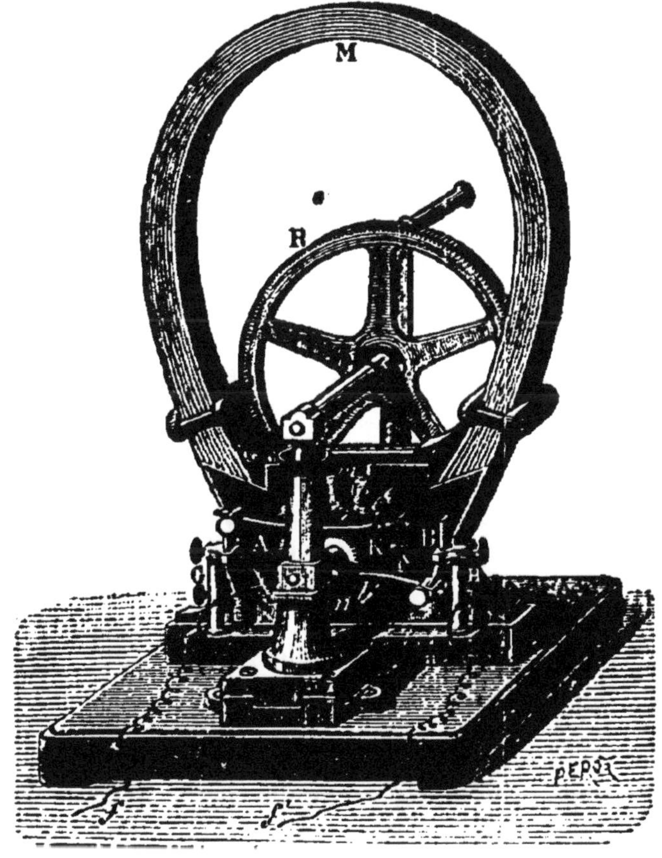

Fig. 235.

Spécialement destinées à des expériences de cours ou des opérations de laboratoire, ces machines diffèrent essentiellement de la machine de Clarke en ce sens qu'au lieu de ne donner dans le circuit extérieur que des courants alternatifs, exigeant, pour être redressés, l'emploi d'un commutateur, elles fournissent directement des courants continus.

352. *Description de la machine Gramme magnéto-électrique.* — La figure 235 représente dans son ensemble une de ces machines. L'aimant fixe M, maintenu verticalement, se compose, d'après le système Jamin, d'un faisceau en fer à cheval de vingt-quatre lames d'acier, aimantées séparément à saturation, puis superposées. Aux deux extrémités du faisceau sont fixées deux armures de fer doux, comprenant les pôles efficaces A et B de l'aimant, et entre lesquels tourne l'anneau *mn*.

Cet anneau (*fig.* 236) est lui-même formé, non pas comme nous l'avons précédemment supposé, d'une seule pièce de fer massive, mais par un faisceau de fils de fer doux, d'environ un millimètre d'épaisseur, soudés en anneaux et juxtaposés, de manière à constituer dans leur ensemble un circuit complet. Autour de ce noyau de fil de fer sont appliquées de nombreuses bobines de fils de cuivre *ssss*, réunies successivement l'une à l'autre, ainsi que nous l'avons dit, par des lames de cuivre rayonnantes *cccc*, auxquelles sont soudés, d'un côté le bout initial, et de l'autre le bout terminal de deux bobines consécutives. Ces lames, au lieu d'être, comme les représente notre figure théorique 234, d'une seule pièce et rectilignes, sont en forme d'équerres, dont les branches horizontales, placées de champ et séparées les unes des autres par des rubans de soie ou de toute autre matière isolante, se prolongent en avant de l'anneau, de manière à former autour de l'axe de rotation, dont elles sont également isolées par un manchon de buis ou d'ivoire, le petit cylindre K.

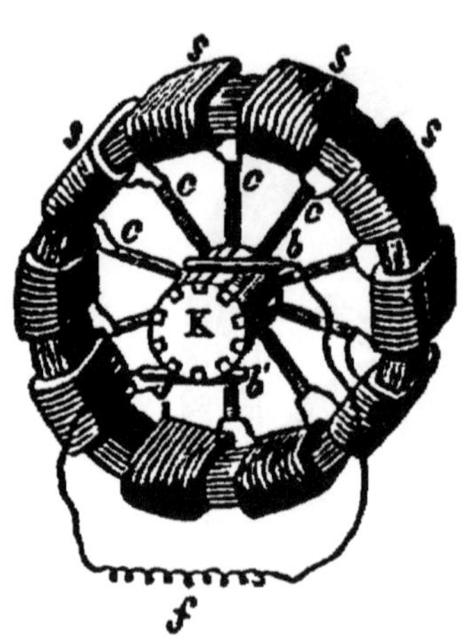

Fig. 236.

Sur ce petit cylindre, auxquelles les tranches à vif des lames horizontales des équerres donnent une apparence cannelée, viennent s'appuyer, l'un au-dessus de l'autre, et parallèlement à la ligne des pôles A B de l'aimant (*fig.* 235), deux petits pinceaux ou *balais collecteurs* en laiton *b* et *b'*, fixés aux colonnes métalliques G et H. De ces colonnes partent les fils *f* et *f'* devant transmettre aux appareils auxquels ils sont destinés les courants recueillis par les balais, à mesure que viennent successivement frotter sur eux, au moment où elles franchissent la ligne de partage, les tranches des équerres diamétralement opposées.

Avec une vitesse de dix tours par seconde, que l'on obtient facilement au moyen d'une manivelle et d'une roue dentée R engrenant un pignon fixé à l'anneau, cette machine produit tous les effets d'une pile de huit à dix éléments de Bunsen, notamment l'incandescence des fils métalliques, les décompositions chimiques, l'aimantation de barreaux d'acier, etc. Elle peut donc remplacer avantageusement les piles ordinaires pour toutes les expériences d'électricité.

Machine Gramme dynamo-électrique.

353. *Description de la machine Gramme dynamo-électrique.* — Substituer aux aimants permanents des machines magnéto-électriques des électro-aimants auxquels on peut donner une puissance magnétique beaucoup plus grande, telle est l'idée féconde sur laquelle repose l'invention des machines dynamo-électriques. A cette idée ont successivement attaché leurs noms plusieurs savants électriciens, Wilde (de Manchester), Werner Siemens (de Berlin), Charles Wheatstone (de Londres), enfin M. Gramme, à Paris, dont la machine, construite sur ce principe, est aujourd'hui universellement employée pour la production en grand de l'électricité.

Cette machine, que l'on désigne simplement dans l'industrie sous le nom de *machine Gramme*, pour la distinguer de celle que nous venons de décrire, se compose (*fig.* 237) de deux noyaux ou cylindres pleins C C et C′C′ en fer doux, placés horizontalement l'un au-dessus, l'autre au-dessous de l'anneau mobile K, et maintenus dans cette position fixe par deux montants verticaux ou flasques en fonte M M′. Sur les cylindres en fer C C et C′C′ est enroulé un gros fil de cuivre recouvert d'une couche isolante, et placé *dans le circuit même des courants induits* qu'engendre la rotation de l'anneau. Ce système représente ainsi deux électro-aimants inducteurs, situés, l'un A M B à gauche, l'autre A′ M′ B′ à droite, et disposés de telle façon que lorsqu'un même courant les traverse, leurs pôles de même nom A A′ et B B′ soient en regard l'un de l'autre.

Deux armures en fer doux *a* et *b*, appliquées, l'une sur les pôles A et A', l'autre sur les pôles B et B', et réunissant ainsi chacun de ces doubles pôles en un seul pôle ou champ magnétique *a* et *b*, viennent s'épanouir, au-dessus et au-dessous de l'anneau mobile, sur un arc un peu moindre qu'une demi-circonférence, de manière à ne pas se toucher. Entre ces deux armures tourne l'anneau, exactement semblable, sauf ses dimensions plus grandes, à celui de la machine magnéto-électrique précédemment décrite. Le noyau de fil de fer, les bobines, les équerres, les balais collecteurs *c' c'* sont disposés et fonctionnent de la même façon.

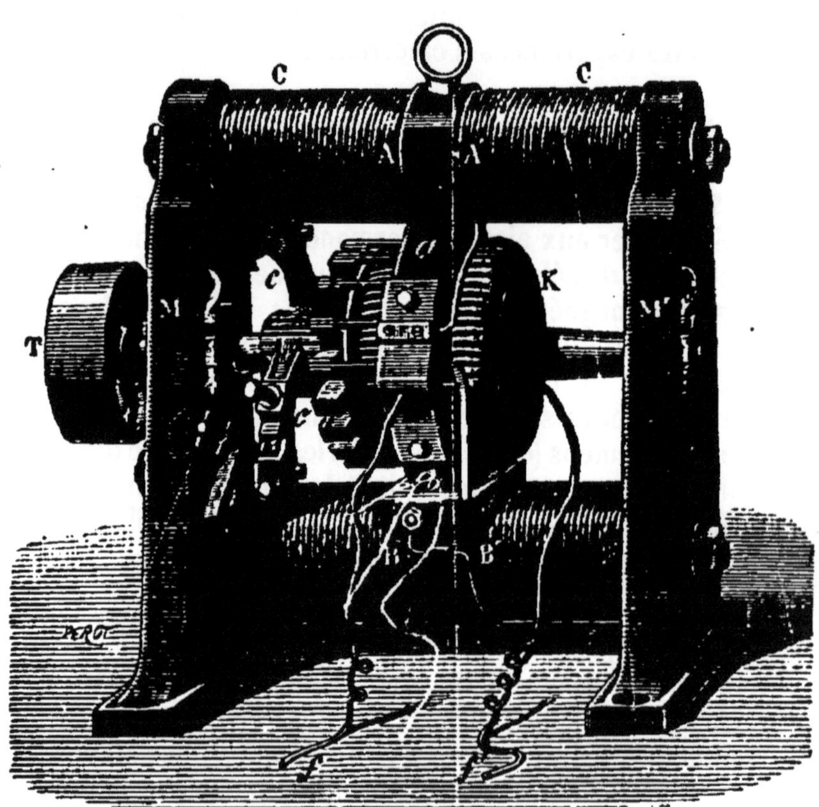

Fig. 237.

Le tout est mis en mouvement par une machine à vapeur dont l'arbre porte une courroie sans fin, qui vient passer sur le tambour T, situé à l'une des extrémités de l'axe sur lequel est fixé l'anneau.

Théorie. Nous avons dit que le fil qui entoure les électro-aimants fait partie du circuit extérieur, allant de l'un à l'autre des balais collecteurs c et c'. Il résulte de cette disposition que le courant produit par la rotation de l'anneau passe dans les bobines des électro-aimants, avant de se porter en dehors par les fils f et f' aux appareils qu'il doit faire fonctionner. Il n'y a donc, en somme, dans toute la machine qu'un seul circuit comprenant : l'anneau K producteur du courant; les bobines des deux électro-aimants A M B, A' M' B'; les fils conducteurs f, f', et l'appareil récepteur (lampe, moteur électrique, bain galvanoplastique, etc.). Mais ici se présente une particularité assez curieuse, sur laquelle nous devons nous arrêter un instant.

Si l'on a bien compris les dispositions qui précèdent, on voit que le courant électrique qui se développe dans l'anneau sous l'influence magnétique des deux électro-aimants A M B, A' M' B', est en même temps l'excitateur, celui qui met en jeu ces mêmes électro-aimants, ce que nous résumerons en disant : que dans la machine Gramme dynamo-électrique, *c'est le courant qui fait l'aimant, et, réciproquement, l'aimant qui fait le courant*; d'où le nom de machines *auto-excitatrices* (machines s'excitant d'elles-mêmes) que l'on donne encore à cette machine et à toutes les autres du même genre. Or, cette réaction de l'effet sur la cause semble être, à première vue, une idée irréalisable, un cercle vicieux. On se demande comment, au moment de la mise en train de la machine, le premier courant peut naître dans l'anneau, puisque les électro-aimants sont alors au repos.

Sans doute, si les pièces de fer et de fonte qui forment les électro-aimants et le bâti de la machine ne possédaient aucune trace de magnétisme, le mouvement de l'anneau entre ces pièces métalliques ne donnerait lieu à la production d'aucun courant. Mais, si parfaits que soient les noyaux de fer doux d'un électro-aimant, ils conservent toujours, après avoir fonctionné pendant quelque temps, une certaine quantité de magnétisme, que l'on a, pour cette raison, désigné sous le nom de *magnétisme rémanent*. D'un autre côté, nous savons qu'une masse quelconque de fer ou de fonte prend constamment, sous l'action magnétique de la terre, une certaine aimantation.

Il résulte de ces deux faits que le bâti de la machine qui nous occupe, possède toujours, même à l'état de repos, une certaine quantité de magnétisme, soit rémanent, soit dérivant de l'action terrestre. Au moment où commence le mouvement de l'anneau, celui-ci se trouve donc, à un degré moindre, mais suffisant, dans les mêmes conditions que l'anneau des machines magnéto-électriques ou à aimant fixe. Un courant, d'abord très faible, y prend naissance; ce courant, passant aussitôt dans les fils des électro-aimants, donne à ceux-ci une nouvelle force magnétique, sous l'influence de laquelle le courant de l'anneau, devenu plus fort à son tour, produit une nouvelle augmentation de magnétisme dans les électro-aimants, et ainsi de suite. Ajoutons qu'à défaut de magnétisme rémanent, l'influence du magnétisme terrestre suffirait seule pour la mise en activité de la machine; ce qui explique comment une machine neuve, fonctionnant pour la première fois, donne immédiatement de l'électricité.

Usages. La machine Gramme, telle que nous venons de la décrire, est à courants continus ou de même sens, lesquels conviennent à diverses applications industrielles, notamment au transport à distance des forces motrices et à la galvanoplastie. M. Gramme a construit sur le même principe, mais en modifiant les dispositions de l'anneau et de ses inducteurs, une autre machine, à courants alternatifs, dite *machine à lumière*, à cause de sa destination spéciale, comme générateur d'électricité, à certains appareils employés pour l'éclairage électrique, dont nous allons nous occuper dans le chapitre suivant.

Résumé.

I. Les machines d'induction actuellement destinées à la production industrielle de l'électricité forment deux classes : les machines dites *magnéto-électriques* et les machines dites *dynamo-électriques*.

II. Les machines magnéto-électriques sont celles dans lesquelles on emploie comme inducteurs des aimants ordinaires ou permanents; les machines dynamo-électriques sont celles dans lesquelles les aimants ordinaires ou permanents sont remplacés par des électro-aimants.

III. Les machines magnéto-électriques dont l'emploi est aujourd'hui le plus répandu sont la machine de Nollet, dite de l'*Alliance*, spécialement destinée à l'éclairage des grands phares maritimes, et la machine de laboratoire, dite machine magnéto-électrique de *Gramme*.

IV. La machine de l'Alliance, qui n'est autre chose qu'une machine de Clarke agrandie et multipliée, donne des courants alternatifs ou alternativement de sens contraires, qui conviennent pour l'éclairage par l'arc voltaïque. Mais on peut, comme dans la machine de Clarke, *redresser* au besoin ces courants inverses, et les obtenir de même sens au moyen d'un commutateur.

V. La machine de laboratoire dite machine magnéto-électrique de Gramme se compose essentiellement d'un anneau de fer doux portant de nombreuses bobines en fil de cuivre, et tournant entre les pôles d'un aimant puissant courbé en fer à cheval. Cette machine donne des courants de même sens, qui, avec une vitesse moyenne de dix tours par seconde, produisent tous les effets d'une pile de huit à dix éléments de Bunsen.

VI. La machine Gramme dynamo-électrique ou *machine Gramme* proprement dite se compose d'un anneau semblable, sauf ses dimensions plus grandes, à celui de la machine magnéto-électrique du même inventeur. Cet anneau tourne entre deux puissants électro-aimants placés dans le circuit. Cette machine, très puissante, est surtout employée pour l'éclairage électrique et comme moteur pour le transport à distance des forces mécaniques.

CHAPITRE XXVI.

Éclairage électrique. — Éclairage par l'arc voltaïque; appareils à régulateurs; bougies électriques. — Éclairage par incandescence, incandescence à l'air libre; incandescence dans le vide. — Lampe-soleil.

Éclairage électrique.

351. *Éclairage électrique.* — Après la machine à vapeur dont notre siècle a vu surgir, comme par enchantement, les prodigieuses applications; après le télégraphe électrique, qui couvre aujourd'hui de ses réseaux et met en communication entre eux et à travers les océans tous les pays civilisés, voici, à son aurore, la lumière électrique qui, toute pleine aussi de promesses, en partie déjà réalisées, vient à son tour, et non moins justement, passionner les esprits. Car en présence des merveilleux résultats obtenus depuis quelques années seulement, et que l'on a pu admirer dans leur ensemble à l'*Exposition internationale d'électricité de* 1881, il est permis de prévoir que dans un avenir plus ou moins éloigné, mais certain, l'éclairage électrique aura presque partout remplacé la lumière du gaz, qui déjà commence et continuera à lui céder peu à peu l'espace, à mesure que se perfectionneront nos appareils générateurs de l'électricité.

La production de la lumière électrique comprend deux procédés ou systèmes différents, d'où résulte aussi une différence marquée dans les qualités et les applications possibles de la lumière émise par l'un ou l'autre de ces deux systèmes, que l'on appelle : *l'éclairage par l'arc voltaïque* et *l'éclairage par incandescence.*

Éclairage par l'arc voltaïque.

355. *Éclairage par l'arc voltaïque.* — Rappelons ici, en les complétant, les détails que nous avons précédemment donnés sur le mode de formation et les propriétés générales de l'arc voltaïque, découvert en 1801 par un des plus illustres savants de l'Angleterre, sir Humphrey Davy.

Fig. 238.

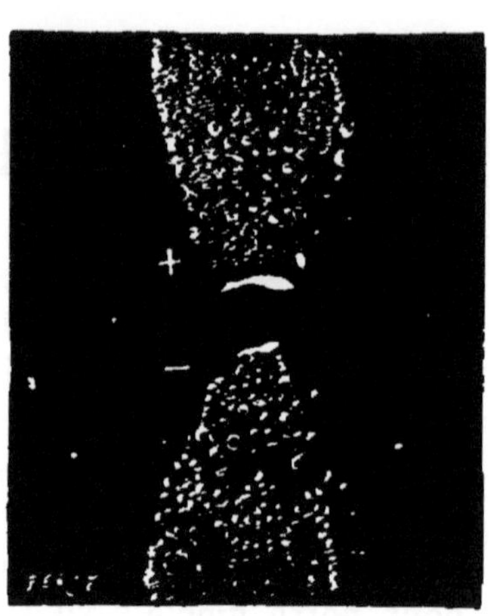

Fig. 239.

Deux petites baguettes de charbon CC (*fig.* 238), taillées en pointe, sont placées bout à bout, l'une à la suite de l'autre, et mises en communication avec les deux pôles d'une forte pile ou d'un générateur quelconque d'électricité. Les deux pointes étant en contact, on voit aussitôt se produire entre elles une lumière éblouissante, due à l'incandescence des charbons à leur point de jonction et à une petite distance au delà. Si la pile est suffisante, et si l'on écarte graduellement les charbons l'un de l'autre, jusqu'à une distance de quelques centimètres, la lumière, loin de s'éteindre, semble augmenter d'éclat, et l'on voit alors apparaître, entre les pointes des charbons, restées incandescentes, une lueur violacée qui généralement prend la forme d'un arc: d'où le nom d'*arc voltaïque*, qui lui a été donné.

En poursuivant l'observation du phénomène, on ne tarde pas à constater que la baguette de charbon qui communique avec le pôle positif de la pile se creuse rapidement, tandis que le charbon négatif, comme le représente la figure 239, semble s'accroître, et se maintient en pointe mousse. Il y a donc transport du pôle positif au pôle négatif de particules de charbon, dont les unes se volatilisent, et les autres se déposent sur le bout incandescent de la baguette négative : ce qui prouve que l'arc voltaïque est formé de vapeur et de particules de carbone, à travers lesquelles passe le courant qui les entraîne d'un pôle à l'autre. Cet arc peut donc être considéré comme un conducteur interposé dans le circuit.

La résistance considérable qu'oppose au passage du courant l'arc voltaïque explique la haute température qui s'y développe, la plus élevée de toutes celles que nous connaissions. Tous les corps sans exception y sont fondus ou volatilisés. Ajoutons que l'arc voltaïque, comme les courants mobiles dont nous avons parlé précédemment (312), peut être dévié de sa direction par le voisinage d'un courant ou d'un aimant.

Mais ce qu'il importe surtout de remarquer, au point de vue qui nous occupe, c'est que la puissante lumière à laquelle donne lieu ce phénomène vient bien moins de l'arc lui-même que de l'*incandescence des pointes de charbon* qui transmettent le courant. Pour que cette lumière conserve tout son éclat, il faut que l'écart des deux charbons soit maintenu dans une certaine limite, laquelle varie d'ailleurs avec l'intensité du courant. Si l'on dépasse cette limite, l'arc et avec lui les pointes incandescentes des charbons s'éteignent aussitôt, et il faut alors, pour les rallumer, les ramener en contact, puis les écarter de nouveau. L'application de l'arc voltaïque à l'éclairage exige donc certaines dispositions particulières que nous allons rapidement examiner en les groupant sous quatre chefs : 1° les *charbons ;* 2° les *régulateurs mécaniques ;* 3° les *bougies ;* 4° les *générateurs d'électricité.*

1° *Charbons.* — Les charbons doivent être durs, compacts, assez bons conducteurs de l'électricité, et ne s'user que le plus lentement possible. Pendant longtemps on a fait usage du *charbon de cornue*, espèce de coke qui se dépose dans les cornues où l'on prépare le gaz d'éclairage par la distillation de la houille; mais plusieurs inconvénients attachés à l'emploi de ce charbon, notamment la difficulté de le disposer en baguette minces, longues et suffisamment résistantes, faisaient grandement désirer son remplacement par un autre plus solide.

Après de nombreuses recherches, faites par divers physiciens, un de nos électriciens les plus distingués, M. Edmond Carré, est enfin parvenu à résoudre complètement ce problème par l'invention d'un charbon artificiel, fabriqué au moyen d'un mélange de coke finement pulvérisé, de noir de fumée préalablement calciné et de sirop de sucre additionné d'un peu de gomme. Ce mélange, d'abord à l'état pâteux, est soumis à l'action d'une presse hydraulique qui le pousse dans une filière, où il se divise en baguettes de différentes grosseurs, auxquelles on donne ensuite la densité et la dureté nécessaires, en les introduisant successivement dans un four, puis dans des creusets maintenus pendant plusieurs heures au rouge vif. Nous ne ferons que rendre justice à M. Edmond Carré, en disant que l'emploi de ces baguettes, aujourd'hui très répandu en France et à l'étranger, a contribué pour une large part au succès de la lumière électrique.

2° *Régulateurs mécaniques.* — L'expérience a démontré que la longueur la plus favorable à donner à l'arc voltaïque, c'est-à-dire à l'écart entre les deux pointes opposées des charbons, est *la moitié de la distance* au delà de laquelle l'arc s'éteindrait subitement. A l'air libre et dans les conditions ordinaires, cet écart doit être d'environ un centimètre. Mais l'usure des charbons, tant par leur combustion dans l'air que par le transport de leurs molécules de l'un à l'autre, augmentant incessamment la distance qui les sépare, ne tarderait pas à amener d'abord un affaiblissement progressif de la lumière et finalement l'extinction de l'arc. Il a donc fallu, pour utiliser la lumière électrique, avoir recours à des appareils ayant pour fonction de rapprocher les deux charbons à mesure qu'ils s'usent, et de maintenir ainsi leur écart constant.

Les premiers appareils construits dans ce but, et que l'on désigne sous le nom de *régulateurs mécaniques*, sont ceux de Foucault, Dubosq et Serrin. Tous consistent en un système de roues dentées dont le mouvement, commandé par un ressort d'horlogerie ou par des poids, tend à pousser constamment les charbons l'un vers l'autre. Ce mouvement est réglé par un électro-aimant placé dans le courant même qui produit l'éclairage, et devant lequel est une pièce de contact en fer doux munie d'un ressort antagoniste.

Tant que les charbons sont à la distance voulue, l'intensité du courant donne à l'électro-aimant la force nécessaire pour fixer contre lui la pièce de contact, qui, dans cette position, vient buter contre une des roues dentées de l'appareil, dont elle arrête le mouvement. Le rapprochement des charbons se trouve donc ainsi suspendu. Mais bientôt l'écart de ceux-ci augmentant par l'usure, le courant s'affaiblit et avec lui le magnétisme de l'électro-aimant. Il arrive donc un moment où la pièce de contact, obéissant à l'action de son ressort, s'éloigne de l'électro-aimant, et dégage alors le système des engrenages, lequel se remet aussitôt en mouvement, et rapproche les charbons. Mais dès que ceux-ci sont revenus à leur distance normale, le courant et le magnétisme de l'électro-aimant reprenant leur intensité première, la pièce de contact est attirée de nouveau, et arrête une seconde fois l'appareil jusqu'à ce qu'une nouvelle usure des charbons reproduise la même série d'effets, et ainsi de suite. Ces arrêts et ces reprises successives du mouvement des engrenages ayant lieu dans des limites très étroites, les charbons sont donc maintenus à un écart sensiblement constant, et le centre lumineux reste ainsi à peu près fixe dans l'espace.

3° *Bougies électriques.* — Aussi longtemps que la lumière voltaïque dut recourir à l'emploi des régulateurs mécaniques, dont nous venons d'indiquer sommairement le principe, appareils compliqués, dispendieux, exigeant une surveillance de tous les instants, la lumière électrique n'eut, et ne pouvait avoir que des applications fort restreintes. L'éclairage de quelques phares maritimes, des effets scéniques dans les théâtres, un appoint aux lampions des fêtes publiques, certaines expériences de laboratoire, telles furent alors, et telles étaient encore dans ces derniers temps ses seules attributions, lorsqu'un officier russe, M. Jablochkoff, trouva, en 1876, le moyen de supprimer entièrement les régulateurs, et fit aussitôt entrer de plain-pied la lumière électrique dans le domaine de la pratique journalière.

L'idée de M. Jablochkoff, idée simple comme toutes celles qui procèdent d'un trait de génie, fut d'abord de placer les

Fig. 210.

deux baguettes de charbon, non plus sur une même ligne et bout à bout, mais de les disposer côte à côte, parallèlement entre elles, et à une certaine distance l'une de l'autre (*fig.* 210). Il n'y avait plus dès lors à se préoccuper du rapprochement des charbons, dont les extrémités libres, en se consumant, laissaient toujours entre elles le même écart.

Restait à réunir les deux baguettes par une bande de substance isolante, capable de se brûler ou de se volatiliser en même temps que les charbons, afin de laisser toujours le passage libre à l'arc voltaïque. La substance choisie à l'origine fut le kaolin, espèce d'argile blanche avec laquelle on fabrique la porcelaine. Mais on dut bientôt renoncer à cette matière, qui avait l'inconvénient de se fondre à son extrémité et de créer ainsi entre les pointes des charbons un conducteur liquide qui, en livrant passage au courant, nuisait à la formation de l'arc. Après plusieurs essais, le kaolin fut enfin remplacé par un mélange de deux parties de plâtre (sulfate de chaux), et d'une partie de sulfate de baryte. Ce mélange se volatilise sans se fondre, et fournit de plus des parcelles incandescentes qui augmentent l'éclat de la lumière.

La bougie Jablochkoff, telle qu'on l'emploie aujourd'hui, se compose donc, en résumé, de deux fines baguettes de charbon d'environ 4 millimètres de diamètre et de 25 à 30 centimètres de longueur, placées parallèlement et séparées par une bande isolante (plâtre et sulfate de baryte) de 3 millimètres de largeur sur 2 d'épaisseur. Les bouts supérieurs de ces baguettes, taillés en pointe, sont reliés par une petite amorce formée d'un mélange de coke en poudre fine et de plombagine délayés dans de l'eau gommée. Cette amorce ne sert qu'une fois, au moment de l'allumage, pour livrer passage au courant, qui sans elle serait arrêté par la matière isolante. Son unique fonction consiste donc à permettre la formation de l'arc voltaïque, qui, une fois établi, maintient la continuité du circuit entre les deux charbons jusqu'à usure totale de la bougie.

Chaque bougie, ainsi préparée, est fixée verticalement à un support métallique S portant une pince à ressort dont les deux mâchoires *m* et *m'*, complètement isolées l'une de l'autre, sont en communication avec le fil qui transmet les courants alternatifs que l'on emploie de préférence pour alimenter ces bougies. Chacun de ces courants, successivement de sens contraire, montant dans l'un des charbons, redescend par l'autre, après avoir traversé l'arc voltaïque qu'il entretient aux extrémités de leurs pointes incandescentes. On pourrait, sans doute, faire fonctionner les bougies électriques avec des courants continus, c'est-à-dire de même sens ; mais comme le charbon positif s'userait alors deux fois plus vite que le négatif, il faudrait pour maintenir les deux pointes au même niveau, donner au premier une grosseur double.

Un des principaux avantages de la bougie Jablochkoff est le moyen qu'elle nous offre d'obtenir avec elle, beaucoup plus facilement qu'avec tous les autres systèmes d'éclairage par l'arc voltaïque, la *division* sur un seul courant de la lumière électrique. Pourvu que la source d'électricité ait une tension suffisante pour permettre au courant de franchir plusieurs arcs successifs, rien n'empêche de placer, à des distances plus ou moins grandes les unes des autres, plusieurs bougies dans un même circuit, qui toutes brûleront avec un même éclat.

C'est surtout à cause de ce dernier mérite que le système Jablochkoff a pu donner à l'éclairage électrique la popularité dont il jouit maintenant, non seulement à Paris, où depuis quelques années déjà la place de l'Opéra, de grands magasins, de grands hôtels, l'Hippodrome, etc., sont éclairés de cette façon, mais encore dans la plupart des grandes villes de l'Europe et de l'Amérique.

Un tel succès ne pouvait manquer d'exciter le zèle des inventeurs, désireux d'attacher leur nom à un perfectionnement quelconque de ces merveilleuses bougies. Nous nous bornerons à citer les efforts tentés dans cette voie par MM. Wilde, Jamin, Debrun, Gérard, etc., ne pouvant, sans sortir des limites d'un livre élémentaire, entrer ici dans les détails techniques d'une foule d'appareils plus ou moins ingénieux, mais qui, jusqu'à présent, ont dû laisser le champ libre au système Jablochkoff, au moins pour l'éclairage usuel. Il serait cependant injuste de ne pas associer à ce succès le nom de M. Edmond Carré, qui, par l'invention de ses charbons artificiels, fournissait à M. Jablochkoff, dès la création de sa bougie, la matière première qui devait en assurer la réussite.

Pour atténuer le trop vif éclat de la lumière, qui pourrait blesser la vue, on enferme les bougies dans des globes de verre opalin, qui ont pour effet, en diffusant ses rayons, de ne plus présenter à l'œil qu'une masse lumineuse inoffensive. On peut aussi, comme pour les lampes ordinaires, adapter à ces bougies des abat-jour, qui en projettent la lumière sur les surfaces où elle doit être utilisée.

4° *Générateurs d'électricité.* — La grande économie résultant de l'emploi des machines magnéto-électriques ou dynamo-électriques, qui ne brûlent que du charbon au lieu de consommer du zinc, comme le font les piles ordinaires, a depuis longtemps fait abandonner celles-ci pour l'éclairage électrique, sauf dans quelques cas où le manque de place ne permettait pas l'installation d'une machine et de son moteur. On peut dire même que sans les machines, avec les piles seules pour l'alimenter, cet éclairage n'aurait jamais pu, jusqu'à présent du moins, entrer dans la pratique usuelle.

Nous avons vu que les machines magnéto-électriques ou dynamo-électriques peuvent donner, soit directement, soit au moyen de commutateurs, tantôt des courants continus, tantôt des courants alternatifs. Si l'usure des charbons, dans l'éclairage par l'arc voltaïque, se faisait, quel que fût le sens du courant, d'une manière égale pour chacun d'eux, on pourrait employer indifféremment l'un ou l'autre de ces deux systèmes. Mais comme par suite du transport de parcelles charbonneuses du charbon positif au charbon négatif, le premier s'use plus vite que le second, il convient, pour éviter cet effet nuisible, de faire usage des machines à courants alternatifs, qui, changeant de sens à chaque instant, maintiennent l'usure égale des deux baguettes. Telles sont les machines magnéto-électriques, particulièrement celle dite « *de l'Alliance,* » et la machine *dynamo-électrique à lumière* de Gramme, que nous avons précédemment décrites.

Cette dernière machine, avec une vitesse de 1000 à 1200 tours par minute, peut alimenter jusqu'à soixante bougies, espacées de trente à quarante mètres, et équivalant chacune à près de 100 lampes Carcel. La machine de l'Alliance et autres du même genre, moins puissantes peut-être, mais d'un fonctionnement plus régulier, sont plus spécialement applicables au service des grands phares maritimes, pour lesquels on préfère aussi les lampes à régulateurs mécaniques, qui, mieux que tout autre système, maintiennent rigoureusement la lumière au foyer des réflecteurs ou des lentilles destinés à la projeter dans l'espace en un faisceau de rayons parallèles (voyez le chapitre XXXII).

Éclairage par incandescence.

356. *Éclairage par incandescence.* — La grande puissance et la longue portée de la lumière émise par l'arc voltaïque ont permis de l'appliquer avec un plein succès à l'éclairage des places publiques, des phares maritimes, ainsi qu'aux projections lumineuses nécessaires pour guider la marche des navires, les opérations de l'artillerie, du génie militaire, pour éclairer de vastes chantiers, etc. Mais ces qualités mêmes, si précieuses quand il s'agit d'éclairer au loin, rendaient cette lumière impropre aux usages domestiques et aux besoins de l'industrie privée. Ce rôle, plus modeste, mais non moins utile, paraît, dès aujourd'hui, devoir être dévolu à l'*éclairage par incandescence.*

On distingue deux modes d'éclairage électrique par incandescence, savoir : *l'incandescence à l'air libre* et *l'incandescence dans le vide.*

Incandescence à l'air libre.

357. *Incandescence à l'air libre.* — Nous avons vu que dans l'éclairage par l'arc voltaïque, c'est l'incandescence des deux pointes des charbons, placées en regard l'une de l'autre, qui produit la plus grande partie de la lumière. L'arc lui-même, bleuâtre ou violacé, ne doit son éclat qu'aux parcelles charbonneuses qu'il entraîne d'un pôle à l'autre : on peut donc le supprimer. La lumière perdra sans doute un peu de son intensité, mais elle y gagnera en blancheur par la suppression des rayons bleus en excès qui accompagnent les irradiations de l'arc. Il suffit pour cela de maintenir les charbons en contact. On obtient alors *l'éclairage par incandescence à l'air libre*, dont l'idée première appartient à notre savant et habile ingénieur M. Émile Reynier (1877).

Pour réaliser ce nouveau système d'éclairage, il devenait toutefois nécessaire, dans la pratique, d'apporter quelques modifications à la forme et à la position des charbons. Au lieu de deux baguettes placées bout à bout, M. Reynier fut conduit à n'en employer qu'une seule *c* (*fig.* 241) et à remplacer l'autre par un disque de charbon C, mobile sur un axe horizontal. La baguette *c*, maintenue verticalement, vient appuyer par son bout inférieur sur le contour de ce disque, mais un peu en avant de son axe; de sorte qu'en descendant par son propre poids, et par le poids de la tige métallique qui la supporte, elle imprime au disque, à mesure qu'elle se consume, un mouvement lent de rotation.

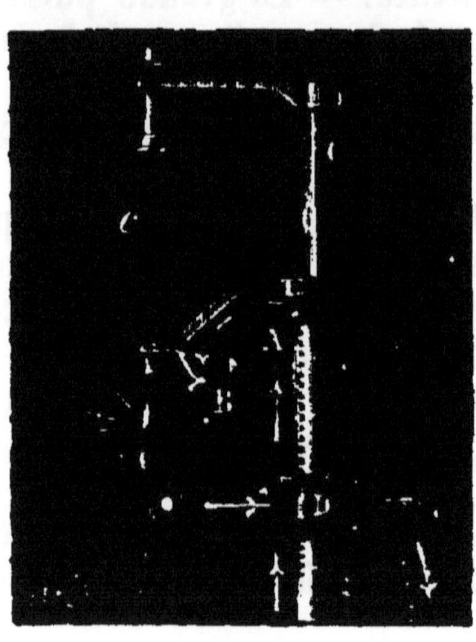

Fig. 241.

La baguette *c* communique avec le pôle positif de la source électrique, tandis que le disque C communique, par son axe et par la pince métallique D qui porte cet axe, avec le pôle négatif. Toutefois, cette communication de la baguette avec le pôle positif n'a lieu que vers sa pointe, sur une longueur de quelques millimètres seulement, au moyen de la colonne métallique A et d'un petit cylindre de charbon B, dont l'extrémité arrondie est constamment maintenue par un ressort en contact avec elle.

En résumé, le courant parti du pôle positif monte, comme l'indiquent les flèches, par la colonne A, passe de là dans le petit cylindre de charbon B, puis, *par le bout de la baguette c*, dans le disque C, pour aller rejoindre par la pince métallique D le pôle négatif du générateur. C'est donc entre ce cylindre B et le disque C que se produit la lumière, due à l'incandescence de l'extrémité de la baguette et des divers points du contour du disque sur lesquels celle-ci vient successivement s'appuyer.

Tel est, en principe, le système d'éclairage électrique par l'incandescence à l'air libre, imaginé par M. Émile Reynier. Ce système a été, dans ces derniers temps, diversement modifié. Nous citerons, parmi ces innovations, celle de M. Werdermann, laquelle consiste dans le renversement de l'appareil. Le disque de charbon placé en bas, dans la lampe Reynier, projetait dans le champ lumineux une ombre nuisible. M. Werdermann a eu l'heureuse idée de le placer au-dessus de la baguette, en faisant remonter celle-ci au moyen d'un contrepoids. Si simple qu'elle paraisse, cette innovation n'a pas peu contribué au succès de ce mode d'éclairage, en permettant l'installation de lustres élégants, à foyers nombreux, dans les théâtres, dans de vastes salons, etc. Plusieurs lampes de ce genre, installées à notre Exposition d'électricité, éclairaient d'une façon splendide le grand vestibule d'entrée, le salon du Président, une salle à manger, et la charmante scène du petit théâtre agencé à cet effet.

Incandescence dans le vide.

358. *Incandescence dans le vide.* — L'incandescence à l'air libre, telle que nous venons de la décrire, n'est, en réalité, qu'une modification, ou, pour mieux dire, une variété de l'éclairage par l'arc voltaïque, dans laquelle celui-ci est simplement supprimé ou plutôt réduit à des dimensions inappréciables par le rapprochement des charbons. L'*incandescence dans le vide* forme, au contraire, un système à part et tout à fait distinct du précédent, en ce sens que le corps éclairant interposé dans le circuit, au lieu d'être divisé en deux fragments que l'on peut à volonté éloigner ou rapprocher, conserve d'un pôle à l'autre sa continuité.

Nous avons vu (298) qu'en réunissant, sur une longueur de quelques centimètres, les deux conducteurs d'une forte pile par un fil mince de platine ou de tout autre métal difficilement fusible, ce fil, par suite de sa résistance au passage du courant, s'échauffe, devient rouge, puis tout à fait blanc, et ne tarde pas à se fondre, et même à se volatiliser, si le courant électrique est suffisamment intense.

Tel est le principe sur lequel repose l'éclairage par incandescence dans le vide, que l'on désigne généralement, et avec raison, sous le nom d'*éclairage par incandescence* proprement dite, pour le mieux distinguer des autres systèmes.

La première lampe à incandescence proprement dite fut imaginée et exécutée, en 1841, par un ingénieur anglais, Frédéric Moleyns. Elle se composait (*fig.* 242) d'une spirale en fil de platine P, enfermée dans un globe de cristal, et dont les deux extrémités communiquaient au dehors avec les deux rhéophores RR d'une pile voltaïque. Mais la difficulté de régler l'intensité du courant de manière à éviter la fusion du métal rendit infructueux ce premier essai. D'autres essais du même genre, renouvelés à diverses reprises, eurent un sort pareil, jusqu'au jour où ce système d'éclairage devait enfin recevoir sa solution pratique par la substitution d'un fil de charbon au fil de platine, le charbon étant, comme on le sait, complètement infusible.

Fig. 242.

Ce nouveau procédé, dû aux recherches de trois électriciens également célèbres, Edison, Swan et Maxim, repose donc essentiellement sur l'emploi, comme corps éclairant, d'un filament de charbon remplaçant le fil de platine de la lampe Moleyns.

La préparation de ces charbons, qui devaient être minces comme un cheveu, et présenter en même temps assez de flexibilité et de fermeté pour se laisser enrouler et conserver leur forme, n'était pas, on le conçoit, chose facile à réaliser. Après de nombreux essais avec diverses substances d'origine végétale, notamment avec des fils de coton, du carton de Bristol, plusieurs espèces de papier, etc., M. Edison parvint enfin à résoudre le problème de la manière la plus satisfaisante, en fabriquant ses charbons avec les fibres d'une espèce de bambou, très commune au Japon. Ces fibres, très longues et d'une grande souplesse, peuvent prendre facilement toutes les formes voulues, après quoi il ne reste plus qu'à les carboniser en vases clos. La forme adoptée par M. Edison, comme lui ayant paru la plus favorable, est celle d'un fer à cheval allongé.

Ainsi préparés, ces charbons C (*fig.* 243) sont ensuite enfermés, soit isolément, soit au nombre de deux, trois et même quatre, suivant la quantité de lumière qu'on veut obtenir, dans des ampoules de verre mince, ayant la forme d'une poire, et y sont maintenus verticalement par deux petites pinces, terminant les fils en platine R et R qui servent en même temps à livrer passage au courant électrique. Il va sans dire que chaque ampoule doit être le mieux possible purgée d'air, ce qui a pour effet, non seulement d'empêcher les charbons de brûler et de disparaître instantanément, mais encore d'augmenter l'éclat de la lumière.

Fig. 243.

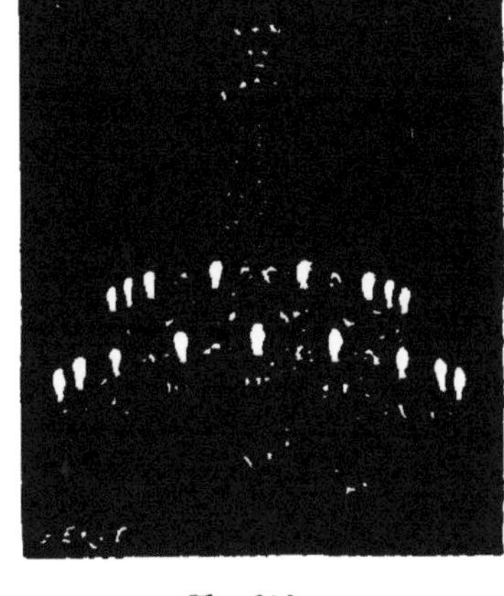

Fig. 244.

Telle est la lampe Edison, le prototype de ce genre de lampes, dont toutes les autres, celles de Swan et de Maxim, en particulier, ne diffèrent que par des détails accessoires.

Sitôt que le courant passe, l'incandescence du charbon se produit, et projette alors une lumière blanche, fixe et douce à la vue, malgré son grand pouvoir éclairant. Ajoutons que cette petite lampe, si fragile en apparence, est en réalité une des plus solides que l'on connaisse. Le mince fil de charbon, que l'on croirait devoir se briser à la première épreuve, quand on songe à l'énorme température qu'il subit, résiste avec une merveilleuse facilité. On en a cité qui ont fourni, sans périr, jusqu'à huit cents heures d'éclairage, c'est-à-dire un service quotidien de trois à quatre mois et plus.

L'excellence de la lumière produite par ce système, son grand éclat, sa blancheur, sa fixité absolue, son innocuité pour la vue, sont autant de qualités qui, jointes à la possibilité d'alimenter un très grand nombre de foyers avec un seul générateur d'électricité, contribueront puissamment à en généraliser l'emploi dans l'éclairage privé. Ces petites lampes peuvent s'adapter à tous les usages domestiques, soit comme simples bougies, éclairant, par exemple, un cabinet de travail, soit groupées de manière à former des lustres (*fig.* 244), des guirlandes, des candélabres dont les visiteurs de notre Exposition d'électricité ont pu admirer l'élégance et le superbe effet.

Le seul reproche que l'on puisse faire encore à ce mode d'éclairage, c'est la trop grande dépense d'électricité qu'il exige, et, par suite, son prix trop élevé. Mais la voie est ouverte, et tout fait espérer qu'on ne tardera pas à trouver, soit par la pile, soit par l'électro-dynamisme, des générateurs électriques moins dispendieux que ceux dont nous disposons aujourd'hui.

Lampe-soleil.

339. *Lampe-soleil.* — Nous croyons devoir dire ici quelques mots de cette nouvelle lampe, qui, en raison de la place à part qu'elle occupe dans la classification des divers genres d'éclairage par l'électricité, nous offre un certain intérêt scientifique.

Le principe de cette lampe n'est autre, en effet, que celui sur lequel repose la *lumière Drummond* au gaz oxhydrique (mélange d'hydrogène et d'oxygène), dont le vif éclat résulte, comme on le sait, de l'incandescence d'un petit fragment de chaux placé dans la flamme de ce mélange gazeux, flamme peu éclairante par elle-même, mais douée d'une très haute température (voyez notre *Cours de Chimie*, page 51). Dans la *lampe-soleil*, la lumière, contrairement à ce qui a lieu dans tous les autres systèmes d'éclairage électrique, n'émane plus directement des charbons. Elle provient presque uniquement de l'incandescence d'un petit bloc de marbre blanc (carbonate de chaux) ou de magnésie comprimée, placé sur le trajet de l'arc voltaïque, lequel joue à son égard le même rôle que celui de la flamme oxhydrique sur le fragment de chaux de la lumière Drummond.

La figure 245 représente cet appareil d'après le dernier type construit par son inventeur, M. L. Clerc. Le petit bloc de marbre blanc ou de magnésie B est fixé entre les extrémités de deux baguettes de charbon demi-cylindriques C C′, inclinées l'une vers l'autre sur un angle d'environ 45 degrés, et soutenues en dehors par deux appuis D D′, également en marbre ou en une pierre quelconque, le tout maintenu par une garniture en tôle. Les pointes des deux charbons viennent aboutir à deux petites ouvertures *oo'*, ménagées entre le bloc de marbre central B et les appuis extérieurs D D', afin de livrer passage à l'arc voltaïque A, qui vient ainsi, d'un bout à l'autre des deux charbons entre lesquels il se produit, lécher la face inférieure du bloc central B. Enfin, pour que le courant, au moment de l'allumage, puisse passer entre les deux pointes des charbons, celles-ci sont reliées entre elles par un mince filet de plombagine, préalablement appliqué sur la face inférieure du bloc central, suivant le trajet de l'arc.

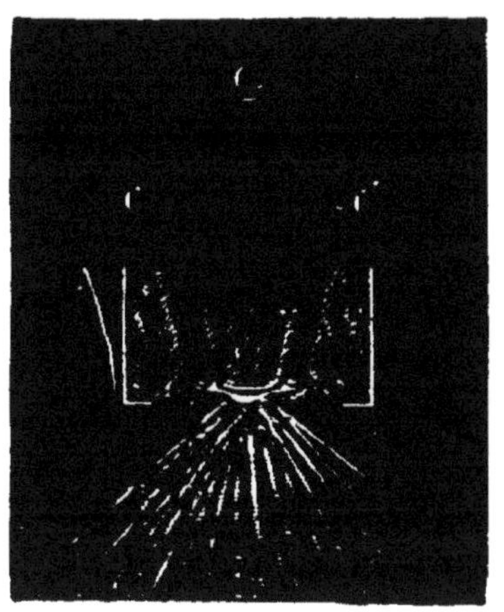

Fig. 245.

La lumière de la lampe-soleil, dans la production de laquelle l'arc voltaïque n'intervient plus que par sa haute température, pour porter à l'incandescence une surface calcaire, possède, entre autres qualités, une fixité presque absolue et, chose précieuse, une teinte légèrement dorée, analogue à celle de la lumière solaire, ce qui justifie le nom donné à cette lampe, que l'on pourrait encore et tout aussi bien appeler *lampe Drummond électrique*.

L'expérience a démontré que, bien que pouvant se prêter à toutes les applications usuelles de la lumière électrique, la lampe-soleil convient plus spécialement à l'éclairage des galeries de tableaux ou autres objets d'art. Ainsi qu'on a pu le voir dans une des salles de notre Exposition d'électricité, où plusieurs de ces lampes éclairaient une riche collection de toiles de tout genre, les couleurs ne subissent aucune altération; peut-être même les reliefs et le dessin étaient-ils mieux rendus que par la lumière du jour. C'est pour cela que l'éminent architecte de notre grand Opéra, M. Garnier, a fait choix de la lampe-soleil pour l'éclairage des magnifiques peintures qui en décorent le foyer.

Résumé.

I. L'éclairage électrique comprend deux procédés ou systèmes différents : l'*éclairage par l'arc voltaïque* et l'*éclairage par incandescence*.

II. L'*éclairage par l'arc voltaïque* s'obtient au moyen de deux baguettes de charbon placées d'abord bout à bout dans le circuit d'une forte pile ou d'une machine magnéto ou dynamo-électrique, et que l'on écarte ensuite à une petite distance (un centimètre environ) l'une de l'autre.

III. La puissante lumière obtenue par ce mode d'éclairage provient de l'incandescence des deux pointes de charbon qui transmettent le courant, bien plus que de l'arc lui-même, dont la lumière a une teinte bleuâtre.

IV. Pour que la lumière voltaïque conserve tout son éclat, il faut que l'écart des deux charbons soit régulièrement maintenu, ce que l'on obtient soit avec des *régulateurs* mécaniques, soit au moyen des *bougies électriques* (bougies Jablochkoff).

V. L'*éclairage par incandescence* comprend deux modes particuliers: l'*incandescence à l'air libre* et l'*incandescence dans le vide*.

VI. L'*incandescence à l'air libre* ne diffère de l'éclairage par l'arc voltaïque que par le maintien des charbons en contact permanent. L'une des baguettes est remplacée par un disque mobile en charbon, sur le contour duquel vient s'appliquer la pointe de l'autre baguette maintenue verticalement (système Reynier).

VII. L'*incandescence dans le vide* s'obtient au moyen d'un filament de charbon, placé dans une ampoule en verre où l'on a fait le vide. Ce filament, par suite de sa résistance au passage du courant, s'échauffe au rouge blanc, et projette alors une lumière blanche, d'un grand pouvoir éclairant.

VIII. La *lampe-soleil* repose sur le même principe que l'éclairage connu sous le nom de *lumière Drummond*, en ce sens que l'arc voltaïque y remplace simplement la flamme du gaz oxhydrique, pour porter à l'incandescence une surface calcaire. Sa lumière, d'une teinte légèrement dorée, analogue à celle de la lumière solaire, convient particulièrement à l'éclairage des galeries de tableaux ou autres objets d'art.

CHAPITRE XXVII.

Suite des applications modernes de l'électricité. — Réversibilité des machines magnéto-électriques et dynamo-électriques. — Transport de la force motrice. — Moteurs électriques. — Téléphone. — Microphone. — Photophonie; photophone musical; photophone d'articulation. — Piles secondaires ou accumulateurs électriques.

Réversibilité des machines magnéto-électriques et dynamo-électriques.

360. *Réversibilité des machines magnéto-électriques et dynamo-électriques.* — Nous touchons ici à un des faits les plus importants de la physique moderne, non seulement au point de vue scientifique, mais encore et surtout en raison des immenses services qu'il est appelé à rendre à l'industrie.

Fig. 246.

Prenons (*fig.* 246) deux machines magnéto-électriques du même modèle et à courants continus, soit deux petites machines Gramme de laboratoire A et B (352), lesquelles se prêtent merveilleusement à l'expérience qu'il s'agit de faire. Réunissons leurs fils conducteurs de manière à les placer l'une et l'autre dans le même circuit. Si nous faisons tourner à la main la machine A, la machine B, sous l'influence du courant qu'elle en reçoit, *se met aussitôt à tourner dans le même sens*, et, si le circuit extérieur est assez court pour ne pas présenter de résistance notable, *avec une vitesse sensiblement égale*. Si nous renversons le mouvement de la machine A, le mouvement de la machine B se renverse également. Enfin si, quittant la machine A, nous tournons la manivelle de la machine B, la machine A obéit à son tour et se met en mouvement sous l'influence du courant qu'elle reçoit alors de B. Les deux anneaux, dans tous les cas, tourneront donc ensemble et dans le même sens, comme le font dans nos machines, deux poulies de transmission entraînées par une même courroie.

Une expérience analogue peut être faite avec une seule machine placée dans le circuit d'une pile ordinaire, soit une pile de Bunsen, de 3 ou 4 éléments. Aussitôt que le courant passe, la machine se met à tourner, ce qui montre, plus nettement encore que l'expérience précédente, la transformation de l'électricité en mouvement, c'est-à-dire en force mécanique.

Si, au lieu de deux machines magnéto-électriques ou à aimant permanent, on met en expérience une seule machine de ce genre M, et une machine dynamo-électrique ou à électro-aimant D, celle-ci se mettra encore à tourner dès qu'on fera tourner à la main la machine M; mais on observe alors que si l'on renverse le mouvement primitivement donné à la machine magnéto-électrique M, et par conséquent le sens du courant qu'elle engendre, la machine dynamo-électrique D continuera à tourner dans le même sens. Cette particularité s'explique aisément, si l'on considère qu'en même temps que le courant envoyé par la machine M se renverse, la polarité des électro-aimants de la machine D, dans lesquels passe ce même courant, se renverse également. Il y a donc là deux inversions dont l'une détruit l'effet de l'autre, et maintient ainsi dans la machine qui reçoit le courant le même sens de rotation.

Enfin, si l'on accouple dans le même circuit deux machines dynamo-électriques, le mouvement donné à l'une d'elles par une force mécanique quelconque fera tourner l'autre dans les mêmes conditions, c'est-à-dire dans un sens invariable, quelle que soit la direction du mouvement imprimé à la première machine par la force mécanique.

Telles sont les expériences qui démontrent la *réversibilité* des machines magnéto-électriques et dynamo-électriques, à courants continus, ou, en d'autres termes, *la transformation par elles de la force mécanique en électricité, et réciproquement de l'électricité en force mécanique.* Ce retour de l'effet à la cause, dont nous avons vainement cherché l'interprétation théorique dans les divers traités de physique ou autres ouvrages spéciaux, peut être expliqué de la manière suivante.

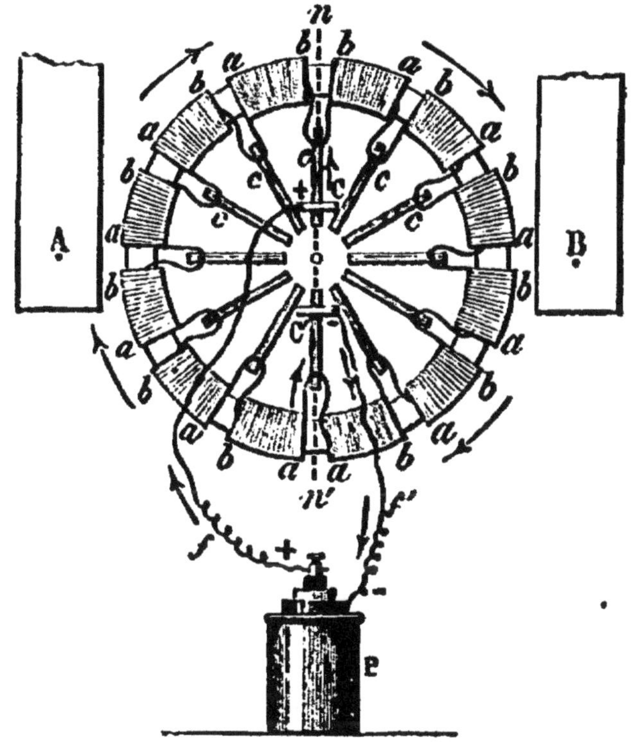

Fig. 247.

361. *Théorie de la réversibilité.* — Reprenons (*fig.* 247) l'anneau Gramme, tel que nous l'avons décrit plus haut, placé entre les pôles A et B d'un aimant permanent, avec ses deux collecteurs C et C', fixés dans la ligne neutre ou de partage *n n'*. Mettons ces deux collecteurs en communication avec les pôles d'un générateur quelconque d'électricité, soit le collecteur C avec le pôle positif et le collecteur C' avec le pôle négatif d'une pile de Bunsen P, le tout formant ainsi un circuit fermé, comprenant la pile, les fils conducteurs *f f'*, les deux collecteurs C et C', les lames rayonnantes *c c c c* et les bobines

communiquant avec celles-ci de la manière précédemment indiquée.

Les choses étant ainsi disposées, le courant, parti du pôle positif de la pile, passera par le collecteur C, puis par la lame rayonnante *c* en contact avec ce dernier, et, arrivé là, se divisera en deux courants qui, passant par les fils des bobines, l'un à droite et l'autre à gauche de la ligne de partage *n n'*, viendront se rejoindre au collecteur C', où ils se réuniront pour ne plus former qu'un seul courant retournant au pôle négatif de la pile.

Les fils des bobines communiquant tous entre eux par les lames rayonnantes *ccccc* auxquelles ils sont soudés, et étant tous enroulés dans le même sens autour du noyau de fer doux qui forme la partie centrale de l'anneau, représentent dans leur ensemble une hélice continue, soit *dextrorsum*, soit *sinistrorsum*, suivant le sens de l'enroulement. Supposons-la dextrorsum.

Nous avons vu (323) que si dans une hélice dextrorsum traversée par un courant on place un barreau de fer ou d'acier, celui-ci s'aimantera aussitôt, et dans un sens tel que son pôle boréal correspondra à l'*entrée* et son pôle austral à la *sortie* du courant. Or, si l'on a bien compris la marche du courant dans les fils des bobines, où il arrive par intermittences à chaque contact des lames mobiles *ccccc* avec le collecteur C, il est facile de voir, d'après la loi d'Ampère, que toutes les portions du noyau circulaire de fer doux que recouvrent les bobines (l'hélice de celles-ci étant, nous l'avons dit, supposée dextrorsum) se polariseront de telle façon que leurs pôles boréal *b* et austral *a* seront dirigés dans chacune des moitiés latérales de l'anneau, les premiers *bbb*... vers l'entrée et les seconds *aaa*... vers la sortie du courant. Il résultera de cette distribution magnétique :

1° Que dans la moitié supérieure du demi-anneau, située à droite de la ligne de partage *n n'*, les pôles mobiles *a a a*, orientés vers le pôle B de l'aimant permanent, seront attirés par celui-ci, tandis que dans la moitié inférieure de ce même demi-anneau les pôles *bbb*, étant également orientés vers B, seront repoussés ;

2° Que dans la moitié inférieure du demi-anneau, située à gauche de la ligne de partage *nn'*, les pôles mobiles *bbb*, orientés vers le pôle A de l'aimant permanent, seront attirés par celui-ci, tandis que dans la moitié supérieure de ce même demi-anneau les pôles *aaa* seront repoussés.

Ces deux systèmes d'attractions et de répulsions diamétralement opposées, auxquels s'ajoute encore l'action concourante des pôles A et B de l'aimant fixe sur le courant lui-même (chaque bobine étant considérée comme un solénoïde), formeront donc, ainsi que le montrent les flèches, autant de *couples* (30) ayant ensemble pour effet la rotation de l'anneau dans un même sens et avec une vitesse proportionnée à l'intensité du courant.

Transport à longue distance de la force motrice.

362. *Transport à longue distance de la force motrice.* — Les expériences qui précèdent montrent la possibilité de transmettre à de longues distances la force motrice.

Deux machines Gramme, à aimant ou à électro-aimant, étant accouplées comme nous venons de le dire, la première actionnée par un moteur quelconque, la seconde recevant le courant engendré par l'autre, présentent, avec le fil conducteur qui les unit, un système de transport de force aussi complet que celui que forment deux poulies reliées par une courroie, mais avec cette différence que la courroie est ici un fil électrique pouvant avoir plusieurs kilomètres de longueur.

Ainsi, une machine Gramme dynamo-électrique, installée, par exemple, auprès d'une chute d'eau et d'un moulin pour la mettre en mouvement (*fig.* 218), pourra, au moyen d'un simple fil métallique, et par l'intermédiaire d'une autre machine semblable placée dans une usine ou dans un atelier distant de plusieurs kilomètres, y transporter la force motrice nécessaire au fonctionnement des outils. Ajoutons qu'avec ces mêmes machines on pourra, le soir venu, et le travail cessant dans l'atelier, en éclairer les dépendances ou des lieux voisins.

Ces merveilleuses applications de l'électricité, qui semblent tenir du rêve, sont déjà en partie réalisées. Tout le monde a pu voir, à notre Exposition d'électricité, deux machines Gramme, reliées par un fil qui traversait toute la largeur du Palais de l'Industrie, transmettre l'une à l'autre le mouvement

communiqué par une machine à vapeur, et faire ainsi mouvoir une pompe aspirante, dont le débit accusait la force de plusieurs chevaux. Le tramway électrique qui, de la place de la Concorde, transportait les visiteurs à l'entrée du Palais, était mis en mouvement par une machine Siemens placée sous le plancher de la voiture, et qui, par l'intermédiaire d'un fil conducteur que soutenaient des poteaux dressés sur un des côtés de la voie, recevait le courant d'une machine pareille située à l'intérieur. Un tramway de ce genre, récemment établi aux environs de Berlin, fonctionne, pour un service public, sur un parcours de 2500 mètres. Nous pourrions citer encore des machines à labourer, des scieries mécaniques, des ascenseurs, qui, depuis quelques années, utilisent ce même système de transport de la force.

Ce ne sont là, il est vrai, que les premiers essais, les premiers pas, timides encore, dans cette voie nouvelle ouverte au progrès. Mais leur réussite ne permet pas de douter que toute une révolution industrielle sortira, dans un avenir prochain, de cette étonnante combinaison mécanique, nous offrant le moyen d'utiliser à distance et à peu de frais, tant de forces naturelles actuellement perdues ou d'un emploi sur place difficile et coûteux : les chutes d'eau, si abondantes dans les montagnes, les barrages des fleuves et des rivières, les marées, et jusqu'au vent lui-même, dont un simple fil pourra transporter au centre d'une ville la force prise à l'air libre sur les hauteurs environnantes*.

Moteurs électriques.

365. *Moteurs électriques.* — Nous nous abstiendrons de décrire ici les nombreux appareils qui, depuis Jacobi, l'inventeur du premier moteur électrique (1839), ont été successivement imaginés en vue d'appliquer l'électro-magnétisme à la production du mouvement. Ces appareils compliqués, avec lesquels, malgré les plus ingénieuses combinaisons, on n'avait

* Les Américains du Nord, ces hardis pionniers de la civilisation, ont déjà, nous dit-on, conçu le gigantesque projet d'utiliser dans cette voie la chute du Niagara. Cette merveilleuse chute d'eau, la plus puissante du monde (300 000 mètres cubes par minute d'une hauteur de 60 mètres environ), représente une force mécanique évaluée à près de trois millions de chevaux-vapeur. Des ingénieurs ont donc eu la pensée de recueillir cette force au moyen de turbines qui donneraient le mouvement, dans des usines

jamais pu obtenir la force mécanique en quantité suffisante et dans les conditions d'économie nécessaires à son emploi industriel, ont perdu tout intérêt depuis l'invention des machines dynamo-électriques à courants continus, et en particulier de la machine Gramme.

Par un des plus heureux enchaînements mécaniques, ces machines, imaginées d'abord dans le seul but de produire économiquement de l'électricité, se sont trouvées constituer en même temps les meilleurs moteurs électriques. Nous venons de voir, en effet, que, grâce à leur réversibilité, à laquelle, sans doute, leurs inventeurs n'avaient pas primitivement songé, rien n'est plus simple, au moyen de ces machines, que de transformer en force motrice un courant électrique fourni par une machine semblable ou par toute autre source d'électricité, sans compter l'avantage immense de pouvoir transporter cette force à des distances considérables de son point d'origine.

Le grand mérite de la machine Gramme comme appareil moteur, c'est, en premier lieu, son mouvement circulaire et continu, n'exigeant pour sa transmission aucun mécanisme intermédiaire. Un seul de ses organes étant mobile, et tous les autres absolument fixes, aucune cause ne réside en elle, capable d'accélérer ou de ralentir sa vitesse pendant une révolution complète de l'arbre. En second lieu, et c'est là ce qui assure surtout à cette machine sa supériorité sur tous les autres moteurs électriques, c'est qu'elle peut, suivant ses dimensions et selon l'intensité du courant qu'on lui envoie, produire des efforts dynamiques aussi faibles ou aussi puissants qu'on le désire, depuis la force nécessaire pour faire marcher une machine à coudre, par exemple, jusqu'à des forces de vingt, trente chevaux, et plus. Les anciens moteurs magnéto-électriques, parmi lesquels on citait comme une merveille celui de Froment, n'avaient jamais pu dépasser la force d'un cheval. Aussi toutes les recherches faites dans le but de perfectionner ces derniers ont-elles été, dès l'apparition de la ma-

établies à proximité, à des machines dynamo-électriques. Une partie de l'électricité ainsi produite éclairerait les localités environnantes; une autre partie irait distribuer la force motrice dans des établissements industriels situés plus loin. Enfin cette même électricité pourrait encore servir à la mise en marche des locomotives... Tous ces grands projets entreront-ils dans le domaine de l'exécution? C'est ce que nous ne savons encore. Mais ce qui est certain, c'est que tout cela est possible.

chine Gramme, immédiatement abandonnées. Le plus puissant, le plus parfait possible des moteurs de ce genre était trouvé.

Téléphonie.

361. *Téléphone de Graham Bell.* — La transmission du son et de la parole à de grandes distances est aujourd'hui un fait accompli, grâce au *téléphone*, récemment inventé par M. Graham Bell, professeur à Boston.

Ce merveilleux instrument, qui n'est en principe qu'une application fort simple de l'induction électro-magnétique, comprend (*fig.* 249) deux appareils absolument semblables pouvant, à tour de rôle, servir entre deux personnes de *transmetteur* et de *récepteur*, selon qu'on y applique la bouche ou l'oreille.

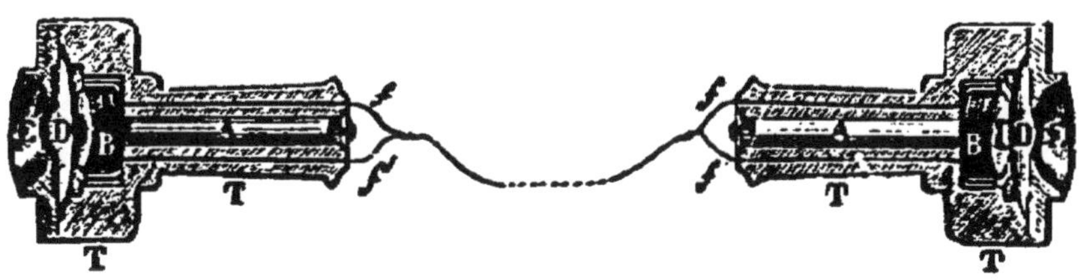

Fig. 249.

Chacun de ces appareils se compose essentiellement d'un barreau d'acier aimanté A, entouré vers l'un de ses pôles d'une bobine inductrice B, sur laquelle est enroulé un long fil de cuivre recouvert de soie, dont les deux bouts *f* et *f'*, après avoir traversé un étui de bois T, qui contient toutes les pièces de l'appareil, se continuent avec les fils de ligne, destinés à mettre en communication les deux appareils identiques.

Devant le bout de l'aimant A qui porte la bobine B, et perpendiculairement à son axe, est un disque en tôle mince D, de 6 à 7 centimètres de diamètre, maintenu au fond d'une embouchure en bois E, qui fait corps avec l'étui. La distance qui sépare ce disque de l'aimant doit être aussi petite que possible, mais néanmoins suffisante pour qu'ils ne puissent jamais se toucher.

Les choses étant ainsi disposées, si une personne parle à haute voix dans l'embouchure E de l'un de ces appareils, le disque de tôle D, vibrant à l'unisson de la voix, s'approche et s'écarte alternativement, suivant l'amplitude de ses vibrations, du pôle de l'aimant A devant lequel il est placé : d'où résulte, en vertu du principe que nous avons exposé précédemment (340), un changement dans l'état magnétique de cet aimant, et, par suite, la production d'une série de courants induits dans le fil de la bobine B.

Or, chaque courant induit partant de cette bobine arrive par le fil de ligne dans l'autre appareil, où il modifie à son tour, en passant par la bobine B, l'état magnétique du second aimant A. Le disque de tôle D placé devant cet aimant se met donc aussi à vibrer, reproduisant exactement le nombre et la forme des vibrations initiales parties du premier. Ces vibrations, reçues à la station d'arrivée par l'oreille appliquée à l'embouchure E, se traduisent donc en sons identiques à ceux émis par la personne qui parle à la station de départ, et reproduisent ainsi ses paroles et jusqu'au timbre de sa voix.

La première expérience publique du téléphone a été faite avec succès en Amérique, au commencement de l'année 1877, entre Boston et North-Conway, distants de 230 kilomètres. Depuis cette époque, les applications de cet instrument n'ont fait que s'étendre de plus en plus, en Amérique d'abord, puis en France, en Angleterre, en Belgique, en Allemagne et dans tous les pays civilisés. Auxiliaire du télégraphe, ce précieux moyen de communication est entré tout à fait dans nos mœurs. Déjà de nombreux réseaux téléphoniques, installés dans la plupart des grandes villes, permettent aux habitants de leurs divers quartiers de communiquer verbalement entre eux. Des essais de correspondance téléphonique entre Manchester et Liverpool, Hambourg et Berlin, et, plus récemment, entre Paris et Bruxelles (340 kilomètres)*, ne laissent aucun doute sur la possibilité de relier instantanément par la téléphonie, comme

* Ce dernier essai, fait le 17 mai 1882, est extrêmement intéressant en ce sens que deux dépêches, l'une téléphonique et l'autre télégraphique, ont pu, au moyen de dispositions particulières, être transmises de Bruxelles à Paris *simultanément et sur un même fil*. Plus récemment encore, au mois de septembre 1884, les fils du télégraphe de Bruxelles à Ostende (108 kilom.) ont été disposés pour que le roi et la reine des Belges pussent entendre, de leur chalet bâti au bord de la mer, les opéras exécutés au Théâtre royal de la Monnaie à Bruxelles. Le succès a été complet, et cela sans que le service télégraphique ait été dérangé en quoi que ce soit. Il est inutile d'insister pour faire comprendre l'immense portée que ce résultat peut avoir pour l'avenir du téléphone.

elles le sont déjà par la télégraphie, des populations lointaines. Peut-être même viendra le jour où deux voix amies pourront se reconnaître et se répondre à travers l'Océan. L'expérience que nous venons de rapporter d'un téléphone et d'un télégraphe fonctionnant simultanément, entre Bruxelles et Paris, sur un même fil, donne, en effet, l'espoir de pouvoir utiliser pour la transmission de la parole les câbles télégraphiques sous-marins.

Microphonie.

365. *Microphones Hughes et Ader.* — Peu de temps après l'apparition du téléphone, M. Hughes, l'inventeur du télégraphe imprimant, imaginait un autre instrument non moins curieux, le *microphone*, ainsi nommé parce qu'il a pour effet d'amplifier les sons, rendant ainsi à l'ouïe le même service que le microscope rend à la vue. Voici quelle est la disposition de cet instrument :

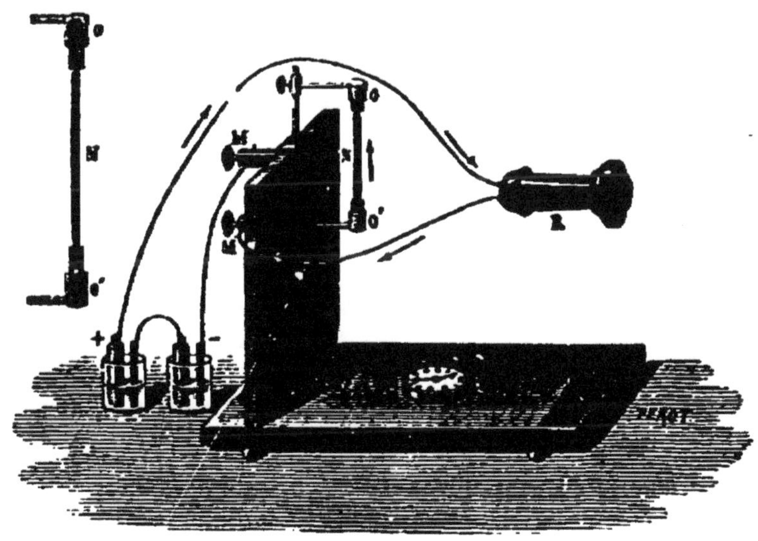

Fig. 250.

Sur un support vertical en bois (*fig.* 250), sont fixés, l'un au-dessus de l'autre, deux petits dés en charbon O et O', dans lesquels s'engagent les extrémités en pointe mousse d'un crayon de charbon N, dont le bout supérieur peut ballotter librement et à la moindre trépidation dans le dé O. Ce système est placé, au moyen de deux boutons M et M', dans un circuit voltaïque communiquant avec un récepteur R, exactement pareil à celui du téléphone (*fig.* 249). Le tout repose sur un socle horizontal P, destiné à recevoir les objets dont on veut étudier les sons, soit une montre, un insecte vivant, etc. Les trépidations de la montre ou de l'insecte, se transmettant au charbon vertical N, déplacent les points de contact de son bout supérieur, ce qui amène dans le courant des intermittences se traduisant aussitôt en vibrations sonores dans la plaque du récepteur téléphonique. Telle est la sensibilité de cet instrument, que les pas d'une mouche y ressemblent aux battements d'une montre, et ce dernier bruit à de légers coups de marteau.

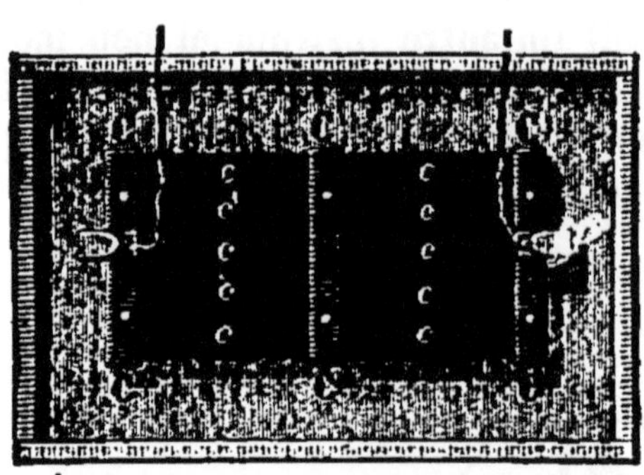

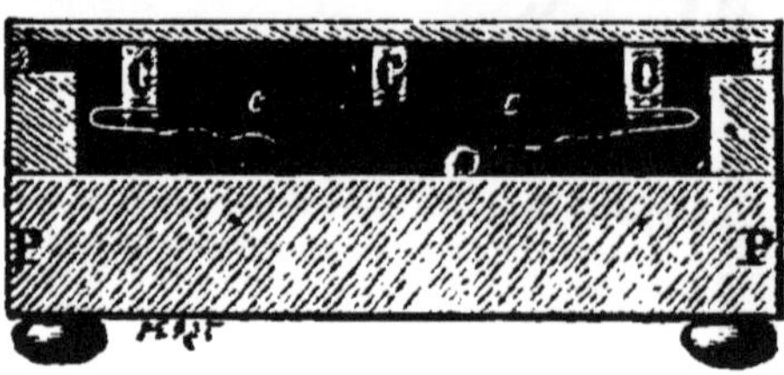

Fig. 251.

Cet instrument, qui d'abord ne semblait devoir être qu'un objet de curiosité, devait bientôt acquérir un haut intérêt pratique, par la possibilité qu'il offrait, en amplifiant la parole aussi bien que tous les autres sons, d'en faire un *transmetteur téléphonique* à longue portée, au moyen duquel plusieurs personnes réunies dans une même salle, et munies chacune d'un récepteur, pourraient entendre simultanément un discours ou un chant produit au loin.

C'est à M. Ader que revient l'honneur d'avoir, le premier, atteint ce but, au moyen de son appareil à *contacts multiples*, composé (*fig.* 251), non plus d'une seule, mais de dix baguettes de charbon *cccc*... groupées par séries de cinq, à la façon d'un gril, entre trois montants CCC également en charbon, qui soutiennent librement leurs pointes. Ces trois montants sont fixés sur la face inférieure d'une planchette mince de sapin, destinée à recevoir et à communiquer, par leur intermédiaire, aux baguettes mobiles *cccc*... les vibrations sonores qu'elle reçoit. Le tout est contenu dans une petite boîte rectangulaire, dont la planchette vibrante forme le couvercle, et que supporte un socle en plomb PP soutenu lui-même par quatre pieds en caoutchouc, afin d'empêcher les trépidations du sol d'arriver jusqu'aux charbons. Ces derniers sont mis en rapport, par deux boutons métalliques, avec une pile de trois à quatre éléments dans le circuit de laquelle est intercalée une petite bobine d'induction d'où partent les fils qui relient l'appareil aux récepteurs.

Telles sont les ingénieuses dispositions, au moyen desquelles M. Ader est parvenu à faire du microphone Hughes un transmetteur téléphonique d'une exquise sensibilité. Plusieurs de ces appareils, placés sur l'avant-scène du Grand-Opéra, et reliés par des fils souterrains à des récepteurs téléphoniques installés dans une des salles de notre Exposition d'électricité, transmettaient aux visiteurs, à la fois surpris et charmés, non seulement la voix des chanteurs, mais encore les accompagnements les plus déliés de l'orchestre et jusqu'aux applaudissements du public.

Photophonie. Photophone musical; photophone d'articulation.

366. *Historique.* — Un savant français, M. Charles Gros, dans un Mémoire écrit en 1871 et imprimé en 1879, avait, par la seule puissance de son esprit, pressenti et annoncé, comme devant se réaliser, l'étonnante découverte à laquelle M. Graham Bell, l'inventeur du téléphone, vient encore d'attacher son nom : la *photophonie*, comme on l'appelle, l'art de *faire parler la lumière*, ou, plus exactement, de transformer des vibrations lumineuses en vibrations sonores.

Voici, en effet, ce que disait, dans son Mémoire, M. Charles Gros :

« Voici les expériences que je ferais si j'en avais le loisir et les moyens : on ferait entrer, dans un tuyau renforçant une note de *n* vibrations, un rayon lumineux interrompu et rétabli *n* fois par seconde. La raréfaction ou la condensation alternative du milieu gazeux *pourrait peut-être faire parler le tuyau...* Ou encore on essayerait de faire *vibrer une lame métallique bien polie ou une membrane argentée* par une suite de *n* éclairs par seconde, cette relation du nombre au temps étant donnée par un corps vibrant. Ces expériences, ajoute M. Gros, exécutées et réunies, feront très justement un nom à leur auteur. »

Ceci rappelé, dans le seul intérêt de la vérité, et sans vouloir diminuer en rien le mérite de M. Graham Bell, disons en quoi consiste sa découverte, laquelle comprend deux appareils ou instruments distincts, savoir : le *photophone musical* et le *photophone d'articulation*. Nous emprunterons en partie leur description au savant article de M. Hospitalier, publié dans le journal *la Nature* (N° du 30 octobre 1880).

367. *Photophone musical.* — Cet instrument (*fig.* 252) se compose d'un appareil transmetteur, ayant pour but de rendre un faisceau lumineux intermittent, et d'un récepteur, qui transforme ces intermittences en vibrations sonores.

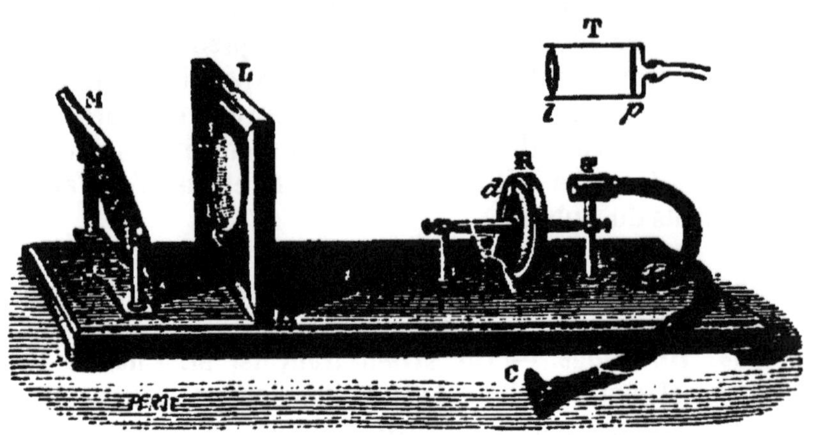

Fig. 252.

Pour arriver à ce résultat, on fait tomber sur un miroir plan M un faisceau de lumière solaire ou de lumière électrique; ce miroir réfléchit le faisceau lumineux sur une lentille L, qui le fait converger à son foyer. A ce foyer se trouve placé un disque R, percé d'une quarantaine de trous, disposés sur la circonférence, et de telle sorte, qu'en imprimant à ce disque un mouvement rapide de rotation, les vides et les pleins se succèdent avec une vitesse de cent à six cents tours par seconde. Le faisceau lumineux sera ainsi interrompu de cent à six cents fois dans le même temps. Le miroir M, la lentille L et le disque R constituent le *transmetteur*.

Au delà du disque, le faisceau lumineux ainsi interrompu arrive sur une seconde lentille *l*, placée à l'entrée d'un tube T. Cette lentille rend les rayons parallèles et les fait tomber sur une plaque mince *p* de *substance quelconque*, fer, acier, cuivre, zinc, or, platine, ivoire, bois, parchemin, gutta-percha, caoutchouc durci, etc., placée à l'autre extrémité du tube T. Cette plaque, vibrant alors à l'unisson du nombre des interruptions produites par le disque tournant sur le faisceau lumineux, *produit un son*, que l'on peut entendre en appliquant l'oreille au cornet acoustique C placé à l'extrémité d'un tube en caoutchouc. Le tube T, la lentille *l*, la plaque *p* et le tuyau en caoutchouc avec son cornet acoustique C constituent le *récepteur*, lequel a pu déjà fonctionner à une distance de 2 kilomètres du transmetteur, distance qui, avec des perfectionnements, pourra certainement être doublée.

Cette expérience prouve donc que des vibrations *lumineuses* peuvent se transformer directement en vibrations *sonores*. Pour compléter la démonstration, on place contre la roue R, au niveau de ses trous, un petit disque obturateur *d*, que l'on peut faire mouvoir au moyen d'un levier coudé. En donnant à ce petit disque une position telle qu'il empêche la lumière d'aller frapper la plaque vibrante, le son s'éteint aussitôt ; en le retirant, le son se fait entendre de nouveau, ce qui démontre de la manière la plus nette, la plus certaine, la *production du son par la lumière seule*. Nous allons voir maintenant comment il est possible, non seulement d'obtenir des sons avec la lumière, mais encore de se servir des rayons lumineux pour transmettre au loin la parole.

368. *Photophone d'articulation.* — Cet instrument a été présenté à l'Académie des sciences le 13 octobre 1880. Il est fondé sur les propriétés électriques du sélénium. Ce métalloïde, découvert, en 1717, par Berzélius (voyez notre *Traité de Chimie*, page 174), présente, lorsqu'il a été fondu et refroidi très lentement, état dans lequel il prend l'apparence d'un métal grisâtre, la singulière propriété de changer instantanément de résistance électrique sous l'influence de la lumière. Cette résistance du sélénium au passage du courant voltaïque, très grande dans l'obscurité, diminue quand on expose ce corps à la lumière, et devient d'autant plus petite que celle-ci est plus intense. C'est à M. May, ingénieur télégraphiste à Valentia, qu'est due la découverte de ce fait.

La figure 253 représente le diagramme du photophone d'articulation, dessiné d'après un croquis donné par Graham Bell, pour en faire bien saisir le fonctionnement. Cet appareil, comme le précédent, comprend un transmetteur et un récepteur.

Le *transmetteur* se compose d'une petite plaque mince *ab* de verre argenté, de la grandeur d'une plaque de téléphone ordinaire, encastrée dans un support B, auquel est adaptée l'extrémité d'un tuyau en caoutchouc de cinquante centimètres de longueur et terminé par une embouchure. A l'aide d'un miroir plan M et d'une lentille convergente L, on fait tomber sur la plaque argentée *a b* les rayons de la lumière solaire ou d'une lumière électrique. Les rayons réfléchis par cette plaque traversent en R une seconde lentille, qui les envoie sur le récepteur.

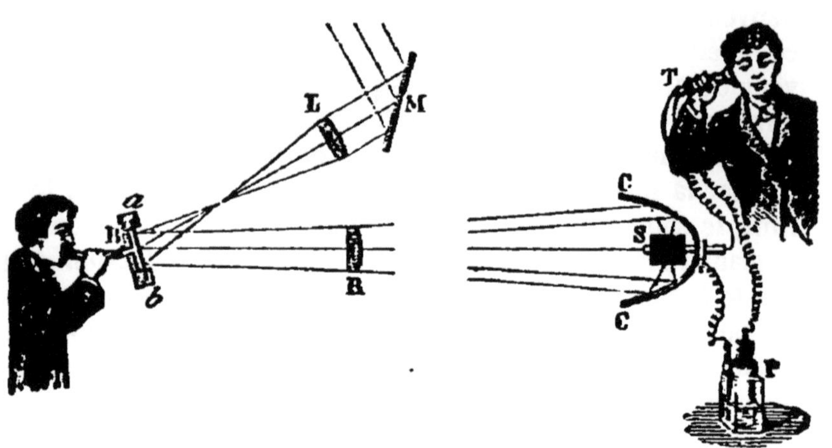

Fig. 253.

Le *récepteur*, placé à distance, se compose d'un réflecteur en cuivre argenté C C, de forme parabolique et de soixante-dix centimètres de diamètre environ. Au foyer de ce miroir est le sélénium S, disposé en anneaux à la surface d'un petit cylindre formé d'une série de disques de laiton, séparés par des disques de mica d'un diamètre plus petit, de manière à laisser entre les premiers des vides annulaires que l'on remplit de sélénium fondu, et qu'on laisse ensuite se refroidir lentement; ces anneaux de sélénium sont représentés en noir sur la figure. Enfin, à ce cylindre recouvert ainsi de sélénium sont attachés les deux réophores d'une pile P, reliés à un téléphone ordinaire T.

Voici maintenant comment fonctionne l'appareil :

En parlant dans l'embouchure du transmetteur, la plaque mince de verre argenté *a b* se met à vibrer, se bombe plus ou moins, en suivant toutes les ondulations de la voix, et fait ainsi varier synchroniquement avec ses vibrations propres l'intensité des rayons lumineux qu'elle réfléchit, en les dispersant plus ou moins suivant ses divers états de courbure, dans la direction du miroir parabolique CC. Ces rayons, ainsi gouvernés par la parole et réfléchis par le miroir parabolique, tombent sur le sélénium, qui, subissant alors des changements de résistance électrique en rapport avec les variations de leur intensité lumineuse, amène des changements égaux dans l'intensité du courant qui le traverse. Ces changements d'intensité du courant électrique ont alors pour effet *de faire vibrer la plaque du téléphone* T *à l'unisson de la plaque de verre argenté* *a b*, et de lui faire ainsi reproduire la parole émise devant celle-ci. Cet appareil est d'une grande sensibilité : à la distance de 200 mètres environ, il reproduit le chant et la parole avec une netteté et une exactitude remarquables. C'est peu sans doute pour les besoins de la pratique ; mais il est probable que de nouveaux perfectionnements ne tarderont pas à étendre le champ de ses applications.

Remarque. — Si l'on a bien compris les descriptions qui précèdent, on saisira facilement la différence qui sépare le photophone musical du photophone d'articulation. Le premier a pour effet *de produire directement le son avec la lumière seule.* Le second se sert de la lumière, non pour produire des sons, mais pour *les transmettre à distance.* Le faisceau lumineux réfléchi par la plaque argentée remplace ici le fil métallique qui unit, dans le téléphone ordinaire (*fig.* 249), le transmetteur au récepteur. Aussi pensons-nous qu'il y aurait peut-être avantage à ne pas confondre sous un même nom ces deux appareils : mieux vaudrait, à notre avis, désigner le premier sous le nom de PHOTOPHONE simplement, et donner au second le nom de PHOTOTÉLÉPHONE.

Piles secondaires ou accumulateurs électriques.

369. *Piles secondaires ou accumulateurs électriques.* — Prenons deux lames de plomb rectangulaires (*fig.* 251) de deux ou trois décimètres carrés ; recouvrons-les sur chaque face d'une couche de minium ou oxyde de plomb Pb^3O^4, et, par-dessus cette couche, d'une pièce de feutre les enveloppant entièrement. Appliquons l'une sur l'autre ces deux lames ainsi cloisonnées, et, après les avoir, pour plus de commodité, roulées en spirale, introduisons le tout dans un vase en verre ou en terre cuite rempli d'eau acidulée au dixième par de l'acide

sulfurique. Cela fait, si nous mettons en communication ces deux lames de plomb, que sépare la pièce de feutre intermédiaire, l'une avec le pôle positif, l'autre avec le pôle négatif d'une forte pile ou d'une machine Gramme à courants continus, voici ce qui se passera :

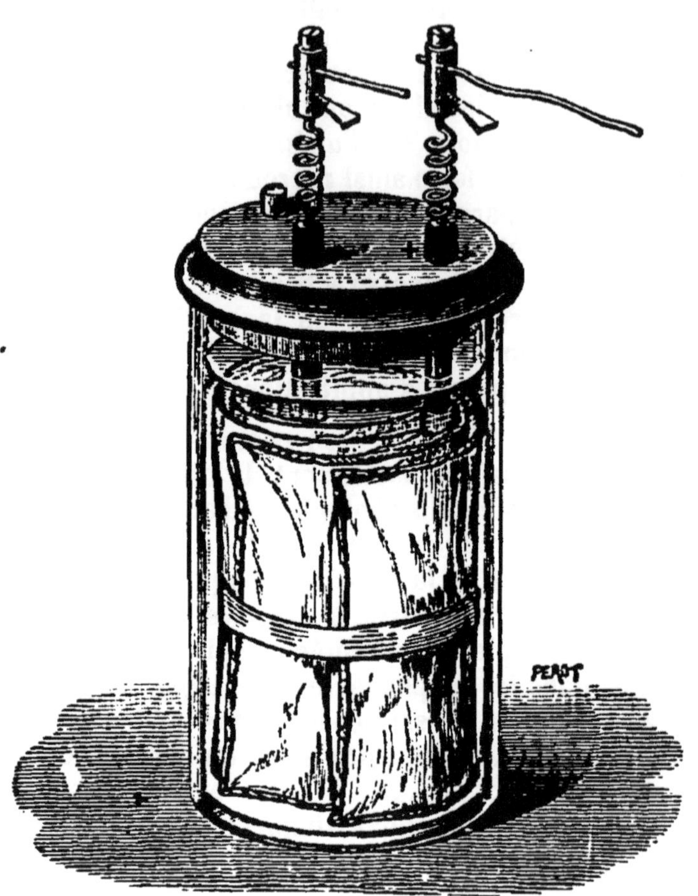

Fig. 234.

L'eau acidulée étant aussitôt décomposée par le courant électrique, son oxygène se portera sur la lame de plomb positive, et fera passer le minium qui la recouvre à l'état de peroxyde de plomb (PbO^2), tandis que l'hydrogène, se portant sur la lame de plomb négative, réduira le minium et l'amènera à l'état de plomb métallique. Le peroxyde de plomb et le plomb métallique formeront donc à la surface des lames, le premier, un dépôt pulvérulent de couleur rouge-brun, le second une couche noirâtre et cristalline.

Au bout d'un certain temps, les deux lames seront ainsi *polarisées*, et, si l'on supprime alors leurs communications avec la source électrique, on aura un véritable élément de pile, avec lequel on pourra, quand on le voudra, reproduire sinon la totalité, du moins les neuf dixièmes environ de la quantité d'électricité qui a servi à le former. On peut associer ensemble, soit en tension, soit en quantité, plusieurs de ces éléments, de manière à en former une pile plus ou moins puissante.

Cette pile, justement nommée *pile secondaire,* a été inventée par M. Planté et perfectionnée par M. Faure. M. Planté n'employait d'abord que des lames de plomb, sans addition d'aucune autre substance, se bornant à les séparer l'une de l'autre par des bandelettes de caoutchouc. C'est M. Faure qui, le premier, a eu l'heureuse idée de recouvrir leurs surfaces d'une couche de minium, afin d'augmenter à la fois leur durée et leur capacité d'accumulation électrique. Une fois chargée comme nous venons de le dire, la pile de M. Faure constitue, en effet, un précieux réservoir d'électricité pouvant se conserver longtemps et susceptible d'être transporté et utilisé partout où on le désire.

Pour faire usage de cette pile, il suffit d'en fermer le circuit en unissant ses deux lames par un fil conducteur, sur le trajet duquel on place l'appareil auquel est destiné le courant. Une action chimique inverse de celle qui a déterminé la formation de la pile se produit alors : le peroxyde de plomb qui, pendant la charge, s'était formé sur la lame positive se réduit peu à peu, tandis que le plomb réduit s'oxyde sur l'autre lame. La pile renvoie donc un courant de sens contraire à celui qu'elle avait reçu.

Ces piles secondaires sont désignées communément sous le nom d'*accumulateurs* électriques. Cette désignation manque de justesse, en ce sens que leurs éléments n'emmagasinent nullement, comme le ferait par exemple une bouteille de Leyde, l'électricité qu'ils reçoivent. Ce qu'ils accumulent, c'est, en réalité, du travail de décomposition chimique entre les substances dont ils sont constitués, et dont la recomposition restitue, sous forme de courant électrique, une partie de ce même travail.

Quoi qu'il en soit, ce genre de piles a déjà reçu de nombreuses applications, et tout fait espérer que leur emploi industriel ne fera que s'étendre de plus en plus. Plusieurs de ces appareils, sortis des ateliers de leur habile constructeur M. Émile Reynier, fonctionnaient avec un plein succès à l'Exposition d'électricité. Chargés pendant le jour au moyen de machines dynamo-électriques, les uns servaient à alimenter le soir des lampes à incandescence; d'autres faisaient mouvoir divers outils, des machines à coudre, des tours, un petit bateau à hélice, etc. Mais ce qui donne à la pile secondaire une importance toute spéciale, c'est la perspective par elle offerte d'un transport facile de l'électricité dynamique. On conçoit, en effet, que de l'électricité produite en grand dans une usine centrale, au moyen de machines, puisse servir à charger simultanément un grand nombre de ces piles, que l'on distribuerait ensuite à domicile, pour y être employées soit comme force motrice, soit pour l'éclairage.

Conclusion. Unité des forces physiques.

370. *Unité des forces physiques.* — Si l'on place dans un même circuit, en les unissant par leurs fils conducteurs, une

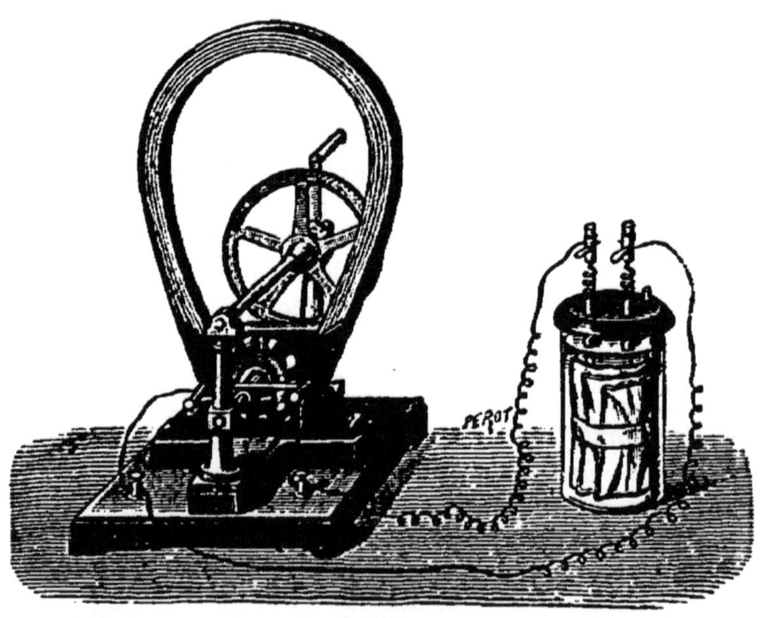

Fig. 255.

machine Gramme à aimant et un élément de pile secondaire (*fig.* 255), et qu'on fasse ensuite tourner la machine à la main, le courant produit par celle-ci chargera la pile comme nous venons de le dire. Après avoir opéré ainsi pendant quelques minutes, si on lâche la manivelle, on voit la machine *continuer à tourner*. Elle tourne, en effet, sous l'influence du courant secondaire de la pile, qui maintenant se décharge, et renvoie à la machine l'électricité qu'elle en avait reçue dans la première partie de l'expérience. On constate, de plus, que la machine continue à tourner *dans le même sens*, ce qui s'explique facilement si l'on considère que le courant rendu par la pile est inverse de celui qui a servi à la charger.

Cette expérience, une des plus intéressantes de la physique moderne, nous donne la démonstration complète, preuve et contre-épreuve de *la réversibilité du mouvement en électricité, et de cette même électricité en mouvement*, et cela, sans autre organe intermédiaire que le fil de communication entre la machine et la pile.

Nous avons étudié plus haut (pages 249 et suiv.) et dans tous ses détails la réversibilité de la force mécanique en chaleur et réciproquement. Nous les avons vues se transformant l'une dans l'autre en quantités équivalentes.

La chaleur et l'électricité sont également réversibles entre elles, ce que prouvent en toute évidence les phénomènes thermo-électriques.

Les actions chimiques nous montrent la chaleur et l'électricité se transformant, dans la plupart des décompositions, en forces moléculaires ou d'affinité, qui elles-mêmes, le moment venu où les éléments séparés pourront se combiner de nouveau, reparaitront à l'état de chaleur ou d'électricité.

Enfin, la chaleur et l'électricité, portées à une haute tension, produisent la lumière, qui joue dans l'univers un rôle immense. C'est par elle, en effet, que les végétaux retiennent et emmagasinent dans leurs tissus, à l'état de forces latentes ou de tension (forces d'affinité, énergie potentielle), la chaleur solaire, source unique de tout mouvement, de toute vie sur la terre*. Ainsi le fragment de houille brûlant, par exemple, dans le foyer d'une machine à vapeur, ne fait que remettre en liberté la chaleur solaire qui a jadis servi à le former, et qui, après y

* Voyez notre *Histoire Naturelle*, pages 101 et suiv.

avoir sommeillé pendant des milliers de siècles, reprend son premier état. Cette chaleur, par l'intermédiaire de la vapeur d'eau, pousse le piston de la machine et se transforme en force motrice. Une machine dynamo-électrique, recevant directement cette force, la transforme aussitôt en électricité, qui, à son tour et à volonté, pourra être convertie en mouvement, en lumière, et même, en éclairant avec celle-ci certains végétaux, ramenée à l'état de force moléculaire capable de reconstituer le charbon, point de départ de cet enchaînement dynamique.

Admirable enchaînement! qui nous montre, dans le cycle complet de ses métamorphoses, cette force universelle et indestructible, l'*énergie*, d'où procèdent la force motrice, la chaleur, l'électricité, la lumière, les actions chimiques, avec lesquelles la puissance divine fait mouvoir les mondes et pousser le brin d'herbe, et que l'homme aussi a su maîtriser et asservir aux besoins de son industrie.

Résumé.

I. Deux machines Gramme magnéto ou dynamo-électriques à courants continus étant placées dans le même circuit, si l'on fait tourner l'une d'elles au moyen d'un moteur quelconque, l'autre machine, sous l'influence du courant qu'elle reçoit de la première, se met à tourner également. Ce phénomène a reçu le nom de *réversibilité*.

II. La réversibilité des machines dynamo-électriques à courants continus permet de transporter la force motrice à de grandes distances, et d'utiliser ainsi, pour les besoins de l'industrie, une foule de forces naturelles dont l'emploi sur place est impossible, ou serait tout au moins difficile et trop dispendieux.

III. Le *téléphone* est un appareil au moyen duquel le son et la parole peuvent être transmis, entre deux points éloignés l'un de l'autre, par les courants induits développés dans une bobine entourant l'extrémité d'un aimant, devant lequel est une plaque mince de tôle placée de champ. Cet appareil se compose de deux instruments identiques, le *transmetteur* et le *récepteur*.

IV. Le *microphone* a pour effet d'amplifier les sons; il est pour l'ouïe ce que le microscope est pour la vue. Cet instrument est aujourd'hui généralement employé comme transmetteur téléphonique.

V. La photophonie ou l'art de *faire parler la lumière* comprend deux instruments : le *photophone musical* et le *photophone d'articulation* ou *photoléléphone*. Ce dernier est fondé sur les propriétés électriques du sélénium.

VI. Les *piles secondaires* ou *accumulateurs électriques* s'obtiennent en soumettant à l'action d'un courant électrique deux lames de plomb recouvertes de minium (Pb^3O^4), et plongeant dans un bain d'eau acidulée avec l'acide sulfurique. Les deux lames se polarisent, et forment à leur tour un élément de pile pouvant conserver et restituer au besoin l'électricité qui a servi à le constituer.

CHAPITRE XXVIII.

ACOUSTIQUE.

Production du son. — Propagation du son à travers les corps. — Vitesse de transmission dans l'air. — Réflexion du son; échos. — Intensité du son. — Hauteur du son. — Sirène. — Téléphone, Phonographe, Microphone.

Production du son.

371. *Production du son.* — Le son est toujours le résultat *d'un mouvement vibratoire imprimé à la matière pondérable.* Lorsqu'on pince, par exemple, une corde de violon, de harpe ou de guitare pour en tirer un son, on distingue très bien le mouvement de va-et-vient qu'elle exécute de chaque côté de sa position d'équilibre, et dont la succession constitue le *mouvement vibratoire.* Chaque mouvement complet de va-et-vient, comprenant une allée et une venue, est ce qu'on nomme une *vibration complète;* le seul mouvement d'allée ou de venue porte le nom de *vibration simple.*

Si l'on suspend une petite balle d'ivoire dans une cloche de verre, et qu'après avoir incliné cette cloche de manière à mettre la balle d'ivoire en contact avec ses parois, on lui fasse rendre un son, on voit cette balle exécuter une série de mouvements dont la succession rapide met en évidence les vibrations de la cloche. Cette seconde expérience peut être faite avec la plupart des corps sonores, ce qui démontre le principe énoncé.

Les vibrations, pour se faire entendre, doivent cependant être portées à un certain degré de vitesse. Si l'on fixe dans un étau (*fig.* 256) une longue lame d'acier B A, et qu'après l'avoir écartée de sa position d'équilibre on l'abandonne à elle-même, cette lame exécutera une série de vibrations assez lentes pour que l'œil puisse les suivre et même les compter; mais elle ne rendra aucun son. En diminuant peu à peu la longueur de la partie libre de la lame, les vibrations deviennent de plus en plus rapides, et il arrivera un moment où un son, d'abord très grave, sera perçu; mais alors l'œil ne pourra plus compter les vibrations. En continuant à diminuer ainsi la longueur de la lame, on augmentera la vitesse du mouvement vibratoire, et le son deviendra de plus en plus aigu.

Fig. 256.

372. *Son et bruit.* — Il faut distinguer le son proprement dit, ou *son musical,* du simple *bruit.* Le premier donne une sensation continue, dont on peut apprécier la valeur musicale, tandis que le *bruit* est une sensation instantanée ou le mélange confus de plusieurs sons discordants, comme le choc d'un marteau, le roulement du tonnerre, etc.

Propagation du son à travers les corps. Le son ne se propage pas dans le vide. Vitesse de transmission dans l'air.

373. *Le son ne se propage pas dans le vide.* — Les vibrations des corps sonores ne peuvent se transmettre jusqu'à nous que par l'intermédiaire d'un milieu pondérable et élastique.

Fig. 257.

Pour le démontrer, on place sous le récipient d'une machine pneumatique et sur un coussinet de laine ou de coton (*fig.* 257) un timbre dont le marteau est mis en jeu d'une manière continue par un mouvement d'horlogerie. Tant que le récipient contient de l'air à la pression ordinaire, on entend distinctement les chocs du marteau sur le timbre; mais dès

Fig. 258.

que l'on fait le vide, les sons, à mesure que l'air se raréfie, s'affaiblissent de plus en plus, et il arrive un moment où ils cessent de se faire entendre.

On peut encore démontrer ce principe à l'aide d'un ballon de verre à robinet (*fig.* 258), dans lequel est suspendue une clochette par un cordon peu élastique de soie ou de laine. Le vide étant fait dans ce ballon, si on agite la clochette, on n'entend aucun son ; mais, dès qu'on laisse rentrer un peu d'air, le son commence à se propager au dehors avec une intensité d'abord très faible, mais qui augmente en raison de la quantité d'air introduit.

374. *Véhicules du son.* — L'air atmosphérique n'est pas le seul véhicule du son. Tous les corps pondérables, solides, liquides ou gazeux, peuvent aussi le transmettre. Dans les deux expériences précédentes, si, au lieu de laisser entrer de l'air dans le récipient ou dans le ballon vide, on y introduit un gaz quelconque ou une vapeur, le bruit du timbre ou de la sonnette se fait également entendre. Pour les liquides c'est un fait connu de tout le monde : sur le bord d'une rivière on entend très distinctement le choc de deux pierres frappées sous l'eau l'une contre l'autre ; réciproquement, un plongeur distingue très bien les sons produits sur le rivage. Quant aux solides, leur conductibilité est telle, que le plus léger frottement, le choc d'une épingle au bout d'une poutre de plusieurs mètres de longueur, se fait entendre à l'autre extrémité. Qui ne sait qu'en appliquant l'oreille sur la terre on peut entendre, à de grandes distances, le roulement d'une voiture, le pas des chevaux, et sur les rails des chemins de fer la marche d'un train très éloigné?

375. *Mode de propagation du son dans l'air ou dans tout autre milieu élastique. Ondes sonores.* — Les vibrations par lesquelles le son se propage dans l'air sont constituées par *une série d'ondes composées, chacune, d'une demi-onde condensée et d'une demi-onde dilatée.*

Considérons (*fig.* 259) un tube cylindrique et indéfini XY, rempli d'air à une pression et à une température constantes, et supposons dans ce tube un piston PM pouvant osciller avec une grande vitesse de *ab* en *a'b'* et réciproquement. Quand le piston passe de *a'b'* en *ab* il pousse devant lui la tranche d'air qui le touche, celle-ci pousse la suivante et ainsi de suite; mais comme cette communication de mouvement ne peut être instantanée dans toute la longueur du tuyau, il arrive qu'au moment où le piston est parvenu à sa limite *ab*, le mouvement n'a pu être communiqué à l'air que jusqu'à une certaine tranche *mn*. La colonne d'air *abmn* à laquelle le mouvement du piston s'est communiqué pendant qu'il exécutait sa première demi-vibration de *a'b'* en *ab*, s'appelle une *demi-onde condensée;* l'air, en effet, y a été comprimé, puisque le gaz qui occupait le volume *a'b'mn* est réduit maintenant au volume *abmn*. Mais cette première demi-onde condensée *abmn* va communiquer son mouvement à une seconde *mnpq*, celle-ci à une troisième, et ainsi de suite; de sorte que ce mouvement de condensation se propagera dans le cylindre par une série de demi-ondes qui se succéderont en présentant chacune tous les degrés de vitesse du piston PM, allant de *a'b'* en *ab*.

Réciproquement, quand le piston reviendra sur lui-même de *ab* en *a'b'*, il se fera dans la première couche d'air *abmn*, qui est à sa gauche, une raréfaction de longueur égale à celle de la condensation précédente, c'est-à-dire une *demi-onde dilatée*, qui prendra comme les autres tous les degrés de vitesse du piston. La seconde couche *mnpq* se dilatera à son tour, puis une troisième, et ainsi de suite, dans le prolongement du cylindre. Chaque oscillation ou vibration complète du piston, comprenant l'allée et le retour, donnera donc naissance à deux demi-ondes, l'une condensée et l'autre dilatée, dont l'ensemble forme ce qu'on appelle une *onde sonore*.

Fig. 159.

La *longueur d'une onde sonore* est l'étendue de la colonne d'air modifiée, ou l'espace que le son parcourt pendant la durée d'une vibration complète du corps qui le produit. Pour obtenir cette longueur, il suffit donc de diviser la vitesse du son, c'est-à-dire l'espace qu'il parcourt dans l'air en une seconde, par le nombre de vibrations complètes exécutées dans le même temps par le corps qui produit le son.

Remarque. — L'ébranlement d'une masse liquide, par exemple, la chute d'une pierre dans l'eau, y produit un *mouvement vibratoire,* qui donne lieu aussitôt à une série d'ondulations se propageant à la surface du liquide sous la forme de cercles concentriques, de plus en plus grands. Si l'on jette dans l'eau deux ou plusieurs pierres à petite distance l'une de l'autre, on verra les cercles produits par chacune d'elles se pénétrer, pour ainsi dire, mais sans jamais se déformer. Ceci nous donne l'idée de la manière dont les sons se propagent dans un espace indéfini, en formant, non pas des cercles, mais des sphères d'ondes, pouvant également rayonner (*rayon sonore*), sans s'altérer ni se confondre, autour de leurs centres respectifs. C'est pourquoi nous pouvons entendre d'une manière distincte les sons produits simultanément par plusieurs instruments de musique.

376. *Vitesse de transmission du son dans l'air.* — Nous démontrerons bientôt que la vitesse de la lumière est telle, que les plus grandes distances que nous puissions prendre sur la terre seraient franchies par elle dans un temps inappréciable pour nous. La lumière produite par l'explosion d'une pièce de canon pourra donc être aperçue par un observateur placé très loin, au moment même ou le coup partira. Mais il n'en sera pas ainsi de la détonation; un temps plus ou moins long s'écoulera toujours avant qu'elle parvienne à son oreille. Il suffira par conséquent de compter, sur un chronomètre, l'intervalle qui s'écoulera entre les deux perceptions de l'œil et de l'ouïe, pour connaître le temps rigoureusement employé par le son pour parcourir un espace donné. En divisant ensuite cet espace par le nombre de secondes écoulées, on aura la vitesse du son. Cette expérience a été faite au mois de juin 1822, entre les hauteurs de Villejuif et de Montlhéry, par les membres du bureau des longitudes. Deux pièces de canon, placées l'une à Villejuif et l'autre à Montlhéry, tiraient alternativement de 10 en 10 minutes, de manière à croiser leurs feux. La durée moyenne de la propagation du son d'une station à l'autre fut de $54^s,6$. En divisant par ce nombre la distance qui sépare les deux stations, $18612^m,452$,

on trouva 340m,89 pour la vitesse du son par seconde, à la température de 16° centigrades et sous la pression de 0m,756. La vitesse du son dans l'air décroît avec la température. Ainsi, à 10°, elle n'est plus que de 339 mètres, et à 0°, de 332 mètres. Mais elle est indépendante de la pression barométrique.

377. *Vitesse du son dans les liquides et dans les solides.* — La vitesse du son dans les liquides est beaucoup plus grande que dans l'air. Elle a été déterminée pour l'eau, d'une manière très précise, par MM. Colladon et Sturm, à l'aide d'expériences faites en 1827 sur le lac de Genève. Une cloche (*fig.* 260) sus-

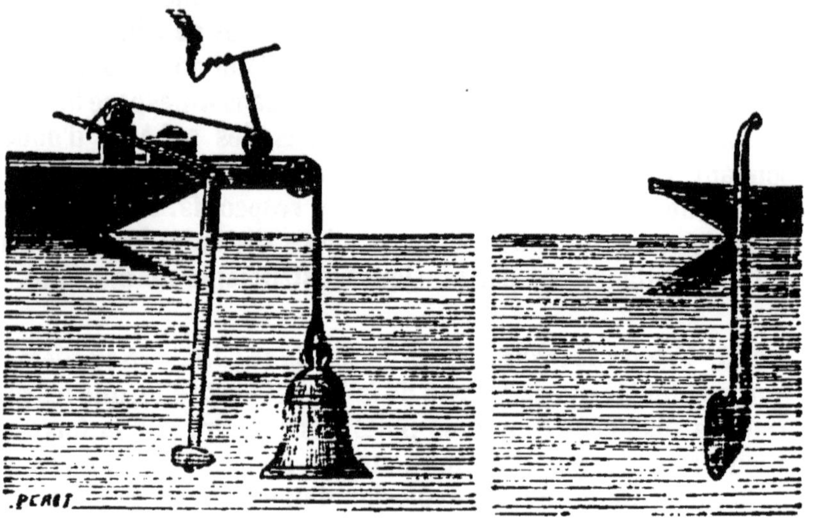

Fig. 260.

pendue à un bateau et plongée dans l'eau du lac était frappée par un marteau, dont le mouvement même produisait, au moment du choc, l'inflammation d'une fusée placée sur le bateau. Du rivage opposé, ou sur un autre bateau situé à une distance connue du premier, on comptait le temps écoulé entre l'apparition de la lumière et l'arrivée du son, que l'on percevait au moyen d'un cornet acoustique dont le pavillon plongeait dans l'eau. On trouva de la sorte que la vitesse de transmission du son dans l'eau à la température de 8°,1 est de 1435 mètres par seconde. Dans les solides, elle est beaucoup plus grande encore. Ainsi, d'après les expériences de Biot, la vitesse du son dans la fonte de fer est 10 fois et demie plus grande que dans l'air; elle est 12 fois plus grande dans le cuivre, 16 fois dans le fer et 18 fois dans le bois de sapin.

Problème. — Un observateur placé à l'ouverture d'un puits a laissé tomber une pierre au fond et a compté sur sa montre 3 secondes depuis le commencement de la chute jusqu'à l'instant où il a été averti de l'arrivée de la pierre par le bruit qu'elle a fait en bas. Comment peut-il déterminer par approximation la profondeur x du puits?

Les trois secondes écoulées se composent du temps t employé par la pierre pour arriver à l'eau du puits, plus du temps t' employé par le son pour remonter.

Or, de la formule $e=\frac{gt^2}{2}$ (60), on tire $t=\sqrt{\frac{2e}{g}}=\sqrt{\frac{2x}{g}}$;

et si nous appelons v la vitesse du son dans l'air, nous aurons $t'=\frac{x}{v}$:

donc

$$\sqrt{\frac{2x}{g}}+\frac{x}{v}=3, \quad \text{ou} \quad \sqrt{\frac{2x}{g}}=3-\frac{x}{v},$$

d'où

$$\frac{2x}{g}=3^2-\frac{6x}{v}+\frac{x^2}{v^2},$$

d'où l'on tire, en réduisant et en remplaçant v par sa valeur, 340^m,

$$x=40^m,69.$$

378. *Réflexion du son; échos.* — Quand les ondes sonores rencontrent un obstacle, elles se réfléchissent à sa surface d'après la loi générale qui s'applique à la chaleur, à la lumière et à tous les corps élastiques, c'est-à-dire en faisant *un angle de réflexion égal à l'angle d'incidence et situé dans un même plan perpendiculaire à la surface réfléchissante.* C'est cette réflexion du son qui produit les *échos.* Ainsi, si nous supposons un son se propageant suivant AB (*fig.* 261) et rencontrant le plan PQ, le son se réfléchira, en faisant avec la perpendiculaire à ce plan un angle de réflexion HBC égal à l'angle d'incidence HBA, de sorte qu'un observateur placé en C entendra, indépendamment du son parti du point A, un autre son tout à fait pareil qui lui semblera venir du point symétrique A'. Ce son réfléchi sera l'*écho* du son direct.

On distingue les échos en monosyllabiques et polysyllabiques, selon qu'ils répètent successivement une ou plusieurs syllabes; ce qui dépend de la distance de la surface réfléchissante. L'expérience prouve que pour qu'il y ait un écho véritable, il faut

Fig. 261.

que le son direct et le son réfléchi soient séparés par un intervalle de temps d'au moins $\frac{1}{10}$ de seconde : d'où il suit que la distance du corps sonore à la surface réfléchissante doit être au moins de 17 mètres pour donner un écho monosyllabique (376). A une distance double, triple, etc., l'écho sera bisyllabique, trisyllabique, etc.

Les échos sont encore simples ou multiples. Les premiers ne rendent qu'une seule fois le son, les seconds le répètent plusieurs fois de suite. Les échos multiples sont formés en général par deux obstacles opposés, deux murs ou deux rochers, par exemple, qui se renvoient alternativement les sons, comme le font, pour les images, deux miroirs parallèles. Ces échos multiples sont très communs dans les montagnes. Il existe dans le parc de Woodstadt, en Angleterre, un écho de ce genre qui répète jusqu'à vingt fois le même son.

Le son, en se réfléchissant sur des surfaces courbes, forme, comme la chaleur et la lumière, des foyers où viennent se concentrer les ondes sonores : c'est ainsi que, dans certaines salles voûtées, deux personnes éloignées, mais placées chacune à un foyer de réflexion, peuvent entretenir une conversation à voix basse. Il existe une salle de ce genre au rez-de-chaussée du Conservatoire des arts et métiers de Paris.

Remarque. — Lorsque la distance qui sépare un corps sonore d'un obstacle réfléchissant le son émis par ce corps est inférieure à 17 mètres, c'est-à-dire à la distance nécessaire pour qu'il y ait une séparation nette entre le son direct et le son réfléchi, ces deux sons se superposent en partie, et l'observateur placé dans le voisinage du corps sonore constate que les sons directs sont à la fois renforcés et prolongés. Le son acquiert ainsi plus d'éclat, mais il peut devenir confus si sa prolongation, nommée *résonance*, est par trop considérable. Cette résonance s'observe principalement dans les grandes salles dont les parois sont nues ; les draperies et les tentures, en raison de leur peu d'élasticité, ont pour effet d'y mettre obstacle. Nous n'avons pas besoin d'insister sur ce sujet pour faire comprendre de quelle utilité est, pour l'architecte, la connaissance des lois de la propagation et de la réflexion du son dans la construction des salles de théâtre ou autres lieux destinés soit à des concerts, soit à faire entendre la parole des orateurs.

379. *Interférence des sons.* — On désigne ainsi le concours ou la rencontre de deux demi-ondes sonores de valeur égale, mais d'état différent, c'est-à-dire l'une *condensée* et l'autre *dilatée ;* ce concours a pour effet leur neutralisation réciproque et, par suite, la destruction complète des deux sons qu'elles propageaient. D'où résulte ce principe de physique, en apparence paradoxal, que *du son ajouté à du son peut, dans certaines circonstances, avoir pour résultat de produire le silence.* On explique ainsi comment deux instruments de même nature placés trop près l'un de l'autre et jouant à l'unisson peuvent se nuire et même s'annuler complètement.

380. *Qualités du son.* — Le son présente à considérer deux qualités essentiellement distinctes, qu'il importe de ne pas confondre : l'*intensité*, qui dépend de l'amplitude des vibrations qui le produisent, et la *hauteur*, qui dépend de leur *nombre.* Nous allons étudier successivement ces deux qualités.

Intensité du son.

381. *Intensité du son.* — L'intensité du son dépend, comme nous venons de le dire, de l'*amplitude* des vibrations qui le produisent. Il suffit, pour s'en convaincre, de considérer une corde vibrante ; on constate facilement que le son qu'elle rend s'affaiblit à mesure que l'amplitude de ses oscillations diminue. Plusieurs causes peuvent faire varier l'intensité du son : 1° la distance du corps sonore ; 2° la densité de l'air ; 3° l'agitation de l'air ; 4° le voisinage d'un corps sonore.

1° *Distance du corps sonore.* — On démontre par le calcul que l'amplitude des mouvements vibratoires dans une masse d'air sphérique indéfinie et homogène diminue proportionnellement au carré de la distance, au centre d'ébranlement; par conséquent :

L'intensité du son, dans un milieu indéfini, est inversement proportionnelle au carré des distances.

Cette loi ne s'applique pas à la propagation du son dans un tube cylindrique. Il résulte, en effet, d'expériences faites par Biot dans les tuyaux des aqueducs de Paris, que la voix humaine ne diminue pas sensiblement d'intensité à une distance de 950 mètres, et qu'il est même possible de s'entretenir à voix basse d'une extrémité à l'autre d'un tel conduit. C'est sur cette propriété que repose l'emploi des *tubes acoustiques*, destinés à transmettre la voix dans les différentes pièces et aux divers étages d'une maison ou d'un édifice.

2° *Densité de l'air.* — Nous avons vu précédemment qu'en faisant résonner un timbre sous le récipient d'une machine pneumatique pendant qu'on y fait le vide, l'intensité du son décroît à mesure que l'air se raréfie. Il résulte de ce principe que le son doit diminuer d'intensité dans les hautes régions de l'atmosphère. C'est, en effet, ce qui a été observé par Saussure sur le sommet du mont Blanc et par Gay-Lussac dans son voyage aérostatique.

3° *Agitation de l'air.* — Le son se prolonge beaucoup mieux dans un air calme que dans un air agité. La direction du vent a aussi une grande influence sur son intensité. Tout le monde sait, en effet, qu'à une distance égale, le son se fait beaucoup mieux entendre dans la direction du vent que dans le sens opposé.

4° *Voisinage d'un corps sonore.* — Le son est généralement renforcé par le voisinage d'un corps sonore. Une corde tendue dans l'air sur une large caisse à parois minces et élastiques, comme dans le violon, la guitare, le piano, etc., donne un son beaucoup plus fort que si elle vibrait isolément. Nous reviendrons plus loin sur ce principe, d'où procèdent les deux instruments connus sous les noms de *porte-voix* et de *cornet acoustique*.

Hauteur du son. Mesure des nombres de vibrations exécutées dans un temps donné par les corps sonores. Sirène. Procédé graphique.

382. *Hauteur du son.* — La hauteur du son dépend du *nombre* des vibrations exécutées, dans un temps donné, par un corps sonore. Plus ce nombre est grand, plus le son est

haut ou *aigu*; plus il est petit, plus le son est *bas* ou *grave*. On démontre ce principe soit au moyen d'un instrument nommé *sirène*, soit par le *procédé graphique*, qui l'un et l'autre permettent de compter facilement le nombre des vibrations correspondant à tel ou tel son.

383. *Sirène*. — Cet instrument, inventé par Cagniard de Latour, doit son nom à la propriété qu'il possède de pouvoir rendre des sons au sein d'une masse liquide. Il se compose (*fig.* 262) d'une boîte cylindrique *abcd* de 10 centimètres de diamètre et d'environ 3 centimètres de hauteur. Cette boîte est recouverte par un plateau fixe P, et se termine inférieure-

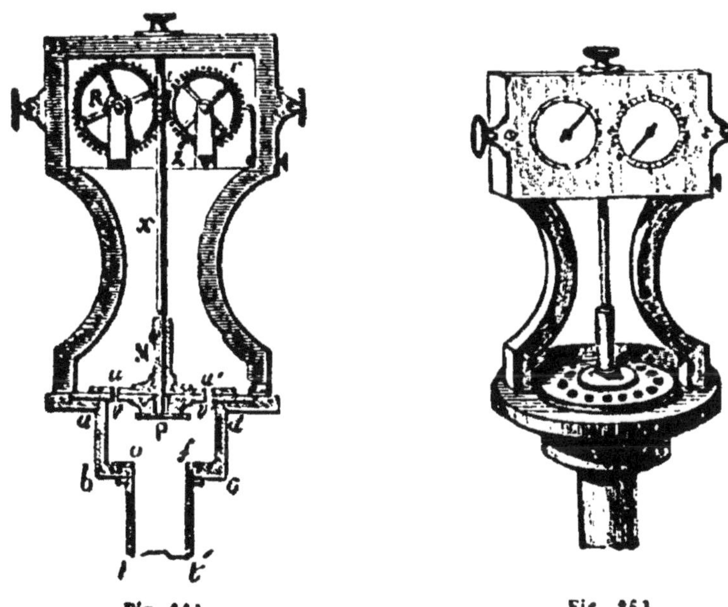

Fig. 262. Fig. 263.

ment par une ouverture *of* qui communique avec un tuyau *porte-vent tt'*. Le plateau fixe est percé de trous *vv'* inclinés à sa surface, et disposés circulairement à égale distance les uns des autres. Sur ce plateau s'applique exactement, mais sans exercer sur lui de frottement sensible, un disque mobile M également percé de trous obliques *uu'* correspondant à ceux du plateau fixe P, mais inclinés en sens contraire, de sorte que tous les trous du plateau fixe sont ouverts ou fermés à la fois, suivant que la rotation du disque fait coïncider avec eux les ouvertures *uu'* ou les intervalles pleins qui les séparent. Le disque mobile M est fixé à un axe de rotation x, lequel se termine, à sa partie supérieure, par une vis sans fin *i*. Cette vis fait tourner une roue *r* dont la circonférence présente 100 dents, et dont l'axe porte un petit taquet *z* qui fait à chaque tour avancer d'une dent une seconde roue indépendante R. Les axes de ces roues portent des aiguilles qui se meuvent sur des cadrans divisés que l'on voit dans la *fig.* 263, où la sirène est représentée dans son ensemble.

Pour mettre cet instrument en activité, on place le tuyau porte-vent *tt'* sur une soufflerie. L'air, traversant la caisse et les trous du plateau fixe, vient frapper obliquement les orifices du disque mobile, et communiquer ainsi à ce disque un mouvement de rotation, pendant lequel les trous du plateau fixe sont alternativement ouverts et fermés. Il en résulte une suite d'écoulements et d'arrêts qui font entrer l'air en vibration, et qui finissent par produire un son lorsque le mouvement de rotation du disque est assez rapide. Supposons, pour plus de simplicité, qu'il n'y ait qu'un seul trou au plateau fixe et vingt dans le disque mobile : le passage de l'air sera vingt fois libre et vingt fois interrompu pendant une révolution du disque. on aura, par conséquent, vingt vibrations *complètes* pour chaque révolution. Si nous supposons maintenant le plateau fixe percé d'autant de trous que le disque mobile, chaque trou produira le même effet qu'un seul : le son sera donc vingt fois plus intense; mais le nombre des vibrations ne sera pas changé.

Pour connaître maintenant le nombre des vibrations qui correspondent par seconde à tel ou tel son, il reste à calculer le nombre des tours que fait le disque pendant le même temps, et à multiplier le résultat obtenu par 20, puisque chaque tour engendre 20 vibrations. Or, au moyen de la vis sans fin *i*, que porte l'axe de rotation, la roue dentée *r* avance d'une dent pour chaque révolution du disque; et comme cette roue porte 100 dents, il en résulte qu'elle fait un tour entier pour 100 révolutions. Mais chaque tour de cette roue fait aussi avancer d'une dent la seconde roue indépendante R. Les deux aiguilles indiqueront donc, sur leurs cadrans respectifs, l'une le nombre des tours du disque, l'autre les centaines de tours. Supposons que l'on veuille connaître le nombre des vibrations qui correspond, par seconde, au *la* du diapason (402) : on met la sirène à l'unisson de cet instrument pendant un certain temps, soit par exemple 2 minutes, après quoi on lit sur les cadrans le nombre de tours qu'a fait le disque mobile. Si ce disque, comme nous l'avons supposé, est percé de vingt trous, il suffit alors de multiplier le nombre des tours par 20 et de diviser ensuite le produit par 120, nombre des secondes écoulées pendant l'expérience. On trouve ainsi que le *la* du diapason normal correspond à 435 vibrations complètes ou 870 vibrations simples par seconde.

Remarque.—Tous les gaz, quelle que soit leur densité, font rendre à la sirène les mêmes sons, lorsqu'ils impriment au disque une vitesse égale. Il en est de même de l'eau ou de tout autre liquide, dans lesquels l'instrument peut également produire des sons, quand on fait arriver dans la caisse un courant suffisamment rapide : ce qui prouve que *la hauteur du son est indépendante de la nature des corps qui le produisent.* Elle ne dépend que du nombre des vibrations exécutées dans un temps donné.

381. *Procédé graphique.* — Ce procédé, employé depuis quelques années seulement, consiste essentiellement (*fig.* 264), dans l'emploi d'un cylindre de bois AB mobile autour d'un axe

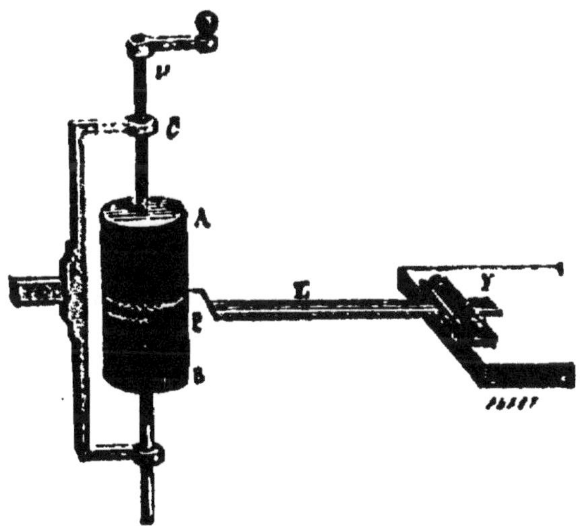

Fig. 264.

vertical, et dont la surface est recouverte d'une couche mince de noir de fumée. Quand il s'agit seulement d'expériences de cours, l'axe porte une manivelle et un pas de vis *v* guidé par un écrou *t*, au moyen desquels on peut imprimer au cylindre un mouvement hélicoïdal analogue à celui d'un tire-bouchon, c'est-à-dire un mouvement de rotation sur lui-même et en même temps d'ascension ou de descente verticale. Pour des mesures précises, la manivelle est remplacée par un mouvement d'horlogerie faisant faire exactement au cylindre un tour par seconde.

Devant ce cylindre est une lame d'acier L solidement fixée sur une table ou dans un étau F, et à laquelle on a préalablement donné la longueur voulue pour qu'elle produise exactement le son dont on veut connaître le nombre de vibrations correspondant. Cela fait, on fixe à l'extrémité de la lame une pointe fine et très légère P, qui vient frotter doucement sur la surface du cylindre, et dont le mouvement de va-et-vient, que lui transmet la lame mise en vibration au moyen d'un archet, tracera sur cette surface une ligne dentelée en forme de zigzag. Chaque dentelure correspondant à une vibration complète, il suffira donc de compter le nombre de ces dentelures que présente un tour entier du cylindre, pour avoir immédiatement le nombre des vibrations effectuées par la lame pendant une seconde.

385. *Limite des sons perceptibles.* — D'après Savart, les sons les plus graves que l'oreille humaine puisse entendre correspondraient à 16 vibrations simples par seconde, et les plus aigus à 36 000. Mais ce ne sont là, on le comprend, que des limites approximatives, susceptibles de varier beaucoup suivant le degré de finesse de l'ouïe. Tous les sons, forts ou faibles, aigus ou graves, se propagent avec la même vitesse.

Timbre; renforcement des sons, résonnateurs, analyse des sons.

386. *Timbre.* — Indépendamment de l'intensité et de la hauteur, on reconnaît dans les sons une qualité particulière que l'on appelle *timbre*. C'est par elle que nous distinguons facilement l'un de l'autre deux sons ayant la même intensité et la même hauteur, mais provenant de deux instruments différents. Un célèbre physicien allemand, M. Helmholtz, a démontré que les différences de timbre des divers instruments et de la voix humaine sont dues à des *sons harmoniques* produits par les vibrations des parois de ces instruments ou du larynx, et qui, s'ajoutant au son fondamental, le modifient de manière à en faire sûrement reconnaître l'origine. Nous étudierons plus loin (pages 487 et suivantes) ces sons harmoniques, lesquels ne sont autre chose que des sons secondaires accompagnant le son

principal donné soit par une corde tendue, soit par une colonne d'air vibrant dans un tuyau, etc., et avec lequel ils s'harmonisent en produisant divers accords.

387. *Renforcement des sons.*—Nous avons dit précédemment que l'intensité des sons est généralement augmentée par le voisinage de corps sonores, c'est-à-dire de corps élastiques auxquels ils peuvent transmettre leurs propres vibrations, soit directement, soit par l'intermédiaire du milieu ambiant. Mais cette transmission exige comme condition nécessaire, que le corps sonore ou élastique, destiné à augmenter le son, *puisse vibrer à l'unisson de la note qu'il s'agit de renforcer.* L'expérience suivante en donne la preuve.

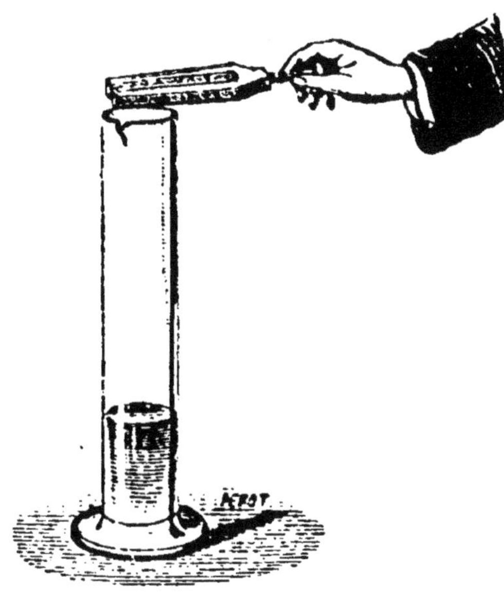

Fig. 265.

Cette expérience consiste (*fig.* 265) à faire vibrer un diapason devant l'orifice d'une éprouvette en verre ou en cristal, assez haute et d'abord vide. En général, le son ne paraît pas alors sensiblement renforcé. Mais si l'on verse peu à peu de l'eau dans l'éprouvette de manière à diminuer la hauteur de la colonne d'air, il arrivera un moment où le son du diapason éprouve un renforcement considérable, lequel cesse presque aussitôt si l'on continue à verser de l'eau. Or, si l'on mesure la longueur de la colonne d'air au moment où le renforcement se produit, on constate que cette longueur est précisément celle d'un tuyau fermé (401) qui donnerait la même note que le diapason.

L'observation nous apprend d'ailleurs que lorsqu'on fait entendre devant un instrument de musique la note qu'il peut rendre lui-même, cet instrument se met à vibrer spontanément. Tout le monde sait, par exemple, qu'il suffit, devant un piano dont on a écarté les étouffoirs, d'émettre une note quelconque avec un violon ou avec la voix, pour qu'aussitôt les diverses cordes du piano qui correspondent à cette note et à ses harmoniques, se mettent d'elles-mêmes à résonner, ce qui amène parfois, avec le renforcement et le prolongement de la note émise, des combinaisons d'accords des plus agréables. Le même phénomène se produit d'une manière encore plus accentuée avec les tuyaux d'orgue.

388. *Résonnateurs; analyse des sons.* — L'air contenu dans des cavités qui supportent un corps sonore participe lui-même, avec les parois de ces cavités, aux vibrations émises par ce corps. C'est le principe des caisses sonores dont sont pourvus tous les instruments à cordes. C'est sur ce même principe que M. Helmholtz a basé sa méthode d'analyse des sons composés, au moyen de *résonnateurs* formés chacun (*fig.* 266) d'une sphère creuse, en métal, présentant deux ouvertures diamétralement opposées, l'une étroite, située à l'extrémité d'un petit tuyau conique A, et l'autre plus grande B. Une des oreilles étant exactement bouchée, si l'on introduit dans l'autre le petit tuyau A, on n'entend d'une manière distincte, parmi tous les sons venant du dehors, que celui *que le résonnateur est capable de renforcer.* On comprend dès lors qu'avec une série de résonnateurs de dimensions différentes, pouvant renforcer chacun une note déterminée, il soit facile, en les plaçant successivement à l'oreille, de reconnaître dans un son complexe, non seulement la note fondamentale, mais encore les divers autres sons secondaires qui la composent.

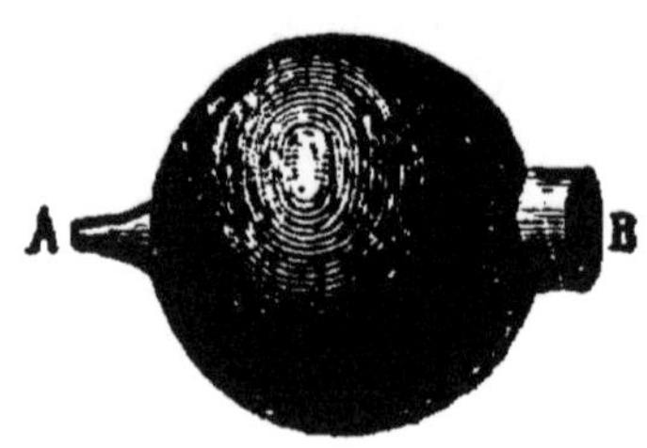

Fig. 266.

Phonographe.

389. *Phonographe.* — Nous avons décrit plus haut (384) le *procédé graphique* au moyen duquel on obtient sur la surface d'un cylindre recouvert d'une légère couche de suie le tracé des sons en lignes dentelées, qui permettent de compter le nombre des vibrations correspondant, dans un temps donné, à tel ou tel son. Le *phonographe*, dont l'invention récente est due à M. Edison, repose sur le même principe. Comme le procédé graphique, cet appareil a, en effet, pour but

d'*enregistrer* les vibrations sonores, mais avec cette différence que le tracé qu'il en donne, au lieu de servir simplement à en compter le nombre, permet la *reproduction des sons* qui l'ont formé. Voici en quoi consiste cet appareil spécialement destiné à reproduire la parole.

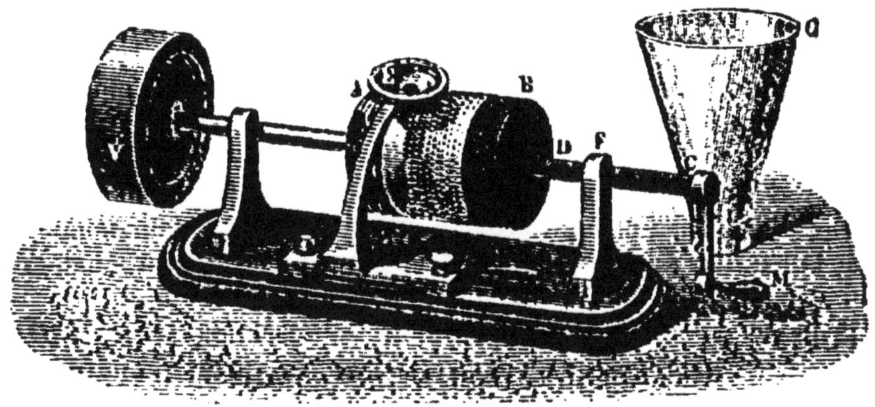

Fig. 267.

Un cylindre en cuivre A B (*fig.* 267) est monté sur un axe horizontal D, dont la partie D C, taraudée en pas de vis, passe dans un support F, qui sert en même temps d'écrou à cette vis. Une manivelle M termine cette partie de l'axe, dont l'extrémité opposée porte un volant V destiné à régulariser le mouvement de l'appareil : sur la surface du cylindre est creusée une rainure en hélice, dont le pas est le même que celui de la vis taillée sur la partie D C de l'axe. On recouvre le cylindre d'une feuille d'étain, qui n'appuie de la sorte que sur les bords saillants de la rainure, sans pénétrer dans sa cavité.

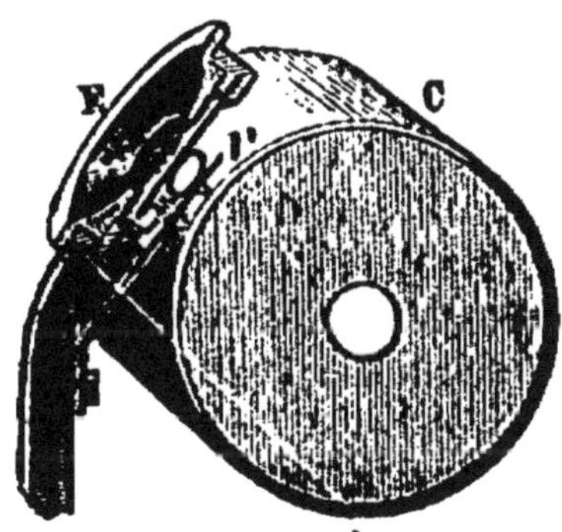

Fig. 268.

Devant le cylindre est maintenue au moyen d'un support une embouchure E, au fond de laquelle est une plaque en tôle d'acier très mince *m* (*fig.* 268) semblable à celle du téléphone Bell. Sous cette plaque est un petit style métallique très court, fixé à un ressort *r*, qui le maintient appuyé contre elle, par l'intermédiaire de deux petites boules creuses de caoutchouc, servant d'étouffoir pour amortir les vibrations trop fortes.

La pointe du style étant placée sur un des points de la feuille d'étain correspondant à la cavité de la rainure du cylindre qu'elle recouvre, on fait tourner celui-ci d'un mouvement lent et aussi uniforme que possible, tandis que l'on émet à haute voix, devant l'embouchure E, les paroles que l'on veut faire reproduire à l'appareil. La plaque d'acier qui termine cette embouchure, vibrant aussitôt à l'unisson de la voix, communique ses vibrations au style, dont la pointe trace alors sur la feuille d'étain une série de dépressions séparées par des intervalles lisses. Il en résulte un sillon hélicoïdal discontinu, dont les dépressions, dans chaque région, correspondent par leur nombre à la hauteur du son rendu par la plaque, et par leur profondeur à l'intensité de ce même son.

Pour faire répéter à l'appareil la phrase ainsi enregistrée sur la feuille d'étain, on écarte d'abord le style du cylindre, et, par un mouvement inverse de la manivelle, on ramène ce dernier à sa position primitive. On rapproche alors le style, et, après avoir appliqué sa pointe sur le fond de la première dépression, on fait de nouveau tourner le cylindre dans le sens primitif et avec la même vitesse. Le style, commandé maintenant par les dépressions de la feuille d'étain, communique à la plaque d'acier toutes les impulsions qu'il en avait reçues, de sorte que tous les mouvements exécutés par cette plaque, lors de l'émission de la parole, seront identiquement reproduits, et, par suite, la parole elle-même, avec toutes ses particularités de rythme et d'intonation. Il faut toutefois en excepter le timbre, que remplace un son nasillard, que l'on n'a pu jusqu'à présent éviter.

En ajoutant, pour l'audition, un grand cornet ou porte-voix G à l'embouchure E, les sons rendus par l'instrument peuvent devenir assez intenses pour se faire entendre de tous les points d'une vaste salle. Le chant et tous les sons musicaux peuvent être également reproduits par l'instrument, et même avec la faculté d'en faire varier la hauteur, en faisant tourner le cylindre avec une vitesse plus grande ou plus petite que celle qu'il avait au moment de l'enregistrement. Avec une vitesse double, par exemple, les sons seront rendus à l'octave supérieure des sons primitifs.

L'apparition du phonographe, coïncidant avec celle du téléphone (1878), a fait époque dans la science. Mais tandis que le téléphone dotait l'humanité d'un nouveau et puissant moyen de civilisation, le phonographe n'obtenait et ne pouvait obtenir qu'un succès de curiosité. Cet instrument ne semble pas, en effet, destiné à recevoir de nombreuses applications pratiques. Il en est une cependant, et d'une haute portée, qu'il est permis d'en espérer, au jour promis par Edison, où son appareil sera capable de rendre fidèlement le timbre de la voix. On pourrait alors, sur des feuillets d'étain, dont il serait facile par le moulage ou autrement de multiplier le nombre à l'infini, transmettre à la postérité la *phonographie* des hommes célèbres; on pourrait de même conserver dans les familles, pour les faire revivre à volonté, les voix aimées d'un père, d'une mère, d'un ami qui ne sont plus.... Ce jour venu, la phonographie aura pris rang, à côté de la photographie, parmi les plus étonnantes conquêtes de la science moderne.

Résumé.

I. L'*acoustique* est la partie de la physique qui a pour objet l'étude du son.

II. Le son résulte d'un mouvement vibratoire imprimé à la matière pondérable.

III. Le son ne se propage pas dans le vide. On le démontre au moyen d'un timbre d'horlogerie placé sous le récipient d'une machine pneumatique.

IV. Tous les corps solides, liquides ou gazeux peuvent servir de véhicule au son.

V. Le son se propage dans un milieu élastique par une série d'*ondes sonores*, composées chacune de deux demi-ondes consécutives, l'une *condensée* et l'autre *dilatée*.

VI. Le son parcourt dans l'air, à la température ordinaire, environ 340 mètres par seconde. Sa vitesse dans l'eau est de 1435 mètres. Dans les solides, elle est beaucoup plus grande encore.

VII. Quand les ondes sonores rencontrent un obstacle, elles se réfléchissent en faisant un angle de réflexion égal à l'angle d'incidence et situé dans un même plan perpendiculaire à la surface réfléchissante. La réflexion du son produit le phénomène de l'écho.

VIII. L'*intensité* du son dépend de l'*amplitude* des vibrations qui le produisent. Elle est inversement proportionnelle au carré de la distance.

IX. La *hauteur* du son dépend du *nombre* des vibrations exécutées dans un temps donné par un corps sonore. Ce nombre se mesure au moyen de la *sirène* ou du *procédé graphique*.

X. Les différences de *timbre* que présentent les divers instruments de musique et la voix humaine sont dues à des *sons harmoniques* produits par les vibrations des parois de ces instruments ou du larynx, et qui, s'ajoutant au son fondamental, le modifient de manière à en faire sûrement reconnaître l'origine.

XI. Tous les sons, quels que soient leur intensité, leur hauteur ou leur timbre, se propagent avec la même vitesse.

XII. Le phonographe est un instrument destiné à inscrire les sons et la parole sur une feuille d'étain, au moyen de laquelle on peut ensuite les reproduire à volonté.

CHAPITRE XXIX.

Vibrations des cordes. — Théorie physique de la musique. — Gamme et intervalles musicaux. — Accords; sons harmoniques. — Instruments à vent. Tuyaux sonores.

Vibrations des cordes.

390. *Vibrations des cordes.* — On distingue, dans les cordes, deux sortes de vibrations : les *vibrations transversales* et les *vibrations longitudinales*. Les premières s'exécutent perpendiculairement à la longueur des cordes, et s'obtiennent soit avec un archet, comme sur le violon, soit en pinçant les cordes, comme sur la guitare ou sur la harpe, soit par la percussion, comme dans le piano. Les secondes ont lieu dans le sens de la longueur des cordes; on les fait naître en frottant celles-ci longitudinalement avec un morceau de drap saupoudré de colophane.

391. *Vibrations transversales des cordes. Sonomètre.* — Ces vibrations sont les seules importantes à connaître pour la théorie de la musique, dont nous allons nous occuper. Elles sont soumises aux quatre lois suivantes :

1re loi. *Les nombres de vibrations exécutées par une corde dans un temps donné sont en raison inverse de sa longueur.*

Soit n le nombre des vibrations exécutées par une corde d'une longueur quelconque pendant un certain temps : si l'on diminue successivement sa longueur de manière à la réduire à la moitié, au tiers, au quart, au cinquième, etc., le nombre des vibrations sera, dans le même temps, $2n$, $3n$, $4n$, $5n$, *etc.*

2e loi. *Les nombres de vibrations des cordes sont en raison inverse de leur diamètre.*

Par exemple, si l'on prend deux cordes de cuivre ou d'acier également tendues et de même longueur, mais dont l'une ait un diamètre double de l'autre, la plus mince fera, dans le même temps, deux fois plus de vibrations que la plus grosse.

3e loi. *Les nombres de vibrations d'une corde sont proportionnels aux racines carrées des poids qui la tendent.*

Représentons encore par n le nombre des vibrations d'une corde tendue par un poids quelconque : si ce poids est rendu 4, 9, 16 fois plus grand, le nombre des vibrations deviendra, dans le même temps, $2n$, $3n$, $4n$, *etc.*

4e loi. *Les nombres de vibrations des cordes de matières différentes sont en raison inverse des racines carrées de leurs densités.*

Soient deux cordes de même longueur et de même diamètre tendues par le même poids : l'une à boyau, dont nous représenterons la densité par 1, et l'autre en cuivre, dont nous pouvons représenter la densité par 9. Soit n le nombre de vibrations exécutées dans un temps donné par la corde en cuivre; le nombre de vibrations exécutées dans le même temps par la corde à boyau sera $3n$.

Ces quatre lois fondamentales que Lagrange, en 1759, a le premier déterminées par le calcul, peuvent être démontrées expérimentalement au moyen du *sonomètre.* Cet instrument (*fig.* 269) se compose d'une caisse rectangulaire en bois MN de 1 mètre de longueur environ sur 15 centimètres de largeur. Cette caisse, dont les parois sont minces et très élastiques, a pour but de renforcer le son, comme dans le violon ou la guitare. A ses deux extrémités sont deux chevalets fixes A et B sur lesquels est tendue horizontalement une corde D, fixée par un bout, et dont l'autre extrémité, après s'être réfléchie sur une poulie, supporte un poids P que l'on peut augmenter ou diminuer à volonté. Un troisième chevalet mobile C, pouvant glisser sur une barre divisée *mn*, sert à faire varier la longueur de la corde dont on veut étudier les vibrations, que l'on excite au moyen d'un archet.

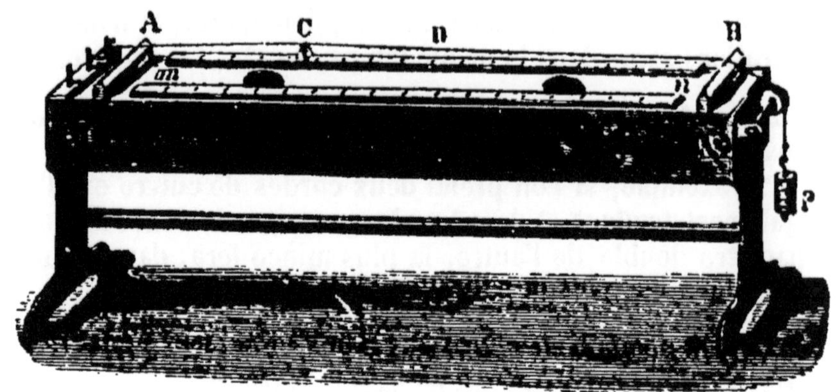

Fig. 269.

392. *Vibrations longitudinales des cordes.* — Les vibrations longitudinales des cordes sont soumises aux mêmes lois que les vibrations transversales; elles sont seulement beaucoup plus rapides et elles produisent, par conséquent, des sons beaucoup plus aigus.

Théorie physique de la musique. Gamme et intervalles musicaux. Accords, sons harmoniques.

393. *Gamme.* — On appelle *gamme* une série de sons ou de notes, au nombre de huit, séparées par des intervalles rigoureusement déterminés. Ces notes se nomment en français *ut, ré, mi, fa, sol, la, si, ut.* En partant du son le plus grave pour s'élever successivement jusqu'au plus aigu, on peut obtenir une suite de gammes qui se reproduisent dans le même ordre et dont l'ensemble forme ce qu'on nomme l'*échelle musicale.*

Pour distinguer entre elles les différentes gammes successives, on est convenu, en physique, de prendre pour point de départ celle dont l'*ut* correspond au son le plus grave du violoncelle (128 vibrations simples par seconde), et de désigner les notes de cette gamme en leur donnant l'indice 1; exemple :

ut_1, $ré_1$, mi_1, sol_1, etc. On donne ensuite aux notes des gammes plus élevées les indices 2, 3, 4.... ; exemple : ut_2, $ré_2$.... , ut_3, $ré_3$,... etc.; et aux notes des gammes plus graves, les indices —1, —2, —3 ... ; exemple : ut_{-1}, $ré_{-1}$..., ut_{-2}, $ré_{-2}$..., etc. L'ut_{-2} est le son le plus grave que l'on emploie en musique; il correspond à 32 vibrations simples par seconde, et il est donné par le gros bourdon du jeu d'orgues, qui est un tuyau de 16 pieds bouché.

591. *Évaluation numérique des sons.* — Supposons que l'on représente par 1 la longueur d'une corde tendue sur le sonomètre, et que l'on prenne pour l'*ut* de la gamme le son fondamental qu'elle donne. En réduisant successivement la longueur de cette corde au moyen du chevalet mobile, on obtiendra facilement les six autres notes. Or, on trouve que les longueurs de corde qu'il a fallu prendre pour composer la gamme sont dans les rapports suivants :

A								
NOTES.	*ut*,	*ré*,	*mi*,	*fa*,	*sol*,	*la*,	*si*,	*ut*.
LONGUEURS DE CORDE. . . .	1,	$\frac{8}{9}$,	$\frac{4}{5}$,	$\frac{3}{4}$,	$\frac{2}{3}$,	$\frac{3}{5}$,	$\frac{8}{15}$,	$\frac{1}{2}$.

Nous avons vu que les nombres de vibrations des cordes sont en raison inverse de leur longueur. Il suffira, par conséquent, de renverser les fractions précédentes pour avoir les rapports des nombres de vibrations correspondant, dans le même temps, à chaque note de la gamme. Si donc nous représentons encore par 1 le nombre de vibrations qui produit l'*ut*, nous aurons le tableau suivant :

B								
NOTES.	*ut*,	*ré*,	*mi*,	*fa*,	*sol*,	*la*,	*si*,	*ut*.
RAPPORTS DES VIBRATIONS .	1	$\frac{9}{8}$,	$\frac{5}{4}$,	$\frac{4}{3}$,	$\frac{3}{2}$,	$\frac{5}{3}$,	$\frac{15}{8}$,	2

Ceci posé, il est facile de trouver les nombres absolus de vibrations par seconde qui donnent naissance à toutes les notes dont se compose l'échelle musicale. Il suffit pour cela de déterminer, au moyen de la sirène, le nombre de vibrations qui correspond à l'*ut* grave ou fondamental du violoncelle, et de multiplier ce nombre par les rapports inscrits dans le tableau B. La sirène donne, pour l'*ut* grave du violoncelle 128 vibrations simples. On aura donc pour la première gamme :

C								
NOTES.	*ut*,	*ré*,	*mi*,	*fa*,	*sol*,	*la*,	*si*,	*ut*.
NOMBRE DES VIBRATIONS.	128,	144,	160,	170,	192,	214,	240,	256.

Pour déterminer ensuite les nombres de vibrations appartenant à chacune des notes des autres gammes, il suffira de multiplier ou de diviser ces nombres par 2, par 4, par 8..., selon que les gammes à obtenir seront plus hautes ou plus basses que celle-ci.

395. *Intervalles musicaux.*—On désigne en musique sous le nom d'*intervalle* le rapport d'un son à un autre. Ces intervalles portent le nom de *seconde*, de *tierce*, de *quarte*, de *quinte*, de *sixième*, de *septième*, d'*octave*, *etc.*, selon la distance qui sépare les deux sons dans l'échelle musicale. Ainsi l'intervalle de *ut* à *ré* est une *seconde*; de *ut* à *mi*, une *tierce*; de *ut* à *fa*, une *quarte*; de *ut* à *sol*, une *quinte*; de *ut* à *ut*, une *octave*, *etc.*

Si, au lieu de comparer, comme nous l'avons fait dans le tableau B, les nombres de vibrations correspondant à chaque note de la gamme au nombre de vibrations qui correspond à l'*ut*, pris pour unité, on compare chacun de ces nombres à celui de la note précédente (ce que l'on obtient en divisant chaque fraction du tableau B par celle qui la précède immédiatement), on forme le tableau suivant :

D	*ut-ré*,	*ré-mi*,	*mi-fa*,	*fa-sol*,	*sol-la*,	*la-si*,	*si-ut*.
	$\frac{9}{8}$,	$\frac{10}{9}$,	$\frac{16}{15}$,	$\frac{9}{8}$,	$\frac{10}{9}$,	$\frac{9}{8}$,	$\frac{16}{15}$.

On voit, d'après ce tableau, que les intervalles compris entre deux notes consécutives n'ont pas tous la même valeur. On distingue, en effet, trois rapports différents : le plus grand $\frac{9}{8}$ (*ut-ré*, *fa-sol*, *la-si*), s'appelle *ton majeur*; le suivant $\frac{10}{9}$ (*ré-mi*, *sol-la*), est le *ton mineur*; le plus petit $\frac{16}{15}$ (*mi-fa*, *si-ut*), a reçu le nom de *demi-ton*. Toutefois, comme la différence entre le ton majeur et le ton mineur, laquelle porte en musique le nom de *comma*, est trop petite pour être appréciable à l'oreille, on considère, dans la pratique de la musique, les intervalles du ton majeur et du ton mineur comme étant égaux, et on les désigne sous le nom commun de *ton*. Par conséquent, on ne distingue dans la gamme ordinaire que des TONS et des DEMI-TONS, disposés de la manière suivante :

E	*ut-ré*,	*ré-mi*,	*mi-fa*,	*fa-sol*,	*sol-la*,	*la-si*,	*si-ut*.
	ton,	ton,	demi-ton,	ton,	ton,	ton,	demi-ton.

Pour distinguer entre eux les intervalles, tels que ceux de *tierce*, de *quinte*, *etc.*, les musiciens emploient les mots de *majeure* et de *mineure*. Ainsi l'intervalle *ut-mi* qui comprend deux tons est une *tierce majeure*, tandis que l'intervalle *mi-sol* qui ne comprend qu'un demi-ton et un ton est une *tierce mineure*. En musique, le mot *ton* sert encore à indiquer la hauteur de la gamme dans laquelle on joue.

396. *Dièses et bémols.* — Les huit notes de la gamme ne sont pas les seules employées dans la musique. Entre ces notes sont intercalées d'autres notes intermédiaires que l'on désigne sous les noms de *dièses* et de *bémols*. Leur but principal est de permettre de former une gamme en prenant une note quelconque pour point de départ ou pour *tonique*.

Supposons, en effet, que l'on veuille *transposer* la gamme, c'est-à-dire la commencer par une note quelconque autre que *ut*, tout en lui conservant sa mélodie : la gamme se composant, comme nous venons de le voir, de deux tons successifs, un demi-ton, trois tons successifs et un demi-ton, il faudra, quelle que soit la note prise pour tonique, reproduire exactement cette série pour obtenir une gamme. On réalisera cette condition tantôt au moyen des dièses, tantôt au moyen des bémols, suivant que l'on prendra telle ou telle note pour tonique.

1° *Emploi des dièses.* Soit *ré*, par exemple, la note prise pour tonique. Si nous examinons la série :

ré, mi, fa, sol, la, si, ut, ré,

nous voyons de suite que les intervalles *mi-fa* et *si-ut*, qui doivent remplacer les intervalles *ré-mi* et *la-si* de la gamme d'*ut*, n'étant chacun que d'un demi-ton au lieu d'être d'un ton comme l'exige la série (E), il faut, pour rétablir la mélodie, *hausser* d'un demi-ton la note *fa* et la note *ut*. C'est ce qu'on obtient en *multipliant* par $\frac{25}{24}$ les nombres de vibrations correspondant à chacune d'elles. L'intervalle *mi-fa* et l'intervalle *si-ut*, égaux chacun à $\frac{16}{15}$ (D), seront alors remplacés par $\frac{16}{15} \times \frac{25}{24}$, ou $\frac{10}{9}$, c'est-à-dire par un ton. Les notes qui remplacent le *fa* et l'*ut* prennent les noms de *fa dièse* et de *ut dièse*, et s'indiquent par *fa* $\sharp$ et *ut* $\sharp$.

2° *Emploi des bémols.* Supposons maintenant que l'on veuille reproduire la gamme en partant de la note *fa* : on aura la série

fa, sol, la, si, ut, ré, mi, fa.

Si nous comparons encore cette nouvelle série à la série (E) de la gamme, nous voyons de suite que les intervalles *la-si* et *si-ut* qui remplacent les intervalles *mi-fa* et *fa-sol* de la gamme d'*ut* sont, le premier trop grand et le second trop petit d'un demi-ton. Or, pour donner à chacun d'eux sa valeur voulue, il faudra *baisser* la note *si* d'un demi-ton, c'est-à-dire la remplacer par une nouvelle note dont l'intervalle avec le *la* soit d'un demi-ton et avec l'*ut* d'un ton. C'est ce que l'on obtient en *divisant* par $\frac{25}{24}$, ou, ce qui revient au même, en multipliant par $\frac{24}{25}$ le nombre de vibrations correspondant au *si*. Cette nouvelle note prend alors le nom de *si bémol* et s'indique par *si* ♭.

En résumé, *diéser* ou *bémoliser* une note, c'est l'élever ou la baisser d'un demi-ton, afin de pouvoir reproduire la gamme ordinaire, c'est-à-dire la gamme d'*ut* en commençant par toute autre note.

Gamme tempérée. — Il résulte de ce qui précède que le dièse d'une note n'est pas rigoureusement égal au bémol de la note suivante. Prenons, par exemple, l'*ut* dièse et le *ré* bémol : si nous représentons par n le nombre de vibrations qui correspond à l'*ut*, nous aurons pour l'*ut dièse* $n \times \frac{25}{24}$ ou $\frac{25}{24}n$ vibrations, et pour le *ré bémol* $\frac{9}{8}n \times \frac{24}{25} = \frac{27}{25}n$ vibrations (B).

Le *ré* bémol est donc un peu plus haut que l'*ut* dièse. Toutefois ces deux notes, bien qu'inégales, ne diffèrent que d'un intervalle assez petit pour que l'oreille tolère aisément que l'une soit prise pour l'autre. Avec des instruments tels que le violon, la basse et la guitare, les dièses et les bémols peuvent être obtenus justes; mais pour les instruments à sons fixes, tels que la harpe, le piano et l'orgue, on est convenu, pour ne pas multiplier inutilement le nombre des cordes ou des tuyaux, d'égaliser les dièses et les bémols, de manière que le dièse d'une note et le bémol de la note suivante soient donnés par la même corde ou le même tuyau. La gamme a été alors divisée en douze intervalles ou *demi-tons* égaux entre eux, et dont l'ensemble constitue ce qu'on appelle la *gamme tempérée* :

ut, *ut* ♯ ou *ré* ♭, *ré*, *ré* ♯ ou *mi* ♭, *mi*, *fa*, *fa* ♯ ou *sol* ♭, *sol*, *sol* ♯ ou *la* ♭, *la*, *la* ♯ ou *si* ♭, *si*, *ut*.

397. *Accords, sons harmoniques.* — On donne le nom d'*accord* à l'ensemble de plusieurs sons produisant une sensation

agréable à l'oreille. La note la plus grave de l'accord se nomme la *tonique* et la plus aiguë la *dominante*. Il existe un très grand nombre d'accords, dont les combinaisons variées constituent l'harmonie. Citons entre autres l'*accord parfait majeur : ut, mi, sol*, et l'*accord parfait mineur : la, ut, mi*.

Les *accords parfaits* résultent toujours de sons dont les vibrations sont en rapport simple. Ainsi, dans l'accord parfait *ut*, *mi*, *sol*, le plus agréable à oreille, les vibrations sont entre elles comme 4, 5, 6. Cet accord fondamental est fourni par la nature elle-même. En effet, quand on fait vibrer avec l'archet une corde de violoncelle ou de violon, on entend non seulement le son principal de cette corde, mais on distingue encore sa douzième ou double quinte et sa dix-septième ou triple tierce, c'est-à-dire, en rapprochant les intervalles, un accord parfait majeur. Pour expliquer ce phénomène, on admet que la corde ne vibre pas seulement dans toute sa longueur, mais que certaines de ses parties vibrent séparément et produisent des sons secondaires qui s'harmonisent avec le son principal, et qui, pour cette raison, ont reçu le nom de *sons harmoniques*. Ce fait peut d'ailleurs être démontré directement par l'expérience suivante, due à Sauveur.

Fig. 270.

398. *Nœuds et ventres de vibration.* — Soit une corde AB (*fig.* 270), tendue sur le sonomètre, et le chevalet mobile C placé sous elle au tiers de sa longueur. Si, au moyen d'un archet, on fait vibrer ce premier tiers AC de la corde, les deux autres tiers C*n*, *nB*, entrent à l'instant d'eux-mêmes en vibration ; mais chacun d'eux vibre isolément autour d'un point *n* qui reste immobile, quoique libre. Ce point s'appelle un *nœud*

de vibration. Les extrémités A et B de la corde, ainsi que le point C qui repose sur le chevalet, peuvent être également considérés comme des nœuds entre lesquels sont les *centres de vibrations* AC, C*n*, *n*B. On constate la fixité du point *n* en plaçant sur lui un petit chevron de papier qui reste immobile quand la corde vibre, tandis que si on le place sur l'un des centres de vibration, il est aussitôt lancé au loin.

Si au lieu du tiers de la corde, on en fait vibrer directement le quart, il se forme dans les trois autres quarts deux nœuds de vibrations et trois ventres; si on en fait vibrer le cinquième, on obtient trois nœuds et quatre ventres, etc. D'où il suit que *les nombres de vibrations des sons harmoniques d'une corde qui vibre transversalement varient comme les nombres entiers de la série naturelle* 1, 2, 3, 4, 5.... Nous verrons bientôt (401) que cette loi s'applique également aux sons harmoniques produits par les vibrations de l'air dans les tuyaux sonores dont l'extrémité opposée à leur embouchure est ouverte.

399. *Vibrations longitudinales des verges; plaques.* — Les verges de bois, de verre, et principalement les verges métalliques, peuvent vibrer comme les cordes, et sont également susceptibles d'éprouver deux sortes de vibrations, les unes longitudinales, les autres transversales. Les vibrations longitudinales sont soumises à la loi suivante, que l'on démontre par le calcul : pour des verges de même nature, *les nombres de vibrations sont en raison inverse de leur longueur.* Quant aux vibrations transversales, on trouve aussi par le calcul que *leur nombre est en raison directe de l'épaisseur des verges et en raison inverse du carré de leur longueur.*

Pour les plaques mises en vibration, soit au moyen d'un archet frottant sur leurs bords, soit à l'aide de crins enduits de colophane frottant sur le limbe d'une ouverture centrale, on trouve que *le nombre des vibrations est en raison directe des épaisseurs des plaques et en raison inverse de l'étendue de leurs surfaces.*

En recouvrant de sable les plaques vibrantes, on voit ce sable, aussitôt que les vibrations commencent, se disposer à leurs surfaces en lignes régulières qui représentent les *lignes nodales* ou nœuds de vibrations, dont le nombre et la position varient selon la forme des plaques, leur élasticité, le mode d'ébranlement et le nombre des vibrations.

Instruments à vent. Tuyaux sonores.

400. *Instruments à vent. Tuyaux sonores.* — L'air et tous les autres gaz peuvent, comme les solides et les liquides, entrer d'eux-mêmes en vibration et donner naissance à des sons, ainsi que nous l'avons vu déjà dans la sirène. Les *tuyaux sonores* que l'on emploie dans la composition des jeux d'orgues et de tous les instruments à vent en fournissent une nouvelle preuve. Ces tuyaux sont en général cylindriques ou prismatiques, à parois en métal ou en bois. D'après le mode employé pour mettre en vibration la colonne d'air qu'ils renferment, on les divise en *tuyaux à bouche* et en *tuyaux à anche.*

1° *Tuyaux à bouche.* Le tuyau d'orgue ordinaire représenté par la *fig.* 271 est le type de ce genre de tuyau. Son pied P reçoit le vent d'un soufflet; l'ouverture latérale comprise entre *b* et *b'* est la *bouche*, dont la lèvre supérieure *b* est taillée en biseau et légèrement inclinée en dedans; *l* est une fente très étroite, nommée la *lumière*, percée dans une plaque métallique transversale, au niveau de la lèvre inférieure *b'*. T est le tuyau qui peut être ouvert ou bouché à sa partie supérieure. Ceci posé, si un courant d'air arrive dans le pied du tuyau, il s'échappe par la lumière et vient se briser en partie contre le biseau de la lèvre supérieure. Cet obstacle que rencontre l'air donne lieu à des intermittences dans sa sortie par la bouche *bb'*, d'où résultent des alternatives régulières de condensation et de dilatation qui se propagent dans l'air du tuyau et le font vibrer. Le son, pour être pur, exige un certain rapport entre la vitesse du courant d'air, la grandeur de la lumière, l'ouverture de la bouche et les dimensions du tuyau. Ce mode d'embouchure appartient également au sifflet, au flageolet, à la flûte de Pan et à la flûte traversière. Dans ces deux derniers instruments, le courant d'air, convenablement dirigé par les lèvres du musicien, vient se briser contre une ouverture circulaire.

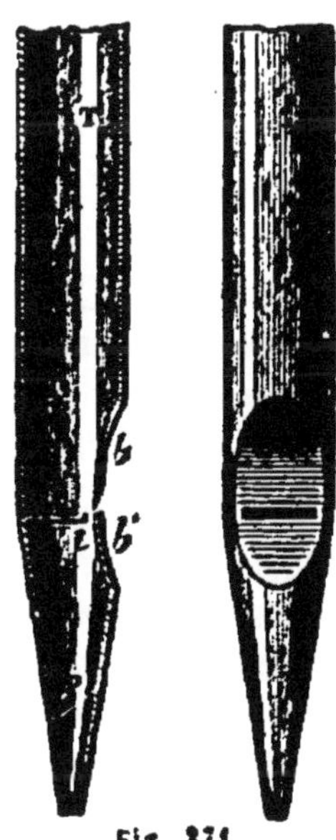

Fig. 271.

2° *Tuyaux à anche.* — Ces tuyaux sont également employés dans les jeux d'orgues. Le système d'ébranlement qui sert à mettre en vibration l'air qu'ils renferment, et que l'on désigne sous le nom d'*anche*, se compose (*fig.* 272) d'un petit tube prismatique *t*, bouché inférieurement, et dont la partie supérieure O est ouverte. L'une des faces latérales de ce tube est formée d'une lame métallique percée d'une ouverture ou fenêtre rectangulaire *r* qu'on appelle la *rigole*. Une *languette* métallique ou lame vibrante *l*, solidement fixée sur la paroi du tube, est appliquée sur la rigole, qu'elle ferme à peu près et dont elle rase les bords lorsqu'elle vibre. Enfin, un fil de métal très ferme *z*, nommé la *rasette*, presse fortement la languette par son extrémité inférieure, qui est recourbée. Ce fil, qui peut être abaissé ou relevé à volonté, sert à changer la longueur de la partie vibrante de la languette pour en varier les sons. Telle est la disposition générale de l'anche.

Fig. 272.

Cet appareil, aujourd'hui très employé, est placé entre deux tuyaux dont l'un lui apporte l'air qui fait vibrer la languette, tandis que l'autre, appelé *tuyau d'échappement*, le conduit au dehors, en donnant au son produit par les vibrations de la languette et de l'air qu'il contient un timbre et une intensité variables selon sa forme et ses dimensions. La clarinette, le hautbois et le basson sont des instruments à anche dont la languette est en bois et dans lesquels la pression des lèvres tient lieu de rasette. Dans le cor, la trompette, le cornet à piston, etc., le son est produit par la vibration des lèvres, qui forment aussi de véritables anches.

401. *Lois des vibrations de l'air dans les tuyaux.* — C'est à Daniel Bernouilli que l'on doit la connaissance des lois qui régissent les vibrations de l'air dans les tuyaux. Ces lois sont un peu différentes, selon que les tuyaux sont *ouverts* ou *fermés* à l'extrémité opposée à leur embouchure.

1° *Lois des tuyaux ouverts.* — Quand on met en vibration l'air que contient un tuyau ouvert dont la longueur est au moins égale à dix fois son diamètre, on parvient facilement, en variant la vitesse du courant d'air, à lui faire rendre successivement plusieurs sons différents qui sont entre eux dans les rapports suivants :

Si l'on représente par 1 le *son fondamental*, c'est-à-dire le plus grave que puisse donner le tuyau, les autres sons seront constamment représentés par *la série naturelle des nombres*

2, 3, 4, 5,...., c'est-à-dire que le second sera à l'octave du premier, le troisième à la quinte de l'octave, le quatrième à la double octave, etc. Ces sons sont appelés *sons harmoniques*, parce qu'ils forment ensemble un accord parfait.

On démontre, par l'expérience et par le calcul, que la longueur de l'onde sonore qui produit le son fondamental est *égale* à celle du tuyau; que la longueur de l'onde qui produit le son 2 est égale à la moitié du tuyau; celle du son 3, au tiers; celle du son 4, au quart, et ainsi de suite.

Une colonne d'air vibrant dans un tuyau peut être assimilée à une corde vibrant transversalement, en ce sens qu'elle se partage, comme celle-ci, en *nœuds* et en *ventres* de vibrations (398). L'expérience montre que pour le son fondamental, correspondant à un tuyau ouvert d'une longueur quelconque, il y a toujours un *nœud* de vibration placé au milieu du tuyau, et deux *ventres*, qui correspondent à ses extrémités; que pour le son 2 il y a deux nœuds, placés aux deux premiers quarts du tuyau, à partir de ses extrémités, et trois ventres, dont l'un est intermédiaire et correspond, par conséquent, au milieu de la longueur du tuyau; que pour le son 3 il y a trois nœuds et quatre ventres, dont deux intermédiaires, placés l'un à la fin du premier tiers et l'autre à la fin du second tiers de la longueur, etc.

Lorsqu'on perce des trous dans les parois d'un tuyau sonore au niveau des ventres de vibrations, le son n'éprouve aucune modification; mais si ces trous sont ouverts en regard des nœuds, ceux-ci se sont à l'instant remplacés par des ventres, et le son se modifie. Les trous que présentent les tuyaux de la flûte, du flageolet, de la clarinette, etc., reposent sur ce principe.

2° *Lois des tuyaux fermés.* — Les tuyaux dont l'extrémité opposée à leur embouchure est fermée peuvent donner, comme les tuyaux ouverts, plusieurs sons différents quand on fait varier la vitesse du courant d'air. Mais ces différents sons, au lieu de suivre la série naturelle des sons harmoniques 1, 2, 3, 4, 5...., correspondent *à la suite des nombres impairs*, 1, 3, 5, 7...., sans qu'il soit jamais possible, de même que dans les tuyaux ouverts, d'obtenir d'autres sons intermédiaires.

Dans les tuyaux fermés, la longueur d'onde qui correspond au son fondamental, ou le plus grave, est *double* de la longueur du tuyau, tandis qu'elle est simplement égale dans les tuyaux ouverts. Par conséquent, si l'on fait parler ensemble deux tuyaux de même longueur, l'un fermé et l'autre ouvert, de manière à faire rendre à chacun le son fondamental, ces deux sons seront toujours à l'octave l'un de l'autre, le plus grave appartenant au tuyau fermé.

Ce fait prouve que dans un tuyau fermé, l'onde sonore se réfléchit sur le fond du tuyau et revient vers l'embouchure; de sorte que l'onde est repliée sur elle-même, ayant ses deux ventres à l'embouchure et son nœud de vibration au fond même du tuyau. Ce nœud représente évidemment celui qui, dans le son fondamental, occupe le milieu de la longueur du tuyau ouvert.

3° *Lois communes aux tuyaux ouverts et aux tuyaux fermés.* — Il résulte de ce qui précède :

1° Que la matière qui compose les tuyaux ouverts ou fermés, bois, verre, métal, etc., *n'a aucune influence sur la hauteur des sons qu'ils produisent :* elle ne change que leur timbre;

2° Que pour des tuyaux ouverts ou fermés de longueurs différentes, les nombres de vibrations correspondant au son fondamental donné par chacun d'eux, sont, comme pour les cordes sonores, *en raison inverse des longueurs de ces tuyaux.*

Par conséquent, pour monter une gamme avec des tuyaux ouverts ou fermés, il suffira de prendre huit tuyaux dont les longueurs soient entre elles comme les nombres inscrits dans le tableau A (393), c'est-à-dire comme $1, \frac{8}{9}, \frac{4}{5}, \frac{3}{4}, \frac{2}{3}, \frac{3}{5}, \frac{8}{15}, \frac{1}{2}$. Ajoutons que les tuyaux fermés donneront, à longueur égale, des sons qui seront à l'octave au-dessous des sons produits par les tuyaux ouverts.

402. *Diapason.* — Pour régler et accorder ensemble les divers instruments de musique, il faut prendre pour point de départ une note invariable que l'on puisse toujours reproduire à volonté. Cette note est donnée par un petit instrument nommé *diapason*. Il se compose (*fig.* 273) d'une tige d'acier recourbée vers son milieu en deux branches, dont les extrémités libres convergent l'une vers l'autre. Une petite tige de fer que termine une espèce de petit timbre en cuivre lui sert de pied. On fait vibrer cet instrument en écartant brusquement ses deux branches au moyen d'un cylindre de fer que l'on passe de force entre elles. Tous les diapasons doivent rendre le même son. Ce son est un la_3, correspondant à 870 vibrations simples par seconde.

Fig. 273.

Résumé.

I. On distingue dans les cordes sonores deux sortes de vibrations : les *vibrations transversales* et les *vibrations longitudinales.*

II. Les lois qui régissent les *vibrations transversales* des cordes sont au nombre de quatre :

1° Les nombres de vibrations exécutées par une corde, dans un temps donné, sont en raison inverse de sa longueur;

2° Les nombres de vibrations d'une corde sont proportionnels aux racines carrées des poids qui la tendent ;

3° Les nombres de vibrations des cordes sont en raison inverse de leur diamètre;

4° Les nombres de vibrations des cordes sont en raison inverse des racines carrées de leurs densités.

Ces lois se démontrent par le calcul et par l'expérience, au moyen du sonomètre.

III. On appelle *gamme* une série de sons ou de notes, au nombre de huit, séparées par des intervalles rigoureusement déterminés dont le dernier est à l'octave du premier. Ces notes sont : *ut, ré, mi, fa, sol, la, si, ut.*

IV. Les notes de la gamme peuvent être représentées soit par les rapports de longueur des cordes qui les produisent, soit par les rapports des nombres de vibrations qui leur correspondent.

V. On désigne en musique sous le nom d'*intervalle* le rapport d'un son à un autre; ces intervalles portent les noms de *seconde, tierce, quarte, quinte, octave, etc.*

VI. Les *dièses* et les *bémols* sont des notes intermédiaires que les musiciens intercalent entre les notes de la gamme. *Diéser* une note, c'est augmenter le nombre des vibrations dans le rapport de 24 à 25; la *bémoliser,* c'est diminuer ce même nombre dans le rapport de 25 à 24.

VII. On donne le nom d'*accord* à l'ensemble de plusieurs sons qui produisent une sensation agréable à l'oreille : tels sont l'*accord parfait majeur, ut, mi, sol;* et l'*accord parfait mineur, la, ut, mi.* Toute corde qui vibre fait entendre un accord parfait majeur.

VIII. Les *vibrations longitudinales* des cordes sont soumises aux mêmes lois que les vibrations transversales; mais les sons qu'elles produisent sont beaucoup plus aigus.

IX. Les tuyaux sonores que l'on emploie dans les jeux d'orgues et dans tous les autres instruments à vent se divisent, d'après le mode employé pour mettre en vibration l'air qu'ils renferment, en tuyaux ou en instruments *à bouche* et en tuyaux ou en instruments *à anche*. Ces tuyaux peuvent être ouverts ou fermés.

X. Lorsqu'on fait varier la vitesse du courant d'air à l'aide duquel on fait parler un tuyau *ouvert*, ce tuyau peut rendre successivement différents sons qui suivent la série naturelle des nombres 1, 2, 3, 4, 5...... Si le tuyau est *fermé*, les sons produits suivent la série impaire 1, 3, 5, 7....

XI. Le son fondamental, ou le plus grave que donne un tuyau fermé, est toujours à l'octave *au-dessous* du son fondamental produit par un tuyau ouvert de même longueur et de même diamètre.

XII. Le diapason est un instrument qui donne une note invariable (*la_3*), d'après laquelle on accorde tous les autres instruments de musique.

CHAPITRE XXX.

OPTIQUE.

Propagation de la lumière dans un milieu homogène. — Ombre. Pénombre. — Vitesse de la lumière. — Mesure des intensités relatives de deux lumières. — Lois de la réflexion. — Miroirs plans. — Miroirs sphériques concaves et convexes.

Propagation de la lumière dans un milieu homogène.

403. *Optique.* — On donne le nom d'*optique* à la partie de la physique qui traite de la *lumière*.

404. *Hypothèses sur la nature de la lumière.* — La lumière est l'agent qui produit en nous le phénomène de la vision. Deux hypothèses ont été imaginées pour expliquer son origine : l'hypothèse de l'*émission* et celle des *ondulations*.

La première appartient à Newton ; elle admet que les corps lumineux lancent continuellement dans l'espace, avec une vitesse prodigieuse, une substance impondérable qui traverse les corps transparents et est arrêtée par les corps opaques. Cette substance, arrivant au fond de notre œil, excite en nous une sensation particulière, en vertu de laquelle nous apercevons les corps lumineux qui l'envoient.

Dans la seconde hypothèse, imaginée par Descartes, on attribue la lumière à des vibrations très rapides exécutées par les corps lumineux, vibrations qui se transmettraient jusqu'à l'organe de la vue, par l'intermédiaire d'un milieu élastique sous la forme d'ondulations analogues à celles qui transmettent le son. Ce milieu ne peut être l'air atmosphérique, puisque nous apercevons les astres à travers les espaces célestes. On le considère comme un fluide particulier, éminemment subtil, répandu partout, et que l'on désigne sous le nom d'*éther* (123). Ainsi, d'après cette hypothèse, la lumière prend naissance et se propage dans l'éther, comme le son prend naissance et se propage dans l'air et dans tous les autres corps élastiques. *L'hypothèse des ondulations* est admise aujourd'hui par la plupart des physiciens.

405. *Rayon et pinceau de lumière.* — On appelle *rayon lumineux* la ligne que suit la lumière en se propageant. La réunion de plusieurs rayons lumineux émanés d'une même source se nomme un *pinceau* ou un *faisceau* de lumière. Un pinceau ou un faisceau de lumière est dit *parallèle* lorsque les rayons qui le composent sont parallèles ; il est dit *divergent* ou *convergent*, selon que ses rayons vont en s'écartant ou en se rapprochant les uns des autres.

406. *Propagation de la lumière dans un milieu homogène.* — La propagation de la lumière dans un milieu homogène est soumise aux lois suivantes :

1re loi. — *Dans un milieu homogène, la lumière se propage en ligne droite.*

Il suffit, pour s'en assurer, d'interposer un corps opaque sur la droite menée de l'œil à un corps lumineux : celui-ci cesse à l'instant même d'être aperçu. Lorsqu'un pinceau de lumière pénètre dans une chambre obscure par une ouverture étroite, on voit encore une trace lumineuse parfaitement rectiligne éclairant la poussière et tous les corpuscules qui flottent dans l'air.

2e loi. — *L'intensité de la lumière varie en raison inverse du carré de la distance.*

Soit (*fig.* 274) un point lumineux L placé au sommet d'un cône droit *dLc*, coupé par un plan *ob* perpendiculaire à son axe et à égale distance des points L et c. La distance Lc étant le double de la distance Lo, il en résulte que la surface du cercle *cd* est *quatre fois plus grande* que la surface du cercle *ob*. Or, ces deux cercles recevant, chacun, la totalité des rayons lumineux compris dans le cône, il est évident que chaque unité de surface du cercle *cd* sera *quatre fois moins éclairée* que l'unité de surface du cercle *ob*; ce qui démontre le principe énoncé.

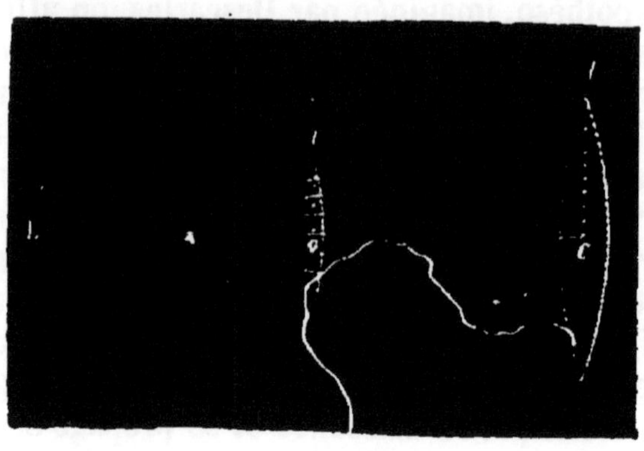

Fig. 274.

3ᵉ loi. — *L'intensité de la lumière varie avec l'inclinaison de la surface qui l'émet ou qui la reçoit.*

Si nous supposons (*fig.* 275) un faisceau de lumière émis obliquement par une surface AB dans la direction BS, l'intensité de ce faisceau sera la même que s'il provenait de la projection BC de cette surface sur un plan perpendiculaire à la ligne BS. On peut constater également qu'une surface est d'autant moins éclairée que son inclinaison par rapport à la direction des rayons incidents est plus grande. On démontre par le calcul que l'intensité de la lumière émise ou reçue par une surface oblique à la direction des rayons lumineux, est proportionnelle au sinus de l'angle que font ces mêmes rayons avec cette surface.

Fig. 275.

C'est en vertu de ce principe qu'une sphère lumineuse paraît plane lorsqu'on la regarde d'assez loin pour que ses rayons puissent être considérés comme sensiblement parallèles. Ainsi, la surface de la lune et celle du soleil, malgré leur convexité, nous apparaissent sous la forme de disques plans.

407. *Vitesse de la lumière.* — La lumière parcourt, dans le vide, environ 80000 lieues par seconde. Cette vitesse prodigieuse a été calculée pour la première fois en 1678 par Rœmer, astronome suédois, d'après l'observation des éclipses du premier satellite de la planète Jupiter. Dans ces derniers temps Foucault et M. Fizeau, au moyen d'appareils qui leur ont permis d'expérimenter à des distances de quelques kilomètres seulement, sont arrivés au même résultat. Le premier de ces deux observateurs a pu même reconnaître que la vitesse de la lumière est plus grande dans l'air que dans l'eau, ce qui est conforme aux déductions rationnelles de la théorie des ondulations.

La lumière franchit en $8^m,13^s$ la distance du soleil à la terre. On sait que les étoiles les plus rapprochées de la terre en sont au moins 200 000 fois plus éloignées que le soleil. Leur lumière emploie, par conséquent, plus de trois années pour arriver jusqu'à nous. Mais il y a d'autres étoiles dont la distance à la terre est telle, que la lumière qu'elles envoient doit mettre plusieurs milliers d'années pour parvenir jusqu'à notre système planétaire.

Ombre. Pénombre. — Mesure des intensités relatives de deux lumières.

408. *Ombre.* — On appelle *ombre* d'un corps la portion de l'espace où ce corps empêche la lumière d'arriver. Soient L (*fig.* 276) un point lumineux et *m* un corps opaque que nous

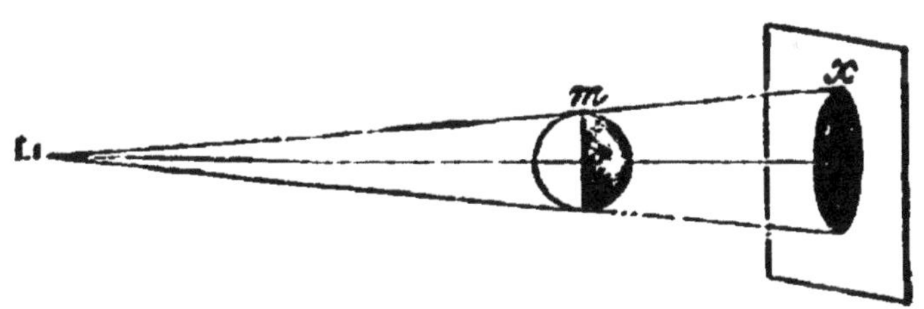

Fig. 276

supposerons sphérique. Pour déterminer l'étendue et la forme de l'ombre projetée, il suffit de mener du point lumineux L une droite indéfinie L*x* et de faire tourner cette droite autour du corps, en la forçant à s'appuyer constamment sur sa surface. On décrira de la sorte une surface conique dont le sommet sera le point lumineux et dont le prolongement au delà du corps opaque donnera la forme et l'étendue de l'ombre.

409. *Pénombre.* — Quand un corps opaque, au lieu d'être éclairé par un seul point, reçoit sa lumière d'un corps lumi-

neux de dimensions finies, on distingue autour de son ombre une portion de l'espace où la lumière n'arrive qu'en partie, et dans laquelle l'ombre semble, pour ainsi dire, se fondre et disparaître par degrés insensibles. La portion de l'espace où s'opère cette transition graduée de l'ombre à la lumière s'appelle la *pénombre*.

Fig. 277.

Supposons en effet (*fig.* 277) deux sphères O et O' dont la première soit lumineuse et la seconde opaque. Menons un plan par la ligne des centres OO', et tirons la tangente AS commune aux deux cercles d'intersection. Si nous faisons tourner cette ligne autour du point S, en l'appuyant toujours sur les surfaces des deux sphères, nous décrirons un cône ASC dont toute la partie DSE comprendra exactement l'*ombre* projetée par la sphère opaque O'. Menons maintenant les deux autres tangentes AB et CK qui se croisent entre les sphères, en un point F situé sur la ligne des centres. On reconnaît facilement, à l'inspection de la figure, que tous les points de l'espace situés au-dessus de la tangente CK et au-dessous de la tangente AB sont complètement éclairés par la sphère lumineuse O. Mais il n'en est pas de même pour les points compris dans les intervalles KDS et BES; ces points ne reçoivent qu'une partie de la lumière du corps éclairant, et il est facile de voir que cette partie est d'autant plus petite qu'ils sont situés plus près des limites de l'ombre absolue DSE. La lumière ira donc en s'affaiblissant graduellement depuis les lignes DK, EB, jusqu'aux lignes DS et ES, où elle s'éteindra complètement. L'espace compris entre ces lignes forme la *pénombre*.

Remarque. Lorsqu'un corps opaque, tel qu'un volet, par exemple, est percé d'une ouverture étroite, mais suffisante pour laisser passer facilement la lumière, l'ombre projetée par ce corps présente une tache brillante, dont la forme varie selon la distance comprise entre l'écran qui reçoit l'ombre et l'orifice par lequel pénètre la lumière. Si l'écran est placé assez près de l'orifice, la tache brillante reproduit exactement la forme de ce dernier; mais si l'écran en est suffisamment éloigné, la tache brillante, *quelle que soit la forme de l'orifice*, donnera avec plus ou moins de netteté l'image renversée de l'objet lumineux. En effet, la lumière émise par chaque point de l'objet formant, dans ce dernier cas, un faisceau divergent qui se moule exactement sur les bords de l'orifice par lequel il pénètre, l'ensemble de tous ces faisceaux ne peut donner autre chose qu'une image de l'objet lui-même, laquelle sera renversée et d'autant plus nette que l'orifice sera plus étroit. C'est ce qui explique la forme arrondie que présentent les taches brillantes dont est parsemée l'ombre des arbres. Chaque interstice du feuillage, quelle que soit sa configuration, produit sur le sol une image du soleil, image exactement ronde quand le sol est perpendiculaire à la direction du soleil, mais qui devient ovale quand le sol, ce qui a lieu le plus fréquemment, se présente sous une incidence oblique. Pendant une éclipse solaire, ces taches ne pouvant représenter que la partie de l'astre non éclipsée, prennent la forme d'un croissant.

410. *Mesure des intensités relatives de deux lumières.* — La mesure des intensités relatives de deux lumières s'obtient au moyen d'appareils que l'on désigne sous le nom de *photomètres*.

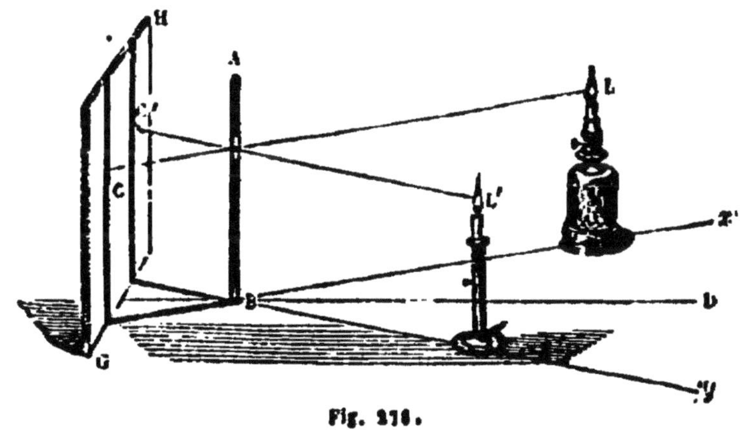

Fig. 278.

Le photomètre le plus simple est celui de Rumford. Pour construire cet appareil, on commence (*fig.* 278) par tracer sur un plancher une longue ligne droite BD et deux autres lignes Bx, By, formant avec la première deux angles DBx et DBy, égaux.

Au point de jonction des trois lignes on fixe verticalement une tige opaque AB en bois ou en métal, derrière laquelle on place, à une petite distance, un écran translucide GH, dans une direction perpendiculaire à la ligne du milieu BD. On dispose ensuite les deux lumières L et L' dont on veut mesurer les intensités relatives, l'une sur la droite Bx et l'autre sur la droite By à la même hauteur. La tige verticale AB projette alors sur l'écran deux ombres C et C', dont chacune est éclairée par l'une des deux lumières, savoir : l'ombre C par la lumière L et l'ombre C' par la lumière L'.

En se plaçant à une certaine distance derrière l'écran, sur le prolongement de la ligne BD, on peut apprécier d'une manière très exacte les intensités de chaque ombre. Si l'on fait alors varier la distance de l'une des lumières jusqu'à ce que les deux ombres aient la même teinte, ce qui a lieu lorsqu'elles sont *également* éclairées, il suffira, pour connaître les intensités relatives des deux lumières, de mesurer leurs distances aux ombres projetées. Par exemple, si la lumière de la lampe L est deux fois plus éloignée que celle de la bougie L', on conclura que son intensité est quatre fois plus grande; si elle était à une distance triple, son intensité serait neuf fois plus considérable; à une distance quadruple, seize fois, etc., en vertu de la loi précédemment indiquée (406, 2e loi).

Problèmes sur l'intensité de la lumière. — 1. Un point lumineux placé au centre d'une sphère creuse, dont le rayon a 2 mètres, éclaire sa surface interne avec une intensité représentée par 100 : on demande quelle serait cette intensité si le rayon de la sphère avait 5 mètres.

Les surfaces des sphères étant entre elles comme les carrés de leurs rayons, si le rayon devient 2, 3 fois plus grand, la surface sera 4, 9 fois plus étendue; par conséquent, le point lumineux placé au centre éclairera 4, 9 fois moins cette surface. Donc, en appelant x l'intensité lumineuse cherchée, on aura

$$\frac{x}{100}=\frac{2^2}{5^2}; \quad \text{d'où} \quad x=\frac{100\times 4}{25}=16.$$

2. La flamme d'un bec de gaz et celle d'une bougie sont placées à une distance de 10 mètres l'une de l'autre : on demande en quel point il faudrait placer un écran entre ces deux lumières, pour qu'il fût également éclairé par chacune d'elles,

en supposant que l'intensité de la lumière de la flamme du gaz soit 16 fois plus grande que celle de la bougie.

L'intensité de la lumière décroissant comme le carré de la distance augmente, si nous appelons x la distance de la flamme du gaz au point demandé, celle de la bougie étant alors $40 - x$, nous aurons l'équation

$$\frac{16}{x^2} = \frac{1}{(40 - x)^2} \quad \text{ou} \quad \frac{4}{x} = \frac{1}{40 - x};$$

d'où

$$x = 32^m.$$

C'est-à-dire qu'il faudra placer l'écran à 32 mètres de la flamme du gaz et à 8 mètres de celle de la bougie.

Réflexion de la lumière. — Lois de la réflexion.

411. *Réflexion de la lumière.* — On appelle *réflexion* de la lumière le changement de direction qu'éprouve un rayon lumineux lorsqu'il tombe sur la surface polie d'un miroir de glace ou de métal.

Soient AB (*fig.* 279) la surface d'un miroir plan, CR un rayon lumineux qui tombe sur cette surface au point R, et RC′ ce même rayon réfléchi. Si nous élevons au point d'incidence R une perpendiculaire ou *normale* RD à la surface réfléchissante, l'angle CRD, formé par le rayon incident avec la normale, est *l'angle d'incidence*, et l'angle DRC′, formé par la normale avec le rayon réfléchi, est *l'angle de réflexion*.

Fig. 279.

412. *Lois de la réflexion de la lumière.* — La réflexion de la lumière est soumise aux deux lois suivantes, qui sont les mêmes que pour la chaleur rayonnante :

1re loi. — *L'angle de réflexion est égal à l'angle d'incidence.*

2e loi. — *Le rayon incident et le rayon réfléchi sont dans un même plan perpendiculaire à la surface réfléchissante.*

On démontre ces deux lois au moyen d'un demi-cercle gradué AFB (*fig.* 280) situé dans un plan vertical. Ce demi-cercle porte sur son diamètre AB un petit miroir horizontal MN, et sur son limbe, deux tubes C et D dont les parois intérieures sont noircies, afin d'absorber la lumière qui tomberait sur leur surface. Ces deux tubes sont mobiles sur le limbe et ont leurs axes dirigés suivant les rayons du demi-cercle. On fait passer un rayon lumineux par l'axe du tube C, puis on place l'œil à l'ouverture extérieure du second tube D, que l'on fait mouvoir jusqu'à ce qu'on aperçoive le rayon réfléchi au point O sur le miroir MN. On constate alors que l'arc CF est égal à l'arc FD, ce qui démontre la première loi, c'est-à-dire l'égalité des deux angles d'incidence et de réflexion COF et FOD. La seconde loi se trouve également démontrée, puisque les axes des deux tubes C et D, par lesquels passent le rayon incident et le rayon réfléchi, sont dans un même plan perpendiculaire au miroir MN.

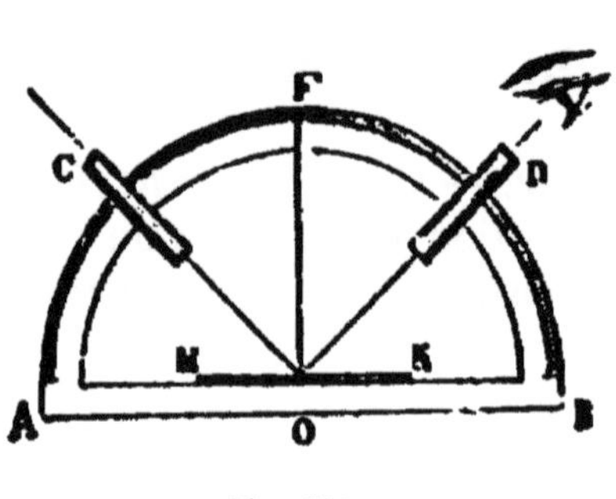

Fig. 280.

413. *Diffusion ou réflexion irrégulière de la lumière.* — Nous avons vu que la chaleur en tombant sur une surface dépolie se réfléchit dans toutes les directions (457); il en est de même pour la lumière. Les surfaces mates, telles que le papier, les murs blancs, etc., au lieu de réfléchir les rayons lumineux dans une seule direction, comme le font les miroirs, les renvoient dans tous les sens. C'est en vertu de ce phénomène, connu sous le nom de *diffusion* ou *réflexion irrégulière* de la lumière, que la plupart des objets terrestres nous deviennent visibles. Un miroir plan qui réfléchirait régulièrement la totalité des rayons lumineux tombant sur la surface, serait invisible, aussi bien qu'un corps transparent qui les laisserait tous passer.

Miroirs plans.

414. *Effets des miroirs plans.* — Soient un point A (*fig.* 281) placé devant un miroir plan MN, et un rayon quelconque AR parti de ce point et venant tomber sur le miroir. Ce rayon va

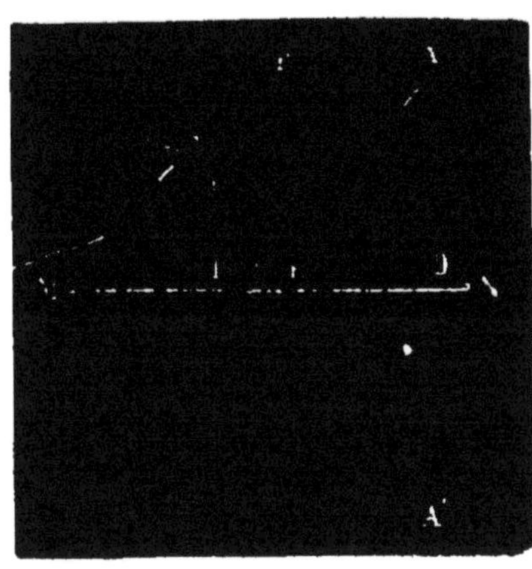

Fig. 221.

se réfléchir suivant la direction RO, en faisant avec la normale RP l'angle de réflexion ORP égal à l'angle d'incidence ARP. Du point A abaissons sur le miroir la perpendiculaire AD, et prolongeons cette perpendiculaire et le rayon réfléchi OR jusqu'à ce qu'ils se rencontrent en A', derrière le miroir. Nous formerons ainsi deux triangles ARD et DRA', qui sont égaux, comme ayant un côté commun RD adjacent à deux angles égaux, savoir, les angles droits ADR et RDA', et les deux angles ARD et DRA' égaux entre eux, puisqu'ils le sont tous deux au même angle ORM. Donc DA'=DA, c'est-à-dire qu'un rayon quelconque AR, parti d'un point lumineux A, se réfléchit dans une direction telle, que son prolongement derrière le miroir vient couper la perpendiculaire AA' en un point A' *symétrique* du point A. Il en serait de même du rayon AL et de tout autre rayon parti du point A. Donc tous les rayons émis par ce point et réfléchis par le miroir *suivent, après leur réflexion, la même direction que s'ils étaient partis du point* A'. Voilà pourquoi notre œil se fait illusion et croit voir le point A en A' comme s'il y était en réalité.

En résumé, *l'image d'un point, donnée par un miroir plan, est située derrière le miroir, sur le prolongement de la perpendiculaire abaissée de ce point sur la surface du miroir, et à une distance de cette surface égale à celle qui en sépare le point lui-même.*

Fig. 222.

Si, au lieu d'un seul point lumineux placé au-devant du miroir, c'est un objet quelconque, on obtiendra facilement son image en abaissant de tous ses points, ou de quelques-uns seulement, des perpendiculaires à la surface du miroir, et en les prolongeant de quantités égales à elles-mêmes. Les extrémités de ces perpendiculaires prolongées déterminent la grandeur et la position de l'image. La *fig.* 282 montre la construction qu'il faut faire pour obtenir l'image A'B' de l'objet AB placé au-devant d'un miroir plan MN. On voit que cette image présente exactement la forme et la dimension de l'objet. Elle n'est donc pas, comme on le dit quelquefois, renversée; mais elle est *symétrique*, dans le sens que l'on attache à ce mot en géométrie.

415. *Réflexions sur deux miroirs plans parallèles.* — Lorsqu'un point ou un objet lumineux se trouve placé entre deux miroirs plans parallèles, il donne naissance à une infinité d'images qui toutes sont situées sur une même ligne perpendiculaire aux deux surfaces réfléchissantes. Ce phénomène est facile à comprendre.

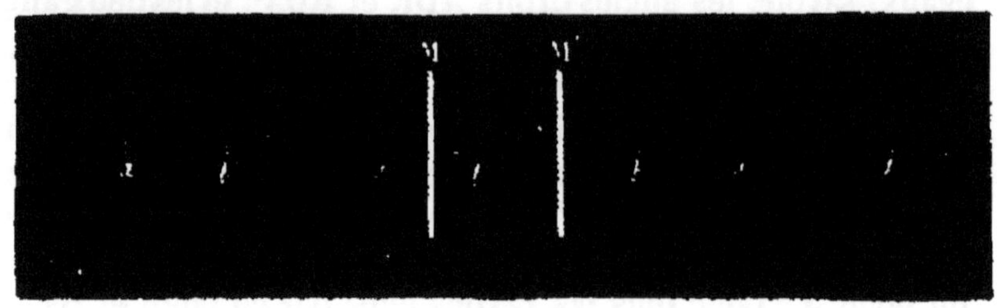

Fig. 283.

Soit (*fig.* 283) un objet lumineux *l* placé entre deux miroirs parallèles M et M'. Les rayons qui tombent directement sur le miroir M forment une image en *a*, et ceux qui tombent directement sur M' donnent leur image en *b*. Mais ces derniers rayons, après leur réflexion sur le miroir M', vont tomber sur le miroir M comme s'ils partaient de l'image *b*; ils forment, par conséquent, une nouvelle image en *b'* symétrique de *b*, laquelle se reproduit à son tour en *b''*, sur le miroir M'. Pareillement les premiers rayons réfléchis par le miroir M arrivent sur le miroir M' comme s'ils partaient de l'image *a*; ils donnent donc aussi une autre image en *a'* symétrique de *a*. Mais les rayons qui viennent de former cette image *a'* reviennent sur le miroir M, où ils forment l'image *a''*, laquelle, à son tour, se reproduit dans le miroir M', et ainsi de suite. On aura donc une série indéfinie d'images dont l'intensité s'affaiblira de plus en plus à mesure qu'elles s'éloigneront.

416. *Réflexion sur deux miroirs plans inclinés.* — Les mêmes phénomènes se reproduisent encore entre deux miroirs inclinés, mais avec cette différence que le nombre des images, au lieu d'être indéfini, est limité, et qu'il varie avec l'angle des miroirs. Il suffira d'examiner le cas où les deux miroirs font ensemble un angle droit.

Soient (*fig.* 284) les deux miroirs plans M et N perpendiculaires l'un à l'autre, et un point lumineux *a* placé entre eux à une distance quelconque de l'un ou de l'autre. Les rayons qui tombent directement sur le miroir M donnent l'image *a'*, et ceux qui tombent sur le miroir N forment l'image *a'*. Mais les rayons qui ont subi une première réflexion sur N retombent sur M, comme s'ils venaient du point *a'*; ils forment, par conséquent, une troisième image *a'''* symétrique de *a'* par rapport au miroir M. Pareillement, les rayons qui ont subi une première réflexion sur M et qui retombent sur N donnent encore une image au point *a'''*, puisque ce point est aussi symétrique au point *a'*, par rapport au miroir N. On aura donc en tout trois images réfléchies, *a'*, *a'*, *a'''*. Il est facile de voir que ces trois images et le point lumineux lui-même sont situés sur une circonférence ayant pour rayon la perpendiculaire menée du point lumineux *a* à l'intersection des deux miroirs.

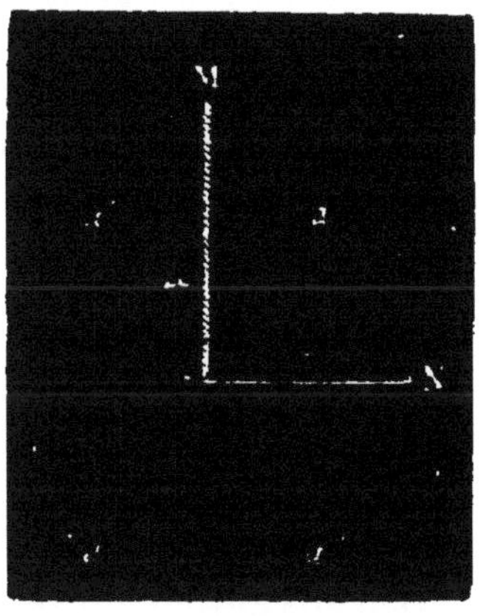

Fig. 284.

On démontrerait de la même manière que si l'angle des miroirs était de 72°, il se formerait quatre images réfléchies; que s'il était de 60°, il s'en formerait cinq; de 45°, sept, etc., le nombre des images croissant à mesure que l'angle des miroirs diminue.

C'est sur ce principe que repose la construction d'un petit instrument de curiosité bien connu nommé *kaléidoscope*. Il se compose d'un tube de carton dans lequel sont deux miroirs plans formant entre eux un angle de 60°. A l'une des extrémités du tube on place, entre deux lames de verre, des objets irréguliers, tels que des petits morceaux de verre coloré, du clinquant, de la dentelle, etc. Lorsqu'on regarde par l'autre extrémité, on voit ces divers objets, avec leurs cinq images groupées symétriquement, former une rosace hexagonale, dont on peut faire varier indéfiniment le dessin en tournant le tube sur lui-même.

417. *Miroirs métalliques et miroirs de verre.* — Les miroirs métalliques et les miroirs de verre présentent entre eux une différence assez importante à noter. Les premiers, n'ayant qu'une seule surface de réflexion, ne forment qu'une seule image, tandis que les miroirs de verre ayant deux surfaces réfléchissantes (celle du verre et celle du tain) donnent naissance à plusieurs images que l'on peut observer assez facilement en regardant obliquement dans une glace la flamme d'une bougie. Ces images multiples sont le résultat de réflexions successives qui se font d'une surface à l'autre à travers l'épaisseur de la glace, comme entre deux miroirs parallèles.

418. *Images virtuelles et images réelles.* — On appelle image *virtuelle* celle qui *tend* à se produire lorsque les rayons, après leur réflexion sur le miroir, sont divergents. Dans ce cas, en effet, l'image n'est qu'une illusion de l'œil qui croit voir l'objet au lieu où se rencontreraient les rayons prolongés *derrière le miroir*, comme le montrent les *fig.* 281 et 282. L'image *réelle*, au contraire, se forme lorsque les rayons, après leur réflexion, sont convergents. On l'appelle ainsi parce qu'elle existe réellement au point où les rayons se rencontrent *au-devant du miroir*, et qu'elle peut être reçue sur un écran. Les miroirs plans ne donnent jamais que des images virtuelles.

Miroirs sphériques.

419. *Miroirs sphériques.* — Supposons (*fig.* 285) que l'on fasse tourner sur lui-même un arc de cercle MN autour du rayon CO qui joint le milieu de l'arc à son centre; on engendrera une

Fig. 285.

calotte sphérique. Si cette calotte, que nous supposerons en métal, est polie intérieurement, elle formera un miroir *concave* ; au contraire, si c'est sa surface extérieure qui est brillante, ce sera un miroir *convexe*.

Le point C, situé à égale distance de tous les points de la circonférence qui forme le bord du miroir, est le centre de figure ou *sommet* du miroir ; le point O, qui est le centre de la sphère à laquelle appartient le miroir, est le *centre de courbure* ou *centre géométrique*. La ligne droite indéfinie CX, menée par ces deux points C et O, est l'*axe principal* du miroir. Toute autre droite AB, passant par le centre de courbure O et par un point quelconque du miroir, est un *axe secondaire*. L'angle MON, que l'on obtient en joignant deux points diamétralement opposés du bord du miroir au centre de courbure, forme ce que l'on nomme l'*ouverture* du miroir.

Dans tout ce qui va suivre, nous supposerons que l'ouverture du miroir est très petite, ou, en d'autres termes, que le miroir, quelle que soit son étendue superficielle, n'est qu'une faible portion de la surface entière de la sphère à laquelle il appartient.

420. *Réflexion de la lumière sur les miroirs sphériques.* — La réflexion de la lumière sur une surface courbe se fait suivant les mêmes lois que sur une surface plane.

Soit en effet (*fig.* 286) un rayon lumineux LR tombant sur une surface courbe quelconque MN. Si nous concevons un plan tangent AB. passant par le point d'incidence R, il est évident que le rayon se réfléchira sur la surface courbe, comme il le ferait au même point sur le plan AB. Si la surface courbe MN est sphérique, le prolongement RK du rayon de courbure CR sera perpendiculaire au plan tangent AB. Le rayon lumineux se réfléchira donc suivant RL', en faisant avec la normale KR l'angle de réflexion KRL' égal à l'angle d'incidence KRL. Donc, *tout rayon lumineux qui rencontre une surface courbe se réfléchit comme il le ferait sur le plan tangent mené au point d'incidence.*

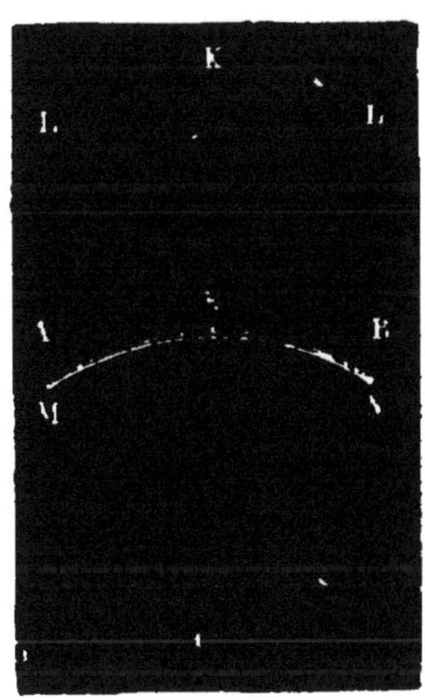

Fig. 286.

Miroirs sphériques concaves.

421. *Effets des miroirs sphériques concaves.* — Les miroirs sphériques concaves peuvent donner naissance aux deux sortes d'images, *réelles* et *virtuelles*, que nous avons précédemment indiquées. Mais avant d'exposer la théorie de ces images, nous devons nous occuper de la détermination des *foyers*, c'est-à-dire des points où les rayons lumineux, après leur réflexion, vont s'entrecroiser directement ou par leurs prolongements. On distingue dans les miroirs sphériques concaves trois sortes de foyers : 1° le *foyer principal*; 2° les *foyers conjugués*; 3° les *foyers virtuels*.

1° *Foyer principal.*— Le *foyer principal* d'un miroir concave est le point où tous les rayons incidents, parallèles à l'axe principal et tombant sur le miroir à une petite distance angulaire de son sommet, viennent concourir après leur réflexion. Ce point est placé sur l'axe principal *à une distance sensiblement égale du sommet du miroir et du centre de courbure.*

Fig. 287.

Soit en effet (*fig.* 287) un rayon lumineux RD parallèle à l'axe principal Cx, et très voisin de cet axe. Soient OD la normale au point d'incidence sur le miroir MN, et DF le rayon réfléchi faisant l'angle FDO=ODR. Le point d'intersection F du rayon réfléchi avec l'axe Cx sera le *foyer principal* du miroir. Or, il est facile de démontrer que ce point est sensiblement au milieu du rayon de courbure CO. En effet, les deux angles FDO et FOD sont égaux entre eux, comme étant tous deux égaux à l'angle d'incidence RDO, le premier comme angle de réflexion et le second comme alterne-interne. Donc le triangle DFO est isocèle et DF=FO. Mais l'arc CD étant supposé très petit, la ligne FC ne diffère pas sensiblement de la ligne FD ; et, par conséquent, le foyer F est au milieu de CO ou du moins s'en rapproche d'autant plus que le rayon lumineux RD est plus voisin de l'axe principal Cx. Il en sera de même pour tout autre rayon lumineux parallèle à l'axe principal, pourvu que l'ouverture du miroir ne dépasse pas 8 à 10 degrés. La distance CF se nomme *distance focale principale :* nous venons de voir qu'elle est sensiblement égale *à la moitié du rayon de courbure* CO.

Réciproquement, si l'on place un point lumineux au foyer principal d'un miroir concave, *tous les rayons émis par ce point se réfléchiront parallèlement à l'axe.*

2° *Foyers conjugués.*— Supposons un point lumineux L (*fig.* 288) placé sur l'axe principal d'un miroir concave, *au delà* du centre de courbure O, et envoyant sur ce miroir un faisceau de rayons divergents.

Fig. 288.

Soient LK un de ces rayons incidents et KL' le rayon réfléchi, venant couper l'axe principal en L', et faisant avec la normale OK l'angle de réflexion L'KO égal à l'angle d'incidence LKO. On voit que cet angle de réflexion L'KO est plus petit que l'angle FKO formé par la normale avec la ligne menée du point d'incidence au foyer principal. Le point d'intersection L' sera, par conséquent, situé *entre le foyer principal* F *et le centre de courbure* O. Tout autre rayon émis par le point L viendra de même couper l'axe principal en L', pourvu que l'ouverture du miroir ne soit pas trop grande. Or, c'est ce point L' que l'on appelle le *foyer conjugué* du point lumineux L, pour indiquer que ces deux points sont réciproquement liés l'un à l'autre, de telle sorte que si on transportait le point lumineux en L', son foyer conjugué se ferait en L.

Il est facile de voir que si le foyer lumineux L s'approche ou s'éloigne du centre O, son foyer conjugué s'en approche ou s'en éloigne aussi, puisque les angles d'incidence et de réflexion diminuent ou augmentent en même temps.

Toutefois, quelle que soit la position du point lumineux L sur l'axe principal, la distance L'O sera toujours plus petite que la distance LO. En effet, l'angle de réflexion L'KO étant égal à l'angle d'incidence LKO, la normale OK est la bissectrice de l'angle au sommet du triangle L'KL. On aura par conséquent

$$\frac{L'O}{LO} = \frac{L'K}{LK}.$$

Mais le côté L'K du triangle L'KL étant plus petit que le côté LK opposé au plus grand angle du triangle, il en résultera que L'O sera aussi plus petit que LO. Donc, *le foyer conjugué* L' *d'un point lumineux* L *situé au delà du centre de courbure d'un miroir concave, sera toujours plus rapproché de ce centre que le point lumineux.*

Réciproquement, si le point lumineux est placé *entre le centre de courbure et le foyer principal*, son foyer conjugué se fait *au delà* du centre, à une distance d'autant plus grande que ce point est plus rapproché du foyer.

Enfin si le point lumineux était au centre du miroir, son foyer se confondrait avec lui, car, dans ce cas, l'angle d'incidence étant nul, les rayons, en se réfléchissant, reviendraient directement sur eux-mêmes.

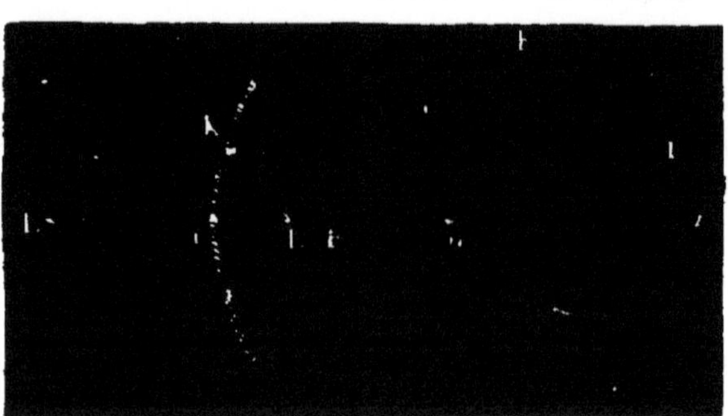

Fig. 289.

3° *Foyers virtuels.*— Supposons maintenant le point lumineux L (*fig.* 289) placé plus près encore du miroir, *entre le foyer principal* F et le *sommet* C du miroir. L'angle d'incidence LKO, formé par le rayon incident LK et la normale KO, étant plus grand que l'angle FKO, l'angle de réflexion OKE sera aussi plus grand que l'angle OKI, formé par la normale et par la droite IK parallèle à l'axe. Le rayon réfléchi KE sera donc *divergent* par rapport à l'axe principal Cx, et il en sera de même de tout autre rayon émis par le point L. Donc ces rayons ne pourront pas rencontrer directement l'axe pour former un foyer conjugué. Mais si nous les supposons prolongés derrière le miroir, nous voyons que leurs prolongements vont couper l'axe en un même point L' situé au delà du miroir; on donne à ce point le nom de *foyer virtuel*. En supposant l'œil placé en E, c'est-à-dire dans la direction des rayons réfléchis, il percevra ces divers rayons comme s'ils émanaient du point L', où il verra l'image du point lumineux L. Il est facile de voir que le foyer virtuel sera d'autant plus voisin du miroir que le point lumineux en sera lui-même plus rapproché.

Remarque. Dans tout ce qui précède, nous avons supposé le point lumineux placé sur l'axe principal. Mais lorsque ce point est situé en dehors, son foyer ne se forme plus sur cet axe. Il se produit alors, en vertu des mêmes principes, sur la droite qui joint le point lumineux à la surface du miroir, en passant par le centre de courbure, c'est-à-dire sur l'*axe secondaire* de ce point (419).

422. *Formation des images dans les miroirs concaves.* — Les miroirs concaves donnent naissance, avons-nous dit, à des images réelles et à des images virtuelles. La formation de ces images se déduit facilement des considérations qui précèdent.

1° *Images réelles.* — Ces images se produisent lorsque l'objet est situé *au delà du centre de courbure du miroir* ou *entre ce centre et le foyer principal.*

Fig. 290.

Soit (*fig.* 290) un objet lumineux ou simplement éclairé AB, placé *au delà* du centre et à une certaine distance du miroir MN. Le point B, étant situé sur l'axe principal aura son foyer conjugué en B' sur ce même axe, entre le foyer principal F et le centre de courbure O; de sorte qu'un observateur convenablement placé verra l'image réelle du point B en B'. Si nous tirons maintenant l'axe secondaire AD du point A, nous aurons également en A' le foyer conjugué ou l'image réelle de ce point; et comme tous les points compris entre A et B formeront leur image entre B' et A', il en résultera que l'image totale B'A' de l'objet AB sera *renversée et plus petite que l'objet*. En effet, A'B' et AB étant les bases des triangles semblables A'OB' et AOB, on a

$$\frac{A'B'}{AB} = \frac{OB'}{OB}$$

et comme le point B' est toujours plus rapproché du centre O que le point B (421), il en résulte que l'image A'B' sera tou- plus petite que l'objet AB.

Si l'on suppose que l'objet AB se rapproche du centre, il est facile de voir, en construisant la figure, que l'image A'B' s'en rapproche immédiatement et que sa grandeur augmente. Enfin, la dimension de l'image, toujours réelle et renversée, devient égale à celle de l'objet, quand celui-ci est placé au niveau du centre de courbure, dans un plan perpendiculaire à l'axe principal.

Réciproquement, si l'objet est placé en B'A', c'est-à-dire *entre le foyer principal et le centre de courbure*, son image se fait en AB au delà du centre; elle est encore *renversée*, mais *plus grande*. Elle est d'autant plus grande et plus éloignée que l'objet est plus rapproché du foyer principal du miroir.

Quand l'objet lumineux est situé sur l'axe principal à une distance assez grande pour que tous les rayons qu'il envoie puissent être regardés comme parallèles, cet objet forme au *foyer principal* du miroir une image très petite et renversée. C'est ce que l'on peut facilement constater en exposant aux rayons du soleil un miroir concave. L'observateur placé sur le trajet des rayons réfléchis, au delà de leur point d'entrecroisement, verra au foyer principal une petite image du soleil excessivement brillante. La construction géométrique de la figure montre que cette image est renversée et que, sans jamais atteindre la dimension apparente de l'astre, elle sera néanmoins d'autant plus grande que le rayon de courbure du miroir sera plus long.

Cette expérience peut servir à déterminer le rayon de courbure d'un miroir concave. Il suffit, en effet, de mesurer au moyen d'une règle divisée la distance de l'image au sommet du miroir : le double de la distance focale ainsi trouvée est le rayon du miroir (421).

Remarque. — Dans les expériences qui précèdent, l'image et l'objet sont toujours compris entre deux droites telles que AA' BB' (*fig.* 290) qui se croisent au centre de courbure du miroir, où elles forment deux angles égaux opposés par leur sommet ; c'est ce qu'on exprime en disant que *l'image, vue du centre de courbure, sous-tend le même angle que l'objet.* Toutes ces images étant réelles peuvent être reçues sur un écran. Mais on peut les voir immédiatement en se plaçant dans la direction des rayons réfléchis ; elles forment alors des images aériennes dont tous les points semblent émettre eux-mêmes de la lumière.

2° *Images virtuelles.* — Ces images se produisent lorsque l'objet est situé *entre le miroir concave et son foyer principal.*

Soit, en effet, un objet AB (*fig.* 291) placé entre le miroir MN et son foyer principal F. Le point B forme son foyer virtuel en B', sur le prolongement de l'axe principal B'O ; le point A forme de même son foyer virtuel en A' sur le prolongement de l'axe secondaire A'O. Ces deux foyers sont situés aux points où les rayons lumineux BK, AL, partis de B et de A, et prolongés après leur réflexion, vont rencontrer leurs axes derrière le miroir. Tous les points intermédiaires entre A et B font également leur image entre A' et B', de sorte que l'image totale est *virtuelle, droite et plus grande que l'objet.*

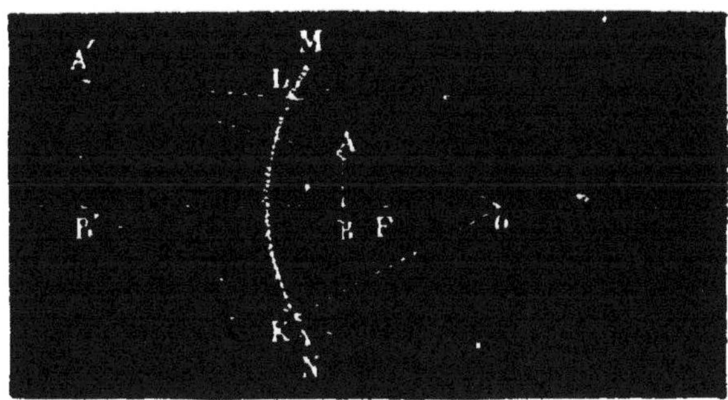

Fig. 291.

Remarque. Lorsque l'objet est placé au foyer principal d'un miroir concave, il ne donne aucune image réelle ou virtuelle. Les rayons émis par chaque point de l'objet formant alors, après leur réflexion, des faisceaux de lumière parallèles à leurs axes, ne peuvent, en effet, se concentrer en un foyer, soit directement, soit par leur prolongement en arrière du miroir.

423. *Applications.* — Nous avons expliqué plus haut (147) l'emploi des miroirs concaves pour produire des effets calorifiques. Si l'on expose au soleil un miroir de ce genre et qu'on place à son foyer principal un corps inflammable, on voit ce corps prendre feu immédiatement. Les effets lumineux que l'on peut obtenir avec ces miroirs ne sont pas moins remarquables. Si un corps lumineux de petite dimension est placé au foyer principal d'un miroir concave, les rayons réfléchis forment un faisceau de lumière parallèle, dont l'intensité se conserve à de très grandes distances. Cette propriété est souvent utilisée pour éclairer des navires ou autres objets qu'il importe de voir de loin ; les anciens phares en faisaient également usage. Des corps très éloignés, tels que certaines étoiles trop lointaines pour être vues directement, deviennent visibles par l'intervention d'un miroir concave, concentrant en un seul point les rayons lumineux qui tombent sur sa surface. D'autres corps célestes, tels que le soleil et les planètes, forment au foyer de ces mêmes miroirs des images qui, grossies au moyen de la loupe, nous permettent d'apercevoir les diverses particularités que présente la surface de chacun d'eux. C'est sur ce principe que repose la construction des télescopes dont nous nous occuperons plus loin.

Miroirs sphériques convexes.

424. *Effets des miroirs sphériques convexes.* — Le foyer, dans les miroirs sphériques convexes, est toujours *virtuel.*

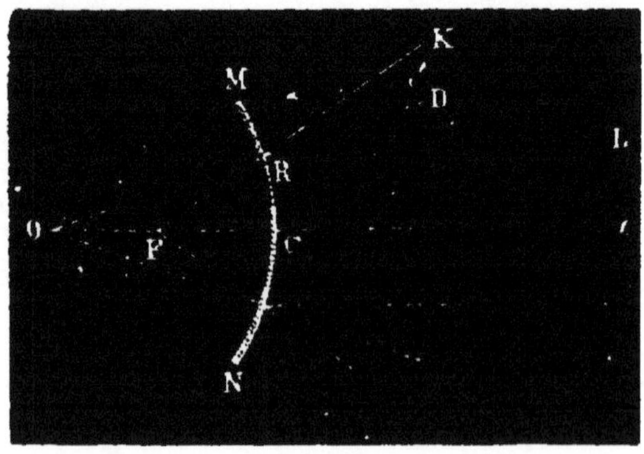

Fig. 292.

Considérons (*fig.* 292), un rayon lumineux LR tombant sur le miroir convexe MN parallèlement à l'axe principal Ox;

ce rayon, après sa réflexion au point d'incidence R, prendra la direction RK, en faisant avec la normale OD l'angle de réflexion KRD égal à l'angle d'incidence LRD. Le rayon réfléchi ne pourra donc pas rencontrer directement l'axe principal, puisqu'il est divergent; il en sera de même de tout autre rayon ayant la même direction. Mais si nous prolongeons ces rayons derrière le miroir, nous voyons qu'ils vont couper l'axe principal en un point F qui est le *foyer principal virtuel* du miroir. On peut démontrer, comme nous l'avons fait pour les miroirs concaves, que le triangle OFR est isocèle, et par conséquent que le point F est situé sensiblement au milieu du rayon de courbure OC.

Fig. 293.

Il résulte de la démonstration qui précède, que les miroirs convexes ne peuvent donner que des *images virtuelles*. Ces images sont *droites* et *plus petites* que les objets. Soit, en effet (*fig.* 293), un objet AB placé devant un miroir convexe MN, à une distance quelconque. Le point B, situé sur l'axe principal Ox, fera son foyer virtuel au point B', là où les rayons émis par ce point B, et prolongés après leur réflexion, iraient rencontrer cet axe. Le point A fera de même son foyer en un point A' de l'axe secondaire OD. Tous les points compris entre A et B feront également leur image entre A' et B', de sorte que l'image totale A' B' sera *virtuelle, droite et plus petite que l'objet.* On voit facilement qu'elle sera d'autant plus petite que l'objet sera plus éloigné du miroir.

425. *Applications.* Les applications des miroirs convexes sont beaucoup moins importantes que celles des miroirs concaves. Nous citerons seulement les *globes périscopiques* ou ballons de verre étamés à l'intérieur, que l'on place parfois dans les jardins pour obtenir l'image réduite du paysage environnant. Les peintres en font également usage, bien qu'ils aient l'inconvénient d'altérer les formes et les dimensions relatives des objets.

Résumé.

I. On donne le nom d'*optique* à la partie de la physique qui traite de la lumière.

II. Deux hypothèses ont été imaginées pour expliquer l'origine de la lumière, savoir : l'hypothèse de l'*émission* et celle des *ondulations*.

III. Dans un milieu homogène, la lumière se propage en ligne droite; son intensité est en raison inverse du carré de la distance.

IV. La lumière parcourt, dans le vide, environ 80000 lieues par seconde. Elle emploie 8^m 13^s pour venir du soleil à la terre.

V. L'*ombre* d'un corps est la portion de l'espace où ce corps empêche la lumière d'arriver. La *pénombre* est la transition graduée de l'ombre à la lumière.

VI. On mesure les intensités relatives de deux lumières au moyen d'appareils nommés *photomètres*. Le plus simple de ces appareils est celui de Rumford.

VII. La réflexion de la lumière est soumise aux deux lois suivantes : 1° l'angle de réflexion est égal à l'angle d'incidence; 2° le rayon incident et le rayon réfléchi sont dans un même plan perpendiculaire à la surface réfléchissante.

VIII. Les miroirs plans donnent naissance à des images qui représentent exactement la forme et les dimensions des objets. Ces images ne sont pas renversées; elles sont simplement symétriques par rapport aux objets.

IX. On appelle *foyer principal* d'un miroir concave le point où tous les rayons incidents parallèles à l'axe principal viennent concourir après leur réflexion. Ce point est placé sur l'axe principal à une distance sensiblement égale du sommet du miroir et de son centre de courbure.

X. Quand un point lumineux est placé sur l'axe principal et au delà du centre de courbure d'un miroir concave, de manière à envoyer sur ce miroir un faisceau de rayons divergents, ce point forme, entre le foyer principal et le centre de courbure du miroir, son *foyer conjugué*. Réciproquement, si le point lumineux est placé entre le foyer principal et le centre de courbure, son foyer conjugué se fait au delà du centre.

XI. Si le point lumineux est situé entre le miroir concave et son foyer principal, il forme derrière le miroir un *foyer virtuel*.

XII. Lorsqu'un objet est placé au delà du centre de courbure et à une certaine distance d'un miroir concave, il forme une image réelle, renversée et plus petite, située entre le foyer principal et le centre de courbure.

XIII. Réciproquement, si l'objet est placé entre le foyer principal et le centre de courbure, son image se forme au delà du centre, renversée et plus grande.

XIV. Si l'objet est placé entre le miroir concave et le foyer principal, son image est virtuelle, droite et agrandie.

XV. Dans les miroirs convexes, le foyer est toujours virtuel. Il en est de même des images, qui sont toujours droites et plus petites que les objets.

CHAPITRE XXXI.

Réfraction de la lumière. — Lois de la réfraction. — Réflexion totale. — Lentilles. — Prismes. — Décomposition et recomposition de la lumière. — Spectre solaire. — Analyse spectrale.

Réfraction de la lumière. Lois de la réfraction.

426. *Réfraction.*— On appelle *réfraction* la déviation que subissent les rayons lumineux lorsqu'ils passent obliquement d'un milieu dans un autre; par exemple, de l'air dans l'eau ou dans le verre et réciproquement. Tantôt les rayons, en se réfractant, se rapprochent de la normale, tantôt ils s'en écartent : dans le premier cas, on dit que le second milieu est *plus réfringent* que le premier; dans le second cas, on dit qu'il est *moins réfringent*.

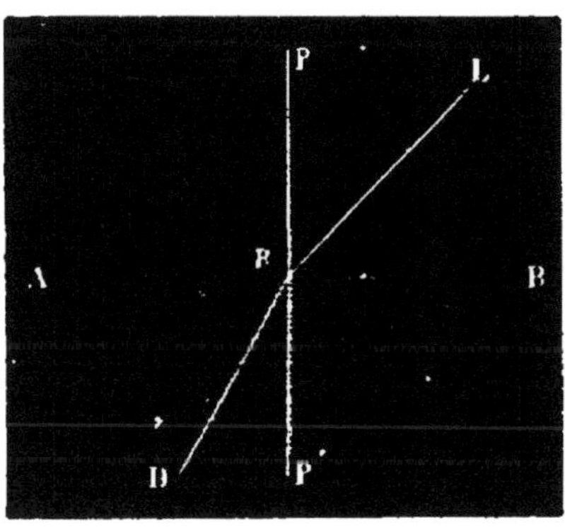

Fig. 294.

Soient AB (*fig.* 294) la surface de séparation de deux milieux diaphanes, air et eau par exemple, LR le rayon *incident*, RD le rayon *réfracté*, et PP' la normale, menée par le point R à la surface AB. L'angle LRP est l'*angle d'incidence*, et DRP' l'*angle de réfraction*. On voit que le rayon réfracté RD se rapproche ici de la normale. Le contraire aurait lieu si la lumière rebroussait chemin; DR étant alors le rayon incident, RL serait le rayon réfracté.

427. *Lois de la réfraction.* — Le phénomène de la réfraction est soumis aux deux lois suivantes, que l'on désigne quelquefois sous le nom de *lois de Descartes :*

1re loi. — *Pour les mêmes milieux, le sinus de l'angle d'incidence et le sinus de l'angle de réfraction sont dans un rapport constant.*

2e loi. — *Le rayon incident et le rayon réfracté sont dans un même plan perpendiculaire à la surface de séparation des deux milieux.*

On démontre ces lois au moyen d'un vase demi-circulaire ADB (*fig.* 295) rempli d'eau jusqu'à la hauteur du centre C, et autour duquel est fixé un limbe vertical divisé.

Soit RC un rayon incident dirigé dans le plan vertical du limbe. Ce rayon, en passant de l'air dans l'eau, prendra la direction CL, c'est-à-dire qu'il se rapprochera de la normale ou perpendiculaire FD, élevée au point d'immersion du rayon sur la surface du liquide AB. Mesurant alors sur le limbe l'angle d'incidence RCF et l'angle de réfraction LCD, on obtient facilement les sinus RS, LP, dont le rapport est ici sensiblement égal à $\frac{4}{3}$; ainsi $\frac{RS}{LP}=\frac{4}{3}$.

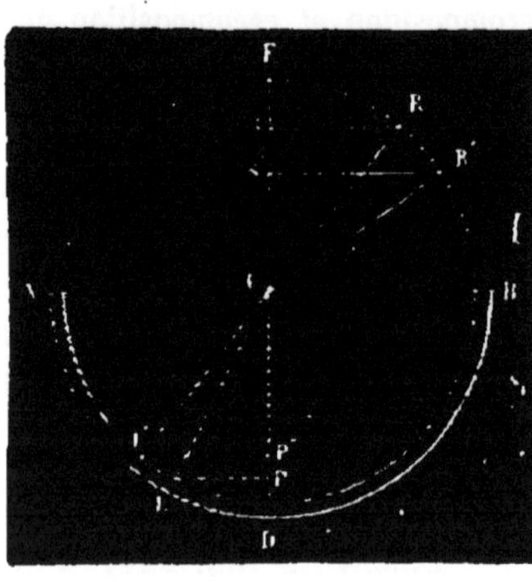

Fig. 295.

Soit maintenant un second rayon lumineux R'C dirigé comme le premier, mais un peu plus obliquement. Ce rayon, en se réfractant dans l'eau, va se rapprocher de la normale FD et prendre la direction CL'. Or, si on mesure l'angle d'incidence R'CF et l'angle de réfraction L'CD, on trouve encore que le rapport de leurs sinus R'S', L'P', est égal à $\frac{4}{3}$; par conséquent,

$$\frac{RS}{LP}=\frac{R'S'}{L'P'},$$

ce qui démontre la première loi. Quant à la seconde loi, elle se trouve démontrée par la disposition même de l'appareil, puisque le limbe gradué, dans le plan duquel se meuvent les rayons incidents et réfractés, est perpendiculaire à la surface du liquide qui remplit le vase demi-circulaire.

428. *Indices de réfraction.* — Le rapport constant des sinus des angles d'incidence et de réfraction se nomme *indice de réfraction.* Dans l'exemple précédent, où la lumière passe de l'air dans l'eau, cet indice est égal à $\frac{4}{3}$; il est égal à $\frac{3}{2}$ quand la lumière passe de l'air dans le verre. En désignant par n l'indice de réfraction, par i l'angle d'incidence et par r l'angle de réfraction, on a

$$n = \frac{\sin i}{\sin r}.$$

Remarque. Si la lumière se propage en sens inverse, c'est-à-dire de l'eau ou du verre dans l'air, les indices sont alors renversés, et deviennent pour les deux exemples choisis $\frac{3}{4}$ et $\frac{2}{3}$. L'expérience montre, en effet, que quand un rayon lumineux LR (*fig.* 296) traverse obliquement une lame de verre *à faces parallèles,* ce rayon sort du verre *dans une direction* R'L' *parallèle à celle qu'il avait avant d'y entrer;* ce qui prouve que le rayon en repassant du verre dans l'air s'écarte de la normale R'P' d'une quantité égale à celle dont il s'était rapproché de la normale PR en passant de l'air dans le verre. Ce principe est connu sous le nom de principe du *retour inverse* des rayons lumineux.

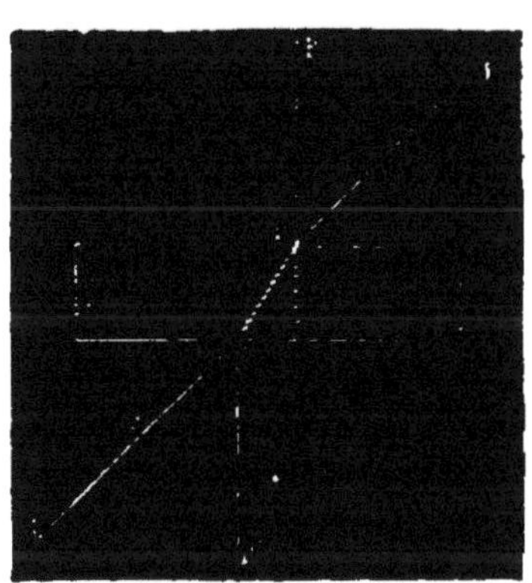

Fig. 296.

Si, au lieu de faire passer la lumière de l'air dans l'eau ou dans le verre, on la faisait passer du *vide* dans ces mêmes milieux, on obtiendrait ce qu'on appelle les *indices absolus* de réfraction de l'eau ou du verre. L'expérience prouve que ces indices diffèrent très peu des précédents. Il en est de même pour tous les autres corps transparents solides ou liquides : la différence entre leurs indices absolus de réfraction et leurs indices par rapport à l'air est toujours très petite. On peut donc, dans la pratique, négliger cette différence, et prendre pour indices de réfraction absolus des corps solides ou liquides les indices de réfraction de ces corps par rapport à l'air. Voici quelques-uns de ces indices :

Eau.	1,333	Crown-glass.	1,529
Éther	1,358	Flint-glass.	1,635
Alcool.	1,363	Diamant.	2,480

Il existe quelques corps cristallisés, tels que le spath d'Islande, le cristal de roche, dans lesquels le rayon incident donne presque toujours naissance à deux rayons réfractés. Cet effet porte le nom de *double réfraction.*

429. *Angle limite; réflexion totale.* — Lorsqu'un rayon lumineux passe d'un milieu plus réfringent dans un milieu moins réfringent, comme de l'eau dans l'air, nous avons vu qu'il s'écarte de la normale; l'angle de réfraction est alors plus grand que l'angle d'incidence.

Il suit de là qu'en faisant varier l'angle d'incidence d'un rayon lumineux LO (*fig.* 297) se propageant dans une masse d'eau ADB, on arrive toujours à trouver pour cet angle une valeur LOD telle que l'angle de réfraction correspondant COB soit droit. Le rayon incident LO sortira donc de l'eau en rasant la surface du liquide suivant OB. Cet angle LOD est appelé *angle limite,* parce que tout autre rayon incident KO, faisant avec la normale un angle plus grand, *ne peut plus se réfracter,* ni par conséquent sortir du liquide. L'expérience montre que, dans ce cas, le rayon KO se *réfléchit* sur la surface de séparation AB comme il le ferait sur un miroir, c'est-à-dire qu'il prend dans l'eau une direction OM telle que l'*angle de réflexion* DOM est égal à l'angle d'incidence KOD.

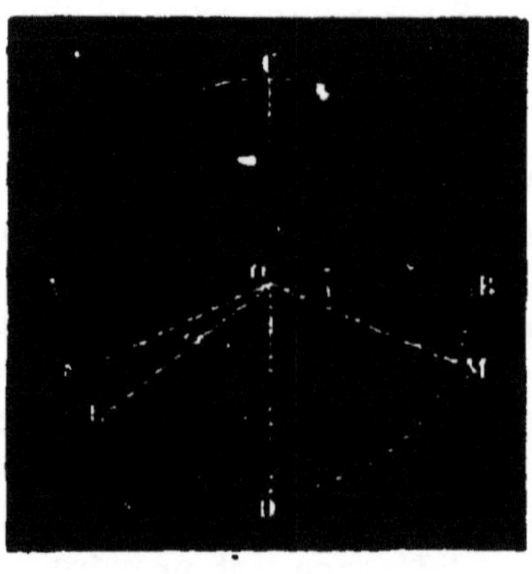

Fig. 297.

Ce phénomène remarquable est désigné sous le nom de *réflexion totale,* parce que les rayons incidents qui le présentent sont réfléchis totalement et sans rien perdre de leur intensité.

La réflexion totale suit donc exactement les mêmes lois que la réflexion ordinaire et, comme celle-ci, peut être utilisée pour obtenir des images plus brillantes qu'avec les miroirs plans, qui, si bien polis qu'ils soient, ne réfléchissent jamais la totalité des rayons incidents *.

430. *Phénomènes principaux produits par la réfraction.* — Les principaux effets produits par la réfraction sont : 1° le changement apparent de position et de forme des corps plongés dans un milieu plus ou moins réfringent que l'air ; 2° les effets résultant de la réfraction atmosphérique ; 3° le mirage et l'arc-en-ciel. Nous donnerons plus loin l'explication de ce dernier phénomène, qui dépend de la décomposition de la lumière, dont il sera bientôt question.

1° *Changement apparent de position et de forme des corps plongés dans un milieu plus ou moins réfringent que l'air.* — Soit un point lumineux ou simplement éclairé L (*fig.* 298) plongé dans une masse d'eau *mn*. Les deux rayons LA, LB, en passant du liquide dans l'air, c'est-à-dire d'un milieu plus réfringent dans un milieu qui l'est moins, vont s'écarter de la normale et prendre les directions AC, BD, dont les prolongements en ligne droite iront se rencontrer en un point L′, plus élevé et situé sur la normale LK ; de sorte qu'un observateur placé dans la direction des rayons réfractés AC, BD verra le point L relevé et d'autant plus haut que ces rayons seront plus obliques.

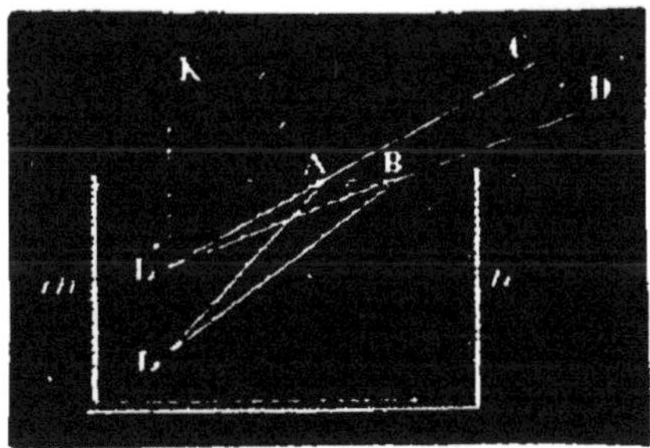

Fig. 298.

On peut constater ce phénomène par l'expérience suivante. On place au fond d'un vase à parois opaques une pièce de monnaie, et on s'éloigne peu à peu du vase jusqu'à ce que son bord empêche d'apercevoir la pièce ; si l'on fait alors verser de l'eau dans le vase avec la précaution de ne pas déranger la pièce, celle-ci redevient aussitôt visible.

Fig. 299.

C'est en vertu du même effet qu'un bâton plongé obliquement

* Voyez dans le chap. suivant la *chambre noire* et la *chambre claire*.

et en partie dans l'eau paraît brisé au point d'immersion, comme le représente la *fig.* 299.

2° *Effets résultant de la réfraction atmosphérique.* — La réfraction que subissent, en traversant l'atmosphère, les rayons lumineux qui nous viennent des astres, a pour résultat de nous faire paraître ces corps plus élevés au-dessus de l'horizon qu'ils ne le sont réellement. L'atmosphère se compose, en effet, de couches concentriques dont la densité, et par suite le pouvoir réfringent, va en augmentant progressivement depuis sa limite supérieure jusqu'au sol. Il en résulte que les rayons lumineux qui traversent l'atmosphère décrivent une courbe à concavité tournée vers la terre, comme le représente la *fig.* 300. Mais comme nous voyons toujours les corps dans la direction rectiligne des rayons qui nous arrivent, l'œil placé en D à la surface de la terre, au lieu d'apercevoir l'astre dans sa position réelle A, le verra en A', c'est-à-dire plus élevé au-dessus de l'horizon.

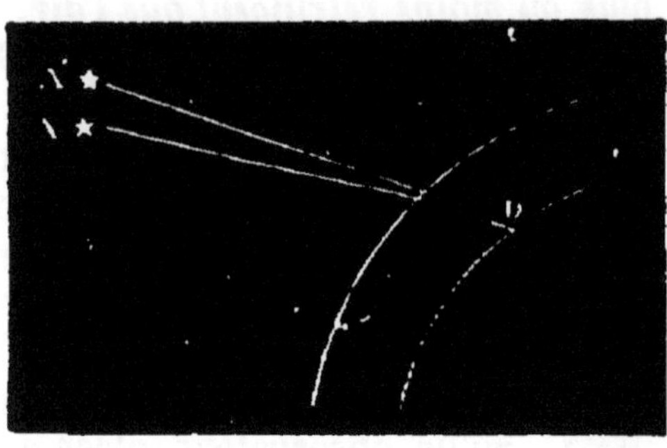

Fig. 300.

La réfraction atmosphérique a également pour effet de déformer en apparence le disque du soleil couchant, en lui donnant l'aspect d'un ovale légèrement aplati dans le sens vertical. Cela provient de ce que le bord inférieur de l'astre, plus voisin de l'horizon, se relève davantage que son bord supérieur, par suite de l'épaisseur plus grande de l'air traversé par les rayons qui en émanent. La même apparence se reproduit pour la pleine lune, au moment de son lever ou de son coucher. Ajoutons que les deux astres nous paraissent toujours plus grands dans le voisinage de l'horizon, ce qui tient à une illusion produite par l'affaiblissement de leur éclat. Cet affaiblissement d'éclat, dû en grande partie à la couche de brume voisine du sol, que la lumière de ces astres est obligée de traverser pour arriver jusqu'à nous, a pour effet de nous les faire paraître plus éloignés. Mais comme leur image au fond de l'œil ne change pas pour cela de dimension, nous les jugeons et nous les voyons instinctivement d'autant plus grands qu'ils nous semblent plus lointains.

3° *Mirage.* — Le mirage est une illusion d'optique qui, lorsque le temps est calme, nous fait apercevoir les images renversées des objets lointains comme s'ils étaient réfléchis par une nappe d'eau. Le phénomène du mirage se produit particulièrement en Égypte; on l'observe également sur les côtes du Groënland, sur le lac de Genève, à Ramsgate, sur la plage sablonneuse de Dunkerque et dans beaucoup d'autres lieux. C'est Monge qui le premier, pendant l'expédition d'Égypte, en a donné l'explication suivante :

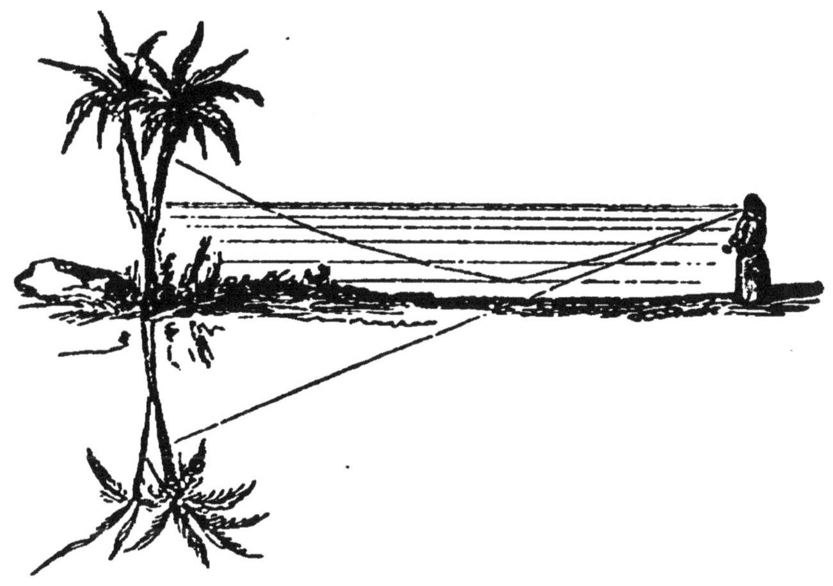

Fig. 301.

Lorsque le sol est fortement échauffé par les rayons du soleil, l'air qui repose à sa surface devient plus léger par la dilatation qu'il éprouve. Sa densité, à partir du sol, augmente alors progressivement jusqu'à une certaine hauteur, au-dessus de laquelle elle décroît ensuite conformément aux lois que nous avons fait connaître. Il en résulte que les rayons lumineux qui se dirigent obliquement d'un objet élevé vers le sol traversent des couches d'air de moins en moins denses, et par conséquent de moins en moins réfringentes. Ces rayons, s'écartant alors de plus en plus de la normale, finissent par rencontrer une couche d'air sur laquelle ils tombent avec une incidence assez oblique pour atteindre et dépasser l'angle limite au delà duquel la réfraction est remplacée par la réflexion totale; ils se réfléchissent donc sur cette dernière couche, comme à la surface d'une eau tranquille, et se relèvent comme le montre la *fig.* 301.

Repassant alors dans le milieu qu'ils ont déjà traversé, ils arrivent à l'œil de l'observateur dans la même direction que s'ils étaient partis d'un point situé au-dessous du sol, où ils forment une image symétrique de l'objet qui les a émis.

Lentilles. Lentilles convergentes et lentilles divergentes.

431. *Lentilles.* — On donne, en optique, le nom de *lentilles* à des milieux transparents terminés par des surfaces courbes sphériques. Les lentilles sont généralement construites avec le flint-glass ou le crown-glass, espèces de verres remarquables par leur transparence et leur pureté. D'après leur forme et l'action qu'elles exercent sur les rayons lumineux, on les distingue en *lentilles à bords minces* ou lentilles *convergentes* et en *lentilles à bords épais* ou lentilles *divergentes.*

1° *Lentilles à bords minces ou lentilles convergentes.* — Elles sont au nombre de trois, savoir : la lentille *biconvexe* A (*fig.* 302), la lentille *plan-convexe* B et la lentille *convexe-concave* ou *ménisque convergent* C.

2° *Lentilles à bords épais ou lentilles divergentes.* — Elles sont aussi au nombre de trois : la lentille *biconcave* A' (*fig.* 303), la lentille *plan-concave* B' et la lentille *concave-convexe* ou *ménisque divergent* C'.

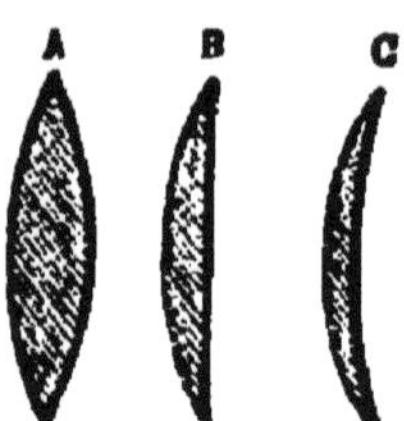

Fig. 302.

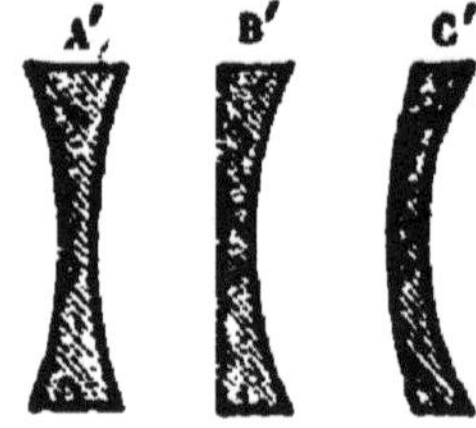

Fig. 303.

Nous nous bornerons, dans ce qui va suivre, à l'étude des lentilles biconvexes et des lentilles biconcaves, parce qu'elles sont le plus généralement employées, et que leurs propriétés s'appliquent d'ailleurs aux deux autres espèces de chaque groupe.

Lentilles à bords minces ou lentilles convergentes.

432. *Lentilles convergentes. Axe principal, centre optique, axes secondaires.* — Soit une lentille biconvexe AB (*fig.* 304) ; la

ligne CC' qui joint les centres de courbure de ses deux faces est *l'axe principal* de la lentille.

Soient CR et C'R' deux rayons de courbure parallèles : si l'on joint par une ligne droite les deux points R et R', l'intersection O de cette droite avec l'axe principal est ce que l'on nomme le *centre optique* de la lentille. Or, si l'on suppose deux plans tangents aux faces de la lentille, l'un en R et l'autre en R', il est facile de voir que ces deux plans sont parallèles ; d'où il suit (428) que *tout rayon lumineux passant par le centre optique d'une lentille sort de cette lentille parallèlement à la direction qu'il avait avant d'y pénétrer.*

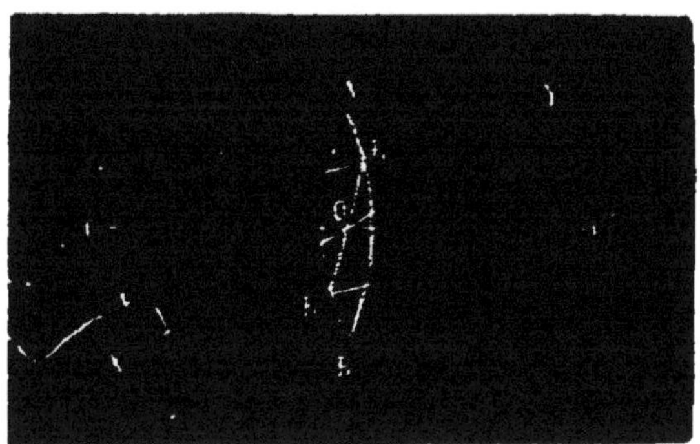

Fig. 301.

La position du centre optique est facile à déterminer : si la courbure des faces est la même, les deux triangles CRO, C'R'O, sont égaux ; on a par conséquent CO = OC', et le point O se trouve à égale distance des deux faces de la lentille. Si les courbures sont inégales, les triangles sont semblables, et le point O divise CC' et, par suite, l'épaisseur de la lentille en deux segments proportionnels aux rayons.

Toute droite XY, qui passe par le centre optique sans passer par les centres de courbure C,C', s'appelle *axe secondaire.*

433. *Foyers dans les lentilles convergentes.* — Les lentilles convergentes présentent, comme les miroirs concaves, trois espèces de foyers : le *foyer principal,* les *foyers conjugués* et les *foyers virtuels.*

1° *Foyer principal.* — Le foyer principal d'une lentille convergente est le point de l'axe principal où tous les rayons lumineux, parallèles à cet axe avant de pénétrer dans la lentille, viennent concourir après l'avoir traversée

Soit (*fig.* 305) un rayon lumineux LR parallèle à l'axe principal CC'. Ce rayon, en passant dans la lentille, se rapproche de la normale C'R et prend la direction RK. Arrivé au point K, il

Fig. 305.

sort de la lentille en s'écartant de la normale CK et vient couper l'axe en F. Tous les autres rayons parallèles à l'axe, se réfractant de la même manière, éprouvent des déviations analogues et viennent aussi converger sensiblement au point F, qui est le *foyer principal*. La distance FB est la *distance focale principale*. Remarquons cependant qu'il n'y a que les rayons voisins de l'axe qui tombent au foyer. Ceux qui passent près des bords de la lentille rencontrent l'axe un peu plus tôt, en vertu d'un effet désigné sous le nom d'*aberration de sphéricité*.

La distance focale principale varie avec les rayons de courbure des faces de la lentille et le pouvoir réfringent de la substance dont celle-ci est formée ; elle est d'autant plus petite que les rayons sont plus courts et que le pouvoir réfringent est plus grand.

Réciproquement lorsqu'un point lumineux est placé au foyer principal F d'une lentille convergente (*fig.* 305), tous les rayons divergents qui, partis de ce point, traversent la lentille, sont réfractés *dans une direction parallèle à l'axe principal*.

Fig. 306.

2° *Foyers conjugués*. — Soit (*fig.* 306) un point lumineux L, placé sur l'axe de la lentille, *au delà* du foyer principal F. Considérons un rayon lumineux LR parti de ce point, et comparons sa marche à celle d'un rayon OR parallèle à l'axe. L'angle d'incidence LRP, formé par le rayon divergent LR avec la normale RP étant plus grand que l'angle d'incidence ORP, formé par la même normale avec le rayon OR parallèle à l'axe, l'angle de réfraction KRC du rayon divergent sera aussi plus grand que l'angle de réfraction du rayon parallèle. Il en résulte que le rayon LR, après avoir traversé la lentille, ira rencontrer l'axe en un point L' plus éloigné que le foyer principal F'. Ce point L' est le *foyer conjugué* du point L, attendu que tous les rayons émis par ce dernier point iront s'y rencontrer. Réciproquement, si le point lumineux était placé en L', son foyer conjugué serait en L.

Il est facile de voir que plus le point lumineux s'approchera du foyer principal de la lentille, plus son foyer conjugué s'éloignera. L'expérience et le calcul montrent que si le point lumineux est placé à une distance de la lentille double de la distance du foyer principal, le foyer conjugué se trouve alors à la même distance de la lentille.

3° *Foyers virtuels.* — Ces foyers se produisent dans les lentilles convergentes, lorsque le point lumineux est situé ***entre le foyer principal F et la lentille.***

Fig. 307.

Soit (*fig.* 307) un rayon LR parti du point lumineux L; l'angle d'incidence LRP, formé par ce rayon avec la normale RP, est plus grand que l'angle d'incidence FRP, formé par le rayon FR parti du foyer principal avec la même normale. Il en résulte que les angles de réfraction du rayon LR seront plus grands que les angles de réfraction du rayon FR; et, comme ce dernier rayon sort de la lentille parallèlement à l'axe, le rayon LR prendra nécessairement une direction divergente KM. Il en sera de même de tout autre rayon émis par le point lumineux L. Ce point ne peut donc pas avoir de foyer de l'autre côté de la lentille, puisque les rayons qu'il émet s'éloignent de l'axe. Mais il est facile de voir qu'en prolongeant ces rayons ils se rencontrent en un point L' qui est le *foyer virtuel* du point L.

Remarque. Nous avons supposé, dans tout ce qui précède, le point lumineux placé sur l'axe principal de la lentille. Les démonstrations que nous avons faites s'appliquent également à tout autre point lumineux situé en dehors de cet axe. Dans ce cas, les foyers se forment sur les axes secondaires.

431. *Formation des images dans les lentilles convergentes.* — Les lentilles convergentes produisent, comme les miroirs concaves, des images réelles et des images virtuelles. Ces images sont également constituées par l'ensemble des foyers conjugués de chacun des points de l'objet.

1° *Images réelles.* — Ces images prennent naissance lorsque l'objet lumineux ou simplement éclairé est placé *au delà du foyer principal* de la lentille.

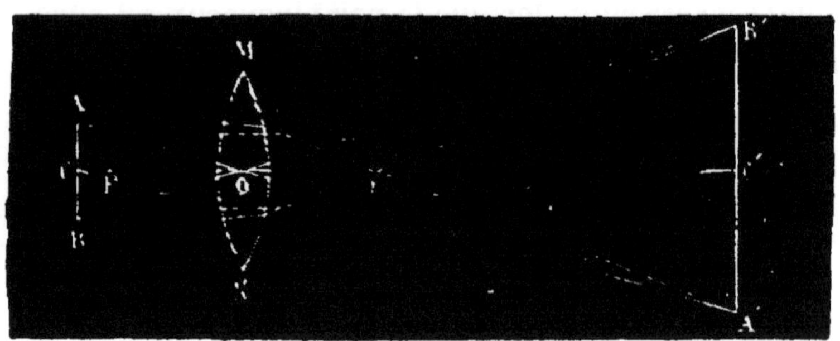

Fig. 308.

Soit, en effet (*fig.* 308), un objet ACB situé au delà du foyer F de la lentille MN. Le point C étant sur l'axe principal fera son image à son foyer conjugué C'. Menons maintenant par le centre optique O les axes secondaires AA' et BB' des points extrêmes A et B de l'objet. Le point A fera également son image à son foyer conjugué A', et le point B en B'. Tous les autres points compris entre A et B ayant évidemment leurs foyers entre A' et B', il en résulte que l'on verra en B'C'A' une image *réelle* et *renversée* de l'objet ACB.

L'expérience et le calcul démontrent que si l'objet est situé à une distance de la lentille *double* de la distance focale principale, l'image aura la *même dimension* que celle de l'objet et se formera, de l'autre côté de la lentille, à la *même distance*.

Si, comme le représente la figure 308, l'objet est placé à une distance moindre que le double de la distance focale principale, l'image sera *plus grande* que l'objet, et s'éloignera d'autant plus de la lentille que l'objet sera plus près du foyer principal.

Au contraire, si l'objet est placé à une distance supérieure au double de la distance focale principale, l'image sera *plus petite* que l'objet, et se rapprochera d'autant plus du foyer principal que l'objet sera plus éloigné de la lentille.

Remarque. Le soleil et les planètes, à cause de leur grande distance, forment des images dont chaque point se trouve au foyer principal de l'axe correspondant. Ces images sont renversées et nécessairement très petites, puisqu'elles sont aussi rapprochées que possible de la lentille.

2° *Images virtuelles.* — Ces images se produisent quand l'objet est placé *entre la lentille et son foyer principal.*

Soit, en effet (*fig.* 309), un objet ACB situé entre la lentille MN et son foyer principal F. Le point C qui est sur l'axe principal n'a pas de foyer réel; mais il forme, ainsi que nous l'avons vu (433), un foyer virtuel en C', où sera son image. Menons par le centre optique O les axes secondaires Ay, Bx, des points extrêmes A et B de l'objet. Les rayons lumineux émis par ces deux points sortiront de la lentille dans des directions divergentes par rapport à leurs axes; ils ne formeront pas par conséquent de foyers réels, mais leurs prolongements du côté de l'objet viendront couper les axes en A' et en B', où ils donneront les foyers virtuels, c'est-à-dire les images des points A et B. De sorte que l'on aura A'C'B' une image *virtuelle*, *droite* et *amplifiée* de l'objet AB. C'est cette image que nous voyons lorsque nous regardons un objet à la *loupe*, laquelle n'est autre chose qu'une lentille convergente. Le grossissement est d'autant plus considérable que l'objet est placé plus près du foyer principal et que la convexité de la lentille est plus grande.

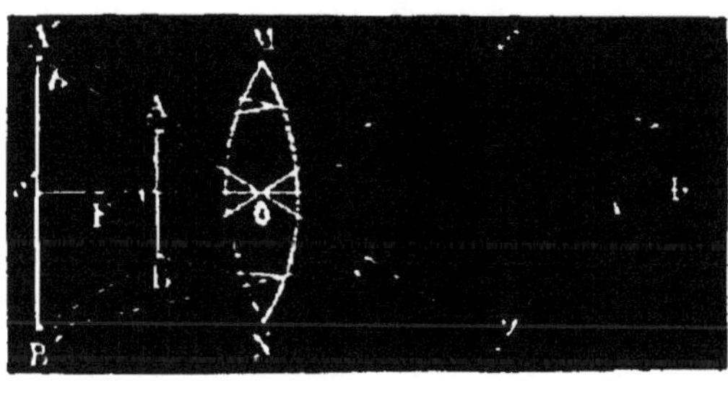

Fig. 309.

Lentilles à bords épais ou lentilles divergentes.

435. *Lentilles divergentes.* — Les lentilles divergentes ne donnent que des foyers et des images virtuels.

1° *Foyers virtuels dans les lentilles divergentes.* — Soient une lentille biconcave MN (*fig.* 310), CC' son axe principal, O son centre optique, que l'on obtient de la même manière que pour les lentilles biconvexes. Considérons un rayon lumineux LR parallèle à l'axe principal. Ce rayon, en traversant la lentille, va se rapprocher de la normale CR et prendra la direction divergente RK. En sortant de la lentille au point d'émergence K, il se réfracte de nouveau, mais en s'écartant cette fois de la normale C'K. Il prend alors la direction KD, dont la divergence avec l'axe principal est encore plus grande. Ce rayon ne pourra donc pas rencontrer directement cet axe pour former un foyer réel; mais son prolongement le rencontrera en un point F qui sera le *foyer virtuel principal* de la lentille divergente. Il en serait de même de tout autre rayon GI, parallèle à l'axe principal et peu distant de cet axe. Un point lumineux placé sur l'axe principal de manière à envoyer sur la lentille un faisceau divergent, formerait encore un foyer virtuel, mais plus rapproché de la lentille.

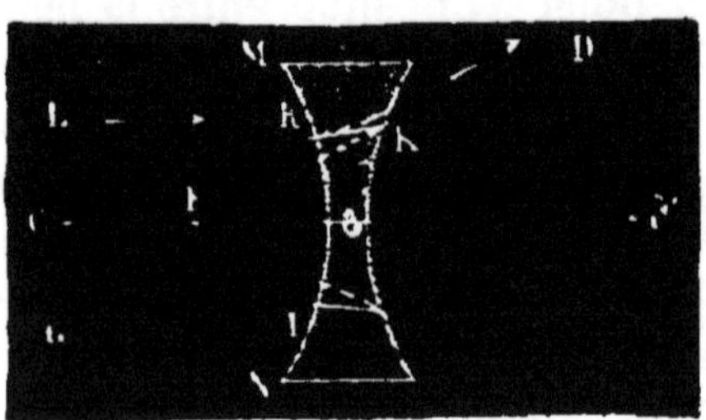

Fig. 310.

2° *Formation des images virtuelles dans les lentilles divergentes.* — Ces images, quelle que soit la position de l'objet, sont toujours virtuelles, comme dans les miroirs convexes.

Soit, en effet (*fig.* 311), un objet AB placé devant une lentille biconcave MN. Menons par le centre optique O les axes secondaires Ax, By, des points extrêmes A et B de l'objet. Tous les rayons tels que AL, BR, émis par ces points, s'écarteront de leurs axes respec-

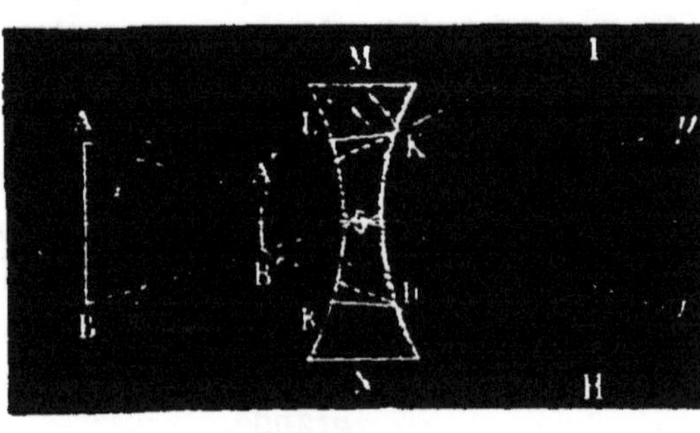

Fig. 311.

tifs en traversant la lentille; de sorte que l'œil, en les recevant, verra l'image du point A en A' et celle du point B en B', aux points de rencontre des axes avec les prolongements des rayons réfractés KI, DH. L'image A'B' de l'objet AB sera donc *virtuelle*, *droite* et *plus petite* que l'objet. Cette image sera d'autant plus petite que l'objet sera plus éloigné.

Résumé.

I. Le phénomène de la *réfraction* est soumis aux trois lois suivantes :

1° Quand un rayon lumineux passe d'un milieu moins réfringent dans un milieu plus réfringent, il se rapproche de la normale, et il s'en écarte dans le cas contraire ;

2° Le sinus de l'angle d'incidence et le sinus de l'angle de réfraction sont dans un rapport constant ;

3° Le rayon incident et le rayon réfracté sont dans un même plan perpendiculaire à la surface qui sépare les deux milieux.

II. Les phénomènes principaux produits par la réfraction sont le changement apparent de position et de forme des corps plongés dans un milieu plus ou moins réfringent que l'air, le mirage et l'arc-en-ciel.

III. On distingue deux sortes de lentilles : les lentilles convergentes et les lentilles divergentes.

IV. Les lentilles convergentes présentent trois espèces de foyers : le foyer principal, les foyers conjugués et les foyers virtuels.

V. Le *foyer principal* est le point de l'axe où viennent concourir, après leur réfraction, les rayons lumineux qui tombent sur la lentille parallèlement à son axe. Les *foyers conjugués* se forment lorsqu'un point lumineux est situé au delà du foyer principal. Les *foyers virtuels* se produisent lorsque le point lumineux est placé entre le foyer principal et la lentille.

VI. Les lentilles convergentes donnent deux sortes d'images : des images réelles et des images virtuelles. Les *images réelles* se forment lorsque l'objet est placé *au delà* du foyer principal de la lentille ; elles sont renversées, plus grandes ou plus petites que l'objet, selon sa distance à la lentille. Les *images virtuelles* prennent naissance lorsque l'objet est placé *entre la lentille et son foyer principal* ; elles sont droites et toujours amplifiées.

VII. Les lentilles biconcaves ne donnent que des foyers et des images virtuels. Ces images sont droites et plus petites que les objets.

CHAPITRE XXXII.

Prisme. — Décomposition et recomposition de la lumière; spectre solaire. — Raies du spectre solaire. — Spectres des astres. — Lumières artificielles. — Analyse spectrale.

Prisme. — Décomposition et recomposition de la lumière; spectre solaire.

436. *Prisme.* — On désigne, en optique, sous le nom de *prisme* tout milieu transparent terminé par deux faces planes formant entre elles un certain angle. Les prismes que l'on emploie le plus ordinairement sont, comme les lentilles, en crown ou en flint-glass : ils ont la forme des solides connus en géométrie sous le nom de *prismes triangulaires* (*fig.* 312). L'angle dièdre A formé par les faces AD, AF, que la lumière traverse, est l'*angle réfringent* ou le *sommet* du prisme; le plan opposé BCFD en est la *base*.

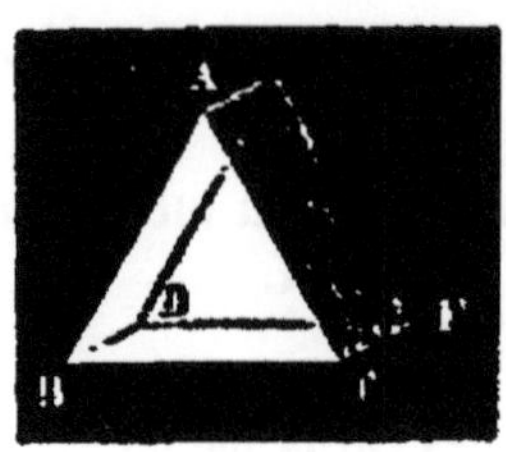

Fig. 312.

Les effets produits par les prismes sur la lumière qui les traverse sont : 1° la *déviation* des rayons lumineux; 2° la *décomposition de la lumière*.

437. *Déviation des rayons lumineux par le prisme.* — Soient un point lumineux O (*fig.* 313) situé dans la section principale ABC d'un prisme, et OR un rayon incident; ce rayon, passant de l'air dans le prisme, c'est-à-dire dans un milieu plus réfringent va se rapprocher de la normale PN, élevée au point d'incidence sur la face AB, et prendre, par exemple, la direction RL. Arrivé au point L, le rayon va émerger du verre dans l'air, c'est-à-dire dans un milieu moins réfringent; il s'écartera par conséquent de la normale PN' et prendra une autre direction, telle que LK, qui le ramènera vers la base du prisme. L'œil placé dans cette direction verra alors le point O sur le prolon-

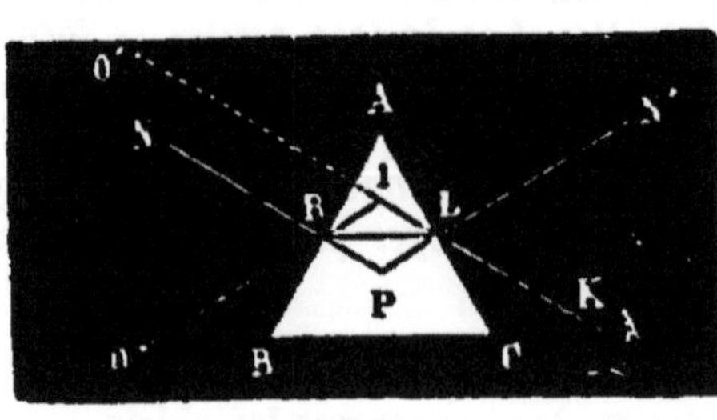

Fig. 313.

gement de KL, c'est-à-dire en un point O' : d'où il résulte que *les objets vus à travers un prisme paraissent toujours déviés vers son sommet.*

L'angle OIK, formé par le rayon incident et par le rayon émergent suffisamment prolongés, est ce que l'on appelle l'*angle de déviation* ou simplement la *déviation*. On démontre, par le calcul et par l'expérience, que cette déviation, qui varie avec l'incidence des rayons lumineux, est *minimum* lorsque l'angle d'émergence est égal à l'angle d'incidence.

Remarque. Si le rayon lumineux OR était dirigé de manière qu'après avoir traversé le prisme, il fît avec la normale LN' un angle plus grand que l'angle limite (429), ce rayon éprouverait la réflexion totale et reviendrait en dedans de la face AC.

438. *Décomposition de la lumière, spectre solaire.* — Le phénomène de la décomposition de la lumière repose sur les trois principes suivants :

1er principe. — *La lumière blanche du soleil est composée d'une infinité de rayons diversement colorés, parmi lesquels on distingue sept couleurs principales.*

Fig. 314.

Par une petite ouverture O (*fig.* 314) pratiquée dans le volet d'une chambre obscure, on fait pénétrer dans une direction quelconque un faisceau de lumière solaire S. Ce faisceau, reçu sur un écran suffisamment éloigné E, y forme d'abord une petite image D du soleil qui est ronde et blanche. Mais si, à une certaine distance de l'ouverture du volet, on place sur le trajet du faisceau lumineux un prisme BAC, la lumière, réfractée vers la base de ce prisme, ira projeter sur l'écran une image IK, oblongue dans le sens vertical et vivement colorée des teintes de l'arc-en-ciel. Cette image a reçu le nom de *spectre solaire*. Elle se compose en réalité d'une infinité de teintes, parmi lesquelles on distingue facilement *sept* couleurs principales, qui sont, en allant de haut en bas, le *rouge*, l'*orangé*, le *jaune*, le *vert*, le *bleu*, l'*indigo* et le *violet*. Si le prisme était tourné en sens inverse, c'est-à-dire son sommet en bas et sa base en haut, le spectre, au lieu d'être abaissé, serait au contraire relevé, et l'ordre des couleurs serait interverti. Ces sept couleurs n'occupent pas toutes la même portion du spectre. C'est le violet qui a le plus d'étendue, et l'orangé qui en a le moins. Quant à la longueur totale du spectre, elle dépend de l'angle réfringent du prisme et de la nature de sa substance.

2e principe. — *Les couleurs élémentaires du spectre solaire sont simples ou inaltérables.*

Il suffit, pour démontrer ce principe, de faire passer isolément chacune des sept couleurs du spectre à travers un second prisme. On observe bien encore une déviation ; mais chaque couleur, rouge, jaune, bleu, etc., reste identiquement la même.

3e principe. — *Les rayons diversement colorés du spectre solaire sont inégalement réfrangibles.*

La forme allongée que présente le spectre est une preuve de ce principe. Il est évident, en effet, que les rayons rouges, qui éprouvent la plus faible déviation, sont les moins réfrangibles, et que cette réfrangibilité des rayons du spectre augmente progressivement jusqu'au violet, dont la déviation est la plus forte. *C'est à cette inégale réfrangibilité qu'est due la décomposition de la lumière blanche à travers un prisme;* car si tous les rayons colorés qui la composent étaient également réfrangibles, ils ne pourraient se séparer en sortant du prisme, pour apparaître avec leurs teintes respectives : la lumière resterait blanche, comme il arrive lorsqu'elle traverse un milieu à faces parallèles.

139. *Recomposition de la lumière.*—Lorsque la lumière blanche a été décomposée par un prisme, on peut la recomposer de deux manières : 1° *en ramenant au parallélisme tous les*

rayons qui forment le spectre solaire, 2° en les réunissant tous en un même point.

La première expérience se fait en recevant le spectre formé par un premier prisme BAC (*fig.* 315) sur un second prisme B'A'C' de même angle réfringent et tourné en sens inverse, comme le montre la figure. Ce second prisme ramène au parallélisme les rayons séparés par le premier, de sorte que le faisceau émergent S' est incolore comme le faisceau incident S.

Fig. 315.

La seconde expérience se fait en concentrant au foyer d'une lentille convergente MN (*fig.* 316) tous les rayons du spectre. Un écran de verre dépoli E, placé au point de rencontre des rayons, reçoit une image parfaitement blanche du soleil. On peut faire la même expérience avec un miroir concave.

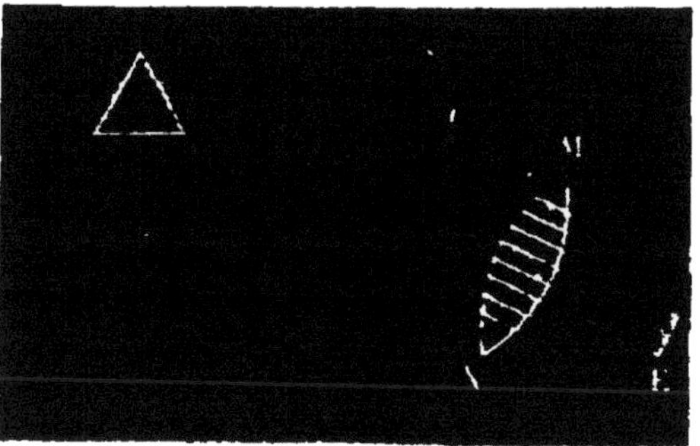

Fig. 316.

On démontre encore que les sept couleurs du spectre réunies forment la couleur blanche au moyen du *disque de Newton*. Cet appareil (*fig.* 317) se compose d'un disque en carton de 30 à 40 centimètres de diamètre, mobile autour d'un axe horizontal. Au centre et vers la circonférence de ce disque sont deux zones peintes en noir, dans l'intervalle desquelles sont collées de petites bandes de papier, présentant successivement toutes les couleurs du spectre dans l'ordre où elles se produisent naturellement et avec leur étendue relative. Si l'on imprime à ce disque un mouvement de rotation rapide, toutes les bandes colorées viennent se peindre simultanément dans l'œil, et le disque, dans l'intervalle des zones noires, paraît blanc ou au moins blanc grisâtre.

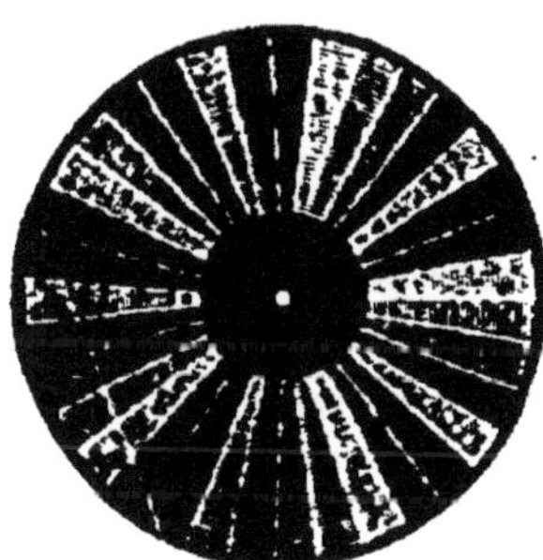

Fig. 317.

410. *Aberration de réfrangibilité. Achromatisme.* — Il résulte de l'inégale réfrangibilité des rayons du spectre que quand la lumière blanche traverse une lentille convergente, les différents rayons qui la composent ne vont pas, au sortir de cette lentille, concourir exactement au même foyer; les rayons violets vont se croiser sur l'axe avant les rayons bleus, ceux-ci avant les rayons jaunes, et ainsi de suite jusqu'au rouge. Ce croisement des divers rayons élémentaires en des points différents a reçu le nom d'*aberration de réfrangibilité*; il a pour effet de nuire à la netteté des images en formant sur leurs bords des bandes irisées plus ou moins larges. On remédie à cet inconvénient par la juxtaposition de deux ou plusieurs lentilles faites de substances inégalement réfringentes et combinées de manière à rassembler tous les rayons à peu près au même point. Les lentilles ainsi composées portent le nom de *lentilles achromatiques.*

411. *Couleurs des corps.* — Lorsqu'un corps opaque éclairé par le soleil ou par toute autre source de lumière blanche réfléchit tous les rayons colorés du spectre dans leurs proportions naturelles, ce corps paraît blanc; s'il n'en réfléchit aucune, il est noir. On comprend facilement comment il paraît rouge, vert, bleu, etc., selon qu'il réfléchit en plus grande proportion les rayons rouges, verts, bleus, etc. Il en est de même pour les corps transparents; leur couleur dépend des rayons lumineux qu'ils laissent passer. Ceux qui laissent passer tous les rayons de la lumière blanche sont incolores; les autres sont rouges, verts, bleus, etc., selon qu'ils laissent passer seulement les rayons colorés de cette manière. La couleur des corps vus par réflexion ou par transparence dépend donc d'une véritable décomposition de la lumière. On désigne sous le nom de *couleurs complémentaires* deux couleurs qui, par leur superposition, produisent du blanc.

412. *Arc-en-ciel.* — L'arc-en-ciel est un météore lumineux qui se produit dans les airs lorsqu'un nuage qui se résout en pluie est vivement éclairé par les rayons solaires. Il faut, pour observer ce phénomène, être placé entre le nuage et le soleil, le dos tourné vers cet astre. Quelquefois on n'observe qu'un seul arc-en-ciel; mais assez souvent on en aperçoit deux superposés l'un à l'autre, et présentant chacun dans un ordre inverse les sept couleurs du spectre. L'arc intérieur est toujours beaucoup plus vif de teinte que l'arc extérieur, qui est constamment pâle et comme effacé. Le phénomène de l'arc-en-ciel est dû à la décomposition de la lumière solaire à travers les gouttes de pluie, et à la réflexion des rayons colorés sur la surface interne et opposée de ces mêmes gouttes; ce qui explique la nécessité de tourner le dos au soleil pour apercevoir ce météore.

443. *Rayons calorifiques et rayons chimiques du spectre solaire.* — Indépendamment des rayons lumineux, le spectre solaire contient encore des *rayons de chaleur,* dont l'intensité croît depuis le violet jusqu'au rouge. Avec un prisme de sel gemme, qui laisse passer la chaleur aussi bien que la lumière, et une pile thermo-électrique, on reconnaît facilement que les rayons calorifiques s'étendent *au delà* du rouge dans l'espace obscur qui le suit immédiatement, et jusqu'à une distance à peu près égale à la longueur du spectre lumineux lui-même.

La lumière solaire produit un certain nombre de phénomènes chimiques, tels que la combinaison du chlore et de l'hydrogène, la décomposition du chlorure et de l'oxyde d'argent, la destruction des principes colorants d'origine végétale, etc. On attribue cette propriété à des *rayons chimiques* qui se trouvent principalement dans le violet et qui, comme les rayons calorifiques, s'étendent au delà du spectre visible, mais du côté opposé, c'est-à-dire au delà du violet.

D'après ce qui précède, on est fondé à considérer le spectre solaire comme un assemblage de trois ordres de rayons distincts, savoir : des *rayons lumineux,* des *rayons calorifiques* et des *rayons chimiques.* Ces rayons, comme nous l'avons vu, peuvent être séparés et analysés. Remarquons encore que les rayons calorifiques et les rayons chimiques ont leur maximum d'intensité aux deux extrémités opposées du spectre visible et même dans un certain espace au delà, les rayons calorifiques à l'extrémité rouge, et les rayons chimiques à l'extrémité violette, selon leurs degrés respectifs de réfrangibilité.

Raies du spectre solaire. Spectres des astres. Lumières artificielles.

444. *Raies du spectre solaire.* — Lorsqu'on regarde un spectre solaire avec une lunette donnant une amplification suffisante, on observe une multitude de petites raies noires très déliées, dirigées perpendiculairement à sa longueur. Ces raies, très nombreuses et inégalement distantes les unes des autres, ne sont

autre chose que de véritables *lacunes* où la lumière fait en partie défaut. Elles forment huit groupes principaux ayant pour points de repère autant de lignes plus apparentes que les autres, et que l'on appelle les *raies de Fraünhofer*, du nom du physicien qui les a le premier signalées. La *fig*. 318 représente la distribution de ces raies, que l'on désigne par les huit premières lettres A, B, C, D, E, F, G, H, en allant du rouge au violet.

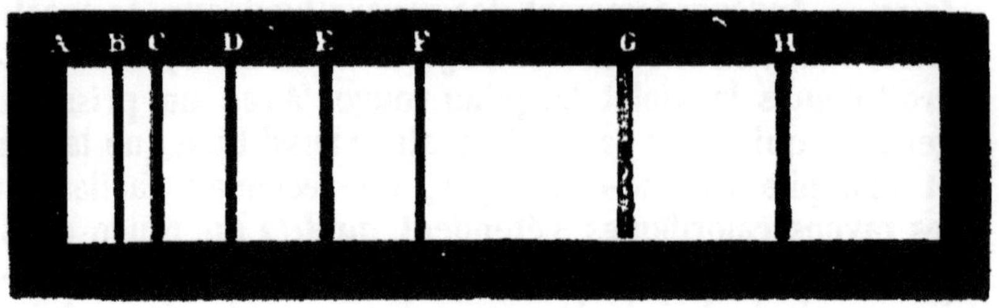

Fig. 318.

445. *Spectres des astres.* — Les astres qui, comme la lune et les planètes, n'ont pas de lumière propre, mais sont éclairés par le soleil, dont ils nous renvoient les rayons, fournissent les mêmes raies que dans le spectre solaire. Mais il n'en est pas de même des *étoiles fixes ;* leur lumière produit des spectres dont les raies obscures présentent une disposition toute différente et variable pour chaque étoile.

446. *Lumières artificielles.* — Les lumières artificielles, telles que la lumière émise par les corps solides ou liquides chauffés au rouge, la flamme des gaz incandescents, la lumière électrique, produisent, lorsqu'on les décompose avec le prisme, des spectres analogues au spectre solaire, mais qui en diffèrent par des apparences variables suivant leur mode de production. Pour observer ces divers spectres, dont l'étude a pris dans ces derniers temps une importance considérable, on se sert d'un instrument nommé *spectroscope*, composé essentiellement d'un prisme, d'une lunette et d'un tube par lequel arrive la lumière incidente. Nous indiquerons sommairement les principaux résultats fournis par ce genre d'observation.

Les *corps solides* ou *liquides* chauffés au rouge blanc, par exemple, une boule de platine incandescente ou de la fonte en fusion, donnent toujours un *spectre continu* (voyez la planche ci-contre) dans lequel on retrouve, plus ou moins apparentes,

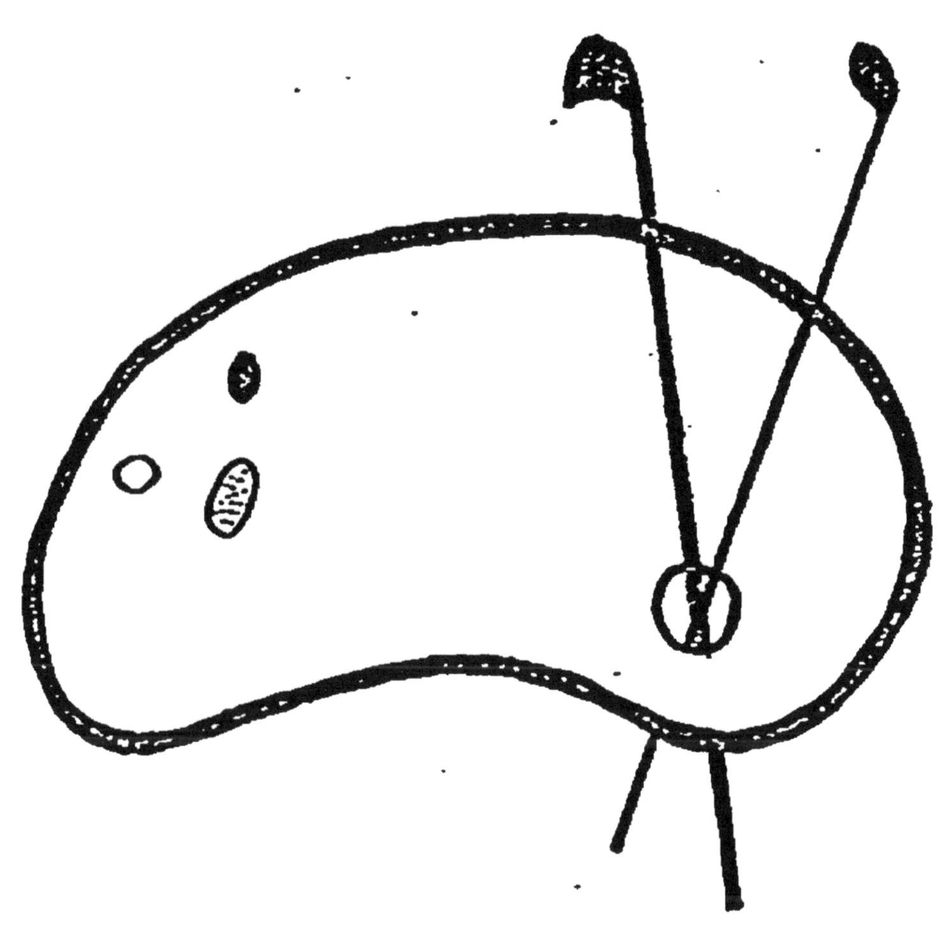

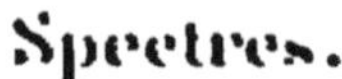

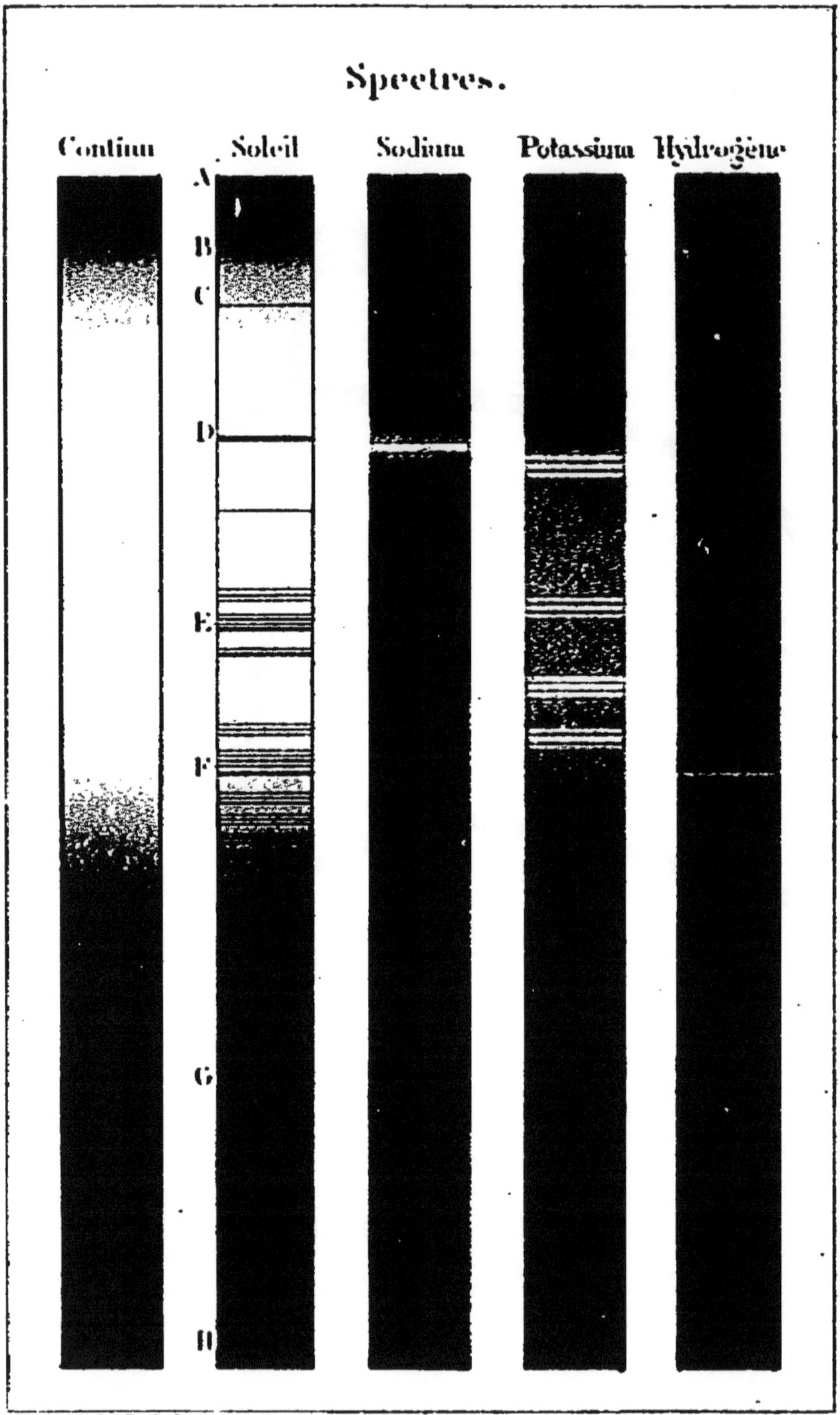
Spectres.
Continu
Soleil
Sodium
Potassium
Hydrogène
A
B
C
D
E
F
G
H

Impie Lithie Delalain

Erhard Lith

toutes les couleurs du spectre solaire, mais *sans aucune des raies obscures* que présentent les spectres du soleil et des étoiles.

Les *gaz* et les *vapeurs* portés à une température assez élevée pour devenir lumineux donnent des *spectres discontinus*, formés d'un certain nombre de lignes brillantes et colorées, que séparent de larges espaces ou intervalles obscurs. Ce phénomène est surtout très apparent avec les vapeurs métalliques, et il présente cette particularité remarquable que les lignes brillantes ont *une couleur et une position caractéristiques pour chaque espèce de gaz ou de vapeur.* Mais pour obtenir ces spectres il est indispensable d'opérer sur des corps entièrement gazeux, c'est-à-dire ne tenant en suspension aucune particule solide; autrement le spectre serait continu, ainsi qu'on peut le constater avec les flammes de nos lampes ou de nos bougies, qui renferment toujours des parcelles de charbon auxquelles elles doivent leur pouvoir éclairant.

La *lumière électrique* fournit un spectre caractérisé par des bandes très brillantes, mais dont la couleur et la disposition varient avec la nature du milieu ambiant et celle des corps solides qui forment les électrodes. Ce dernier fait donc la preuve de ce que nous avons avancé plus haut (297), savoir, que l'arc lumineux que l'on voit s'étendre entre les deux électrodes, quand ceux-ci sont suffisamment écartés, est formé de particules matérielles détachées et transposées d'un pôle à l'autre par le courant voltaïque.

Analyse spectrale.

417. *Analyse spectrale.* — Les différences caractéristiques que l'on observe dans la couleur et la position des raies brillantes dont se composent les spectres produits par les gaz ou autres corps à l'état de vapeurs incandescentes, ont conduit deux physiciens célèbres, MM. Kirchhoff et Bunsen, à la découverte d'une méthode d'analyse chimique, dite *analyse spectrale*, douée d'une sensibilité et d'une précision merveilleuses. Voici en quoi consiste cette méthode.

Si l'on introduit dans une flamme très chaude et peu brillante, telle que la flamme de l'hydrogène ou du gaz d'éclairage alimentée par un courant d'oxygène, un fil de platine préalablement trempé dans une dissolution saline, on voit aussitôt apparaître dans le spectre les *raies brillantes caractéristiques du métal faisant partie du sel introduit dans la flamme.* Ainsi, la présence du sodium y est accusée par l'apparition dans le spectre d'une raie jaune très brillante, qui tient exactement la place de la raie D de Fraünhofer dans le spectre solaire; le potassium se révèle par deux raies, l'une dans l'extrême rouge, correspondant à la raie A, l'autre dans le violet; l'hydrogène, dans les tubes de Geissler, par trois raies correspondant aux raies C, F, G, etc. Ce procédé d'analyse est tellement sensible, qu'il permet de reconnaître la présence dans la flamme de métaux réduits à des quantités représentées par des millioniêmes de milligramme.

En soumettant à l'analyse spectrale des substances de nature diverse, MM. Kirchhoff et Bunsen ont constaté l'apparition de raies particulières n'appartenant à aucun des métaux déjà connus. C'est ainsi qu'ils sont parvenus à découvrir deux métaux nouveaux, le *cæsium*, caractérisé par une raie bleue, et le *rubidium*, par une raie rouge, métaux qu'ils ont pu isoler ensuite au moyen de procédés chimiques. Plus tard un troisième métal, le *thallium*, caractérisé par une raie verte, et un quatrième l'*indium*, par une raie indigo, ont été également découverts et isolés, l'un par M. Lamy, l'autre par MM. Reich et Richter.

L'analyse spectrale a été plus loin; elle a pu, par l'étude des spectres que fournit la lumière des corps célestes, découvrir en partie les éléments qui les constituent. Voici, en quelques mots, par quelle suite d'observations on est arrivé à ce prodigieux résultat.

1° En comparant les raies brillantes et colorées des spectres produits par les vapeurs incandescentes aux raies obscures du spectre solaire, on reconnaît que, pour les divers corps, les raies brillantes qui caractérisent chacun d'eux *occupent exactement la place* de certaines raies obscures du spectre solaire.

2° Si l'on place devant un corps solide chauffé au rouge blanc, c'est-à-dire entre ce corps et le spectroscope, la flamme produite par une vapeur incandescente (par exemple la flamme de l'alcool tenant en dissolution du chlorure de sodium), de telle façon que la lumière émanant du corps solide soit obligée de *traverser la flamme* avant de pénétrer dans l'instrument, on constate aussitôt que le spectre continu, qu'aurait donné le corps solide agissant seul, présente *des raies obscures qui correspondent exactement aux raies brillantes* que donnerait la flamme agissant isolément. Ainsi, dans l'exemple choisi, la raie jaune du sodium est remplacée par une raie obscure qui occupe exactement sa place, c'est-à-dire la place D du spectre solaire.

Ce dernier fait prouve qu'une vapeur incandescente qui *émet* des rayons d'une certaine couleur *absorbe* au passage les radiations de même couleur ou de même réfrangibilité provenant d'une autre source, ce qui n'est d'ailleurs qu'une application à la lumière du principe de l'égalité entre le pouvoir *émissif* et le pouvoir *absorbant* d'un même corps pour la chaleur (152). Les rayons absorbés sont donc remplacés dans le spectre par des raies ou bandes noires dont la position varie suivant la nature du corps absorbant. Ce phénomène a été désigné sous le nom de *renversement des raies.*

Or, tous les astronomes sont aujourd'hui d'accord pour considérer le soleil comme étant formé d'un noyau central incandescent solide ou liquide, enveloppé d'une immense atmosphère ou *photosphère* gazeuse. Si le noyau central était seul, il nous donnerait un spectre continu, comme le fait tout corps solide ou liquide incandescent; mais la présence de l'atmosphère qui l'entoure, moins chaude et moins lumineuse que lui, empêche qu'il en soit ainsi. Cette atmosphère agissant sur la lumière émise par le noyau comme agit toute vapeur incandescente sur la lumière émanant d'un corps solide ou liquide, arrête au passage les rayons dont la couleur ou la réfrangibilité correspond à ceux qu'elle émet elle-même. Ainsi dans le spectre solaire les parties brillantes sont formées par la lumière du noyau qui a traversé, sans s'éteindre, l'atmosphère du soleil, tandis que les raies obscures tiennent la place des rayons absorbés par les vapeurs incandescentes que renferme cette atmosphère. Ces vapeurs, il est vrai, émettent des rayons pareils à ceux qu'elles absorbent; mais leur éclat beaucoup plus faible, contrastant avec la vive clarté des rayons émis par le noyau, nous les fait paraître comme autant de raies noires, de même qu'un charbon incandescent, lumineux dans l'obscurité, devient obscur en plein soleil.

En résumé l'ensemble des raies obscures du spectre solaire n'est autre chose que le *spectre renversé* de l'atmosphère du soleil. Il suit de là que pour analyser l'atmosphère solaire, il suffit de rechercher quels sont les corps qui, introduits dans une flamme, donnent des raies brillantes coïncidant avec les raies obscures du spectre solaire. C'est de cette manière que MM. Kirchhoff et Bunsen ont reconnu l'existence du fer, du chrome, du nickel, du magnésium et du sodium parmi les éléments de l'atmosphère du soleil, résultat non moins grandiose que surprenant, et qui n'est encore qu'un premier pas dans cette excursion nouvelle à travers les mondes.

448. *Phosphorescence.* — On désigne sous le nom de *phosphorescence* la propriété que possèdent certains corps d'émettre de la lumière sans dégager sensiblement de chaleur. En général, la phosphorescence résulte d'une combustion lente, et c'est particulièrement aux rayons chimiques que semble appartenir le pouvoir de la déterminer. Le phosphore en est l'exemple le plus connu; mais on retrouve la phosphorescence dans une foule d'autres corps, tels que certains bois humides en décomposition, le poisson pourri, etc. D'autres corps, non phosphorescents par eux-mêmes, acquièrent la propriété de luire pendant un certain temps dans l'obscurité, quand ils ont été exposés aux rayons du soleil; tels sont le sulfate de chaux, le fluorure de calcium, les écailles d'huîtres calcinées, le diamant, etc. On sait que beaucoup d'insectes, tels que le ver luisant, les pyrophores du Brésil, etc., sont également phosphorescents. La phosphorescence de la mer est due à des animalcules phosphorescents (noctiluques, pyrosomes, etc.) qui, dans les régions tropicales et parfois aussi, en été, dans les régions tempérées, se répandent par myriades à sa surface*.

Résumé.

I. On désigne en optique, sous le nom de *prisme*, tout milieu transparent terminé par deux faces planes formant entre elles un certain angle. Les objets vus à travers un prisme paraissent déviés vers son sommet.

II. Lorsqu'un pinceau de lumière solaire traverse un prisme, on obtient sur un écran une image appelée *spectre solaire*, dans laquelle on distingue facilement sept nuances principales, qui sont le *rouge*, l'*orangé*, le *jaune*, le *vert*, le *bleu*, l'*indigo* et le *violet*.

III. Ces couleurs sont simples et inégalement réfrangibles. La formation du spectre est due à cette inégale réfrangibilité des rayons qui composent la lumière blanche.

IV. Lorsque la lumière blanche a été décomposée par un prisme, on peut la recomposer de deux manières : 1° en ramenant au parallélisme, au moyen d'un second prisme, les rayons divergents du spectre solaire;

* Des explorations sous-marines faites en 1882 et en juin et juillet 1883 dans l'Atlantique, à bord des navires de l'État le *Travailleur* et le *Talisman*, ont fait connaître ce fait remarquable, que la plupart des animaux (poissons, crustacés, mollusques et zoophytes), vivant dans les grands fonds de 1000 à 5000 mètres et plus, sont munis d'appareils phosphorescents qui éclairent d'une vive lumière ces abîmes inaccessibles à la clarté du jour.

2° en les réunissant tous au foyer d'une lentille biconvexe ou d'un miroir concave.

V. Indépendamment des rayons lumineux, le spectre solaire contient encore des rayons calorifiques et des rayons chimiques. Ce spectre présente, en outre, dans sa partie visible, une multitude de *raies obscures*, où la lumière fait en partie défaut.

VI. L'étude comparée du spectre solaire avec les spectres fournis par les lumières artificielles a conduit à la découverte d'une nouvelle méthode d'analyse chimique, dite *analyse spectrale*, douée d'une sensibilité merveilleuse, et à laquelle nous devons la découverte de plusieurs métaux nouveaux, ainsi que la connaissance de quelques-uns des éléments qui entrent dans la composition de l'atmosphère du soleil.

CHAPITRE XXXIII.

Structure de l'œil et vision. — Appareils et instruments d'optique. — Chambre noire. — Chambre claire. — Loupe ou microscope simple. — Microscope composé. — Microscope solaire. — Lunette astronomique. — Lunette de Galilée. — Télescopes. — Phares. — Photographie. Phototypie; Photogravure.

Structure de l'œil et vision.

419. *Structure de l'œil.* — L'œil (*fig.* 319) est un organe de forme sphéroïdale composé essentiellement de plusieurs enveloppes membraneuses et de milieux transparents à travers lesquels la lumière se réfracte.

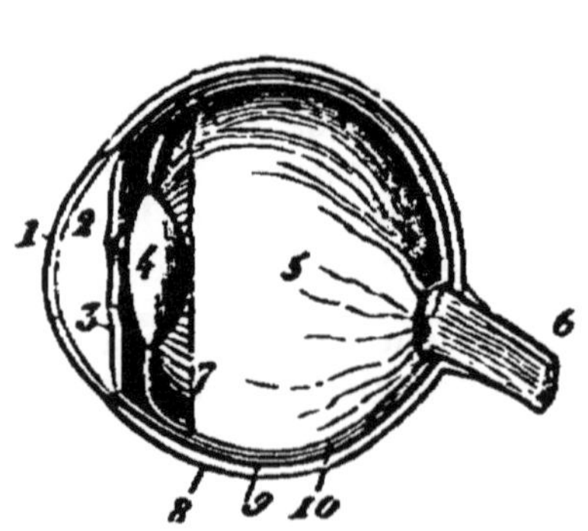

Fig. 319. *Coupe verticale de l'œil.*

1. Cornée transparente. — 2. Chambre antérieure. — 3. Iris. — 4. Cristallin. — 5. Humeur vitrée. — 6. Nerf optique. — 7. Procès ciliaires. — 8. Sclérotique. — 9. Choroïde. — 10. Rétine.

Les enveloppes de l'œil sont, en procédant de dehors en dedans, la *sclérotique* et la *cornée transparente*, la *choroïde* et la *rétine*. Cette dernière est une membrane nerveuse destinée à recevoir l'impression de la lumière.

Les milieux transparents sont, en procédant d'avant en arrière, l'*humeur aqueuse*, le *cristallin* et l'*humeur vitrée*.

L'espace compris entre la face postérieure de la cornée transparente et la face antérieure du cristallin est occupé par l'humeur aqueuse; cet espace est partagé en deux parties ou chambres (*chambre antérieure* et *chambre postérieure*), par une membrane ou diaphragme circulaire nommé *iris*, lequel est percé d'une ouverture centrale qui est la *pupille*. Cette ouverture par laquelle entre la lumière qui doit pénétrer jusqu'au fond de l'œil, se resserre à une lumière vive et se dilate au contraire dans l'obscurité ou à une lumière peu intense. Enfin derrière le globe de l'œil se trouve le nerf optique, dont la rétine n'est que l'épanouissement, et qui va se rendre dans le cerveau, où il s'entrecroise en partie avec celui du côté opposé, pour y transmettre la sensation de la lumière *.

450. *Mécanisme de la vision.* — L'œil peut être assimilé à l'instrument d'optique connu sous le nom de *chambre noire* (453). La pupille est l'ouverture par laquelle pénètrent les rayons lumineux; la cornée transparente et le cristallin représentent la lentille qui produit l'image; la rétine forme l'écran qui la reçoit. Les objets extérieurs viennent en effet se peindre en petit sur la rétine, comme le représente la *fig.* 320, c'est-à-dire dans une position renversée. Nous avons expliqué plus haut (434) comment les lentilles biconvexes donnent les images réelles et renversées des objets situés au delà de leur foyer principal. L'image rétinienne se forme de la même manière. Ainsi les rayons lumineux partis du point *a* viennent se réunir, après avoir traversé les milieux réfringents de l'œil, en un point *c* situé sur la rétine; les rayons partis du point *b* se réunissent en *d*; et comme il en serait de même de tous les rayons envoyés par les points compris entre *a* et *b*, il en résulte que l'on aura sur la rétine une image réelle *cd* plus petite et renversée de l'objet *ab*. C'est cette image qui produit sur la rétine une impression que transmet au cerveau le nerf optique pour y donner la sensation de l'objet.

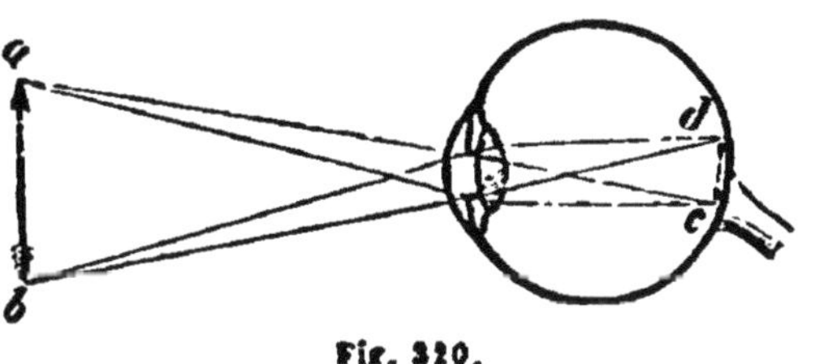

Fig. 320.

* Voir pour plus de détails sur la structure de l'œil et de ses annexes, notre *Histoire naturelle*, page 165 et suiv.

Pour que la vision soit nette et précise, il faut que la rétine se trouve exactement à la distance focale de l'image. Cette distance, comme on le sait, varie avec celle de l'objet ; et cependant l'œil possède la faculté merveilleuse de nous faire voir distinctement des corps placés à des distances très différentes entre elles. L'explication de ce phénomène a pendant longtemps embarrassé les physiologistes; mais il est aujourd'hui démontré que le *pouvoir d'accommodation* de l'œil à des distances différentes tient uniquement à des *changements de courbure* des deux faces du cristallin, particulièrement de la face antérieure, laquelle se bombe de plus en plus à mesure que l'œil regarde un objet plus rapproché, et s'aplatit au contraire quand l'objet s'éloigne, de manière à maintenir constamment l'image sur la rétine.

Ces changements de courbure sont produits par la contraction et le relâchement successifs de fibres musculaires qui entourent le cristallin. On peut les constater directement en plaçant une bougie allumée devant l'œil d'une personne dont les pupilles sont dilatées, et en considérant attentivement les deux images de la flamme, l'une droite et l'autre renversée, produites par la réflexion de la lumière sur les deux faces du cristallin. Si la personne en expérience regarde d'abord un objet très éloigné, et aussitôt après un objet situé à 20 ou 30 centimètres, on voit ces deux images se rapetisser immédiatement, la première un peu plus que la seconde, ce qui prouve que le cristallin est devenu plus convexe, principalement du côté de sa face antérieure.

451. *Distance de la vision distincte.* — Pour des corps d'un grand volume et suffisamment éclairés, la limite à laquelle nous pouvons les voir distinctement est l'infini ; ainsi nous voyons les étoiles, dont l'éloignement est immense. Mais pour des objets de petite dimension, par exemple, pour des caractères d'écriture, il y a une distance déterminée à laquelle nous sommes obligés de les placer pour en avoir une perception nette. Cette distance est celle de la *vision distincte;* en deçà et au delà la perception est confuse.

452. *Presbytie et myopie.* — La distance de la vision distincte est d'environ 25 à 30 centimètres pour les vues ordinaires ; mais il y a des individus qui ne peuvent voir distinctement les petits objets qu'à une distance beaucoup plus grande ou plus petite. Si la portée visuelle d'un observateur est de 50, 60 ou 80 centimètres, sa vue cesse d'être normale, et cette infirmité porte le

nom de *presbytie;* au contraire, si la portée visuelle est moindre que 20 centimètres, cette disposition constitue la *myopie.*

La *presbytie,* ainsi nommée parce qu'elle se développe ordinairement avec le progrès de l'âge (*πρέσβυς, vieillard*), résulte d'un affaiblissement du pouvoir d'accommodation, lequel ne permet plus au cristallin de prendre la convexité voulue pour que les images des objets rapprochés viennent se peindre exactement sur la rétine; ces images tendent alors à se produire *en arrière* de cette membrane et d'autant plus loin que l'objet est plus près de l'œil. On remédie à cette infirmité en plaçant devant les yeux des *verres convexes* qui augmentent convenablement le pouvoir réfringent de l'organe.

La *myopie* est ainsi nommée parce que les individus qui en sont atteints ont l'habitude de cligner, c'est-à-dire de fermer les yeux à demi (*μύω, je ferme; ὤψ, œil*). Ces individus ne peuvent distinguer les objets qu'à une distance très rapprochée. La myopie dépend d'un excès de courbure de la cornée ou du cristallin, d'où résulte une trop grande convergence des faisceaux lumineux qui traversent les milieux de l'œil. L'image des objets éloignés ou situés à la distance de la vision normale, au lieu de se produire sur la rétine, se forme *en avant* de cette membrane, dans le corps vitré. On comprend dès lors la nécessité pour le myope de rapprocher beaucoup les objets de l'œil pour les voir distinctement. En effet, plus les objets seront près de l'organe, plus les rayons envoyés par chacun de leurs points seront divergents; leur image s'éloignera par conséquent de la face postérieure du cristallin et la vision sera nette quand cette image se formera sur la rétine. Il est des personnes qui, pour obtenir ce résultat, sont obligées de placer l'objet à 2 ou 3 centimètres seulement de leur œil. On remédie à la myopie au moyen de *verres concaves,* qui tendent à disperser la lumière et à diminuer par conséquent la trop grande convergence des rayons lumineux.

Remarque. — Lorsque nous fixons simultanément les deux yeux sur un même point lumineux, nous ne voyons, en général, qu'un seul point, malgré la formation des deux images. Pour obtenir cette unité d'impression, il est nécessaire que les deux yeux convergent exactement vers le point lumineux, afin que les deux images occupent sur les deux rétines des positions rigoureusement correspondantes. Dans le cas contraire, la sensation devient double, ainsi qu'il est facile de s'en convaincre en exerçant sur l'un des yeux une légère pression, de manière à changer momentanément la direction de son axe.

Remarquons encore que l'impression produite sur la rétine par le contact de la lumière persiste pendant un certain temps après que ce contact a cessé. La durée de cette impression est en raison directe de sa vivacité. C'est pour cette raison qu'une lumière tournée avec rapidité nous représente un cercle de feu; que les rayons d'une roue marchant avec vitesse semblent se confondre et donnent la sensation d'un disque.

Enfin, nous voyons les objets droits, bien que leurs images sur la rétine soient renversées. Cela tient à ce que ce n'est pas l'image rétinienne que nous regardons (nous n'avons en effet aucun moyen de la voir), mais bien l'objet lui-même en suivant la direction des rayons lumineux qu'il nous envoie.

Appareils et instruments d'optique. Chambre noire. Chambre claire. Loupe ou microscope simple. Microscope composé, microscope solaire.

453. *Chambre noire.* — La *chambre noire* ou *chambre obscure*, inventée au seizième siècle par Porta, a pour but de produire sur un tableau l'image réduite des objets extérieurs. Elle se compose (*fig.* 321) d'une grande caisse en bois ABCD, dont la partie supérieure est percée d'une ouverture dans laquelle est enchâssée horizontalement une lentille convergente L. Au-dessus est un miroir plan MN dont on peut faire varier à volonté l'inclinaison. Ce miroir réfléchit sur la lentille les rayons lumineux partis des objets extérieurs, lesquels vont alors se peindre avec une admirable fidélité sur un tableau EF placé au fond de la caisse. Un dessinateur peut suivre facilement sur ce tableau les contours de l'image.

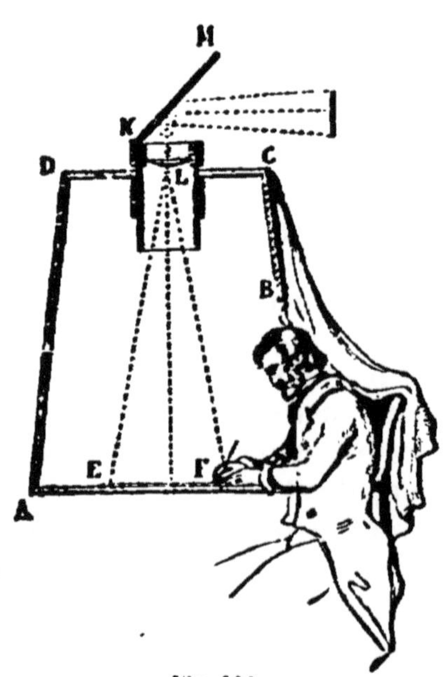

Fig. 321.

On remplace quelquefois le miroir et la lentille par un prisme triangulaire EFG (*fig.* 322), dont la face EF, tournée vers l'objet, est lé-

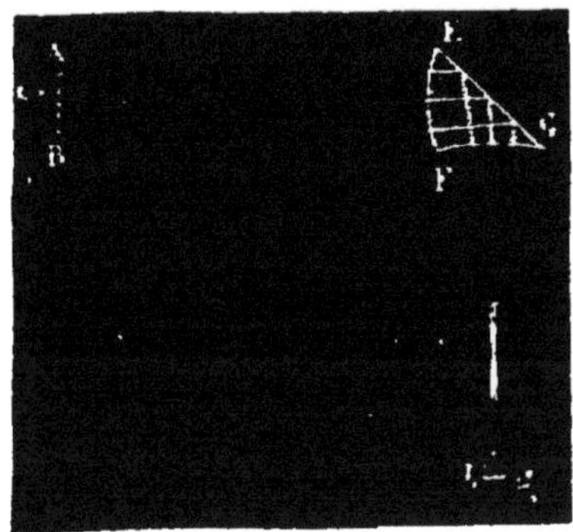

Fig. 322.

gèrement convexe, la face EG plane et la troisième FG concave. La figure montre comment les rayons lumineux émis par un objet AB, après avoir pénétré dans le prisme et éprouvé sur la face EG la réflexion totale, sortent par la face FG avec le degré de convergence nécessaire pour former en *ba* une image réelle de l'objet.

451. *Chambre claire.* — La *chambre claire*, inventée par Wollaston, a également pour but de donner une image fidèle des objets environnants. Elle est formée d'un petit prisme de verre à quatre faces, monté sur un pied vertical et dont les angles sont combinés de manière à produire une double réflexion totale qui projette l'image sur un écran placé horizontalement. Il suffit alors de suivre avec un crayon les contours de cette image pour en obtenir le dessin exact.

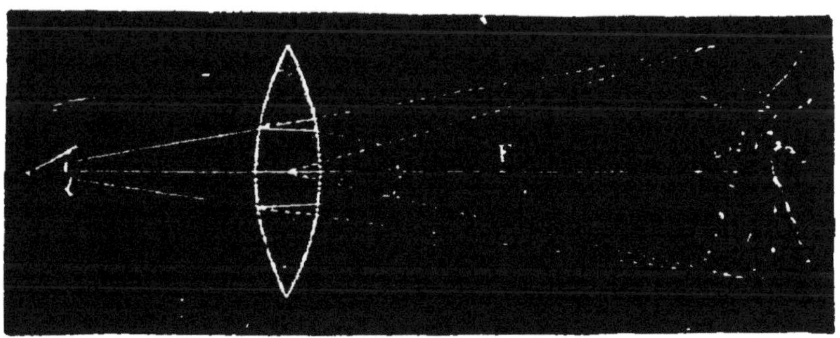

Fig. 323.

455. *Loupe ou microscope simple.* — La *loupe* ou *microscope simple* (*fig.* 323) est un instrument dont on se sert pour observer de très petits objets, dont il serait difficile ou même impossible de distinguer les détails à l'œil nu : c'est tout simplement une lentille convergente d'un très court foyer. L'objet que l'on veut examiner doit être placé *entre la lentille et son foyer principal* F, de manière à produire une image virtuelle droite et agrandie (434), que l'on regarde en plaçant l'œil au-devant de la lentille.

Il est facile de voir que le grossissement sera d'autant plus fort que l'objet sera plus éloigné de la loupe (dans les limites que nous avons indiquées) et que le foyer de celle-ci sera plus court. Ajoutons que, pour obtenir d'une loupe le meilleur effet, la distance de l'objet à la lentille doit toujours être telle que l'image se forme à la *distance minimum* de la vision distincte, c'est-à-dire de la distance à laquelle nous plaçons instinctivement les objets pour en voir le mieux possible les détails à l'œil nu. Le grossissement avec une même loupe sera donc plus grand pour un presbyte que pour un myope, puisque l'image virtuelle donnée par une lentille convergente grandit à mesure qu'elle s'en éloigne.

456. *Microscope composé.*— Le *microscope composé* est destiné à rendre visibles des objets que la loupe seule ne permettrait pas d'apercevoir ou de distinguer suffisamment dans leurs plus petits détails.

Fig. 324.

Cet instrument consiste essentiellement en deux lentilles convergentes, dont l'une M (*fig* 324), d'un très court foyer, est tournée vers l'objet et porte pour cette raison le nom d'*objectif*, tandis que l'autre L, placée près de l'œil, s'appelle *oculaire*. Pour se servir de cet instrument, on place l'objet AB que l'on veut examiner *au delà*, mais à une petite distance du foyer principal F de l'objectif, de manière à former une image B'A', réelle, renversée et agrandie, que l'on regarde avec l'oculaire *qui joue le rôle d'une loupe*. L'image B'A' doit donc tomber *en deçà* du foyer principal F' de l'oculaire, de manière à produire une seconde image, B'A', virtuelle et amplifiée de nouveau. Cette deuxième image, droite par rapport à la première, mais renversée par rapport à l'objet, doit être vue par l'observateur à la distance minimum de sa vision distincte. On peut dire en résumé que le microscope est une loupe avec laquelle on regarde non plus l'objet directement, mais son image réelle et agrandie donnée par une première lentille. Le grossissement est évidemment égal au *produit des grossissements de l'objectif et de l'oculaire.*

437. *Microscope solaire.* Cet instrument a pour effet de projeter sur un tableau des images très amplifiées diobjets extrêmement petits. Il se compose d'une lentille convergente qui reçoit les rayons du soleil et les concentre à son foyer. A une petite distance au delà de ce foyer, on place, entre deux lames de verre, l'objet dont on veut avoir l'image. En regard de cet objet ainsi éclairé d'une vive lumière, est une autre lentille convergente d'un très court foyer, disposée de manière à donner une image renversée et très amplifiée de l'objet. Cette image est reçue sur un mur ou sur un écran convenablement éloigné et placé dans une chambre obscure. On peut remplacer avec avantage la lumière solaire par la lumière électrique. L'instrument porte alors le nom de microscope *photo-électrique.*

Lunette astronomique. — Lunette terrestre. — Lunette de Galilée. — Télescope de Newton. — Phares.

438. *Lunette astronomique.* — Cette lunette, destinée à l'observation des astres, se compose essentiellement (*fig.* 325) de deux verres convergents, l'objectif et l'oculaire.

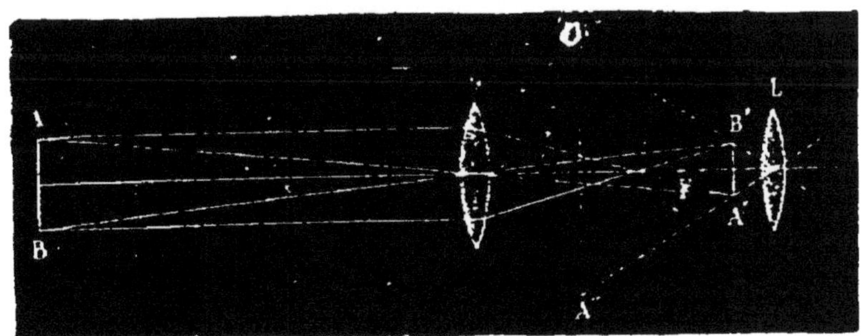

Fig. 325.

L'objectif O, dont la distance focale est assez longue, forme à son foyer principal une image B'A' renversée et très petite de l'astre AB que l'on observe. Cette image doit tomber un peu *en deçà* du foyer principal F de l'oculaire L, dont la distance focale est plus petite que celle de l'objectif. Cet oculaire, qui fait ainsi l'effet d'une loupe, donne ensuite une image B'A' virtuelle et très amplifiée de l'image réelle B'A'. La lunette astronomique reproduit, comme on le voit, la disposition du microscope composé, mais avec cette différence que la distance de l'objet à l'instrument ne pouvant être changée, il est nécessaire que l'oculaire puisse se rapprocher ou s'éloigner de l'objectif, afin d'adapter l'instrument aux différentes vues.

Avec une bonne lunette astronomique, on peut obtenir un grossissement de 1000 à 1200; mais l'astre est toujours vu dans une position renversée, ce qui ne présente, il est vrai, aucun inconvénient sérieux pour les observations astronomiques.

159. *Lunette terrestre.* — La lunette terrestre ou *longue-vue,* dont se servent particulièrement les marins, ne diffère de la lunette astronomique que par l'interposition entre l'objectif et l'oculaire de deux lentilles convergentes qui ont pour but de redresser l'image, c'est-à-dire de la faire paraître dans le même sens que l'objet, ce qui est indispensable pour l'observation des objets terrestres.

160. *Lunette de Galilée.* — La *lunette de Galilée* ou *lunette de spectacle* se compose (*fig.* 326) d'un objectif convergent M et d'un oculaire divergent L, *placé entre l'objectif et son foyer principal.*

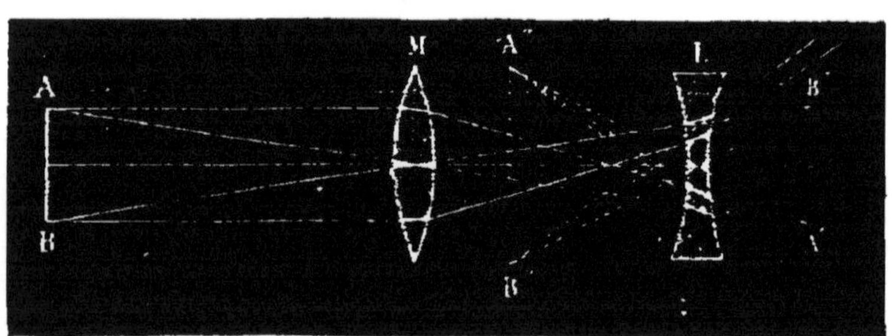

Fig. 326.

Si l'oculaire n'y mettait obstacle, un objet éloigné AB irait former son image réelle et renversée en B'A', un peu au delà du foyer principal de l'objectif. Mais, en traversant l'oculaire, les rayons lumineux émis par l'objet s'écartent de leurs axes respectifs, et prennent une direction telle que, prolongés en sens contraire de leur direction, ils vont former en A'B' une image virtuelle et redressée. Cette image, pour être vue nettement, doit être à la distance de la vision distincte de l'observateur. Il en résulte que l'objet paraît beaucoup plus rapproché et légèrement grossi. L'écartement de l'oculaire et de l'objectif doit être à peu près égal à la *différence* de leurs distances focales principales, ce qui rend la lunette de Galilée beaucoup plus courte et plus commode que la lunette terrestre ou *longue-vue*, dont la longueur est toujours supérieure à la *somme* de ces mêmes distances. Toutefois, pour des objets très éloignés, on préfère la longue-vue, parce qu'elle permet d'embrasser un champ plus étendu qu'avec la lunette de Galilée.

461. *Télescope de Newton.* — Les *télescopes*, qu'il ne faut pas confondre avec la lunette astronomique, bien qu'ils servent au même usage, sont des instruments avec lesquels on produit des images très amplifiées des astres, en utilisant à la fois la réflexion et la réfraction.

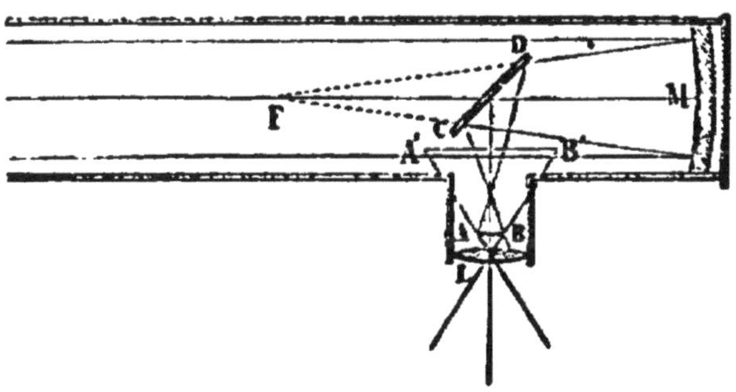

Fig. 327.

Le *télescope de Newton* (*fig.* 327) est formé d'un long tuyau en cuivre au fond duquel est un grand miroir concave M en métal. En regard de ce réflecteur est un petit miroir plan CD, incliné de 45° sur son axe, et placé en avant de son foyer principal F. L'oculaire est une lentille convergente L, enchâssée dans un petit tube latéral, en regard du miroir plan. L'image réelle, qui se formerait au foyer principal du réflecteur M, si le miroir plan n'existait pas, est réfléchie par ce miroir en AB, entre l'oculaire L et son foyer principal. Il en résulte que cet oculaire fait encore fonction de loupe pour donner en A'B' une image renversée et très amplifiée de l'astre.

Le télescope de Newton a été perfectionné par Foucault. Cet habile physicien a remplacé le miroir en métal, dont la surface est sujette à se ternir sous l'influence de l'air humide, par un miroir de verre argenté chimiquement. Il a de plus substitué à l'oculaire simple un microscope composé qui permet d'obtenir un plus fort grossissement.

462. *Phares.* — L'emploi de la lumière pour guider les navigateurs pendant la nuit remonte à la plus haute antiquité. On citait comme une des sept merveilles du monde le fanal élevé sur la petite île de *Pharos,* voisine du port d'Alexandrie, sous le règne de Ptolémée Philadelphe. De là vient le nom donné depuis à tous les appareils semblables.

Les anciens phares, dits *phares de réflexion*, se composaient d'un miroir sphérique ou parabolique en métal poli, au foyer duquel était placée une forte lampe. Ces phares sont aujourd'hui remplacés presque partout par des appareils à verres lenticulaires ou *phares à réfraction,* beaucoup plus puissants et moins dispendieux, inventés au commencement de ce siècle par Fresnel, le créateur de l'optique moderne.

Nous avons vu plus haut (433) que les rayons lumineux partis d'un point situé au foyer d'une lentille convergente forment, après avoir traversé la lentille, un faisceau de lumière parallèle à l'axe principal. Mais il faut pour cela que le diamètre de la lentille soit suffisamment petit par rapport aux rayons de courbure de ses deux faces ou, en d'autres termes, que l'*ouverture* de la lentille ne soit pas trop grande. Dans le cas contraire, les rayons réfractés formeraient, en grande partie, un faisceau divergent dont l'intensité diminuerait rapidement avec la distance. Or, c'est précisément là ce qu'il faut éviter dans la construction d'un phare, où il est cependant nécessaire, pour obtenir un éclairage intense, d'employer des lentilles d'une grande étendue superficielle.

D C B A B C D

Fig. 328.

Cette difficulté a été heureusement tournée par Fresnel, au moyen des lentilles dites *annulaires* ou *à échelons,* qui, tout en présentant une large surface, réfractent néanmoins dans des directions sensiblement parallèles tous les rayons émis par une source de lumière placée à leur foyer.

La figure 328 représente la section d'une de ces lentilles. A est une lentille plan-convexe dont l'ouverture est d'environ 15 degrés, et qui est entourée d'une série d'annneaux B, C, D, dont les surfaces convexes sont calculées de façon que le foyer de chaque anneau coïncide avec le foyer de la lentille centrale. Il résulte de cette disposition que si une lumière intense est placée au foyer d'une telle lentille, tous les rayons lumineux formeront, après l'avoir traversée, un large faisceau parallèle qui, par un temps clair, pourra pénétrer à de très grandes distances, son intensité ne s'affaiblissant que par son passage à travers l'atmosphère.

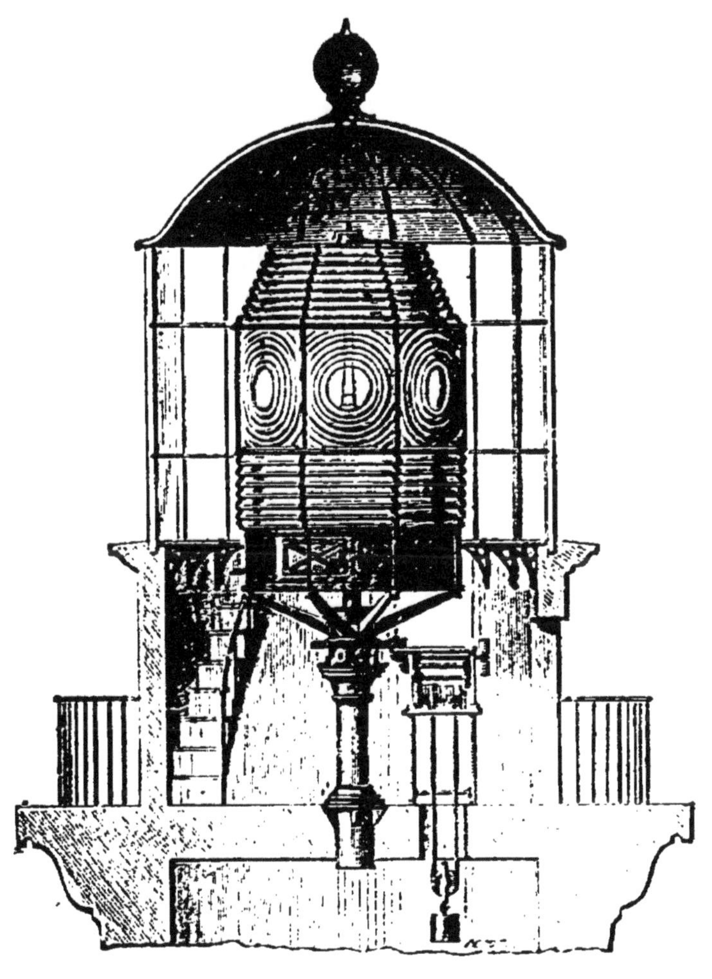

Fig. 329.

C'est sur ce principe que repose la construction des phares modernes ou à réfraction. Dans les phares de premier ordre, qui peuvent éclairer la côte jusqu'à 15 ou 20 lieues en mer, la source de lumière est ordinairement une lampe Carcel à quatre ou cinq mèches concentriques.

Quelques phares de premier ordre, parmi lesquels nous citerons le phare du cap de la Hève, près du Havre, sont maintenant éclairés par la lumière électrique, beaucoup plus puissante et de plus longue portée. Cette lumière est obtenue au moyen des machines magnéto-électriques de Gramme ou de la compagnie de l'Alliance (Voyez page 414). Quant aux charbons entre lesquels se produit l'arc voltaïque, un mouvement d'horlogerie nommé régulateur les rapproche insensiblement à mesure qu'ils se consument, de manière à maintenir invariable leur intervalle de séparation et, par suite, l'éclat de la lumière.

Autour de la flamme sont disposées, à une égale distance et à la même hauteur, plusieurs lentilles annulaires (*fig.* 329), de forme identique, d'où partent autant de faisceaux de lumière parallèles. Pour que ces divers faisceaux puissent éclairer successivement tous les points de l'horizon, un mécanisme d'horlogerie fait tourner le système de lentilles autour de son axe vertical où se trouve la flamme.

Un observateur placé à une grande distance aperçoit le feu chaque fois qu'un faisceau lumineux passe devant lui; puis il cesse de le voir jusqu'au moment où la lentille suivante lui ramène un nouveau jet de lumière. Chaque apparition du feu se trouve ainsi suivie d'une éclipse dont la durée dépend de la vitesse de rotation de l'appareil et du nombre de ses lentilles.

Telle est la disposition des *phares à éclipses* ou à *feux tournants*. Quand plusieurs de ces phares sont situés à proximité sur une même côte, on fait varier pour chacun d'eux la durée et la succession de leurs éclipses, ce qui permet aux navigateurs de les distinguer l'un de l'autre, et de reconnaître ainsi le point de la côte qui est en vue.

Les phares qui n'ont pas besoin d'une très longue portée, par exemple, ceux qui servent à signaler l'entrée d'un port ou l'embouchure d'un fleuve, sont généralement à *feux fixes*. Leur lampe, au lieu d'être entourée de plusieurs lentilles, est alors placée dans l'axe d'un cylindre lenticulaire, d'où s'échappe en divergeant une large nappe de lumière, qui éclaire à la fois tous les points de l'horizon.

Photographie. — Photographie ordinaire ou sur papier. Photographie instantanée.

463. *Historique.* — La photographie, ou l'art de fixer les images produites par la lumière, a été inventée en 1824 par un physicien français, Nicéphore Niepce, et perfectionnée d'abord par Daguerre, à qui l'on doit la photographie sur plaque ou *daguerréotypie.* Quelques années après, un chimiste anglais, Fox Talbot, fit connaître la *photographie sur papier,* que nous décrirons seulement ici, attendu qu'elle a aujourd'hui remplacé partout la photographie sur plaque. Nous nous bornerons à rappeler que la photographie sur plaque se composait de quatre opérations principales, savoir : 1° le dépôt sur une plaque de cuivre d'une couche mince d'iodure d'argent sensible à la lumière; 2° l'exposition de cette plaque dans une chambre noire; 3° le développement de l'image au moyen de vapeurs mercurielles; 4° le lavage de la plaque dans une dissolution d'hyposulfite de soude pour fixer l'image.

464. *Photographie sur papier.* — La photographie sur papier comprend deux opérations distinctes et successives : la première a pour objet d'obtenir une épreuve dite *négative,* dans laquelle les parties éclairées du modèle sont représentées par des teintes noires, et les ombres par des blancs; la seconde a pour but de former avec cette première épreuve, *servant de cliché,* une ou plusieurs autres images dites *positives,* sur lesquelles les clairs et les ombres sont replacés dans leur situation naturelle.

Épreuve négative. — Pour obtenir l'épreuve négative, on prend une plaque de verre sur laquelle on étend une légère couche de collodion*, contenant en dissolution de l'iodure et du bromure d'ammonium ou de potassium et de l'iodure de cadmium; on la laisse égoutter, puis on la plonge dans une solution d'azotate d'argent, afin d'obtenir par double décomposition une couche d'iodure et de bromure d'argent. La plaque de verre étant ainsi préparée, on la porte dans une chambre noire particulière, dite *chambre noire des photographes.*

* Le collodion est une dissolution de fulmicoton dans un mélange d'alcool et d'éther.

Cet instrument (*fig.* 330) se compose d'une caisse rectangulaire en bois G, qui est fixe, et d'un cadre D, que l'on peut faire avancer ou reculer au moyen d'un tiroir en bois ou d'un

Fig. 330.

soufflet d'accordéon. La face antérieure de la caisse porte un gros tube en cuivre dans lequel est enchâssé un objectif convergent et achromatique, que fait mouvoir un bouton à tige K. Cet objectif est lui-même formé de deux lentilles A et B (*fig.* 331) que l'on peut rapprocher ou écarter l'une de l'autre au moyen d'une crémaillère et du bouton K : disposition qui permet d'agrandir ou de diminuer le champ de l'instrument et facilite la mise au point. La face postérieure du tiroir est formée par un écran de verre dépoli E (*fig.* 330), qui s'enlève à volonté.

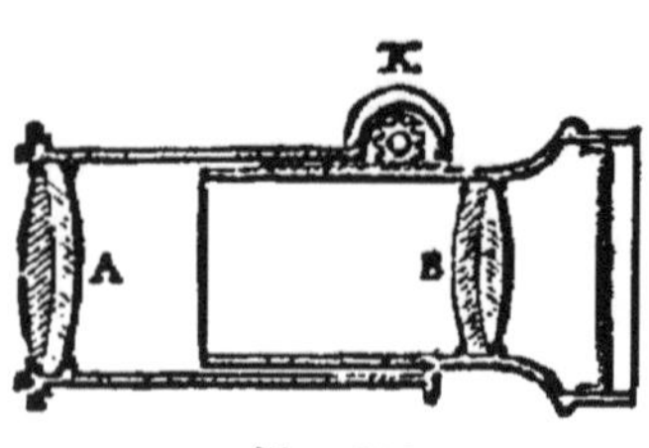

Fig. 331.

On place l'objet dont on veut obtenir le dessin de manière à l'éclairer convenablement, et on dirige vers lui l'instrument. Puis, au moyen du tiroir et du bouton K que l'on fait mouvoir convenablement, on met l'écran au foyer de l'objectif; ce qui a lieu lorsque l'image renversée de l'objet vient se peindre avec netteté sur sa surface. Le foyer étant ainsi trouvé, on enlève le cadre E avec son écran, et on le remplace par une boîte en bois qui renferme la plaque de verre iodurée. On soulève alors un petit volet à coulisse, et l'image, qui tout à l'heure se formait sur l'écran, tombe actuellement sur la plaque de verre.

En quelques secondes, l'effet lumineux est produit : l'iodure d'argent se trouve décomposé dans les parties claires de l'image; mais la plaque n'offre encore aucune trace visible du dessin. On la trempe alors dans une dissolution d'acide pyrogallique ou de sulfate de protoxyde de fer. Ces deux corps formant avec les parties d'iodure d'argent que la lumière a frappées un composé d'argent qui est noir, l'image négative (*fig.* 332) apparaît immédiatement. Il ne reste plus qu'à fixer cette image en enlevant l'iodure d'argent non altéré par la lumière. On y parvient en plongeant l'épreuve, pendant quinze à vingt minutes, dans une solution d'hyposulfite de soude.

Fig. 332.

Fig. 333.

Épreuve positive. — On prend une feuille de papier que l'on a préalablement imprégnée de chlorure d'argent, et on applique sur elle l'épreuve négative. On serre entre deux lames de verre l'épreuve et le papier ainsi superposés, et on expose le tout à l'action directe du soleil ou à la lumière diffuse. L'épreuve négative, que porte la plaque de verre, laisse passer la lumière à travers tous les blancs du dessin et lui ferme le passage dans les parties noires. Il résulte de là que le chlorure d'argent qui est au-dessous va noircir en regard des clairs de l'image, tandis qu'il restera blanc en regard des ombres.

Au bout d'un certain temps, qui varie selon l'intensité de la lumière, l'effet lumineux est produit, et on a de la sorte une image positive dans laquelle les clairs et les ombres du modèle sont dans leurs rapports naturels (*fig.* 333). Pour préserver cette image de l'action ultérieure de la lumière, on la plonge dans une dissolution d'hyposulfite de soude, qui dissout l'excès de chlorure d'argent non influencé. Rappelons ici que l'épreuve négative, une fois obtenue, peut servir comme un cliché à préparer un nombre illimité d'épreuves positives.

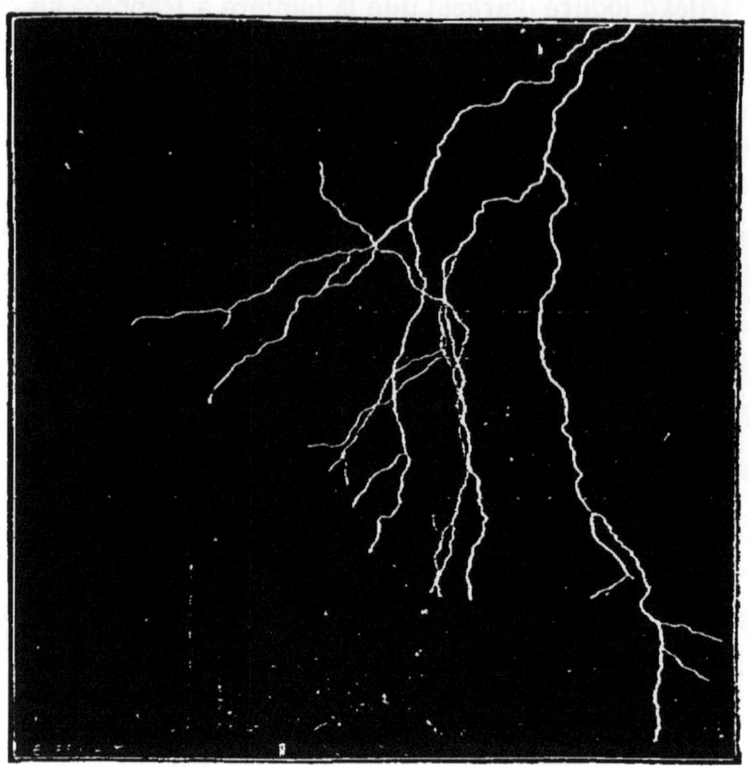

Fig. 334.

Photographie d'un éclair obtenue par M. Robert Haensel, et reproduite dans le Journal *la Nature*.

463. *Photographie instantanée.* — Le procédé que nous venons de décrire demande, ainsi que nous l'avons dit, plusieurs secondes de pose. Ce temps relativement long, quand il s'agit d'un portrait, a été dans ces dernières années réduit à rien, à une fraction infinitésimale de seconde ! Grâce à ce merveilleux perfectionnement, l'oiseau dans son vol, un cheval au galop, un navire en marche et les flots qui l'environnent, un train lancé à toute vapeur, peuvent être pris au passage et, pour ainsi dire, immobilisés dans le mouvement. Un cent millième de seconde, ce que dure à peine un éclair, suffit à la foudre (*fig.* 334) pour fixer son trait lumineux.

Ce nouveau procédé, si justement nommé *photographie instantanée*, consiste simplement à remplacer, sur la plaque de verre sensible, la couche de collodion ioduré par une couche de gélatine imprégnée de bromure d'argent, vulgairement désignée sous le nom de *gélatino-bromure*. Pour obtenir ce composé, on fait dissoudre au bain-marie un mélange de gélatine et de bromure d'ammonium dans une certaine quantité d'eau distillée. On verse ensuite dans ce mélange une dissolution titrée d'azotate d'argent, qui donne aussitôt, par double décomposition, un précipité de bromure d'argent, lequel se répand dans la masse à l'état de division extrême. Après plusieurs opérations très minutieuses, dans le détail desquelles nous ne pouvons entrer, on obtient enfin, à l'état de gelée, le gélatino-bromure, que l'on conserve dans des flacons, à l'abri de toute lumière.

Pour préparer les glaces sensibles, il suffit de faire fondre de nouveau cette gelée au bain-marie, et de l'étendre ensuite à leur surface en une couche mince et uniforme. Une fois sèches, ces glaces, placées dans l'obscurité absolue, peuvent être conservées pour ainsi dire indéfiniment.

La chambre obscure dans laquelle les glaces au gélatino-bromure doivent être employées est la même que pour le procédé ordinaire, sauf que l'objectif est muni d'un obturateur qui permet, une fois la mise au point établie, d'ouvrir et de fermer instantanément le passage à la lumière. La suite des opérations pour l'obtention du cliché et des épreuves positives est également pareille.

Phototypie et Photogravure.

466. *Phototypie.* — Un mucilage de gélatine ou d'albumine, additionnée dans une proportion variant de 3 à 5 pour 100 de bichromate de potasse ou d'ammonium, puis étendu en couche mince sur une surface quelconque (pierre, glace, métal), acquiert, lorsqu'il est sec et qu'on l'expose à la lumière, la propriété de devenir, non seulement insoluble dans l'eau, mais encore complètement imperméable à l'humidité. Ce fait, découvert par M. Poitevin, a été le point de départ de plusieurs inventions intéressantes, en premier lieu, de la *phototypie* ou *lithographie photographique*, dont l'usage tend à se généraliser de plus en plus. Voici sommairement en quoi consiste ce procédé :

Sur la surface d'une pierre lithographique bien poncée et nettoyée, on applique une couche mince du mucilage bichromaté dont nous venons d'indiquer la composition. Dès que cette couche est complètement sèche, on la frotte légèrement avec un tampon, de manière à la bien polir ou tout au moins à lui donner un aspect brillant et glacé; puis on la chauffe un peu pour être bien certain qu'elle ne contient plus trace d'humidité.

La pierre lithographique ainsi préparée est exposée à la lumière solaire sous un cliché photographique (épreuve négative). Après une insolation jugée suffisante, on la porte, à l'abri du jour, dans le laboratoire, et on recouvre entièrement sa surface d'une couche d'encre lithographique. Cela s'appelle, en termes du métier, *faire tableau noir.* On plonge ensuite le tout dans un bassin plein d'eau, et, après une immersion de quelques instants, on passe sur la surface noircie de la pierre un rouleau lisse. Voici alors ce qui arrive :

Sur tous les points où la couche bichromatée n'a pas été *imperméabilisée* par la lumière, c'est-à-dire, sur tous les points qui correspondaient aux ombres du cliché, l'encre lithographique n'ayant pris avec la pierre aucune adhérence, est enlevée par le rouleau, tandis qu'elle reste, au contraire, sur tous les points qui ont subi l'influence de la lumière. L'image se trouve donc ainsi dégagée, et l'on a alors sur la pierre un vrai dessin lithographique, susceptible de fournir un long tirage.

467. *Photogravure.* — La phototypie, que nous venons de décrire, a conduit à une autre invention non moins importante, la *photogravure* ou *héliogravure*, au moyen de laquelle on obtient aujourd'hui des planches de cuivre gravées, reproduisant des dessins photographiques, et pouvant servir aux impressions sur papier ordinaire et aux encres grasses, comme toute autre planche gravée en taille-douce.

Sur une glace, dont une des faces a été préalablement frottée avec un tampon enduit de cire dissoute dans de la benzine, on applique d'abord une légère couche de collodion. Quand cette couche est bien sèche, on la recouvre d'une autre couche assez épaisse de gélatine bichromatée, et on porte le tout dans une boite contenant du chlorure de calcium, afin d'obtenir une dessiccation complète. La glace est ensuite exposée à la lumière sous un cliché photographique. Après une insolation jugée suffisante, on détache de la glace la plaque de gélatine doublée de collodion, et, au moyen d'un enduit de caoutchouc et de benzine, on l'applique provisoirement sur une autre glace, pour la soumettre, dans une cuvette de zinc, à l'action prolongée d'un courant d'eau chauffée à environ 60 degrés. Au bout de plusieurs heures, tous les points de la gélatine restés solubles, c'est-à-dire ceux qui correspondaient aux ombres du cliché, ont disparu, tandis que les autres, *insolubilisés* par

Fig. 333.

la lumière, sont restés intacts sur la couche sous-jacente de collodion, où ils forment une image en relief, sensible au toucher.

Cela fait, on détache avec soin la plaque de gélatine de son support provisoire, et on la pose entre une plaque en acier aussi plane que possible et une feuille de plomb d'une épaisseur de cinq à six millimètres. Le tout est ensuite soumis à l'action d'une forte presse hydraulique. On obtient ainsi sur la feuille de plomb l'empreinte en creux de l'image en relief que porte la plaque de gélatine, et il ne reste plus qu'à traiter cette empreinte par la galvanoplastie pour obtenir finalement des planches en cuivre, sur lesquelles on effectue le tirage.

Un autre procédé de photogravure, plus généralement employé, parce qu'il permet d'obtenir directement le relief des dessins et de faire des clichés pouvant servir au tirage sur presses typographiques, consiste à fixer l'image par la lumière, au moyen d'un négatif, sur une planche de zinc préalablement enduite de bitume de Judée, puis à faire mordre cette planche par l'acide azotique, qui attaque les parties non impressionnées par la lumière, et détache ainsi en relief les traits du dessin. C'est par ce procédé qu'a été obtenu le cliché dont nous donnons ici une épreuve (*fig.* 335), empruntée aux *Leçons de Choses* de M. Émile Bouant.

Résumé.

I. L'appareil de la vision se compose essentiellement du globe de l'œil et du nerf optique. Le globe de l'œil est formé de plusieurs enveloppes membraneuses (sclérotique, cornée transparente, choroïde, rétine) et de milieux transparents (humeur aqueuse, cristallin, humeur vitrée) à travers lesquels la lumière se réfracte de manière à produire sur la rétine une image réelle et renversée des objets.

II. La *chambre noire* ou *obscure* a pour but de produire sur un tableau l'image réduite des objets extérieurs. Il en est de même de la *chambre claire.*

III. La *loupe* ou microscope simple est une lentille dont on se sert pour observer de très petits objets, que l'on place *en deçà* de son foyer principal.

IV. Le *microscope composé* est formé d'un objectif convexe d'un très court foyer, et d'un oculaire également convexe. L'objet, placé un peu *au delà* du foyer de l'objectif, donne une image agrandie, qui vient se former *en deçà* du foyer de l'oculaire, lequel joue, pour cette image, le rôle d'une loupe.

V. Le *microscope solaire* a pour but de projeter sur un tableau placé dans une chambre obscure des images très amplifiées d'objets extrêmement petits. Il se compose essentiellement d'une lentille convergente qui éclaire l'objet en concentrant sur lui les rayons du soleil, et d'une autre lentille de très court foyer qui produit l'image.

VI. La *lunette astronomique*, destinée à l'observation des astres, se compose de deux verres convergents, l'objectif et l'oculaire. Le premier forme à son foyer une image plus petite et renversée de l'astre, pour laquelle l'oculaire fait fonction de loupe.

VII. La *lunette de Galilée*, ou lunette de spectacle, se compose d'un objectif convexe et d'un oculaire concave, dont l'effet est de rapprocher et de grossir les objets.

VIII. Le *télescope de Newton* est formé d'un grand miroir concave placé au fond d'un long tuyau, et au-devant duquel est un petit miroir plan incliné de 45° sur l'axe du réflecteur. Ce petit miroir a pour effet de rejeter l'image dans un tube latéral où se trouve une loupe, avec laquelle on la regarde.

IX. Les *phares* sont des appareils destinés à guider les navires pendant la nuit. On les distingue en phares à *réflexion* et phares à *réfraction*. Ces derniers, que l'on emploie généralement aujourd'hui, se divisent en phares à *feux fixes* et en phares à *éclipses* ou à feux tournants.

X. La *photographie* est l'art de fixer par l'action chimique de la lumière les images que forment dans la chambre noire les objets extérieurs. La photographie comprend deux opérations distinctes : 1° la production d'une épreuve *négative* ou *cliché* sur une lame de verre recouverte d'une couche d'iodure ou de bromure d'argent ; 2° la production, au moyen de ce cliché, d'une ou de plusieurs épreuves *positives* sur papier imprégné de chlorure d'argent.

XI. Un mucilage de gélatine ou d'albumine additionné de bichromate de potasse ou d'ammonium, puis étendu en couche mince sur une surface quelconque (pierre, glace, métal, etc.), acquiert, lorsqu'il est sec et qu'on l'expose à la lumière, la propriété de devenir insoluble dans l'eau et imperméable à l'humidité. C'est sur ce principe que reposent la *phototypie* et la *photogravure*.

XII. La phototypie et la photogravure ont pour objet, la première, de permettre le tirage sur pierre (*photolithographie*) d'épreuves photographiques ; la seconde, d'obtenir ce même tirage sur planches ou clichés de cuivre analogues aux planches gravées en taille-douce ou aux clichés typographiques des gravures sur bois.

FIN.

TABLE DES MATIÈRES.

(Les chiffres renvoient aux pages.)

NOTIONS PRÉLIMINAIRES. — Divisions de la physique. — Propriétés générales des corps. — Instruments de mesure. — Principes de mécanique. — Forces. Énoncé de la règle du parallélogramme des forces et de la composition de deux forces parallèles. Centre des forces parallèles. — Mouvement uniforme. Mouvement uniformément varié. — Proportionnalité des forces constantes aux accélérations qu'elles impriment à un même mobile. Masses. Quantité de mouvement. Mesure des forces constantes. — Travail mécanique. Kilogrammètre. Force vive. — Force centrifuge. *Page* 1

CHAP. I. — Direction de la pesanteur. — Poids. — Poids absolu, poids relatif et poids spécifique. Densité. — Centre de gravité. — Équilibre des corps pesants. 21

CHAP. II. — Lois de la chute des corps. — Plan incliné de Galilée. — Machine d'Atwood. — Appareil de M. Morin. 32

CHAP. III. — Pendule. — Observations de Galilée. — Intensité de la pesanteur. — Balance et dynamomètres. 40

CHAP. IV. — Divers états de la matière. — Caractères généraux des corps solides. — Trempe, écrouissage, recuit. Résistance des matériaux. — Caractères généraux des corps liquides. — Caractères généraux des gaz. 62

CHAP. V. — Hydrostatique. — Principe d'égalité de pression dans les liquides. — Surface libre des liquides pesants en équilibre. — Pression sur les parois des vases. — Presse hydraulique. — Vases communiquants. 76

CHAP. VI. — Principe d'Archimède. — Poids spécifiques ou densités des solides et des liquides. — Aréomètres. — Capillarité. — Endosmose et exosmose. — Problème d'hydrostatique. 90

CHAP. VII. — Pesanteur de l'air. — Pression atmosphérique. — Baromètres. 110

CHAP. VIII. — Loi de Mariotte. — Manomètres. — Machine pneumatique. — Machine de compression. Fontaine de Héron. Gazomètre. 123

CHAP. IX. — Pompes. — Siphon. — Fontaine intermittente. — Théorème de Torricelli. — Vase de Mariotte. 140

CHAP. X. — Principe d'Archimède appliqué aux gaz. — Baroscope. — Aérostats et montgolfières. — Équilibre des gaz. — Tirage des cheminées. — Aérage des mines. — Ventilation. 153

CHAP. XI. — Chaleur. — Notions sommaires sur la théorie mécanique de la chaleur. — Sources de chaleur. — Dilatation. — Construction et usage des thermomètres. — Coefficients de dilatation des solides, des liquides et des gaz; leurs usages — Poids spécifiques des gaz. — Formules relatives aux dilatations. 161

CHAP. XII. — Chaleur rayonnante. Miroirs ardents. Loi de Newton. — Pouvoirs émissif, absorbant et réflecteur des corps pour la chaleur. — Expériences de Melloni. Pouvoirs diathermanes. Diffusion ou réflexion irrégulière de la chaleur. 192

CHAP. XIII. — Conductibilité des corps pour la chaleur. Procédé d'Ingenhousz. — Calorimétrie. Détermination de la chaleur spécifique des solides, des liquides et des gaz. — Fusion et solidification. — Chaleur latente de fusion. — Dissolution des corps dans les liquides; cristallisation; sursaturation. — Mélanges réfrigérants. 206

CHAP. XIV. — Formation des vapeurs dans le vide. Vapeurs saturantes et non saturantes. Maximum de tension. — Mesure de la force élastique maximum de la vapeur d'eau à diverses températures. — Mélange des gaz et des vapeurs. — Évaporation, ébullition, distillation. — Phénomènes de caléfaction. 221

CHAP. XV. — Chaleur latente des vapeurs. Froid produit par l'évaporation. — Machines à vapeur; leur classification. Détente. Cheval-vapeur. Équivalent mécanique de la chaleur. 236

CHAP. XVI. — Météorologie. — Hygrométrie. — Rosée. — Pluie. — Neige. — Climats. Température. Influence de la latitude, de la position sur les continents et les îles. Distribution annuelle de la température. — Lignes isothermes. Vents réguliers et irréguliers. 255

CHAP. XVII. — Électricité. — Développement de l'électricité par le frottement. — Corps conducteurs; corps non conducteurs. — Lois des attractions et des répulsions électriques. — L'électricité se porte à la surface des corps et s'accumule vers les pointes. — Électricité par influence ou par induction. — Machines électriques. — Électrophore. Électroscope. — Usages de la machine électrique. 267

CHAP. XVIII. — Électricité condensée ou dissimulée. — Appareils condensateurs. Bouteille de Leyde. Batteries électriques. Électromètre condensateur. — Effets produits par le passage de l'électricité. — Électricité atmosphérique. Foudre. Paratonnerres. 289

CHAP. XIX. — Magnétisme. — Attraction qui s'exerce entre l'aimant et le fer. — Pôles des aimants. — Aiguille aimantée. — Magnétisme terrestre. — Déclinaison et inclinaison. — Boussoles. — Procédés d'aimantation. 305

CHAP. XX. — Électricité dynamique ou galvanisme. Expériences de Galvani et de Volta. — Pile voltaïque. — Modifications de la pile voltaïque. — Électricité développée par les actions chimiques. — Polarisation de la pile. — Piles à courant constant. 321

CHAP. XXI. — Tension et force électro-motrice. Quantité d'électricité. — Courants électriques; leur intensité. — Lois de l'intensité des courants. Unités électriques. — Montage des piles ou association de leurs éléments. — Effets produits par la pile. — Effets chimiques de la pile ou électro-chimie. — Loi de Faraday. — Galvanoplastie. Dorure, argenture, nickelure. 336

CHAP. XXII. — Électro-magnétisme. — Expérience d'Œrstedt. — Construction et usages du galvanomètre. — Actions des courants sur les aimants et des courants sur les courants. — Solénoïdes. — Action directrice de la terre sur les courants. — Assimilation des aimants aux solénoïdes. — Théorie d'Ampère. 360

CHAP. XXIII. — Aimantation par les courants. — Électro-aimants. — Télégraphes. Sonneries électriques. — Applications diverses des électro-aimants. — Courants thermo-électriques. — Thermo-multiplicateur. 375

CHAP. XXIV. — Induction électrique. — Courants volta-électriques. — Courants magnéto-électriques. — Loi générale des courants d'induction ou loi de Lens. — Induction des courants sur eux-mêmes. Extra-courants. — Premières machines d'induction. Bobine de Ruhmkorff. — Machines de Pixii et de Clarke. 392

CHAP. XXV. — Nouvelles machines d'induction. Machines magnéto-électriques et dynamo-électriques. — Machine magnéto-électrique de Nollet ou de l'Alliance. — Machine Gramme magnéto-électrique. — Machine Gramme dynamo-électrique. 410

CHAP. XXVI. Éclairage électrique. — Éclairage par l'arc voltaïque. — Éclairage par incandescence. — Incandescence à l'air libre. — Incandescence dans le vide. — Lampe-soleil. 423

CHAP. XXVII. — Réversibilité des machines magnéto-électriques et dynamo-électriques. — Transport à longue distance de la force motrice. — Moteurs électriques. — Téléphonie. — Microphonie. — Photophonie. Photophone musical; photophone d'articulation. — Piles secondaires ou accumulateurs électriques. — Conclusion. Unité des forces physiques. 439

CHAP. XXVIII. — Acoustique. — Production du son. — Propagation du son à travers les corps. — Vitesse de transmission dans l'air. — Vitesse de transmission dans les liquides et dans les solides. — Réflexion du son; échos. — Intensité du son. — Hauteur du son. — Sirène. — Procédé graphique. — Timbre, renforcement des sons, résonnateurs, analyse des sons. — Phonographe. 461

CHAP. XXIX. — Vibrations des cordes. — Théorie physique de la musique. — Gamme et intervalles musicaux. — Accords; sons harmoniques. — Instruments à vent. — Tuyaux sonores. 480

CHAP. XXX. — Optique. — Propagation de la lumière dans un milieu homogène. — Vitesse de la lumière. — Ombre. Pénombre. — Mesure des intensités relatives de deux lumières. — Réflexion de la lumière. — Lois de la réflexion. — Miroirs plans. — Miroirs sphériques, concaves et convexes. 494

CHAP. XXXI. — Réfraction de la lumière. — Lois de la réfraction. — Réflexion totale. — Lentilles convergentes et divergentes. 517

CHAP. XXXII. — Prisme. — Décomposition et recomposition de la lumière; spectre solaire. — Raies du spectre solaire. — Spectres des astres. — Lumières artificielles. — Analyse spectrale. 532

CHAP. XXXIII. — Structure de l'œil et vision. — Appareils et instruments d'optique. — Chambre noire. — Chambre claire. — Loupe ou microscope simple. — Microscope composé. — Microscope solaire. — Lunette astronomique. — Lunette terrestre. — Lunette de Galilée. — Télescope de Newton. — Phares. — Photographie. — Phototypie et photogravure. 543

Paris. — Imp. DELALAIN FRÈRES, 1 et 3, rue de la Sorbonne.

www.ingramcontent.com/pod-product-compliance
Ingram Content Group UK Ltd.
Pitfield, Milton Keynes, MK11 3LW, UK
UKHW012000240726
13965UKWH00001B/67